Grundlagen der Wärmebehandlung von Stahl

(Umwandlung, Ausscheidung und Rekristallisation)

Berichte, gehalten im Kontaktstudium „Werkstoffkunde Eisen und Stahl II"

Herausgegeben von
Professor Dr. rer. nat. Wolfgang Pitsch in Düsseldorf

VERLAG STAHLEISEN M. B. H., DÜSSELDORF

Alle Rechte, insbesondere die der Übersetzung in fremde Sprachen und der Speicherung in Datenverarbeitungs-
anlagen, vorbehalten. Ohne ausdrückliche Genehmigung des Verlages ist es auch nicht gestattet, dieses Buch oder
Teile daraus auf photomechanischem Wege (Photokopie, Mikrokopie) zu vervielfältigen.
In diesem Buch wiedergegebene Gebrauchsnamen, Handelsnamen und Warenbezeichnungen dürfen nicht als frei
zur allgemeinen Benutzung im Sinne der Warenzeichen- und Markenschutz-Gesetzgebung betrachtet werden.
© 1976 Verlag Stahleisen m. b. H., Düsseldorf
Printed in Germany

0–10–6 76ie
ISBN 3-514-00180-4

Inhaltsübersicht

Seite

Allgemeine Grundlagen

1. Thermodynamik des Eisens und seiner Legierungen 1
2. Diffusion in festen Metallen 19

Grundlagen der Ausscheidung und der verschiedenen Umwandlungen

3. Ausscheidung und Alterung 43
   3.1 Grundlagen 43
   3.2 Anwendung 57
4. Bildung von Perlit durch eutektoiden Zerfall von Austenit 67
5. Martensitumwandlung 77
6. Umwandlungen in der Bainitstufe 93
7. Zusammenfassende Darstellung der Umwandlungen 107

Grundlagen der Rekristallisation

8. Rekristallisation homogener metallischer Werkstoffe 125
9. Rekristallisation mehrphasiger Werkstoffe 143

Anwendungsbeispiele

10. Vergütete Baustähle für Schweißkonstruktionen und Schmiedestücke 155
11. Umwandlung, Ausscheidung und Rekristallisation in mikrolegierten schweißbaren Baustählen 173
12. Thermochemische (Einsatz-)Verfahren 187
13. Gefügeentstehung durch Wärmebehandlung 195

Stichwortverzeichnis 221

Korrekturen 223

Vorwort

Die ständig steigenden Ansprüche, die heute an unsere Werkstoffe gestellt werden, erfordern zunehmend eine bewußte und genaue Führung des Produktionsvorganges. Dazu ist ein vertieftes Verständnis für die im Werkstoff ablaufenden Vorgänge notwendig. Deshalb führen die drei Hochschulen mit eisenhüttenmännischen Lehrstühlen — die Technische Universität Berlin, die Technische Universität Clausthal, die Technische Hochschule Aachen — und das Max-Planck-Institut für Eisenforschung GmbH ein Kontaktstudium des Eisenhüttenwesens durch, bei dem die in der Stahlindustrie und anderen Industriebereichen tätigen Ingenieure, deren Hochschulabschluß einige Jahre zurückliegt, mit dem neuesten Stand der Kenntnis, wie er heute an den Hochschulen vermittelt wird, vertraut gemacht werden. Die verschiedenen Themen dieses Kontaktstudiums werden vorab mit den Fachausschüssen des VDEh durchgesprochen und festgelegt.

Dementsprechend wurde im Oktober 1973 und als Wiederholung im Februar 1974 das Teilgebiet der Werkstoffkunde von Eisen und Stahl „Grundlagen des Festigkeits- und Bruchverhaltens" behandelt; die dort erstatteten Berichte sind in einem ersten Berichtsband im Verlag Stahleisen m.b.H., Düsseldorf (Herausgeber: W. Dahl), erschienen. In Fortsetzung hierzu wurde im April 1975 und als Wiederholung im März 1976 das Teilgebiet „Grundlagen der Wärmebehandlung von Stahl: Umwandlung, Ausscheidung und Rekristallisation" behandelt; die hier erstatteten Berichte sind in dem vorliegenden Berichtsband zusammengefaßt.

Diesen Berichten liegt folgender Leitfaden zu Grunde: Zuerst werden als allgemeine Grundlagen die für eine Reaktion erforderlichen treibenden Kräfte und Beweglichkeiten erörtert. Anschließend werden auf dieser Grundlage die Zeitgesetze und Gefüge der einzelnen Reaktionen — Ausscheidung, Perlit-, Martensit- und Bainitumwandlung — abgeleitet und dargestellt. Die so gewonnenen Kenntnisse werden dann in einer Form zusammengefaßt, die Aussagen über das Werkstoffverhalten unter den (komplizierten) Bedingungen der Praxis erlaubt. Außerdem wird der Einfluß einer plastischen Verformung auf die Gefügeentstehung während der Wärmebehandlung analysiert. Die damit gewonnenen Grundlagen reichen natürlich in der Regel nicht aus, um direkt technische Probleme lösen zu können. Hier muß man sich wesentlich auch auf die Erfahrung stützen. Der Nutzen des Grundlagenwissens besteht aber darin, das Erfahrungswissen besser zu verstehen und dadurch Richtungen angeben zu können, in denen Bemühungen um die Herstellung eines guten Werkstoffs Erfolg versprechen. Unter diesem Gesichtspunkt werden einige, als Anwendungsbeispiele ausgesuchte Werkstoffprobleme aus den Betrieben behandelt.

Zur Ausstattung dieses Bandes ist zu sagen, daß wieder bewußt auf eine einheitliche Darstellungsform aller Berichte verzichtet wurde, um eine länger dauernde und kostspielige redaktionelle Überarbeitung zu vermeiden. Die Bilder, Maßeinheiten, Symbole u. ä. wurden in der Originalform belassen. Es wurde jedoch darauf geachtet, daß die jeweiligen Angaben ausreichen, um Umrechnungen zu gestatten. Die Korrektur am Ende des Bandes wurde nachträglich vorgenommen, da den Autoren hierfür leider keine andere ausreichende Gelegenheit zur Verfügung stand.

Die Vorbereitung und Durchführung auch dieses Kontaktstudiums geschah unter ständiger Mitwirkung des Werkstoffausschusses und des Schulausschusses des Vereins Deutscher Eisenhüttenleute; hierfür sei auch an dieser Stelle herzlich gedankt. Besonderer Dank gebührt Herrn Ingenieur (grad.) M. Gutzke für die Organisation dieses Kontaktstudiums und seine Hilfe bei der Herausgabe dieses Bandes.

Düsseldorf, Frühjahr 1976
W. Pitsch

Autoren

Professor Dr. rer. nat. W. Dahl, Aachen
Dr. rer. nat. K. Forch, Hattingen
Dr. rer nat. G. Gottstein, Aachen
Professor Dr. rer. nat. Th. Heumann, Münster
Professor Dr.-Ing. E. Hornbogen, Bochum
Dr.-Ing. H. P. Hougardy, Düsseldorf
Professor Dr. rer. nat. B. Ilschner, Erlangen
Professor Dr. rer. nat. H. Kreye, Hamburg

Professor Dr. rer. nat. K. Lücke, Aachen
Dr.-Ing. L. Meyer, Duisburg
Professor Dr. rer. nat. W. Pitsch, Düsseldorf
Dr.-Ing. L. Rademacher, Witten
Dr. rer. nat. G. Sauthoff, Düsseldorf
Professor Dr.-Ing. habil. O. Schaaber, Bremen
Professor Dr. rer. nat. H. Warlimont, Neuhausen/Schweiz

1. Thermodynamik des Eisens und seiner Legierungen

W. Pitsch

In metallischen Werkstoffen lassen sich durch Phasenumwandlungen eine große Mannigfaltigkeit von Gefügezuständen erzeugen, durch die die Eigenschaften der Werkstoffe bestimmt sind. Für eine gezielte Werkstoffherstellung ist es deshalb notwendig, die Gesetzmäßigkeiten zu verstehen, nach denen Phasenumwandlungen ablaufen. Eine der Grundlagen für dieses Verständnis stellt die Thermodynamik der Legierungen dar, aus der die eine Umwandlung antreibenden Kräfte zahlenmäßig abgeleitet oder wenigstens abgeschätzt werden.

Im folgenden wird der Formalismus dieser Thermodynamik zusammengestellt und durch eine Analyse der physikalischen Ursachen – besonders für Eisenlegierungen – ein vertieftes Verständnis für ihre Aussagen gewonnen. Dabei werden in erster Linie die integralen thermodynamischen Größen betrachtet, die partiellen Größen jedoch im geeigneten Bedarfsfall mitherangezogen.

1. Reine Metalle

1.1 Allgemeine Vorbemerkungen

Die Thermodynamik gibt an, wie stabil bei einer bestimmten Temperatur eine Phase im Vergleich (!) mit einer anderen Phase ist, z. B. die feste Phase eines reinen Metalls mit bestimmter Gitterstruktur, verglichen mit der flüssigen Phase*). Dieser Vergleich wird mit Hilfe einer temperaturabhängigen Funktion durchgeführt, der sog. freien Enthalpie G (Gibbsche Energie), die sich zusammensetzt aus der Enthalpie H und der Entropie S:

$$G(T) = H(T) - T \cdot S(T). \quad (1)$$

(G, H, S werden, wenn nicht anders vermerkt, auf die Stoffmenge von 1 g-Atom bezogen.) Um den genannten Vergleich durchführen zu können, ist es wünschenswert, $G(T)$ möglichst für jede in Betracht kommende Phase φ im ganzen Temperaturbereich T zu kennen. Das Kriterium für Stabilität beim Vergleich mehrerer Phasen untereinander lautet dann: Je negativer die Funktion G einer Phase ist, um so stabiler ist diese Phase; oder anders ausgedrückt: bezüglich jeder anderen Phase, die eine negativere freie Enthalpie G hat als die vorliegende Phase, besteht die Tendenz für eine Umwandlung.

Dieses Kriterium wird in den Lehrbüchern der Thermodynamik[1,2] für Umwandlungen in der Nähe des Gleichgewichts aus dem ersten und zweiten Hauptsatz abgeleitet. Hier soll es – in Anlehnung an[3] – nur grob qualitativ erläutert werden: Wir vergleichen ein Metall bei einer bestimmten Temperatur in zwei Phasenzuständen α und β miteinander. Der jeweils gebildete Körper enthält in beiden Fällen eine bestimmte Energie H^φ ($\varphi = \alpha, \beta$), die aus kinetischen und potentiellen Energieanteilen der Atomrümpfe und Elektronen zusammengesetzt ist. Es ist plausibel, die Wahrscheinlichkeit P^φ für die Bildung der verschiedenen Phasenzustände φ anzusetzen als proportional zu $\exp(-H^\varphi/RT)$ (R = Gaskonstante). Je negativer H^φ ist, um so wahrscheinlicher ist der zugehörige Phasenzustand φ. Außerdem ist zu berücksichtigen, wie häufig ein Zustand mit der Energie H^φ durch die Kristallbausteine aufgebaut werden kann. Ein Teil dieser Bausteine steuert dieselben Energiewerte zu H^φ bei, die man deshalb gegeneinander vertauschen kann, ohne H^φ zu ändern. Die Zahl dieser Vertauschungsmöglichkeiten sei v^φ, so daß wir schließlich erhalten

$$P^\varphi = K \cdot v^\varphi \cdot \exp(-H^\varphi/RT). \quad (2)$$

---
*) Der Übersichtlichkeit wegen wird im folgenden die Druckabhängigkeit der Phasenstabilität nicht behandelt; deshalb gelten alle Aussagen für einen konstanten Außendruck, meistens gleich 1 atm.

Der Faktor K ergibt sich, falls nur zwei Zustände $\varphi = \alpha, \beta$ miteinander zu vergleichen sind, aus der Normierungsbedingung $P^\alpha + P^\beta = 1$.

Die Bildungswahrscheinlichkeiten P^α, P^β sind ein direktes Maß für das Auftreten einer der beiden Phasen α, β. Rein formal kann man aber auch die Funktion $G^\varphi = -RT \cdot \ln P^\varphi = H^\varphi - RT \cdot \ln v^\varphi - RT \cdot \ln K$ betrachten mit der Maßgabe: je negativer G^φ um so positiver d. h. um so größer, ist P^φ. Diese Beziehung entspricht der Gleichung (1), und wir erkennen die Bedeutung der Enthalpie als ein Maß für den Energieinhalt eines Phasenzustandes und der Entropie als Maß für die Häufigkeit, mit der dieser Phasenzustand aus seinen elementaren Bausteinen aufgebaut werden kann. Die Konstante K ist eine für jeden Phasenzustand in gleicher Weise gültige Größe und wird deshalb nicht weiter berücksichtigt.

Um die Funktion $G(T)$ auch experimentell zu erfassen, wird ihre Abhängigkeit von der spezifischen Wärme $c_p(T)$ der zu untersuchenden Phase betrachtet. Es ist (vgl. z. B. in[2] S. 95 und 98):

$$dH = c_p(T) \cdot dT \quad \text{und} \quad dS = \frac{c_p(T)}{T} \cdot dT. \quad (3)$$

Daraus folgt

$$H(T) = H(0) + \int_0^T c_p(\vartheta) \, d\vartheta \quad \text{und}$$

$$S(T) = S(0) + \int_0^T \frac{c_p(\vartheta)}{\vartheta} \, d\vartheta \quad (4)$$

und damit

$$G(T) = H(0) - T \cdot S(0) - \int_0^T \left(\frac{T}{\vartheta} - 1\right) c_p(\vartheta) \, d\vartheta. \quad (5)$$

Die Steigung der $G(T)$-Kurven ergibt sich nach Differenzierung der Gleichung (1) und mit Berücksichtigung der Gleichung (3) zu

$$\frac{dG(T)}{dT} = -S(T). \quad (6)$$

Man erkennt an Gleichung (5), daß die Funktion $G(T)$ für eine Phase φ vollständig gegeben ist, wenn die Größen $H(0)$, $S(0)$, $c_p(T)$ bekannt sind. Deshalb ist die Bestimmung dieser drei Größen eine wesentliche Voraussetzung für die Diskussion der Phasenstabilität. Allerdings ist eine solche Bestimmung oft nicht direkt durch Messungen möglich. Dann werden geeignete Abschätzungen durch Extra- oder/und Interpolationen angewendet, wobei physikalische Modelle eine wichtige Hilfe abgeben. Letztere sind für die durch verschiedene physikalische Effekte verursachten $c_p(T)$-Anteile getrennt entwickelt worden. Dies sind im wesentlichen die Energieaufnahmen der Atomrümpfe (Gitterschwingungen, thermische Ausdehnung), die Energiezustände des Elektronengases sowie bei Fe und Fe-Legierungen die Energiezustände der 3d-Elektronen (magnetische Effekte). Hierauf wird im folgenden noch näher eingegangen werden.

1.2 Nichtmagnetische Metalle

Die in den Gleichungen (2) bis (5) enthaltenen Zusammenhänge zwischen $c_p(T)$ und den thermodynamischen Funktionen sind in Bild 1 schematisch dargestellt. Der besonders einfache, mit T monoton ansteigende $c_p(T)$-Verlauf tritt bei reinen, nichtmagnetischen Metallen (z. B. Ti) auf. Ein Vergleich zweier Kristallzustände des Metalls, als α- und β-Phase bezeichnet, geschieht dann mit Hilfe der $H(T)$- und $G(T)$-Kurven der beiden Phasen nach folgendem Verfahren (siehe Bild 2):

Nachdem die $c_p(T)$-Kurven für beide Phasen wie angedeutet bestimmt wurden, sind die Integralglieder in den Gleichungen (4) und (5) bekannt. Die Nullpunktentropien $S(0)$ können für die hier betrachteten, nichtentarteten Metalle entsprechend dem Nernstschen Wärmesatz (vgl. S. 416 bis 424 in [2]) gleich Null gesetzt werden. Die gegenseitige Lage der Nullpunktenthalpien $H^\alpha(0)$ und $H^\beta(0)$, d. h. ihre Differenz, ergibt sich aus der Gleichgewichtsbedingung bei der (bekannten) Umwandlungstemperatur T_0:

$$G^\alpha(T_0) = G^\beta(T_0). \tag{7}$$

Mit diesen Angaben sind die Kurven in Bild 2 relativ zueinander vollständig bestimmt. Man erhält folgende Aussagen: die bei tiefer Temperatur stabilere Phase α hat ein negativeres $H(0)$ als die Phase β. Physikalisch heißt dies [4]), daß im α-Kristallgitter die Atome fester aneinander gebunden und deshalb weniger beweglich sind als im β-Kristallgitter. Deshalb nimmt bei Erwärmung der β-Kristall leichter Energie auf als der α-Kristall; dies führt dazu, daß $c_p^\beta(T)$ und $H^\beta(T)$ steiler ansteigen als $c_p^\alpha(T)$ und $H^\alpha(T)$ und daß $G^\beta(T)$ steiler abfällt als $G^\alpha(T)$. Die freien Enthalpiekurven überschneiden sich bei der Gleichgewichtstemperatur T_0. Oberhalb T_0 ist die β-Phase stabiler als die α-Phase.

Die Umwandlungsenthalpie $H^\beta(T_0) - H^\alpha(T_0)$ ist oft durch direkte Messungen bekannt. Aus den Gleichungen (1) und (7) ergibt sich dann die Änderung der Entropie bei T_0 zu:

$$S^\beta(T_0) - S^\alpha(T_0) = \frac{H^\beta(T_0) - H^\alpha(T_0)}{T_0}. \tag{8}$$

Anschaulich gibt die Gleichung (8) die Änderung der Neigung der beiden G-Kurven am Umwandlungspunkt T_0 an [vgl. Gleichung (6)].

Bei der Diskussion der Phasenstabilitäten genügt es, die Differenz der $G(T)$-Kurven zu kennen. Diese hat erfahrungsgemäß bei nichtmagnetischen Metallen oberhalb von $T = 0$ K einen praktisch linearen Verlauf mit der Temperatur T. Bild 3 enthält als Beispiel die Differenzwerte für die hexagonal dichtestgepackte α-Phase und die weniger dicht gepackte, kubisch-raumzentrierte β-Phase des reinen Titans [5]). Auf die miteingetragenen Werte der Schmelzphase L wird hier nicht weiter eingegangen.

1.3 Eisen

Zunächst ist in Bild 4 die für α-Fe (bzw. δ-Fe) mit kubisch-raumzentrierter Gitterstruktur bis zum Schmelzpunkt $T_S = 1812$ K gemessene $c_p(T)$-Kurve wiedergegeben [6]). Die mit der Auflösung der magnetischen Ordnung verknüpfte Wärmeaufnahme erzeugt in der Nähe des Curiepunktes $T_C = 1042$ K eine Spitze, den sog. λ-Punkt. Würde man in Gedanken diesen magnetischen Anteil abtrennen, d. h. würde man ein α-Fe betrachten, das bis auf beliebig tiefe Temperaturen hinunter nur pragmatisch ist, so hätte die $c_p(T)$-Kurve für diesen Materialzustand den Verlauf B. Die von der Gesamtkurve und von der Kurve B eingeschlossene Fläche gibt den mit der magnetischen Ordnung verknüpften Wärmeeffekt $H^{\alpha-M}(0)$ des α-Fe an; er beträgt rd. 2000 [cal/g-Atom].

Die $c_p(T)$-Kurve B entspricht dem nichtmagnetischen Energieinhalt, wir sagen: dem reinen Strukturanteil (im folgenden stets durch ein „St" gekennzeichnet), während die Gesamtkurve die Struktur- und Magnetanteile (manchmal durch ein „St + M" gekennzeichnet) enthält. Mit Hilfe physikalischer Modellvorstellungen läßt sich auch $c_p^{St}(T)$ noch weiter zerlegen: in den Anteil der Gitterschwingungen plus der thermischen Ausdehnung (Kurve A) und den des Elektronengases (Differenz zwischen Kurve B und A).

Die in den Gleichungen (4) und (5) auftretenden Integrale lassen sich mit Hilfe des $c_p(T)$-Verlaufs in Bild 4 zahlenmäßig angeben. Die Nullpunktentropie $S^{St+M}(0)$ wird wieder gleich Null gesetzt, da das kubisch-raumzentrierte α-Fe mit vollständiger, ferromagnetischer Ordnung nicht entartet ist. Die Nullpunktenthalpie $H^{St+M}(0)$ bleibt zunächst zahlenmäßig unbekannt. Die damit erhaltenen thermodynamischen Funktionen sind in Bild 5 (der besseren Anschauung wegen nur schematisch) eingetragen (Zahlenwerte siehe z. B. in [7])): Ausgehend von $G^{St+M}(0) = H^{St+M}(0)$ (zahlenmäßig unbekannt) ist $H^{St+M}(T)$ eine monoton steigende, $G^{St+M}(T)$ eine monoton fallende Funktion.

Daß die Einstellung der magnetischen Ordnung die Stabilität des α-Fe unterhalb der Curietemperatur T_C wesentlich erhöht, d. h. seine $G^{St+M}(T)$-Funktion auf negativere Werte verschiebt, ist in Bild 5 deutlich erkennbar: Einem bei allen Temperaturen paramagnetischen α-Fe würde die gestrichelt eingetragene Enthalpiekurve $H^{St}(T)$ entsprechen (aus Gleichung (4) und der c_p-Kurve B in Bild 4 gewonnen); dieser paramagnetische Zustand besitzt bei $T = 0$ eine positive Nullpunktenthalpie $H^{St}(0)$ als das ferromagnetische α-Fe und damit einen positiveren Startpunkt für $G^{St}(T)$. Die Differenz ist gleich der magnetischen Ordnungsenergie:

$$H^M(0) = H^{St+M}(0) - H^{St}(0) = \int_0^\infty [c_p^{St+M}(\vartheta) - c_p^{St}(\vartheta)] \, d\vartheta$$
$$\approx -2000 \, [\text{cal/g-Atom}]. \tag{9}$$

Weil aber im paramagnetischen α-Fe die Einstellung der magnetischen Momente entartet ist, ergibt sich hier eine von Null verschiedene Nullpunktentropie

$$S^M(0) = \int_0^\infty \frac{c_p^{St+M}(\vartheta) - c_p^{St}(\vartheta)}{\vartheta} \, d\vartheta. \tag{10}$$

Die paramagnetische (= strichpunktierte) $G^{St}(T)$-Kurve startet also in Bild 5 bei $T = 0$ nach Gleichung (6) mit der endlichen Neigung $-S^M(0)$. Ohne diese magnetische Nullpunktentropie würde $G^{St}(T)$ den gestrichelten Verlauf haben.

Nach Auflösung der magnetischen Ordnung oberhalb der Curietemperatur T_C gehen die freien Enthalpiekurven des para- und des ferromagnetischen Zustandes ineinander über. Unterhalb T_C ist der ferromagnetische Zustand deutlich stabiler als der paramagnetische Zustand, erkennbar an der Differenz der jeweiligen freien Enthalpien. Die Wichtigkeit des Magnetismus für die Phasenstabilität wird hier deutlich.

Man muß nun gleichartige Analysen auch des kubisch-flächenzentrierten γ-Fe, des hexagonal dichtgepackten ε-Fe und des Schmelzzustandes L-Fe durchführen, um anhand der verschiedenen $G(T)$-Funktionen bei jeder Temperatur angeben zu können, wie stabil diese Phasen im Vergleich untereinander sind. Die dazu benötigten $c_p(T)$-Kurven müßten durch Näherungsverfahren gewonnen werden: entweder durch Extrapolation von Messungen, z. B. an ε-(Fe + Ru)-Legierungen auf den Ru-Gehalt Null [8]), oder/und rechnerisch, indem aus den physikalischen Modellvorstellungen für die $c_p(T)$-Kurve ein analytischer Ausdruck aufgestellt wird, dessen zunächst unbekannte Parameter, wie z. B. die Debye-Temperatur oder die γ-Konstante des Elektronengases, dann durch weitere bekannte Beziehungen ermittelt werden [9]), wie z. B.: bei $T = 1183$ K ($= A_3$) und $T = 1665$ K ($= A_4$) ist

$$G^{\alpha-(St+M)} = G^{\gamma-(St+M)}. \tag{11}$$

Als Beispiel enthält Bild 6 die $c_p(T)$-Kurve für γ-Eisen, die nur für $1183\,\mathrm{K} \leq T \leq 1665\,\mathrm{K}$ direkt gemessen wurde. Der Hauptteil der Kurve wurde berechnet; insbesondere wurde der magnetische Effekt bei $T \approx 70\,\mathrm{K}$ abgeschätzt aus der Erfahrung, daß γ-Fe bei $T \leq T_N \approx 70\,\mathrm{K}$ antiferromagnetisch ist[10]. Die magnetische Ordnungsenergie beträgt hier $H^{\gamma-M}(0) \approx 200$ [cal/g-Atom][6].

Aus der $c_p(T)$-Kurve in Bild 6 erhält man, ähnlich wie beim α-Fe, die $H(T)$- und $G(T)$-Kurven für γ-Fe. Um daraus die gegenseitige Stabilität der beiden Phasen zu bestimmen, wird wieder die Differenz gebildet[7] (siehe Bild 7):

$$\Delta G^{\alpha/\gamma}(T) = G^\gamma(T) - G^\alpha(T). \tag{12}$$

Bei $T < 1183\,\mathrm{K}$ und bei $T > 1665\,\mathrm{K}$ ist $\Delta G^{\alpha/\gamma} > 0$, d. h. G^α ist negativer als G^γ, d. h. α-Fe ist stabiler als γ-Fe. Bei $1183\,\mathrm{K} \cdot T < 1665\,\mathrm{K}$ ist es umgekehrt. Der Betrag von $\Delta G^{\alpha/\gamma}$ ist ein Maß für die thermodynamische Kraft, die eine Umwandlung bei der jeweiligen Temperatur antreibt.

Die $\Delta G^{\alpha/\gamma}$-Kurve des Fe in Bild 7 ist komplizierter als die $\Delta G^{\alpha/\beta}$-Kurve des Ti in Bild 3. Die Ursache liegt bei den magnetischen Effekten des Fe. Dies soll an der schematischen Skizze in Bild 8 noch einmal deutlich gemacht werden:

Ohne magnetische Effekte würde die Kurve $G^{\gamma-St} - G^{\alpha-St}$ (gestrichelt) den ΔG-Kurven nichtmagnetischer Metalle gleichen (z. B. Bild 3) und bei tieferer Temperatur die dichter gepackte γ-Phase als die stabilere kennzeichnen. Die γ-Stabilität würde noch etwas verstärkt werden, wenn man zunächst nur den Magnetanteil der γ-Phase, also $G^{\gamma-M}$ hinzunimmt (strichpunktiert). Jedoch bei Hinzunahme auch des großen Magnetanteils der α-Phase $G^{\alpha-M}$ kehren sich die Stabilitäten bei tiefer Temperatur um! Es bleibt nur noch die γ-Stabilität zwischen A_3 und A_4 erhalten.

Zahlenmäßig läßt sich z. B. für $T = 0\,\mathrm{K}$ abschätzen: aus der Gleichsetzung der beiden $G(T)$-Kurven der α- und γ-Phase bei A_3 (oder A_4) wird der Wert $H^{\gamma-(St+M)}(0) - H^{\alpha-(St+M)}(0) = 1300$ [cal/g-Atom] erhalten. Mit den genannten Daten für $H^{\alpha-M}(0)$ und $H^{\gamma-M}(0)$ folgt daraus

$$H^{\gamma-St}(0) - H^{\alpha-St}(0) = -500 \text{ [cal/g-Atom]}.$$

Um diesen Betrag wäre die γ-Phase ohne den Magnetismus bei $T = 0\,\mathrm{K}$ stabiler als die α-Phase.

Auf Grund ähnlicher Näherungen für das (instabile) hexagonal dichtgepackte ε-Fe wurde auch die freie Enthalpie $G^\varepsilon(T)$ für diese Phase abgeschätzt[8] und mit $G^\alpha(T)$ und $G^\gamma(T)$ verglichen. In Bild 7 ist die Kurve für $\Delta G^{\alpha/\varepsilon}$ miteingetragen; sie ist stets positiv, d. h. die α-Phase ist stets stabiler als die ε-Phase. Die Differenz $\Delta G^{\alpha/\gamma} - \Delta G^{\alpha/\varepsilon} = G^\gamma - G^\varepsilon = \Delta G^{\varepsilon/\gamma}$ zeigt, daß für $T < 390\,\mathrm{K}$ die ε-Phase stabiler als die γ-Phase ist; bei $T > 390\,\mathrm{K}$ ist es umgekehrt.

Die Schmelzphase L kann nur in der Nähe des Schmelzpunktes T_s der α-(= δ-)Phase zahlenmäßig behandelt werden. In diesem Temperaturbereich werden in

$$\Delta G^{\alpha/L}(T) = \Delta H^{\alpha/L}(T) - T \cdot \Delta S^{\alpha/L}(T)$$

die Enthalpie- bzw. die Entropiedifferenz als T-unabhängige Größen angenähert und gleich der Schmelzenthalpie $\Delta H^{\alpha/L}$ bzw. der Schmelzentropie $\Delta S^{\alpha/L}$ gesetzt. Es ist[7]:

$$T_s(\alpha/L) = 1812\,\mathrm{K} \text{ und } \Delta H^{\alpha/L} = 3678 \text{ [cal/g-Atom]}$$

und damit

$$\Delta S^{\alpha/L} = \frac{\Delta H^{\alpha/L}}{T_s(\alpha/L)} = 2{,}03 \text{ [cal/g-Atom} \cdot \mathrm{K]}.$$

Das ergibt die Funktion

$$\Delta G^{\alpha/L}(T) = \Delta S^{\alpha/L}(T_s(\alpha/L) - T).$$

Sie ist in Bild 7 miteingetragen. Ihre Schnittpunkte mit $\Delta G^{\alpha/\gamma}$ bzw. $\Delta G^{\alpha/\varepsilon}$ ergeben Abschätzungen für die (nur in Gedanken existierenden) Schmelzpunkte des γ- bzw. des ε-Eisens.

1.4 Zusammenfassung

Für die weiteren Ausführungen soll noch einmal zusammengefaßt werden: Durch direkte Messungen und durch Abschätzungen der spezifischen Wärmen sowie durch Anwendung bekannter Umwandlungsdaten werden die Differenzen der freien Enthalpien verschiedener Phasen (z. B. kubischraumzentriert (α) und kubisch-flächenzentriert (γ)) in reinen Metallen bestimmt. Für nichtmagnetische Metalle ergibt sich dabei, wenn man von der Nähe des Temperaturnullpunktes absieht, in guter Näherung ein einfacher, linearer Verlauf:

$$\Delta G^{\alpha/\gamma}(T) = \Delta H^{\alpha/\gamma} - \Delta S^{\alpha/\gamma} \cdot T. \tag{13}$$

In Bild 9 sind die in Gleichung (13) enthaltenen Konstanten, die sog. „Stabilitätsparameter" für eine Reihe von Metallen angegeben. (Ähnliches gilt für einen Vergleich zwischen anderen Phasen.) Man stellt fest, daß offensichtlich Elemente in derselben Spalte des Periodischen Systems ähnliche Stabilitätsparameter haben.

Bei den magnetischen Metallen Cr, Mn, Fe, Ni, Co sind die Funktionen $\Delta G^{\alpha/\gamma}(T)$ komplizierter (vgl. z. B. Bild 7). Für diese Metalle läßt sich jedoch aus Bild 9 in Anlehnung an die nichtmagnetischen Metalle wenigstens der Strukturanteil der jeweiligen $\Delta G^{\alpha/\gamma}(T)$-Funktionen ablesen.

2. (Substitutionelle) Austausch-Mischkristalle

2.1 Allgemein gültige Formeln

2.1.1 Die freie Enthalpie

Die thermodynamischen Funktionen der reinen Metalle stellen den Ausgangspunkt für die Behandlung der Legierungen dar. Diese Behandlung betrifft einmal die in Abhängigkeit von Temperatur und Legierungszusammensetzung auftretenden (stabilsten) Gleichgewichtszustände, so wie sie in bekannter Weise in Phasendiagrammen dargestellt werden. Außerdem müssen aber auch (weniger stabile) Zustände behandelt werden können, die oft an bestimmte Bedingungen geknüpft sind, z. B. an die Bedingung, daß keine (weitreichende) Diffusion stattfindet. Letzteres trifft z. B. für die bei tiefen Temperaturen ablaufenden Martensitumwandlungen zu. Eine andere Bedingung wäre, daß die Bildung einer bestimmten Phase, z. B. wegen zu großer Keimbildungsschwierigkeiten, nicht stattfindet; auch dann treten „Gleichgewichts"-Zustände auf, die in den gewöhnlichen Phasendiagrammen nicht dargestellt sind. Damit nun Verwechslungen vermieden werden, wird im folgenden ein Gleichgewichtszustand, wenn er an eine einschränkende Nebenbedingung gebunden ist, durch Anführungszeichen markiert.

Um die genannten Zustände diskutieren zu können, ist es notwendig, die freien Enthalpien aller in Betracht kommenden Phasen für alle Temperaturen und für alle Legierungsgehalte zu kennen. Natürlich werden diese Kenntnisse nicht vollständig durch direkte Messungen erhalten. Dann muß man sich auf aus Abschätzungen gewonnene Werte stützen, die, ähnlich wie bei reinen Metallen, aus extrapolierten Messungen und mit Modellvorstellungen zu gewinnen sind. Die dabei verwendeten Formeln sollen zunächst zusammengestellt werden. Der Übersichtlichkeit wegen werden dabei nur binäre Legierungen und nur der kubisch-raumzentrierte α-Mischkristall und der kubisch-flächenzentrierte γ-Mischkristall als verschiedene Phasen behandelt.

Die Gehalte einer Legierung A–B werden durch die Molenbrüche x_A und x_B mit

$$x_A + x_B = 1 \qquad (14)$$

beschrieben. Für die freien Enthalpien der beiden Phasen $\varphi = \alpha, \gamma$ hat sich folgender Ansatz als zweckmäßig erwiesen[5, 7]:

$$G^\varphi(x_A, T) = x_A G_A^\varphi(T) + x_B G_B^\varphi(T)$$
$$+ RT(x_A \cdot \ln x_A + x_B \cdot \ln x_B)$$
$$+ G_E^\varphi(x_A, T) \qquad (15)$$

Dieser Ansatz hat folgende Bedeutung: mit dem ersten und zweiten Glied werden entsprechend dem jeweiligen Anteil x_A, x_B die freien Enthalpien der reinen Komponenten wie bei einem Gemenge dieser Komponenten addiert; mit dem dritten Glied wird eine sog. „Konfigurationsentropie" hinzugefügt, deren Bedeutung im nächsten Abschnitt genauer diskutiert wird; das letzte Glied berücksichtigt dann alle Abweichungen der drei ersten Glieder vom wahren Funktionswert $G^\varphi(x_A, T)$. Dieses Restglied (oft „Exzess"-Größe genannt) ist nur in einem Idealfall gleich Null; nämlich dann, wenn alle Energien im Kristall, wie die der Gitterschwingungen, der thermischen Ausdehnung, der magnetischen Ordnungsvorgänge usw., sich linear mit dem Legierungsgehalt von einer Komponente zur anderen ändern. In Wirklichkeit ist dies nie der Fall, erkennbar z. B. an der nichtlinearen Gehaltsabhängigkeit der Curie-Temperaturen in Fe-Mischkristallen. Deshalb ist die Bestimmung der Restgröße $G_E^\varphi(x_A, T)$ die wichtigste und auch die schwierigste Aufgabe bei der thermodynamischen Behandlung der Fe-Legierungen.

Bevor hierauf im einzelnen eingegangen wird, sollen aus Gleichung (15) noch einige Beziehungen abgeleitet werden, aus denen die relativen Phasenstabilitäten und die Gleichgewichtszustände berechnet werden. Die Phasenstabilität in der Legierung wird, ähnlich wie in Gleichung (12), durch die Beziehung

$$\Delta G^{\alpha/\gamma}(x_A, T) = G^\gamma(x_A, T) - G^\alpha(x_A, T) \qquad (16)$$

ausgedrückt. Falls eine Entmischung nicht stattfinden kann, sind die beiden Phasen bei einer bestimmten Temperatur T_0 nur bei einem bestimmten Legierungsgehalt x_A^0 nebeneinander im „Gleichgewicht". Hierfür gilt

$$\Delta G^{\alpha/\gamma}(x_A^0, T_0) = 0 \qquad (17)$$

(vgl. Bild 10a). Aus den Gleichungen (14), (15) und (17) kann also die sog. allotrope Umwandlungslinie $T_0 = T_0(x_A^0)$ berechnet werden.

Außer dieser „Gleichgewichts"-Linie interessieren die Gleichgewichte, die durch die Grenzen des Zweiphasengebietes beschrieben werden. Die Zweiphasigkeit wird daran erkannt, daß für Legierungen mit einem Gehalt x_A innerhalb eines Bereiches x_A^α bis x_A^γ (siehe Bild 10a) die freie Enthalpie auf den Wert

$$G^{GM}(x_A, T) = \frac{x_A - x_A^\alpha}{x_A^\gamma - x_A^\alpha} \cdot G^\gamma(x_A^\gamma, T)$$
$$+ \frac{x_A^\gamma - x_A}{x_A^\gamma - x_A^\alpha} \cdot G^\alpha(x_A^\alpha, T)$$

erniedrigt werden kann. Das bedeutet, daß die Legierung in ein Gemenge GM aus den beiden Phasen α und γ mit den verschiedenen Gehalten x_A^α und x_A^γ aufspaltet. Der Wert von $G^{GM}(x_A, T)$ wird durch die gemeinsame Tangente an die beiden $G^\varphi(x_A, T)$-Kurven dargestellt; die Werte x_A^α, x_A^γ sind die Berührungspunkte dieser Tangente.

Die Bestimmungsgleichungen für x_A^α, x_A^γ (bei vorgegebener Temperatur T) lauten

$$\left.\frac{\partial G^\alpha}{\partial x_A}\right|_{x_A^\alpha} = \left.\frac{\partial G^\gamma}{\partial x_A}\right|_{x_A^\gamma} \qquad (18a)$$

und

$$\left.\frac{\partial G^\alpha}{\partial x_A}\right|_{x_A^\alpha} = \frac{G^\gamma(x_A^\gamma, T) - G^\alpha(x_A^\alpha, T)}{x_A^\gamma - x_A^\alpha}. \qquad (18b)$$

Für die Anwendung ist es nützlich, die beiden vorstehenden Gleichungen in eine andere Form umzuschreiben. So ergibt sich durch Umstellungen in den Gleichungen (18a) und (18b) sofort

$$G^\alpha(x_A^\alpha, T) - x_A^\alpha \left.\frac{\partial G^\alpha}{\partial x_A}\right|_{x_A^\alpha} = G^\gamma(x_A^\gamma, T) - x_A^\gamma \left.\frac{\partial G^\gamma}{\partial x_A}\right|_{x_A^\gamma}$$

und

$$G^\alpha(x_A^\alpha, T) + (1 - x_A^\alpha)\left.\frac{\partial G^\alpha}{\partial x_A}\right|_{x_A^\alpha} =$$
$$G^\gamma(x_A^\gamma, T) + (1 - x_A^\gamma)\left.\frac{\partial G^\gamma}{\partial x_A}\right|_{x_A^\gamma}$$

In diesen Gleichungen treten die sog. „partiellen molaren freien Enthalpien" der beiden Komponenten auf:

$$\overline{G_B^\varphi} = G^\varphi - x_A \frac{\partial G^\varphi}{\partial x_A}. \qquad (19a)$$

$$\overline{G_A^\varphi} = G^\varphi + (1 - x_A)\frac{\partial G^\varphi}{\partial x_A} \qquad (19b)$$

(mit $\varphi = \alpha, \gamma$). Diese Größen lassen sich leicht anschaulich darstellen (siehe Bild 10b): aus den Gleichungen (19a) und (19b) folgt sofort, daß sie durch die Endpunkte der an die freie Enthalpiekurve angelegten Tangenten gegeben sind. Die Gleichgewichtsbedingungen lauten jetzt in kurzer Fassung

$$\overline{G_A^\alpha}(x_A^\alpha, T) = \overline{G_A^\gamma}(x_A^\gamma, T) \qquad (20a)$$

$$\overline{G_B^\alpha}(x_A^\alpha, T) = \overline{G_B^\gamma}(x_A^\gamma, T). \qquad (20b)$$

Setzt man Gleichung (15) in die Gleichungen (19a), (19b), (20a), (20b) ein, so erhält man die beiden Bedingungsgleichungen für x_A^α, x_A^γ (bei vorgegebener Temperatur T) in der Form:

$$\Delta G_A^{\alpha/\gamma} + RT \cdot \ln \frac{x_A^\gamma}{x_A^\alpha} =$$
$$\left\{G_E^\alpha + (1 - x_A^\alpha)\left.\frac{\partial G_E^\alpha}{\partial x_A}\right|_{x_A^\alpha}\right\} -$$
$$\left\{G_E^\gamma + (1 - x_A^\gamma)\left.\frac{\partial G_E^\gamma}{\partial x_A}\right|_{x_A^\gamma}\right\} \qquad (21a)$$

und

$$\Delta G_B^{\alpha/\gamma} + RT \cdot \ln \frac{1 - x_A^\gamma}{1 - x_A^\alpha} =$$

$$\left\{ G_E^\alpha - x_A^\alpha \left. \frac{\partial G_E^\alpha}{\partial x_A} \right|_{x_A^\alpha} \right\} - \left\{ G_E^\gamma - x_A^\gamma \left. \frac{\partial G_E^\gamma}{\partial x_A} \right|_{x_A^\gamma} \right\}. \quad (21\,b)$$

Aus den Gleichungen (21a), (21b) lassen sich die Gleichgewichtszustände zwischen den Phasen α, γ berechnen, wenn die Funktionen G_E^α, G_E^γ ermittelt worden sind. Natürlich müssen beim Auftreten weiterer Phasen ähnliche Berechnungen auch für diese durchgeführt werden.

2.1.2 Das chemische Potential und die chemische Aktivität

Die bisherigen Betrachtungen waren von den integralen Größen G, H und S ausgegangen, die direkt aus Messungen der spezifischen Wärme oder des Wärmeinhalts gewonnen werden [siehe Gleichungen (4) und (5)]. Es ist aber auch möglich, die genannten Größen mit Hilfe anderer Meßmethoden, z. B. EMK- oder Dampfdruck-Messungen, zu bestimmen[1]). Solche Messungen führen zunächst auf partielle Größen, wie das chemische Potential oder die daraus abgeleitete chemische Aktivität. Deshalb soll der Zusammenhang zwischen diesen partiellen und den integralen Größen hergestellt werden.

Bisher wurde die freie Enthalpie auf eine konstante Gesamtzahl aller Legierungsatome bezogen, die gleich der Loschmidt-Zahl L ($= 6 \cdot 10^{23}$) gesetzt worden war. Wir wollen dies für einen Augenblick durch die Schreibweise $G^{k,\varphi}$ (statt G^φ) kennzeichnen. Bei der Definition des chemischen Potentials, z. B. der A-Atome:

$$\mu_A^\varphi = \left. \frac{\partial G^{nk,\varphi}}{\partial N_A} \right|_{\text{bei } T, N_B = \text{konst}} \quad (23)$$

(ähnliches gilt für die B-Atome) wird dies nicht getan, indem hier die Gesamtatomzahl $N_A + N_B$ ausdrücklich variiert wird; dies sei durch die Schreibweise der freien Enthalpie $G^{nk,\varphi}$ gekennzeichnet.

Um in Gleichung (23) $G^{nk,\varphi}$ durch $G^{k,\varphi}$ und die Differentiation nach N_A durch eine nach x_A zu ersetzen, benutzen wir die Identitäten

$$x_A = \frac{N_A}{N_A + N_B} \quad \text{und} \quad \frac{G^{k,\varphi}}{L} = \frac{G^{nk,\varphi}}{N_A + N_B}.$$

Man erhält nach einer Umrechnung

$$L\,\mu_A^\varphi(x_A, T) = G^{k,\varphi}(x_A, T) + (1 - x_A) \left. \frac{\partial G^{k,\varphi}}{\partial x_A} \right|_{\text{bei } T = \text{konst.}} \quad (24)$$

Wir haben also die bekannte Aussage erhalten, daß das chemische Potential der Komponente A gleich der in Gleichung (19b) angegebenen partiellen molaren freien Enthalpie geteilt durch die Loschmidt-Zahl ist! (Im weiteren wollen wir den Hinweis „k" wieder fortlassen.) Das chemische Potential der reinen A-Komponente im φ-Zustand ergibt sich aus Gleichung (24) zu:

$$L\,\mu_A^\varphi(T) = G_A^\varphi(T).$$

Sind die chemischen Potentiale der beiden Komponenten im ganzen Bereich der Legierungsgehalte bekannt, so läßt sich auch die zugehörige freie Enthalpie angeben; aus den Gleichungen (19a) und (19b) folgt sofort

$$G^\varphi(x_A, T) = x_A\,\overline{G}_A^\varphi(x_A, T) + x_B\,\overline{G}_B^\varphi(x_A, T)$$

oder

$$\frac{1}{L} G^\varphi(x_A, T) = x_A\,\mu_A^\varphi(x_A, T) + x_B\,\mu_B^\varphi(x_A, T).$$

Eliminiert man aus der letzten Gleichung $G^\varphi(x_A, T)$ mit Hilfe von Gleichung (15), so erhält man

$$x_A \left[\mu_A^\varphi(x_A, T) - \mu_A^\varphi(T) - kT \ln x_A \right]$$
$$+ x_B \left[\mu_B^\varphi(x_A, T) - \mu_B^\varphi(T) - kT \ln x_B \right] \quad (25\,a)$$
$$= \frac{1}{L} G_E^\varphi(x_A, T).$$

An dieser Beziehung erkennt man, wie die Differenzen der chemischen Potentiale, jeweils bezogen auf die reine Komponente im gleichen Phasenzustand φ, die Restgröße der freien Enthalpie bestimmen. Gleichung (25a) wird noch vereinfacht, wenn man die chemischen Aktivitäten a der Komponenten einführt. Diese Größen werden definiert durch (vgl. z. B. S. 287 in[2])):

$$kT \ln a_A^\varphi(x_A, T) = \mu_A^\varphi(x_A, T) - \mu_A^\varphi(T),$$

und man erhält damit für G_E^φ:

$$G_E^\varphi(x_A, T) = RT \left[x_A \ln \frac{a_A^\varphi(x_A, T)}{x_A} + x_B \ln \frac{a_B^\varphi(x_A, T)}{x_B} \right]. \quad (25\,b)$$

Dies ist eine wichtige Beziehung, um mit z. B. aus Dampfdruckmessungen bestimmten chemischen Aktivitäten die freie Enthalpie zu berechnen. Es sei noch vermerkt, daß aus der Definition der chemischen Aktivität zwangsläufig (!) für die reine (z. B.) A-Komponente folgt

$$a_A^\varphi(T) = 1.$$

Abschließend muß jedoch noch auf eine Schwierigkeit hingewiesen werden, die immer dann auftritt, wenn die chemischen Potentiale (oder Aktivitäten) für einen bestimmten Phasenzustand φ nicht (!) durchgehend im ganzen Gehaltsbereich $0 \leq x_A \leq 1$ gemessen werden können, weil z. B. die reine A-Komponente im Zustand ψ (und nicht φ!) auftritt. In diesem Fall ist nur die Differenz

$$\mu_A^\varphi(x_A, T) - \mu_A^\psi(T)$$

direkt meßbar. Will man hieraus eine Information über $G^\varphi(x_A, T)$ bzw. über $G_E^\varphi(x_A, T)$ gewinnen, so muß man den Ausdruck bilden

$$\mu_A^\varphi(x_A, T) - \mu_A^\psi(T) = \mu_A^\varphi(x_A, T) - \mu_A^\varphi(T) + \Delta\mu_A^{\psi/\varphi}(T).$$

Man sieht, daß die linke Seite keine Information über $G_E^\varphi(x_A, T)$ ergibt, solange die Differenz $\Delta\mu_A^{\psi/\varphi}(T)$ unbekannt ist. Wir haben jedoch im ersten Kapitel gesehen, wie von L. Kaufman[7]) für viele Metalle und verschiedene Phasen die Differenzen

$$\Delta G_A^{\psi/\varphi}(T) = L\,\Delta\mu_A^{\psi/\varphi}(T)$$

abgeschätzt worden sind (vgl. z. B. auch Bild 9 für $\varphi = \gamma$ und $\psi = \alpha$). Mit Hilfe dieser Werte sind $G_E^\varphi(x_A, T)$ und damit $G^\varphi(x_A, T)$ auch dann bestimmbar, wenn die Legierung und die betrachtete reine Komponente nicht im gleichen Phasenzustand φ vorliegen.

2.2 Veranschaulichung durch ein atomistisches Modell
2.2.1 Betrachtung eines einphasigen Kristallzustandes

Um die Restfunktion $G_E(x_A, T)$ in Gleichung (15) zu veranschaulichen, wird sie mit den Mitteln der statistischen Thermodynamik für das sehr vereinfachende Modell der sog. „regulären" Lösung als Beispiel berechnet (vgl. S. 432 in [2])). In diesem Modell wird eine regellose Verteilung der Atome auf die Gitterplätze des φ-Kristalls betrachtet, und es wird angenommen, daß die T-abhängigen Energiebeträge in $G^\varphi(x_A, T)$, d.h. die der Gitterschwingungen u.ä., bereits durch die in Gleichung (15) enthaltenen Anteile der reinen Komponenten richtig wiedergegeben werden. Das dritte Glied in der Gleichung (15) entsteht dadurch, daß der regellose Mischkristall entartet ist und deshalb eine Nullpunktentropie $S(x_A, 0)$ [vgl. Gleichung (5)] besitzt. Dieser Entropieanteil ist durch die Zahl ν aller regellosen Atomanordnungen gegeben vgl. Gl. (2)), und aus

$$\nu = \frac{L!}{(L x_A)! \cdot (L x_B)!}$$

folgt [11])

$$S(x_A, 0) = k \cdot \ln \nu = -kL(x_A \cdot \ln x_A + x_B \cdot \ln x_B) \quad (26)$$

(L = Zahl der Gitterplätze in 1 g-Atom, k = Boltzmann-Konstante).

Das letzte Glied in Gleichung (15) ergibt sich aus der Nullpunktenthalpie $H^\varphi(x_A, 0)$ des Mischkristalls. Diese Enthalpie wird aus paarweise definierten T-unabhängigen Wechselwirkungsenergien V^φ zwischen den A- und B-Atomen zusammengesetzt:

$$H^\varphi(x_A, 0) = N_{AA} V_{AA}^\varphi + N_{BB} V_{BB}^\varphi + N_{AB} V_{AB}^\varphi$$

(N_{AA} usw. = Zahl der AA-Paare usw.). Bei regelloser Atomverteilung ist

$$N_{AA} = \frac{LZ}{2} x_A^2, \quad N_{BB} = \frac{LZ}{2} x_B^2, \quad N_{AB} = LZ x_A x_B,$$

(Z = Zahl der Nachbarn eines Atoms). Mit $x_A + x_B = 1$ folgt dann

$$H^\varphi(x_A, 0) = x_A \frac{LZ}{2} V_{AA}^\varphi + x_B \frac{LZ}{2} V_{BB}^\varphi + \frac{LZ}{2} x_A x_B W^\varphi \quad (27)$$

mit der Abkürzung $W^\varphi = 2 V_{AB}^\varphi - V_{AA}^\varphi - V_{BB}^\varphi$. Die beiden ersten Glieder in Gleichung (27) sind die mit x_A bzw. x_B gewichteten Nullpunktenthalpien der reinen Komponenten und damit in Gleichung (15) bereits enthalten. Das dritte Glied enthält mit V_{AB}^φ eine bei den reinen Komponenten nicht auftretende Energie, für die in der Regel $2 V_{AB}^\varphi \neq V_{AA}^\varphi + V_{BB}^\varphi$ gilt. Deshalb verbleibt eine Restgröße

$$G_E^\varphi(x_A) = \frac{LZ}{2} x_A x_B W^\varphi. \quad (28)$$

Diese Restenthalpie zusammen mit der Entropie in Gleichung (26) gibt nach Gleichung (15) an, wie stabil der Mischkristall, verglichen mit einem Gemenge GM der reinen Komponenten, ist.

Um diesen Vergleich für verschiedene Temperaturen durchzuführen, betrachtet man die mit den Gleichungen (15), (26) und (28) gebildete Differenz

$$\Delta G^{GM/\varphi}(x_A, T) = G^\varphi(x_A, T) - \{x_A G_A^\varphi(T) - x_B G_B^\varphi(T)\}$$

$$= \frac{LZ}{2} x_A x_B W^\varphi + RT(x_A \ln x_A + x_B \ln x_B). \quad (29)$$

Dabei sind zwei Fälle zu unterscheiden: falls $2 \cdot V_{AB}^\varphi$ negativer (bzw. positiver) als $V_{AA}^\varphi + V_{BB}^\varphi$ ist, d.h. falls AB-Paare fester (bzw. weniger fest) aneinander gebunden sind als AA- und BB-Paare, so ist $W^\varphi < 0$ (bzw. $W^\varphi > 0$). Dementsprechend wird $\Delta G^{GM/\varphi}$ zusammengesetzt aus einem negativen (bzw. positiven) Enthalpieglied und einem stets negativen Entropieglied (siehe Bild 11).

Man erhält dann für den ersten Fall ($W^\varphi < 0$) nach Gleichung (29) für alle Temperaturen nur nach unten durchhängende $\Delta G^{GM/\varphi}$-Kurven, d.h. im Rahmen dieser Betrachtung ist der Mischkristall stets stabiler als das Gemenge der reinen Komponenten.

Im zweiten Fall ($W^\varphi > 0$) ergeben sich je nach Temperatur die in Bild 12 dargestellten $\Delta G^{GM/\varphi}$-Kurven. Man erkennt, daß bei tiefen Temperaturen jetzt das Gemenge der reinen Komponenten stabiler ist als der Mischkristall. Jedoch wird mit steigender Temperatur durch das Entropieglied zunehmend der Mischkristall stabiler. Die Löslichkeitslinie $x_A^*(T)$ dieses Mischkristalls erhält man nach Bild 12, ähnlich wie in Bild 10a, aus den Tangentenbedingungen (18a) und (18b):

$$\left.\frac{\partial \Delta G^{GM/\varphi}(x_A, T)}{\partial x_A}\right|_{x_A^*} = 0;$$

sie ist in Bild 13 dargestellt. Für kleine Löslichkeiten auf beiden Seiten, also z.B. für $x_A^* \ll 1$ auf der B-reichen Seite, erhält man den vereinfachten Ausdruck

$$x_A^*(T) \approx \exp\left(-\frac{ZW^\varphi}{2kT}\right).$$

Oberhalb einer kritischen Temperatur $T_c = ZW^\varphi/4k$ ist dann auf Grund seiner Entropie der Mischkristall im ganzen Gehaltsbereich stabil.

Es sei noch erwähnt, daß der Grenzfall $W^\varphi = 0$ durchweg besonders einfache Ausdrücke ergibt. Deshalb ist seine Behandlung sehr beliebt und wird dann als das Modell der „idealen" Lösung bezeichnet. Man darf darüber jedoch nicht vergessen, daß für die realen Mischkristalle nur höchst selten $W^\varphi = 0$ gilt. Dies läßt sich z.B. nach Gleichung (27) abschätzen aus den Bildungswärmen der regellosen Mischkristalle, die bei Vermischung der reinen Komponenten in einem Kalorimeter zu messen sind. Bild 14 zeigt einige Beispiele solcher Bildungswärmen mit verschiedener Größe und verschiedenen Vorzeichen.

2.2.2 Betrachtung eines mehrphasigen Kristallzustandes

Betrachtet man im Rahmen des Modells zwei verschiedene Phasen $\varphi = \alpha, \gamma$, so ergibt sich die allotrope Umwandlungslinie x_A^0 in Abhängigkeit von T nach den Gleichungen (15), (17) und (28) aus

$$x_A^0 \Delta G_A^{\alpha/\gamma}(T) + (1 - x_A^0) \Delta G_B^{\alpha/\gamma}(T) +$$
$$+ \frac{LZ}{2} x_A^0 (1 - x_A^0)(W^\gamma - W^\alpha) = 0. \quad (30)$$

Anschaulich wird diese Linie $x_A^0 = x_A^0(T)$ durch die Schnittpunkte der freien Enthalpiekurven der beiden Phasen angegeben (siehe als Beispiel Bild 10a).

Für die Grenzen eines Zweiphasengebietes x_A^α und x_A^γ gilt nach den Gleichungen (21a), (21b) und (28)

$$\Delta G_A^{\alpha/\gamma}(T) + RT \ln \frac{x_A^\gamma}{x_A^\alpha}$$

$$= \frac{LZ}{2} [(1 - x_A^\gamma)^2 W^\gamma - (1 - x_A^\alpha)^2 W^\alpha] \quad (31\text{a})$$

und

$$\Delta G_B^{\alpha/\gamma}(T) + RT \ln \frac{1 - x_A^\gamma}{1 - x_A^\alpha}$$
$$= \frac{LZ}{2} [(x_A^\gamma)^2 W^\gamma - (x_A^\alpha)^2 W^\alpha]. \quad (31\text{b})$$

Anschaulich lassen sich diese Grenzen $x_A^\alpha(T)$, $x_A^\gamma(T)$ aus den an die freien Enthalpiekurven angelegten Tangenten ablesen (siehe die Beispiele in den Bildern 10, 12, 13, 15). Einen zahlenmäßig einfachen Ausdruck erhält man für den Grenzfall, daß eine Komponente (z. B. A) in beiden Phasenzuständen α und γ nur wenig in der anderen Komponente (z. B. B = Fe) gelöst ist, also $x_A^\alpha \ll 1$ und $x_A^\gamma \ll 1$, dann folgt aus Gleichung (31b)

$$x_A^\alpha - x_A^\gamma \approx \ln(1 - x_A^\gamma) - \ln(1 - x_A^\alpha) \approx -\Delta G_B^{\alpha/\gamma}(T)/RT. (32)$$

Gleichung (32) enthält die bereits von W. Oelsen[15] gemachte Aussage, daß die Breite $x_A^\alpha - x_A^\gamma$ des $(\alpha + \gamma)$-Feldes in niedriglegierten Fe-Legierungen unabhängig von der zweiten Legierungskomponente A und hauptsächlich durch die Differenz der freien Enthalpien des reinen Fe im α- und im γ-Zustand (siehe Bild 7) bestimmt ist. Diese Aussage wurde durch Messungen an Systemen mit abgeschlossenem γ-Feld sehr gut bestätigt (Bild 16).

Zur Bestimmung auch der Lage des $(\alpha + \gamma)$-Feldes wird aus Gleichung (31a) abgelesen:

$$RT \ln \frac{x_A^\gamma}{x_A^\alpha} \approx \frac{LZ}{2} [W^\gamma - W^\alpha] - \Delta G_A^{\alpha/\gamma}(T).$$

Nach Gleichung (27) sind die Energien $LZ \cdot W^\varphi / 2$ ($\varphi = \alpha, \gamma$) gerade die negativen differentiellen Bildungswärmen bei $x_B \approx 1$. Wir erhalten damit die zweite, auch bereits von W. Oelsen[15] diskutierte Aussage, daß die Lage des $(\alpha + \gamma)$-Feldes in Fe-reichen Zweistoffsystemen bestimmt wird durch die Differenz der differentiellen Bildungswärmen des α- und γ-Mischkristalls und durch die α/γ-Stabilität der reinen Komponente A (siehe Bild 9).

Es sei noch einmal betont, daß das vorgestellte Modell sich nur auf regellose Atomverteilungen bezieht; geordnete Atomverteilungen, die bei $W^\varphi < 0$ auftreten, oder magnetische Effekte sind noch nicht berücksichtigt. Beide Effekte stabilisieren vor allem bei tieferen Temperaturen zusätzlich den Phasenzustand φ, in dem sie auftreten (vgl. z. B. Bild 5). Deshalb schränken die besonderen Vereinfachungen des angewendeten, atomistischen Modells erfahrungsgemäß seine Anwendung nicht ein bei Betrachtungen von Fe-reichen Legierungen bei hohen Temperaturen. Darüber hinausgehende Bestimmungen von Phasenstabilitäten müssen mit erweiterten Methoden durchgeführt werden.

2.2.3 Chemische Aktivität

Mit Hilfe des hier betrachteten Modells läßt sich die in Abschnitt 2.1.2. erwähnte chemische Aktivität veranschaulichen.

Aus den Gleichungen (28), (15) und (24) und der Definition der chemischen Aktivität folgt:

$$RT \cdot \ln a_A^\varphi(x_A, T) = RT \cdot \ln x_A + \frac{LZW^\varphi}{2} (1 - x_A)^2.$$

Man sieht, daß die Aktivität der Komponente A vom Legierungsgehalt und von der Bildungswärme im Phasenzustand φ abhängt. Eine besonders anschauliche Beziehung ergibt sich schließlich für den idealen Grenzfall $W^\varphi = 0$; man erhält einfach:

$$a_A^\varphi(x_A, T) = x_A.$$

2.3 Quantitative Berechnung eines Phasendiagramms

Die im letzten Abschnitt angestellten atomistischen Betrachtungen können die verschiedenen thermodynamischen Größen veranschaulichen; sie ergeben sogar trotz ihrer Vereinfachungen in geeigneten Fällen quantitative Aussagen. Im allgemeinen können solche Aussagen jedoch erst nach einer der folgenden Erweiterungen gewonnen werden:

a) Das atomistische Modell wird erweitert, indem u. a. Ordnungseinstellungen der Atome und magnetische Effekte mitberücksichtigt werden. Diese Methode ist bisher nur in Einzelfällen (Fe-Si), dort aber mit gutem Erfolg angewendet worden[17].

b) Mit Hilfe der physikalischen Modelle der Gitterschwingungen, der thermischen Ausdehnung, der magnetischen Effekte usw. wird abgeschätzt, wie sich diese Effekte – ausgehend von einer reinen Komponente – beim Zulegieren einer zweiten Komponente verändern und wie die freie Enthalpie sich dabei ändert. Auch nach dieser Methode sind bisher nur einzelne Systeme (Fe-Ni, Fe-Co), aber wieder mit gutem Erfolg, analysiert worden[18].

c) Mit einer rein formalistischen Erweiterung der Gleichung (28) sind dagegen eine Vielzahl von Systemen quantitativ berechnet worden[7,19,20]. Dazu wurde an Stelle der Gleichung (28) der allgemeinere Ansatz gemacht:

$$G_E(x_A, T) = x_A \cdot x_B [x_A \cdot g(T) + x_B h(T)], \quad (33)$$

wobei $g(T)$, $h(T)$ zwei noch zu bestimmende, T-abhängige Funktionen sind. Die Bestimmung dieser Funktionen erfolgt dann u. a. mit Hilfe von bereits vorliegenden Kenntnissen über das zu analysierende System, z. B. mit bekannten Löslichkeitslinien oder/und mit Hilfe von kalorimetrischen Messungen an diesem System[21]. Dabei hat sich gezeigt, daß in manchen (nichtmagnetischen) Systemen (z. B. in den binären Systemen der Elemente Zr, Nb, Ta, Hf, Mo, W) sogar der einfache Ansatz der regulären Lösung nach Gleichung (28) noch eine genügend gute Näherung für alle auftretenden Phasen ist[7], d. h. es wurde gefunden: $g(T) = h(T)$ = konstant ($= LZW^\varphi/2$). In den Legierungen des Eisens ist dies jedoch nicht so. Als Beispiel sei die Analyse des Systems Fe-Co wiedergegeben[20]: Es werden die Phasen flüssig (L), kubisch-raumzentriert (BCC), kubisch-flächenzentriert (FCC) und hexagonal dichtgepackt (HCP) berücksichtigt. Die Differenzen der freien Enthalpien der verschiedenen Phasen sind in [cal/g-Atom] mit der Abkürzung E–$n = 10^{-n}$, $n = 1, 2, 3 \ldots$ in Tafel 1 angegeben. Die Rest-(= Exzess-)Glieder der freien Enthalpien [vgl. Gleichung (15)] sind in Tafel 2 enthalten.

Mit den in den Tafeln 1 und 2 angegebenen Daten lassen sich die freien Enthalpien aller Phasen für alle Zustandspunkte (numerisch) berechnen. Unter Anwendung der Gleichgewichtsbedingungen in den Gleichungen (21a) und (21b) wurde daraus das Phasendiagramm in Bild 17 numerisch berechnet. Dieses Diagramm stimmt mit der Erfahrung gut überein.

3. (Interstitielle) Einlagerungsmischkristalle

Die Einlagerungsmischkristalle unterscheiden sich von den Austauschmischkristallen dadurch, daß die Legierungsatome in Hohlräumen des Wirtsgitters eingelagert sind und keine

Platzwechsel mit den Atomen des Wirtsgitters machen. Für die thermodynamische Behandlung dieser Einlagerungsmischkristalle sind im Schrifttum eine ganze Reihe von Ansätzen angegeben worden (siehe z. B. die Gegenüberstellung in [22]). Hier soll nur der in [23] benutzte Ansatz einer regulären Lösung behandelt werden, der einerseits die Besonderheiten der Einlagerungsmischkristalle deutlich macht, sich aber andererseits eng an die in Abschnitt 2.2. wiedergegebenen Modellvorstellungen anschließt.

Um die freie Enthalpie eines Einlagerungsmischkristalls zu formulieren, gehen wir wieder von der spezifischen Wärme, der Nullpunktenthalpie und der Nullpunktentropie aus. Als Beispiel betrachten wir das Fe-C-System. Da in diesem Fall hauptsächlich verdünnte Lösungen mit einem geringen Gehalt an C-Atomen interessieren, wird der Ansatz

$$c_p(N_C, T) = c_p(0, T) + N_C \cdot K(T) \tag{34}$$

gemacht, wobei $c_p(0, T)$ die spezifische Wärme des reinen Eisens im jeweiligen Phasenzustand, N_C die Zahl der in 1 g-Atom Fe gelösten C-Atome und $K(T)$ eine T-abhängige Konstante sind. Der Ansatz geht davon aus, daß die Energien der Gitterschwingungen, der magnetischen Wechselwirkungen usw. im Fe-Gitter sich proportional zum C-Gehalt ändern und daß die Proportionalitätskonstante $K(T)$ eine Funktion der Temperatur ist.

Ein ähnlicher Ansatz für die Nullpunktenthalpie ergibt

$$H(N_C, 0) = H_{Fe}(0) + N_C \cdot v_{FeC}, \tag{35}$$

wobei $H_{Fe}(0)$ die Nullpunktenthalpie des reinen Eisens und v_{FeC} die Bindungsenergie eines eingelagerten C-Atoms mit allen seinen Fe-Nachbarn ist. v_{FeC} ist also die Reaktionswärme, die auftreten würde, wenn bei $T = 0$ K ein C-Atom aus einem wechselwirkungsfreien Gas von C-Atomen in das Fe-Gitter überführt würde. Wir werden (ähnlich wie in Abschnitt 2.2.1.) die C-Atome als regellos auf die Einlagerungsplätze verteilt behandeln. Dabei sind in geringer Zahl C-Atome in benachbarten Hohlräumen eingelagert. Die Wechselwirkungsenergie zwischen diesen C-Atomen ist jedoch gering, verglichen mit v_{FeC} und wird deshalb vernachlässigt.

Schließlich ist eine Nullpunktentropie zu berücksichtigen, die daher rührt, daß die C-Atome als regellos verteilt behandelt werden. Die Zahl der Hohlräume im Gitter pro Fe-Atom sei gleich b. Dann ist die Zahl der besetzten Hohlräume gleich N_C und die Zahl der nichtbesetzten Hohlräume gleich $(b N_{Fe} - N_C)$. Dann erhalten wir, ähnlich wie in Gleichung (26), aus

$$v = \frac{(b N_{Fe})!}{(b N_{Fe} - N_C)! \, N_C!}$$

die Nullpunktentropie

$$S(N_C, 0) = k \ln v$$
$$= k \left[b N_{Fe} \ln (b N_{Fe}) \right. \tag{36}$$
$$\left. - (b N_{Fe} - N_C) \ln (b N_{Fe} - N_C) - N_C \ln N_C \right].$$

Aus den Gleichungen (5), (34), (35) und (36) erhält man für die freie Enthalpie:

$$G(N_C, T) = G_{Fe}(T) + N_C v_{FeC} + N_C I(T)$$
$$- kT [b N_{Fe} \ln (b N_{Fe}) \tag{37a}$$
$$- (b N_{Fe} - N_C) \ln (b N_{Fe} - N_C) - N_C \ln N_C]$$

mit der Abkürzung

$$I(T) = \int_0^T K(\vartheta) \left(1 - \frac{T}{\vartheta}\right) d\vartheta.$$

Bei der Verwendung der Molenbrüche

$$x_C = \frac{N_C}{N_C + N_{Fe}}, \text{ also } N_C = N_{Fe} \cdot \frac{x_C}{1 - x_C},$$

erhält man aus Gleichung (37a):

$$G(x_C, T) = G_{Fe}(T) + \frac{x_C}{1 - x_C} N_{Fe} [v_{FeC} + I(T)]$$
$$+ N_{Fe} \cdot kT \left[\frac{b - (1 + b) x_C}{1 - x_C} \ln \frac{b - (1 + b) x_C}{b - b x_C} \right.$$
$$\left. + \frac{x_C}{1 - x_C} \ln \frac{x_C}{b - b x_C} \right]. \tag{37b}$$

Wegen $x_C \ll 1$ genügt oft bei Abschätzungen die Näherung

$$G(x_C, T) \approx G_{Fe}(T) + x_C N_{Fe} [v_{FeC} + I(T)]$$
$$- x_C N_{Fe} kT [1 - \ln x_C + \ln b]. \tag{37c}$$

Um die gegenseitige Stabilität der α- und γ-Phase in einer Fe-C-Legierung zu berechnen, wird wieder der Ausdruck

$$\Delta G^{\alpha/\gamma}(x_C, T) = G^\gamma(x_C, T) - G^\alpha(x_C, T)$$

gebildet. Nach Bild 18 wird die Zahl der Oktaeder-Hohlräume im γ-Gitter durch $b^\gamma = 1$, im α-Gitter durch $b^\alpha = 3$ beschrieben (die Tetraeder-Hohlräume im α-Gitter werden nicht berücksichtigt). Man erhält dann nach Gleichung (37b) für die α/γ-Phasenstabilität

$$\Delta G^{\alpha/\gamma}(x_C, T) = \Delta G_{Fe}^{\alpha/\gamma}(T) + N_{Fe} \frac{x_C}{1 - x_C} [\Delta v_{FeC}^{\alpha/\gamma} + \Delta I^{\alpha/\gamma}(T)]$$
$$+ kT N_{Fe} \left[\frac{1 - 2 x_C}{1 - x_C} \ln \frac{1 - 2 x_C}{1 - x_C} + \frac{x_C}{1 - x_C} \ln \frac{x_C}{1 - x_C} \right]$$
$$- kT N_{Fe} \left[\frac{3 - 4 x_C}{1 - x_C} \ln \frac{3 - 4 x_C}{1 - x_C} + \frac{x_C}{1 - x_C} \ln \frac{x_C}{3 - 3 x_C} \right]$$
$$\tag{38a}$$

Wenn diese Gleichung gleich Null gesetzt wird, ergibt sich die allotrope Umwandlungslinie x_C^0 in Abhängigkeit von T. Bei $x_C^0 \ll 1$ lautet die Näherung

$$\Delta G^{\alpha/\gamma}(x_C^0, T) \approx$$
$$\Delta G^{\alpha/\gamma}(T) + N_{Fe} x_C^0 [\Delta v_{FeC}^{\alpha/\gamma} + \Delta I^{\alpha/\gamma}(T)] + N_{Fe} kT c_C^0 \ln 3.$$
$$\tag{38b}$$

Die Grenzen x_C^α, x_C^γ des ($\alpha + \gamma$)-Zweiphasenbereichs können berechnet werden, indem nach Gleichung (23) aus Gleichung (37a) die chemischen Potentiale der Komponenten Fe, C in beiden Phasen gebildet und gleichgesetzt werden. Man erhält zunächst

$$\mu_C = \frac{\partial G}{\partial N_C} = v_{FeC} + I(T) + kT \ln \frac{N_C}{b N_{Fe} - N_C}$$

und

$$\mu_{Fe} = \frac{\partial G}{\partial N_{Fe}} = \frac{1}{N_{Fe}} G_{Fe}(T) - kT b \ln \frac{b N_{Fe}}{b N_{Fe} - N_C}$$

und daraus mit $b^\gamma = 1$, $b^\alpha = 3$:

$$\Delta v^{\alpha/\gamma}_{\text{FeC}} + \Delta I^{\alpha/\gamma}(T) + kT\left[\ln\frac{x^\gamma_C}{1 - 2x^\gamma_C} - \ln\frac{x^\alpha_C}{3 - 4x^\alpha_C}\right] = 0$$

(39a)

und

(39b)

$$\frac{1}{N_{\text{Fe}}}\Delta G^{\alpha/\gamma}_{\text{Fe}}(T) - kT\left[\ln\frac{1 - x^\gamma_C}{1 - 2x^\gamma_C} - 3\ln\frac{3 - 3x^\alpha_C}{3 - 4x^\alpha_C}\right] = 0$$

Berücksichtigt man wieder $x^\alpha_C \ll 1$ und $x^\gamma_C \ll 1$, so folgt aus Gleichung (39b) die Näherung

$$x^\gamma_C - x^\alpha_C = \frac{\Delta G^{\alpha/\gamma}_{\text{Fe}}(T)}{N_{\text{Fe}}kT}.$$

Wir erhalten also auch hier die bereits mit Gleichung (32) für die Substitutionsmischkristalle gewonnene Aussage: die Breite des $(\alpha + \gamma)$-Zweiphasengebietes hängt hauptsächlich von der α/γ-Stabilität des reinen Eisens ab.

Um x^α_C, x^γ_C einzeln zu berechnen, müßten zuvor die in Gleichung (39a) enthaltenen Energiedifferenzen, z. B. aus den bekannten Überführungswärmen von Graphit in α- bzw. γ-Eisen[25, 26]), abgeschätzt werden. Hier sollen umgekehrt diese Energiedifferenzen aus bekannten Löslichkeitswerten bestimmt werden. Nach[26]) ist z. B. bei $T_E = 1000$ K, der Temperatur der Perlitreaktion, $x^\alpha_C = 0,00093$ und $x^\gamma_C = 0,03495$. Mit diesen Werten und mit $N_{\text{Fe}} \cdot k = R$ folgt aus Gleichung (39a)

$$N_{\text{Fe}}[\Delta v^{\alpha/\gamma}_{\text{FeC}} + \Delta I^{\alpha/\gamma}(1000\text{ K})] = -9,6 \text{ [kcal/g-Atom]}.$$

Mit diesem Wert und mit dem aus Gleichung (39b) berechneten Wert $\Delta G^{\alpha/\gamma}_{\text{Fe}}(1000\text{ K}) = 72$ [cal/g-Atom] erhalten wir dann als „Gleichgewichts"-Gehalt x^0_C bei 1000 K aus Gleichung (38b)

$$0{,}072 + x^0_C[-9{,}6 + 2{,}2] = 0$$

$$x^0_C \approx 0{,}0097.$$

Wie es sein muß, liegt x^0_C zwischen x^α_C und x^γ_C. Außerdem kann man nach Gleichung (38b) die bei 1000 K eine α/γ-Umwandlung treibende freie Enthalpie angeben zu

$$\Delta G^{\alpha/\gamma}(x_C, 1000\text{ K}) = 0{,}072 - 7{,}4 \cdot x_C \text{ [kcal/g-Atom]}.$$

Für $x_C < x^0_C$ ist diese Größe positiv und damit ist die α-Phase stabiler als die γ-Phase. Für $x_C > x^0_C$ ist es umgekehrt. In ähnlicher Weise kann man aus einer Extrapolation der Grenzlinien des $(\alpha + \gamma)$-Feldes auf Temperaturen $T < 1000$ K die Kräfte abschätzen, die die Umwandlung des Austenits (γ) in den Ferrit (α) bewirken. Für eine vollständige Analyse des Austenitzerfalls muß jedoch auch die Stabilität der Karbidphase Fe$_3$C, des Zementits, mitberücksichtigt werden. Dies geschieht im letzten Abschnitt.

4. Stöchiometrisch zusammengesetzte Phasen

Nicht behandelt wurden bisher intermetallische Verbindungen, die in der Regel nur bei bestimmten stöchiometrischen Legierungszusammensetzungen auftreten und nur geringe Löslichkeitsbereiche haben. Für viele Abschätzungen genügt es deshalb, diese Verbindungen nur bei ihrer stöchiometrischen Zusammensetzung zu berücksichtigen[7]). Die freie Enthalpie ist dann, wie bei reinen Komponenten, nur noch eine Funktion der Temperatur. Für die Berechnung eines Zweiphasengleichgewichtes, z. B. dem des Eisenkarbides Fe$_3$C(Θ) mit dem Fe-C-Mischkristall φ, besteht dann nur noch die eine Gleichgewichtsbedingung (Bild 19):

$$\left.\frac{\partial G^\varphi}{\partial x_C}\right|_{x^\varphi_C} = \frac{G^\Theta(T) - G^\varphi(x^\varphi_C, T)}{x^\Theta_C - x^\varphi_C}, \quad (40)$$

aus der z. B. der Grenzgehalt x^φ_C des Mischkristalls φ zum $(\varphi + \Theta)$-Bereich bei bekannten freien Enthalpien berechnet werden kann, während $x^\Theta_C = 0,25$ fest vorgegeben ist.

Um die freie Enthalpie des Eisenkarbids Fe$_3$C zahlenmäßig zu formulieren, können wir, wie in[24]), die durch Messungen bekannte spezifische Wärmekapazität $c_p(T)$ dieser Phase in Gleichung (5) einsetzen. Die Nullpunktentropie wird, da die stöchiometrische Fe$_3$C-Phase nicht entartet ist, gleich Null gesetzt. Die Nullpunktenthalpie ist nicht bekannt. Man kann aber ihren Wert relativ z. B. zur Nullpunktenthalpie des reinen α-Fe, zahlenmäßig z. B. aus den bekannten Daten des α-γ-Θ-Gleichgewichts am Perlitpunkt zu bestimmen:

Am Perlitpunkt stehen bei $T_E = 1000$ K die α-, γ-, Θ-Phasen mit den Gehalten $x^\alpha_C = 0,00093$, $x^\gamma_C = 0,03495$, $x^\Theta_C = 0,25$ miteinander im Gleichgewicht[26]), und aus Gleichung (37b) folgt:

$$\frac{\partial G}{\partial x_C} = \frac{A(T)}{(1 - x_C)^2} + \frac{RT}{(1 - x_C)^2}\ln\frac{x_C}{b - (1 + b)x_C} \quad (41)$$

mit der Abkürzung $A(T) = N_{\text{Fe}}[v_{\text{FeC}} + I(T)]$ und $N_{\text{Fe}} \cdot k = R$.

Aus den Gleichungen (37b), (40) und (41) für jeweils $\varphi = \alpha, \gamma$ folgt dann mit den angegebenen Gleichgewichtswerten x^α_C, x^γ_C, x^Θ_C in [kcal/g-Atom]:

$$G^\Theta(T_E) - G^\alpha_{\text{Fe}}(T_E) = 0{,}250 \cdot A^\alpha(T_E) - 4{,}048 \text{ und}$$

$$G^\Theta(T_E) - G^\gamma_{\text{Fe}}(T_E) = 0{,}267 \cdot A^\gamma(T_E) - 1{,}827.$$

Mit den bereits im vorigen Abschnitt ermittelten Werten

$$A^\gamma(T_E) - A^\alpha(T_E) = -9{,}6 \text{ [kcal/g-Atom] und}$$

$$\Delta G^{\alpha/\gamma}_{\text{Fe}}(T_E) = 0{,}072 \text{ [kcal/g-Atom]}$$

folgt daraus

$$G^\Theta(T_E) - G^\alpha_{\text{Fe}}(T_E) = 26{,}4 \text{ [cal/g-Atom]},$$

$$G^\Theta(T_E) - G^\gamma_{\text{Fe}}(T_E) = -45{,}6 \text{ [cal/g-Atom]},$$

$$A^\alpha(T_E) = 16{,}27 \text{ [kcal/g-Atom]},$$

$$A^\gamma(T_E) = 6{,}67 \text{ [kcal/g-Atom]}.$$

Mit diesen Zahlenwerten ist der Verlauf der freien Enthalpien der α-, γ-Phase mit dem C-Gehalt und der Wert der freien Enthalpie der Carbidphase für die Temperatur T_E vollständig bestimmt. Er ist in Bild 20 zahlenmäßig angegeben.

Aus der Kenntnis der Zahlenwerte für die Differenzen $G^\Theta(T_E) - G^\varphi_{\text{Fe}}(T_E)$ mit $\varphi = \alpha, \gamma$ ist auch die gegenseitige Lage der Nullpunktenthalpien $H^\Theta(0)$, $H^\varphi_{\text{Fe}}(0)$ bekannt, weil die Integrale über $c^\Theta_p(T)$, $c^\varphi_p(T)$ in Gleichung (5) für jede Temperatur bekannt sind. Damit ist es möglich, aus den bekannten Löslichkeitslinien des Carbids Fe$_3$C in der α-, γ-Phase durch die Gleichgewichtsbedingungen [Gleichung (40)] die Größen $A^\alpha(T)$, $A^\gamma(T)$ zu berechnen. Mit diesen Werten ist es möglich, für jede Temperatur die freien Enthalpien der α-, γ-, Θ-Phasen anzugeben. In Bild 20 ist dies als Beispiel für vier Temperaturen geschehen. Man erkennt:

a) bei $T = 1200$ K ist die α-Phase bei allen C-Gehalten instabil; die γ-Phase bildet mit der Carbidphase Fe_3C ein Zweiphasengebiet.

b) bei $T = 1100$ K bilden bei niedrigem C-Gehalt α und γ, bei höherem C-Gehalt γ und Fe_3C jeweils ein Zweiphasengebiet.

c) Bei $T_E = 994$ K ist das eutektoidische 3-Phasen-Gleichgewicht des Perlits eingestellt. (Anmerkung: Bild 20 entstammt der früheren Arbeit [24]), in der der Perlitpunkt bei 994 K, statt wie hier und in [26]) bei 1000 K, angenommen worden ist. Die daraus folgenden Abweichungen der Zahlenangaben sind für diese Diskussion belanglos.)

d) Unterhalb des Perlitpunktes bei $T = 950$ K ist die γ-Phase bei allen C-Gehalten instabil; die α- und Carbidphase sind über einen ausgedehnten Zweiphasenbereich miteinander im Gleichgewicht.

Der wesentliche Informationsinhalt der freien Enthalpie-Kurven (wie z. B. in Bild 20) besteht neben den Aussagen über die Phasengleichgewichte darin, daß für alle Zustandspunkte zahlenmäßig angegeben werden kann, wie stabil oder instabil die verschiedenen Phasen oder auch Phasengemenge zueinander sind. Diese Informationen bilden den Ausgangspunkt für die Erörterungen der Umwandlungsvorgänge in den folgenden Abschnitten.

5. Schlußbemerkung

Im vorhergehenden wurde erörtert, wie stabil – vor allem in Fe-Legierungen – verschiedenartige ein- oder mehrphasige Zustände im Vergleich untereinander sind. Als quantitatives Maß für die Stabilität wurde jeweils die freie Enthalpie der Phasen betrachtet. Sie wurde entwickelt aus der Kenntnis physikalischer Eigenschaften der Phasen, aus bekannten Daten der Phasendiagramme und aus kalorimetrischen Messungen. Auf diese Weise wurden die freien Enthalpien aller auftretenden Phasen im ganzen Temperaturbereich und für alle Legierungszusammensetzungen berechnet. Mit dieser Kenntnis läßt sich angeben, wie stark die eine Phasenumwandlung antreibenden Kräfte im Einzelfall sind. Dabei können sowohl Umwandlungen von instabilen in stabile Phasen als auch Umwandlungen zwischen nichtstabilen Phasen analysiert werden.

Sind bei einem bestimmten Gefügezustand alle eine Umwandlung treibenden Kräfte gleich Null, so ist der Gleichgewichtszustand erreicht, der durch das Phasendiagramm beschrieben wird. In der Regel liegen die Werkstoffe aber nicht in diesem Gleichgewichtszustand vor und sollen es auch gar nicht, da gewünschte Eigenschaften oft nur durch Nichtgleichgewichtszustände erzeugt werden. In diesen Fällen dient die zahlenmäßige Kenntnis aller eine Gefügeveränderung treibenden Kräfte dazu, z. B. den Zeitraum abzuschätzen, in dem eine gewünschte oder gegebenenfalls auch unerwünschte Gefügeänderung zu erwarten ist.

* * *

Der Verfasser möchte auch an dieser Stelle Herrn Dr. G. Sauthoff für manche klärende Diskussion herzlich danken.

Schrifttumshinweise

[1]) *Wagner, C.:* Thermodynamics of Alloys, London: Addison-Weseley (1952).
Schmalzried, H.: Festkörperthermodynamik, Weinheim: Verlag Chemie (1974).
Mannchen, W.: Einführung in die Thermodynamik der Mischphasen, Leipzig: VEB Deutscher Verlag für Grundstoffindustrie (1965).

[2]) *Denbigh, K.:* The Principles of Chemical Thermodynamics, Cambridge: University Press (1968).

[3]) *Cottrell, A. H.:* Theoretical Structural Metallurgy, Edward Arnold (Publishers) Ltd., London (1965), besonders S. 96/99.

[4]) *Zener, C.:* In „Phase Stability in Metals and Alloys", Hrsg.: P. S. Rudman, J. Stringer, R. I. Jaffee, McGraw-Hill Book Comp., New York (1967) S. 25/37.

[5]) *Kaufman, L.:* Acta Met. **7** (1959), S. 575.

[6]) *Weiss, R. J.,* u. *K. J. Tauer:* Phys. Rev. **102** (1956), S. 1490.

[7]) *Kaufman, L.,* u. *H. Bernstein:* Computer Calculations of Phase Diagrams, Academic Press, New York, London (1970), besonders S. 19, 23, 46/50, 93.

[8]) *Stepakoff, G. L.,* u. *L. Kaufman:* Acta Met. **16** (1968), S. 13.

[9]) *Kaufman, L., E. V. Clougherty* u. *R. J. Weiss:* Acta Met. **11** (1963), S. 323.

[10]) *Gonser, U., C. J. Meechan, A. H. Muir* u. *H. Wiedersich:* J. appl. Phys. **34** (1963), 2373.
Johanson, G. J., u. *M. B. McGirr:* Phys. Rev. B **1** (1970), S. 3208.

[11]) *Haasen, P.:* Physikalische Metallkunde, Springer-Verlag Berlin/Heidelberg/New York (1974), besonders S. 82/101.

[12]) *Hultgren, R., P. D. Desai, D. T. Hawkins, M. Gleiser* u. *K. H. Kelley:* „Selected Values of the Thermodynamic Properties of Binary Alloys". ASM Metals Park, Ohio (1973), S. 873.

[13]) wie Zitat [12]), S. 849.

[14]) wie Zitat [12]), S. 696.

[15]) *Oelsen, W.,* u. *F. Wever:* Arch. Eisenhüttenwes. **19** (1948), S. 97.

[16]) *Fischer, W. A., K. Lorenz, H. Fabritius* u. *D. Schlegel:* Arch. Eisenhüttenwes. **41** (1970), S. 489.

[17]) *Schlatte, G., G. Inden* u. *W. Pitsch:* Z. Metallkde. **65** (1974), S. 94.

[18]) *Miodownik, A. P.:* In „Chemical Metallurgy of Iron and Steel". Iron and Steel Institute, London (1971), S. 292.

[19]) *Kaufman, L.:* International Symposium on Metallurgical Chemistry; Hrsg.: O. Kubaschewski, HMSO, London (1972), S. 373.

[20]) *Kaufman, L.,* u. *H. Nesor:* Z. Metallkde. **64** (1973), S. 249.

[21]) *Kubaschewski, O.:* In „Phase Stability in Metals and Alloys". Hrsg.: P. S. Rudman, J. Stringer u. R. J. Jaffee, McGraw-Hill Book Comp.; New York (1967), S. 63.

[22]) *Ban-ya, S., J. F. Elliott* u. *J. Chipman:* Trans. AIME **245** (1969), S. 1199.

[23]) *Wada, T.:* Trans. ISIJ, **8** (1968), S. 1.

[24]) *Johansson, C. H.:* Arch. Eisenhüttenwes. **11** (1937), S. 241.

[25]) *Ban-ya, S., J. Elliott* u. *J. Chipman:* Met. Trans. **1** (1970), S. 1313.

[26]) *Chipman, J.:* Met. Trans. **3** (1972), S. 55.

Verwendete Zeichen und ihre Bedeutung

G	= Freie Enthalpie in [cal/g-Atom]*)
H	= Enthalpie in [cal/g-Atom]
S	= Entropie in [cal/g-Atom · grad]
T	= Temperatur
P	= Bildungswahrscheinlichkeit
R	= Gaskonstante (2 cal/g-Atom · grad)
v	− Häufigkeitszahl
K	= Konstante
c_p	= Spezifische Wärme in [cal/g-Atom · grad]
x	= Gehaltsangabe als Molenbruch
μ	= Chemisches Potential in [cal/Atom]
a	= Chemische Aktivität
L	= Loschmidtsche Zahl ($6 \cdot 10^{23}$)
N	= Atom- oder Atompaarzahl
Z	= Zahl der Nachbarn eines Atoms
V, v	= Bindungsenergien
W	= Austauschenergie
k	= Boltzmannkonstante ($3{,}3 \cdot 10^{-24}$ cal/grad)
b	= Zahl der Hohlräume im Gitter pro Fe-Atom
Δ	= Unterschied der folgenden Größe in zwei Phasenzuständen

Als Index geschrieben bedeuten

$\alpha, \beta, \gamma, \delta, \varepsilon, \varphi, \psi, \Theta$	= Anteil der Phase $\alpha, \beta, \ldots$
M	= Magnetanteil
St	= Strukturanteil
A, B, Fe, C	= Anteil der Komponente $A, \ldots$
E	= Restanteil oder „am Perlitpunkt"
GM	= Anteil eines Gemenges

*) 1 cal = 4,186 Joule

Tafel 2:
Restwerte der freien Enthalpien verschiedener Phasen nach Gleichung (33); die erste Zeile gibt jeweils $g(T)$, die zweite Zeile $h(T)$ an

Fe-Co	
Liquid	$-1650 + 1.10\,T$ for $1600 \leq T \leq 1900$
	$-3060 + 2.96\,T$ for $1600 \leq T \leq 1900$
FCC	$-555 + 0.4983\,E - 3\,T^2 - 0.10264\,E - 6\,T^3$ for $0 \leq T \leq 1800$
	$-235 + 0.13703\,E - 2\,T^2 - 0.28228\,E - 6\,T^3$ for $0 \leq T \leq 1800$
BCC	$-8830 + 0.119583\,E - 1\,T^2 - 0.518664\,E - 5\,T^3 - 9533 + 0.104454\,E - 1\,T^2 - 0.395858\,E - 5\,T^3$
HCP	$+345 + 0.4983\,E - 3\,T^2 - 0.10264\,E - 6\,T^3$ for $0 \leq T \leq 900$
	$+665 + 0.13703\,E - 2\,T^2 - 0.28228\,E - 6\,T^3$ for $0 \leq T \leq 900$

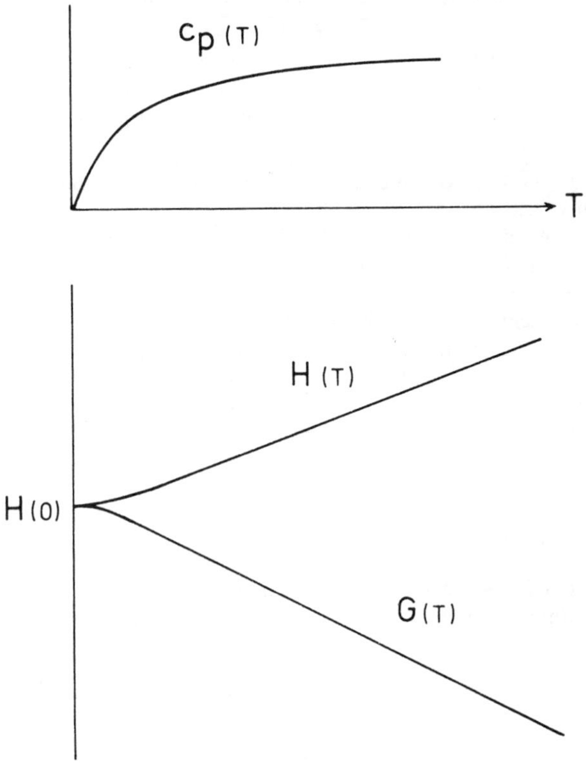

Tafel 1:
Differenzen der freien Enthalpien verschiedener Phasen (Einheiten in [cal/g-Atom] und K)

Iron	
L-FCC	$3524 - 1.959\,T$ above 1665 K
L-BCC	$3300 - 1.824\,T$ above 1665 K
BCC-FCC	$-1251.2 + 2.2468\,T - 0.12655\,E - 2\,T^2 + 0.2204\,E - 6\,T^3$ for $1100 \leq T \leq 1800$
FCC-BCC	$1460 - 0.8274\,T - 0.17858\,E - 2\,T^2 + 0.1225\,E - 5\,T^3$ for $300 \leq T \leq 1100$
FCC-BCC	$1303 + 1.78\,E - 3\,T^2 - 2.87\,E - 5\,T^3 + 4.91\,E - 8\,T^4$ below 300
HCP-FCC	$-437 + 1.12\,T$ above 300 K

Cobalt	
L-FCC	$3870 - 2.19\,T$ above 1500 K
FCC-BCC	$-1662 + 0.1509\,E - 2\,T^2 - 0.6701\,E - 6\,T^3$ for $0 \leq T \leq 1800$
FCC-BCC	-560 for $1300 \leq T \leq 1800$
FCC-BCC	-560 for $1300 \leq T \leq 1800$
FCC-BCC	$-1840 + 1.0\,T$ for $300 \leq T \leq 1300$

*) $0.12655\,E - 2 = 0.12655 \times 10^{-2}$.

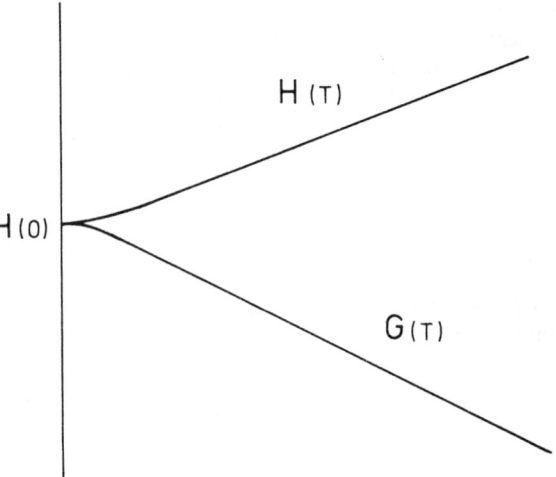

Bild 1: Spezifische Wärme c_p und die thermodynamischen Funktionen Enthalpie H und freie Enthalpie G eines reinen, nichtmagnetischen Metalls in Abhängigkeit von der Temperatur (schematisch)

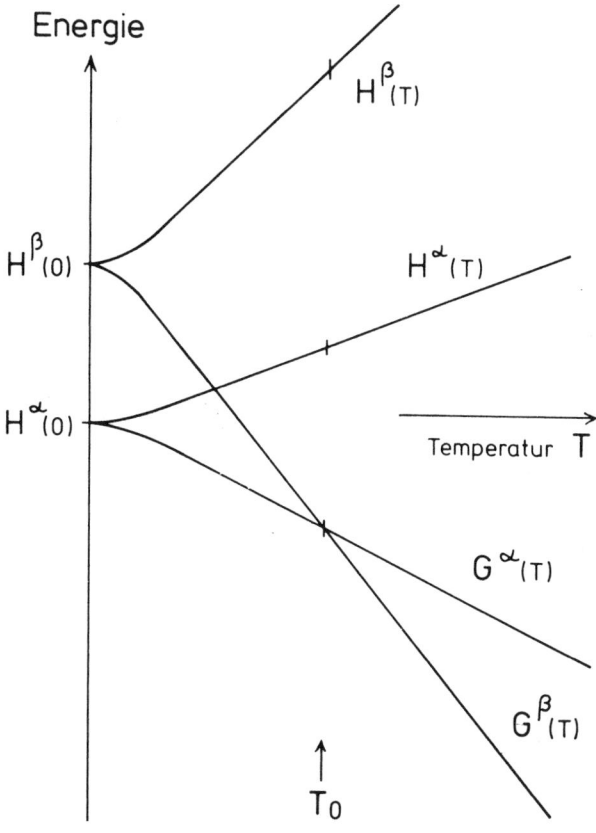

Bild 2: Thermodynamische Funktionen eines reinen, nichtmagnetischen Metalls für zwei verschiedene Phasenzustände α, β (schematisch)

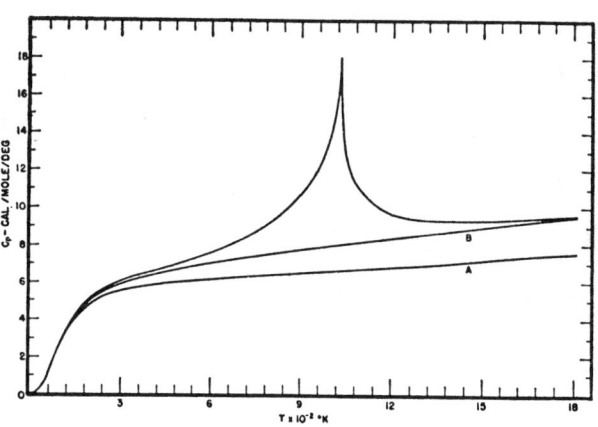

Bild 4: Spezifische Wärme des kubisch-raumzentrierten α-Eisens als Funktion der Temperatur [aus[6]]

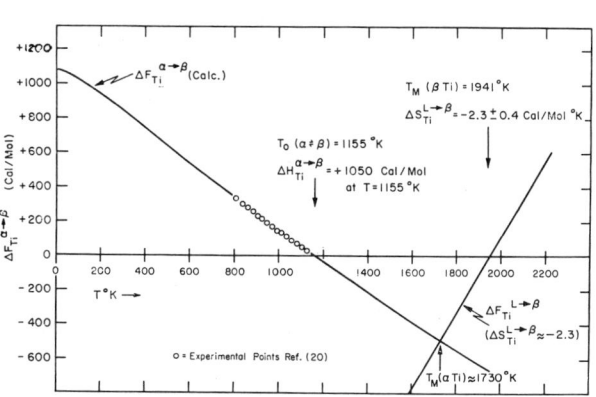

Bild 3: Differenz der freien Enthalpien (mit F statt mit G gekennzeichnet) der hexagonal dichtest gepackten (α) und der kubisch-raumzentrierten (β) Phase des Titans als Funktion der Temperatur [aus[5]]

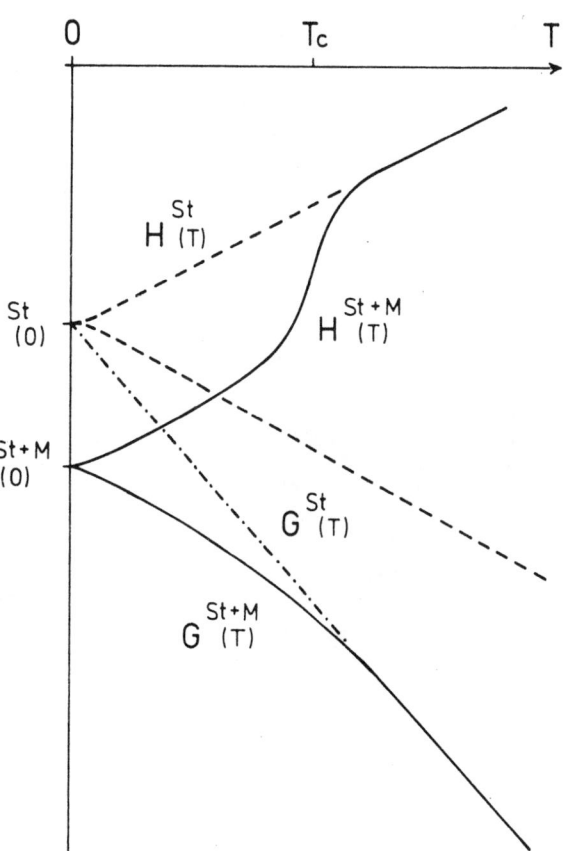

Bild 5: Die Enthalpie H und die freie Enthalpie G des kubisch-raumzentrierten Eisens, getrennt in nichtmagnetische (St) und magnetische (M) Anteile als Funktion der Temperatur (schematisch)

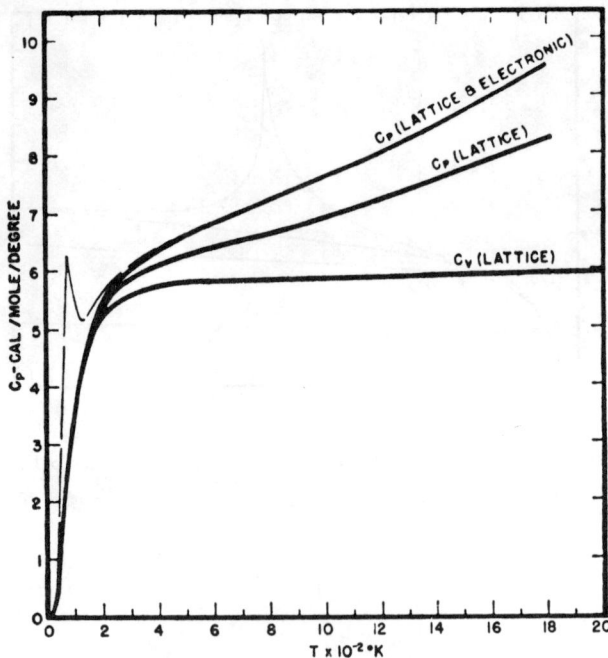

Bild 6: Spezifische Wärme des kubisch-flächenzentrierten Eisens als Funktion der Temperatur [aus [6]]

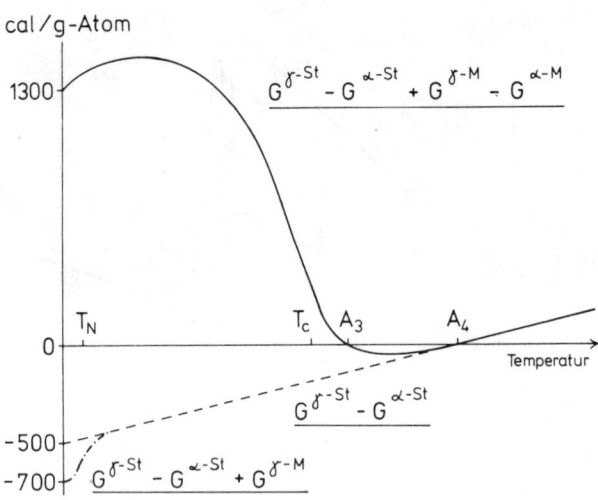

Bild 8: Differenz der freien Enthalpien des α- und des γ-Eisens, getrennt in nichtmagnetische (St) und magnetische (M) Anteile (stark vereinfacht)

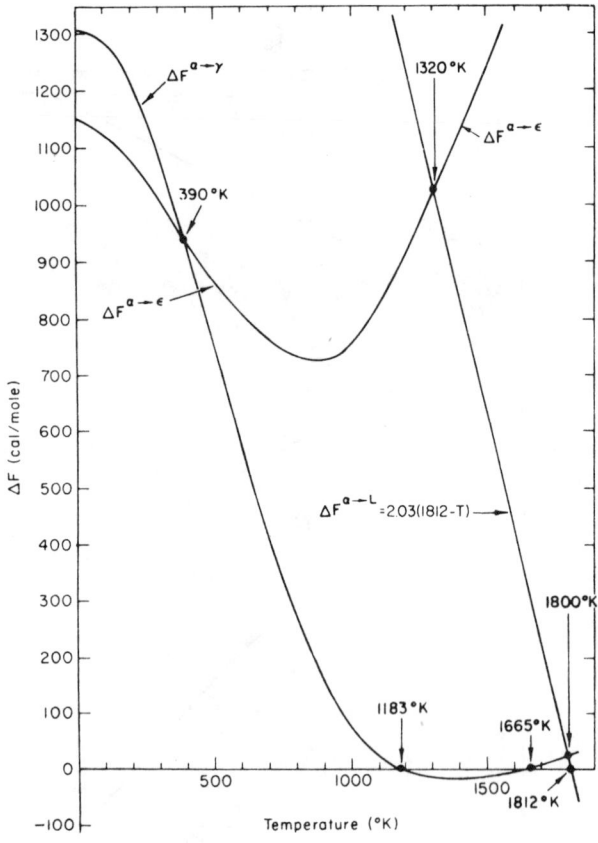

Bild 7: Die Differenzen der freien Enthalpien (mit F statt mit G gekennzeichnet) verschiedener Phasen des Eisens (α = kubisch-raumzentriert, γ = kubisch-flächenzentriert, ε = hexagonal dicht gepackt, L = flüssig). Die Umwandlungstemperaturen sind angegeben [aus [7]]

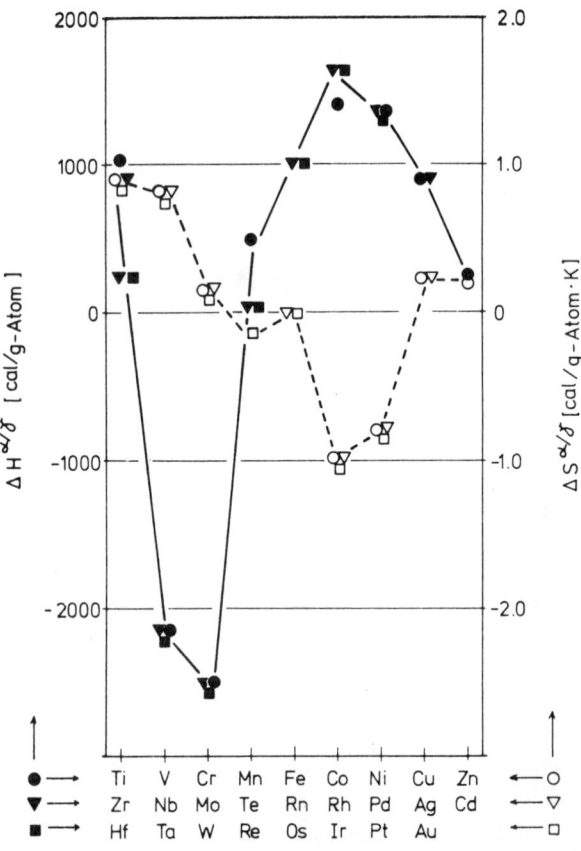

Bild 9: Die Enthalpiedifferenzen (geschlossene Symbole) und Entropiedifferenzen (offene Symbole) der kubisch-raumzentrierten (α)- und kubisch-flächenzentrierten (γ)-Phasenzustände in reinen Metallen, ohne magnetische Effekte [aus [7]]

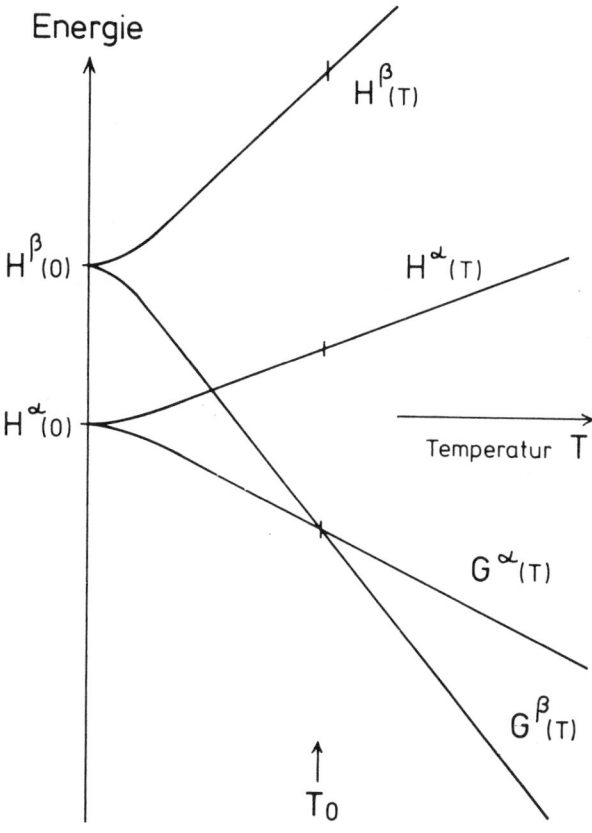

Bild 2: Thermodynamische Funktionen eines reinen, nichtmagnetischen Metalls für zwei verschiedene Phasenzustände α, β (schematisch)

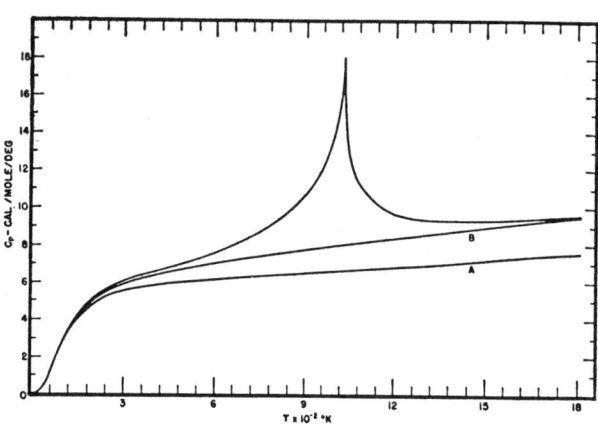

Bild 4: Spezifische Wärme des kubisch-raumzentrierten α-Eisens als Funktion der Temperatur [aus[6]]

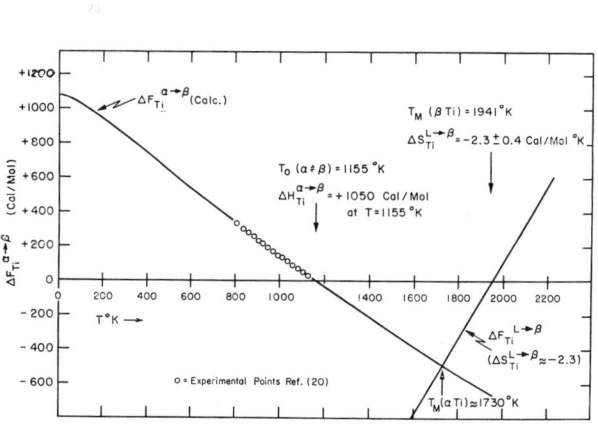

Bild 3: Differenz der freien Enthalpien (mit F statt mit G gekennzeichnet) der hexagonal dichtest gepackten (α) und der kubisch-raumzentrierten (β) Phase des Titans als Funktion der Temperatur [aus[5]]

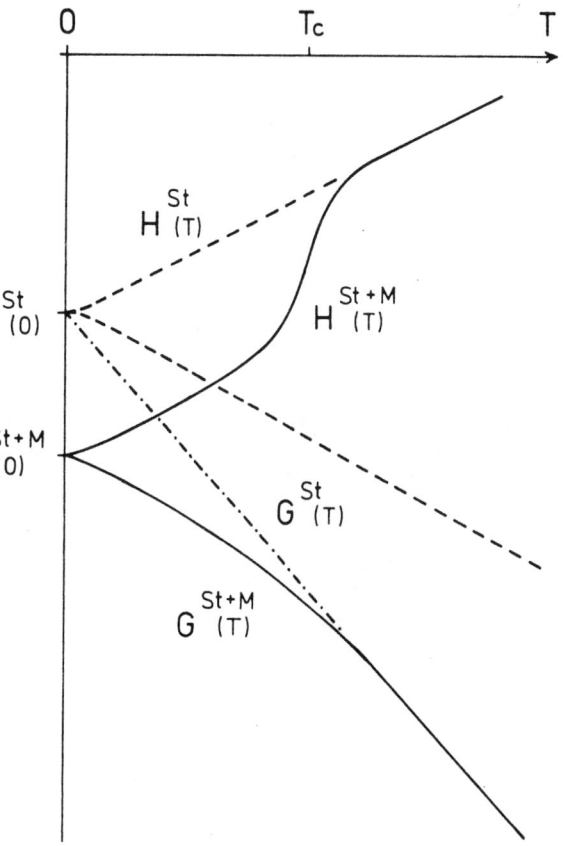

Bild 5: Die Enthalpie H und die freie Enthalpie G des kubisch-raumzentrierten Eisens, getrennt in nichtmagnetische (St) und magnetische (M) Anteile als Funktion der Temperatur (schematisch)

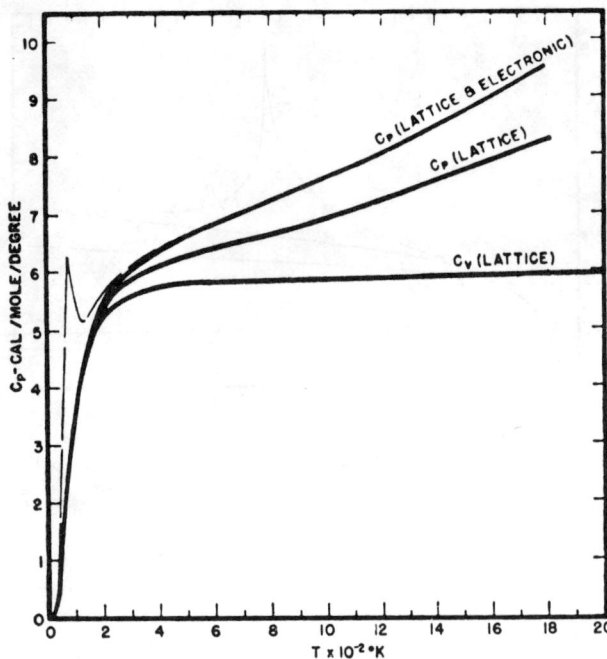

Bild 6: Spezifische Wärme des kubisch-flächenzentrierten Eisens als Funktion der Temperatur [aus[6]]

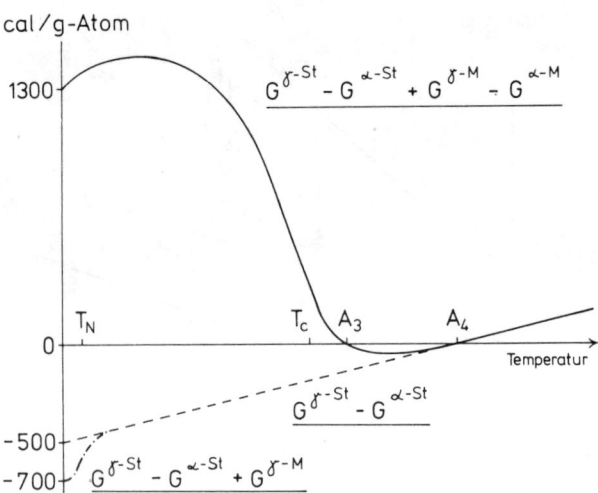

Bild 8: Differenz der freien Enthalpien des α- und des γ-Eisens, getrennt in nichtmagnetische (*St*) und magnetische (*M*) Anteile (stark vereinfacht)

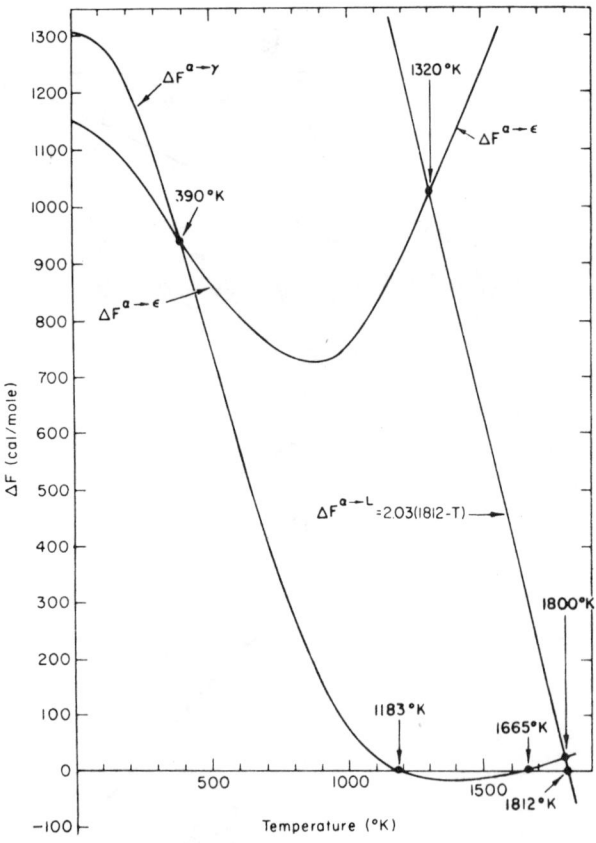

Bild 7: Die Differenzen der freien Enthalpien (mit F statt mit G gekennzeichnet) verschiedener Phasen des Eisens (α = kubisch-raumzentriert, γ = kubisch-flächenzentriert, ε = hexagonal dicht gepackt, L = flüssig). Die Umwandlungstemperaturen sind angegeben [aus[7]]

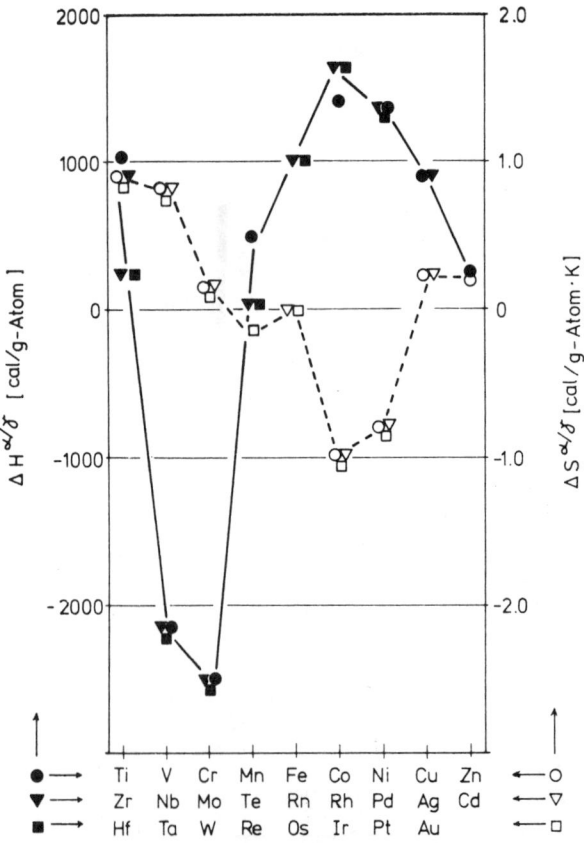

Bild 9: Die Enthalpiedifferenzen (geschlossene Symbole) und Entropiedifferenzen (offene Symbole) der kubisch-raumzentrierten (α)- und kubisch-flächenzentrierten (γ)-Phasenzustände in reinen Metallen, ohne magnetische Effekte [aus[7]]

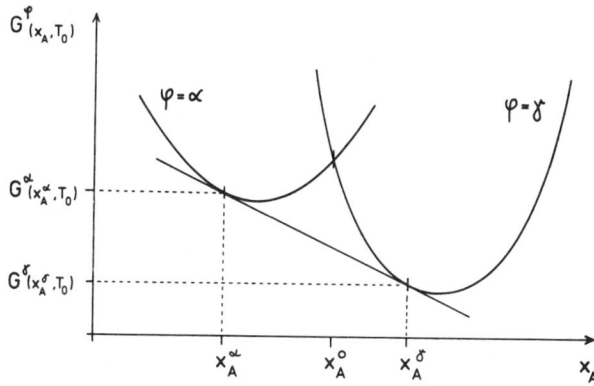

Bild 10a: Die freien Enthalpien G^φ zweier Phasen $\varphi = \alpha, \gamma$ in Abhängigkeit vom Legierungsgehalt x_A für eine feste Temperatur $T = T_0$ (schematisch)

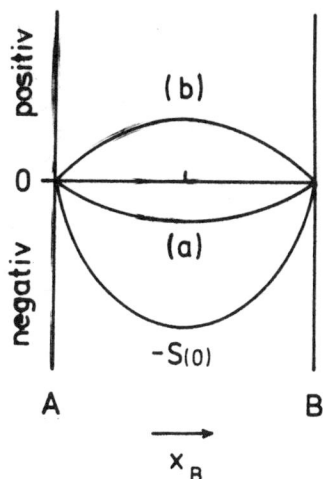

Bild 11: Bildungsenergien nach Gleichung (28) für $W^\varphi < 0$ (a) für $W^\varphi > 0$ (b) und Nullpunktentropie $-S(0)$ nach Gleichung (26), die nach Gleichung (29) die Stabilität des regellosen Mischkristalls φ gegenüber dem Gemenge der reinen Komponenten bestimmen als Funktion des Legierungsgehaltes (schematisch)

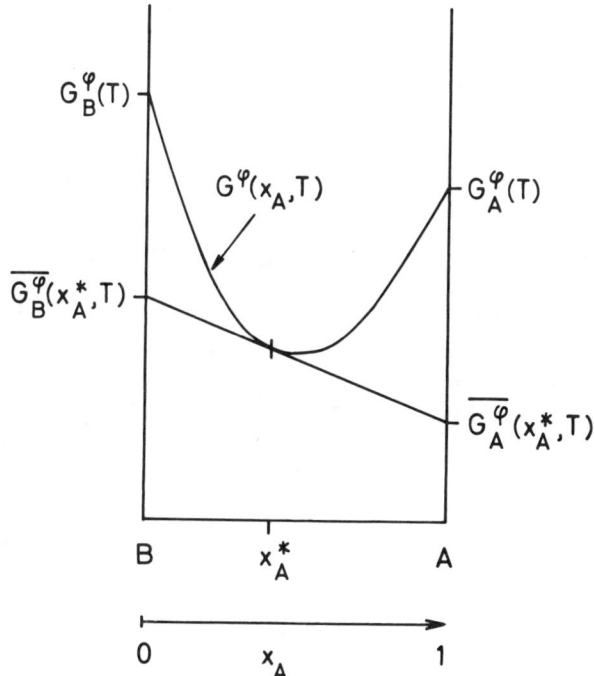

Bild 10b: Die partiellen molaren freien Enthalpien $\overline{G_A^\varphi}$ $\overline{G_B^\varphi}$ der Komponenten A, B in der Phase φ beim Legierungsgehalt x_A^* und der Temperatur T

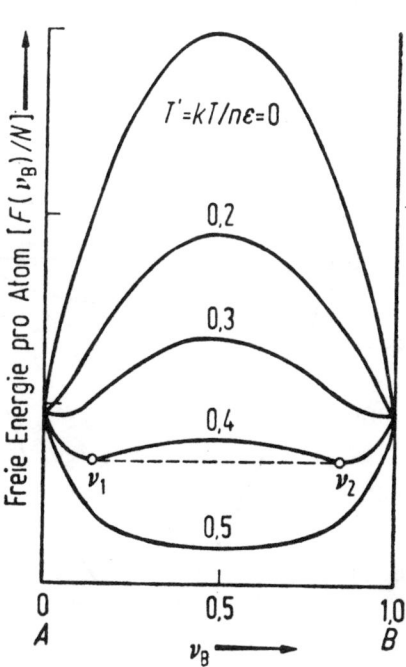

Bild 12: Freie Energien F (sie entsprechen den hier diskutierten freien Enthalpien G, wenn das Probenvolumen konstant gehalten wird) für einen Mischkristall mit $W^\varphi < 0$, bei verschiedenen mit $n\varepsilon = -ZW^\varphi/2$ reduzierten Temperaturen [Gehaltsangaben in v statt x; aus[11]]

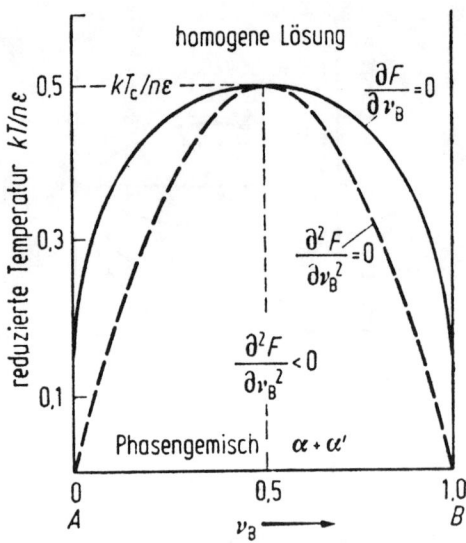

Bild 13: Mischungslücke, dargestellt durch die ausgezogene Löslichkeitslinie, des in Bild 12 behandelten Mischkristalls. Die gestrichelt mit eingetragene „Spinodale" wird hier nicht diskutiert [aus[11]]

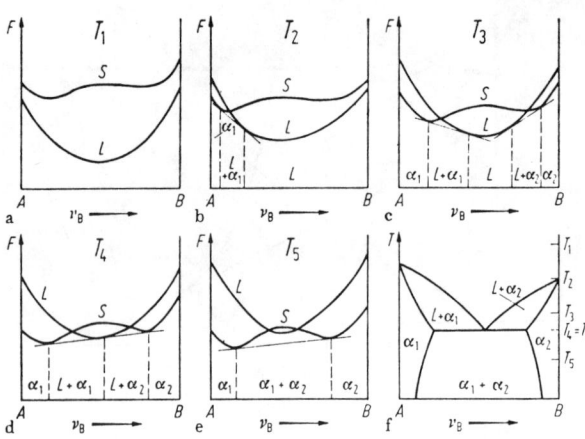

Bild 15: Freie Energien F (entspricht den freien Enthalpien G bei konstantem Probenvolumen) zweier Phasen $\varphi = S, L$ und das daraus abgeleitete eutektische Zustandsdiagramm [Gehaltsangaben in v statt x; aus[11]]

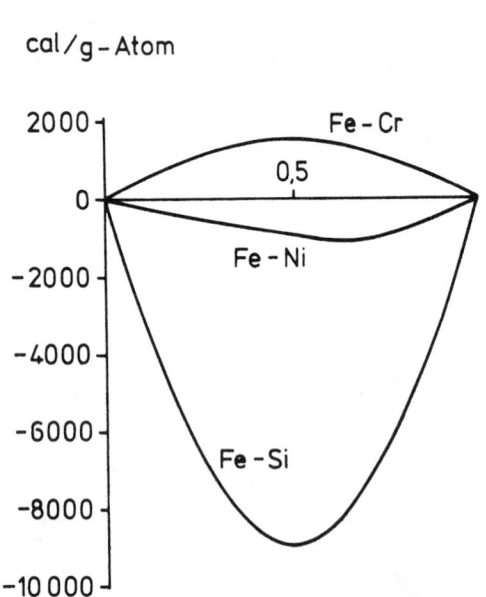

Bild 14: Bildungswärmen in verschiedenen Fe-Systemen als Funktion des Legierungsgehaltes: Fe-Si in der Schmelzphase[12]), Fe-Ni in der kubisch-flächenzentrierten Phase[13]), Fe-Cr teils in der kubisch-raumzentrierten, teils in der kubisch-flächenzentrierten Phase[14])

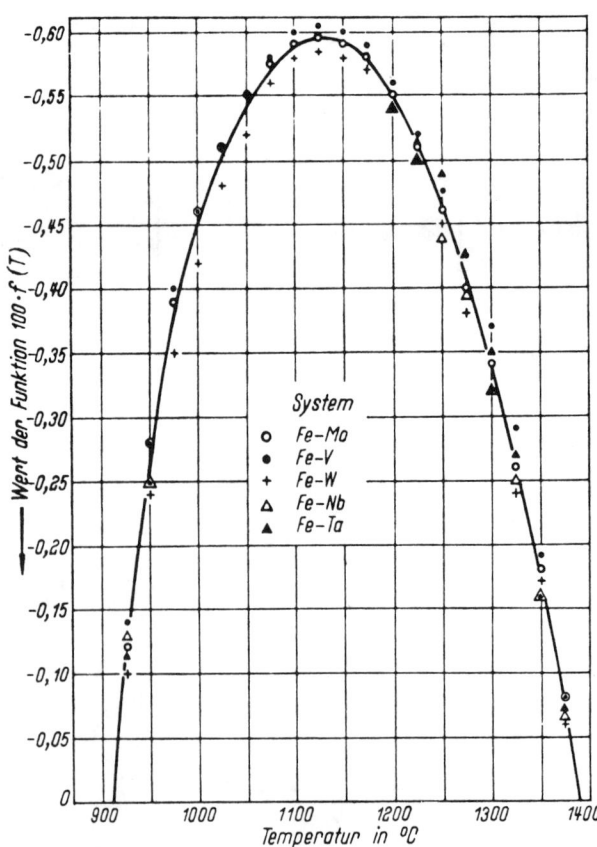

Bild 16: Breite des $(\alpha + \gamma)$-Zweiphasengebietes (als „100-$f(T)$" bezeichnet) als Molenbruch in % bei verschiedenen Temperaturen in verschiedenen Fe-Systemen [aus[16]]

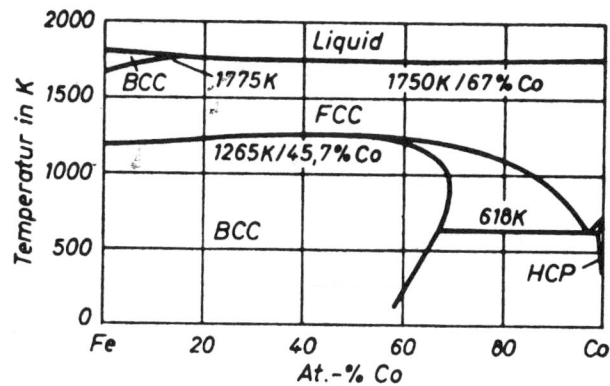

Bild 17: Berechnetes Phasendiagramm Fe-Co aus [20])

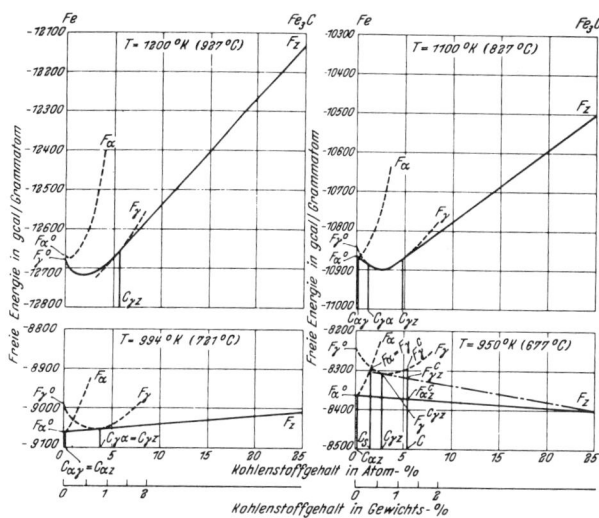

Bild 20: Die freien Enthalpien der α-, γ- und Carbidphase $Z = \Theta$ in [cal/g-Atom] bei verschiedenen Temperaturen; sie werden als freie Energien F bezeichnet [aus [24]]

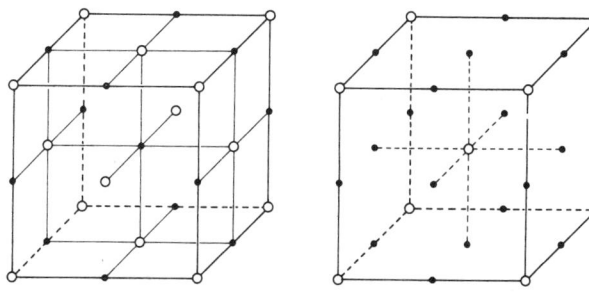

○ Fe-Atome   • Mittelpunkt der Hohlräume

Bild 18: Hohlräume für C-Atome im Fe-Gitter; links: Oktaederplätze in γ-(kubisch-flächenzentriertem)Eisen, rechts: Oktaederplätze in α-(kubisch-raumzentriertem)Eisen

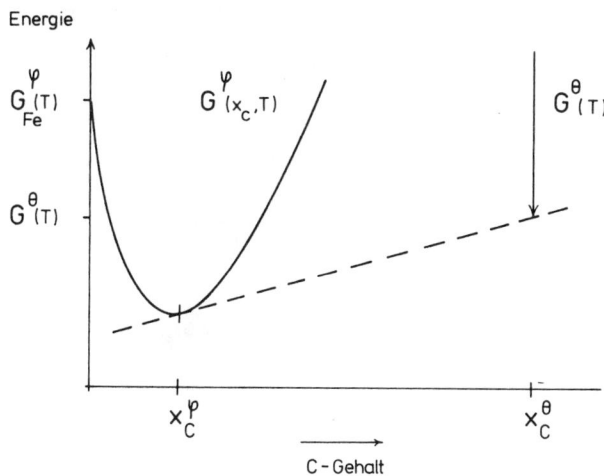

Bild 19: Die freie Enthalpie $G^{\Theta}(T)$ einer Carbidphase Θ mit der festen Zusammensetzung x_C^{Θ} und die freie Enthalpiekurve $G^{\varphi}(x_C, T)$ eines Fe-Mischkristalls im φ-Zustand (schematisch)

2. Diffusion in festen Metallen

Th. Heumann

1. Einleitung

An den meisten in Metallen und vor allem in Legierungen ablaufenden Vorgängen ist die Diffusion der Atome beteiligt, häufig sogar in entscheidendem Maße. Dieser Sachverhalt sollte für jeden, der es in der Praxis mit metallischen Werkstoffen zu tun hat, Grund genug sein, sich mit den Grundlagen der Diffusion vertraut zu machen. Im Folgenden soll versucht werden, die wichtigsten Grundlagen, die bei Platzwechselvorgängen der Atome zu beachten sind, zu vermitteln. Der Text beschränkt sich auf die Darlegung und Erörterung der Diffusionsprozesse in festen Metallen und Legierungen, wobei das Eisen in der Behandlung etwas bevorzugt werden soll.

Denjenigen Lesern, die sich intensiver mit Diffusionsvorgängen befassen wollen, sei die Lektüre der neueren Monographien von Shewmon[1], Adda und Philibert[2] und Jost[3] empfohlen, sowie der Tagungsbericht „Diffusion in metallischen Werkstoffen"[4]. Die Broschüre von Jost u. Hauffe[5] befaßt sich mit den Meßmethoden und Auswerteverfahren, auf die hier nicht näher eingegangen werden kann.

2. Ficksche Gesetze

Liegt in einem System für eine Teilchensorte i ein Konzentrationsgefälle vor, so bewirkt dieses Gefälle bekanntlich einen Diffusionsstrom. Die Stromdichte J_i läßt sich mit dem empirisch aufgestellten Gesetz von Fick (1855) wie folgt beschreiben (eindimensionale Diffusion)

$$J_i = -D \cdot \frac{\partial c_i}{\partial x} \tag{1}$$

c_i bedeutet die Konzentration der Teilchensorte i und ist auf die Volumeneinheit zu beziehen. Zweckmäßigerweise verwendet man die Zahl der Mole pro cm^3 als Konzentrationsmaß. Die Ortskoordinate x gibt die Richtung des Gefälles an. Mit diesem Konzentrationsmaß stellt J_i die Zahl der Mole dar, die pro Sekunde durch den Einheitsquerschnitt hindurchströmen. Der Proportionalitätsfaktor D stellt den Diffusionskoeffizienten dar, dessen Dimension cm^2/s ist. Er muß zwecks quantitativer Beschreibung des Diffusionsablaufs gemessen werden.

Leider ist es nicht möglich, den Diffusionskoeffizienten – im Folgenden mit DK bezeichnet – unmittelbar aus Gleichung (1), dem sogenannten 1. Fickschen Gesetz zu bestimmen, da sich das Konzentrationsgefälle während der Diffusion zeitlich ändert. Zur Bestimmung des DK benötigt man das 2. Ficksche Gesetz, das sich aus dem 1. ergibt, wenn man gemäß Bild 1 an einer Stelle x von der durch den Einheitsquerschnitt hindurchströmenden Menge diejenige abzieht, die an der Stelle $x + \Delta x$ aus dem Volumenelement austritt. Die Differenz der Stromdichten $J_i(x) - J_i(x + \Delta x) = \Delta \dot{m}_i$ stellt dann die Änderung der Molzahl pro Sekunde im Volumenelement Δx dar.

$$\Delta \dot{m}_i = J_i(x) - J_i(x + \Delta x) = -\frac{\partial}{\partial x} J_{i_x} \cdot \Delta x$$

$$= \frac{\partial}{\partial x}\left(D \cdot \frac{\partial c_i}{\partial x}\right) \Delta x \tag{2}$$

$$\frac{\Delta \dot{m}_i}{\Delta x} = \frac{\partial c_i}{\partial t} = \frac{\partial}{\partial x}\left(D \cdot \frac{\partial c_i}{\partial x}\right).$$

Ist der DK unabhängig vom Ort x und damit auch unabhängig von c_i, vereinfacht sich die 2. Ficksche Gleichung zu

$$\frac{\partial c_i}{\partial t} = D \frac{\partial^2 c_i}{\partial x^2}. \tag{3}$$

Für die Differentialgleichung (3) lassen sich mehrere Lösungen finden, die den Randbedingungen anzupassen sind. Auf diesen rein mathematischen Teil kann hier nicht näher eingegangen werden. In den oben zitierten Standardwerken findet man darüber ausreichende Information. In dem Buch von Crank[6] ist die mathematische Seite erschöpfend behandelt.

Ergänzend sei noch die Differentialgleichung für den Fall angegeben, daß die Diffusion in allen drei Koordinaten-Richtungen (x, y, z) stattfindet. Dann gilt

$$\frac{\partial c_i}{\partial t} = D \left[\frac{\partial^2 c_i}{\partial x^2} + \frac{\partial^2 c_i}{\partial y^2} + \frac{\partial^2 c_i}{\partial z^2} \right] \tag{4}$$

D = konst. und für alle Richtungen gleich, nur für kubische Gitter möglich. Praktisch wichtige Fälle liegen bei Zylinder- bzw. Kugelsymmetrie vor. Die zugehörigen Gleichungen lassen sich aus (4) ableiten. Es gilt:

$$\frac{\partial c_i}{\partial t} = D \left[\frac{\partial^2 c_i}{\partial r^2} + \frac{1}{r} \frac{\partial c_i}{\partial r} \right] \quad \text{Zylinder} \tag{4a}$$

$$\frac{\partial c_i}{\partial t} = D \left[\frac{\partial^2 c_i}{\partial r^2} + \frac{2}{r} \frac{\partial c_i}{\partial r} \right] \quad \text{Kugel} \tag{4b}$$

r = Zylinder- bzw. Kugelradius.

Die Fickschen Gleichungen stellen eine wichtige Grundlage zur Bestimmung von DK dar, sie können aber keine weiteren Informationen liefern. Um diese zu erhalten, ist man genötigt, theoretische Berechnungen durchzuführen, deren Gleichungen sodann in die Form des 1. Fickschen Gesetzes gebracht werden müssen, um damit Aussagen über den DK zu erhalten. Die nächsten Abschnitte sollen sich mit einer thermodynamisch fundierten und einer kinetisch fundierten Ableitung des Fickschen Gesetzes befassen.

3. Thermodynamische Ableitung des Fickschen Gesetzes

Jede Teilchenstromdichte läßt sich bekanntlich als Produkt der Teilchengeschwindigkeit v_i und der Konzentration darstellen. Für den Diffusionsstrom gilt daher

$$J_i = c_i \cdot v_i. \tag{5}$$

Wie bei zahlreichen physikalischen Vorgängen (elektrischer Strom, Reibungsvorgänge u. a.) ist auch hier die Geschwindigkeit proportional der auf das Teilchen wirkenden Kraft. Der Proportionalitätsfaktor trägt den Namen Beweglichkeit; sie ist eine das Teilchen kennzeichnende Größe. Gleichung (5) geht demnach über in

$$J_i = c_i \cdot B_i \cdot K_i \tag{6}$$

B_i = Beweglichkeit; K_i = wirksame Kraft.

Die Kraft K_i kann mannigfacher Art sein, elektrische Feldstärke, Schwerkraft, Temperaturgefälle. Für unseren Fall ist die aus einem Konzentrationsgefälle resultierende Kraft maßgebend, die letztlich daher rührt, daß ein Diffusionssystem mit einem Konzentrationsgefälle sich nicht im Zustand der geringsten freien Energie bzw. Enthalpie befindet. Gemäß den Sätzen der Thermodynamik strebt daher auch ein diffusionsfähiges System diesem Zustand zu. Da in der Regel der Druck (Atmosphärendruck) konstant bleibt, zieht man sinnvollerweise die freie Enthalpie bzw. die Änderung derselben, ΔG, zur quantitativen Beschreibung der Vorgänge heran. ΔG setzt sich aus den sogenannten partiellen Größen der einzelnen Komponenten $\Delta \bar{G}_i$ zusammen, die wiederum im Zusammenhang mit den chemischen Potentialen μ_i – vergleiche die Ausführungen im vorstehenden Bericht von Pitsch – stehen. Alle

Größen beziehen sich auf ein Mol. Die partiellen Größen, die das individuelle Verhalten einer Komponente i in ihrer wechselseitigen Beziehung zu den übrigen Komponenten beschreiben, lassen sich experimentell über die Aktivitäten a_i ermitteln, da folgende Beziehung besteht

$$\overline{\Delta G_i} = RT \ln a_i \tag{7}$$

R = Gaskonstante; T = absolute Temperatur.

Die Aktivitäten hängen von der Konzentration ab, man pflegt sie als Funktion des Molenbruchs N_i anzugeben. Es gilt
$N_i = \dfrac{c_i}{c_0}$ mit $c_0 = \sum_i c_i$ = Gesamtzahl der Mole pro cm³.

Gemäß dem Konzentrationsgefälle tritt auch ein Gefälle der partiellen freien Enthalpie auf, so daß sich die auf ein einzelnes Teilchen i wirkende Kraft wie folgt darstellen läßt:

$$K_i = -\frac{1}{N_L} \frac{\partial \overline{\Delta G_i}}{\partial x} = -kT \frac{\partial \ln a_i}{\partial x}$$
$$= -kT \frac{d \ln a_i}{d N_i} \cdot \frac{\partial N_i}{\partial x} \tag{8}$$

k = Boltzmann-Konstante, N_L = Loschmidtsche Zahl.

Eine Umformung ergibt

$$K_i = -kT \frac{d \ln a_i}{d N_i} \cdot \frac{1}{c_0} \frac{\partial c_i}{\partial x}, \tag{9}$$

wenn c_0 unabhängig vom Ort x bleibt.

Einsetzen von Gleichung (9) ind Gleichung (6) und Vergleich mit Gleichung (1) liefern uns einen Ausdruck für den DK.

$$D = (B_i kT) \frac{d \ln a_i}{d \ln N_i} = (B_i kT) \cdot \phi. \tag{10}$$

Der nach irgendeinem Verfahren gemessene DK setzt sich aus zwei Faktoren zusammen. Der erste in Klammern gesetzte entspricht nach Einstein dem „echten" DK, der für die gewählte Temperatur durch den Platzwechselmechanismus eindeutig festgelegt wird. Der zweite, der sogenannte thermodynamische Faktor, trägt den Bindungskräften der Partneratome Rechnung. Bei starker Bindung ist $\phi > 1$. Der Faktor kann unter Umständen beträchtliche Werte annehmen. Schwache Bindungen führen zu Werten von $\phi < 1$. In idealen Lösungen wird $\phi = 1$, da hier $a_i = N_i$ gilt. Um den Diffusionsprozeß vollkommen beschreiben zu können, bedarf es also auch der Kenntnis der thermodynamischen Aktivitäten.

Die bisher verwendeten Flußgleichungen tragen noch nicht dem allgemeinen Fall Rechnung. Da die Diffusion, die schließlich zu einem Konzentrationsausgleich führt, einen typisch irreversiblen Vorgang darstellt, muß auf sie die Theorie der irreversiblen Prozesse angewendet werden[7]). Diese Theorie berücksichtigt noch die Möglichkeit, daß die Stromdichte einer Teilchensorte auch von den auf die anderen Partner wirkenden Kräfte beeinflußt wird aufgrund irgendwie gearteter Korrelationen. An die Stelle der Gleichung (6) tritt dann folgende allgemeine Beziehung:

$$J_i = \sum_k L_{ik} \cdot K_k = -\sum_k L_{ik} \cdot \frac{1}{N_L} \frac{\partial \overline{\Delta G_k}}{\partial x}. \tag{11}$$

k entspricht der Zahl der Komponenten. Die Matrix L_{ik} gehorcht der Reziprozitätsbeziehung $L_{ik} = L_{ki}$.

Für die später zu behandelnden Fälle wird diese allgemeine Beziehung zugrunde gelegt.

4. Kinetische Ableitung des Fickschen Gesetzes

Um das 1. Ficksche Gesetz kinetisch abzuleiten, wählen wir den übersichtlichen Fall einer Zwischengitterdiffusion, wie er z. B. bei der Wanderung von C-Atomen im Eisen angetroffen wird. Bild 2 erläutert den Sachverhalt. Die kleineren, auf Zwischengitterplätzen sitzenden Atome der Komponente i drücken die benachbarten Matrixatome beim Sprung in den benachbarten Zwischengitterplatz auseinander, wie in Bild 2 angedeutet. Dazu ist ein Energieaufwand erforderlich. Zur vollständigen Beschreibung der energetischen Verhältnisse hat man sich wiederum der freien Enthalpie zu bedienen. Der Verlauf der freien Enthalpie zwischen zwei benachbarten Ebenen x_0 und x_1, deren Abstand der Sprungweite d entspricht, ist in Bild 3 wiedergegeben. Es möge zunächst kein Konzentrationsgefälle vorliegen. Die Konzentration sei c_i^0, der zugehörige Wert der partiellen freien Enthalpie $\overline{\Delta G_i^0}$, dem die Basislinie in Bild 3 zugeordnet ist. Im Abstand $d/2$ liegt das Maximum der $\overline{\Delta G_i}$-Kurve, das von den springenden Atomen überwunden werden muß. Die Höhe des Aktivierungsberges sei ΔG_m. Nur diejenigen Atome, welche die erforderliche Energie besitzen, vermögen den Berg zu überwinden. Befinden sich in der Einheitsfläche n_i^0 Atome der Sorte i, dann beträgt die Zahl der genügend aktivierten Teilchen bekanntlich $n_i^0 \cdot e^{-\Delta G_m / RT}$. Nur der 6. Teil kommt für einen Sprung von x_0 nach x_1 in Frage, da von den 6 möglichen Raumrichtungen nur eine, nämlich die x-Richtung, herausgegriffen ist. Division durch die Sprungzeit τ, die man mit der Schwingungsdauer der Teilchen $\tau = 1/\nu$ identifizieren darf, ν = Frequenz, liefert uns die hier interessierende Zahl der Atome, die pro Sekunde und pro Einheitsfläche von der Ebene x_0 in die Nachbarebene x_1 springen können.

$$\frac{dn_i^0}{dt} = \tfrac{1}{6} \cdot \nu \cdot d \cdot c_i^0 \cdot N_L \cdot e^{-\frac{\Delta G_m}{RT}} \tag{12}$$

mit

$$n_i^0 = N_L \cdot c_i^0 \cdot d.$$

Die Zahl der in umgekehrter Richtung von x_1 nach x_0 springenden Teilchen ist unter den gewählten Bedingungen gleich der oben berechneten, so daß kein Bruttostrom in x-Richtung auftreten kann, wie es für eine homogene Legierung zu fordern ist. Ein Bruttostrom tritt jedoch auf, wenn ein Konzentrationsgefälle und damit auch ein Gefälle der partiellen freien Enthalpie $\overline{\Delta G_i}$ vorliegt. In der Ebene x_1 sei die Konzentration c_i^1, die zugehörige partielle freie Enthalpie habe den Wert $\overline{\Delta G_i^0} - \overline{\delta G_i}$. Der Potentialverlauf, gestrichelte Kurve, ist nunmehr gemäß Bild 3 zu modifizieren. Ihr kann entnommen werden, daß die freie Aktivierungsenthalpie für die Sprünge von x_0 nach x_1 um den Betrag $1/2\, \delta \overline{G_i}$ erniedrigt und diejenige für die umgekehrten Sprünge um den gleichen Betrag erhöht ist. Die Bruttostromdichte errechnet sich demnach zu

$$\frac{dn_i^0}{dt} - \frac{dn_i^1}{dt} = j_i = \frac{1}{6} \cdot \nu \cdot d \cdot N_L \cdot$$
$$\left[c_i^0 \cdot e^{-\frac{\Delta G_m - 1/2\, \delta \overline{G_i}}{RT}} - c_i^1 \cdot e^{-\frac{\Delta G_m + 1/2\, \delta \overline{G_i}}{RT}} \right].$$

Mit $j_i / N_L = J_i$ und unter Berücksichtigung, daß die Änderung der partiellen freien Enthalpie von einer Netzebene zur benachbarten wegen der geringen Konzentrationsänderung $c_i^1 = c_i^0 - \delta c_i$ extrem klein ist, kann der Klammerausdruck unter Abspaltung von $e^{-\frac{\Delta G_m}{RT}}$ entwickelt werden. Es resultiert

$$J_i = \tfrac{1}{6} \cdot \nu \cdot d \cdot e^{-\frac{\Delta G_m}{RT}} \cdot$$
$$\left[c_i^0 \left(1 + \frac{1}{2} \frac{\overline{\delta G_i}}{RT}\right) - (c_i^0 - \delta c_i)\left(1 - \frac{1}{2} \frac{\overline{\delta G_i}}{RT}\right) \right].$$

Wird δc_i gegen c_i^0 vernachlässigt, ergibt sich

$$J_i = \frac{1}{6} \cdot v \cdot d \cdot e^{-\frac{\Delta G_m}{RT}} \cdot c_i^0 \cdot \frac{\overline{\delta G_i}}{RT}. \tag{13}$$

Für die kleine Änderung $\overline{\delta G_i}$ läßt sich schreiben

$$\overline{\delta G_i} = \frac{\partial \overline{\Delta G_i}}{\partial x} \cdot d.$$

Damit geht Gleichung (13) über in

$$J_i = \frac{1}{6} \cdot v \cdot d^2 \cdot e^{-\frac{\Delta G_m}{RT}} \cdot \frac{c_i^0}{RT} \cdot \frac{\partial \overline{\Delta G_i}}{\partial x}. \tag{14}$$

Unter Beachtung der Gleichungen (7), (8) und (9) ergibt sich

$$J_i = \frac{1}{6} \cdot v \cdot d^2 \cdot e^{-\frac{\Delta G_m}{RT}} \cdot \frac{d \ln a_i}{d \ln N_i} \cdot \frac{\partial c_i}{\partial x}. \tag{15}$$

Vergleich mit dem 1. Fickschen Gesetz ergibt einen Ausdruck für den DK unter Einsatz der Definitionsgleichung $\Delta G_m = \Delta H_m - T \Delta S_m$

$$D = \frac{1}{6} \cdot v \cdot d^2 \cdot e^{\frac{\Delta S_m}{R}} \cdot e^{-\frac{\Delta H_m}{RT}} \cdot \frac{d \ln a_i}{d \ln N_i}. \tag{16}$$

Diese Ableitung, in der wiederum der thermodynamische Faktor ϕ auftritt, liefert wesentlich mehr Informationen als die thermodynamische, insbesondere zeigt sie, welche Größen die Beweglichkeit der Teilchen im Gitter festlegen. Man erkennt, daß die Beweglichkeit und damit auch der DK exponentiell mit der Temperatur ansteigen. Gleichung (16) deckt sich mit dem schon lange bekannten empirischen Befund, nach welchem der DK sich in der Form

$$D = D_0 \cdot e^{-\frac{\Delta H_m}{RT}} \cdot \phi \tag{17}$$

darstellen läßt.

Mit der Aktivierungsenthalpie ΔH_m und dem präexponentiellen Faktor D_0, für den auch die Bezeichnung Entropiefaktor verwendet wird, ist der Platzwechselprozeß eindeutig beschrieben.

Trägt man den nach irgendeinem geeigneten Verfahren gemessenen DK logarithmisch gegen die reziproke absolute Temperatur auf, erhält man eine Gerade, deren Steigmaß die Aktivierungsenthalpie liefert. Ihr Wert in Gleichung (17) eingesetzt ergibt sodann D_0. Bild 36a bringt als Beispiel die DK des Kohlenstoffs in α-Eisen.

An dieser Stelle muß noch darauf hingewiesen werden, daß die kinetische Ableitung davon ausgeht, daß ein Teilchen nach einem Sprung in die Nachbarebene an seinem neuen Platz die gleiche Situation vorfindet wie vor dem Sprung, d. h. für ein Teilchen muß die Wahrscheinlichkeit, in irgendeine Richtung zu springen, nach vollzogenem Sprung unverändert bleiben. Im Falle der Zwischengitterdiffusion wird diese Forderung erfüllt.

5. Platzwechselmechanismen

Im vorhergehenden Kapitel ist bereits ein Mechanismus erörtert worden, der kennzeichnend für die Einlagerungsmischkristalle ist. In einem späteren Abschnitt wird von diesem noch einmal die Rede sein. Nachfolgend sollen diejenigen Mechanismen behandelt werden, die in Metallen und Legierungen wirksam sein können. Es handelt sich um den Platzwechsel mit Leerstellen, um die Diffusion in Korngrenzen, in Versetzungsschläuchen und auf Oberflächen. Zweckmäßigerweise werden diese Mechanismen am Verhalten der reinen Metalle studiert.

5.1. Leerstellenmechanismus

In den dicht und dichtest gepackten Reinmetallen muß unter normalen Bedingungen eine Diffusion über Zwischengitterplätze weitgehend ausgeschlossen werden, da ein auf einem solchen Platz sitzendes Metallatom in Anbetracht der hohen Koordinationszahl eine ungewöhnlich hohe Verzerrung im Gitter hervorrufen würde. Zu diskutieren wäre jedoch ein direkter Platztausch, indem zwei benachbarte Atome in einer Art Ringtausch gleichzeitig ihre Gitterplätze vertauschen. An einem solchen Ringtausch könnten auch drei, vier oder mehr Atome beteiligt sein. Dieser denkbare Ringmechanismus steht aber im Widerspruch zu anderen festgestellten Erscheinungen, so daß er als Diffusionsmechanismus jedenfalls in reinen Metallen und deren Mischkristallen ausscheidet.

Es lag schon früh der Gedanke nahe, daß die diffundierenden Atome in den dicht gepackten Metallen mit Leerstellen ihre Plätze vertauschen. Voraussetzung ist, daß im Gitter solche Defekte tatsächlich vorhanden sind. An der Existenz dieser punktförmigen Gitterbaufehler insbesondere bei hohen Temperaturen besteht aber heute kein Zweifel mehr. Aus thermodynamischen Gründen sind sie sogar zu fordern, da mit ihrem Auftreten die freie Enthalpie des Metalls erniedrigt wird. Leerstellen bilden im Gitter ein echtes thermodynamisches Gleichgewicht, was bedeutet, daß für jede Temperatur eine bestimmte Gleichgewichtskonzentration vorliegt, die experimentell erfaßbar ist. Für diese Konzentration, als Molenbruch N_v anzugeben (v vom engl. vacancy), gilt die einfache Beziehung

$$N_v = e^{-\frac{\Delta G_f}{RT}} = e^{\frac{\Delta S_f}{R}} \cdot e^{-\frac{\Delta H_f}{RT}}. \tag{18}$$

ΔH_f bedeutet die Bildungsenthalpie zur Erzeugung von einem Mol Leerstellen, die grundsätzlich positiv ist, ΔS_f entspricht der *zugehörigen* Entropieänderung. Durch Messung von N_v lassen sich die beiden für ein Metall charakteristischen Größen bestimmen. Auf die Meßmethoden kann hier nicht näher eingegangen werden.[8]) Gemäß Gleichung (18) steigt die Konzentration exponentiell mit der Temperatur an. In Tafel 1 sind für einige Metalle die zugehörigen Daten aufgelistet. Spalte 4 gibt die Leerstellenkonzentration am Schmelzpunkt an.

Mit diesen Grundlagen läßt sich nun in völliger Analogie zur Zwischengitterdiffusion der Koeffizient der Selbstdiffusion des betreffenden Metalles auf kinetischem Wege berechnen. Dazu untersuchen wir die Wanderung eines geeigneten radioaktiven Isotops, das bekanntlich die gleichen chemischen Eigenschaften besitzt wie die Matrixatome.

In Bild 4 sind wiederum zwei benachbarte Netzebenen schematisch dargestellt. Die Traceratome sind durch Kreuze markiert. Es möge ein Konzentrationsgefälle des radioaktiven Tracers in Richtung von x_0 nach x_1 bestehen. Wie bei der Zwischengitterdiffusion muß auch hier ein für einen Sprung befähigtes Traceratom genügend aktiviert sein, um den Energieberg überwinden zu können. Die Zahl solcher Sprünge pro Sekunde und pro Einheitsfläche wäre daher zunächst wieder durch Gleichung (12) bestimmt, wobei der Index i nun auf die Traceratome zu beziehen ist. Man sieht leicht ein, daß diese Zahl zu hoch angesetzt ist, da es einem sprungfähigen Teilchen nicht genügt, die erforderliche Aktivierungsenthalpie zu besitzen. Als weitere Forderung kommt hinzu, daß der Nachbarplatz unbesetzt ist. Diesem Umstand wird dadurch Rechnung getragen, daß Gleichung (12) mit der Wahrscheinlichkeit, daß ein Teilchen Nachbar einer Leerstelle ist, multipliziert wird. Diese Wahrscheinlichkeit lautet $Z \cdot N_v$, wo Z die Zahl der nächsten Nachbarn (Koordinationszahl) bedeutet. Im übrigen kann nunmehr die Rechnung wie bei den Gleichungen (13) bis (15) durchgezogen werden, so daß nach

Gleichung (16) folgender Ausdruck für den Selbstdiffusionskoeffizienten resultiert:

$$D^* = \tfrac{1}{6} \cdot v \cdot d^2 \cdot Z \cdot N_v \cdot e^{\frac{\Delta S_m}{R}} \cdot e^{-\frac{\Delta H_m}{RT}}. \tag{19}$$

Anzumerken ist, daß die im Metall gelösten Traceratome eine streng ideale Lösung darstellen und damit $\phi = 1$ gilt. Zur Kennzeichnung der Selbstdiffusion ist der Buchstabe D mit einem Sternchen versehen. Einsetzen von Gleichung (18) in Gleichung (19) ergibt

$$D^* = \tfrac{1}{6} \cdot v \cdot d^2 \cdot Z \cdot e^{\frac{\Delta S_f + \Delta S_m}{R}} \cdot e^{-\frac{\Delta H_f + \Delta H_m}{RT}}. \tag{20}$$

Dieser Gleichung haftet nun leider noch ein grundsätzlicher Fehler an, der darauf beruht, daß die im letzten Absatz des Abschnitts 4 erwähnte Forderung im Falle eines Platzwechsels über Leerstellen nicht erfüllt ist. Man muß nämlich beachten, daß ein Traceratom, das aus der Ebene x_0 in die Nachbarebene x_1 gesprungen ist, wo es den Platz der Leerstelle einnimmt, nach dem Sprung grundsätzlich wieder Nachbar der Leerstelle ist. Der Unterschied besteht nur darin, daß sich die Leerstelle vor dem Platzwechsel auf der rechten Seite und nach dem Sprung auf der linken Seite befindet. Diese Tatsache bietet dem Traceratom eine höhere Chance, wieder zurückzuspringen als in der betrachteten Diffusionsrichtung gemäß dem Konzentrationsgefälle weiterzuwandern. An Hand von Bild 5 kann die Rücksprungwahrscheinlichkeit leicht abgeschätzt werden. Die in diesem Bild dargestellte Netzebene stellt als Beispiel die für die kubisch flächenzentrierten Metalle wichtige Oktaederebene mit der hexagonalen Anordnung der Atome dar. Mit der Koordinationszahl $Z = 12$ liegt in diesem Metallgitter die dichteste Packung vor. Das in Bild 5 markierte Traceratom möge gerade seinen Platz mit der Leerstelle getauscht haben, daher liegt die Leerstelle nunmehr auf der linken Seite des Traceratoms. Die Leerstelle ist von Z Atomen umgeben, die alle die gleiche Wahrscheinlichkeit besitzen, mit ihr den Platz zu tauschen. Für das Traceratom beträgt daher diese Wahrscheinlichkeit $1/Z$. Tritt der Rücksprung ein, sind zwei Sprünge für die Wanderung in x-Richtung verloren gegangen. Bei n Sprüngen sind demnach $n \cdot 2/Z$ Sprünge auf die Verlustliste zu setzen. Die effektiv wirksame Sprungzahl beträgt daher $n(1 - 2/Z)$. Für das kubisch-flächenzentrierte Gitter hat der Klammerausdruck, den man heute allgemein mit dem Buchstaben f bezeichnet und der den Namen Korrelationsfaktor trägt, den Wert 0,83.

In dieser einfachen Abschätzung sind nur die nächsten Nachbarn berücksichtigt worden. Den korrekten Wert erhält man durch Berechnung des mittleren Verschiebungsquadrates[9]. In Tafel 2 sind für einige Gittertypen die Korrelationsfaktoren angegeben.

Um den wahren DK des Tracers zu erhalten, muß die Gleichung (20) noch mit dem zugehörigen Korrelationsfaktor multipliziert werden, so daß an die Stelle der Gleichung (20) nunmehr Gleichung (21) tritt:

$$\begin{aligned}D^* &= \tfrac{1}{6} \cdot v \cdot d^2 \cdot Z \cdot e^{\frac{\Delta S_f + \Delta S_m}{R}} \cdot e^{-\frac{\Delta H_f + \Delta H_m}{RT}} \cdot f \\ &= D_0 \cdot e^{-\frac{\Delta H}{RT}}.\end{aligned} \tag{21}$$

Der Korrelationsfaktor spielt für die moderne Diffusionsforschung eine entscheidende Rolle; er charakterisiert den Platzwechselmechanismus. Für den in Abschnitt 4 behandelten Mechanismus – Wandern gelöster Atome über Zwischengitterplätze – nimmt der Korrelationsfaktor den Wert $f = 1$ an.

Welche Konsequenzen sind nun aus Gleichung (21) zu ziehen? Die gesamte Aktivierungsenthalpie ΔH für die Selbstdiffusion, die unmittelbar aus Tracermessungen erhalten werden kann, setzt sich im Falle der Diffusion mittels Leerstellen aus zwei Enthalpiebeträgen additiv zusammen. Der eine ist der Wanderung der Atome über Leerstellen, der andere der Bildung der Leerstellen zuzuordnen. Der letztere Anteil läßt sich, wie oben geschildert, aus Messungen der Leerstellenkonzentration gewinnen. Auch die Aktivierungsenthalpie für die Wanderung wird einer Messung unmittelbar zugänglich, wenn man Proben, am besten dünne Drähte, von hoher Temperatur schroff abschreckt und dabei die Leerstellen bei tiefer Temperatur einfriert. Die in starker Übersättigung vorliegenden Defekte dokumentieren sich durch einen meßbaren elektrischen Zusatzwiderstand, der beim Anlassen der Probe wieder verschwindet. Der Abfall des Zusatzwiderstandes ist mit dem „Ausheilen" der Leerstellen bei der Anlaßtemperatur verknüpft. Die Kinetik des Prozesses wird durch das Abwandern der Leerstellen aus dem Gitter gesteuert. Solche Messungen liefern den Betrag der Aktivierungsenthalpie für die Wanderung.

Vergleicht man die Summe der beiden Enthalpiebeträge mit der Aktivierungsenthalpie ΔH, dann stellt man, sofern einigermaßen zuverlässige Meßdaten zur Verfügung stehen, eine befriedigende Übereinstimmung fest. Damit wird andererseits bewiesen, daß der zu Grunde gelegte Mechanismus tatsächlich wirksam ist.

Die in Gleichung (21) als Faktor auftretende Frequenz v entspricht der Debye-Frequenz, die in der Größenordnung 10^{12} liegt. Der echte, einem streng statistischen Platzwechsel zugeordnete DK gemäß Einstein, den man wohl auch als unkorrelierten DK bezeichnet, wird durch Gleichung (20) wiedergegeben. Er nimmt den Wert D^*/f an, der im kubisch flächenzentrierten Metall 28 % größer ist als D^*. Bei manchen Transportvorgängen, wie z. B. beim Elektrotransport oder bei Kriechvorgängen im Bereich hoher Temperaturen (Nabarro-Herring-Kriechen) handelt es sich um diesen unkorrelierten DK.

Die Bestimmung der DK mittels radioaktiver Isotope kann heute mit befriedigender Genauigkeit, etwa 1–2 %, erfolgen. Für manche Metalle streuen die Daten verschiedener Autoren jedoch noch beträchtlich. Verschiedene Gründe lassen sich dafür verantwortlich machen. Ungenaue Temperaturmessung, zu große Temperaturschwankungen während der Glühzeit, Verunreinigungen, zu feinkörnige Proben, kurzlebige Isotope, unbefriedigende Zähltechnik. Als Meßverfahren eignet sich besonders die Dünnschichtmethode. Sie besteht darin, daß ein geeignetes Isotop auf die Stirnfläche der zylindrischen Probe in extrem dünner Schicht aufgebracht wird. Während der Glühung wandert das Isotop ins Probeninnere. Unter diesen Versuchsbedingungen wird das Konzentrationsprofil durch folgende einfache Gleichung (eine Lösung der 2. Fickschen Gleichung) dargestellt

$$c = \frac{A}{\sqrt{\pi D^* t}} e^{-\frac{x^2}{4 D^* t}} \tag{22}$$

$A = $ konst.

Um das Profil zu erhalten, muß die Probe nach der Glühung in feine, etwa 50 μm dicke Scheibchen mit Hilfe eines Mikrotoms oder einer Präzisionsdrehbank zerlegt werden, deren Aktivitäten sodann mit einem Zählgerät zu messen sind. Die Impulsrate stellt ein Maß für die Konzentration dar. Trägt man die Impulsraten logarithmisch gegen das Quadrat der Ortskoordinate x auf, muß sich eine Gerade ergeben, aus deren Steigmaß bei bekannter Glühzeit t D^* berechnet werden kann. Bild 6 bringt als Beispiel eine solche Darstellung. Einzelheiten sind der Bildunterschrift zu entnehmen.

Auf diese Weise gemessene Koeffizienten der Selbstdiffusion in Gold sind in Bild 7 in der üblichen logarithmischen Auftragung wiedergegeben. Die Bilder 8 und 9 zeigen D^*-Werte für

Eisen. Bemerkenswert an diesem Metall ist, daß die Aktivierungsenthalpie im γ-Fe diejenige im α-Fe 7,3 kcal/Mol überragt und daß im Bereich des Curie-Punktes der DK mit sinkender Temperatur stark abnimmt. Im α/γ Umwandlungspunkt besitzen die Eisenatome im Ferrit eine um den Faktor 200 höhere Beweglichkeit als im Austenit. $D_\alpha^* = 200\ D_\gamma^*$. Auch in Fe-reichen Mischkristallen sowohl vom Substitutionstyp als auch vom Einlagerungstyp wandern die Teilchen im raumzentrierten Gitter stets schneller als im flächenzentrierten.

Liegen die gemessenen DK mit ihren Werten auf einer Arrhenius-Geraden, so folgt daraus, daß in dem betreffenden Temperaturbereich nur ein Platzwechselmechanismus zutrifft, wie etwa der hier behandelte Leerstellenmechanismus. Messungen in größeren Temperaturintervallen weisen jedoch darauf hin, daß ein Wechsel im Diffusionsmechanismus auftreten kann, kenntlich an einer Änderung der Steigung der Arrhenius-Geraden. Dem Bild 7 kann man z. B. entnehmen, daß die Meßpunkte in der Nähe des Schmelzpunktes von Gold oberhalb der Geraden liegen. Diese Abweichung muß auf eine Beteiligung von Doppelleerstellen, die bei hohen Temperaturen in nicht mehr zu vernachlässigender Menge auftreten, zurückgeführt werden. Einige kubisch raumzentrierte Übergangsmetalle weisen hinsichtlich der Diffusion ein anomales Verhalten auf, was heute noch nicht in allen Einzelheiten geklärt werden kann. Starke Abweichungen von der Arrhenius-Geraden werden beobachtet, wenn bei tieferen Temperaturen eine Korngrenzendiffusion mit im Spiele ist. Darüber wird im nächsten Abschnitt berichtet.

Abschließend sei vermerkt, daß der Platzwechsel mit Leerstellen eine große Bedeutung bei Ausscheidungsvorgängen gewinnt. Die zur Ausscheidung neuer Phasen befähigten Legierungen werden in der Regel von hoher Temperatur, bei der sie einphasig vorliegen, abgeschreckt. Dabei werden Leerstellen eingefroren, die beim Anlassen den Atomen für Platzwechsel zur Verfügung stehen und dadurch die Vorgänge beträchtlich beschleunigen können.

5.2. Korngrenzendiffusion

In Laborversuchen gelingt es meistens, für das Studium der Gitterdiffusion Einkristalle oder wenigstens grobkristallines Material einzusetzen, so daß auf diese Weise die störende Korngrenzendiffusion vermieden oder wenigstens vernachlässigbar gehalten werden kann. In der Praxis aber hat man es stets mit mehr oder weniger feinkörnigem Material zu tun. Diese Fakten zwingen uns, auch die Korngrenzendiffusion näher zu untersuchen.

Korngrenzen zählen zu den flächenförmigen Gitterbaufehlern. In der Übergangszone von einem Korn zum Nachbarkorn müssen die Atome notwendigerweise fehlgeordnet sein. Der Grad der Fehlordnung hängt erwartungsgemäß vom Orientierungsunterschied ab. In dem in Bild 10 dargestellten Seifenblasenmodell erkennt man eine sogenannte Kleinwinkel-Korngrenze, die aus Stufenversetzungen aufgebaut ist, welche in regelmäßigen Abständen untereinander angeordnet sind. Die übrigen Korngrenzen mit deutlich größerer Fehlordnung stellen Großwinkel-Korngrenzen dar.

Es liegt auf der Hand, anzunehmen, daß diese Fehlordnung eine wesentlich höhere Platzwechselgeschwindigkeit, verglichen mit der Gitterdiffusion, bedingt. Eine quantitative Behandlung der Korngrenzendiffusion wird dadurch erschwert, daß sie grundsätzlich mit der Gitterdiffusion gekoppelt ist, wie Bild 11 erkennen läßt. In diesem ist schematisch eine Korngrenze zwischen zwei Körnern dargestellt, die senkrecht zur Zeichenebene und senkrecht zur Oberfläche liegen möge. Der Korngrenze muß eine gewisse Dicke zugeordnet werden, die in Bild 11 mit δ bezeichnet ist. Auf der Oberfläche befindet sich in dünner Schicht ein Fremdmetall oder auch ein Tracer. Die Teilchen können direkt von der Oberfläche in das Korninnere hineindiffundieren, aber auch über die Korngrenzen seitwärts in die Körner wandern. Verbindet man nach einer stattgefundenen Diffusion die Punkte gleicher Konzentrationen, so sollte der in Bild 11 wiedergegebene Kurvenverlauf erwartet werden, falls die Atome in der Korngrenze schneller wandern. Zu diesem Modell lassen sich nun die zugehörigen 2. Fickschen Gleichungen aufstellen, die folgende Form erhalten

$$\frac{\partial c}{\partial t} = D_L \left[\frac{\partial^2 c}{\partial x^2} + \frac{\partial^2 c}{\partial y^2} \right] \text{ für } |x| > \frac{1}{2}\delta, \quad (23)$$

$$\frac{\partial c}{\partial t} = D_B \frac{\partial^2 c}{\partial y^2} + 2\frac{D_L}{\delta} \cdot \frac{\partial c}{\partial x} \text{ für } x = \frac{1}{2}\delta. \quad (24)$$

Die Lage der Koordinaten x und y entnimmt man dem Bild 11. Alle Ebenen parallel der Zeichenebene (x-y) (z-Achse) sollen miteinander identisch sein, was bedeutet, daß keine Diffusion in z-Richtung stattgefunden hat. D_L und D_B kennzeichnen den Gitterdiffusionskoeffizienten bzw. den Korngrenzendiffusionskoeffizienten.

Die in Bild 12 aufgezeichneten Isokonzentrationskurven für das Eindiffundieren von Gold in einen Kupfer-Bikristall, die mit Hilfe einer Elektronenstrahlmikrosonde gewonnen worden sind, überzeugen uns, daß die Kurven tatsächlich den erwarteten Verlauf annehmen.

Die beiden partiellen Differentialgleichungen (23) und (24) setzen voraus, daß die DK von der Konzentration nicht abhängen und daß die Konzentration in der Korngrenze über die ganze Breite δ konstant bleibt. Da δ in der Größenordnung einiger Atomabstände liegt, dürfte die letzte Annahme gerechtfertigt sein.

Verschiedene Autoren haben sich bemüht, Näherungslösungen für die obigen Differentialgleichungen zu gewinnen. Hier sei die Lösung von Fisher[10] herangezogen, die in der Regel zur Auswertung benutzt wird. Außer den bereits erwähnten Voraussetzungen wird für die Lösungsgleichung weiterhin verlangt, daß δ klein und konstant bleibt, ferner $D_B \gg D_L$ gilt. Die Randbedingungen sind wie folgt festzulegen

$c = 0$ für $y > 0$ und $t = 0$

$c = c_0$ für $y = 0$ und $t \geq 0$.

Der Nullpunkt für die y-Achse liegt in der Oberfläche. Die aufgebrachte Schicht, aus der heraus die Atome (Tracer) in das Innere abdiffundieren, muß so dimensioniert sein, daß die Konzentration c_0 während der Versuchszeit unverändert bleibt. Folgende Lösung läßt sich sodann verwenden:

$$\bar{c}(y, t) = c_0 \cdot \exp(-Ky) \cdot 4 \left(\frac{D_L \cdot t}{\pi} \right)^{1/2}$$

mit (25)

$$K = \left(\frac{1}{\pi D_L} \right)^{1/4} \cdot \left(\frac{2 D_L}{\delta \cdot D_B} \right)^{1/2}.$$

$\bar{c}(y, t)$ bedeutet die im Abstand y von der Oberfläche nach einer Glühzeit t vorliegende mittlere Konzentration, die durch Abtragen und Analysieren zur Oberfläche paralleler, dünner Schichten experimentell ermittelt werden kann. Eine logarithmische Auftragung von $\bar{c}$ gegen die Eindringtiefe y sollte gemäß (25) eine Gerade liefern, deren Steigmaß K bei bekanntem D_L das Produkt $\delta \cdot D_B$ zu berechnen gestattet.

Zwei Beispiele mögen den Sachverhalt veranschaulichen. Bild 13 bringt Ergebnisse, die für die bereits erwähnte Korngrenzendiffusion von Gold in Kupfer erhalten worden sind[13]). Nach Gleichung (25) ist die Au-Konzentration im logarithmischen Maßstab linear gegen die Eindringtiefe y aufgetragen. Bemerkenswert ist, daß der erwartete geradlinige Verlauf erst ab einer gewissen Eindringtiefe beobachtet wird. Bei kleinen y-Werten ist das Auswerteverfahren nicht mehr zulässig. Ein Blick auf die Isokonzentrationskurve des Bildes 12 zeigt, daß nahe der Oberfläche das typische Kurvenprofil mehr und mehr verschwindet. Das Einebnen der Kurven deutet an, daß in diesen Bereichen eine logarithmische Auftragung gegen y^2 nach Gleichung (22) sinnvoller sein sollte.

Das zweite Beispiel Bild 14 bestätigt diese Annahme. Es handelt sich um die Diffusion von Co^{60} in eine polykristalline Fe-Si Legierungsprobe[15]). Der gegen y^2 aufgetragene Anfangsteil der Meßdaten führt zu einer Geraden. Wiederum nur im Bereich größerer y-Werte ist die lineare Darstellung brauchbar und auswertbar. Hier muß vermerkt werden, daß in Bild 14 statt y die Größe $y^{6/5}$ gemäß der Theorie von Suzuoka[15]) aufgetragen ist.

Fishers Rechnungen hat Le Claire[16]) dazu benutzt, um den Winkel φ, den die Isokonzentrationskurve gegenüber der Korngrenze einnimmt, vergl. Bild 11, zu berechnen.

Das Ergebnis lautet

$$\frac{\delta \cdot D^B}{D_L} = (4\pi D_L \cdot t)^{1/2} \cdot \cot^2 \varphi.$$

Diese Gleichung kann, soweit die Voraussetzungen erfüllt sind, ebenfalls für eine Auswertung herangezogen werden.

Was die Bestimmung des DK der wahren Korngrenzendiffusion betrifft, so sind alle Auswerteverfahren mit einer Schwierigkeit behaftet, die darin besteht, daß grundsätzlich immer nur das Produkt $\delta \cdot D_B$ erhalten wird. In Großwinkelkorngrenzen der reinen Metalle dürfte δ in der Größenordnung von 2 bis 3 Atomlagen liegen. Problematisch ist die Angabe für Kleinwinkelkorngrenzen, deren Verhalten weiter unten noch untersucht werden soll.

Gemäß den Voraussetzungen, die den Lösungsmöglichkeiten der 2. Fickschen Gleichung (23) und (24) zugrunde gelegt sind, erscheint es zweckmäßig, für experimentelle Untersuchungen Bikristalle zu verwenden, die z. B. in Diffusionsrichtung eine gemeinsame Achse haben und gegeneinander um einen meßbaren Kippwinkel verdreht sind. Solche Meßproben erlauben, auch die Abhängigkeit der Korngrenzendiffusion vom Orientierungswinkel zu studieren. Daß eine solche Abhängigkeit besteht, kann in überzeugender Weise dem Bild 15 entnommen werden.

Die Versuchsprobe besteht aus säulenförmigen Kupferkristallen mit einer gemeinsamen kubischen Achse, aber verschiedenen Kippwinkeln. Die Autoren[17]) haben nach der Verschweißung Silber in dünner Schicht auf die Stirnfläche aufgebracht und durch Glühen in die Korngrenzen eindringen lassen. Ein Schnitt senkrecht zur Diffusionsrichtung etwa 2 mm unterhalb der Stirnfläche ist in Bild 15 dargestellt. Die weißen Bänder in den Korngrenzen, die nach geeigneter Ätzung sichtbar werden, kennzeichnen die Silberdiffusion. Die Breite der Bänder kann als Maß für die Eindringtiefe angesehen werden. Demnach ist also die Diffusionsgeschwindigkeit in den einzelnen Korngrenzen recht unterschiedlich. An Schnitten parallel zur Säulenachse kann die Eindringtiefe ermittelt und damit eine quantitative Aussage über deren Abhängigkeit vom Kippwinkel Θ erhalten werden. Meßergebnisse dieser Art bringt Bild 16, die Achter und Smoluchowski erhalten haben.

Bei einem Winkel von 45°, für den wegen der kubischen Symmetrie die höchste Fehlordnung erwartet werden muß, erreichen die Eindringtiefe und damit die Beweglichkeit ihren maximalen Betrag. Im Bereich der Kleinwinkelkorngrenzen hingegen übersteigt die Beweglichkeit nur geringfügig diejenige im Korninnern. Dieser Befund weist darauf hin, daß die Struktur der Korngrenzen einen entscheidenden Einfluß ausübt, so daß das Studium der Korngrenzendiffusion mit der Aufklärung des Korngrenzenaufbaus eng verknüpft ist.

Für Kleinwinkelkorngrenzen ist der Sachverhalt klar. Untereinander mit bestimmtem Abstand angeordnete Stufenversetzungen bauen die Korngrenze auf. Vergl. Bild 10 und Bild 17. Die Versetzungslinien mögen senkrecht zur Zeichenebene liegen. Läßt man Teilchen parallel zu den Versetzungslinien in die Korngrenze eindiffundieren, muß erwartet werden, daß in unmittelbarer Nachbarschaft der Versetzung, im sogenannten Versetzungsschlauch, die Atome wesentlich schneller diffundieren als in den weniger gestörten Zwischenzonen. Turnbull und Hoffman[18]) haben diesen Fall theoretisch behandelt und gezeigt, daß sich die Auswertemethode von Fisher hier anwenden läßt, wobei zu beachten ist, daß die Korngrenzdicke δ nun eine Funktion des Kippwinkels Θ wird. Mit einem mittleren $\delta = l^2/d$ (l^2 = Querschnitt des Versetzungsschlauchs, d = Abstand der Versetzungen) werden brauchbare Ergebnisse erzielt, die darauf hinweisen, daß die Wanderung in den Versetzungsschläuchen vergleichbar mit der in Großwinkelkorngrenzen ist.

Bei der Diffusion durch Kleinwinkelkorngrenzen tritt noch eine Anisotropie auf, die darin besteht, daß die Platzwechselhäufigkeit in Richtungen senkrecht zu den Versetzungslinien merklich verringert ist verglichen mit dem oben behandelten Fall. Je kleiner der Winkel Θ, je weniger Versetzungen also vorhanden sind, um so stärker wirkt sich erwartungsgemäß die Anisotropie aus. Dies konnte von Hoffman[19]) bestätigt werden. Die Ergebnisse durften seiner Zeit als Nachweis für die Richtigkeit des Modells der Kleinwinkelkorngrenzen angesehen werden.

Es soll noch kurz der Einfluß willkürlich orientierter Versetzungen, die also nicht mehr wie in Kleinwinkelkorngrenzen mehr oder weniger geordnet sind, auf die Diffusion erläutert werden. Ein gut ausgeglühter Einkristall, bei dessen Herstellung keine besonderen Maßnahmen getroffen werden, enthält in jeder durch den Kristall gelegten Ebene etwa 10^6 bis 10^7 Versetzungen pro cm², die statistisch in alle Richtungen verlaufen, d. h. hier wird die Diffusion innerhalb der Versetzungen in allen möglichen Richtungen erhöht sein. Der in einem solchen Einkristall gemessene Gesamtdiffusionskoeffizient D_{eff} wird sich aus dem DK D_L, der nur im Gitter mit Leerstellen ohne Versetzungen gilt, und dem DK D_P für den Versetzungsschlauch zusammensetzen. Die Beziehung zwischen D_{eff}, D_L und D_P gibt Auskunft darüber, ab wann die statistisch verteilten Versetzungen eine Rolle für die Diffusion spielen können.

Aufgrund kinetischer Betrachtungen[20]) läßt sich folgende Beziehung herleiten:

$$D_{\text{eff}} = D_P \cdot g + D_L (1 - g). \tag{26}$$

Der Faktor g entspricht dem Verhältnis der Plätze im Gebiet erhöhten Diffusionsvermögens zur Gesamtzahl der Plätze in einer Kristallebene.

Unter der Annahme einer Versetzungsdichte von $10^7/\text{cm}^2$ und der Zahl 10 für die Atome je Ebene innerhalb eines Versetzungsschlauches erhält man z. B. für Silber

$$g = \frac{10^7 \cdot 10}{10^{15}} = 10^{-7}.$$

Da g also sehr klein ist, folgt aus Gleichung (26):

$$D_{\text{eff}}/D_L = 1 + \frac{D_P}{D_L} \cdot g. \tag{27}$$

Für Silber ist experimentell ermittelt worden:

$D_P/D_L \approx 0,2 \cdot 10^7$ bei 500 °C.

Daraus folgt $D_{\text{eff}}/D_L \approx 1,2$, d. h. der DK im Experiment mit statistisch verteilten Versetzungen ist größer als D_L für Einkristalle ohne Versetzungen. Wie man in Bild 19 erkennt, liegen die bei 500 °C an Silbereinkristallen gemessenen Werte oberhalb der von höheren Temperaturen extrapolierten Geraden. Die gemessene Abweichung könnte durch eine Versetzungsdichte von $10^8/\text{cm}^2$ erklärt werden.

Wesentlich übersichtlicher gestalten sich die Verhältnisse, wenn Atome in feinkristallines Material eindiffundieren, mit dem es der Praktiker in der Regel zu tun hat. In Bild 18 ist das Gefüge einer feinkörnigen Versuchsprobe schematisch dargestellt. Auf der Oberfläche sei wie üblich der diffundierende Stoff in dünner Schicht aufgebracht. Um in das Probeninnere hineinzuwandern, werden sich die Atome vorzugsweise der Korngrenzen bedienen. Von diesen aus wandern sie in die einzelnen Körner gemäß der Gitterdiffusion. Da die Korngröße als klein angenommen ist, tritt schon frühzeitig eine Überlappung der Konzentrationsprofile ein, die zu etwas wellig verlaufenden Isokonzentrationskurven führen, wie in Bild 18 angedeutet. In guter Näherung kann daher die Diffusionsfront als eben angesehen werden. Dieser Befund erlaubt wiederum eine Auswertung nach Gleich. (22), wobei die logarithmische Auftragung der Konzentration gegen das Quadrat der Eindringtiefe zu einer Geraden führt. Der so ermittelte DK liefert jedoch nur einen effektiven, von der Korngröße abhängigen Wert. Für ihn gilt folgende Beziehung[21, 22])

$$D_{\text{eff}} = D_L + \frac{1}{3}\frac{\delta \cdot D_B}{\bar{l}}. \tag{28}$$

$\bar{l}$ bedeutet den mittleren Korndurchmesser. Bei bekanntem D_L ergibt sich also D_B.

Wie D_L gehorcht auch D_B einer Arrhenius-Beziehung, woraus folgt, daß log D_{eff}, aufgetragen gegen $1/T$, in einem größeren Temperaturbereich keine einheitliche Gerade ergeben kann. Diesbezügliche Messungen haben Hoffman und Turnbull[23]) ausgeführt. Das verwendete Silber besaß einen mittleren Korndurchmesser von 36 μm. Die Ergebnisse bringt Bild 19, in welches auch die an Einkristallen gewonnenen Daten für die Selbstdiffusion eingetragen sind. Bemerkenswert ist, daß bei hohen Temperaturen die DK für ein- und feinkristallines Material zur Deckung kommen. In Gleichung (28) überwiegt D_L. Bei tiefen Temperaturen weicht die Kurve des feinkörnigen Silbers deutlich von der Geraden ab. Hier dominiert mehr und mehr die Korngrenzendiffusion. Der Gleichung (28) entnimmt man, daß das Abweichen von der Geraden bei um so höheren Temperaturen beobachtet wird, je größer das Verhältnis D_B/D_L und je kleiner der Korndurchmesser ist.

Soweit einigermaßen zuverlässige Messungen vorliegen, wird festgestellt, daß die Aktivierungsenthalpie für die Selbstdiffusion in Korngrenzen etwa die Hälfte derjenigen für die Gitterdiffusion ausmacht, $\Delta H_B \cong \frac{1}{2}\Delta H_L$, was den Gedanken nahelegt, für die Korngrenzendiffusion bedürfe es nur der Aktivierungsenthalpie der Wanderung der Atome und nicht der Bildungsenthalpie der Leerstellen, da diese in der Korngrenze offenbar reichlich vorhanden sind. Man darf jedoch nicht außer acht lassen, daß beide Enthalpiebeträge, deren Summe ja den DK der Gitterdiffusion festlegen, im Bereich der Korngrenze erniedrigt werden können.

Bei mittleren Temperaturen nimmt das Verhältnis D_B/D_L in der Regel den Wert 10^6 an, am Schmelzpunkt nur noch etwa 10^3. Bei dieser Temperatur liegt D_B in der Größenordnung 10^{-5} cm²/s und ist damit vergleichbar mit dem DK von Schmelzen und Flüssigkeiten.

Schließlich sei noch erwähnt, daß Fremdatome in Korngrenzen angereichert sein können und die Diffusion in diesen beeinflussen. Auch Phasengrenzen heterogen aufgebauter Legierungen weisen eine erhöhte Diffusionsbereitschaft auf. Da das verfügbare Versuchsmaterial zur Zeit noch recht bescheiden ist, soll auf die nähere Behandlung verzichtet werden.

Wer seine Kenntnisse über die Korngrenzendiffusion in Metallen erweitern und vertiefen will, dem sei die Lektüre des Übersichtsartikels von A. Hässner in dem bereits zitierten Buch „Diffusion in metallischen Werkstoffen"[4]) empfohlen.

6. Oberflächendiffusion

Diese Art der Diffusion spielt ohne Zweifel eine wichtige Rolle. Um so bedauerlicher ist es, daß sie bisher am wenigstens geklärt ist. Nicht zuletzt sind dafür die erheblichen Schwierigkeiten verantwortlich, die sich einer experimentellen Bestimmung der DK für die Oberflächendiffusion entgegenstellen. Hinzu kommt, daß die Struktur von Oberflächen, die einen entscheidenden Einfluß ausüben kann, recht verwickelt ist. Es treten atomare Stufen, mikroskopische Rauhigkeiten und Durchstoßpunkte von Versetzungen auf. Außerdem ist eine Oberfläche wohl nie sauber. Unter normalen Bedingungen finden sich auf ihr adsorbierte Fremdatome und oft sind sie mit Deckschichten behaftet, die recht unterschiedliche Dicke aufweisen können. Alle diese Einflußgrößen dürften u. a. Grund dafür sein, daß die bis heute vorliegenden Meßergebnisse noch stark streuen.

Im Folgenden sollen zwei Meßverfahren kurz geschildert werden. Bild 20 bringt eine Meßanordnung, die eine Auswertung nach Fisher[14]) bzw. Suzuoka[15]) nach Art der Korngrenzendiffusion erlaubt. Die Probe besteht aus einem Paket dünner Plättchen. Diese sind locker aufeinandergelegt und berühren sich nur an einigen Punkten, so daß die Oberflächen noch praktisch frei liegen. Auf die Stirnseite des Pakets wird ein Tracer aufgebracht, der während der Diffusionsglühung in y-Richtung senkrecht zur Stirnfläche entlang jeder Oberfläche innerhalb einer Schicht δ wandert. Nahe der Stirnfläche wird ein Teil der Traceratome in das Innere der Folien eindringen. Im rechten Teil des Bildes ist das entstehende Diffusionsprofil dargestellt. Die Analogie zur Korngrenzendiffusion wird sichtbar, da an jeder Oberfläche das halbe Profil einer Korngrenzendiffusion entsteht. Vgl. Bild 11.

Eine zweite Methode basiert auf der Tatsache, daß eine bis zur Oberfläche verlaufende Korngrenze nach einer Glühung ein bestimmtes Oberflächenprofil zeigt. Ursache für den Aufbau eines solchen Profils ist das Bestreben, zwischen Oberflächenspannung und Korngrenzenenergie ein Gleichgewicht einzustellen. Den Sachverhalt kann man dem Bild 21 entnehmen. Eine Korngrenze möge senkrecht zu einer plan geschliffenen Oberfläche verlaufen (Bild 21a). Während der Glühung bildet sich das in Bild 21b gezeigte Profil aus, welches der Gleichgewichtsbeziehung $\gamma_B = 2 \cdot \gamma_S \cdot \cos \Theta$ angepaßt ist. $\gamma_S =$ Oberflächenspannung, $\gamma_B =$ Korngrenzenenergie, $2\Theta =$ Winkel der Oberflächenrille. Die gekrümmte Oberfläche im Profil besitzt nun ein anderes chemisches Potential als die ebene Fläche. Es gilt die Gibbs-Thomson-Gleichung $\overline{\Delta G} = \gamma_S \cdot V_m/r$, wo V_m das Atomvolumen und $1/r$ die Krümmung der Fläche bedeuten. Mit sich änderndem Krümmungsradius tritt nun ein Gefälle des chemischen Potentials auf, welches schließlich Ursache einer Kraftwirkung auf die in der Rille befindlichen Oberflächenatome ist. Auf Grund dieser Kraft findet eine Oberflächendiffusion statt, wodurch sich die Rille aufweitet, ohne daß dabei der Gleichgewichtswinkel verändert wird. Eine mathematische Behandlung[25, 26] führt zu einer Beziehung zwischen der Glühzeit und der Rillenbreite w (siehe Bild 21 b), aus der dann der DK für die Oberflächendiffusion D_S erhalten werden kann.

Es erübrigt sich darauf hinzuweisen, daß auch D_S einer Arrhenius-Beziehung gehorcht. Die von verschiedenen Autoren angegebenen Aktivierungsenthalpien ΔH_S unterscheiden sich jedoch teilweise beträchtlich. So werden in einigen Meßreihen zur Bestimmung der DK der Oberflächenselbstdiffusion ΔH_S Werte gefunden, die sogar die Aktivierungsenthalpie ΔH_L der Gitterdiffusion überragen. Der Befund könnte zu der Annahme führen, daß eine Art Verdampfung auftritt und das so aktivierte Atom über zahlreiche Oberflächenatome hinwegrollt, ehe es einen neuen Platz findet. Der extrem hohe Frequenzfaktor, D_{0S}, vermag diese Vorstellung zu unterstützen.

Vergleicht man die DK der Gitter-, Korngrenzen- und Oberflächendiffusion miteinander, dann gilt allgemein $D_L < D_B < D_S$. Auf den Schmelzpunkt der Metalle bezogen nehmen die DK größenordnungsmäßig folgende Werte an $D_L \simeq 10^{-8}$ cm^2/s, $D_B \simeq 10^{-5}$ cm^2/s, $D_S \simeq 10^{-4}$ cm^2/s.

7. Diffusion in Mischkristallen

Mit dieser Art Diffusion hat man es in der Praxis hauptsächlich zu tun, sei es beim Homogenisierungsglühen, bei Ausscheidungsprozessen oder beim Oberflächenhärten und bei der Behandlung von Werkstoffen, die mit Korrosionsschutzschichten überzogen sind, um nur einige Fälle zu nennen. Es handelt sich dabei um Vorgänge, die in einem echten chemischen Konzentrationsgefälle ablaufen, im Gegensatz zu den in den vorstehenden Abschnitten abgehandelten Tracerversuchen. Die dort erläuterten Transportmechanismen treffen aber auch für die nun zu untersuchenden Diffusionsvorgänge zu, jedoch sind hier einige Besonderheiten zu beachten.

7.1. Substitutionsmischkristalle
7.1.1. Gemeinsame Diffusionskoeffizienten

Zur Untersuchung der Diffusion in Substitutionsmischkristallen bedient man sich vorwiegend der Anordnung des sogenannten zweifach unendlichen Halbraumes, wobei zwei, am besten zylinderförmige Proben verschiedener Zusammensetzung stirnseitig verschweißt werden und die Probenlänge so bemessen ist, daß während der Glühzeit der Diffusionsstrom die Probenenden noch nicht erreicht hat. Eine typische Konzentrations-Weg-Kurve, die für eine solche Probenanordnung erhalten wird, ist in Bild 22 schematisch dargestellt. Die Diffusion verläuft parallel der Zylinderachse. Die Konzentration als Funktion des Ortes läßt sich heute bequem mit der Elektronenstrahl-Mikrosonde ermitteln, indem nach der Diffusionsglühung längs der Zylinderoberfläche ein Schliff angefertigt wird, der mit dem Elektronenstrahl in Diffusionsrichtung abgetastet wird. Die Schweißnaht kann meistens durch passendes Ätzen sichtbar gemacht werden.

Wir beschränken uns im folgenden auf binäre Legierungen mit den Partnern A und B. Die Diffusion soll innerhalb des Mischkristallgebietes einphasig erfolgen. Bilden die beiden Komponenten eine Reihe lückenloser Mischkristalle, kann der ganze Konzentrationsbereich ausgenutzt werden, indem man das reine Metall A gegen das reine Metall B verschweißt. Für genauere Messungen sind jedoch Diffusionspaare vorzuziehen, deren Ausgangskonzentrationen sich nicht zu sehr unterscheiden. Als Richtmaß können 5 bis 10 At% zu Grunde gelegt werden.

Die Anordnung des zweifach unendlichen Halbraumes hat den Vorteil, daß eine exakte Auswertung nach Gleichung (2) bzw. (3) möglich ist. Für den Fall, daß der DK im Diffusionsbereich konstant bleibt, gilt folgende Lösung:

$$\frac{c_i - c_i^b}{c_i^a - c_i^b} = \frac{1}{2}\left(1 - \operatorname{erf}\frac{x}{2\sqrt{D_i \cdot t}}\right). \qquad (29)$$

c_i^a und c_i^b sind die Ausgangskonzentrationen, Bild 22. Die normierte Konzentration

$$z = \frac{c_i - c_i^b}{c_i^a - c_i^b}$$

durchläuft die Werte $0 \leq z \leq 1$. Für den Fall der Diffusion eines Partners i in ein reines Metall wird $c_i^b = 0$. Der Ausdruck $\operatorname{erf}(x/2\sqrt{Dt})$ stellt das Gauß'sche Fehlertegral dar. Gemäß diesem Fehlerintegral pflegt man die z-Werte bzw. $100 \cdot z$ gegen die Ortskoordinate x in ein Wahrscheinlichkeitsnetz aufzutragen. Die typische Konzentrations-Weg-Kurve mit ihrem Wendepunkt in der Mitte geht dann in eine Gerade über. Eine weitere Bedingung muß noch erfüllt sein, nämlich die, daß im untersuchten Konzentrationsintervall die Gesamtzahl der Mole pro cm^3 konstant bleibt $\sum_i c_i = c_0$. Damit kann z auch über die Atomprozente erhalten werden.

Die Erfahrung hat nun gelehrt, daß der DK wohl immer von der Konzentration abhängt. Die Lösungsgleichung (29) ist dann nicht mehr anwendbar. Trotzdem läßt sich der DK mit Hilfe der Boltzmann-Matano-Methode streng ermitteln unter Verwendung der Beziehung

$$D(c_i) = -\frac{1}{2t} \cdot \frac{\partial x}{\partial c_i} \cdot \int_{c_i^b}^{c_i} x\, dc_i. \qquad (30)$$

An Hand von Bild 22 sei das Verfahren kurz erläutert. Der Ursprung der Ortskoordinate ist in die sogenannte Matano-Ebene zu legen, deren Lage so gewonnen wird, daß die von der c_i-Kurve abgegrenzten Flächen links und rechts dieser Ebene gleich groß werden. Schon hier sei darauf hingewiesen, daß die Matano-Ebene in der Regel nicht mit der Schweißebene zusammenfällt. Um den DK für eine bestimmte Konzentration zu erhalten, hat man am zugehörigen Punkt der c_i-Kurve, siehe Bild 22, eine Tangente zu ziehen und den Inhalt der doppelt schraffierten Fläche z. B. mit einem Planimeter zu bestimmen.

Diese etwas mühsame und mit Fehlern behaftete Auswertung übernimmt heute ein Computer, indem man die im Wahrscheinlichkeitsnetz aufgetragene z-x-Kurve durch ein geeignetes Polynom darstellt und mittels eines passend gewählten Programms die DK errechnen läßt. Zu bemerken wäre noch, daß die z-x-Kurven im Wahrscheinlichkeitsnetz stets gekrümmt sind, wenn die DK von der Konzentration abhängen. Bild 23 bringt als Beispiel eine Kurve für das Eindiffundieren von Chrom in α-Eisen. Flach verlaufende Kurventeile entsprechen größeren und steil verlaufende kleineren Werten des DK.

Der Vollständigkeit halber sei noch erwähnt, daß eine Auswertung auch möglich ist, wenn die Gesamtzahl der Mole pro cm^3 nicht konstant bleibt, was für größere Konzentrationsintervalle wohl meistens zutrifft. Für solche Fälle ist das oben erläuterte Auswerteverfahren etwas zu modifizieren. Hinsichtlich der Einzelheiten sei auf die Literatur verwiesen[28, 29]. Bisher ist immer nur eine Komponente i zur Beschreibung herangezogen worden. In Substitutionsmischkristallen müssen aber notwendigerweise die Platzwechsel der A-Atome mit jenen der B-Atome gekoppelt sein. Diffundiert der A-Partner von links nach rechts, dann muß der B-Partner von rechts nach links wandern. Die Auswertung einer experimentell aufgestellten Konzentrations-Weg-Kurve liefert nun grundsätzlich für jede Komponente nur einen einzigen gemeinsamen DK, unabhängig davon, ob c_A oder c_B als Konzentrationsmaß gewählt wird. Für diesen gemeinsamen DK hat sich die Bezeichnung $\tilde{D}$ eingebürgert.

Man könnte jetzt geneigt sein, anzunehmen, daß beiden Legierungspartnern grundsätzlich der gleiche DK nämlich $\tilde{D}$ zuzuordnen ist. Diese Annahme ist jedoch nicht gerechtfertigt. Der nachfolgende Abschnitt wird sich mit dieser Frage beschäftigen.

7.1.2. Partielle Diffusionskoeffizienten

Zur Klärung der soeben angeschnittenen Frage müssen weitere experimentelle Fakten herangezogen werden, welche die grundlegenden Untersuchungen von Kirkendall und Mitarbeitern[30] aufgedeckt haben. An Hand von Bild 24, das eine von Kirkendall benutzte Versuchsanordnung wiedergibt, sei einer der wichtigsten Befunde erörtert.

Ein Messingblöckchen ist mit feinen, eng anliegenden Molybdändrähtchen umwickelt und anschließend mit einer elektrolytisch abgeschiedenen Kupferschicht allseitig eingeschlossen worden. Auf diese Weise konnte ein Herausdampfen von Zink aus der Messingprobe verhindert werden. Nach der Diffusionsglühung bei höherer Temperatur wurde die Probe zerschnitten und in der Schnittfläche der Abstand der Mo-Drähtchen vermessen. Es ergab sich der überraschende Befund, daß während der Glühung der Abstand kleiner geworden und das Messingblöckchen demnach geschrumpft war. Da die Drähtchen die ehemalige Trennebene oder Schweißebene Kupfer/Messing markieren, muß daraus gefolgert werden, daß auf Grund der gegenseitigen Diffusion von Kupfer und Zink die Schweißebene in die Messingprobe hinein verlagert worden ist. Offensichtlich ist mehr Zink aus dem Blöckchen herausgewandert als umgekehrt Kupfer hinein.

Der grundlegende Versuch ist etwas ausführlicher beschrieben worden, weil er seiner Zeit (1947) eine Wende auf dem Gebiet der Erforschung der Diffusion in metallischen Mischkristallen vom Substitutionstyp erbracht hat. Der Effekt trägt den Namen Kirkendall-Effekt, der heute eine entscheidende Rolle spielt.

Der angegebenen Deutung gemäß muß der Diffusionsstrom des Zinks den entgegengesetzt gerichteten des Kupfers überwiegen, d. h. der DK D_{Zn} ist größer als der DK D_{Cu}.

Unsere Aufgabe besteht nun darin, eine quantitative Beziehung herzustellen, welche die einzelnen DK miteinander verknüpft. Als erster hat Darken[31] eine solche Beziehung aufgezeigt. Um diese zu gewinnen, wollen wir die thermodynamischen Grundlagen verwenden. Zuvor sind aber noch einige Bemerkungen über das Verhalten der Leerstellen voranzustellen.

Man kann sich kaum vorstellen, daß der Platzwechsel in den dicht gepackten Substitutionsmischkristallen anders abläuft als in den reinen Metallen. Die Atome benötigen auch in diesen Mischkristallen Leerstellen, um diffundieren zu können. Noch einmal seien die Platzwechsel eines Traceratoms in einem reinen Metall betrachtet. Dem Traceratom nutzt die Bereitschaft zu einem Platztausch nichts, wenn nicht eine Leerstelle ihm die Möglichkeit bietet. Die Leerstelle selbst hingegen kann sich gewissermaßen ganz nach Belieben frei im Gitter tummeln. Man kann ihr eine Art Eigenleben zubilligen. Diese Feststellung zwingt uns, die Leerstellen allgemein als eine eigenständige Komponente zu betrachten, die bei der thermodynamischen Behandlung des Problems nicht außer acht gelassen werden darf.

Unter diesem Gesichtspunkt erhält die auf ein Zweikomponentensystem inklusive Leerstellen angewandte Gleichung (11) folgende Form mit

$$K_i = -kT\frac{1}{c_i} \cdot \frac{d\ln a_i}{d\ln N_i} \cdot \frac{\partial c_i}{\partial x} \quad \text{und } K_v$$
$$= -\frac{1}{N_L}\frac{\partial \overline{\Delta G_v}}{\partial x}$$

$$J_A = -L_{AA} \cdot \frac{kT}{c_A} \cdot \phi \cdot \frac{\partial c_A}{\partial x} - L_{AB} \cdot \frac{kT}{c_B} \cdot \phi \cdot \frac{\partial c_B}{\partial x}$$
$$- L_{Av} \cdot \frac{1}{N_L} \cdot \frac{\partial \overline{\Delta G_v}}{\partial x} \tag{31a}$$

$$J_B = -L_{AB} \cdot \frac{kT}{c_A} \cdot \phi \cdot \frac{\partial c_A}{\partial x} - L_{BB} \cdot \frac{kT}{c_B} \cdot \phi \cdot \frac{\partial c_B}{\partial x}$$
$$- L_{Bv} \cdot \frac{1}{N_L} \cdot \frac{\partial \overline{\Delta G_v}}{\partial x} \tag{31b}$$

$$J_v = -L_{Av} \cdot \frac{kT}{c_A} \cdot \phi \cdot \frac{\partial c_A}{\partial x} - L_{Bv} \cdot \frac{kT}{c_B} \cdot \phi \cdot \frac{\partial c_B}{\partial x}$$
$$- L_{vv} \cdot \frac{1}{N_L} \cdot \frac{\partial \overline{\Delta G_v}}{\partial x} \tag{31c}$$

Aus thermodynamischen Beziehungen folgt, daß der thermodynamische Faktor ϕ für beide Komponenten den gleichen Wert annimmt. Wegen der großen Beweglichkeit der Leerstellen und der mehrfältigen Möglichkeit, überschüssige Leerstellen abzufangen oder im Falle eines Defizits solche neu zu bilden, wobei die Versetzungen als Senken und Quellen eine wichtige Rolle spielen, darf damit gerechnet werden, daß die Leerstellenkonzentration überall praktisch der Gleichgewichtskonzentration entspricht. Demzufolge tritt kein Gefälle des chemischen Potentials auf.

$$\frac{\partial \overline{\Delta G_v}}{\partial x} = 0.$$

Aus dem Erhaltungssatz $\sum_i J_i = 0$ folgt

$$J_A + J_B = -J_v.$$

Der Leerstellenmechanismus erlaubt also, daß $J_A \neq J_B$ sein kann. Das Gleichungssystem (31) vereinfacht sich mit

$$\frac{\partial c_A}{\partial x} = -\frac{\partial c_B}{\partial x} \text{ zu}$$

$$J_A = -\left[L_{AA} \cdot \frac{kT}{c_A} - L_{AB}\frac{kT}{c_B}\right] \cdot \phi \cdot \frac{\partial c_A}{\partial x}$$
$$= -D_A \frac{\partial c_A}{\partial x}, \tag{32a}$$

$$J_B = -\left[L_{BB} \cdot \frac{kT}{c_B} - L_{AB}\frac{kT}{c_A}\right] \cdot \phi \cdot \frac{\partial c_B}{\partial x}$$
$$= -D_B\frac{\partial c_B}{\partial x}, \tag{32b}$$

so daß gemäß dem 1. Fickschen Gesetz die partiellen DK wie folgt zu schreiben sind

$$D_A = \left[L_{AA} \cdot \frac{kT}{c_A} - L_{AB} \cdot \frac{kT}{c_B} \right] \cdot \varnothing, \quad (33a)$$

$$D_B = \left[L_{BB} \cdot \frac{kT}{c_B} - L_{AB} \cdot \frac{kT}{c_A} \right] \cdot \varnothing. \quad (33b)$$

Auch diese Gleichungen weisen darauf hin, daß in der Regel die partiellen DK D_A und D_B ungleich groß sind und von der Konzentration abhängen werden.

Wenn die partiellen DK verschieden groß sind, gibt die Summe $J_A + J_B$ diejenige Menge an, die pro Sekunde im Überschuß durch die Einheitsfläche fließt, was zu einer Art Verlagerung der Materie führt. Die Verlagerungsgeschwindigkeit sei v. Daraus folgt

$$J_A + J_B = v \cdot c_0. \quad (34)$$

Diese Gleichung, auf die Schweißebene angewandt, sagt aus, daß diese Ebene während der Diffusion mit der Geschwindigkeit v wandert. Damit ist eine quantitative Aussage über den Kirkendall-Effekt hergestellt.

Die Wanderung der Schweißebene läßt sich, wie bereits beschrieben, experimentell bestimmen, indem man in die Trennebene der Versuchsproben feine, inerte Drähtchen oder andere Markierungen einbringt, welche die Lage der Schweißebene vor und nach der Diffusionsglühung anzeigen. Auch ohne Markierungen können die Schweißnähte mittels geeigneter Ätzung ähnlich einer Korngrenzenätzung sichtbar gemacht werden. Die meßbare Verschiebung zeigt schematisch Bild 25 für den Fall $D_A > D_B$.

Seit Entdeckung dieses Effektes ist eine große Zahl derartiger Messungen ausgeführt worden mit dem übereinstimmenden Ergebnis, daß die Verschiebung d der Schweißnaht bei konstanter Glühtemperatur einem parabolischen Zeitgesetz $d = k \cdot \sqrt{t}$ gehorcht. k = konst. Ein Beispiel bringt Bild 26 für die gegenseitige Diffusion von Gold und Silber. Als Maßstab der Zeitachse ist $\sqrt{t}$ gewählt. Die Darstellung vermag eine Vorstellung von der Größenordnung der Verschiebung zu vermitteln. Aus dem parabolischen Zeitgesetz, das übrigens für viele Diffusionsprozesse charakteristisch ist, erhält man die Wanderungsgeschwindigkeit zu

$$v = \frac{d}{2t}. \quad (35)$$

Die Gleichungen (34) und (35) beziehen sich auf die wandernde Schweißebene. Betrachtet man den Ablauf vom Standpunkt der im Raum festliegenden Matano-Ebene, kann gemäß Darken[31]) ein Zusammenhang mit $\tilde{D}$ gewonnen werden, nämlich

$$\tilde{D} = D_A \cdot N_B + D_B \cdot N_A. \quad (36)$$

Andererseits ergeben die Gleichungen (32), (34) und (35)

$$(D_A - D_B) \frac{dN_A}{dx} = \frac{d}{2t}. \quad (37)$$

Diese als Darken-Gleichungen bekannten Beziehungen, die sogar unabhängig vom Diffusionsmechanismus eine allgemeine Gültigkeit besitzen, erlauben die Bestimmung der partiellen DK für die Schweißebene. Diese DK stellen die echten physikalisch sinnvollen Größen dar, während $\tilde{D}$ nur eine, wenn auch durchaus nützliche Hilfsgröße darstellt, die aber ungeeignet ist, den wahren Sachverhalt zu beschreiben.

In analoger Weise, wie die Koeffizienten der Selbstdiffusion in reinen Metallen mittels eines Tracers gemessen werden, vgl. Abschnitt 5.1, Gleichung (22), können auch an einer homogenen Legierung bestimmter Konzentration durch Eindiffundieren eines Tracers von A bzw. B die DK D_A^* und D_B^* ermittelt werden. Diese wiederum sind mit D_A und D_B verknüpft.

$$D_A = D_A^* \cdot \phi \cdot (1 + V_A) \text{ bzw. } D_B = D_B^* \cdot \phi \cdot (1 + V_B).$$

Auf die Korrekturterme V_A und V_B soll hier nicht näher eingegangen werden; sie sind für bestimmte Voraussetzungen von Manning[33]) berechnet worden. Für die Legierungsreihe Ag–Au sind in Bild 27 die DK D_i, D_i^* und $\tilde{D}$ als Funktion der Konzentration eingetragen. Jeder Konzentration sind demnach 5 verschiedene DK zuzuordnen. Während die D_i^*-Werte Minima zeigen, weisen die D_i-Werte Maxima auf. Das unterschiedliche Verhalten ist auf den Einfluß des thermodynamischen Faktors zurückzuführen. Im mittleren Konzentrationsbereich überragt der DK des Silbers den des Goldes etwa um den Faktor 3. Als Faustregel darf gelten, daß in Mischkristallen vom Substitutionstyp der Partner mit dem tieferen Siedepunkt die höhere Beweglichkeit besitzt.

7.1.3. Folgeerscheinungen

Die zweifellos wichtigste Folgeerscheinung einer Diffusion, bei der die Partner unterschiedlich schnell wandern, ist der bereits oben abgehandelte Kirkendall-Effekt. Weitere bemerkenswerte Folgeerscheinungen können auftreten, die für die Praxis recht bedeutsam sind. Läuft die Diffusion innerhalb eines größeren Konzentrationsbereiches und über längere Zeit ab, dann treten auf Seiten der schneller diffundierenden Komponenten Löcher auf. Das Auftreten von Löchern wird verständlich, wenn man bedenkt, daß die im Überschuß abdiffundierenden Atome zunächst Leerstellen hinterlassen, die bestrebt sind, auszuheilen. Möglichkeiten dazu bieten die Versetzungen, innere Oberflächen und Korngrenzen sowie die Probenoberfläche. Weiterhin muß damit gerechnet werden, daß während der ständigen Leerstellenproduktion infolge Übersättigung durch Zusammentreffen mehrerer Leerstellen ein Lochkeim gebildet wird, der nach Erreichen seiner kritischen Größe wachstumsfähig wird und durch ständiges Anlagern weiterer Leerstellen zu einem mikroskopisch sichtbaren Loch anwächst. Bild 28 bringt ein überzeugendes Beispiel für die Lochbildung. Sie kann ein solches Ausmaß erreichen, daß die Kontaktfläche auf die Hälfte reduziert wird. Es bedarf keiner näheren Erörterung, daß die Lochbildung den weiteren Diffusionsablauf empfindlich stören kann.

Die Lochbildung äußert sich auch in einem Dichteabfall. In Bild 29 ist die Dichte einer aus reinem Nickel und reinem Kupfer bestehenden Diffusionsprobe in Abhängigkeit von der Ortskoordinate dargestellt. Die im oberen Teil des Bildes wiedergegebene c-x-Kurve läßt erkennen, daß das Kupfer die schnellere Komponente ist, da die Schweißebene zur Kupferseite gewandert ist. Während der Diffusionsglühung haben sich auf dieser Seite zahlreiche Löcher gebildet, wie der Dichteabfall von etwa 8,9 g/cm^3 auf nahezu 7,5 g/cm^3 erkennen läßt. Bemerkenswert ist, daß die Dichte in Bereichen, in welchen chemisch kein Nickel mehr nachweisbar ist, noch deutlich unter dem Sollwert liegt. Werden die Proben während der Glühung unter genügend hohem Druck gehalten, dann unterbleibt die Lochbildung und die Dichte zeigt ein normales Verhalten.

Der durch die Löcher verursachte Dichteabfall bewirkt wiederum eine Längenzunahme der Probe, die durch Messen der Probenlänge vor und nach dem Versuch deutlich festgestellt werden kann. Schließlich muß noch darauf hingewiesen werden, daß sich das Profil der meist zylinderförmigen Diffusionsproben im Bereich der Schweißnaht infolge des Kirkendall-Effektes verändert.

Bild 30 bringt eine schematische Darstellung. Auf Seiten der langsameren Komponente entsteht ein Wulst, auf Seiten der schnelleren eine Einschnürung. Dieses Profil bildet sich aus, weil in oberflächennahen Bezirken sowohl die Leerstellen als auch die im Überschuß transportierten Atome an die Oberflächen wandern können. Die zuerst genannten erzeugen die Einschnürung, die zuletzt genannten den Wulst. Der zur Lochbildung führende Kirkendall-Effekt kann sich in der Praxis in mannigfacher Weise auswirken, z. B. beim Glühen plattierter Bleche, beim Homogenisierungsglühen zur Beseitigung einer Kornseigerung oder beim Sintern von Pulvergemischen.

Das durch Lochbildung verursachte Aufblähen kann beträchtliche Ausmaße annehmen, wenn die Versuchsprobe aus einem Folienpaket besteht, in welchem abwechselnd dünne Folien eines Metalls A und eines Metalls B in der Reihenfolge $ABAB\ldots$ verschweißt sind. Für ein Folienpaket bestehend aus 50 Cu- und Ni-Folien mit einer Dicke von 240 μm zeigt Bild 31 die Ergebnisse. Bei einer Ausgangsstärke von 1,2 mm ist das Paket während einer Glühung von 50 Stunden um 0,6 mm dicker geworden. Die ausgeprägte Lochbildung in den Folien des Kupfers, der schnelleren Komponente, macht Bild 32 deutlich.

7.2. Einlagerungsmischkristalle

Fast alle Metalle weisen ein gewisses Lösungsvermögen für nicht metallische Stoffe, insbesondere für die Gase H_2, N_2 und O_2 auf. Hinzu gesellen sich Kohlenstoff und Bor. Diese Fremdatome werden auf Zwischengitterplätze eingebaut und bilden Einlagerungsmischkristalle, die auch als interstitielle Mischkristalle bezeichnet werden. Im Falle der Gase trifft das sogenannte Sievertsche Gesetz $c \sim \sqrt{p}$ zu, welches besagt, daß die Gleichgewichtskonzentration c bei vorgegebener Temperatur proportional der Wurzel aus dem Gasdruck ist, was andererseits bedeutet, daß die genannten 2-atomigen Gase in dissoziierter Form atomar gelöst werden.

Von Ausnahmen abgesehen ist die Löslichkeit in der Regel klein, so daß die Fremdatome in unmittelbarer Nähe außer den Matrixatomen keine Nachbarn haben. Unter diesen Umständen gibt es für Platzwechsel der gelösten Atome von einem Zwischengitterplatz zum benachbarten keine Vorzugsrichtung. Wie noch zu zeigen ist, können aber in gewissen Fällen durch äußeren Eingriff Vorzugsrichtungen geschaffen werden.

Weil der Platzwechsel über Zwischengitterplätze klar und übersichtlich ist, wurde dieser Mechanismus zur Ableitung des 1. Fickschen Gesetzes benutzt. Vgl. Abschnitt 4. Die DK können nach den üblichen klassischen Methoden ermittelt werden. Im Falle der Gasdiffusion wird vorzugsweise die Entgasung verwendet. Dabei wird eine zuvor bis zur vollständigen Sättigung aufgeladene Probe in ein Vakuum gebracht und das ausdiffundierende Gas volumetrisch in Abhängigkeit von der Entgasungszeit gemessen. Als Probenform wählt man zweckmäßigerweise Kugeln, Zylinder oder Platten, da für diese Formen Lösungsgleichungen der 2. Fickschen Gleichungen (4a) und (4b) existieren.

Ein weiteres Verfahren ist speziell für die kubisch-raumzentrierten Metalle anwendbar. Da es zusätzliche Informationen zu liefern vermag, soll es am Beispiel der Eisen-Kohlenstoff-Legierungen näher erläutert werden.

Bild 33 zeigt zwei übereinandergestellte kubisch-raumzentrierte Elementarzellen. Die offenen Kreise symbolisieren die Fe-Atome. Auf der Suche nach geeigneten Zwischengitterplätzen, die von C-Atomen besetzt werden könnten, findet man leicht, daß die Flächenmitten der Würfelflächen und die Mitte der Würfelkanten mögliche Plätze bieten. Auf Grund der Gittersymmetrie sind beide als gleichwertig und identisch anzusehen. Zwei C-Atome (volle Kreise) sind in Bild 33 eingetragen. Insgesamt werden die C-Atome im α-Fe statistisch auf diese Zwischengitterplätze verteilt sein. Übt man auf die obere Würfelfläche der Doppelzelle in Bild 33 einen Druck aus, so tritt zunächst eine dem Hookeschen Gesetz entsprechende Stauchung auf, durch welche der Platz des in der mittleren Würfelfläche untergebrachten C-Atoms von den beiden benachbarten Fe-Atomen eingeengt wird. Ein Sprung auf einen der vier Nachbarplätze, die Würfelkanten, kann das Atom aus seiner Zwangslage befreien, wobei noch zu beachten ist, daß diese Würfelkanten auf Grund des angelegten Druckes etwas gedehnt werden und dem eingelagerten Fremdatom mehr Platz bieten. Der Pfeil in Bild 33 deutet eine der Sprungrichtungen an. Nach dem Sprung können die beiden in den Zentren der Zellen sitzenden Fe-Atome näher aneinander rücken, wodurch eine zusätzliche Stauchung bewirkt wird. Eine außen angelegte Druck- oder auch Zugspannung erzeugt also im kubisch-raumzentrierten Gitter Vorzugsplätze für interstitiell gelöste Atome. Man darf erwarten, daß die Atome diese Vorzugslagen zu besetzen bestrebt sein werden. Die zu erwartenden Sprünge werden nicht spontan mit der angelegten Spannung auftreten, sondern mit einer mehr oder weniger ausgeprägten Verzögerung. Eine solche Verzögerung wirkt sich dahingehend aus, daß nach Anlegen etwa einer Zugspannung im Anschluß an die rein elastische Dehnung noch eine Nachdehnung beobachtet wird. Bild 34 mag den Sachverhalt erläutern. Im oberen Bildteil ist die Spannung σ, im unteren die Dehnung ε als Funktion der Zeit dargestellt. Die angelegte konstante Spannung bewirkt ein von der Zeit abhängiges Nachdehnen, das nach Abschalten der Spannung rückläufig ist. Diese als anelastische Nachwirkung bezeichnete Erscheinung läßt sich an C-haltigen Eisendrähten leicht beobachten. Die Nachdehnung $\Delta\varepsilon$ läßt sich durch folgende Zeitfunktionen beschreiben:

$$\Delta\varepsilon = \Delta\varepsilon_0 \left(1 - e^{-\frac{t}{\tau_R}}\right). \tag{38}$$

τ_R ist die den Prozeß kennzeichnende Relaxationszeit, die offensichtlich mit der Platzwechselgeschwindigkeit der C-Atome verknüpft ist. Jede Relaxation erzeugt grundsätzlich eine Dämpfung, die mittels erzwungener oder freier Schwingungen gemessen werden kann. Besonders einfach gestalten sich solche Messungen hinsichtlich des Platzwechsels der C-Atome mit einem Torsionspendel, das aus einem dünnen Eisendraht und einer passend gewählten trägen Drehmasse besteht. Die Eigenfrequenz eines solchen Drehpendels liegt meistens in der Größenordnung von 1 Hz. Wenn die Schwingungsdauer vergleichbar mit der Relaxationszeit τ_R wird, erhöht sich die Dämpfung, die dann im Resonanzfall mit $\tau_R = 1/\omega$ (ω = Kreisfrequenz) ihr Maximum erreicht. Das Maß der Dämpfung läßt sich bekanntlich aus dem Abfall der Schwingungsamplitude leicht ermitteln. Der Versuch gestaltet sich derart, daß mit dem Pendel bei fester Frequenz die Dämpfung in Abhängigkeit von der Drahttemperatur gemessen wird, wobei die Tatsache ausgenutzt wird, daß τ_R exponentiell von der Temperatur abhängt. Die Relaxationszeit steht in direktem Zusammenhang mit der Platzwechselfrequenz der C-Atome und damit auch mit ihren DK. Aus Gleichung (16) folgt (der thermodyn. Faktor entfällt hier)

$$D = \frac{1}{6} \cdot d^2 \cdot v \cdot e^{\frac{\Delta S_m}{R}} \cdot e^{-\frac{\Delta H_m}{RT}} = \frac{d^2}{6} \cdot \frac{1}{\tau}. \tag{39}$$

Mit $1/\tau = \frac{2}{3} \cdot 1/\tau_R$ = Platzwechselfrequenz kann demnach aus der Messung von τ_R unmittelbar der DK erhalten werden. Eine Abschätzung gemäß Gleichung (39) zeigt, daß bei einer Schwingungsdauer von etwa einer Sekunde Koeffizienten meßbar werden, die in der Größenordnung 10^{-16} cm^2/s liegen, da die Sprungweite d nur einige Ångström-Einheiten beträgt. Bild 35 macht die Temperaturabhängigkeit der Dämpfung an einem Beispiel deutlich.

In Bild 36 sind die aus Dämpfungsmessungen gewonnenen DK für C in α-Fe in der üblichen logarithmischen Darstellung eingetragen. Die ebenfalls aufgenommenen Werte für höhere Temperaturen stammen aus Messungen nach den klassischen Verfahren. Erstaunlich ist, daß alle Werte, die einen Bereich von 14 Zehnerpotenzen übersteigen, streng auf einer Geraden liegen als Zeichen dafür, daß der Platzwechselmechanismus im zugehörigen Temperaturintervall unverändert gültig bleibt.

In gleicher Weise sind auch die DK für die N_2 Diffusion in α-Fe ermittelt worden. Die Werte liegen nur geringfügig höher als die der C-Diffusion. Ebenso kann auch die Diffusion des Wasserstoffs nach dieser Methode untersucht werden. Der ungewöhnlich hohen Beweglichkeit gemäß treten die Dämfungsmaxima für Frequenzen um 1 Hz jedoch schon bei extrem tiefen Temperaturen auf. Soll die Methode auch für höhere Frequenzen benutzt werden, muß die Dämpfung elastischer Wellen fest vorgegebener, erhöhter Frequenz, die den Probekörper durchlaufen, gemessen werden, wofür besondere Meßgeräte zur Verfügung stehen. Da die Höhe der Maxima proportional mit der Konzentration der gelösten C-Atome anwächst, kann das Verfahren auch für analytische Messungen erfolgreich eingesetzt werden.

Über die Diffusion des Wasserstoffs in α-Fe und ferritischen Stählen, die für die Praxis eine überragende Bedeutung hat, gibt es eine Fülle von Einzeluntersuchungen, die im Temperaturintervall von Zimmertemperatur bis ca. 900 °C ausgeführt worden sind. In der Nähe des α/γ-Umwandlungspunktes erreicht der DK die Größenordnung 10^{-4} cm^2/s. Bild 37 bringt eine Auswahl von Ergebnissen, die zunächst verwirren mögen in Anbetracht der ungewöhnlich starken Streuungen. Von einer Arrhenius-Geraden kann keine Rede sein. Kennzeichnend ist, daß bei hohen Temperaturen, wo die Werte der verschiedenen Autoren eine gewisse Annäherung erkennen lassen, die Kurven flach und bei tiefen Temperaturen deutlich steiler verlaufen und stärker auseinander klaffen. Der zunächst flache und ab etwa 200 °C einsetzende steilere Verlauf wird heute so gedeutet, daß der Wasserstoff in Fallen (Traps) mehr oder weniger stark gebunden ist. Als Fallen kommen im wesentlichen innere Oberflächen in Frage, die an Mikrorissen, Poren, eingeschlossenen Verunreinigungen, Phasengrenzflächen und a. m. auftreten können. In hohem Maße wirken sich solche Fallen oder Traps in kalt bearbeitetem, karbidhaltigem Eisen aus. Die Konzentration der Traps hängt stark von der mechanischen und thermischen Vorbehandlung der Versuchsproben ab. Bei tieferen Temperaturen wird nun das Abtrennen des Wasserstoffs von den Fallen den Entgasungsvorgang vorwiegend steuern und nicht die eigentliche Diffusion durch das Gitter hindurch. Man mißt nur einen effektiven DK. Je höher andererseits die Temperatur, um so mehr H-Atome und gegebenenfalls auch H_2-Molekühle lösen sich von den Traps und besetzen Zwischengitterplätze, so daß die wahre Diffusion mehr und mehr zum Zuge kommt. Oriani[40]) hat mit Hilfe dieses Modells Formeln zur Berechnung des effektiven DK abgeleitet, mit welchen der typische Kurvenverlauf befriedigend dargestellt werden kann. Allgemein gilt, daß mit wachsendem Reinheitsgrad der DK ansteigt. Aus eigenen Messungen an zonengeschmolzenem Eisen, das sehr langsam abgekühlt und nicht der geringsten Nachbehandlung unterworfen worden war, ergab sich bei 700 °C ein DK von $2,45 \cdot 10^{-4}$ cm^2/s. Vom Standpunkt der Grundlagenforschung ist es zwar wertvoll und interessant, zur Beschreibung des Platzwechsels den echten DK zu kennen, dem Praktiker nutzen diese Angaben aber wenig. Er hat mit den effektiven DK zu rechnen, die den Entgasungsvorgang steuern. Bedauerlicherweise hängt die Größe dieser DK von zahlreichen Faktoren ab, die im Einzelfall kaum in ihrer Gesamtheit überschaubar sind, so daß man davor warnen muß, sich auf bestimmte Literaturwerte zu stützen.

8. Diffusion in mehrphasigen Systemen

Bisher ist darauf geachtet worden, daß die Diffusion nur innerhalb einer Phase (Mischkristalle) vonstatten ging. Der Bericht darf aber nicht abgeschlossen werden, ohne auch noch den allgemeineren Fall einer Diffusion über mehrere Phasen zu behandeln. Gemeint sind solche Legierungssysteme, in welchen intermetallische Verbindungen auftreten. Der weitaus größte Teil der binären Systeme gehört diesem Typ an.

Verschweißt man zwei reine Metalle, die miteinander intermetallische Phasen bilden können, zu einer Diffusionsprobe zusammen, sollte erwartet werden, daß während der Glühbehandlung diese Verbindungen sich bilden und mit der Glühzeit wachsen. Es stellt sich zunächst die Frage nach dem Konzentrationsprofil. In Bild 38 ist ein Musterbeispiel schematisch dargestellt. Der rechte Teil des Bildes bringt ein Zustandsdiagramm, das gegenüber der üblichen Darstellung um 90° gekippt ist. Gemäß diesem Schaubild vermögen die beiden Partner zwei Verbindungen, mit β und γ bezeichnet, zu bilden. Beide besitzen einen Löslichkeitsbereich. Auch auf Seiten der reinen Metalle wird eine Löslichkeit im festen Zustand angenommen. Auf der Temperaturachse ist die Diffusionstemperatur durch eine senkrechte Gerade angegeben, auf die sich das Profil zu beziehen hat. Es ist im linken Teilbild dargestellt. Bemerkenswert ist, daß am Ort der Phasengrenzen im Profil Sprünge auftreten, die den heterogen aufgebauten Phasenbereichen laut Zustandsschaubild entsprechen. Die zugehörigen Konzentrationspunkte sind durch gestrichelte, horizontale Linien miteinander verbunden. Man gewinnt den Eindruck, als sei die für eine Einphasendiffusion typische Konzentrations-Weg-Kurve in einzelne Teilstücke aufgegliedert.

Wichtig ist nun, daß derartige Profilkurven ohne Einschränkung in gleicher Weise, wie in Abschnitt 7.1.1 erläutert, einer Matano-Auswertung unterworfen werden können. Im Profil des Bildes 38 ist die Lage der Matano-Ebene eingezeichnet. Bei ungestört ablaufender Diffusion gehorcht das Wachstum der einzelnen Verbindungen dem für die Diffusion typischen parabolischen Zeitgesetz.

Alle in den vorhergehenden Abschnitten erläuterten Platzwechselmechanismen können grundsätzlich auch in intermetallischen Phasen beobachtet werden. Vor allem macht sich in der Regel der Kirkendall-Effekt bemerkbar, häufig sogar in extremen Ausmaßen.

Ein klassisches Beispiel einer Diffusion über mehrere Phasen zeigt Bild 39. Es handelt sich um eine Cu-Zn Diffusionsprobe. Die Glühtemperatur lag kurz unter dem Schmelzpunkt des Zinks. Alle gemäß Phasendiagramm thermodynamisch stabilen Verbindungen, nämlich die Hume-Rothery-Phasen β, γ und ε haben sich gebildet, jedoch in recht unterschiedlicher Breite. Die β-Phase bildet nur einen schmalen Saum. Grob qualitativ darf dem Schliffbild entnommen werden, daß in der γ-Phase (größte Wachstumsbreite) die beiden Partner die höchste Beweglichkeit besitzen. Hingewiesen sei auf den ungewöhnlich großen Kirkendall-Effekt. Der am Bildrand eingezeichnete Pfeil gibt die von der Schweißnaht durchwanderte

Strecke d an. Daraus folgt, daß der DK des Zinks in der ε-Phase den des Kupfers um den Faktor 40 bis 50 überragt.

Trotz der Gemeinsamkeiten, welche die Diffusion über mehrere Phasen mit der Einphasendiffusion aufweist, beobachtet man bei der erstgenannten doch einige, teilweise überraschende Besonderheiten, die im nachfolgenden Text näher beschrieben und erläutert werden sollen.

Das Auftreten intermetallischer Verbindungen infolge Diffusion, die zu bilden die Partner befähigt sind, kann keineswegs immer garantiert werden. Das Ausbleiben von Phasen läßt sich auf Keimbildungsschwierigkeiten zurückführen. Falls Phasen gebildet worden sind, können vor allem in den Anfangsstadien die Phasengrenzkonzentrationen von den Gleichgewichtskonzentrationen abweichen. Nach genügend langen Glühzeiten kommen diese jedoch meist zur Deckung. Das Gefüge der durch Diffusion entstandenen und gewachsenen Verbindungen besteht häufig aus säulenförmigen Kristallen, deren Achse in Diffusionsrichtung weist, die ihrerseits wiederum einer kristallographischen Vorzugsrichtung hinsichtlich des Platzwechsels entsprechen kann.

Eine weitere Besonderheit liegt darin, daß in intermetallischen Phasen oft praktisch nur ein Partner diffundiert und vielfach ungewöhnlich hohe Beweglichkeiten beobachtet werden. Die Ursache ist hauptsächlich in der Struktur des Gitters zu suchen, welches dann oft eine weit über das normale Maß hinausgehende Konzentration an Leerstellen, sogenannte strukturelle Leerstellen, enthält, die gelegentlich die 20 %-Grenze übersteigt.

Wenn in einer Probe der Kombination AB eine Phase gebildet wird, in der nur eine Komponente, etwa A, wandert, nimmt die Verschiebung der Schweißnaht ihren maximal möglichen Betrag an. Das Schema in Bild 40 mag den Sachverhalt erläutern. Das obere Schema stellt die Probe nach der Verschweißung, aber vor der Diffusionsglühung dar, das mittlere nach der Diffusion. Die gebildete Phase ist mit β bezeichnet, durch die nur A-Atome hindurchwandern. In A möge kein B hineindiffundiert sein. Da B nicht über die Schweißnaht hinübertritt, liegt diese stets in der Phasengrenze A/β. Daraus resultiert der Maximalbetrag der Schweißnahtverschiebung. Setzt man nun auf die Phasengrenzfläche Mikrohärteeindrücke als Markierungen, vgl. das mittlere Bild, und glüht die Probe weiter, dann zeigt nach erneuter Unterbrechung der Diffusion die mikroskopische Betrachtung des Schliffes den in Bild 40 unten dargestellten Befund. Die ursprünglich in A gelegene Hälfte des Eindrucks ist verschwunden, die in β gelegene jedoch unverändert erhalten geblieben. In Bild 41 ist ein Realfall für die gegenseitige Diffusion von Kupfer in Antimon wiedergegeben.

Das Verhalten ist so zu verstehen, daß während der Diffusion an der Phasengrenze ständig Atome des Metalls A abgebaut werden, damit verschwindet auch der betreffende Teil des Härteeindrucks. Die abgebauten A-Atome treten in die β-Phase ein, besetzen dort Plätze, die durch Abwandern anderer A-Atome in Richtung auf B freigeworden sind. Die an die zweite Phasengrenze β/B gelangenden A-Atome reagieren dort mit dem Partner B unter Bildung der β-Phase. Die Phase wächst demnach nur an dieser Grenze. Eine fortgesetzte Diffusionsglühung führt schließlich dazu, daß infolge des ständigen Abbaus von A-Atomen in der Phasengrenze auf Seiten des Metalles A Löcher gebildet werden analog der im Abschnitt 7.1.3 geschilderten Folgeerscheinungen, die schließlich solche Ausmaße annehmen können, daß der Kontakt zwischen A und β unterbrochen wird. Die Diffusion kommt damit nahezu zum Stillstand. Derartige Proben lassen sich in der Schweißebene dann leicht auseinanderbrechen. Betreff weiterer Einzelheiten sei auf einige Literaturstellen[4, 41, 42] verwiesen.

Das vorstehend kurz umrissene Erscheinungsbild der Diffusion über mehrere Phasen dürfte klargestellt haben, wie wertvoll die Kenntnisse auch über diese Art der Diffusion sein können. Man denke etwa an die Feuerverzinkung, an das Verhalten von anderen metallischen Schutzschichten wie Aluminium und Zinn auf Eisen. Der Praktiker steht auch oft vor der Frage, wie eine gegenseitige Diffusion verhindert werden kann. Der Rahmen dieses Berichts verbietet es, darauf noch näher einzugehen.

Verzeichnis der wichtigsten verwendeten Formelzeichen

D = Diffusionskoeffizient (DK)
$\tilde{D}$ = Gemeinsamer Diffusionskoeffizient
D_{eff} = Effektiver Diffusionskoeffizient
D_A, D_B = Partieller Diffusionskoeffizient von A bzw. B in einem chemischen Konzentrationsgefälle
D_i^* = Selbstdiffusionskoeffizient für ein Metall i
D_L = Diffusionskoeffizient für die Diffusion im Gitter oder Volumen
D_B = Diffusionskoeffizient für Korngrenzendiffusion
D_S = Diffusionskoeffizient für Oberflächendiffusion
D_P = Diffusionskoeffizient für Versetzungsschlauchdiffusion
c_i = Konzentration der Komponente i, Mole pro cm^3
n_i = Zahl der Atome der Komponente i pro Flächeneinheit
N_i = Molenbruch der Komponente i
a_i = Aktivität der Komponente i
G = Molare freie Enthalpie
$\overline{\Delta G_i}$ = Molare partielle freie Enthalpie der Komponente i
ΔH = Reaktions- oder Aktivierungsenthalpie
ΔH_f = Bildungsenthalpie für Leerstellen pro Mol
ΔS_f = Entropieänderung bei der Erzeugung von 1 Mol Leerstellen
ΔH_m = Aktivierungsenthalpie für den Platzwechsel der Teilchen pro Mol
ΔS_m = mit dem Platztausch verbundene Entropieänderung
ΔH_L = Aktivierungsenthalpie für die Volumendiffusion
ΔH_B = Aktivierungsenthalpie für die Korngrenzendiffusion
ΔH_S = Aktivierungsenthalpie für die Oberflächendiffusion
j_i = Stromdichte der Teilchensorte i, Atome pro (cm$^2 \cdot$ sec)
J_i = Stromdichte der Teilchensorte i, Mole pro (cm$^2 \cdot$ s)
V_m = Atomvolumen
d = Sprungweite
ν = Schwingungsfrequenz der diffundierenden Teilchen
Z = Anzahl der nächsten Nachbarn eines Atoms im Metallgitter (Koordinationszahl)
f = Korrelationsfaktor
B_i = Beweglichkeit der Teilchensorte i
K_i = Kraft, die auf die Atome der Komponente i wirkt
k = Boltzmann-Konstante
R = universelle Gaskonstante
N_L = Loschmidtsche Zahl
ϕ = thermodynamischer Faktor

Schrifttumshinweise

[1] *Shewmon, P.:* Diffusion in Solids, McGraw Hill Comp., Inc., New York, 1963.
[2] *Adda, Y.,* u. *J. Philibert:* La Diffusion dans les Solides, Presses Universitaires de France, Paris, 1966.

[3] *Jost, W.:* Diffusion in Solids, Liquids, Gases, Academic Press, Inc., New York, 1960.
[4] Diffusion in metallischen Werkstoffen, VEB Deutscher Verlag für Grundstoffindustrie, Leipzig, 1970.
[5] *Jost, W.,* u. *K. Hauffe:* Diffusion, Methoden der Messung u. Auswertung, D. Steinkopf Verlag, Darmstadt.
[6] *Crank, J.:* The Mathematics of Diffusion, Clarendon Press, Oxford, 1956.
[7] *Onsager, L.,* u. *R. M. Fuoss:* J. Phys. Chem., **36** (1932) S. 2689. – *Onsager, L.:* Phys. Rev., **38** (1931) S. 2265.
[8] *Simmons, R.,* u. *R. Balluffi:* Phys. Rev., **117** (1960) S. 52.
[9] *Compaan, K.,* u. *Y. Haven:* Trans. Faraday Soc., **52** (1956) S. 786.
[20] *Herzig, Chr.,* u. *D. Cardis:* Vorgetragen auf der Frühjahrstagung der DPG, Freudenstadt, 1974.
[22] *Buffington, F. S., K. Hirano, M. Cohen:* Acta Met., **9** (1961) S. 434.
[12] *Heumann, Th.,* u. *R. Imm:* J. Phys. Chem. Solids, **29** (1968) S. 1613.
[13] *Austin, A. E.,* u. *N. A. Richard:* J. Appl. Phys., **32** (1961) S. 1462.
[14] *Fisher, J. C.:* J. Appl. Phys., **22** (1951) S. 74.
[15] *Suzuoka, T.:* Trans. Jap. Inst. Met., **2** (1961) S. 25.
[16] *Le Claire, A. D.:* Phil. Mag., **42** (1951) S. 468.
[17] *Achter, M. R.,* u. *R. Smoluchowsky:* J. Appl. Phys., **22** (1951) S. 1260. – *Smoluchowsky, R.:* Inperfections in nearly perfect cristals, Nat. Res. Council, J. Wiley & Sons, 1952, S. 451.
[18] *Turnbull, D.,* u. *R. E. Hoffmann:* Acta Met., **2** (1954) S. 419.
[19] *Hoffman, R. E.:* Acta Met., **4** (1956) S. 93.
[20] *Hart, E.:* Acta Met., **5** (1957) S. 597.
[21] *Harrison, L. G.:* Trans. Faraday Soc., **57** (1961) S. 1191.
[22] *Hässner, A.:* Phys. stat. sol., **11** (1965) S. K 15. – *Hässner, A.:* Neue Hütte, **12** (1967) S. 161.
[23] *Hoffman, R. E.,* u. *D. Turnbull:* J. Appl. Phys., **22** (1951) S. 634.
[24] *Geguzin, Ya. E., G. N. Kovalev* u. *A. M. Ratner:* Fiz. Met. Metallov., **10** (1960) S. 47.
[25] *Mullins, W. W.:* J. Appl. Phys., **28** (1957) S. 333.
[26] *Mullins, W. W.,* u. *P. Shewmon:* Acta Met., **7** (1959) S. 163.
[27] *Heumann, Th.,* u. *H. Böhmer:* Arch. Eisenhüttenwes., **31** (1960) S. 749.
[28] *Sauer, F.,* u. *V. Freise:* Z. Elektrochem., **66** (1962) S. 353.
[29] *Wagner, C.:* Acta Met., **17** (1969) S. 99.
[30] *Smigelskas, A. D.,* u. *E. O. Kirkendall:* Trans. AIME, **171** (1947) S. 130.
[31] *Darken, L. S.:* Trans. AIME, **175** (1948) S. 184.
[32] *Heumann, Th.,* u. *G. Walther:* Z. Metallkde., **48** (1957) S. 151.
[33] *Manning, J. R.:* Acta Met., **15** (1967) S. 817.
[34] *Mallard, W. C., A. B. Gardner, R. F. Bass* u. *L. M. Slifkin:* Phas. Rev., **129** (1963) S. 617.
[35] *Heumann, Th.,* u. *K. J. Grundhoff:* Z. Metallkde., **63** (1972) S. 173.
[36] *Wert, C.:* Modern Research Techniques in Physical Metallurgy, ASM Seminar, Cleveland (1953) S. 225.
[37] *Wert, C.:* Phys. Rev., **79** (1950) S. 601.
[38] *Fast, J. D.,* u. *M. B. Verrijp:* J. Iron Steel Inst., **176** (1954) S. 24.
[39] Nach Literaturwerten zusammengestellt von Th. Heumann u. E. Domke, International Meeting on Hydrogen in Metals, KFA Jülich (1972) S. 492.
[40] *Oriani, R. A.:* Acta Met., **18** (1970) S. 147.
[41] *Heumann, Th.,* u. *F. Heinemann:* Z. Elektrochem., **60** (1956) S. 1160.
[42] *Heumann, Th.:* Z. Metallkde., **58** (1967) S. 168.
[43] *Seeger, A.:* Cryst. Latt. Def., **4** (1973) S. 221.

Tafel 1. Bildungsenthalpie und Bildungsentropie der Leerstellen für einige Metalle sowie Leerstellenkonzentration am Schmelzpunt[43])

Metall	ΔH_f [kcal]	$\Delta S_f/R$	$N_v(T_m) \cdot 10^4$
Al	17,3	2,4	~9
Pb	11,5	0,7	1,7
Cu	24,4	0,5	2,0
Ag	22,8	~0,9	1,7
Au	20,0	0,4	7,2
Li	7,8	0,9	4,4
Cd	9,2	~0,3	5,6

Tafel 2. Korrelationsfaktoren für verschiedene Gittertypen

Gittertyp	Korrelationsfaktor f
kubisch-flächenzentriert	0,781
kubisch-raumzentriert	0,72
Diamantgitter	0,5

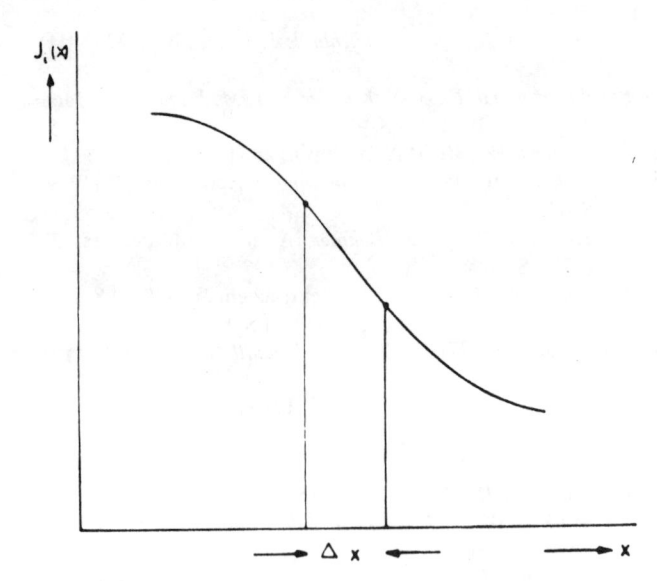

Bild 1: Stromdichte J_i gegen die Ortskoordinate x aufgetragen, schematisch

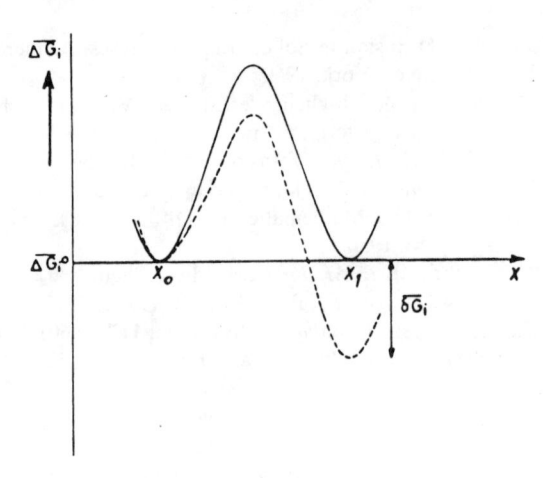

Bild 3: Energieberg mit und ohne Gefälle des chemischen Potentials zwischen den Nachbarebenen x_0 und x_1

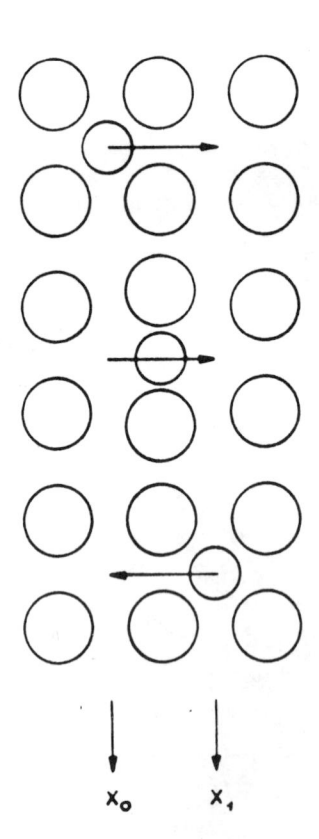

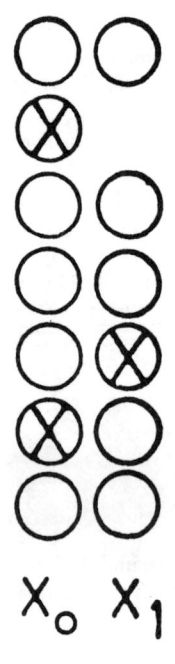

Bild 4: Platzwechsel von Traceratomen über Leerstellen. x_0 und x_1 bezeichnen zwei benachbarte Netzebenen, schematisch

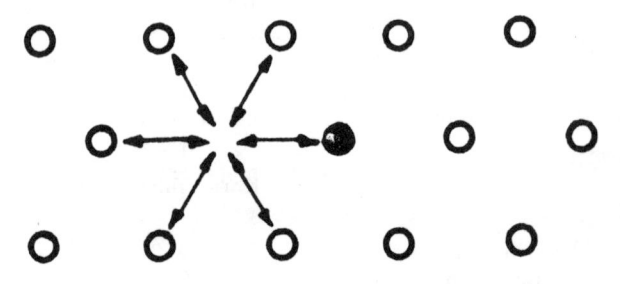

Bild 2: Schema der Zwischengitterdiffusion. Die beiden benachbarten Zwischengitterebenen x_0 und x_1 legen Sprungrichtung und Sprungweite fest

Bild 5: Dichtest gepackte Netzebene mit Traceratom ● und Leerstelle zur Deutung des Korrelationseffektes

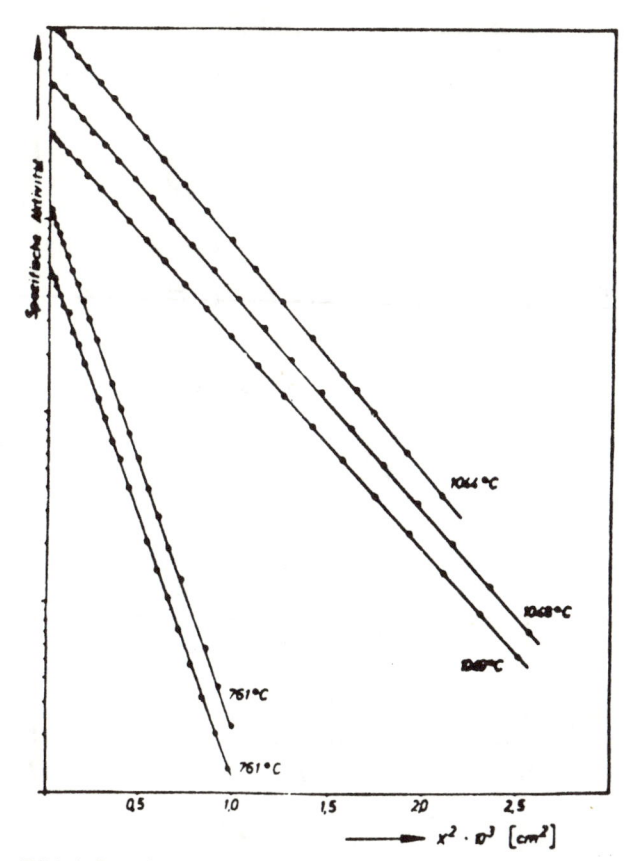

Bild 6: Impulsrate des radioaktiven Isotops Au 195 logarithmisch gegen das Quadrat der Eindringtiefe in reinem Gold aufgetragen für verschiedene Glühtemperaturen[10]).

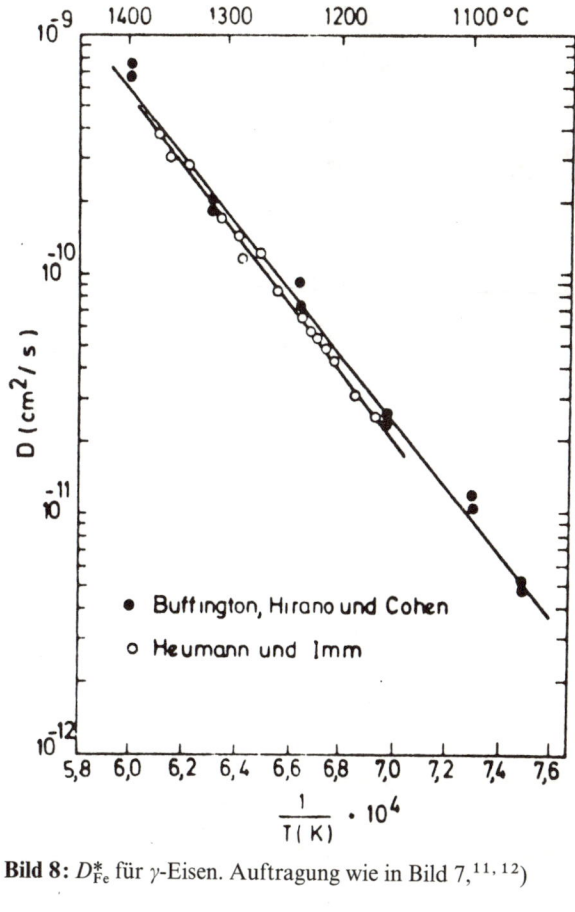

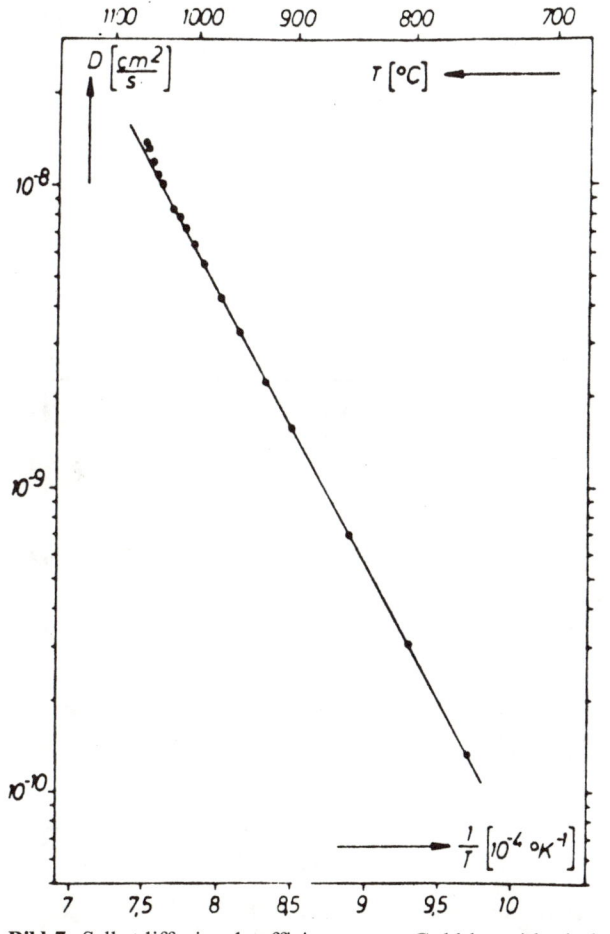

Bild 7: Selbstdiffusionskoeffizienten von Gold logarithmisch gegen die reziproke absolute Temperatur dargestellt[10])

Bild 8: D^*_{Fe} für γ-Eisen. Auftragung wie in Bild 7,[11, 12])

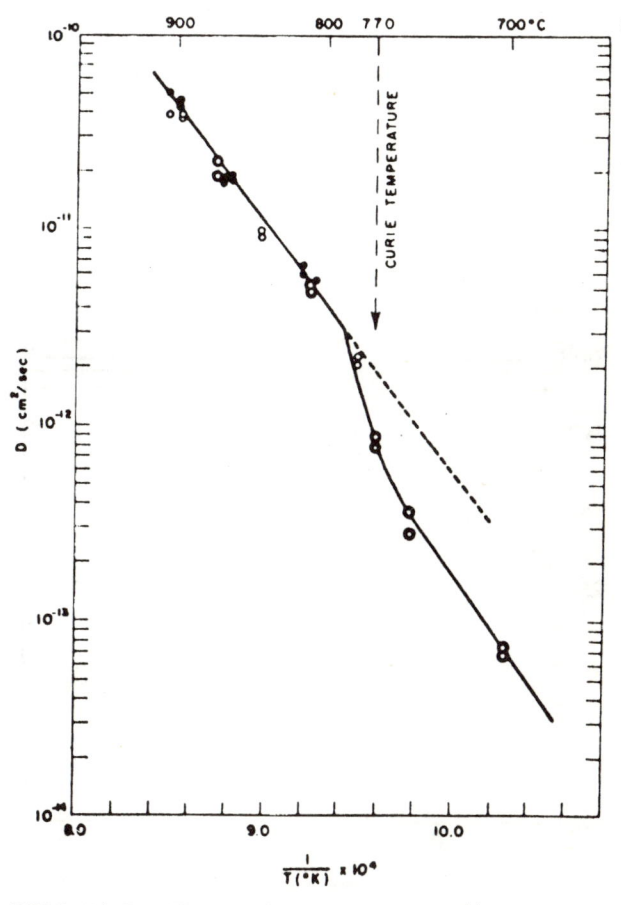

Bild 9: D^*_{Fe} für α-Eisen. Auftragung wie in Bild 7[11])

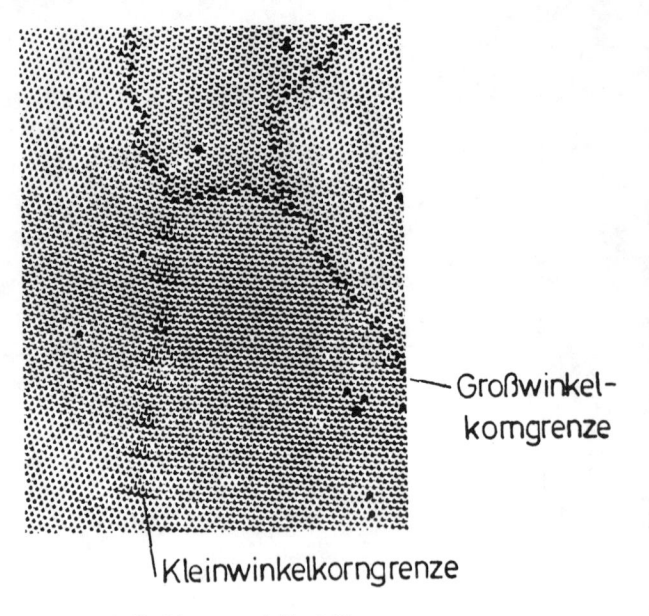

Bild 10: Seifenblasenmodell mit Korngrenzen

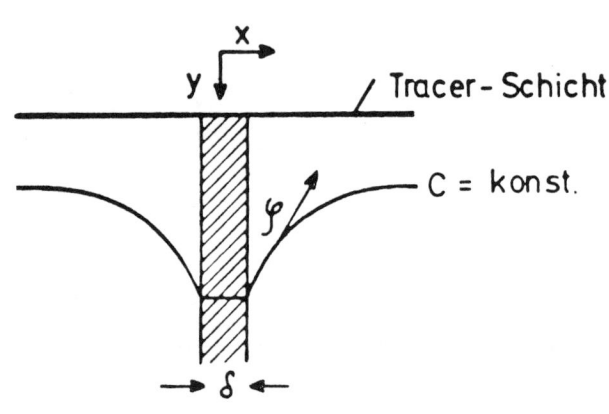

Bild 11: Korngrenze mit Isokonzentrationskurve, schematisch

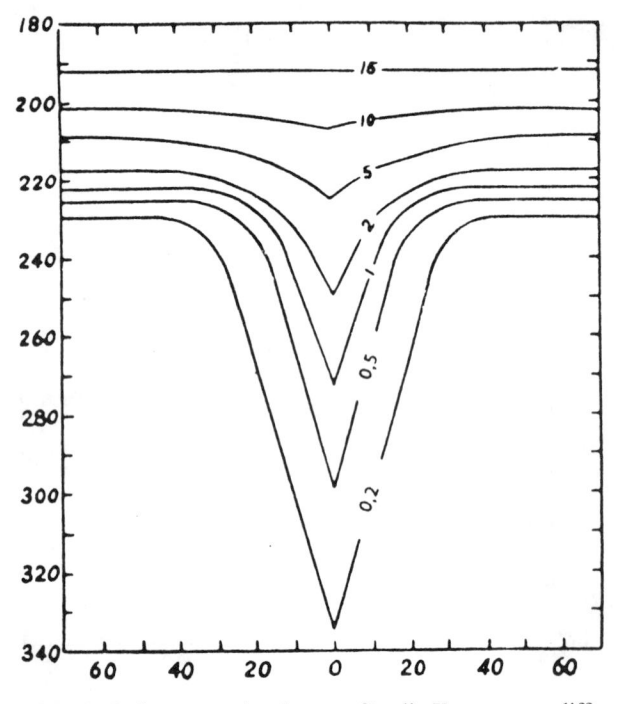

Bild 12: Isokonzentrationskurven für die Korngrenzendiffusion von Gold in Kupfer[13])

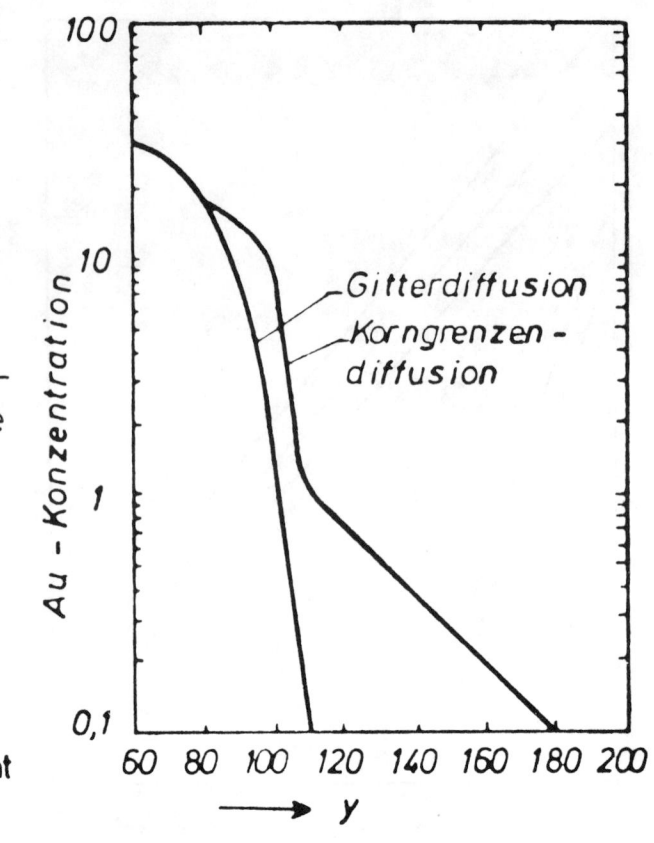

Bild 13: Logarithmus der mittleren Konzentration $\bar{c}$ gegen die Eindringtiefe von Gold in Kupfer für reine Gitter- und für Korngrenzendiffusion[13])

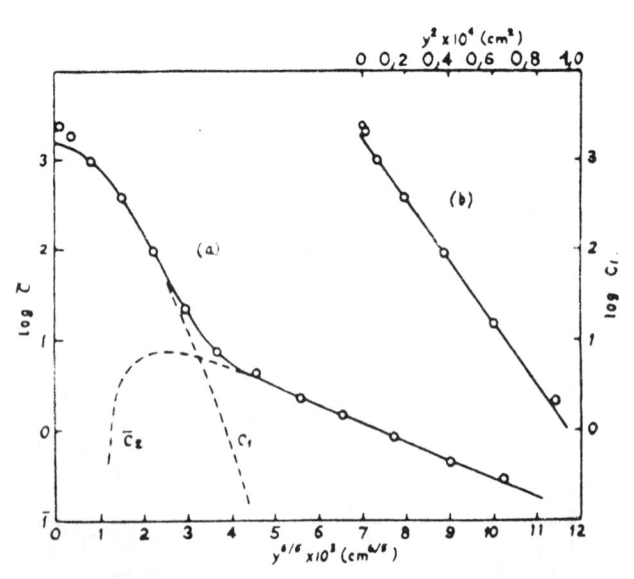

Bild 14: Konzentration $\bar{c}$ gegen y^2 bzw. $y^{6/5}$ aufgetragen für die Diffusion von Co^{60} in eine polykristalline Eisen-Silicium-Legierungsprobe[15])

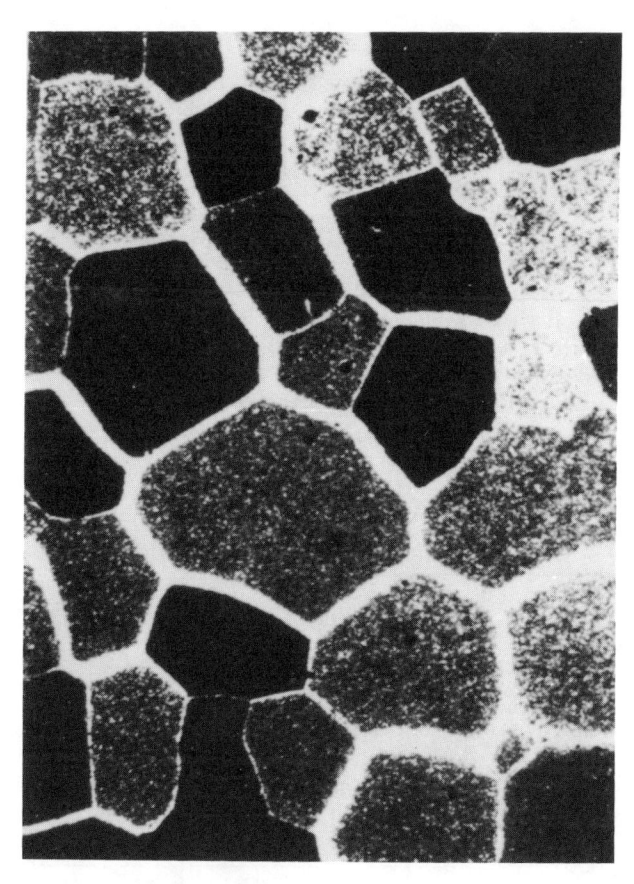

Bild 15: Säulenkristalle von Kupfer mit über Korngrenzen eindiffundiertem Silber[17])

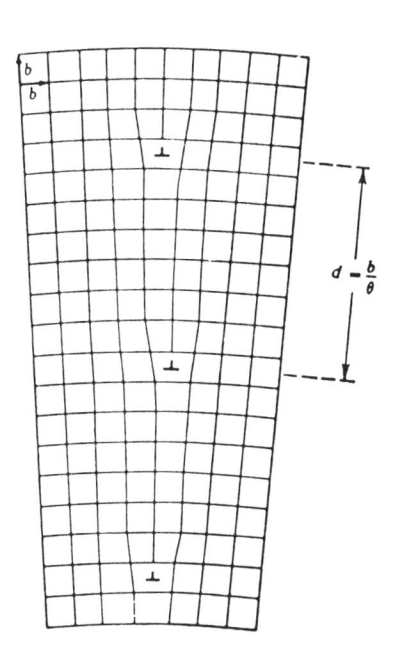

Bild 17: Schema einer Kleinwinkelkorngrenze

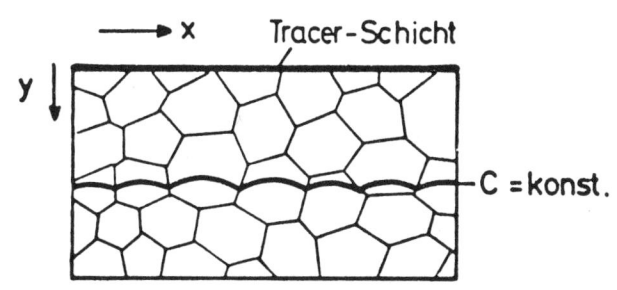

Bild 18: Feinkörniges Gefüge mit Isokonzentrationskurve, schematisch

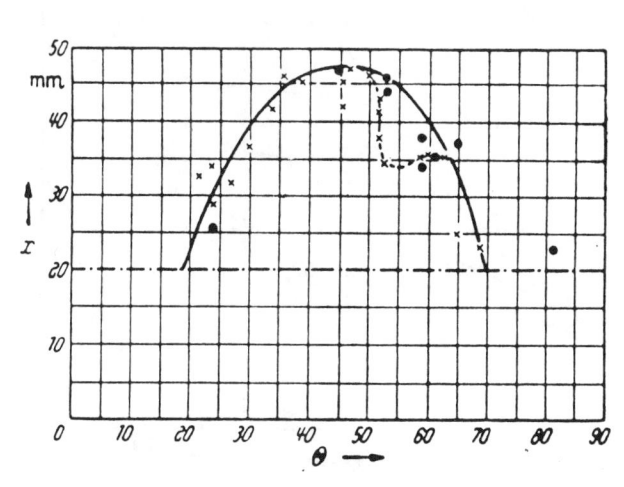

Bild 16: Eindringtiefe von Silber in Kupferkorngrenzen in Abhängigkeit vom Kippwinkel Θ[17])

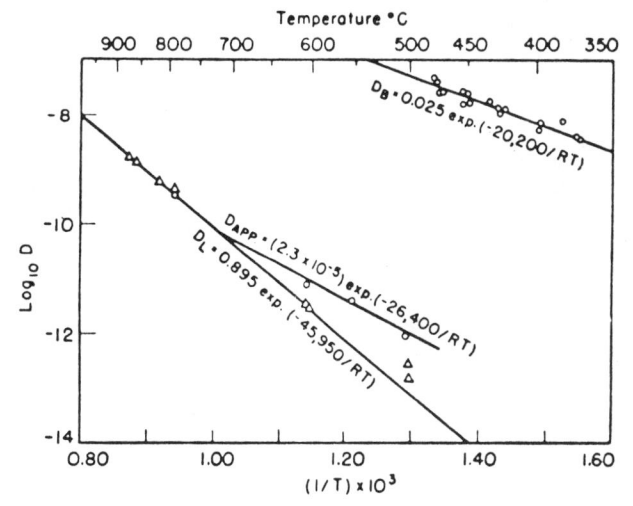

Bild 19: Selbstdiffusion in ein- und vielkristallines Silber[23]). Auftragung wie in Bild 7

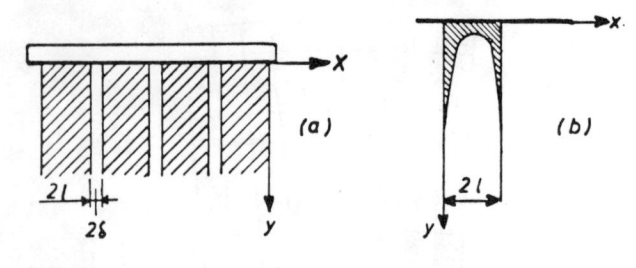

Bild 20: Versuchsanordnung zur Messung der Oberflächendiffusion[24])

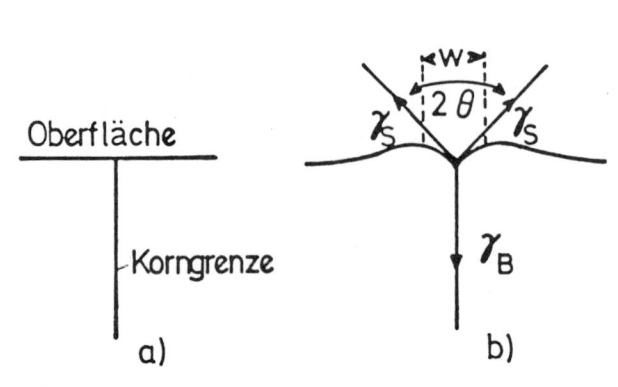

Bild 21: Korngrenzenprofil auf der Oberfläche

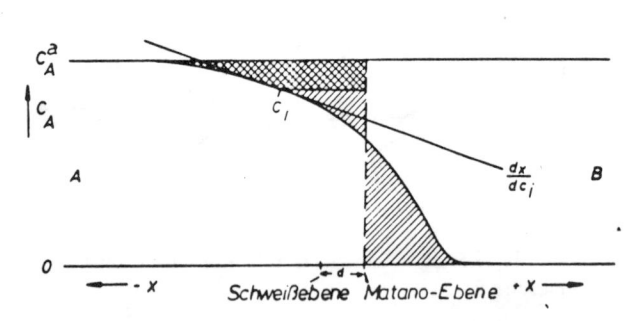

Bild 22: Typische Konzentrations-Weg-Kurve zur Auswertung nach Boltzmann-Matano

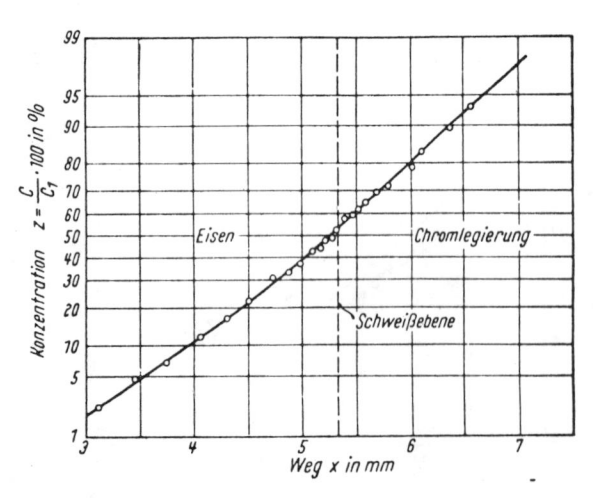

Bild 23: Auftragung der normierten Konzentration im Wahrscheinlichkeitsnetz am Beispiel der Diffusion von Chrom in α-Eisen[27])

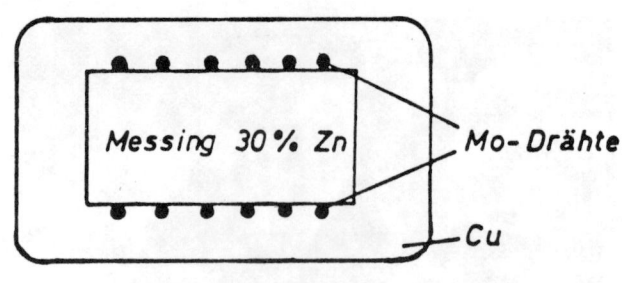

Bild 24: Meßanordnung nach Kirkendall[30])

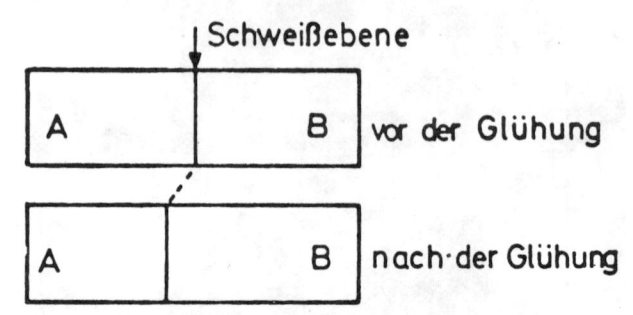

Bild 25: Schweißnahtverschiebung, schematisch

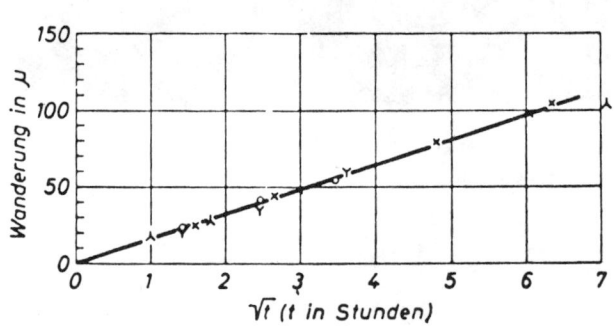

Bild 26: Durch Diffusion bedingte Schweißnahtwanderung in einer Gold-Silber-Probe[32])

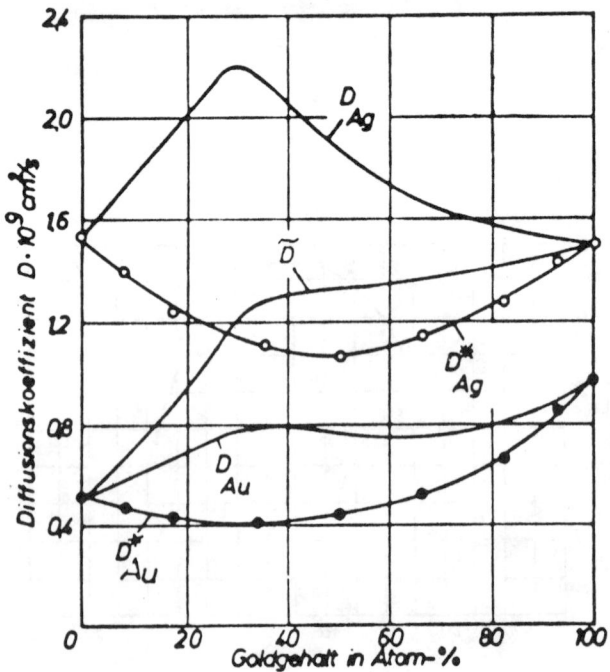

Bild 27: Tracer-, partielle und gemeinsame Diffusionskoeffizienten im System Gold-Silber für 875 °C; D_i^*-Werte nach[34])

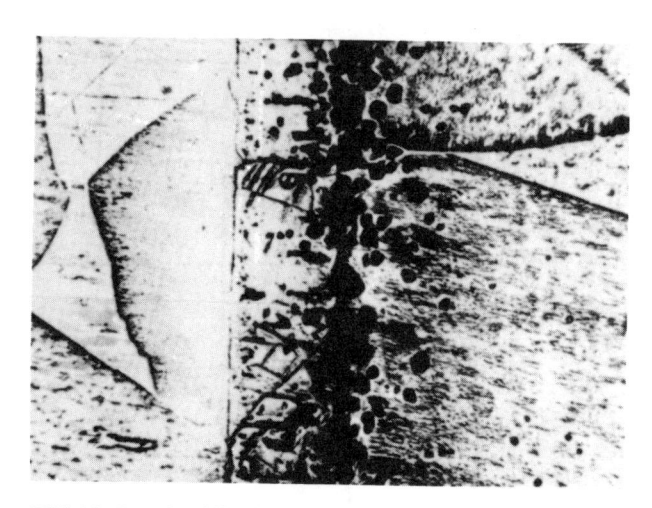

Bild 28: Durch Diffusion erzeugte Poren auf der Silber-Seite einer Gold-Silber-Diffusionsprobe

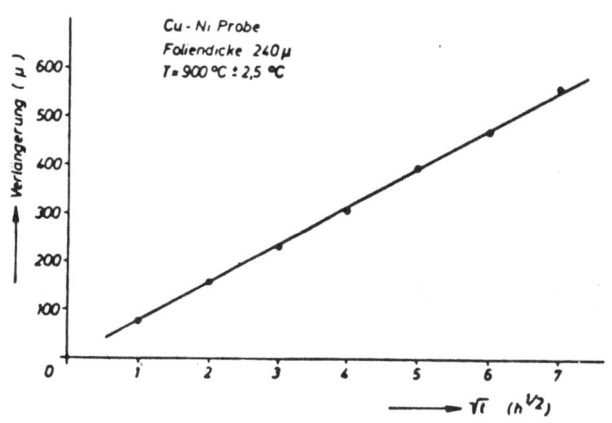

Bild 31: Aufweitung eines Kupfer-Nickel-Folienpaketes gegen Quadratwurzel aus der Zeit aufgetragen

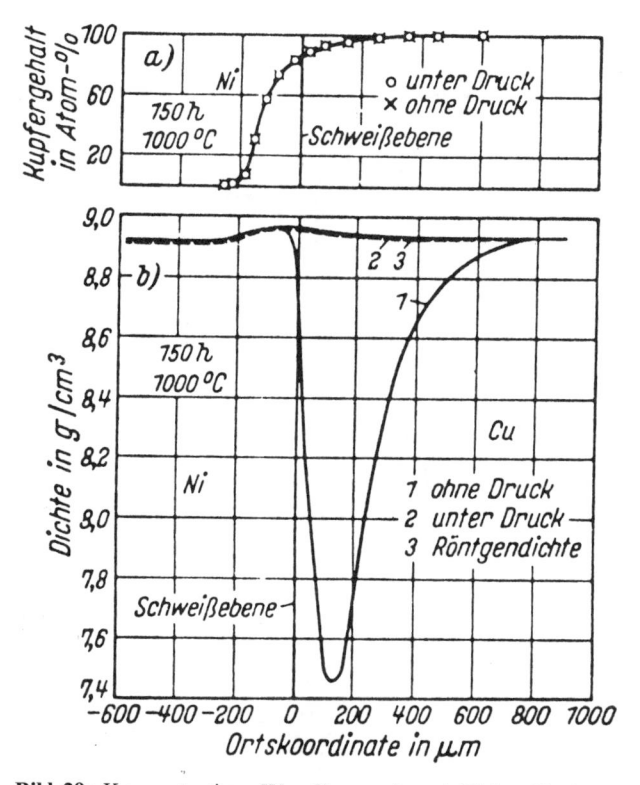

Bild 29: Konzentrations-Weg-Kurve a) und Dichte b) einer Kupfer-Nickel-Diffusionsprobe[35])

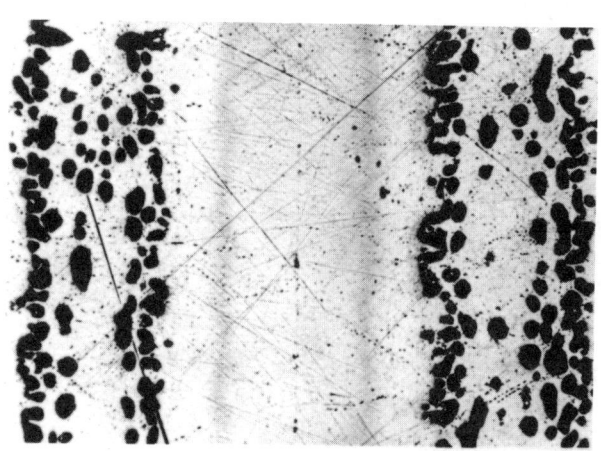

Bild 32: Lochbildung im Folienpaket. Foliendicke 250 μm

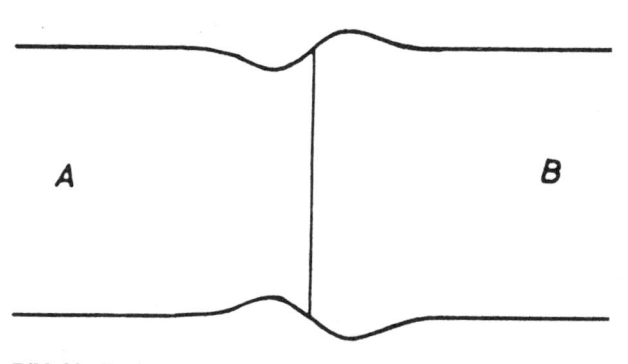

Bild 30: Wulst- und Einschnürungszone einer zylindrischen Diffusionsprobe mit $D_A > D_B$, schematisch

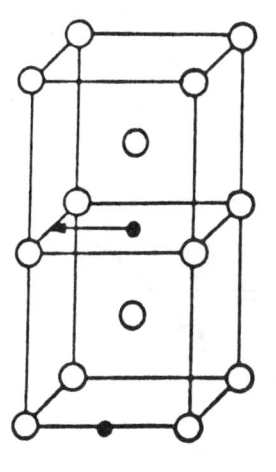

Bild 33: Kohlenstoffatome ● auf Zwischengitterplätzen im α-Eisen. ○ = Eisenatome

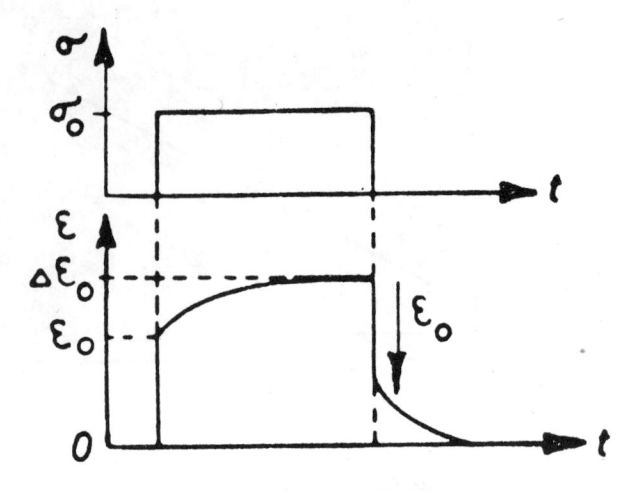

Bild 34: Anelastische Nachwirkung, schematisch. σ = Spannung, ε = Dehnung, t = Zeit

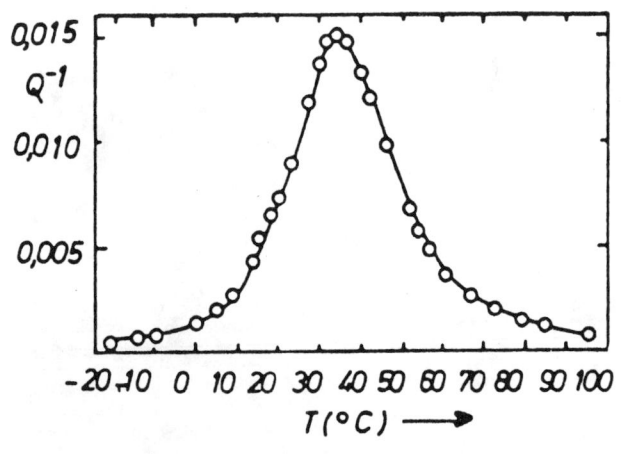

Bild 35: Temperaturabhängigkeit der Dämpfung in einer α-Eisen-Kohlenstoff-Legierung (Frequenz = 0,6 Hz)[36]

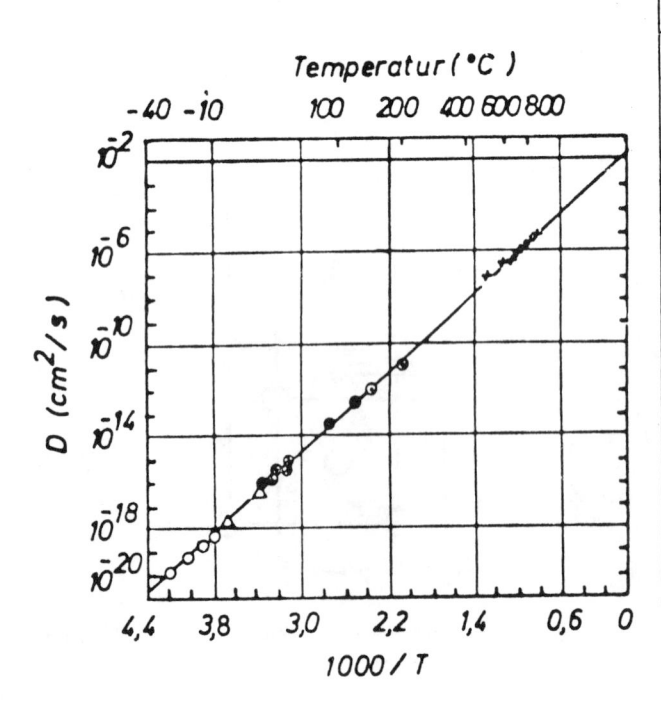

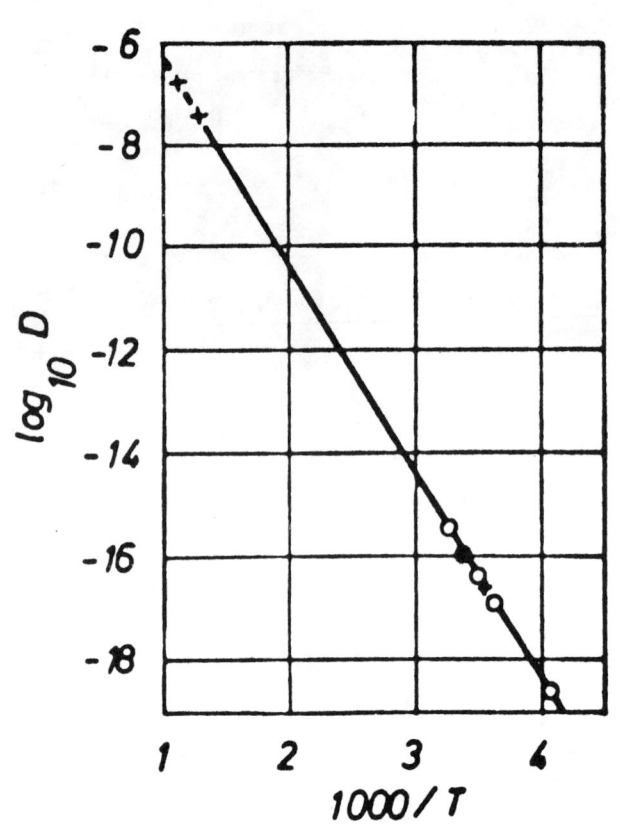

Bild 36: Mit dem Torsionspendel ermittelte DK für a) Kohlenstoff[37]) und b) Stickstoff[38]) in α-Fe

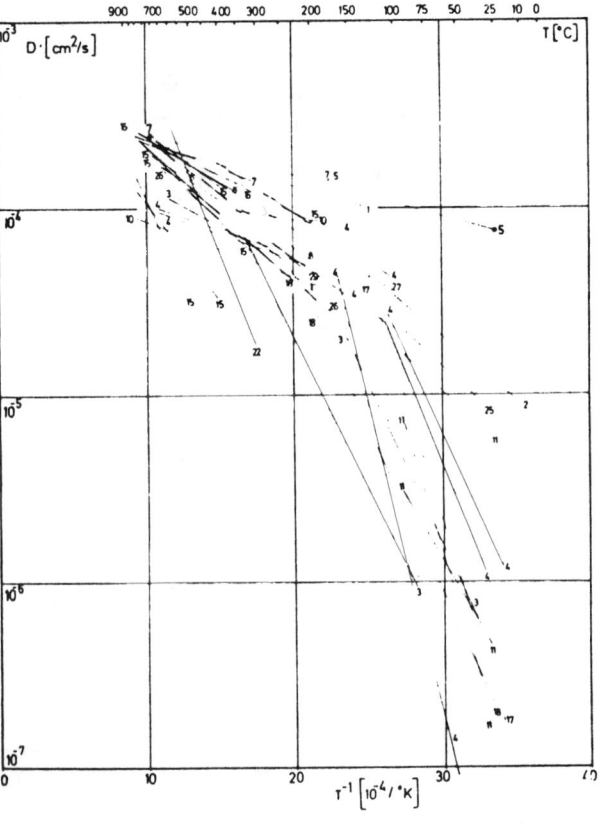

Bild 37: Wasserstoffdiffusion im α-Eisen[39])

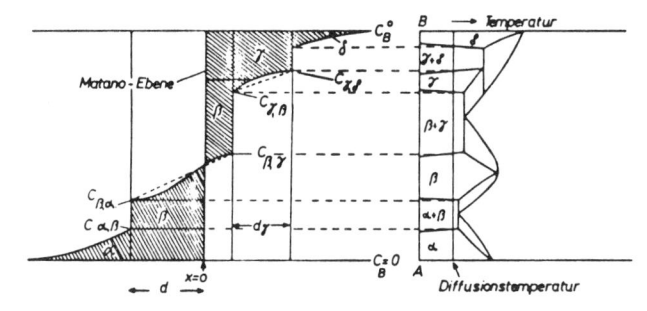

Bild 38: Konzentrationsprofil für die Diffusion über mehrere Phasen, schematisch

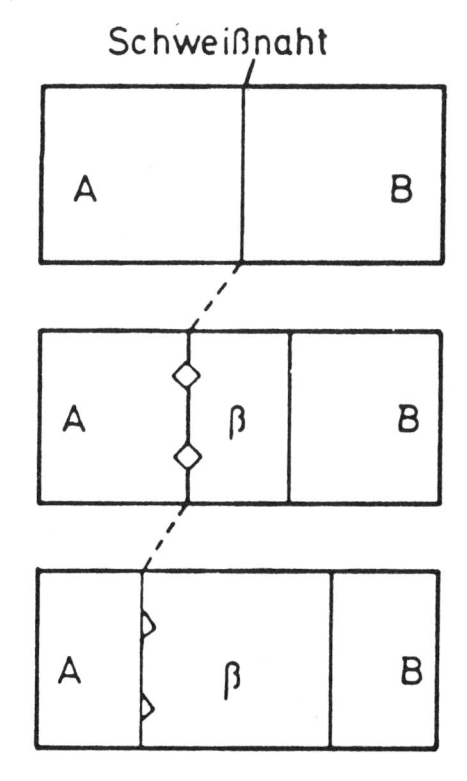

Bild 40: Maximale Schweißnahtwanderung bei einseitiger Diffusion von A durch die β-Phase, Verhalten von Mikrohärteeindrücken, schematisch

◇ = Mikrohärteeindrücke

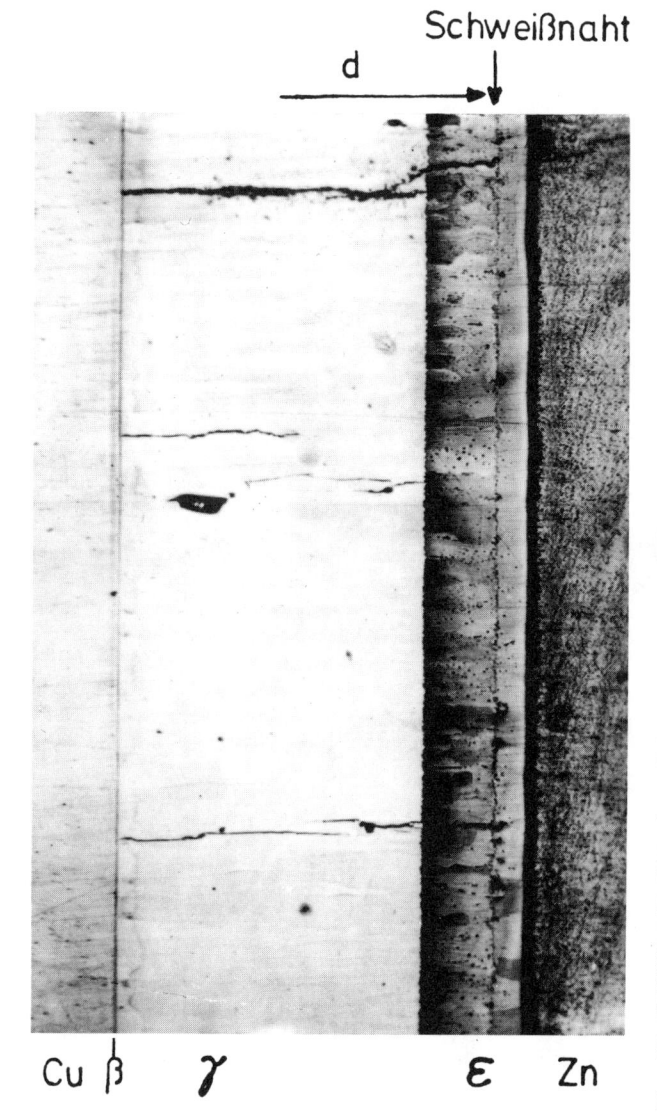

Bild 39: Kupfer-Zink-Diffusionsprobe

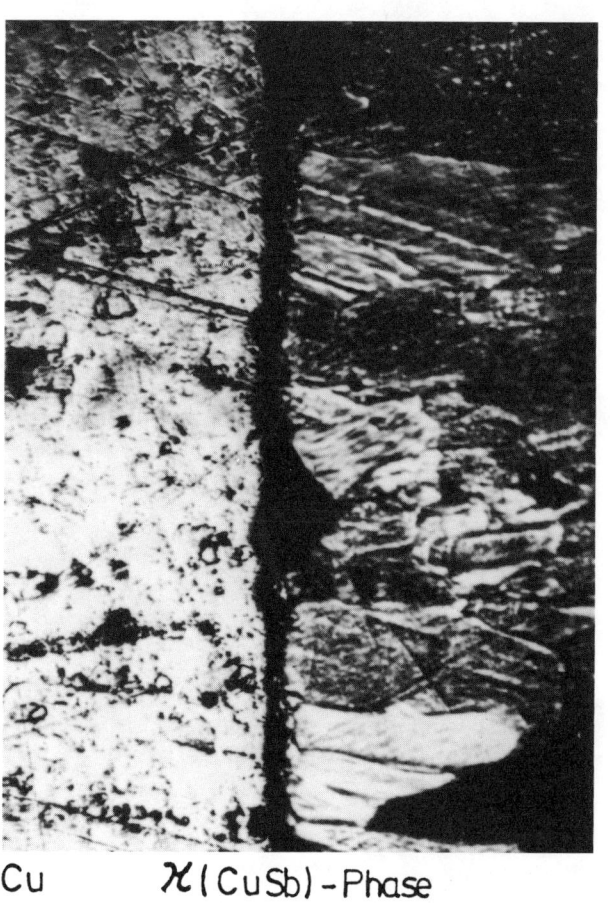

Bild 41: Formänderung von Härteeindrücken während der Diffusion in Kupfer-Antimon-Legierungen[41])

3. Ausscheidung und Alterung
3.1. Grundlagen

G. Sauthoff

1. Einleitung

Bei der Entwicklung und Anwendung von Werkstoffen ist es wünschenswert, aufgrund von theoretischen Modellen das Ausscheidungsverhalten möglichst quantitativ vorhersagen zu können. Es ist bekannt, daß in vielen Fällen die Ausscheidung über Keimbildung, Wachstum und Vergröberung von Teilchen der neuen Phase in der Mutterphase (Matrix) erfolgt. In solchen Fällen wird das resultierende Gefüge am stärksten von der Art der Keimbildung bestimmt: z.B. entscheiden die Keimbildungsbedingungen darüber, ob Teilchen ausgeschieden werden, welcher Art diese Teilchen sind und wo sie ausgeschieden werden, an Korngrenzen, an Versetzungen oder ohne Beteiligung (elektronenmikroskopisch) sichtbarer Defekte. Die späteren Ausscheidungsstadien – Wachstum und Vergröberung – führen demgegenüber zu mehr graduellen Veränderungen im Gefüge; z.B. ändern sich Zahl, Größe und unter Umständen die Form der Teilchen. Vor allem geschehen diese Änderungen langsam im Vergleich zur Keimbildungsgeschwindigkeit.

Im folgenden sollen einfache Modellvorstellungen für die theoretische Beschreibung des Ausscheidungsvorgangs diskutiert werden. Das Gewicht liegt dabei auf der Anwendbarkeit, und es soll deutlich werden, welche Voraussetzungen und Näherungsannahmen jeweils gemacht werden.

2. Keimbildung

2.1. Vorbemerkungen

Die Diskussion bezieht sich auf (binäre) Legierungen mit einer Mischungslücke im Zustandsdiagramm (Bild 1). Der bei Temperaturen über der Gleichgewichtstemperatur T_o homogene Mischkristall mit dem Stoffmengengehalt x_o ist bei Unterkühlung auf die Ausscheidungstemperatur T_A übersättigt und entmischt sich in die Gleichgewichtsphasen m (Matrix) und p (Teilchen) mit den Stoffmengengehalten x_m und x_p. Der Entmischungsvorgang beginnt mit Konzentrationsfluktuationen, wobei die Fluktuationen in der Nähe von x_p als Keime der sich ausscheidenden neuen Phase anzusehen sind.

Die klassische Keimbildungstheorie, z.B. in der einfachen Form von R. Becker[1], nimmt an, daß die Keime als makroskopische Teilchen, im Innern homogen und durch eine Grenzfläche von der umgebenden Matrix getrennt, beschrieben werden können. Auf diese Situation wird die Thermodynamik heterogener Systeme angewendet, d.h. es wird das (metastabile) Gleichgewicht zwischen den beiden Phasen „übersättigte Matrix" und „Keim" betrachtet. Dieses stark vereinfachte Bild führt zu der verhältnismäßig leicht anwendbaren klassischen Keimbildungstheorie, auf die (einschließlich ihrer Grenzen) in den nächsten Abschnitten weiter eingegangen wird.

Eine realistischere Betrachtung erfordert die Behandlung der in dem übersättigten Mischkristall auftretenden Fluktuationen. Hart[2] faßte die Fluktuationen als Störungen des homogenen Mischkristalls auf und entwickelte für die freie Energie dieses Mischkristalls einen Reihenausdruck mit steigenden Potenzen der Konzentrationsgradienten. Auf dieser Basis beschrieben Cahn und Hilliard die Keimbildung[3] (und die spinodale Entmischung[4], die hier nicht behandelt werden soll). Bei der Anwendung dieser Theorie muß die genannte Reihenentwicklung aus praktischen Gründen nach wenigen Gliedern abgebrochen werden, so daß diese Theorie nur für geringe Konzentrationsschwankungen, d.h. nur für das allerfrüheste Ausscheidungsstadium gilt. Infolgedessen ist die Theorie von Cahn und Hilliard für die Beschreibung von Keimbildungsvorgängen in der Praxis von geringerem Interesse. In verstärktem Maße gilt dies für die Theorien – als Beispiel seien nur die Arbeiten von Burton[5] genannt –, die die Fluktuationen bzw. Keime als Cluster von Atomen betrachten, welche nach den Methoden der statistischen Physik behandelt werden.

Bei der theoretischen Beschreibung praktischer Keimbildungsprobleme ist man also, sofern sich der Aufwand in Grenzen halten soll, auf die klassische Keimbildungstheorie angewiesen. Die weitere Diskussion soll zeigen, in welcher Weise diese Theorie trotz ihrer Unzulänglichkeiten bei der Behandlung von Keimbildungsproblemen von Nutzen ist.

2.2. Klassische Keimbildungstheorie

Die klassische Keimbildungstheorie ist wiederholt in Lehrbüchern und Übersichtsartikeln dargestellt worden. Von ihnen werden hier nur wenige als Beispiele genannt[6] bis [9], die die Basis für die weitere Diskussion bilden.

Es sei nun der einfachste Fall angenommen, daß sich nämlich kugelförmige Keime ohne Beteiligung von Gitterdefekten bilden. Bei der Entstehung eines solchen Keimes wird einerseits die dem Keimvolumen proportionale Umwandlungsenergie frei, die aus dem Unterschied der spezifischen freien Enthalpien der beiden Phasen resultiert und der „treibenden Kraft" des Ausscheidungsvorganges entspricht. Andererseits wird zur Bildung der neuen Grenzfläche eine der Keimoberfläche proportionale Grenzflächenenergie und bei Auftreten von Kohärenzspannungen eine dem Keimvolumen proportionale Verzerrungsenergie benötigt. (Ausführlicher wird der Einfluß elastischer Verzerrungen auf den Ausscheidungsvorgang an anderer Stelle besprochen[10]). Für die Keimbildungsarbeit A ergibt sich also:

$$A = -\frac{4}{3}\pi r^3 \cdot \frac{\Delta G}{\hat{V}_p} + 4\pi r^2 \cdot \sigma + \frac{4}{3}\pi r^3 \cdot \varepsilon, \qquad (1)$$

wobei r der Keimradius, $-\Delta G$ die molare freie Umwandlungsenthalpie, $\hat{V}_p$ das Molvolumen des Keimes, σ die spezifische Grenzflächenenergie und ε die spezifische Verzerrungsenergie sind. In Bild 2 ist die Größenabhängigkeit von A nach Gleichung 1 schematisch dargestellt.

Zur Keimbildung muß also eine Energieschwelle überwunden werden, deren Höhe durch die kritische Keimbildungsarbeit A_k gegeben ist:

$$A_k = \frac{16}{3}\pi \frac{\sigma^3}{\left(\dfrac{\Delta G}{\hat{V}_p} - \varepsilon\right)^2}. \qquad (2)$$

Sie hängt ab von der spezifischen Grenzflächen- und Verzerrungsenergie und über ΔG von Temperatur und Übersättigung, wie anschließend gezeigt werden wird. Der entsprechende kritische Keimradius r_k ist

$$r_k = \frac{2\sigma}{\dfrac{\Delta G}{\hat{V}_p} - \varepsilon}. \qquad (3)$$

Nur Keime mit $r > r_k$ können unter Energieabnahme wachsen, wobei der kritische Keim selbst sich im labilen Gleichgewicht mit dem übersättigten Mischkristall befindet. Ein Keim mit $r < r_k$ ist instabil und zerfällt. Die Wahrscheinlichkeit, daß Keime durch thermische Fluktuationen die Energieschwelle überwinden, ist proportional zu $\exp(-A_k/k T_A)$, dem sog. Boltzmann-Faktor. Infolgedessen sollen jetzt die A_k bestimmenden Größen [Gleichung (2)] besprochen werden.

Wenn die molaren freien Enthalpien G der beteiligten Phasen in Abhängigkeit vom Gehalt x und bei der Temperatur T_A bekannt sind, ergibt sich ΔG in der in Bild 3 dargestellten Weise[11], wobei x'_p der Stoffmengengehalt im Keim ist[7,8]. In vielen Fällen scheiden sich praktisch reine Komponenten oder intermetallische Phasen aus, bei denen der Unterschied zwischen x_p und x'_p vernachlässigt werden kann. Wenn außerdem der Mischkristall als verdünnte bzw. ideale Lösung angesehen werden kann, ergibt sich die spezifische freie Umwandlungsenthalpie zu [11]

$$\Delta G = RT_A \cdot \left[(1 - x_p) \ln \frac{1 - x_o}{1 - x_m} + x_p \ln \frac{x_o}{x_m}\right], \quad (4)$$

wobei $R = 8{,}3$ J/K · mol die Gaskonstante ist und die Stoffmengengehalte x_m und x_p aus dem Zustandsdiagramm zu entnehmen sind. Wenn x_o und x_m beide klein gegen 1 sind, gilt noch einfacher:

$$\Delta G = RT_A \cdot x_p \cdot \ln \frac{x_o}{x_m}. \quad (5)$$

Zur Illustration seien zwei Beispiele vorgeführt: 1. In einer Fe-Cu-Legierung mit 1 At.% Cu bzw. $x_o = 0{,}01$, die bei 700 °C bzw. 973 K ausgelagert wird, scheiden sich kugelförmige Teilchen aus, die aus fast reinem Kupfer bestehen[12]. Dann ist $x_p = 1$, die Übersättigung ergibt sich aus dem Zustandsdiagramm zu $x_o/x_m = 2$, und für das Molvolumen wird als Quotient von Molekulargewicht und Dichte 7,1 cm³/mol erhalten. Damit ist in diesem Fall $\Delta G/\hat{V}_p = 844$ J/cm³. 2. Bei der Ausscheidung von Fe₃C in einer Fe-C-Legierung bei 993 K[13] ist eine anfängliche Übersättigung von $x_0/x_m = 8$ gefunden worden, während $x_p = 0{,}25$ ist. Wenn man der Einfachheit halber das Molvolumen additiv aus denen der Komponenten zusammensetzt, ergibt sich $\Delta G/\hat{V}_p = 650$ J/cm³. In beiden Fällen liegen also die spezifischen freien Umwandlungsenthalpien in der Größenordnung von 1000 J/cm³, was für viele praktische Fälle gilt. Infolgedessen wird im folgenden $\Delta G/\hat{V}_p = 1$ kJ/cm³ als repräsentativer Wert benutzt.

Spezifische Grenzflächenenergien sind nur in wenigen Fällen und nur mit indirekten Methoden bestimmt worden. Die Werte für kohärente Teilchen liegen zwischen 200 erg/cm² und 20 erg/cm² (Größenordnung der Energie einer Zwillingsgrenze), und für inkohärente Teilchen werden bis zu 700 erg/cm² (Größenordnung der Energie einer Großwinkelkorngrenze) angegeben[9]. In der Praxis ist man meist auf Schätzwerte angewiesen, so daß hier als repräsentativer Wert für einen kohärenten Keim $\sigma = 50$ erg/cm² und für einen inkohärenten Keim $\sigma_i = 700$ erg/cm² gewählt wird. Die Unsicherheit in σ macht sich gegenüber der der anderen Parameter besonders stark bemerkbar, weil σ mit der dritten Potenz in die kritische Keimbildungsarbeit A_k eingeht.

Die spezifische Verzerrungsenergie ε eines kohärenten kugelförmigen (isotropen) Keims mit der Fehlanpassung δ ($= \Delta a/a$, $a =$ Gitterkonstante) ist[9]

$$\varepsilon = \frac{E}{1 - v} \cdot \delta^2 \quad (6)$$

(reine Dilatation), wobei E der Elastizitätsmodul für Mischkristall und Keim ist und v die Poisson-Zahl. Für Eisen ist $E = 2{,}1 \cdot 10^{11}$ N/m² und $v = 0{,}28$[14]. Für das gewählte Beispiel Fe-Cu ist $\delta < 1\%$[12], d.h. $\varepsilon < 30$ J/cm³, so daß hier ε gegen $\Delta G/\hat{V}_p$ vernachlässigt werden kann. (Es sei angemerkt, daß die zu einer elastischen Verzerrung führende Fehlanpassung δ in keinem Fall wesentlich größer als 5% sein kann[15]. Da auch weniger einfache Gitterverzerrungen zu ähnlichen Größenordnungen führen[9,10], und da in den Gleichungen (2) und (3) ε nur eine konstante Verminderung von $\Delta G/\hat{V}_p$ bewirkt, soll hier nicht weiter auf die Abhängigkeit der Keimbildung von elastischen Verzerrungen eingegangen werden.

Mit den genannten repräsentativen Zahlenwerten ergibt Gleichung (2) für die kritische Keimbildungsarbeit $A_k = 2 \cdot 10^{-21}$ J für den kohärenten Keim und $A_k = 5 \cdot 10^{-18}$ J für den inkohärenten Keim. Diese Energieschwellen sollen durch thermische Fluktuationen überwunden werden. Mit $T_A = 973$ K und $k = 1{,}38 \cdot 10^{-23}$ J/K ergibt sich $A_k/kT_A = 0{,}16$ für den kohärenten Keim und $A_k/kT_A = 430$ für den inkohärenten Keim, so daß die Keimbildung durch thermische Fluktuationen hier nur im kohärenten Fall wahrscheinlich ist. Dieses Ergebnis entspricht der experimentellen Erfahrung[12].

Mit den gleichen Zahlen ergibt sich für den kritischen Keimradius $r_k = 10^{-8}$ cm $= 0{,}1$ nm im kohärenten Fall, was kleiner als die Gitterkonstante ist, und $r_k = 1{,}4$ nm im inkohärenten Fall. Hier zeigt sich die grundsätzliche Schwierigkeit bei der Anwendung dieser Keimbildungstheorie. Einer niedrigen kritischen Keimbildungsarbeit, die die Keimbildung sehr wahrscheinlich machen würde, entspricht eine so geringe kritische Keimgröße, daß die Beschreibung des Keims als makroskopische thermodynamische Phase, die Grundvoraussetzung der klassischen Keimbildungstheorie, unrealistisch ist. Wenn umgekehrt die kritische Keimgröße genügend groß ist, wird die Keimbildung praktisch unmöglich. Infolgedessen kann schon hier festgestellt werden, daß bei Benutzung der klassischen Keimbildungstheorie der reale Keim durch ein virtuelles Teilchen ersetzt wird und daß man nicht erwarten kann, auf dieser Basis das Keimbildungsverhalten quantitativ vorhersagen zu können. Auf der anderen Seite zeigt die Erfahrung[9], daß die klassische Keimbildungstheorie qualitativ die Keimbildung richtig beschreibt, insbesondere die Abhängigkeit von Temperatur, Übersättigung und Gefügezustand. Infolgedessen kann die Theorie trotz ihrer Unzulänglichkeiten für Relativaussagen, d.h. zur Interpolation und Extrapolation von experimentell ermittelten Keimbildungsdaten benutzt werden.

Von praktischem Interesse ist die Zahl N der pro Volumeneinheit gebildeten Keime. Die Keimbildungsrate $\dot{N} = dN/dt$ ist außer dem Boltzmann-Faktor $\exp(-A_k/kT_A)$ der Zahl N_o der Keimbildungsplätze pro Volumeneinheit und der Zahl β_k der pro Zeiteinheit am kritischen Keim eintreffenden Atome proportional. Die Theorie liefert bei konstanter Übersättigung für die stationäre Keimbildungsrate $\dot{N}_s$[9]

$$\dot{N}_s = Z \cdot \beta_k \cdot N_o \cdot \exp(-A_k/kT_A), \quad (7)$$

wobei der Proportionalitätsfaktor Z („Zeldovich-Faktor") in der Größenordnung von 0,01 nur wenig von den Keimbildungsbedingungen abhängt.

Bei abnehmender Probentemperatur, d.h. bei zunehmender Übersättigung, steigt die Keimbildungsrate auf einen maximalen Wert an, um dann aufgrund des Abbaus der Übersättigung durch die Ausscheidung wieder abzunehmen. Wenn man $\dot{N}_s$ als Maß für die mittlere Keimbildungsrate während der Keimbildung benutzt, erhält man für die spezifische Keimzahl N während der Keimbildungszeit

$$N \simeq \dot{N}_s \cdot t \quad (8)$$

bzw. für die Zeit t_k bis zur Bildung von N Keimen:

$$t_k \simeq \frac{N}{N_o} \cdot \frac{1}{Z \cdot \beta_k} \cdot \exp(+A_k/kT_A). \quad (9)$$

Bei geringer Unterkühlung ist die Übersättigung x_o/x_m [siehe Gleichung (5)] nur wenig von 1 verschieden, so daß $\Delta G \approx 0$ [Bild 3 bzw. Gleichung (5)], also $A_k \approx \infty$ [Gleichung (2)] und $t_k \approx \infty$. Bei zunehmender Unterkühlung nimmt dementsprechend A_k ab und geht gegen 0, so daß dann der Boltzmann-Faktor in Gleichung (9) den (konstanten) Wert 1 erreicht. Der Frequenzfaktor β_k beschreibt den Atomfluß zum Keim. In vielen praktischen Fällen sind die Einbaureaktionen an der Keimoberfläche schnell im Vergleich mit der Diffusion zum Keim. Dann ist die Diffusion der geschwindigkeitsbestimmende Schritt, was für die gesamte weitere Diskussion angenommen werden soll. Dann ist β_k proportional zum Diffusionskoeffizienten $D^{9)}$. Damit ergibt sich die in Bild 4 dargestellte Temperaturabhängigkeit der Keimbildungszeit.

In Form solcher Keimbildungsdiagramme, die zu den ZTU- bzw. TTT-Diagrammen gehören, werden häufig experimentell ermittelte Keimbildungsdaten dargestellt. Als Beispiel sei in Bild 5 das Keimbildungsdiagramm einer Fe-P-Legierung angeführt[6]. Abgesehen von der Keimbildung an Versetzungen und Korngrenzen, auf die anschließend eingegangen wird, gibt es zwei Kurven für die Matrixkeimbildung, die durch Abschrecken von unterschiedlichen Temperaturen erhalten wurden. Dieses Ergebnis läßt sich nach dem bisher gesagten leicht verstehen. Durch unterschiedliche Abschrecktemperaturen sind zu Beginn der Keimbildung unterschiedliche Leerstellenkonzentrationen eingefroren. Dies führt bei der höheren Abschrecktemperatur zu einem höheren Diffusionskoeffizienten (P ist substitutionell gelöst) und damit zu einem größeren β_k in Gleichung (9), so daß die Keimbildungskurve der höheren Abschrecktemperatur im Vergleich zur niedrigeren zu kürzeren Zeiten hin verschoben ist. Umgekehrt kann man nun ausgehend von diesem Keimbildungsdiagramm mit Hilfe der Theorie abschätzen, in welchem Maße sich die Keimbildungskurve z. B. bei Änderung der Legierungskonzentration, d. h. durch Änderung von ΔG, verschiebt.

2.3. Keimbildung an Korngrenzen

Korngrenzen erleichtern die Keimbildung insbesondere inkohärenter Ausscheidungen, da die Keimoberfläche nur teilweise neu gebildet, d. h. weniger Grenzflächenenergie aufgebracht werden muß, was zu einer geringeren Keimbildungsarbeit führt. (Mögliche Segregationseffekte, die die Keimbildung an Korngrenzen beeinflussen, seien hier außer acht gelassen.) Für die folgende Diskussion werden für die inkohärente Keimoberfläche und die Korngrenze (KG) die gleichen spezifischen Grenzflächenenergien $\sigma_i = \sigma_K = 700$ erg/cm² angenommen.

Die Keimform möge sich so einstellen, daß die Grenzflächenenergie (bei festgehaltenem Keimvolumen) minimal wird und die Grenzflächenspannungen im mechanischen Gleichgewicht stehen[9]:

$$\sigma_K = 2\,\sigma_i \cos \Theta. \qquad (10)$$

Die resultierende linsenförmige Keimgestalt ist in Bild 6 dargestellt, dem auch die Bedeutung von Θ zu entnehmen ist. Damit kann ganz analog zu Gleichung (1) die Keimbildungsarbeit hingeschrieben werden[9], die sich hier aus der Umwandlungsenergie, der „eingesparten" Korngrenzenenergie und der Grenzflächenenergie zusammensetzt, wohingegen wegen der Abwesenheit von Kohärenzspannungen ein elastischer Term fehlt:

$$A\,(KG) = -\frac{\Delta G}{\hat{V}_p} \cdot \frac{2}{3} \pi r^3 [2 - 3\cos\Theta + (\cos\Theta)^3]$$
$$- \sigma_K \pi r^2 (\sin\Theta)^2 + \sigma_i \cdot 4\pi r^2 (1 - \cos\Theta). \quad (11)$$

Hieraus erhält man die kritische Keimbildungsarbeit:

$$A_k\,(KG) = \frac{8\pi}{3}[2 - 3\cos\Theta + (\cos\Theta)^3]$$
$$\cdot \frac{\sigma_i^3\,\hat{V}_p^2}{\Delta G^2}. \qquad (12)$$

Wegen $\sigma_i = \sigma_K$ ist hier $\Theta = 60°$ und das Linsenvolumen

$$V = \frac{2}{3} \pi r^3 [2 - 3\cos\Theta + (\cos\Theta)^3]$$
$$= \frac{5}{12} \pi r^3. \qquad (13)$$

Mit

$$V = \frac{4}{3} \pi r_{\text{eff}}^3 \qquad (14)$$

ist ein effektiver Teilchenradius definiert:

$$r_{\text{eff}} = (5/16)^{1/3}\, r. \qquad (15)$$

Damit ergibt sich

$$A_k = \frac{5}{3} \pi\, \frac{\sigma_i^3\,\hat{V}_p^2}{\Delta G^2}, \qquad (16)$$

d. h. durch die Korngrenze wird die kritische Keimbildungsarbeit hier um den Faktor 3 reduziert [im Vergleich zu Gleichung (2)]. Für den kritischen (effektiven) Radius erhält man:

$$r_{\text{eff}/k} = 1{,}36\, \frac{\sigma_i}{\Delta G}\, \hat{V}_p. \qquad (17)$$

Mit den gewählten Zahlenwerten ergibt sich $A_k\,(KG)/k\,T_A = 130$ und $r_{\text{eff}/k} = 1$ nm. Diese Werte sind im Vergleich zur Keimbildung kohärenter Kugeln im Korn verhältnismäßig hoch, so daß diese Korngrenzenkeimbildung nicht sehr wahrscheinlich erscheint. Jedoch ist der angenommene Keim mit zwei vollkommen inkohärenten Grenzflächen nach beiden Körnern hin ein Grenzfall. Oft wird sich der Keim so bilden, daß zumindest die Grenzfläche nach einem Korn hin teilweise kohärent ist, wofür eine spezifische Grenzflächenenergie von $\sigma' = 100$ erg/cm² angenommen werden soll. Dementsprechend ist eine bezüglich der Korngrenze unsymmetrische Keimform zu erwarten, und der Einfachheit halber wird die in Bild 7 dargestellte Halbkugelform angenommen. Dann ergibt sich analog

$$A_k\,(KG') = \frac{8}{3} \pi\, \frac{\sigma'^3}{\Delta G^2}\, \hat{V}_p^2, \qquad (18)$$

$$r_{\text{eff}/k}\,(KG') = 2^{2/3}\, \frac{\sigma'}{\Delta G}\, \hat{V}_p \qquad (19)$$

und mit den gewählten Zahlenwerten $A_k\,(KG')/k\,T_A = 0{,}6$ und $r_{\text{eff}/k}\,(KG') = 0{,}2$ nm. Damit erreicht die Aktivierungsenergie der Bildung inkohärenter Keime an Korngrenzen eine ähnliche Größenordnung wie kohärenter Keime im Korn. Dies entspricht der Erfahrung, daß einer kohärenten Ausscheidung im Korn eine inkohärente Ausscheidung an Korngrenzen parallel laufen kann[16]. Umgekehrt, wenn inkohärente Keimbildung im Korn möglich ist, läuft dieser Keimbildung die Keimbildung an Korngrenzen zeitlich weit voraus, was ebenfalls der Erfahrung entspricht (Bild 5).

2.4. Keimbildung an Versetzungen und Vergleich mit Keimbildung an Korngrenzen

Die Keimbildung an Versetzungen ist unlängst ausführlich diskutiert worden[17]. Hier soll nur auf einige Grundtatsachen an Hand des einfachen Modells von Cahn[18] eingegangen werden. Wenn man von der zu erwartenden Zylindersymmetrie (bei Schraubenversetzungen) absieht, kann man bei der Keimbildung an Versetzungen (VS) die sich einstellende Keimform nicht so einfach vorhersagen wie in den bisherigen Fällen. Infolgedessen wird zunächst eine aus dem Keim herausgeschnittene infinitesimal dünne zylindrische Scheibe der Dicke dl betrachtet (Bild 8).

Es wird angenommen, daß die Keimoberfläche inkohärent ist, so daß das Verzerrungsfeld der Versetzung im Keim verschwindet und außerhalb unverändert bleibt. Dann wird bei der Keimbildung nicht nur die Umwandlungsenergie, sondern auch die dem Keimvolumen entsprechende Verzerrungsenergie frei. Man erhält also an einer Schraubenversetzung als Keimbildungsenergie $dA\,(VS)$ für die Scheibe

$$dA\,(VS) = \left(-\frac{\Delta G}{\hat{V}_p}\pi\,r^2 + \sigma_i \cdot 2\,\pi\,r - \frac{\mu\,b^2}{4\,\pi}\ln r + C\right)dl, \tag{20}$$

wobei μ der Schubmodul, $\vec{b}$ der Burgersvektor und C die Restenergie der Versetzung pro Längeneinheit ist.

Die Radiusabhängigkeit dieser Keimbildungsarbeit wird von dem Verhältnis α von Versetzungs- und Umwandlungsenergie zur Grenzflächenenergie, d.h.

$$\alpha = \frac{\mu\,b^2 \cdot \Delta G}{2\,\pi^2\,\sigma_i^2\,\hat{V}_p} \tag{21}$$

bestimmt (Bild 9). Bei $\alpha > 1$, d.h. bei großer Übersättigung und kleiner Grenzflächenenergie sind alle Keime wachstumsfähig. Bei $\alpha < 1$, wenn die Grenzflächenenergie wesentlich ist, gibt es eine Keimbildungsschwelle wie in den bisher diskutierten Fällen. Allerdings hat die (differentielle) Keimbildungsarbeit ein relatives Minimum bei r_o, so daß es in jedem Fall zu einer stabilen Atomansammlung entlang der Versetzung kommt, auch wenn sich keine wachstumsfähigen Keime bilden.

Zur Bestimmung der kritischen Keimbildungsarbeit muß das Maximum von

$$A\,(VS) = \int dA\,(VS) \tag{22}$$

aufgesucht werden, und zwar nicht nur bezüglich r, sondern auch bezüglich der Keimform. Da die Lösung numerisch aufgesucht wurde, sei hier auf die Diagramme verwiesen, denen für spezielle Keimbildungsbedingungen die kritische Keimbildungsarbeit und Keimgröße entnommen werden können[18]. Mit den gewählten Werten $\Delta G/V_p = 1000$ J/cm^3, $\sigma_i = 700$ erg/cm^2 und mit $\mu = 10^{11}$ N/m^2 und $b = 0{,}3$ nm ist $\alpha = 0{,}93$, so daß es eine Keimbildungsschwelle in diesem Falle gibt. Nach Fig. 3 der genannten Arbeit[18] ist dann die kritische Keimbildungsarbeit an der Versetzung

$$A_k\,(VS) = 0{,}03 \cdot A_k, \tag{23}$$

wobei A_k die kritische Bildungsarbeit eines entsprechenden (kugelförmigen) Keims ohne Beteiligung einer Versetzung ist. Mit Gleichung (2) war $A_k/k\,T_A = 430$ erhalten worden (Abschnitt 2.2), so daß $A_k\,(VS)/k\,T_A = 13$ ist. Dieser Wert liegt zwischen den beiden Grenzfällen des letzten Abschnitts, d.h. die Keimbildung inkohärenter Teilchen wird durch Versetzungen energetisch ähnlich begünstigt wie durch Korngrenzen. (Eine genauere Aussage erfordert eine genauere Kenntnis der beteiligten Grenzflächenenergien.) Ein experimentelles Ergebnis zeigt Bild 5.

Wenn nun die Keimbildungswahrscheinlichkeit an Korngrenzen und Versetzungen von ähnlicher Größenordnung ist, liegt z.B. der Gedanke nahe, in einer Legierung, in der es zu störender Korngrenzenausscheidung kommt, durch plastische Verformung eine konkurrierende Ausscheidung an Versetzungen zu induzieren, so daß die Korngrenzen-Ausscheidung in ihren Ausmaßen verringert wird. Damit es zu einem merklichen Effekt kommt, muß die Zahl der Keimbildungsplätze [Gleichung (7)] an Versetzungen mindestens die Größenordnung der Zahl der Keimbildungsplätze an Korngrenzen erreichen.

Die Konzentration der Keimbildungsplätze N_o [Gleichung (7)] im ungestörten Korn ist identisch mit der Konzentration der Gitterplätze[9]. Dann soll die Konzentration auf Korngrenzen durch $N_o^{2/3}$ und auf Versetzungslinien durch $N_o^{1/3}$ beschrieben werden. Bei einem mittleren Korndurchmesser d ist (bei Annahme eines kubischen Korngefüges) die spezifische Korngrenzfläche

$$F/V = 3/d \tag{24}$$

(F = Korngrenzfläche, V = Kornvolumen), also die Konzentration der Keimbildungsplätze an Korngrenzen

$$N_o\,(KG) = \frac{3}{d} \cdot N_o^{2/3}. \tag{25}$$

Entsprechend ist bei einer Versetzungsdichte λ cm^{-2} die Konzentration der Keimbildungsplätze an Versetzungen

$$N_o\,(VS) = \lambda \cdot N_o^{1/3}. \tag{26}$$

Die beiden Konzentrationen sind von gleicher Größenordnung, wenn

$$\lambda = \frac{3}{d} \cdot N_o^{1/3}. \tag{23}$$

Bei dem gewählten Beispiel der Fe$_3$C-Ausscheidung ist mit dem Molvolumen $\hat{V}_m = 7{,}1$ cm^3/mol (Abschnitt 2.2) und der Loschmidt-Zahl $N_L = 6 \cdot 10^{23}$ mol^{-1} $N_o = 9 \cdot 10^{22}$ cm^{-3}, und mit einem angenommenen $d = 500$ μm wird $\lambda = 3 \cdot 10^9$ cm^{-2}. Es können also durch eine plastische Verformung vor und während der Keimbildung genügend viele Keimbildungsplätze an Versetzungen für eine konkurrierende Keimbildung an Versetzungen erzeugt werden.

3. Wachstum und Vergröberung

3.1. Allgemeines

Im übersättigten Mischkristall diffundieren gelöste Atome zu den wachstumsfähigen Keimen, die im Anschluß an Abschnitt 2.2 als Kugeln angenommen werden. (Wenn die Teilchen nicht kugelförmig sind, ist die Kugelform eine gute Näherung, solange der Teilchenabstand groß gegen die Teilchenabmessungen ist.) Es stellt sich der in Bild 10 für zwei gleich große Teilchen dargestellte Konzentrationsverlauf ein, wobei ϱ die radiale Ortskoordinate ist, c_p die Konzentration im Teilchen, c_a die Matrixkonzentration an der Teilchenoberfläche im Gleichgewicht mit dem Teilchen und c_w die Konzentration der Matrix weit weg vom Teilchen (alle Konzentrationen sind Stoffmengenkonzentrationen $c = x/\hat{V}$ mol/Volumeneinheit).

Außerdem sind die Anfangskonzentration $c_o > c_w$ und die dem Zustandsdiagramm (Bild 1) entsprechende Gleichgewichtskonzentration $c_m < c_a < c_w$ eingetragen worden. Da als geschwindigkeitsbestimmender Schritt die Diffusion angenommen wurde, gilt für das wachsende Teilchen entsprechend dem Fickschen Gesetz:

$$(c_p - c_a) \frac{d}{dt} \left(\frac{4}{3} \pi r^3 \right) = 4 \pi r^2 \cdot D \cdot \left. \frac{\partial c}{\partial \varrho} \right|_{\varrho = r} \quad (28)$$

$$\frac{dr}{dt} = \frac{D}{(c_p - c_a)} \cdot \left. \frac{\partial c}{\partial \varrho} \right|_{\varrho = r}. \quad (29)$$

Wenn man der Einfachheit halber für den Konzentrationsverlauf den des stationären Falles annimmt[19, 20] (was für die verdünnte Lösung eine gute Näherung ist), d.h.

$$c(\varrho \gg r) = c_w - (c_w - c_a) \frac{r}{\varrho} \quad (30)$$

erhält man:

$$\frac{dr}{dt} = \frac{D}{c_p - c_a} \cdot \frac{c_w - c_a}{r} \quad (31)$$

c_a ist von der Teilchengröße abhängig: Aus den Gleichungen (3) und (5) folgt für den Radius eines Teilchens im (labilen) Gleichgewicht mit der Matrix der Konzentration c

$$r_k = \frac{2 \sigma}{c_p R T_A \ln \frac{c}{c_m}} \quad (32a)$$

und umgekehrt für die Konzentration c_a im (labilen) Gleichgewicht mit einem Teilchen mit dem Radius r der als Gibbs-Thomson- bzw. Thomson-Freundlich-Gleichung bekannte Zusammenhang[21])

$$c_a = c_m \exp \left(\frac{2 \sigma}{c_p \cdot R T_A \cdot r} \right), \quad (32b)$$

wobei $c_m = c_a (r = \infty)$ die Gleichgewichts- bzw. Sättigungskonzentration der Matrix für ein Teilchen mit ebener Grenzfläche ist. c_w ist über die Massenbilanz von der Anfangskonzentration $c_o = c_w (t = 0)$ und von der Teilchenzahl und -größe abhängig.

Zur Beschreibung der Ausscheidung nach der Keimbildung muß Gleichung (29) bzw. (31) gelöst werden. Dabei ist zu berücksichtigen, daß sich aufgrund dieser Gleichung schon während der Keimbildung eine Teilchengrößenverteilung $\hat{N}(r, t)$ einstellt. Die Kenntnis ihrer zeitlichen Änderung ist für die Vorhersage des Ausscheidungsverhaltens nach der Keimbildung erforderlich. Das Problem in dieser Vollständigkeit ist bisher nur numerisch für spezielle Ausscheidungsbedingungen mit einigem Computeraufwand gelöst worden[22]. Im folgenden sollen vereinfachende Modelle vorgestellt werden, die nur Teilaspekte dieses Problems, d.h. verschiedene Stadien des Ausscheidungsverlaufs, in mehr oder weniger guter Näherung beschreiben.

3.2. Wachstum

Da im Vergleich zur Keimbildung die späteren Ausscheidungsstadien langsam verlaufen, nahmen Wert und Zener[19] an, daß zur Zeit $t = 0$ schon alle wachstumsfähigen Keime vorhanden und von gleicher Größe sind. Unter Vernachlässigung der Größenabhängigkeit der Wachstumsgeschwindigkeit erreichen dann die Teilchen am Ende der Ausscheidung den Radius r_e, wobei sich ihre Zahl nicht geändert hat. Der ausgeschiedene Volumenanteil W (bezogen auf das gesamte ausscheidbare Volumen) ist also

$$W = (r/r_e)^3. \quad (33)$$

Eine solche einfache Beschreibung ist nur sinnvoll, solange die Teilchenzahl sich nicht durch Teilchenvergröberung (siehe nächsten Abschnitt) verringert.

Nach Gleichung (31) ist der Radius des Diffusionshofes des Teilchens dem Teilchenradius proportional. Solange die Teilchen so klein sind, daß die Diffusionshöfe sich nicht überlappen und vor allem die ausgeschiedene Masse klein gegenüber der in Lösung befindlichen ist, kann näherungsweise c_w in Gleichung (31) als konstant angesehen werden. Da auch die Größenabhängigkeit von c_a vernachlässigt werden sollte, ergibt die Integration von Gleichung (31) für solche isolierten Teilchen

$$\frac{1}{2} r^2 = \frac{c_w - c_a}{c_p - c_a} \cdot D \cdot t, \quad (34)$$

so daß

$$W = \left(\frac{c_w - c_a}{c_p - c_a} \cdot \frac{2 D}{r_e^2} \right)^{3/2} \cdot t^{3/2}. \quad (35)$$

Dies ist sicher nur für den Beginn des Teilchenwachstums eine brauchbare Näherung.

Die gegenseitige Überlappung der Diffusionshöfe bei zunehmender Teilchengröße wird von Wert und Zener[19] berücksichtigt, indem die Abhängigkeit der Matrixkonzentration von W nicht mehr vernachlässigt wird. Für die verdünnte Lösung, wenn die ausgeschiedene (und gelöste) Masse gering im Vergleich zur Gesamtmasse ist, gilt:

$$c_w(t) - c_a = [1 - W(t)] \cdot (c_o - c_a). \quad (36)$$

Aus den Gleichungen (31), (33) und (36) folgt dann:

$$\frac{dW}{dt} = \frac{3 D}{r_e^2} \cdot \frac{c_o - c_a}{c_p - c_a} \cdot (1 - W) W^{1/3}. \quad (37)$$

Für nicht zu große t kann die schwächer als $(1 - W)$ veränderliche Funktion $W^{1/3}$ durch den Ausdruck für ein isoliertes Teilchen [Gleichung (35)] mit $c_w \approx c_o$ ersetzt werden:

$$\frac{dW}{dt} = (1 - W) \frac{3}{2} \cdot \frac{t^{1/2}}{\tau^{3/2}} \quad (38)$$

mit

$$\frac{1}{\tau} = \frac{2 D}{r_e^2} \cdot \frac{c_o - c_a}{c_p - c_a}. \quad (39)$$

Durch einfache Integration erhält man die bekannte Wachstumsgleichung

$$W = 1 - \exp [(-t/\tau)^{3/2}]. \quad (40)$$

Sie unterscheidet sich nur für größere t merklich von der Lösung von Gleichung (37)[20], wobei für größere t jedoch das gesamte Modell unsicher wird.

Gleichungen der Form

$$W = 1 - \exp [-(t/\tau)^n] \quad (41)$$

sind auch für weniger einfache Ausscheidungsfälle in ähnlicher Weise hergeleitet worden (und darüber hinaus auch für andere Umwandlungen, wo solche Gesetze mit den Namen Johnson und Mehl bzw. Avrami verknüpft sind). Als Beispiel dafür soll noch der Fall des Teilchenwachstums an Versetzungen behandelt werden.

Durch Anlagerung eines gelösten Atoms an eine Versetzung wird die elastische Energie des Spannungsfeldes der Versetzung vermindert, d. h. aufgrund der elastischen Wechselwirkung zwischen den Spannungsfeldern der Versetzung und des gelösten Atoms wird das gelöste Atom von der Versetzung angezogen. Cottrell und Bilby[23] betrachteten die Anlagerung von gelösten Atomen an Versetzungen, die sich allein aus dieser elastischen Anziehungskraft ergibt. In dieser Näherung stellt also jede Versetzung einen wachstumsfähigen Keim dar, und umgekehrt bleibt unberücksichtigt, daß sich an der Versetzung eine neue Phase bildet (vgl. Abschnitt 2.4). Vor allem wird der aus Konzentrationsunterschieden resultierende Diffusionsstrom außer acht gelassen. Das Modell von Cottrell und Bilby ist also nur für den Ausscheidungsbeginn eine physikalisch begründbare Näherung.

In diesem einfachen Bild ist mit dem Einsteinschen Ausdruck D/kT für die Beweglichkeit die Driftgeschwindigkeit

$$v = \frac{D}{k T_A} \cdot \text{grad } U, \tag{42}$$

wobei U das elastische Wechselwirkungspotential ist[20]. Im Fall der Stufenversetzung ist[23]

$$U = \Delta V \frac{\mu \cdot b}{3 \pi} \cdot \frac{1 + \nu}{1 - \nu} \cdot \frac{\sin \psi}{\varrho}, \tag{43}$$

wobei ΔV der Volumenunterschied zwischen gelöstem Atom und Lösungsatom ist, ν die Poisson-Zahl, ψ der Polarwinkel zur Gleitrichtung und ϱ der Abstand von der Versetzung. Da $c \cdot v$ der Massenfluß ist, wird durch Integration der ausgeschiedene Anteil erhalten[23]:

$$W = 3 \lambda \left(\frac{\pi}{2}\right)^{1/3} \left(\frac{q D t}{k T_A}\right)^{2/3}. \tag{44}$$

Hier ist analog zu Gleichung (35) und den gemachten Annahmen entsprechend die Verarmung der Matrix unberücksichtigt geblieben; λ ist die Versetzungsdichte, und die Konstante q ist (für Stufenversetzungen)

$$q = \Delta V \cdot \frac{\mu \cdot b}{3 \pi} \cdot \frac{1 + \nu}{1 - \nu}. \tag{44a}$$

Trotz der Einfachheit des Modells versuchte Harper[24], die Verarmung der Matrix (bzw. die Überlappung der Diffusionshöfe) zu berücksichtigen, indem er die Ausscheidungsgeschwindigkeit dem noch nicht ausgeschiedenen Bruchteil proportional setzte:

$$\frac{\partial W}{\partial t} = (1 - W) f(t). \tag{45}$$

Die Integration lieferte dann:

$$W(t) = 1 - \exp\left[-\int f(t') dt'\right]. \tag{46}$$

Die unbekannte Funktion $f(t)$ wurde so gewählt, daß für kleine Zeiten Gleichung (46) in Gleichung (44) übergeht:

$$W(t \gtrsim 0) = \int f(t') dt' = 3 \lambda \left(\frac{\pi}{2}\right)^{1/3} \cdot \left(\frac{q D t}{k T_A}\right)^{2/3}. \tag{47}$$

[Dies entspricht dem Vorgehen bei Gleichung (37) bzw. (38).] Damit erhält man als Ausscheidungsgleichung Gleichung (41) mit

$$n = \frac{2}{3} \quad \text{und} \quad \frac{1}{\tau} = (3 \lambda)^{3/2} \left(\frac{\pi}{2}\right)^{1/2} \frac{q D}{k T_A}. \tag{48}$$

Gleichung (41), insbesondere Gleichungen (40) und (48), beschreiben experimentelle Ergebnisse sehr viel besser[13], als man aufgrund der Einfachheit der Modelle erwarten könnte. Infolgedessen werden solche Gesetze in der Praxis häufig angewendet, und zwar im Sinne von empirischen Gleichungen, aus deren Übereinstimmung mit dem Experiment nicht unbedingt auf das Vorliegen des entsprechenden physikalischen Sachverhalts geschlossen werden kann.

Auf verbesserte Wachstumstheorien soll hier nicht eingegangen werden. Stattdessen sei auf eine Arbeit von Sankaran und Laird[25] verwiesen, in der das Wachstum plattenförmiger Teilchen untersucht und die experimentellen Ergebnisse mit Hilfe neuerer theoretischer Vorstellungen analysiert worden sind.

3.3. Umlösung

Eine gegenüber dem letzten Abschnitt genauere Beschreibung muß außer der Abhängigkeit von c_w in Gleichung (31) von der ausgeschiedenen Menge auch die Größenabhängigkeit von c_a berücksichtigen. Nach Gleichung (32) hat von zwei verschieden großen Teilchen (Bild 11) das kleinere die höhere Löslichkeit c_a, d. h. nach Gleichung (31) die kleinere Wachstumsgeschwindigkeit. Die beiden Teilchen wachsen also mit unterschiedlicher Geschwindigkeit, wobei c_w zwischen den Teilchen abnimmt. Die Wachstumsperiode dieser beiden Teilchen ist also gekennzeichnet durch

$$c_w > c_a(r_1) > c_a(r_2). \tag{49}$$

Wenn c_w kleiner als $c_a(r_1)$ wird, beginnt nach Gleichung (31) das kleinere Teilchen sich aufzulösen, während das größere weiter wächst und c_w weniger schnell abnimmt. In diesem Ausscheidungsstadium, gekennzeichnet durch

$$c_a(r_1) > c_w > c_a(r_2), \tag{50}$$

wachsen also die großen Teilchen auf Kosten der kleinen, wobei die Teilchenzahl sich vermindert. Ein solcher Vergröberungsprozeß ist als Umlösung oder Ostwald-Reifung bekannt.

Nach Gleichung (32) gilt für den Radius eines im (labilen) Gleichgewicht mit der Matrix (der Konzentration c_w) befindlichen Teilchens, d. h. für den kritischen Radius r_k:

$$r_k = \frac{2 \sigma}{c_p \cdot RT_A \cdot \ln \frac{c_w}{c_m}}. \tag{51}$$

Wenn man sich auf die späten Ausscheidungsstadien nach Keimbildung und Wachstum beschränkt, wenn $c_a(r)$ und c_w nur noch wenig von c_m verschieden sind, können die Gleichungen (32) und (51) linearisiert werden, und man erhält durch Einsetzen in Gleichung (31), bei der außerdem noch c_a gegen c_p vernachlässigt wird:

$$\frac{dr}{dt} = \frac{2 \sigma D}{c_p^2 \cdot RT_A} \cdot \frac{c_m}{r} \left(\frac{1}{r_k} - \frac{1}{r}\right) \tag{52}$$

bzw.

$$\frac{dr^3}{dt} = \frac{6 \sigma D}{c_p^2 \cdot RT_A} \cdot c_m \left(\frac{r}{r_k} - 1\right). \tag{53}$$

In dieser Form ist das Umlösungsproblem geschlossen lösbar, und es ergibt sich die von C. Wagner bzw. Lifshitz und Slyozov entwickelte Umlösungstheorie[8]).

Es sei betont, daß die Umlösungstheorie entsprechend den gemachten Voraussetzungen nur für die späteren Ausscheidungsstadien gilt, wenn $c_w(t) \approx c_m$ ist. Dementsprechend ist der ausgeschiedene Volumenbruchteil näherungsweise konstant, und die Teilchenzahl ist dem mittleren Teilchenvolumen umgekehrt proportional. (Die treibende Kraft für diesen Prozeß ist die Verminderung der Grenzflächenenergie.) Außerdem bedeutet die Benutzung der Gleichung (31), daß die Theorie nur gilt, wenn der Teilchenabstand groß gegen die Teilchendurchmesser ist, wenn also der ausgeschiedene Volumenbruchteil gering ist.

Die Umlösungstheorie liefert dann die folgenden Resultate. Die normierte Teilchengrößenverteilung ist, aufgetragen über dem normierten Teilchenradius r/r_k, unabhängig von der Zeit:

$$\hat{N}(r/r_k, t)/\hat{N}(r/r_k = 1, t) = \text{const.} \cdot h(r/r_k). \quad (54)$$

Für den hier diskutierten Fall ist $h(r/r_k)$ in Tafel 1 angegeben und in Bild 12 dargestellt[8]). Demgemäß ist auch das Verhältnis $\bar{r}/r_k$ von mittlerem und kritischem Teilchenradius zeitunabhängig, und zwar ist im diskutierten Fall

$$\bar{r}/r_k = 1. \quad (55)$$

Die Zeitabhängigkeit der Umlösung drückt sich in dem Zeitgesetz für den kritischen Radius aus:

$$r_k(t)^n - r_k(t_o)^n = \frac{t - t_o}{\tau}, \quad (56)$$

wobei $r_k(t_o)$ den (virtuellen) Umlösungsbeginn kennzeichnet.

Die Konstanten n und τ hängen von den Umlösungsbedingungen ab, und zwar sind sie im diskutierten Fall

$$n = 3; \quad \frac{1}{\tau} = \frac{8}{9} \cdot \frac{D \sigma c_m}{c_p^2 \cdot RT_A}. \quad (57)$$

Da der kritische Radius dem mittleren proportional ist, beschreiben die Gleichungen (56) und (57) auch das mittlere Teilchenwachstum und über Gleichung (51) auch die zeitliche Änderung der Matrixkonzentration c_w.

Die Umlösungstheorie ist in vielen Fällen erfolgreich zur Beschreibung der Teilchenvergröberung in Ausscheidungsgefügen benutzt worden, und als Beispiel sei hier nur die Untersuchung von Hornbogen und Roth[26]) genannt. Dabei zeigte sich, daß bei Erfüllung der Voraussetzungen der Theorie die Experimente gut beschrieben werden. Eine Verletzung der theoretischen Voraussetzungen macht sich in erster Linie durch ein Abweichen der gemessenen Größenverteilung von der theoretischen bemerkbar. (Dabei ist zu berücksichtigen, daß schon der Meßfehler die Form der Verteilungskurve verändert[27]). In solchen Fällen erfordert die Benutzung der Umlösungstheorie die Berücksichtigung der speziellen Umlösungsbedingungen.

Wenn z. B. der ausgeschiedene Volumenbruchteil nicht klein gegen 1 ist, muß der Diffusionsansatz [Gleichung (31)] modifiziert werden[28]). Kohärenzspannungen führen zu Abweichungen von der Theorie[26]), da die Diffusion zum Teilchen und die Löslichkeit von den Kohärenzspannungen beeinflußt werden[29]). (Wenn kohärente Teilchen inkohärent werden, ändert sich zusätzlich noch die spezifische Grenzflächenenergie.) In einem solchen Fall kann die Theorie an das Experiment angepaßt werden, indem man in Gleichung (31) einen von Zeit und Teilchengröße abhängigen effektiven Diffusionskoeffizienten in geeigneter Weise einführt[27]). In den genannten Fällen führt die modifizierte Theorie zu einer modifizierten Verteilungsfunktion $h(r/r_k)$, aber das $t^{1/3}$-Gesetz für den Teilchenradius [Gleichungen (56) und (57)] bleibt erhalten.

Die Keimbildung an Korngrenzen bzw. an Versetzungen (Abschnitte 2.3 und 2.4) führt zu einer Umlösung auf Korngrenzen bzw. Versetzungen, die ebenfalls im Rahmen der Umlösungstheorie behandelt werden kann[30]). Hier ändert sich jedoch nicht nur die Größenverteilung, sondern auch der Exponent n und der Proportionalitätsfaktor $1/\tau$ in Gleichung (56). Ebenso kann im Rahmen der Umlösungstheorie der Fall behandelt werden, daß nicht die Diffusion, sondern die Einbaureaktion der geschwindigkeitsbestimmende Schritt ist[8]). In diesem Zusammenhang sei darauf hingewiesen, daß die Umlösungstheorie im Sinne eines mathematischen Modells auch auf Vergröberungsprozesse bei Umwandlungen ohne Entmischung angewendet werden kann[31]).

Die hier diskutierte Umlösungstheorie ist für einen unendlich ausgedehnten Mischkristall entwickelt worden, bei dem der Endzustand ($t \to \infty$) dem stabilen Gleichgewicht $c_w = c_m$ entspricht. Nach den Gleichungen (51) und (56) wächst dann der kritische Radius und damit auch der mittlere Radius über alle Grenzen. Im realen Mischkristall ist die ausscheidbare Menge begrenzt, so daß am Ende des Ausscheidungsprozesses ($t \to \infty$) ein Teilchen endlicher Größe im Gleichgewicht mit der Matrix der Konzentration $c_a = c_w(t \to \infty) > c_m$ vorliegt. Folglich kann die Umlösungstheorie in der vorgestellten Form prinzipiell nur für einen begrenzten Ausscheidungszeitraum gültig sein[32]). Dies bedeutet in der Praxis aber keine Einschränkung, denn die bereits erwähnte Übereinstimmung zwischen Theorie und Experiment zeigt, daß die experimentell erreichbaren Umlösungszeiten in den hier diskutierten Fällen immer noch klein gegen die Gültigkeitsdauer der Theorie sind.

4. Zusammenfassung

Anhand einer schematischen Übersicht (Bild 13) soll kurz der gesamte Ausscheidungsverlauf im Zusammenhang erläutert werden. In Bild 13a ist der vorgegebene Verlauf der Temperatur T in Abhängigkeit von der Zeit t für den Ausscheidungsvorgang dargestellt. Mit Bild 1 folgt daraus der in Bild 13b dargestellte Verlauf der Übersättigung (Verhältnis von Matrixkonzentration c_w und Gleichgewichtskonzentration c_m). $c_w/c_m = x_w/x_m$ bei konstantem Molvolumen hat bei Abkühlung auf die Auslagerungstemperatur T_A seinen maximalen Wert c_o/c_m, um dann durch Keimbildung, Wachstum und Umlösung von Teilchen der neuen Phase abzunehmen, und zwar geht c_w/c_m asymptotisch gegen einen konstanten Wert, der praktisch gleich 1 ist. Bild 13c gibt den zeitlichen Verlauf der Zahl N (pro Volumen) der ausgeschiedenen Teilchen an, wobei unter dem Diagramm durch waagerechte Balken angedeutet ist, wann die besprochenen Ausscheidungsmechanismen wirksam sind. Die senkrechten strichpunktierten Linien deuten an, wann die Voraussetzungen der besprochenen Theorien am besten erfüllt sind.

Nach Einstellung der anfänglichen (= maximalen) Übersättigung c_o/c_m setzt die Keimbildung mit einer gewissen Verzögerung ein (Inkubationszeit), die hier der Deutlichkeit halber übertrieben dargestellt ist. Mit Einsetzen der Keimbildung steigt die $N(t)$-Kurve steil an, wobei sich gleichzeitig die Übersättigung abbaut. Folglich muß die Keimbildungsrate nach Erreichen eines Maximums (Wendepunkt in der $N(t)$-Kurve) wieder abnehmen, bis die Übersättigung nicht mehr zur Keimbildung ausreicht, d. h. die Keimbildungsperiode abgeschlossen ist. Die Keimbildungstheorie liefert eine stationäre Keimbildungsrate, d. h. die Theorie beschreibt die Keimbildung in der Nähe des Wendepunktes der $N(t)$-Kurve.

Nach dem Ende der Keimbildung, wenn die Teilchenzahl ihr Maximum erreicht hat, ist das Teilchenwachstum der bestimmende Prozeß. (Es setzt natürlich schon während der Keimbildung ein, da jeder gebildete Keim wächst). Die Wachstumstheorie setzt eine konstante Teilchenzahl voraus, so daß sie die Ausscheidung im Maximum der $N(t)$-Kurve beschreibt. Durch das Teilchenwachstum wird die Übersättigung weiter abgebaut, bis sich $c_w(t)$ und damit die ausgeschiedene Gesamtmasse nur noch wenig ändert. Dann findet ausschließlich Teilchenvergröberung statt, d. h. die großen Teilchen wachsen auf Kosten der kleinen, wobei sich die Gesamtzahl vermindert. Die Umlösungstheorie beschreibt diesen Prozeß auf dem asymptotischen Ast der $c_w(t)/c_m$-Kurve, wenn die Übersättigung praktisch gleich 1 wird.

Wenn die besprochenen Modelle für Keimbildung, Wachstum und Umlösung zur Beschreibung des Ausscheidungsvorganges – insbesondere während der frühen Stadien – nicht ausreichen, ist zu berücksichtigen, daß die verschiedenen Prozesse nebeneinander mit unterschiedlicher Geschwindigkeit und in gegenseitiger Abhängigkeit ablaufen. Dies soll Bild 14 veranschaulichen, in dem der in Bild 13 skizzierte Ausscheidungsverlauf in einem Teilchenradius-Zeit-Diagramm dargestellt ist. Die ausgezogenen Kurven beschreiben die zeitliche Änderung des Radius $r(t)$ einiger herausgegriffener Teilchen („Wachstumslinien"), während die gestrichelte Kurve das Verhalten des kritischen Radius $r_k(t)$ [aus Bild 13b mit Gleichung (51)] angibt.

Zu Beginn der Ausscheidung ist aufgrund der Übersättigung r_k so klein, daß durch spontane Fluktuationen wachstumsfähige Teilchen ($r > r_k$) entstehen (siehe KB). Durch diese Keimbildung und das anschließende Wachsen der gebildeten Teilchen baut sich die Übersättigung ab, so daß r_k ansteigt. Dadurch vermindert sich die Wachstumsgeschwindigkeit, und die Steigungen der „Wachstumslinien" nehmen ab. Die „Wachstumslinien" schneiden sich nicht, da die jüngeren Teilchen kleiner als die älteren sind und langsamer wachsen als die älteren. Die kleineren Teilchen bleiben mehr und mehr in ihrem Wachstum zurück, bis sie vom kritischen Radius „eingeholt" sind und sich dann auflösen (Umlösung). Im Verlauf der Ausscheidung werden alle Teilchen bis auf das größte bzw. älteste von r_k „überholt" und aufgelöst, so daß im (praktisch nie erreichten) Endzustand ein Teilchen mit $r(t \to \infty) = r_k(t \to \infty)$ im stabilen Gleichgewicht mit der Matrix steht.

Entsprechend der Diskussion des Bildes 13 sind hier durch strichpunktierte Linien die Gültigkeitsbereiche der Modelle für Keimbildung (KB), Wachstum (W) und Umlösung (UL) angedeutet. Die Keimbildungstheorie beschreibt das Ausscheidungsverhalten nur für $r \approx r_k$ und $r_k = $ const., so daß das Wachsen der Keime unberücksichtigt bleibt. Die vorgestellten Wachstumsmodelle gelten für konstante Teilchenzahl und größenunabhängige Wachstumsgeschwindigkeit, d. h. sie berücksichtigen nur die Teilchen mit $r \gg r_k$. Allein die Umlösungstheorie beschreibt das Verhalten aller Teilchen, allerdings nur für einen gewissen Zeitraum, der hier durch die Bedingung $r_k(t = 0) \ll r_k(t) \ll r_k(t \to \infty)$ angegeben werden soll.

Eine zusammenfassende theoretische Beschreibung, die vollständig den in Bild 14 skizzierten Ausscheidungsverlauf berücksichtigt, ist möglich[22], nur erfordert dies den Einsatz einer Rechenanlage mit dem entsprechend höheren Aufwand.

Verzeichnis der verwendeten Formelzeichen

a	Gitterkonstante in nm = 10^{-7} cm
A	Keimbildungsarbeit in J
A_k	kritische Keimbildungsarbeit
α	Parameter der Keimbildung an Versetzungen [Gleichung (21)]
b	Burgersvektor, b in nm = 10^{-7} cm
β_k	Frequenzfaktor der Keimbildungsrate [Gleichung (7)] in s^{-1}
c	Konzentration in mol cm^{-3}
c_a	Matrixkonzentration an der Teilchenoberfläche
c_m	Sättigungskonzentration der Matrix entsprechend dem Zustandsdiagramm
c_o	Konzentration des übersättigten homogenen Mischkristalls
c_p	Sättigungskonzentration des Teilchens mit ebener Grenzfläche (entsprechend dem Zustandsdiagramm)
c'_p	Sättigungskonzentration des Keims
c_w	Matrixkonzentration weit weg vom Teilchen
C	Restenergie einer Schraubenversetzung pro Längeneinheit [Gleichung (20)] in J/cm
d	Korndurchmesser in μm
D	Diffusionskoeffizient in cm^2 s^{-1}
δ	lineare Gitterfehlanpassung = $\Delta a/a$
Δa	Differenz der Gitterkonstanten zwischen Teilchen und Matrix
ΔG	molare freie Umwandlungsenthalpie in Jmol^{-1}
ΔV	Volumenunterschied zwischen gelöstem und Lösungsatom in cm^3
E	Elastizitätsmodul in Nm^{-2}
ε	spezifische Verzerrungsenergie in J/cm^{-3}
$f(t)$	unbestimmte Zeitfunktion in Gleichung (45)
F	Korngrenzfläche in cm^2
G	molare freie Enthalpie (der homogenen Phase) in Jmol^{-1}
$h(r/r_k)$	zeitunabhängige Teilchengrößenverteilungsfunktion
k	Boltzmann-Konstante = $1{,}38 \cdot 10^{-23}$ JK^{-1}
KG	Korngrenze
l	Länge in cm
λ	Versetzungsdichte in cm^{-2}
m	Matrix
μ	Schubmodul in Nm^{-2}
n	Zeitexponent [Gleichung (41) bzw. Gleichung (56)]
N	Keim- bzw. Teilchenzahl pro Volumeneinheit in cm^{-3}
N_o	Zahl der Keimbildungsplätze pro Volumeneinheit
$\dot{N}$	Keimbildungsrate ($= dN/dt$) in cm^{-3} s^{-1}
$\dot{N}_s$	stationäre Keimbildungsrate
$\tilde{N}(r, t)$	Teilchengrößenverteilungsfunktion in cm^{-4}
ν	Poisson-Zahl
p	ausgeschiedene Phase (Teilchen)
ψ	Polarwinkel in grd
q	Energieparameter in Gleichung (44) in Jm
r	Keim-, Teilchen-, Krümmungsradius in nm = 10^{-7} cm
r_e	Endradius [Gleichung (33)]
r_{eff}	effektiver Radius
r_k	kritischer Radius
r_o	Minimalradius bei der Versetzungsausscheidung (Bilder 8 und 9)
$\bar{r}$	mittlerer Radius

R	Gaskonstante $= 8{,}315\ \text{JK}^{-1}\ \text{mol}^{-1}$
ϱ	radiale Ortskoordinate in cm
σ	spezifische Grenzflächenenergie (des kohärenten Teilchens) in $\text{erg cm}^{-2} = 10^{-7}\ \text{J/cm}^{-2}$
σ'	spezifische Grenzflächenenergie eines teilkohärenten Teilchens
σ_i	spezifische Grenzflächenenergie eines inkohärenten Teilchens
σ_K	spezifische Korngrenzenenergie
t	Zeit in s
t'	Integrationsvariable
t_k	Keimbildungszeit
T	Temperatur in K
T_A	Ausscheidungstemperatur
T_o	Gleichgewichtstemperatur für die Anfangskonzentration c_o (Stoffmengengehalt x_o)
Θ	Benetzungswinkel (Bild 6) in grd
τ	Zeitkonstante [Gleichung (41) bzw. (56)] in s bzw. s cm^{-3}
v	Driftgeschwindigkeit in cm s^{-1}
V	Teilchenvolumen in cm^3
$\hat{V}_p$	Molvolumen des Keims bzw. Teilchens in $\text{cm}^3\ \text{mol}^{-1}$
VS	Versetzung
W	ausgeschiedener Volumenbruchteil (dimensionslos)
x	Stoffmengengehalt (Molenbruch bzw. Atomprozent)
x_m	Stoffmengengehalt der gesättigten Matrix (ebene Grenzfläche)
x_o	Stoffmengengehalt des homogenen (nicht entmischten) Mischkristalls
x_p	Stoffmengengehalt der gesättigten Ausscheidungsphase (Teilchen) mit ebener Grenzfläche
x'_p	Stoffmengengehalt des Keims
Z	Zeldovich-Faktor [Gleichung (7)] (dimensionslos)

Schrifttumshinweise

[1] *Becker, R.:* Ann. Physik 32 (1938) S. 128/40.
[2] *Hart, E. W.:* Phys. Rev. 113 (1959) S. 412/16. – *Hart, E. W.:* Phys. Rev. 114 (1959) S. 27/29.
[3] *Cahn, J. W.,* u. *J. E. Hilliard:* J. Chem. Phys. 31 (1959) S. 688/99.
[4] *Cahn, J. W.:* Acta Met. 9 (1961) S. 795/801.
[5] *Burton, J. J.:* Acta Met. 19 (1971) S. 873/80. – *Burton, J. J.:* Acta Met. 21 (1973) S. 1225/32.
[6] *Hornbogen, E.:* Z. Metallkde. 56 (1965) S. 133/54.
[7] *Kahlweit, M.:* Z. Metallkde. 60 (1969) S. 532/34.
[8] *Kahlweit, M.:* In: Physical Chemistry, Hrsg. H. Eyring, D. Henderson und W. Jost, Bd. 10, Academic Press 1970, S. 719/759.
[9] *Russell, K. C.:* In: Phase Transformations, Hrsg. ASM 1970, S. 219/68.
[10] *Sauthoff, G.:* Z. Metallkde. **66** (1975) S. 106/109; 67 (1976), im Druck.
[11] *Hillert, M.:* In: The Mechanism of Phase Transformations in Crystalline Solids, Hrsg. Inst. Metals 1969, S. 231/47.
[12] *Kreye, H., E. Hornbogen* u. *F. Haeßner:* Arch. Eisenhüttenwes. 41 (1970) S. 439/43.
[13] *Lenz, E.:* Dr.-Ing.-Dissertation Aachen 1973.
[14] *Cottrell, A. H.:* An Introduction to Metallurgy, London 1967, S. 308.
[15] *Brown, L. M.,* u. *G. R. Woolhouse:* Phil. Mag. 21 (1970) S. 329/45.
[16] *Jack, D. H.,* u. *R. W. K. Honeycombe:* Acta Met. 20 (1972) S. 787/96.
[17] *Gómez-Ramirez, R.,* u. *G. M. Pound:* Met. Trans. 4 (1973) S. 1563/70.
[18] *Cahn, J. W.:* Acta Met. 5 (1957) S. 169/72.
[19] *Wert, C.,* u. *C. Zener:* J. Appl. Phys. 21 (1950) S. 5/8.
[20] *Christian, J. W.:* The Theory of Transformations in Metals and Alloys, Pergamon Press 1965, S. 481/89.
[21] *Stauff, J.:* Kolloidchemie, Springer-Verlag Berlin, Göttingen, Heidelberg 1960, S. 303/06.
[22] *Kampmann, L.,* u. *M. Kahlweit:* Ber. Bunsenges. phys. Chemie 71 (1967) S. 78/87 u. 74 (1970) S. 456/62; L. Kampmann: Ber. Bunsenges. 77 (1973) S. 304/10.
[23] *Cottrell, A. H.,* u. *B. A. Bilby:* Proc. Phys. Soc. A 62 (1949) S. 49/62.
[24] *Harper, S.:* Phys. Rev. 83 (1951) S. 709/12.
[25] *Sankaran, R.,* u. *C. Laird:* Acta Met. 22 (1974) S. 957/69.
[26] *Hornbogen, E.,* u. *M. Roth:* Z. Metallkde. 58 (1967) S. 842/55.
[27] *Sauthoff, G.,* u. *M. Kahlweit:* Acta Met. 17 (1969) S. 1501/09.
[28] *Chellman, D. J.,* u. *A. J. Ardell:* Acta Met. 22 (1974) S. 577/88.
[29] *Aleksandrov, L. N.,* u. *B. Ya. Lyubov:* Sov. Phys. Uspekhi 4 (1962) S. 706/24.
[30] *Ardell, A. J.:* Acta Met. 20 (1972) S. 601/09.
[31] *Sauthoff, G.:* Acta Met. 21 (1973) S. 273/79.
[32] *Kahlweit, M.:* Adv. Colloid Interf. Sc., 5 (1975) S. 1/35; Ber. Bunsenges. phys. Chemie 78 (1974) S. 997/1001.

Tafel 1: Größenverteilungsfunktion $h\ (r/r_k)$ bei diffusionsbestimmter Umlösung von Kugeln[8]

r/r_k	$h(r/r_k)$
0,00	0,000
0,10	0,002
0,20	0,007
0,30	0,019
0,40	0,038
0,50	0,069
0,60	0,116
0,70	0,186
0,80	0,285
0,90	0,418
1,00	0,575
1,10	0,704
1,13	0,717
1,20	0,651
1,30	0,263
1,40	0,002
1,50	0,000

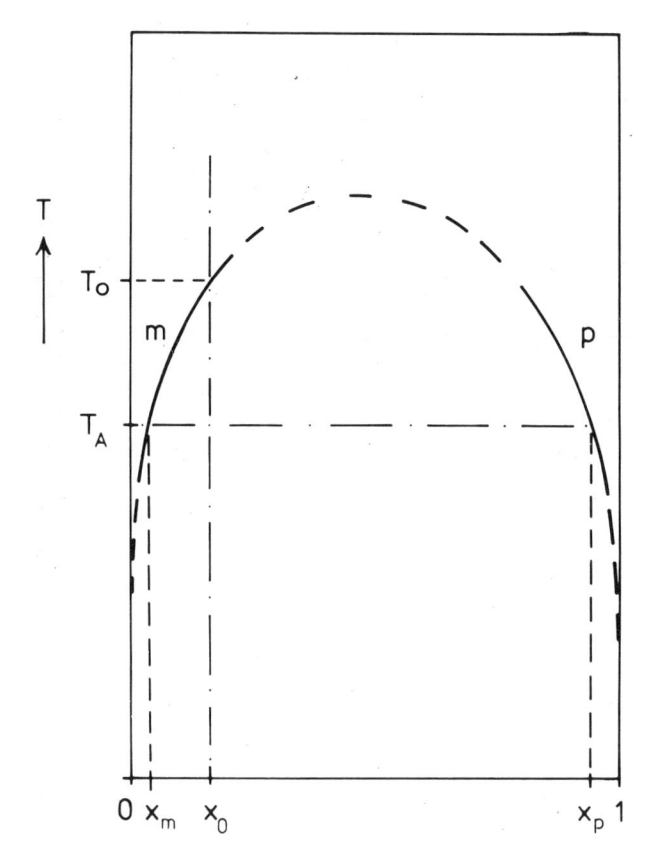

Bild 1: Zustandsdiagramm mit Mischungslücke (schematisch, Erläuterungen im Text)

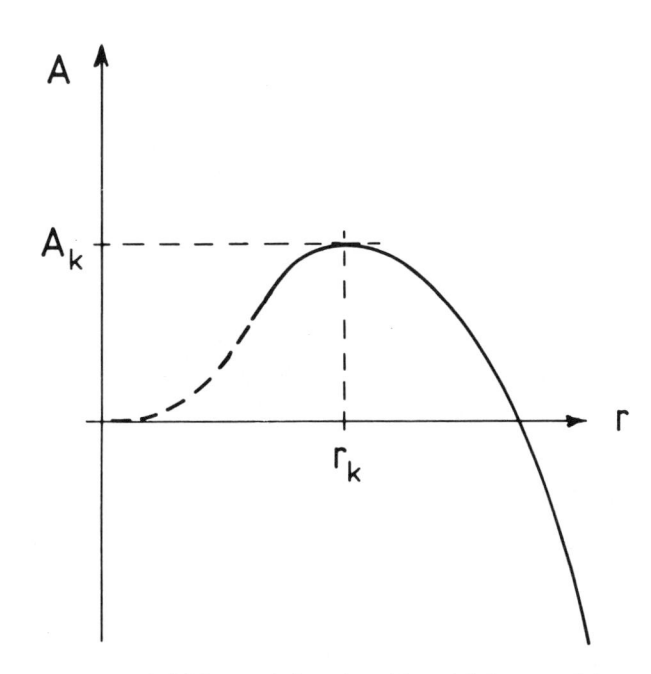

Bild 2: Keimbildungsarbeit A in Abhängigkeit vom Keimradius r (schematisch)

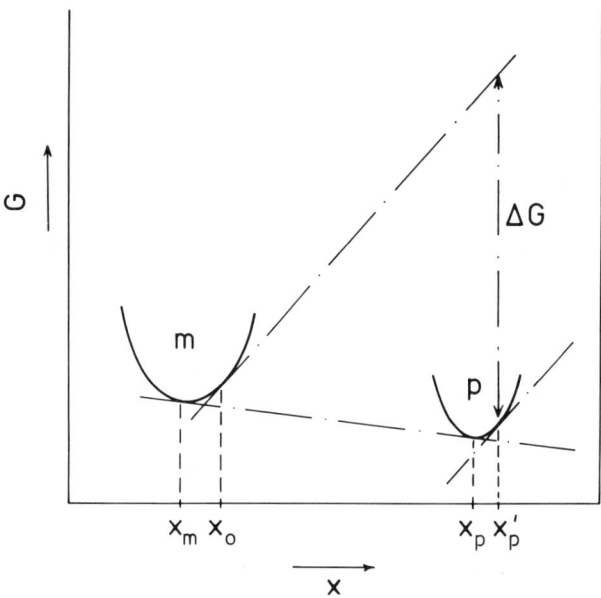

Bild 3: Molare freie Mischungs- und Umwandlungsenthalpie bei der Keimbildung (schematisch, Erläuterungen im Text)

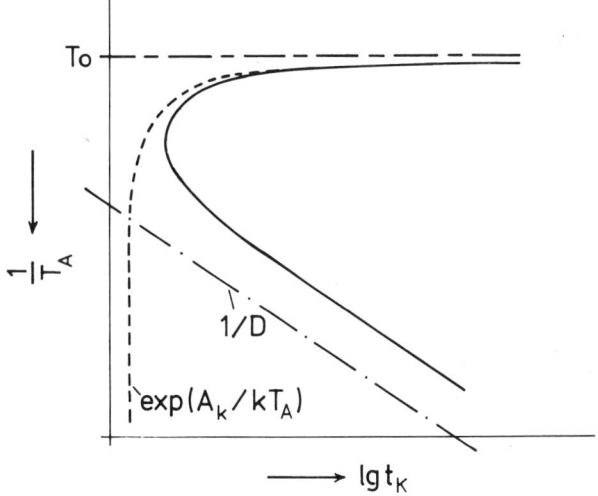

Bild 4: Keimbildungsdiagramm (Abhängigkeit der Keimbildungszeit t_k von der Ausscheidungstemperatur T_A, schematisch)

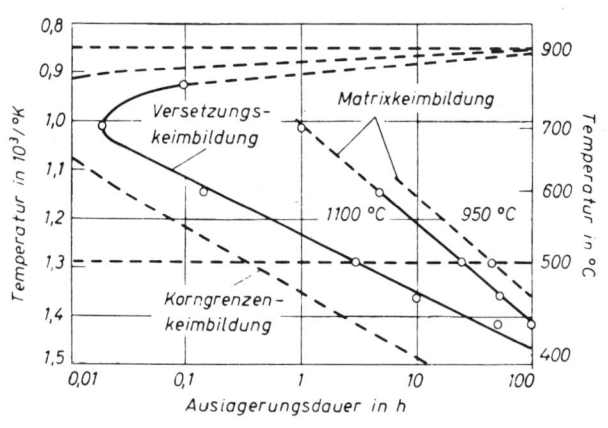

Bild 5: Von Hornbogen[6]) angegebenes Keimbildungsdiagramm für Fe-3,17 At. % P (Erläuterungen im Text)

53

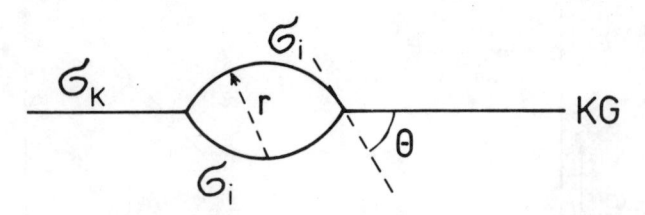

Bild 6: Linsenförmiger Keim an einer Korngrenze (Erläuterungen im Text)

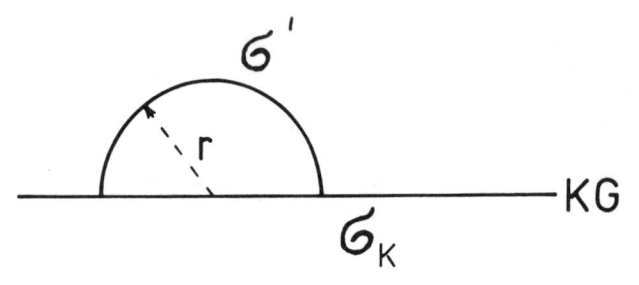

Bild 7: Teilkohärenter Keim an einer Korngrenze (Erläuterungen im Text)

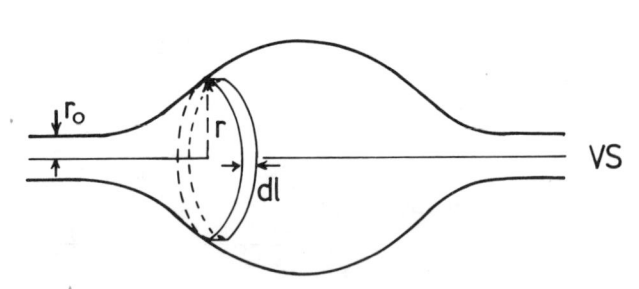

Bild 8: Keimbildung an einer Versetzung (Erläuterungen im Text)

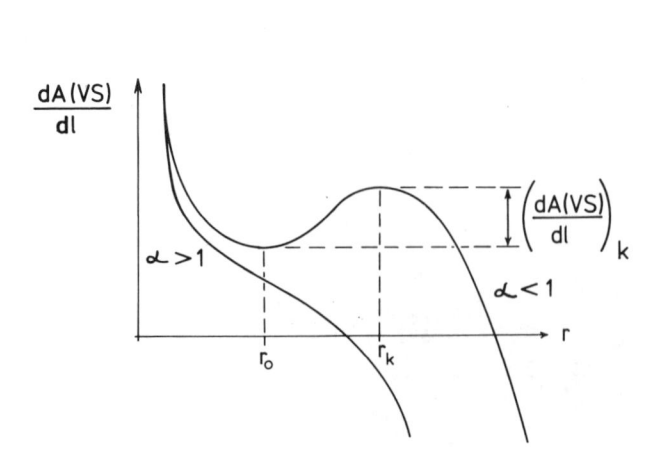

Bild 9: Differentielle Keimbildungsarbeit an einer Versetzung[18]) (Erläuterungen im Text)

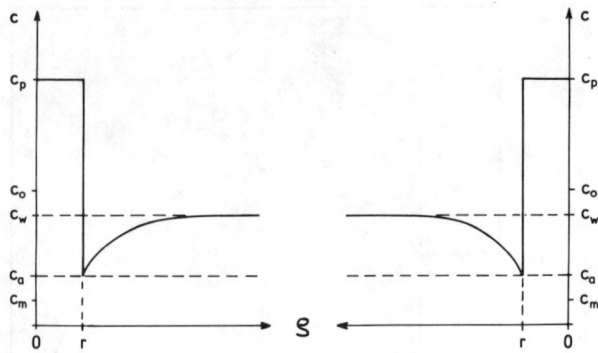

Bild 10: Konzentrationsverlauf in Teilchen und Matrix für zwei wachsende Teilchen gleicher Größe (schematisch, Erläuterungen im Text)

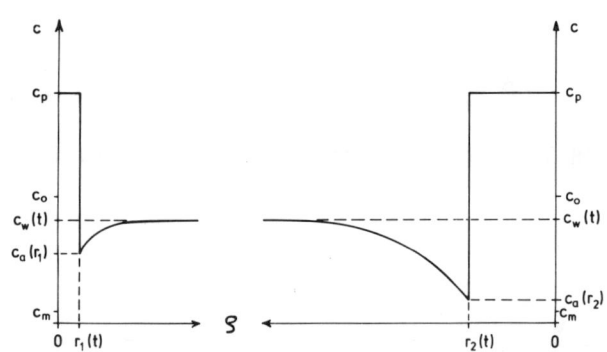

Bild 11: Konzentrationsverlauf für zwei wachsende Teilchen unterschiedlicher Größe (Erläuterungen im Text)

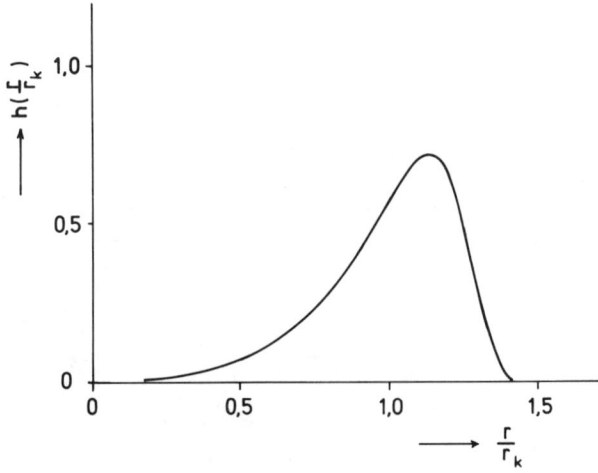

Bild 12: Normierte Größenverteilung $h(r/r_k)$ bei diffusionsbestimmter Umlösung von Kugeln

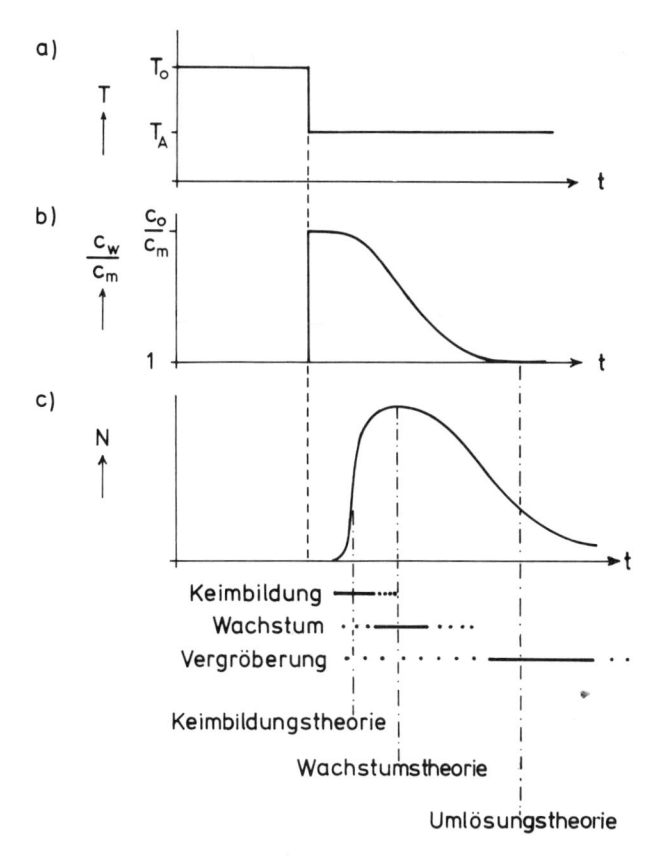

Bild 13: Zeitlicher Ausscheidungsverlauf (schematisch, Erläuterungen im Text)

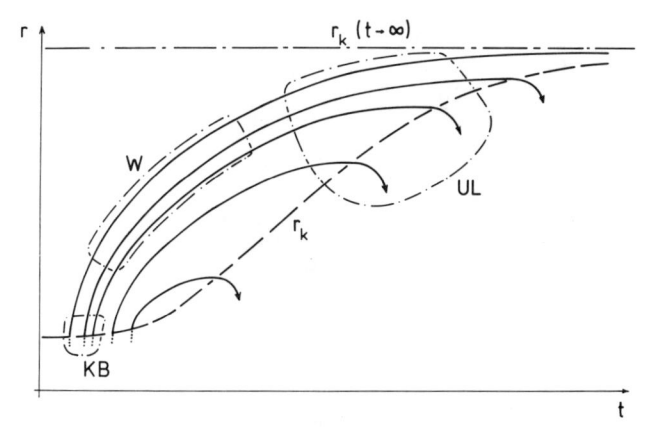

Bild 14: Zeitliches Verhalten der ausgeschiedenen Teilchen (schematisch, Erläuterungen im Text)

3. Ausscheidung und Alterung
3.2. Anwendung

W. Dahl

Als Beispiel für die Anwendung der im Kapitel 3.1. „Grundlagen" dargestellten theoretischen Vorstellungen über das Ausscheidungsverhalten sollen die Abschreck- und Reckalterung von weichem Stahl, d. h. die Ausscheidung von Carbid und Nitrid aus dem übersättigten Ferrit-Mischkristall, diskutiert werden. Die Alterung von weichem Stahl wurde als Beispiel gewählt, weil hierüber detaillierte Untersuchungen vorliegen. Die Ausführungen sind sinngemäß auch auf andere Systeme übertragbar.

Im ersten Teil werden die Meßverfahren geschildert, im zweiten Teil wird dann anhand ausgewählter Literaturbeispiele der heutige Stand der Kenntnisse über die Kinetik der Alterung dargestellt.

1. Experimentelle Methoden zur Untersuchung der Ausscheidung von Kohlenstoff und/oder Stickstoff

Für die betriebliche Praxis interessieren vor allem die Veränderungen der mechanischen Eigenschaften bei der Alterung. Für das Verständnis sind diese Meßgrößen aber weniger geeignet, da der Zusammenhang zwischen den Grundvorgängen bei der Ausscheidung und den mechanischen Eigenschaften nicht quantitativ bekannt ist. Deshalb wurden schon früh andere physikalische Meßverfahren zur Verfolgung der Alterung angewendet. Gelingt es, hierdurch den Betrag der Ausscheidung eindeutig zu kennzeichnen, so kann dann die Korrelation zu den mechanischen Eigenschaften hergestellt werden. In Bild 1[1]) ist für verschiedene Temperaturen die Veränderung der Streckgrenze und die Ausscheidung in Abhängigkeit von der Zeit bei der Abschreckalterung dargestellt. Man erkennt, wie bei 40°C Auslagerungstemperatur Ausscheidung und Streckgrenze etwa parallel verlaufen. Bei höheren Temperaturen erfolgt die Ausscheidung als diffusionsgesteuerter Prozeß schneller, die Streckgrenze erreicht weniger hohe Werte und fällt in längeren Zeiten wieder ab. Hier zeigt sich, wie unterschiedlich die mechanischen Eigenschaften auf die Ausscheidung ansprechen.

Der elektrische Widerstand wurde in zahlreichen Arbeiten als Maß für die Ausscheidung herangezogen. Im Prinzip ist dieses Verfahren recht gut geeignet, da der im Gitter gelöste Kohlenstoff oder Stickstoff eine stärkere Erhöhung des Widerstandes verursacht als die ausgeschiedenen Partikel: Einer Ausscheidung von 0,01 % C entspricht eine Widerstandsabnahme um 2,5%. Die ausgeschiedenen Teilchen beeinflussen aber je nach Form und Verteilung den Widerstand noch mit.

Diesen Nachteil vermeidet die Dämpfungsmessung. Hierbei wird eine draht- oder streifenförmige Probe zu mechanischen Schwingungen, vorzugsweise Torsionsschwingungen, angeregt. Die auf Gitterkanten befindlichen gelösten Kohlenstoff- oder Stickstoffatome ändern ihre Lage in der Elementarzelle entsprechend der angelegten Spannung. Ist die Sprungfrequenz der eingelagerten Atome etwa gleich der Frequenz des Pendels, so tritt eine Dämpfung der mechanischen Schwingungen auf, die proportional der Menge der gelösten Atome ist. Ausgeschiedene Teilchen oder an Versetzungen gebundene Zwischengitteratome beeinflussen die Dämpfung nicht. Bild 2[2]) zeigt die Änderung des Widerstandes (ausgefüllte Vierecke) und Dämpfung (offene Vierecke) bei einer Auslagerungstemperatur von 120 °C für unverformte (Probe A: Abschreckalterung) und verformte Proben (Probe B: 4,8 % gedehnt, Reckalterung). Man erkennt, daß die Änderung der Eigenschaften zwar etwa parallel erfolgt, daß aber die Widerstandsänderung nicht auf den Endwert des reinen Eisens ausläuft, auch wenn nach Auskunft der Dämpfungsmessungen die Ausscheidung abgeschlossen ist. Hier macht sich der Einfluß der ausgeschiedenen Teilchen bemerkbar. Da diese Problematik bei den Dämpfungsmessungen vermieden wird, soll bei der Diskussion der Kinetik auf Ergebnisse von Dämpfungsmessungen zurückgegriffen werden.

Eine ausführliche Darstellung der Arbeitsweise eines Dämpfungspendels für streifenförmige Proben wurde kürzlich von E. Lenz und W. Dahl[3]) in Anlehnung an G. Colette u. Mit.[4]) gegeben. In Bild 3 ist die Dämpfung einer Reineisenprobe mit 0,014% C in Abhängigkeit von der Temperatur dargestellt. Durch die Temperaturänderung wird die Platzwechselfrequenz der Kohlenstoffatome variiert. Im Maximum der Dämpfung entspricht sie etwa der Frequenz des Pendels, die bei 1 Hz liegt.

Dieser Zusammenhang kann quantitativ durch folgende Gleichungen wiedergegeben werden: Die Dämpfungskurve eines einfachen Relaxationsvorganges wird mit

$$\Delta = C \frac{\omega \cdot \tau}{1 + (\omega \tau)^2} \qquad (1)$$

beschrieben. Dabei sind ω die Frequenz des Pendels, τ die Verweilzeit eines interstitiellen Atoms und C eine Konstante. Die Verweilzeit ist mit der Temperatur über folgende Beziehung verbunden:

$$\tau = \tau_0 \cdot \exp\left(\frac{Q}{R \cdot T}\right) \qquad (2)$$

Dabei ist Q die Aktivierungsenergie der Diffusion des betrachteten Atoms. Für $\omega \cdot \tau = 1$ durchläuft die Dämpfung nach Gleichung (1) einen Höchstwert. In diesem Fall ist $\Delta_{max} = C/2$. Wenn T_{max} die Temperatur beim Erreichen des Höchstwertes ist, so erhält man

$$\omega \cdot \tau = 1 = \omega \cdot \tau_0 \cdot \exp\left(\frac{Q}{R \cdot T_{max}}\right) \qquad (3)$$

Mit dieser Beziehung ergibt sich aus Gleichung (1)

$$\frac{\Delta}{\Delta_{max}} = \cos h^{-1} \frac{Q}{R}\left(\frac{1}{T} - \frac{1}{T_{max}}\right) \qquad (4)$$

Dämpfungskurven, die Gleichung (4) folgen, sind im hyperbolischen Netz Geraden. Im rechten Teilbild von Bild 3 ist zu erkennen, daß die Dämpfungskurve für Kohlenstoff im Reineisen einer solchen Beziehung sehr genau folgt. Auch die ebenfalls dargestellte Kurve für Reineisen mit 0,03% N ergibt bei einer etwas anderen Lage des Maximums eine Gerade im hyperbolischen Netz.

Mit Hilfe dieses Zusammenhanges ist es möglich, für reines Eisen mit Kohlenstoff oder mit Stickstoff aus der jeweils bei der Temperatur des Maximums gemessenen Dämpfung die Konzentration an gelösten interstitiellen Atomen zu bestimmen und damit den Verlauf der Ausscheidung in Abhängigkeit von der Zeit zu verfolgen.

Liegen weitere Legierungselemente vor, so treten zusätzliche Dämpfungsmaxima auf. Das rührt daher, daß die Zwischengitterplätze, je nach den Nachbarschaftsverhältnissen, nicht mehr äquivalent sind. Die Zusammenhänge sind sehr eingehend von M. Nacken, W. Heller und J. Müller[5]) untersucht worden. Ein Beispiel zeigt Bild 4. Die gemessene Summenkurve für die Kohlenstoffdämpfung hat bei dem hier untersuchten Thomasstahl mit relativ hohem Phosphorgehalt und üblichen Manganzusätzen einen – gegenüber der Dämpfung bei Reineisen – wesentlich breiteren Verlauf. Aus der Analyse der Summenkurve kann man Zusatzdämpfungsmaxima C_1, C_3 und C_4 erkennen, wobei C_1 dem Manganeinfluß und C_3 und C_4 dem Phosphoreinfluß zuzuordnen sind. Es ergibt sich also wieder eine Dämpfungskurve, die Auswertung ist aber erschwert und eine erneute Eichung wird erforderlich.

Liegen Kohlenstoff *und* Stickstoff im Werkstoff vor, so überlagern sich zunächst die Dämpfungskurven der Elemente im reinen Eisen. Bild 5[3]) zeigt als Beispiel die Summenkurve für Kohlenstoff und Stickstoff und die Grundkurven, aus denen sich die Summenkurve zusammensetzt. Im rechten Teilbild ist wiederum das hyperbolische Netz dargestellt. Man erkennt, wie zu erwarten, daß die Summenkurve nicht mehr geradlinig verläuft. Eine Auswertung ist dadurch möglich, daß jeweils bei dem Maximum der Kurve für Fe–C und Fe–N die Dämpfungswerte gemessen und daraus die Konzentration für Kohlenstoff und Stickstoff berechnet wird (siehe z.B.[3])).

Durch Legierungselemente werden sowohl die Kurven für Fe–C als auch für Fe–N beeinflußt. Die Analyse wird komplizierter, ist aber, wie Bild 6[5]) zeigt, durchaus möglich. Die Summenkurve setzt sich zunächst aus den Summenkurven für Kohlenstoff und Stickstoff, die gestrichelt angegeben sind, zusammen. Die Zerlegung der Summenkurve für Kohlenstoff entspricht der in Bild 4 gezeigten Darstellung. In der Stickstoffkurve entsprechen die mit N_1, N_2 und N_4 bezeichneten Kurven dem Einfluß des Mangans auf die Stickstoffdämpfung. N_3 ist die Kurve für Stickstoff im Reineisen. Den Manganeffekt auf die Stickstoffdämpfung zeigt auch der Vergleich der Kurven 2 und 3 in Bild 3.

Zur Eichung des Verfahrens geht man wie folgt vor: Proben mit unterschiedlichen Gehalten an Kohlenstoff und/oder Stickstoff, die jedoch jeweils unterhalb der Löslichkeitsgrenze liegen müssen, werden abgeschreckt und die Dämpfung bei den vorher festgelegten Temperaturen bestimmt. Daraus errechnet man den dem Kohlenstoff und Stickstoff zuzuordnenden Dämpfungswert. Durch Vergleich mit der chemischen Analyse wird der Umrechnungsfaktor von der Dämpfung auf den Gehalt festgelegt. Bild 7 zeigt ein Beispiel. Der geradlinige Zusammenhang zwischen der Dämpfung und dem Gehalt an Kohlenstoff oder Stickstoff ist sehr gut erfüllt.

2. Kinetik der Abschreck- und Reckalterung

Mit Hilfe dieser experimentellen Verfahren ist es möglich, die Kinetik der Alterung im einzelnen zu verfolgen. Als Beispiel für die zahlreichen Untersuchungen zeigen die Bilder 8 und 9 den Verlauf der Ausscheidung von Kohlenstoff und Stickstoff sowie die Festigkeitseigenschaften bei 20 °C und 100 °C Auslagerungstemperatur[6]). In Bild 8 wurden die Proben von 710 °C abgeschreckt, in Bild 9 von 585 °C, wobei in letzterem Fall etwa das Maximum der Stickstofflöslichkeit eingestellt wurde, während der Gehalt an gelöstem Kohlenstoff sehr niedrig ist. Man erkennt, wie bei der höheren Auslagerungstemperatur die Vorgänge sehr viel schneller ablaufen und wie sich die unterschiedliche Abschrecktemperatur wegen des verschiedenen Gehaltes an Kohlenstoff und Stickstoff sehr deutlich auf die Ergebnisse auswirkt.

Der Vergleich mit der Theorie sei im folgenden anhand der Arbeit von W. Dahl und E. Lenz[7]) durchgeführt, wobei in dieser Arbeit auch auf weitere Literaturstellen verwiesen wird. Eine ausführliche Darstellung der Literatur ist ferner in der Diss. E. Lenz, RWTH Aachen 1973, zu finden.

Nach der Theorie ist ein Gesetz der Form

$$W(t) = 1 - \exp(t/\tau)^n \qquad (5)$$

zu erwarten. Für die Abschreckalterung sollte $n = 3/2$, für die Reckalterung $n = 2/3$ sein. Die Versuche wurden an Proben aus zwei Schmelzen mit der in Tafel 1 angegebenen Zusammensetzung durchgeführt. Nach vorhergehender Entkohlung und Entstickung wurden die Proben auf bestimmte Gehalte an Kohlenstoff und/oder Stickstoff aufgekohlt oder aufgestickt und einer Abschreck- oder Reckalterung unterzogen. Die Gehalte sind in den Tafeln 2 und 3 zusammengestellt. Bild 10 zeigt den durch gelösten *Kohlenstoff* bedingten Verlauf der Dämpfung in Abhängigkeit von der Auslagerungsdauer bei 100 °C. Dabei wurde der Dämpfungswert nach dem Abschrecken gleich 100 % gesetzt. Die Ausscheidung von Kohlenstoff allein läuft am langsamsten ab (Kurve 1). Ein Manganzusatz wirkt sich auf die Kohlenstoffalterung nicht aus. Wird zusätzlich Stickstoff hinzugegeben (Kurve 2), so verläuft die Ausscheidung des Kohlenstoffs sehr viel schneller. Mangan verlangsamt nach Kurve 3 in diesem Fall die Ausscheidung.

In Bild 11 sind die Dämpfungskurven für Stickstoff wiedergegeben. Kurve 1 zeigt die schnelle Ausscheidung des Stickstoffs im reinen Eisen. Durch Manganzusatz wird die Ausscheidung wesentlich verlangsamt (Kurve 3). Liegen Stickstoff und Kohlenstoff vor, so bewirkt Mangan ebenfalls eine deutliche Verschiebung des Ausscheidungsverlaufes, wie der Vergleich der Kurven 2 und 4 zeigt.

Zum Vergleich mit der Theorie wird die ausgeschiedene Menge $W(t)$ durch die aus der Dämpfung berechneten Kohlenstoff- und Stickstoffgehalte in ihrem zeitlichen Verlauf dargestellt durch

$$W(t) = \frac{c(0) - c(t)}{c(0) - c(\infty)} \qquad (6)$$

Dabei bedeuten $c(0)$ den Ausgangsgehalt, $c(t)$ den Gehalt zum Zeitpunkt t und $c(\infty)$ den am Ende der Auslagerung sich einstellenden Gehalt im Gitter.

Theoretisch ist ein Verlauf der ausgeschiedenen Menge nach Gleichung (5) zu erwarten. Trägt man $-\ln(1 - W(t))$ doppellogarithmisch gegen die Zeit auf, so erhält man – falls die Gesetzmäßigkeit erfüllt ist – Geraden, aus denen der Exponent n als Steigerung und die Halbwertszeit τ als Schnittpunkt mit dem Wert 1 anfallen.

Diese Art der Auftragung ist in allen folgenden Bildern gewählt. Dabei zeigt sich insgesamt, daß sich die Meßpunkte recht gut auf Geraden anordnen. Die Tafeln 2 und 3 enthalten für alle untersuchten Legierungen die Exponenten n und die Halbwertszeiten τ.

Im folgenden soll der Verlauf der Ausscheidung für Kohlenstoff und Stickstoff bei 100 °C erörtert werden.

Bild 12 zeigt die Ergebnisse für Reineisen mit Kohlenstoff und/oder Stickstoff. Kurve 1 gibt den Verlauf der Kohlenstoffausscheidung für 0,010 % wieder. (Hier wurde die Kurve für die Legierung mit 0,25 % Mn verwendet, da kein Unterschied gegenüber Reineisen gefunden wurde.) Der Exponent $n = 1,2$ fügt sich recht gut in die aus dem Schrifttum bekannten Werte ein. Die Halbwertszeit fällt nach Tafel 2 mit zunehmendem Kohlenstoffgehalt ab. Durch einen Zusatz von 0,017 % N (Kurve 2) verschiebt sich die Halbwertszeit zu einem wesentlich niedrigeren Wert, der Exponent fällt auf 0,78 ab (Tafel 3). Stickstoff scheidet sich deutlich schneller aus (Kurve 3). Man erhält eine ähnliche Abhängigkeit von der Konzentration wie beim Kohlenstoff (Tafel 2). Der Exponent liegt zwischen 0,90 und 0,96. Durch Zusatz von Kohlenstoff (Kurve 4) nimmt die Halbwertszeit weiter ab (Tafel 3).

Bild 13 gibt den Einfluß eines Manganzusatzes auf die Stickstoffalterung wieder. Kurve 1 zeigt die Ausscheidung von Stickstoff allein im manganfreien Stahl, Kurve 2 die Beschleunigung durch Kohlenstoff. Durch Mangan wird die *Stickstoffausscheidung* wesentlich verlangsamt (Kurve 3). Nach den Tafeln 2 und 3 erreicht man bei etwa gleichem Stickstoffgehalt eine Vergrößerung der Halbwertszeit von 50 auf 295 min, der Exponent fällt auf 0,7 ab. Wird zusätzlich Kohlenstoff legiert, so wird die Ausscheidung, wie Kurve 4 zeigt, wieder etwas beschleunigt, und auch der Exponent steigt an.

Bild 14 zeigt die Verhältnisse für Kohlenstoff. Wenn Kohlenstoff allein vorliegt, wirkt sich, wie Vergleichsversuche zeigten, ein Manganzusatz nicht aus. Kurve 1 gilt also für die Kohlenstoffausscheidung mit und ohne Manganzusatz. In manganfreien Stählen wird die Kohlenstoffausscheidung mit zunehmendem Stickstoffzusatz stark beschleunigt (Kurven 2, 3 und 4). Kurve 5 zeigt, daß diese Beschleunigung durch Mangan verringert wird, die Ausscheidung aber immer noch deutlich schneller verläuft, als wenn Kohlenstoff allein vorliegt. Wie die Steigerung der Kurven zeigt, nehmen die Exponenten für die Kohlenstoffausscheidung bei Stickstoffzusatz ab (Tafel 3).

Insgesamt kann man feststellen, daß die Ausscheidung durch Mangan zu deutlich längeren Zeiten verschoben wird, wenn Stickstoff allein oder Kohlenstoff *und* Stickstoff vorliegen. Mangan wirkt sich also auf die Stickstoffausscheidung unmittelbar und auf die Kohlenstoffausscheidung bei Stickstoffzusatz mittelbar aus. Während die Kohlenstoffausscheidung in Proben ohne Stickstoff vom Mangangehalt nicht beeinflußt wird, stellt man eine geringere Beschleunigung der Kohlenstoffausscheidung durch Stickstoffzusatz fest, wenn Mangan vorliegt. Ein Vergleich der Kohlenstoff- und Stickstoffausscheidung in manganhaltigen Legierungen zeigt, daß infolge der starken Verlangsamung der Stickstoffausscheidung durch Mangan diese nur nach sehr langer Auslagerung noch schneller als die Kohlenstoffausscheidung verläuft.

An einzelnen Proben wurde auch die Abschreckalterung von Kohlenstoff bei 60 °C verfolgt (Tafel 2). Man erkennt die sehr starke Verschiebung der Halbwertszeit zu längeren Zeiten. Der Exponent ist mit $n = 1,2$ nahezu unverändert.

Als Beispiel für den Kurvenverlauf bei *Reckalterung* sind in Bild 15 für verschiedene Kohlenstoffgehalte die Ausscheidungskurven bei Abschreckalterung und nach 5% Verformung wiedergegeben. Man erkennt für die Reckalterung den im Vergleich zur Abschreckalterung flacheren Kurvenverlauf und die Verschiebung zu wesentlich kürzeren Zeiten (Tafel 2). Für 2% Verformung erhält man längere Zeiten und etwas höhere Exponenten.

In Bild 16 ist zu erkennen, daß auch bei der Stickstoffalterung die Exponenten nach 5% Verformung deutlich niedriger liegen und die Abklingzeiten zu kürzeren Zeiten verschoben sind als bei Kohlenstoff. Mit $n = 0,4$ (Tafel 2) liegt der Exponent noch unter dem theoretisch zu erwartenden Wert von 2/3.

An Proben gleicher Zusammensetzung wurden nach dem Abschrecken in Abhängigkeit von der Auslagerungsdauer die Spannung-Dehnung-Kurven aufgenommen. Bei reinen Fe-C-Legierungen verläuft nach Bild 17a die Spannung-Dehnung-Kurve bei 100 °C schon nach sehr kurzer Auslagerung im Gebiet der Streckgrenze bei etwas höheren Werten als im abgeschreckten Zustand. Bereits nach rd. 10 min zeigt sich eine obere Streckgrenze, und der Lüdersbereich ist zu erkennen. Mit zunehmender Anlaßdauer nehmen obere und untere Streckgrenze und die Lüdersdehnung zu. Bemerkenswert ist, daß alle Kurven bei Verformungen oberhalb der Lüdersdehnung zusammenfallen. Bei 60 °C findet man gemäß Bild 17b ein ähnliches Verhalten, wobei die Entwicklung der ausgeprägten Streckgrenze zu entsprechend längeren Zeiten verschoben ist.

Entsprechende Diagramme bei *Reckalterung* sind in Bild 18 wiedergegeben. Die absolute Größe des Anstieges der Streckgrenze ist geringer als im unverformten Zustand, vermutlich, weil die Spannung-Dehnung-Kurve bei 5% Verformung bereits deutlich flacher verläuft als zu Beginn der Verformung, so daß sich eine zusätzliche Verfestigung durch Ausscheidun-

gen oder Versetzungsblockierung weniger stark auswirkt. Im nach Recken gealterten Zustand verlaufen die Kurven auch nach Ende der Lüdersdehnung deutlich höher als die Grundkurve.

Für Alterung durch *Stickstoff* sind die Ergebnisse ähnlich. Als Beispiel für die *Abschreckalterung* sind in Bild 19a die Spannung-Dehnung-Kurven für eine Legierung mit 0,022% N und 0,25% Mn wiedergegeben. Auch in diesem Fall bildet sich schnell eine ausgeprägte Streckgrenze aus. Im Unterschied zur Abschreckalterung durch Kohlenstoff bleiben die Kurven nach dem Ende der Lüdersdehnung über der Grundkurve. Ferner tritt schon im Untersuchungszeitraum *Überalterung* auf; die Behinderung der Versetzungen ist dann also geringer als im abgeschreckten Zustand, bei dem der Stickstoff in Lösung ist. Den Einfluß der *Reckalterung* bei Stickstoff zeigt Bild 19b. Auch hier tritt Überalterung auf.

Die *Auswertung der Versuchsergebnisse* wurde in ähnlicher Weise wie bei den Ausscheidungsversuchen vorgenommen. In Bild 20a ist der Verlauf von unterer Streckgrenze und Lüdersdehnung für die *Kohlenstoff*alterung dargestellt. Auch hier kann ein Wert

$$R(t) = \frac{\sigma_{S_u}(t) - \sigma_{S_u}(0)}{\sigma_{S_u}(\infty) - \sigma_{S_u}(0)} \quad (7)$$

und

$$R(t) = \frac{\varepsilon_L(t) - \varepsilon_L(0)}{\varepsilon_L(\infty) - \varepsilon_L(0)} \quad (8)$$

für den zeitlichen Verlauf definiert werden, indem jeweils der zum Zeitpunkt t gemessene Wert von unterer Streckgrenze σ_{S_u} oder Lüdersdehnung ε_L um den Anfangswert (t = 0) vermindert und auf den Gesamteffekt bezogen wird. $\varepsilon_L(0)$ ist im allgemeinen gleich Null.

Nach Bild 20b weisen Streckgrenze und Lüdersdehnung in diesem Fall einen ähnlichen mathematischen Zusammenhang mit der Zeit auf, wie nach Gleichung (5) für die Ausscheidung gefunden wurde.

Die Alterung mit *Stickstoff* führt zu anderen Kurven (Bild 21). Für Streckgrenze und Zugfestigkeit erhält man ein Maximum und einen Abfall nach langen Zeiten; hier macht sich die Überalterung bemerkbar. Auffallend ist, daß das Maximum erreicht wird, wenn noch rd. 30% N in Lösung sind. Dieser Verlauf macht eine Auswertung nach Gleichung (5) unmöglich.

Die Ergebnisse zeigen insgesamt wesentlich stärkere Streuungen als bei der Ausscheidung, jedoch findet man ein ähnliches Verhalten.

3. Erörterung der Versuchsergebnisse

Die starke Wirkung des Stickstoffs bei der Alterung ist auf Nitridausscheidungen und zusätzlich auf die Beschleunigung der Kohlenstoffalterung zurückzuführen. Wird der Stickstoff vollständig abgebunden, so fehlen die bei der Alterung sonst ausgeschiedenen Nitride, und die Alterung läuft durch Kohlenstoff allein sehr viel langsamer ab. Mangan verlangsamt die Stickstoffausscheidung. Mittelbar wird dadurch auch die Kohlenstoffalterung beeinflußt, da die beschleunigende Wirkung des Stickstoffs durch Mangan abgeschwächt wird.

Die gegenseitige Beeinflussung der Ausscheidungsvorgänge beim Vorliegen von Kohlenstoff *und* Stickstoff beruht nicht auf einer Veränderung der Diffusionsgeschwindigkeiten, da bei ternären Legierungen im Dämpfungspendel das gleiche Relaxationsverhalten gemessen wird wie in den binären Fe-C- und Fe-N-Legierungen. Vermutlich sind die Nitridkeime gleichzeitig für die Kohlenstoffausscheidung und die Karbidkeime für die Stickstoffausscheidung wirksam. Dafür sprechen auch die Untersuchungen von G. Lagerberg und B. S. Lement[8]), die in Fe-C-N-Legierungen ringförmige Ausscheidungen fanden, die offensichtlich mit dem ε-Carbonitrid identisch sind. Die Halbwertszeiten für die Kohlenstoff- und Stickstoffausscheidung in den Legierungen mit Kohlenstoff und Stickstoff sind etwa gleich.

Die Versuche haben ferner gezeigt, daß die Kinetik der Ausscheidung und der Änderung der mechanischen Eigenschaften ähnlich verlaufen. Um einen genaueren Vergleich zu ermöglichen ist in Bild 22 für die Abschreckalterung die Änderung von Streckgrenze und Lüdersdehnung gegen die ausgeschiedene Menge für eine Legierung mit 0,01 % C bei einer Auslagerungstemperatur von 60 °C aufgetragen. Falls beide Vorgänge nach dem gleichen Zeitgesetz ablaufen, müßte sich ein geradliniger Zusammenhang ergeben. Über weite Bereiche ist eine solche Beziehung recht gut erfüllt. Es fällt aber auf, daß die Streckgrenze zu Beginn der Auslagerung bereits deutlich ansteigt, während die ausgeschiedene Menge noch nahezu Null ist.

Ähnliche Kurven erhält man auch bei 100 °C und bei anderen Zusammensetzungen. Nach Bild 23 ist bei der Abschreckalterung bei beiden Temperaturen ein Anstieg der Streckgrenze um fast 50 N/mm² festzustellen, bevor die Ausscheidung beginnt. Im weiteren Verlauf fallen die Kurven dann in etwa zusammen. Bei der Reckalterung ist der Anfangsteil experimentell nicht zu verfolgen; ein schneller Anstieg ist aber nach dem Kurvenverlauf ebenfalls wahrscheinlich.

Aufgrund dieser Ergebnisse ist anzunehmen, daß die Änderung der mechanischen Eigenschaften bei der Abschreckalterung auf unterschiedlichen Vorgängen beruht. Zu Beginn ordnen sich Kohlenstoff- oder Stickstoffatome im Spannungsfeld der Versetzungen durch Platzwechsel innerhalb der Elementarzellen in bevorzugte Zwischengitterplätze um. Hierbei werden die Plätze auf den unter Zugspannung stehenden Gitterkanten bevorzugt. Dieser als „Snoek-Effekt" bekannte Vorgang führt zu einer Blockierung der Versetzungen und kann sich in einem Anstieg der Streckgrenze auswirken. Auch die Wanderung zu den Versetzungen nach dem Cottrell-Mechanismus findet in kurzen Zeitabschnitten statt, und eine weitere Versetzungsblockierung tritt auf. Wegen der geringen Versetzungsdichte findet man bei diesem Vorgang noch keine merkbare Abnahme an gelöstem Kohlenstoff oder Stickstoff. Für tiefe Temperaturen konnten aber Y. Nakada und A. S. Keh[9]) auch bei der Abschreckalterung ein $t^{2/3}$-Gesetz für die Zunahme der Streckgrenze zu Beginn ermitteln.

Nach längerer Auslagerung findet dann die übliche Ausscheidung durch Diffusion des Kohlenstoffs oder Stickstoffs zu Carbid- oder Nitridkeimen statt, und es tritt eine weitere Erhöhung der Streckgrenze durch die ausgeschiedenen Teilchen auf.

Im verformten Zustand ist die Zahl der Versetzungen wesentlich größer, so daß in der Mengenbilanz die Wanderung zu den Versetzungen überwiegt; man findet für die Ausscheidung das $t^{2/3}$-Gesetz. Wegen der erhöhten Versetzungsdichte ist für den gleichen Blockierungsgrad eine wesentlich größere Zahl von Kohlenstoff- oder Stickstoffatomen erforderlich. Nach Bild 23 ist also der gleiche Streckgrenzenanstieg erst bei einer größeren ausgeschiedenen Menge zu erhalten.

Der Vergleich der experimentellen Ergebnisse mit der Theorie zeigt, daß der Grundvorgang der Abschreck- und Reckalterung richtig beschrieben wird. Viele Einzelergebnisse, wie die Änderung der Exponenten des Zeitgesetzes durch den Legierungsgehalt, sind aber noch nicht verstanden (s. z. B.[10])). Um alle Befunde zu erklären, muß die Theorie weiter verfeinert werden, wobei vor allem durch elektronenmikroskopische Untersuchungen Form und Verteilung der Ausscheidungen ermittelt werden müssen.

Schrifttumshinweise

[1]) *Wepner, W.:* Arch. Eisenhüttenwes. 26 (1955), S. 71/89.
[2]) *Pitsch, W.,* u. *K. Lücke:* Arch. Eisenhüttenwes. 27 (1956), S. 47.
[3]) *Lenz, E.,* u. *W. Dahl:* Arch. Eisenhüttenwes. (1974), S. 541/44.
[4]) *Colette, G., C. Roederer* u. *C. Crussard:* Mém. Sci. Rev. Métallurg. 58 (1961), S. 61/72.
[5]) *Nacken, M., W. Heller* u. *J. Müller:* Arch. Eisenhüttenwes. 41 (1970), S. 629/37.
[6]) *Jäniche, W., J. Müller* u. *W. Heller:* Arch. Eisenhüttenwes. 41 (1970), S. 639/47.
[7]) *Dahl, W.,* u. *E. Lenz:* Arch. Eisenhüttenwes. 46 (1975) 2, S. 119/25.
[8]) *Lagerberg, G.,* u. *B. S. Lement:* Trans. Amer. Soc. Metals 50 (1958), S. 141/62.
[9]) *Nakada, Y.,* u. *A. S. Keh:* Acta Metallurg., New York 15 (1967), S. 879/83.
[10]) *Langenscheid, G.,* u. *B. Sommer:* Hoesch Ber. aus Forschg. u. Entwicklg. (1971), S. 70/74.

Tafel 1: Chemische Zusammensetzung der Ausgangswerkstoffe

Schmelze Nr.	% C	% Si	% Mn	% P	% S	% Al	% N
1	0,014	0,00	0,00	0,005	0,009	0,003	0,004
2*)	0,006	0,01	0,25	0,009	0,008	0,003	0,0002

*) Schmelze 2 war bei Anlieferung schon entkohlt und entstickt.

Tafel 2: Ergebnisse der Ausscheidungsversuche an kohlenstoff- oder stickstoffhaltigen Proben bei 100 °C bei der Abschreck- und Reckalterung

Ausgeschiedenes Element	Gehalt an C oder N %	Mn	Alterung[1])	n	τ min
C	0,0049	0,25	A	1,22	700
C	0,0102	0,25	A	1,24	660
C	0,0154	0,25	A	1,24	440
N	0,0155	—	A	0,96	90
N	0,0248	—	A	0,94	50
N	0,0310	—	A	0,90	42
N	0,0112	0,25	A	0,70	1000
N	0,0220	0,25	A	0,70	295
N	0,0302	0,25	A	0,70	230
C	0,0053	0,25	R2	0,74	145
C	0,0105	0,25	R2	0,75	100
C	0,0159	0,25	R2	0,80	53
C	0,0052	0,25	R5	0,60	43
C	0,0113	0,25	R5	0,62	30
C	0,0160	0,25	R5	0,63	16
N	0,0088	0,25	R2	0,60	245
N	0,0212	0,25	R2	0,60	72
N	0,0318	0,25	R2	0,62	45
N	0,0090	0,25	R5	0,40	145
N	0,0196	0,25	R5	0,40	34
N	0,0298	0,25	R5	0,44	25
C	0,008	0,25	A[2])	1,20	10350
C	0,0102	0,25	A[2])	1,20	7700

[1]) A = Abschreckalterung; R2 = Reckalterung, 2% Verformung; R5 = Reckalterung, 5% Verformung. – [2]) 60 °C.

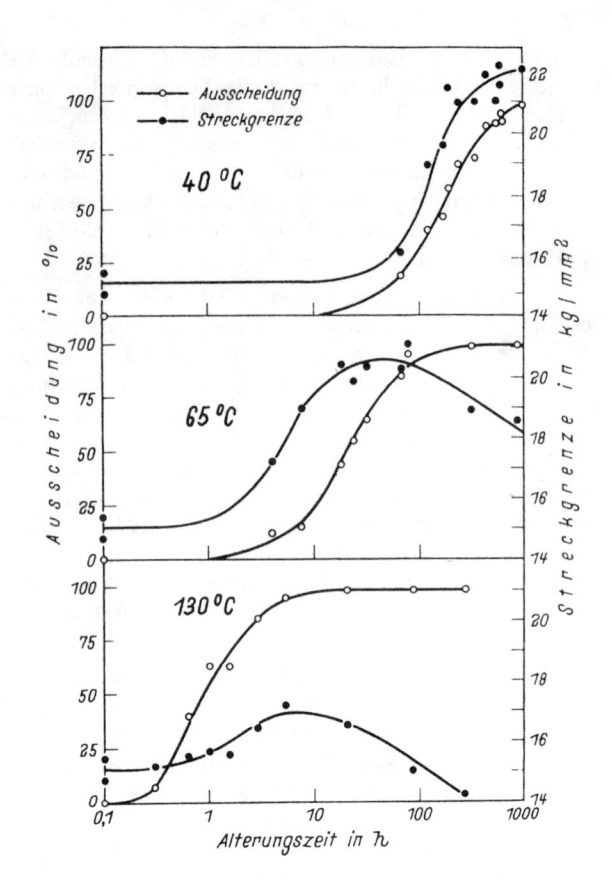

Bild 1: Änderung der Streckgrenze und Ausscheidung von Carbid in α-Eisen mit 0,015% C [nach W. Wepner[1])]

Tafel 3: Ergebnisse der Ausscheidungsversuche an kohlenstoff- und stickstoffhaltigen Proben bei der Abschreckalterung bei 100 °C

Ausgeschiedenes Element	Gehalt an C oder N %	Mn %	n	τ min
C	0,0064	—	1,5; 0,25*)	24
N	0,034	—	0,9	19
C	0,0079	—	1,06	31
N	0,0225	—	0,97	24
C	0,0117	—	0,78	67
N	0,017	—	1,16	62
C	0,0126	—	0,88	120
N	0,0070	—	1,22	92
C	0,0064	0,25	1,04	240
N	0,0190	0,25	0,83	320
C	0,0124	0,25	0,70	210
N	0,0230	0,25	0,80	150
C	0,0137	0,25	0,75	230
N	0,010	0,25	0,75; 0,43*)	750

*) Anfangssteigerung

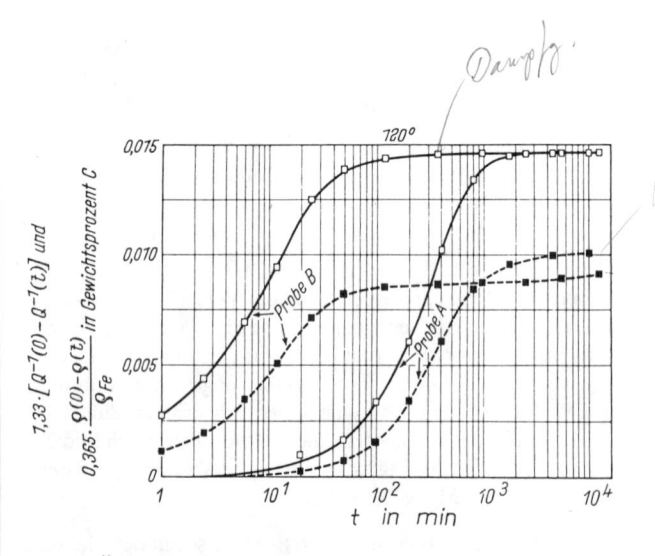

Bild 2: Änderung von Dämpfung (offene Vierecke) und Widerstand (geschlossene Vierecke) in Abhängigkeit von der Auslagerungszeit. Probe a: unverformt; Probe b: 4,8% gedehnt [nach W. Pitsch und K. Lücke[2])]

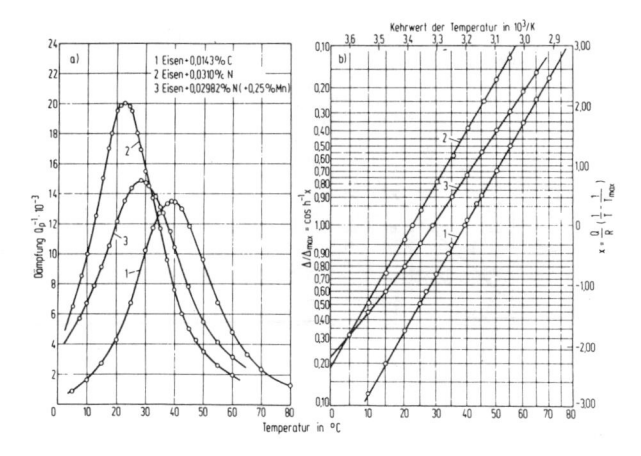

Bild 3: Dämpfungskurven für Fe-C- und Fe-N-(Mn)-Legierungen; *a)* Darstellung als Glockenkurve; *b)* Darstellung im hyperbolischen Netz

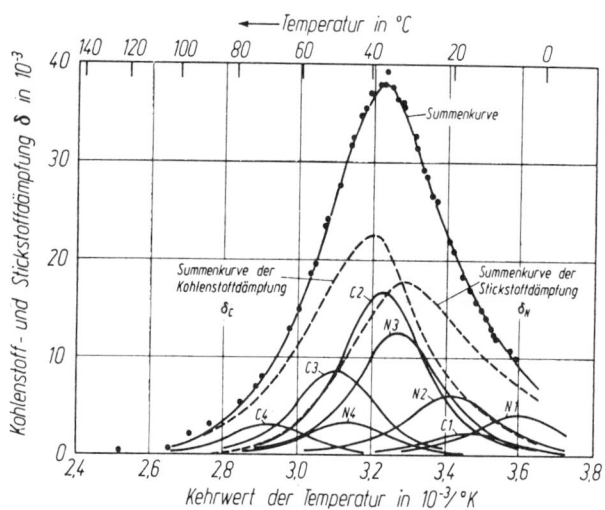

Bild 6: Vollständige Zerlegung der Dämpfung-Temperatur-Kurve eines Th-Stahles nach dem Lösungsglühen bei 640°C und anschließendem Abschrecken[5])

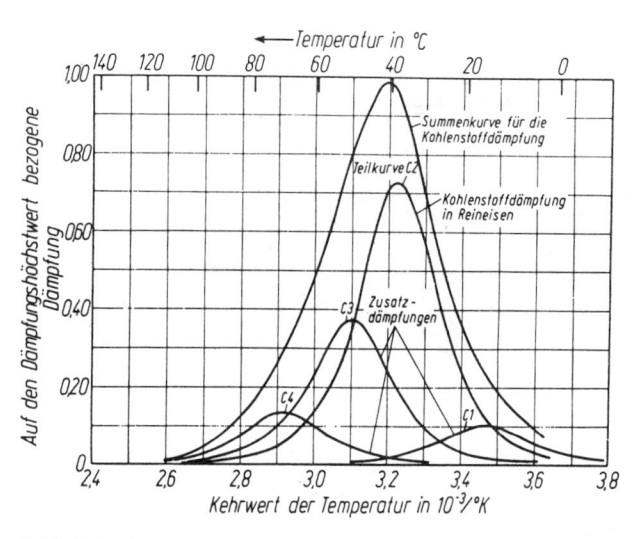

Bild 4: Zerlegung der auf den Dämpfungshöchstwert bezogenen Summenkurven für die C-Dämpfung eines Th-Stahles[5])

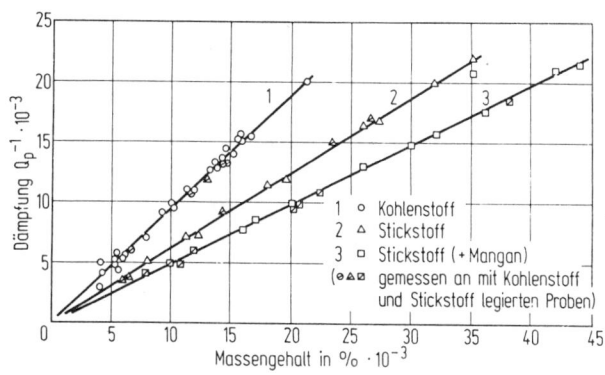

Bild 7: Zusammenhang zwischen gemessener Dämpfung und Gehalten an Kohlenstoff, Stickstoff und Stickstoff bei Anwesenheit von 0,25% Mn

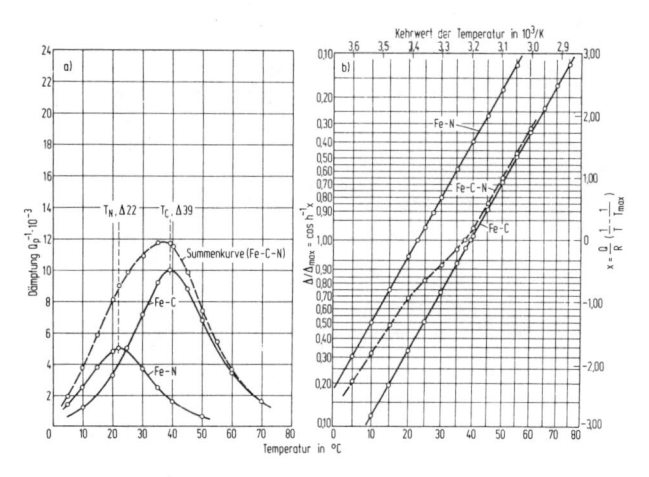

Bild 5: Dämpfungs-Summen-Kurve und daraus errechnete Einzelkurven bei Anwesenheit von C und N; *a)* Darstellung als Glockenkurve; *b)* Darstellung im hyperbolischen Netz

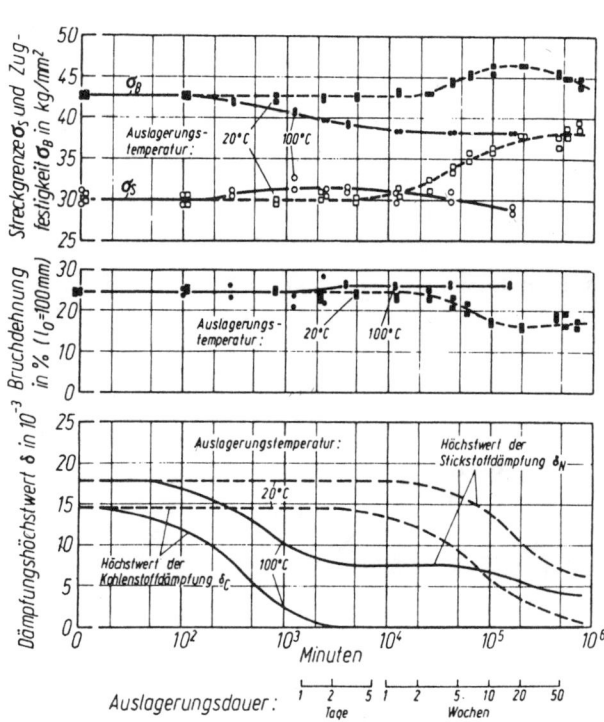

Bild 8: Einfluß der Ausscheidung von C und N während der Auslagerung auf die mechanischen Eigenschaften bei 585°C lösungsgeglühten Proben aus einem Th-Stahl[6])

63

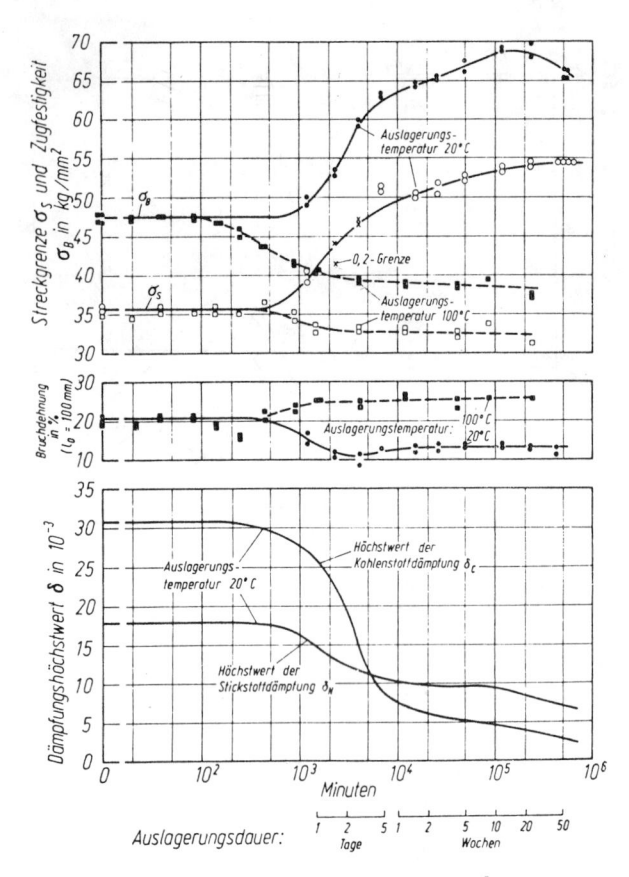

Bild 9: Einfluß der Ausscheidung von C und N während der Auslagerung auf die mechanischen Eigenschaften von bei 710 °C lösungsgeglühten Proben aus einem Th-Stahl[6])

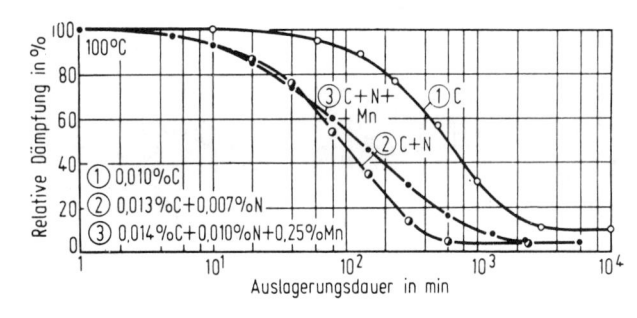

Bild 10: Dämpfungsverlauf durch gelösten C bei der Abschreckalterung in Abhängigkeit von der Auslagerungsdauer

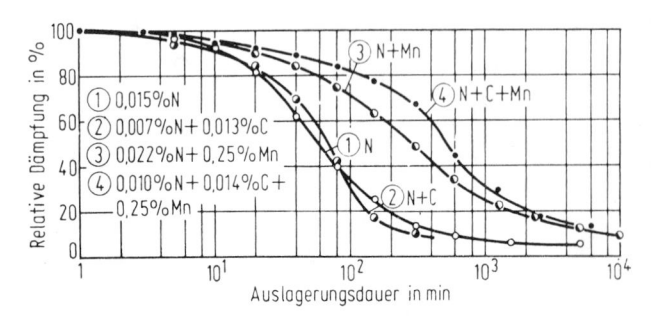

Bild 11: Dämpfungsverlauf durch gelösten N bei der Abschreckalterung in Abhängigkeit von der Auslagerungsdauer

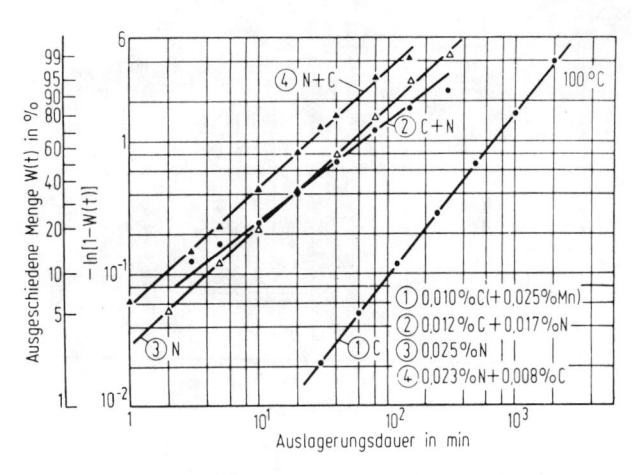

Bild 12: Ausscheidungsverlauf von C und/oder N bei der Abschreckalterung von Reineisen

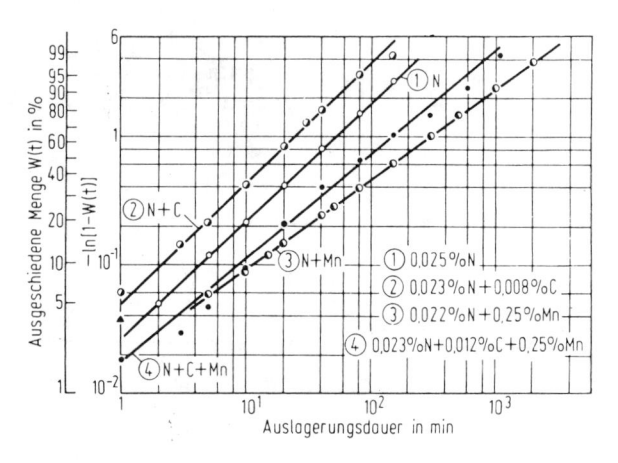

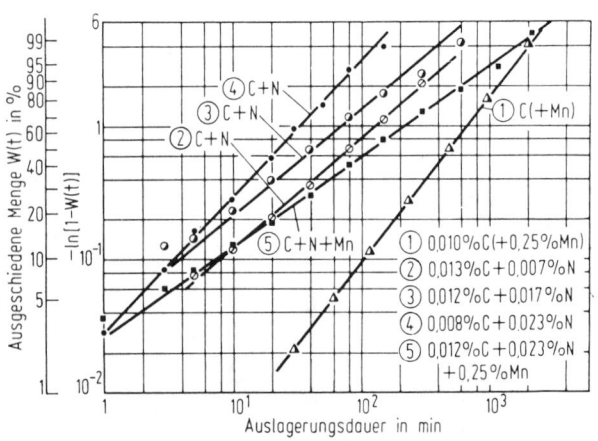

Bild 13: Einfluß von Zulegierungen auf den Ausscheidungsverlauf von N bei der Abschreckalterung

Bild 14: Einfluß von Zulegierungen auf den Ausscheidungsverlauf von C bei der Abschreckalterung

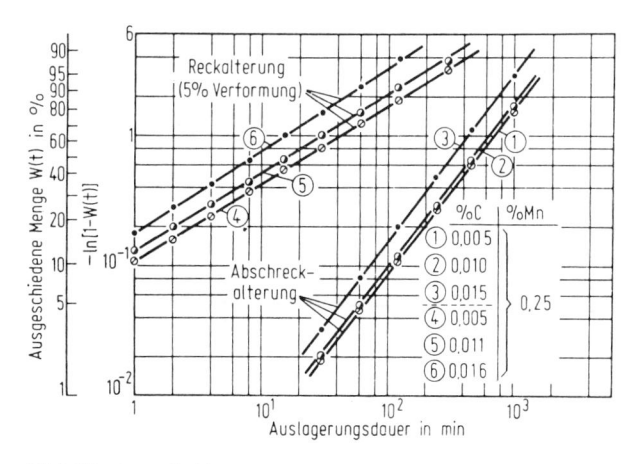

Bild 15: Ausscheidungsverlauf von Kohlenstoff bei der Abschreck- und Reckalterung

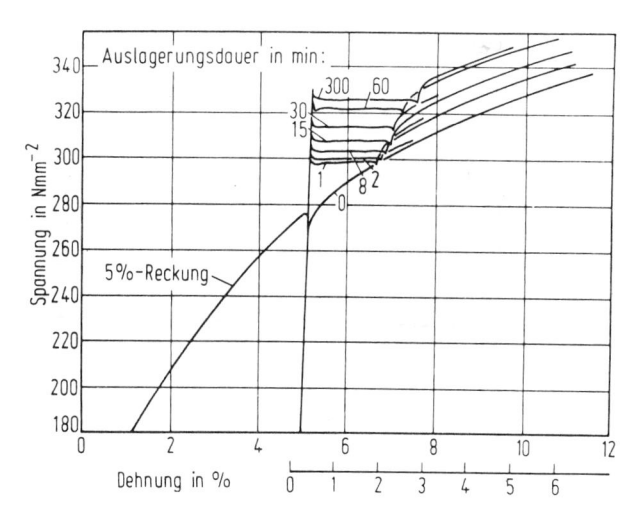

Bild 18: Spannung-Dehnung-Kurven der Legierung mit 0,01 % C nach 5 % Recken und unterschiedlich langer Auslagerung bei 100 °C

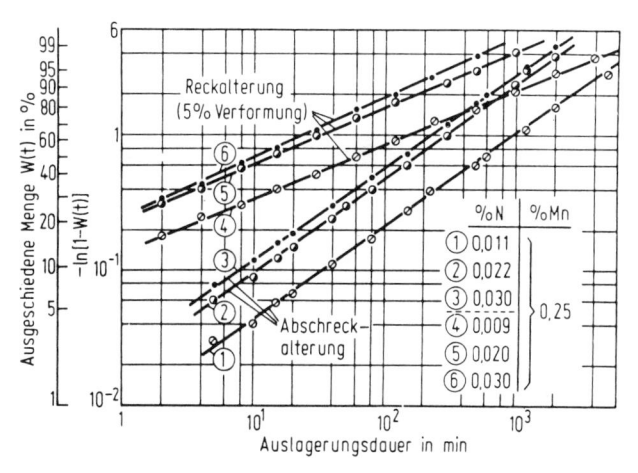

Bild 16: Ausscheidungsverlauf von Stickstoff bei der Abschreck- und Reckalterung

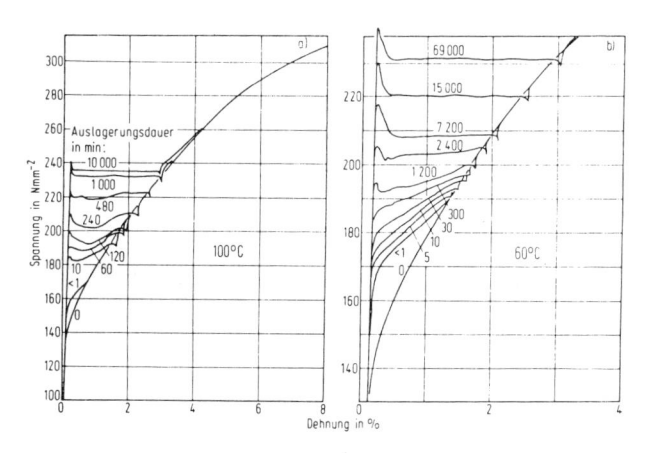

Bild 17: Spannung-Dehnung-Kurven der Legierung mit 0,01 % C nach unterschiedlich langer Auslagerung; *a)* bei 100 °C; *b)* bei 60 °C

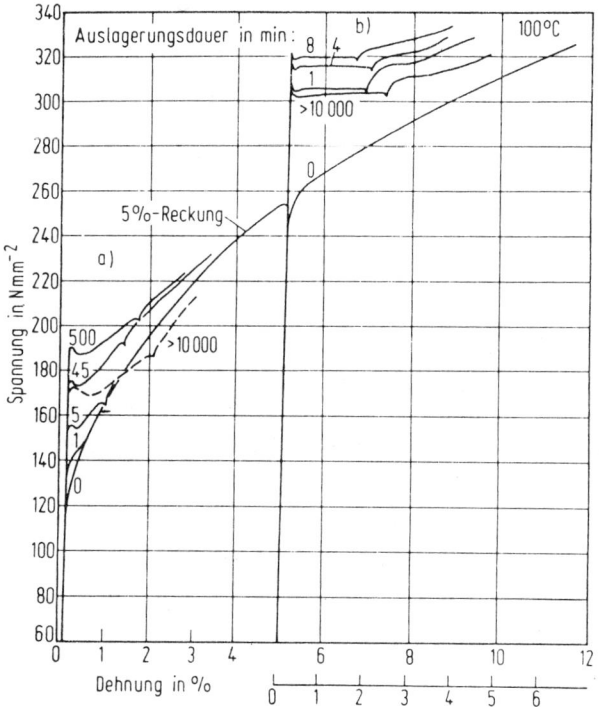

Bild 19: Spannung-Dehnung-Kurven von Legierungen mit rd. 0,02 % N und 0,25 % Mn nach unterschiedlich langer Auslagerung; *a)* ohne vorheriges Recken, *b)* mit vorherigem Recken

65

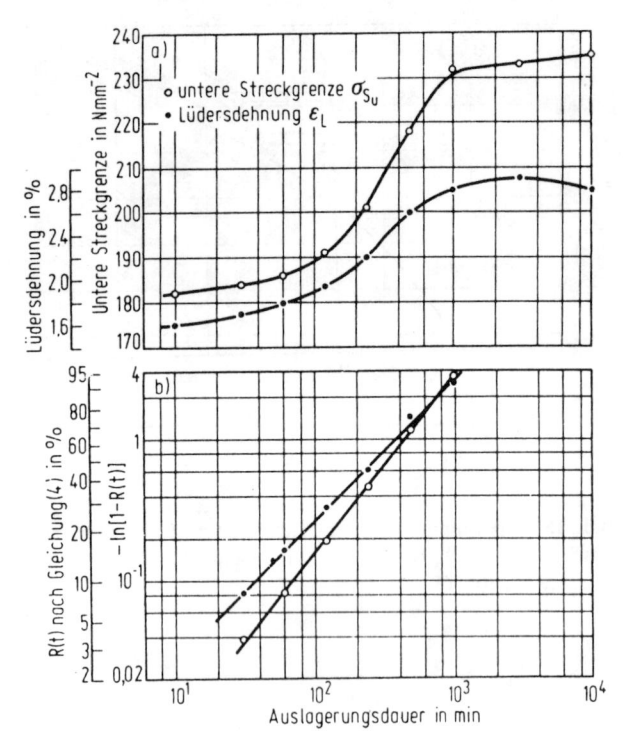

Bild 20: Untere Streckgrenze und Lüdersdehnung in Abhängigkeit von der Auslagerungsdauer bei der Legierung mit 0,01 % C; *a)* lineare Auftragung, *b)* Auftragung nach den Gleichungen (2) und (4)

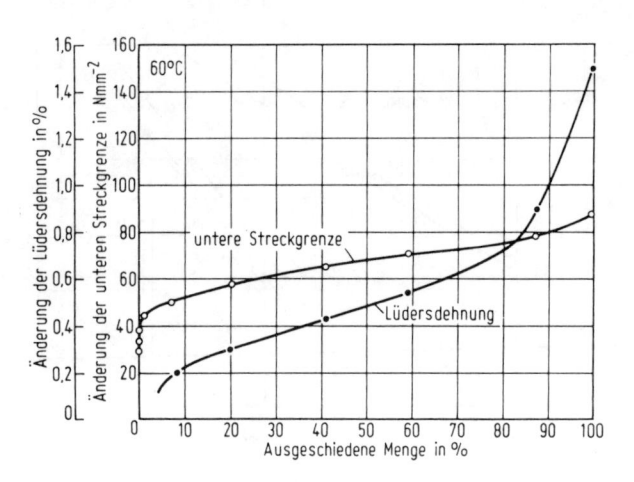

Bild 22: Änderung der unteren Streckgrenze und Lüdersdehnung in Abhängigkeit von der ausgeschiedenen Menge bei einer Legierung mit 0,01 % C

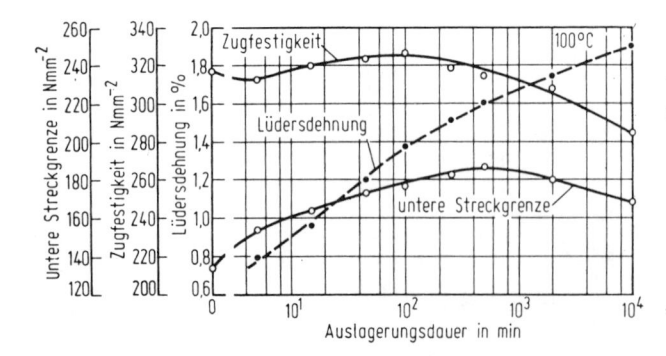

Bild 21: Untere Streckgrenze, Zugfestigkeit und Lüdersdehnung in Abhängigkeit von der Auslagerungsdauer bei der Legierung mit 0,022 % N und 0,25 % Mn

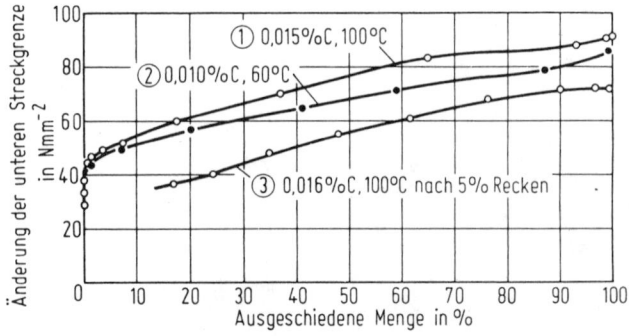

Bild 23: Änderung der unteren Streckgrenze in Abhängigkeit von der ausgeschiedenen Menge bei unterschiedlichen Legierungen und Temperaturen

4. Bildung von Perlit durch eutektoiden Zerfall von Austenit

B. Ilschner

1. Reaktionsgleichung des eutektoiden Zerfalls

Wir beginnen mit dem Versuch, unser Thema formal in den Griff zu bekommen. Ausgangspunkt ist *Austenit*, der kubisch-flächenzentrierte Mischkristall im Zweistoffsystem Fe-C, der auch als γ-Mischkristall bezeichnet wird. Für die folgenden Überlegungen möge der Kohlenstoffgehalt der einzelnen Phasen als Atombruch (engl.: atom fraction, At.-%/100) verstanden werden. Dann kann die Austenitphase, deren Zusammensetzung wir durch den Kohlenstoffgehalt c_γ^0 beschreiben, als Phase im chemischen Sinne wie

$$[(1 - c_\gamma^0) \text{ Fe}; c_\gamma^0 \text{ C}]_\gamma \qquad (1)$$

geschrieben werden.

Das *Zustandsschaubild* – von dem *Bild 1* nur einen schematischen Ausschnitt des für unser Problem interessanten Bereiches darstellt – gibt an, welche *Umwandlungen* ein Werkstoff, der zunächst als homogen zusammengesetzter Austenit (1) bei der *Austenitisierungstemperatur* vorliegt, bei der Abkühlung durchlaufen kann: Bei Kohlenstoffgehalten *unter* der Zusammensetzung $c_E = 3{,}61$ At.-% $= 0{,}80$ Gew.-% erfolgt („voreutektoide") Ferrit-Ausscheidung, also Bildung von kubisch-raumzentriertem α-Mischkristall:

$$[(1 - c_\gamma^0) \text{ Fe}; c_\gamma^0 \text{ C}]_\gamma \rightarrow$$
$$m_\alpha [(1 - c_\alpha) \text{ Fe}, c_\alpha \text{ C}]_\alpha + m_\gamma [(1 - c_\gamma) \text{ Fe}; c_\gamma \text{ C}]_\gamma. \qquad (2)$$

m_α und m_γ bezeichnen die (molaren) *Mengenanteile* von Ferrit und Austenit, die aus 1 Mol Austenit bei der Umwandlung entstehen. Es ist nach Ausweis der „Konode" im Zustandsschaubild

$$c_\alpha(T) < c_\gamma^0 < c_\gamma(T) < c_E. \qquad (3)$$

c_α und c_γ nehmen mit fallender Temperatur zu; sie erreichen bei der „*eutektoiden Temperatur*" T_E die Werte $c_\alpha^{\max}$ bzw. c_E; letzteres ist die „eutektoide Zusammensetzung", ersteres die Maximal-Löslichkeit von Kohlenstoff im Ferrit-Mischkristall. Bei Kohlenstoffgehalten *über* c_E erfolgt (im hier interessierenden Zusammenhang) die Ausscheidung des Eisencarbides Fe$_3$C, welches als *Zementit* (Z) bezeichnet wird.

$$[(1 - c_\gamma^0) \text{ Fe}; c_\gamma^0 \text{ C}]_\gamma \rightarrow m_Z [\text{Fe}_3\text{C}]_Z +$$
$$+ m_\gamma [(1 - c_\gamma) \text{ Fe}; c_\gamma \text{ C}]_\gamma. \qquad (4)$$

Der Kohlenstoffgehalt des Zementits liegt mit 25 At.-% = 6,69 Gew.-% temperaturunabhängig fest. c_γ nimmt im Falle der Reaktion (4) mit fallender Temperatur ab, bis es bei $T = T_E$ wieder den Wert c_E erreicht. Es ist also

$$c_E < c_\gamma(T) < c_\gamma^0 < 0{,}25. \qquad (5)$$

Die beiden Mengenanteile m_α und m_γ bzw. m_Z und m_γ in den Gleichungen (3) und (4) stellen zunächst Unbekannte dar, die jedoch aufgrund von 2 „*Erhaltungssätzen*" oder Mengenbilanzen leicht zu ermitteln sind. Wir deuten dies nur an:

$$(1 - c_\gamma^0) = m_\alpha (1 - c_\alpha) + m_\gamma (1 - c_\gamma) \qquad (6a)$$
$$c_\gamma^0 = m_\alpha c_\alpha \quad\quad + m_\gamma c_\gamma \qquad (6b)$$

Entsprechendes findet sich für Gleichung (4). Die *Volumenanteile* lassen sich aus m_α und m_γ unter Berücksichtigung der Molvolumina ableiten ($V_\gamma \simeq 7{,}30$ cm^3/mol; $V_\alpha \simeq 7{,}38$ cm^3/mol; $V_Z = 7{,}79$ cm^3/mol); Werte für α und γ bei 911 °C, für Z bei 20 °C.

Die eutektoide Zusammensetzung zeichnet sich gemäß Zustandsschaubild dadurch aus, daß sie zum *eutektoiden Zerfall* des Mischkristalls bei genau einer Temperatur, nämlich T_E, führt. Der „Zerfall" liefert ein 2-Phasen-Gemisch aus Ferrit und Zementit. Wir schreiben auch ihn als „Reaktionsgleichung"

$$[(1 - c_E) \text{ Fe}; c_E \text{ C}]_\gamma \rightarrow$$
$$m_\alpha [(1 - c_\alpha^{\max}) \text{ Fe}; c_\alpha^{\max} \text{ C}] + m_Z [\text{Fe}_3 \text{ C}]_Z. \qquad (7)$$

Für die Mengenanteile gelten die 2 Beziehungen

$$(1 - c_E) = m_\alpha (1 - c_\alpha^{\max}) + 3 m_Z, \qquad (8a)$$
$$c_E = m_\alpha c_\alpha^{\max} + m_Z. \qquad (8b)$$

Ferrit und Zementit treten also beim eutektoiden Zerfall in einem festen Mengenverhältnis auf. Senkt man die Temperatur weiter über T_E hinaus ab, so strebt c_α von seinem Höchstwert $c_\alpha^{\max}$ aus gegen sehr kleine Werte. Entsprechend kommt es zu einer geringfügigen Zunahme der Zementitmenge, m_Z, mit fallender Temperatur – immer vorausgesetzt, daß das thermodynamische *Gleichgewicht* eingestellt werden kann.

Die Erörterung der Gleichgewichtsfrage setzt eine Klärung der thermodynamischen Voraussetzungen bzw. Triebkräfte für die besprochenen Umwandlungen voraus.

2. Thermodynamische Triebkräfte

Das Zustandsdiagramm ist bekanntlich eine graphische Darstellung von Aussagen der Art: „Bei der Temperatur T liegt das Zweistoffsystem Fe-C mit der chemischen Analyse 2 At.-% C im thermodynamischen Gleichgewicht in Form folgender Phasen vor: $\alpha, \gamma, \ldots$". Nun können wir das „System", z. B. den Austenit nach Gleichung (1), durch *Abschrecken* so rasch von der Temperatur T_γ auf die *Umwandlungstemperatur* T_u bringen, daß sich an der Atomanordnung (praktisch) nichts ändert. Für eine (möglicherweise äußerst kurze) Zeitspanne liegt das System also bei T_u in einem Zustand vor, der *nicht* dem Zustandsschaubild, mithin auch nicht dem thermodynamischen Gleichgewicht entspricht. Wir sagen: der auf T_u abgeschreckte („umgeschreckte") Austenit stellt einen *Ungleichgewichts-Zustand* dar.

Die Frage, wann ein Gleichgewicht vorliegt und wann nicht, beantwortet die Thermodynamik durch eine Feststellung des Wertes der Größe G, des *thermodynamischen Potentials* des Systems. Gleichgewicht liegt dann vor, wenn für einen bestimmten Zustand das zugehörige Potential G (auch: *Freie Enthalpie*) ein Minimum annimmt: $\delta G = 0$. Feststellbarkeit dieses Sachverhaltes setzt voraus, daß jeder quantitativ beschreibbaren Atomanordnung – z. B. dem auf T_u unterkühlten Austenit – eine Zustandsgröße G zugeordnet werden kann, daß diese also nicht etwa nur für Gleichgewichtszustände definiert ist. Wir dürfen den Theoretikern abnehmen, daß diese Bedingung erfüllt ist.

Wir rechnen also damit, daß G für den unterkühlten Austenit – $G_\gamma(T_u)$ – größer ist als G für den Gleichgewichtszustand, welcher nach einer der Gleichungen (2), (4) oder (7) eingestellt sein sollte, und den wir mit G_{gl} bezeichnen. Die *Differenz*

$$\Delta G_u = G_\gamma(T_u) - G_{gl} > 0 \qquad (9)$$

stellt dann die *thermodynamische Triebkraft* für die Umwandlung dar: Wir dürfen erwarten, daß so lange Festkörperreaktionen ablaufen, bis ΔG_u auf Null zusammengeschmolzen ist. Dann nämlich hat das System den Gleichgewichtszustand erreicht und ändert sich nicht mehr.

Wie G als Funktion der Atomanordnung, der chemischen Zusammensetzung und der Temperatur quantitativ ermittelt werden kann, wurde im *Abschnitt 1* ausführlich behandelt. Dort wurde auch gezeigt, welche Form *G (c, T)*-Schaubilder annehmen, die wir für die folgende Betrachtung benötigen. Wir bezeichnen die zu Austenit, Ferrit und Zementit gehörigen Kurven dabei sinngemäß wieder mit den Indices γ, α und Z.

Gleichgewicht zwischen 2 Phasen (etwa γ und α) läßt sich in der thermodynamischen Formelsprache am besten durch Verwendung der chemischen Potentiale $\mu_i^p(c, T)$ darstellen. Der Index p bezieht sich dabei auf die Phase, der Index i auf die chemische Komponente (z. B. Fe, Cr, C . . .). Die chemischen Potentiale – um dies kurz zu wiederholen – sind Ableitungen von G vom Typ

$$\mu_i(c, T) = (\partial G/\partial n_i)_{n_k, T}. \qquad (10)$$

„Das chemische Potential μ_c^α des Kohlenstoffs im Ferrit ist der (freie) Energiebetrag, den man aufwenden muß, um in eine sehr große Menge α-Mischkristall mit c % Kohlenstoff 1 weiteres Mol Kohlenstoff einzubauen (oder auszubauen)." μ_i hat also die Funktion einer Einbau- (oder Bindungs-) Energie pro Atom. Gleichgewicht herrscht in einem Mehrkomponenten-Mehrphasen-System dann, wenn

– die chemischen Potentiale *aller* Komponenten in *allen* Phasen übereinstimmen.

Solange dies nicht der Fall ist, herrscht *Ungleichgewicht*, und die chemischen Potentialdifferenzen bzw. die in Festkörpern auftretenden Potentialgradienten wirken wiederum als Triebkräfte von Umwandlungsvorgängen. Es gilt etwa für das Gleichgewicht der voreutektoiden Ferrit-Ausscheidung nach Gleichung (2):

$$\mu_c^\alpha = \mu_c^\gamma \text{ und } \mu_{Fe}^\alpha = \mu_{Fe}^\gamma. \qquad (11a)$$

Das 3-Phasen-Gleichgewicht am eutektoiden Punkt (c_E, T_E) ist eingestellt, sobald

$$\mu_c^\alpha = \mu_c^\gamma = \mu_c^Z \text{ und } \mu_{Fe}^\alpha = \mu_{Fe}^\gamma = \mu_{Fe}^Z. \qquad (11b)$$

Als Ableitungen von G gemäß (10) lassen sich die chemischen Potentiale im $G(c, T)$-Schaubild als *Tangenten* (bzw. als Achsenabschnitte der Tangenten) an die G-Kurve bei einem vorgegebenen c-Wert veranschaulichen. Gleichgewichte, wie sie mit den Gleichungen (11a) und (11b) ausgedrückt sind, entsprechen daher in graphischer Darstellung Doppel- bzw. Dreifach-Tangenten.

Fällt die Temperatur unter die Austenitisierungs-Temperatur T_γ, so verändert sich die *relative Stabilität* von Austenit, Ferrit und Zementit zugunsten der beiden letzteren: der γ-Mischkristall mit seiner großen Kohlenstofflöslichkeit ist die Hochtemperatur-Phase der eutektoiden Umwandlung. In *Bild 2* erfassen wir diesen Sachverhalt graphisch, indem wir die G_γ-Kurve (willkürlich) in konstanter Lage lassen und die G_α- und G_Z-Kurven relativ dazu mit fallender Temperatur absenken. Entsprechend dem veränderten Verlauf der Doppeltangenten verschiebt sich die Gleichgewichts-Zusammensetzung $c_\gamma(T)$, wie in 1. erörtert.

Für $T = T_E$ ist eine Situation erreicht, bei der die Gleichgewichtswerte c_γ von beiden Seiten her zusammenstoßen, und zwar bei c_E. Die Dreifachtangente berührt gleichzeitig G_α, G_γ und G_Z: Dreiphasen-Gleichgewicht! – Die Berührungspunkte der Tangenten, die sich in Abhängigkeit von der Temperatur einstellen – also $c_\alpha(T)$ und $c_\gamma(T)$ – lassen sich von Bild 2 unmittelbar in Bild 1 übertragen.

Welches ist die *Triebkraft* des eutektoiden Austenit-Zerfalls? Bild 2 zeigt, daß

$$G_\gamma(c_E, T_E) = m_\alpha G_\alpha(c_\alpha^{max}, T_E) + m_Z G_Z(T_E) \qquad (12)$$

Es ist also $\Delta G_u = 0$, d. h. bei T_E liegt *keine* Triebkraft vor. Perlit bildet sich bei 721 °C ebensowenig aus Austenit wie er sich, von tieferen Temperaturen kommend, auflösen würde. Erst für $T < T_E$ wird (vgl. Bild 2) $\Delta G_u > 0$, und die Umwandlung setzt mit endlicher Geschwindigkeit (engl.: rate) ein. Es liegt in der Natur der Dinge, daß Triebkräfte für Umwandlungen nur in Ungleichgewichts-Zuständen vorhanden sind. (Vgl. 4.).

3. Verteilungsgleichgewichte in legierten Stählen

Die für jede Temperatur ablesbaren Wertepaare $(c_\alpha; c_\gamma)$ bzw. $(c_\gamma; c_Z)$ drücken ein *Verteilungsgleichgewicht* des Kohlenstoffs aus, dessen ursprünglich im γ-Mischkristall vorhandene Konzentration c_γ^0 sich nach der Umwandlung auf 2 (bzw. 3) Phasen verteilt. Dieses Verteilungsgleichgewicht ist von der Temperatur und – dies ist ein neuer Gesichtspunkt – vom Legierungsgehalt des betrachteten Stahls abhängig (Si, Mn, Cr, Ni, Mo . . .).

Fassen wir die legierten Stähle der Einfachheit halber als *Dreistoffsysteme* (Fe, X, C) auf (wobei X auch eine gewichtete Summe von Legierungselementen sein kann), so wirkt das Legierungselement X auf *zweierlei Weise* auf die Gleichgewichte des Austenitzerfalls, insbesondere auf die Verteilungsgleichgewichte des Kohlenstoffs, ein:

Erstens durch relative Verschiebung von G_α und G_γ – je nachdem, ob X ein „Ferrit-Stabilisator" oder ein „Austenit-Stabilisator" ist.

Zweitens durch Verschiebung von G_Z relativ zu G_α und G_γ – je nachdem, ob X ein „Carbidstabilisator" ist oder nicht.

Im zweiten Fall ist zunächst die Wirkung auf das Mischcarbid (Fe, X)$_3$C angesprochen, die sich im $G(c, T)$-Diagramm durch eine Absenkung der Carbid-„Haarnadel" darstellen würde. Andere Elemente (wie Ni) verringern die Stabilität des Misch-Zementits, heben also dessen Kurve an. Wieder andere bilden ein *Sondercarbid*; seine G-„Haarnadel" liegt bei einem anderen c-Wert. Die Stabilität der Sondercarbide ist aber im Allgemeinen so hoch (während Fe$_3$C bekanntlich thermodynamisch instabil ist), daß man Sondercarbid-Bildner für eine allgemeine Diskussion so behandeln kann wie Fe$_3$C-Stabilisatoren.

Anhand entsprechender Verschiebungen des Grund-Schaubildes im Bild 2 – die während der Vortragsveranstaltung demonstriert wurden – lassen sich einige allgemeine *Trends* des Legierungseinflusses ablesen. Wir stellen sie als Tafel dar, vgl. auch Bild 3:

Element X stabilisiert . . .	Austenit	Ferrit
. . . Carbid:	T_E wenig verändert	T_E höher
	c_E kleiner	c_E wenig verändert
	c kleiner*)	c größer
. . . Carbid nicht:	T_E niedriger	T_E etwas niedriger
	c_E wenig verändert	c_E größer
	c kleiner	c größer

*) gemeint ist der C-Gehalt des Austenits im Gleichgewicht mit *Ferrit*

Die Gegenwart von Legierungselementen führt grundsätzlich auch zu einem Verteilungsgleichgewicht dieses Elementes zwischen Ferrit und Austenit, vor allem aber zwischen Ferrit und Zementit. Für Sondercarbidbildner liegt dies auf der Hand. Der eutektoide Zerfall spielt sich also „echt" in einem

Dreistoffsystem ab. Dies erschwert die Erörterung insbesondere auch der Kinetik dieser Umwandlung in legierten Stählen, wie wir sehen werden.

4. Die Rolle der Grenzflächenenergie

Die alternierend-lamellare Anordnung von Ferrit und Zementit ist das entscheidende Merkmal des perlitischen Gefüges. Analoges gilt für andere Eutektoide und Eutektika, auch in Substitutionsmischkristallen. Vielfach treten dabei nadelige Gefüge auf.

Eine Volumeneinheit eines lamellaren Gefüges, in dem z. B. der Abstand der Mitten zweier benachbarter Zementit- oder Ferrit-Lamellen mit λ bezeichnet werden soll, enthält ein erhebliches Maß an inneren Grenzflächen Ferrit-Zementit. Da auf eine „Scheibe" der Breite λ jeweils 2 Grenzflächen entfallen, und da es auf 1 cm Breite des Lamellen-Paktes ($1/\lambda$) derartige Abschnitte gibt, enthält 1 cm³ Perlit aufgrund seiner Grenzflächen den Energiebetrag

$$\Delta G_b = 2\,\gamma_{\alpha\gamma}/\lambda. \tag{13}$$

Dieser Betrag muß zusätzlich zur Verfügung gestellt werden, wenn Perlit sich durch Austenitzerfall bilden soll. Bei einer gegebenen Temperatur T_u der Umwandlung ($T_u < T_E$) ist also

$$\Delta G_u = \Delta G_\infty (T_u) + 2\,\gamma_{\alpha\gamma}/\lambda \quad \text{(pro cm}^3\text{)}. \tag{14}$$

Dabei ist $\Delta G_\infty (T_u)$ der Betrag der Triebkraft, der aus einem Diagramm der Art von Bild 2 herauszulesen wäre, und der für sehr groben Perlit ($\lambda \to \infty$) gelten würde. Jeder realistische λ-Wert (Größenordnung 1–10 µm) führt dazu, daß das bei T_u verfügbare ΔG_u *kleiner* wird als ΔG_∞. Zu jeder Temperatur T_u gibt es einen Minimalwert von λ, $\lambda_{\min}$, für den $\Delta G_u = 0$ wird: dieser Perlit würde sich mit Austenit im Gleichgewicht befinden und *nicht* weiterwachsen, obwohl $T_u < T_E$:

$$\lambda_{\min}(T_u) = 2\,\gamma_{\alpha\gamma}/\Delta G_\infty (T_u). \tag{14a}$$

$\gamma_{\alpha\gamma}$ ist die spezifische Grenzflächenenergie Ferrit/Zementit. Wenn wir nur das Vorrücken einer perlitischen Wachstumsfront betrachten, geht die Energie der Grenzfläche zum Austenit („Wachstumsfront") nicht in die Rechnung ein: sie bleibt immer gleich. Bild 5 zeigt für einen vorgegebenen Lamellenabstand λ, wie die Grenzflächenenergie zu einem „metastabilen" Umwandlungsbereich $T_u(\lambda) < T < T_E$ führt, wobei $T_u(\lambda)$ gemäß Gleichung (14a) von dem vorgegebenen Lamellenabstand abhängt. Man kann sich dieses Diagramm, welches auf eine Extrapolation der α-γ- bzw. γ-Z-Grenzlinien auf $T < T_E$ hinausläuft, leicht selbst ableiten.

In diesem Zusammenhang ist zu beachten, daß ΔG_∞ in 1. Näherung linear mit zunehmender Unterkühlung $\Delta T = T_E - T_u$ zunimmt. Bei $T = T_E$ ist offenbar

$$\Delta G_\infty (T_E) = \Delta H - T_E \Delta S = 0.$$

Sofern ΔH und ΔS in einem nicht zu großen Temperaturbereich konstant bleiben, ist also für $T_u < T_E$

$$\Delta G_\infty (T_u) = \Delta T \cdot \Delta S < 0. \tag{15}$$

Perlit mit λ wächst nicht bei der Temperatur $T_u(\lambda)$, sondern erst unterhalb, damit die Reaktion über ein endliches ΔG_u verfügt. In Wirklichkeit wird freilich nicht λ, sondern T_u vorgegeben, und die Forderung nach einem endlichen Betrag von ΔG_u läuft darauf hinaus, daß $\lambda > \lambda_{\min}$ wird. Wie der Lamellenabstand sich einstellt, kann erst nach einer Erörterung des Wachstums geklärt werden.

Es sei noch darauf hingewiesen, daß Einsetzen von Gleichung (15) in Gleichung (14a) auf eine Beziehung für die Temperaturabhängigkeit des *Mindest*-Lamellenabstandes führt:

$$\lambda_{\min}(T_u) = 2\,\gamma/\Delta S \cdot \Delta T. \tag{14b}$$

Dies ist allerdings *nicht* die Temperaturabhängigkeit des *tatsächlichen* Lamellenabstandes, der, wie wir sahen, stets größer als $\lambda_{\min}$ ist. – Gleichung (14b) besagt andererseits: Bei gegebenem λ muß die Unterkühlung mindestens $\Delta T_{\min}$ betragen, damit die Grenzflächenenergie von der thermodynamischen Triebkraft geliefert werden kann:

$$\Delta T_{\min}(\lambda) = 2\,\gamma/\Delta S \cdot \lambda. \tag{14c}$$

5. Wachstumskinetik von lamellarem Perlit

Bild 7 stellt eine „reale" Wachstumsfront von Perlit dar, Bild 6 eine Idealisierung. In ihr ist der Konzentrationsverlauf im Austenit *vor* den Ferrit- und Zementitlamellen eingetragen. Er lehnt sich an die Gleichgewichtswerte α-γ bzw. Z-γ an, die sich aus dem extrapolierten Zustandsschaubild des Bildes 5 für $T = T_u$ ergeben.

Würde die zu Bild 6 gehörige Temperatur höher liegen, so würden die Konzentrationsdifferenzen $\Delta c = c_{\gamma\alpha}(T_u, \lambda) - c_{\gamma Z}(T_u, \lambda)$ vor der Wachstumsfront immer kleiner werden, bis sie bei T_u (Bild 5) verschwinden. T_u wäre die Temperatur, bei der sich $\lambda_{\max}$ nach Gleichung (14b) gerade mit dem in Bild 6 vorgegebenen Lamellenabstand deckt. Sie ist identisch mit derjenigen, bei der ΔG_u nach Gleichung (14) verschwindet. Man erkennt: Die als thermodynamische Triebkraft der Austenit-Perlit-Umwandlung wirkende *Energie*differenz ΔG_u manifestiert sich als *Konzentrations*differenz Δc. Wie ΔG_∞, so nimmt auch Δc_∞ in 1. Näherung linear mit der Unterkühlung ΔT zu:

$$\Delta c_\infty (T_u) = \text{const} \cdot \Delta T = \text{const}\, (T_E - T_u). \tag{16}$$

Der Index ∞ weist darauf hin, daß es sich um Δc bei $\lambda = \infty$ handelt. Der Wert der Konstanten bestimmt sich aus den charakteristischen Daten der beiden Quasi-Solidus-Linien, (dT/dc). Der mäanderförmige Konzentrationsverlauf im Austenit vor der Wachstumsfront läßt sich auch so interpretieren: Die vorrückende Zementit-Kante saugt Kohlenstoff aus dem Austenit in sich hinein; die vorrückende Ferrit-Kante schiebt Kohlenstoff vor sich her; ein *stationärer* Zustand wird dadurch hergestellt, daß Anreicherungs- und Verarmungszonen sich durch *Diffusion im Austenit* quer zur Wachstumsfront und zu den Lamellenkanten ausgleichen.

Daß die Konzentrationen $c_{\gamma\alpha}(T_u, \lambda)$ und $c_{\gamma Z}(T_u, \lambda)$ und mithin die Differenz Δc sich wirklich entsprechend dem Gleichgewichtsdiagramm Bild 5 einstellen, ist keineswegs selbstverständlich. Daß man diese Annahme macht, beruht auf dem „Prinzip des lokalen Gleichgewichtes" an Grenzflächen, welches L. S. Darken in besonderer Schärfe formuliert hat. Es bedeutet, daß man davon ausgeht, die Perlit-Umwandlung sei unter allen Umständen durch die Geschwindigkeit der Kohlenstoffdiffusion gesteuert. Diese Annahme soll hier nicht infrage gestellt werden; sie wird während der Vortragsreihe diskutiert.

Aus der Existenz von Konzentrationsdifferenzen ergibt sich nach Bild 6 ein Konzentrations*gradient*, grad $c = \Delta c/(\lambda/2)$, dem ein *Stofftransportstrom* entspricht; sein Betrag je cm² Perlit-Wachstumsfront ist

J_D = Lamellenpaar-Anzahl je cm in *x*-Richtung/mal mittl. Diff.-Querschnitt in *y*-Richtung/mal Stromdichte nach 1. Fickschen Gesetz.

Bild 6 (rechte Seite) ist zu beachten. Es folgt

$$J_D = (1/\lambda) \cdot \lambda \cdot D\Delta c/(\lambda/2) = 2 D\Delta c/\lambda. \qquad (17\text{a})$$

Dieser Diffusionsstrom in x-Richtung ist, wie wir sahen, die Folge (... oder Ursache ...) eines Wachstums in y-Richtung. Im stationären Zustand erfolgt dieses Wachstum mit der konstanten Geschwindigkeit $v = dy/dt$. Verlängerung einer Ferrit-Lamelle um dy bedeutet Abgabe von $\omega \lambda (c_{\gamma\alpha} - c_{\alpha\gamma}) dy$ Kohlenstoffeinheiten, wobei ω der Dickenanteil der Ferrit-Komponente an λ ist. $c_{\gamma\alpha}$ ist die Konzentration des Kohlenstoffs im Austenit an der Grenze zum Ferrit. $c_{\alpha\gamma}$ ist die Konzentration des Kohlenstoffs im Ferrit an der Grenze zum Austenit. Dieser Betrag muß durch Diffusion zum Zementit transportiert werden, welcher ihn durch Einbau „absaugt": er verbraucht $(1 - \omega)(c_Z - c_{Z\gamma}) dy$. Wegen der Stofferhaltung ist

$$\omega (c_{\alpha\gamma} - c_\alpha) = (1 - \omega)(c_Z - c_{\gamma Z}).$$

Für $T = T_E$ wäre offenbar $\omega (c_E - c_\alpha) = (1 - \omega)(c_Z - c_E)$.

Dem Diffusionsstrom (17a) korrespondiert also eine Ausbau-Einbau-Reaktion

$$J_R = (1/\lambda) \cdot \omega \lambda (c_{\gamma\alpha} - c_\alpha) v. \qquad (17\text{b})$$

(17a) und (17b) lassen sich zu einer *Stoffbilanz* zusammenfassen: $J_D = J_R$ (im stationären Zustand). Es folgt

$$v = \text{const}\,(D_\gamma/\lambda)\frac{c_{\gamma\alpha} - c_{\gamma Z}}{c_{\gamma\alpha} - c_{\alpha\gamma}}. \qquad (18)$$

Hierbei hängen die Konzentrationen $c_{\alpha\gamma}$ und $c_{Z\gamma}$ von T_u und von λ ab. $c_\alpha = c_\alpha(T)$ laut Zustandsschaubild.

Im vorstehenden wurde stets angenommen, daß der Konzentrationsausgleich durch Diffusion im *Austenit* erfolgt. Diese Annahme ist nicht zwingend. Im Prinzip könnte der „überschüssige" Kohlenstoff des Austenits auch durch die Ferrit-Phase hindurch zum Zementit diffundieren. Dafür stünde zwar nur die kleine Konzentrationsdifferenz zwischen dem metastabilen Gleichgewichtswert $c_{\alpha\gamma}$ und dem stabilen Wert $c_{\alpha Z}$ zur Verfügung, dafür ist jedoch $D_\alpha \gg D_\gamma$.

Eine weitere Möglichkeit besteht grundsätzlich darin, daß der Kohlenstofftransport vom Ferrit zum Zementit durch die *Grenzfläche* selbst verläuft. In dieser ist zwar der Diffusionskoeffizient D_g noch höher als im α-Gitter, dafür beträgt die Dicke der „stromführenden" Schicht nur einige Ångström-Einheiten, im Gegensatz zum Austenit-Fall, Bild 6. Statt (17a) wäre zu schreiben

$$J_g = (1/\lambda) \cdot \delta \cdot D\Delta c/(\lambda/2) = 2 D\delta\Delta c/\lambda^2 \qquad (17\text{c})$$

(vgl. Turnbull). – Eine völlig eindeutige Entscheidung zwischen den 3 Möglichkeiten kann derzeit noch nicht vorgetragen werden. Die Mehrzahl der Autoren neigt jedoch dem Standpunkt zu, Diffusion im Austenit gemäß Gleichung (17a) sei entscheidend.

6. Temperaturabhängigkeit des Lamellenabstandes und der Wachstumsgeschwindigkeit

In Gleichung (18) bleibt bisher offen, welchen Wert λ bei einer gegebenen Temperatur T_u annimmt. Wir wissen nur, daß $\lambda > \lambda_{\min}$ sein muß.

Offenbar liegt eine *Optimierungs-Aufgabe* vor: Je kleiner λ ist, desto „günstigere" Werte nimmt der mittlere Klammerausdruck in Gleichung (18) an – gleichzeitig verringert sich jedoch infolge der Grenzflächenenergie die maßgebliche Konzentrationsdifferenz $c_{\gamma\alpha}(T_u, \lambda) - c_{\gamma Z}(T_u, \lambda)$. (Die Konzentrationsdifferenz im Nenner von Gleichung (18) wird nur wenig beeinflußt.)

Folgt man (mit Zener) dem Prinzip der *Wachstumsauslese* – die Lamellenpakete mit optimalem λ wachsen am schnellsten und dominieren die ganze „Kolonie" – so wird man erwarten, daß sich real dasjenige λ einstellt, welches ein Maximum von v liefert. Ein solches λ als Funktion von T_u ist leicht gefunden: Wir schreiben Gleichung (18) vereinfacht als

$$v(T_u, \lambda) = \text{const} \cdot D \cdot \Delta c(\lambda)/\lambda. \qquad (19)$$

Aus Bild 5 folgt nun durch Anwendung des Ähnlichkeitssatzes

$$\Delta c(\lambda)/\Delta c_\infty = 1 - \Delta T_{\min}/\Delta T = 1 - 2\gamma/\Delta S\,\Delta T \lambda.$$

Hieraus folgt mit Hilfe der Gleichungen (14c) und (16):

$$\Delta c(\lambda, \Delta T) = \text{const} \cdot \Delta T (1 - \lambda_{\min}/\lambda).$$

Damit haben wir

$$v = \text{const} \cdot D(\Delta T/\lambda_{\min})(\lambda_{\min}/\lambda)(1 - \lambda_{\min}/\lambda). \qquad (20)$$

Die Aufgabe, dasjenige λ zu finden, für das v ein Maximum einnimmt, wird offenbar durch

$$\lambda^* = 2\lambda_{\min} = 4\gamma/\Delta S\,\Delta T \qquad (21)$$

gelöst. Damit ergibt sich, bis auf einen Zahlenfaktor,

$$v_{\max}(T_u) = \text{const} \cdot D \cdot \Delta T/\lambda_{\min}. \qquad (22)$$

Zusammen mit den Beziehungen zwischen λ^*, $\lambda_{\min}$ und ΔT ergeben sich folgende wichtige Feststellungen:

I) $v_{\max}(T) \simeq D(T) \cdot \Delta T^2/\gamma,$ \qquad (23a)

II) $v_{\max}(T) \simeq 1/\lambda^2.$ \qquad (23b)

Die Wachstumsrate der Lamellen-Pakete steigt also unterhalb der Gleichgewichtslinie des Zustandsdiagramms zunächst rasch mit ΔT^2 an, da in diesem schmalen Temperaturintervall der Diffusionskoeffizient sich nur geringfügig ändert. Bei weiterer Unterkühlung hingegen wird der Einfluß von ΔT schwächer, und der von $D(T)$ überwiegt. Daraus ergibt sich die charakteristische Form der „C-Kurve", Bild 8. Daß der Lamellenabstand von Perlit umgekehrt proportional zur Unterkühlung zunimmt, ist ebenfalls experimentell gut belegt, vgl. etwa Bild 9.

Die *Analogien* zwischen den hier vorgetragenen Überlegungen und der Theorie der *eutektischen Kristallisation* sind leicht erkennbar. Aber auch die *Unterschiede* beider Reaktionstypen müssen gesehen werden: Die flüssige Ausgangsphase in letzterem Fall zeichnet sich durch ihren sehr hohen Diffusionskoeffizienten und durch die Fähigkeit zur konvektiven Durchmischung jenseits der laminaren Grenzschicht aus. Das dadurch ermöglichte sehr rasche Wachstum des Eutektikums hat zur Folge, daß – im Gegensatz zur eutektoiden Umwandlung – die Ableitung der (Erstarrungs-)Wärme geschwindigkeitsbestimmend werden kann.

7. Keimbildung; makroskopische Kinetik

Die Keimbildung des Perlits erfolgt erfahrungsgemäß entlang der Korngrenzen. Vieles spricht dafür, daß sich als erstes Zementit bildet, daran anschließend Ferrit. Bezeichnet man als „1 Perlit-Keim" die Kombination einer Zementit- mit einer Ferrit-Lamelle, so zieht jeder gebildete Keim durch sein Wachstum neue Keimbildung nach sich. Es ist also nicht so, daß zu einem Zeitpunkt t_0, etwa bei Erreichen von T_u, eine Anzahl N_0 von Keimen gebildet wird, die sich dann nicht mehr ändert. Vielmehr findet *kontinuierliche Keimbildung* statt. Ein möglicher Ansatz hierzu ist der, daß proportional zur Wachstumsgeschwindigkeit v neue „Keime" gebildet werden:

$$dN/dt = v/\lambda, \tag{24a}$$

$$N(t) = N_0 + (v/\lambda)(t - t_0). \tag{24b}$$

Im Prinzip kann jede einzelne „Perlit-Kolonie", die sich aus einem solchen Keim zur Zeit $t = t_i$ bildet, etwa kugelförmig wachsen. Der Volumenanteil des Perlits in diesem Gefügebereich würde also proportional zu t^3 zunehmen. Dieses Wachstum wird allerdings bald durch das Aufeinanderstoßen der zu verschiedenen Zeiten gebildeten Kolonien gebremst und kommt zum Stillstand, sobald aller Austenit umgewandelt ist. Es läßt sich zeigen, daß dieser Vorgang durch die Funktion

$$W(t) = 1 - \exp(-[t/\tau]^4) \tag{25}$$

sich recht gut beschreiben läßt. (Andere Ansätze, u. a. von Turnbull, führen auf $n = 5$). Hierbei ist $\tau \sim 1/v$, wobei v die lineare Wachstumsrate nach Gleichung (22) ist. Aus dieser Funktion kann man also grundsätzlich Werte für „Beginn" und „Ende" der Perlit-Umwandlung als Funktion von T bzw. ΔT ermitteln, etwa $W = 0,05$ und $W = 0,95$. So läßt sich ein ZTU-Schaubild berechnen und experimentell nachprüfen. Die Ergebnisse zeigen zwar deutliche Diskrepanzen (die gemessenen Werte liegen bei etwa 5–8mal kleineren Zeiten als die berechneten), sie sind jedoch insgesamt ermutigend. Sie berechtigen jedenfalls zu der Annahme, daß das vorgetragene Modell im wesentlichen zutrifft.

8. Umwandlung nicht-eutektoider und legierter Stähle

Das Verhalten nicht-eutektoid zusammengesetzter Stähle bei der Abkühlung aus dem Austenit-Bereich läßt sich aus den im Abschn. 1. dargestellten Zusammenhängen ableiten. Bei einem untereutektoiden Stahl (z. B. mit 0,4 % C) bildet sich zunächst Ferrit, und zwar vorwiegend auf den Korngrenzen. Das Wachstum dieser Ferrit-Zone bei weiterer Abkühlung drängt den Kohlenstoff in den „Restaustenit" hinein; an der Phasengrenze bildet sich im Austenit ein Kohlenstoff-„Spike" als Aufstau, der in das Innere abdiffundiert und den Kohlenstoffgehalt des Austenits allmählich auf 0,8 % anhebt. Dies führt bei Erreichen von T_E zur Perlit-Bildung, wie oben besprochen. Analoges gilt für übereutektoide Stähle.

Der Zeitbedarf der Diffusionsvorgänge ist insbesondere bei kontinuierlicher Abkühlung zu beachten. Es leuchtet ein, daß bei rascher Abkühlung die Verteilung des vor der Ferrit-Front aufgestauten Kohlenstoffs nicht rasch genug erfolgt. Dies führt zur Perlit-Keimbildung (und damit zum Abstoppen der Ferrit-Bildung), *bevor* der C-Gehalt im Austenit (außerhalb der Stau-Zone) 0,8 % erreicht hat. Dennoch bildet sich Perlit – allerdings solcher mit einem höheren Ferrit-Anteil, d. h. geringerem Gesamt-C-Gehalt. Der Anteil an proeutektoidem Ferrit in einem derart rasch abgekühlten Stahl ist geringer als bei langsamer Abkühlung.

In legierten Stählen stellt man allgemein eine Verlangsamung der Reaktion gegenüber rein binären Fe-C-Legierungen fest. Der eine Grund hierfür kann eine Verringerung der Triebkraft (ΔG_u) aufgrund der veränderten chemischen Potentiale in α, γ und Z sein, s. Abschn. 1. Der andere liegt darin, daß das volle Potential an ΔG_u aus kinetischen Gründen nicht ausgeschöpft werden kann: Zwar kann man bei Temperaturen von z. B. 550 °C an den Grenzflächen α–γ das lokale Gleichgewicht des schnell diffundierenden Kohlenstoffs einstellen, nicht aber das von Mn und anderen Substitutions-Elementen. Erst lange Zeit nach der vorlaufenden Umwandlung stellt sich sekundär die dem Gleichgewicht entsprechende Verteilung von Mn, Cr usw. zwischen Ferrit und Zementit ein. Es ist also nicht etwa so, daß die Verlangsamung der Perlitumwandlung durch Legierungselemente dadurch bedingt wäre, daß diese in der Reaktionsfront umverteilt werden müssen, so daß ihr Diffusionskoeffizient maßgebend für v wird. Wenn dies so wäre, würde die Umwandlung um Größenordnungen langsamer ablaufen als beobachtet wird.

9. Zusammenfassung

Die Umwandlung des Austenits in ein perlitisches Gefüge ist eine diffusionsgesteuerte Festkörper-Reaktion. Sie läßt sich stöchiometrisch durch eine Brutto-Reaktionsgleichung beschreiben. Die thermodynamische Triebkraft für die Umwandlung läßt sich aus den konzentrations- und temperaturabhängigen Freien Enthalpien der 3 beteiligten Phasen ableiten. Sie ist Null bei der eutektischen Gleichgewichts-Temperatur, bei der die chemischen Potentiale des Kohlenstoffs in den 3 Phasen übereinstimmen. Nähere Betrachtung zeigt, daß auch unterhalb T_E zumindest für feinlamellaren Perlit noch keine Triebkraft vorliegt, weil die Grenzflächenenergie nicht verfügbar ist. Zu jeder Unterkühlung gibt es einen Lamellenabstand, der aus diesem Grunde nicht unterschritten werden kann.

Bei endlicher Triebkraft kommt es zu periodischen Konzentrationsschwankungen im Austenit vor der Wachstumsfront. Sie sind aus dem für $T_u < T_E$ extrapolierten Zustandsdiagramm abzulesen. Diffusionsvorgänge ermöglichen das weitere Wachsen des Perlits und bestimmen seine Geschwindigkeit. Dabei stellt sich der Lamellenabstand abhängig von der Temperatur so ein, daß ein Optimum zwischen nicht zu großen Diffusionswegen und nicht zu großen Grenzflächen erzielt wird.

Keimbildung erfolgt von Korn- und Phasengrenzen aus kontinuierlich. Dieser Vorgang einerseits, die zunehmende Verknappung am Restaustenit andererseits, bestimmen die makroskopische Umwandlungskinetik.

Legierungselemente wie Mn, Cr, Ni verlangsamen die Umwandlung aus vorwiegend thermodynamischen Gründen; sie können in 1. Näherung als nicht diffusionsfähig (relativ zu Kohlenstoff) betrachtet werden.

Verzeichnis der verwendeten Formelzeichen

c	= Kohlenstoffgehalt. Wegen der Indices vgl. Bild 1
m	= Menge einer Phase (molar)
T	= Temperatur
T_u	= Temperatur der Umwandlung Austenit-Perlit
T_E	= eutektoide Temperatur
$\Delta T = T_E - T_u$	= Unterkühlung
G	= Thermodynam. Potential = Freie Enthalpie (molar)
μ_i^α	= Chemisches Potential der Komponente i in der Phase α
γ	= Grenzflächenenergie (je Flächeneinheit)
λ	= Lamellenabstand (= Abstand der Mitten zweier benachbarter Lamellen der gleichen Phase) in Perlit. Wird in der US-Literatur oft mit S („spacing") bezeichnet.

ΔS = Entropiedifferenz der Austenit-Perlit-Reaktion

J = Stofftransportstrom (mol/s) für Kohlenstoff

D = Diffusionskoeffizient des Kohlenstoffs

δ = „Dicke" der Phasengrenze an der Wachstumsfront

v = Wachstumsgeschwindigkeit des Perlits, linear

N = Zahl von Perlit-Keimen je cm^3

W = Umwandlungsgrad; $0 \leq W \leq 1$

Schrittumshinweise

1. „Klassische" Arbeiten, auch zur eutekt. Kristallisation.

    1.1. *Johnson, W. A.,* u. *R. F. Mehl:* Trans. AIME **135** (1939) S. 416/58.
    1.2. *Pellissier, G. E., M. F. Hawkes, W. A. Johnson* u. *R. F. Mehl:* Trans. ASM **30** (1942) S. 1049.
    1.3. *Hull, F. C., R. A. Colton* u. *R. F. Mehl:* Trans AIME **159** (1942) S. 113.
    1.4. *Zener, C:* Trans. AIME **167** (1946) S. 550.
    1.5. *Tiller, W. A:* In: ASM (Hrsg.) „Liquid Metals and Solidification", Cleveland 1958.

2. Neuere Übersichtsberichte.

    2.1. *Mehl, R. F.,* u. *W. C. Hagel:* Prog. Metal Phys. **6** (1966) S. 74.
    2.2. *Cahn, J. W.,* u. *W. C. Hagel:* In: V. F. Zackay, H. I. Aoronson (Hrsg.): „Decomposition of Austenite by Diffusional Processes", 1962, S. 131.
    2.3. *Fine, M. E.:* „Phase Transformation in Condensed Systems" (Macmillan Materials Sci. Series) 1964, S. 81/96.
    2.4. *Turnbull, D.,* u. *K. N. Tu:* The cellular and pearlitic reaction. In: ASM (Hrsg.) „Phase Transformations", 1970, S. 487/95.

3. Einige neuere Arbeiten zu speziellen Themen.

    3.1. *Hillert, M.:* Met. Trans. **6A** (1975) S. 5/19.
    3.2. *Hillert, M.:* Jernkont. Ann. **141** (1957) S. 757.
    3.3. *Puls, M. P.,* u. *J. S. Kirkaldy:* Met. Trans. **3** (1972) S. 2777.
    3.4. *Darken, L. S.:* Trans AIME **221** (1961) S. 654.
    3.5. *Ilschner, B.:* Arch. Eisenhüttenwes. **27** (1956) S. 275/80.

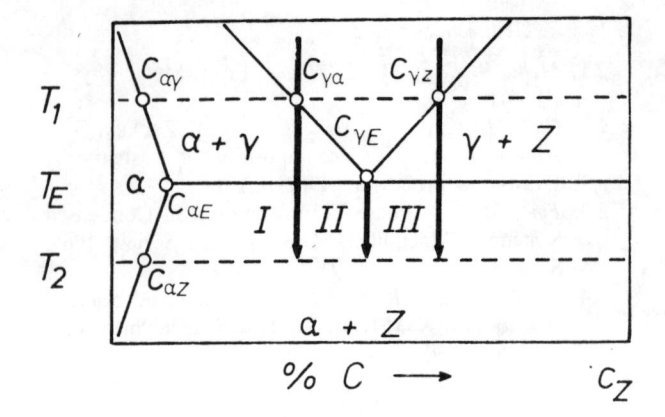

Bild 1: Schematischer Ausschnitt aus dem Zustandsschaubild Fe–C.

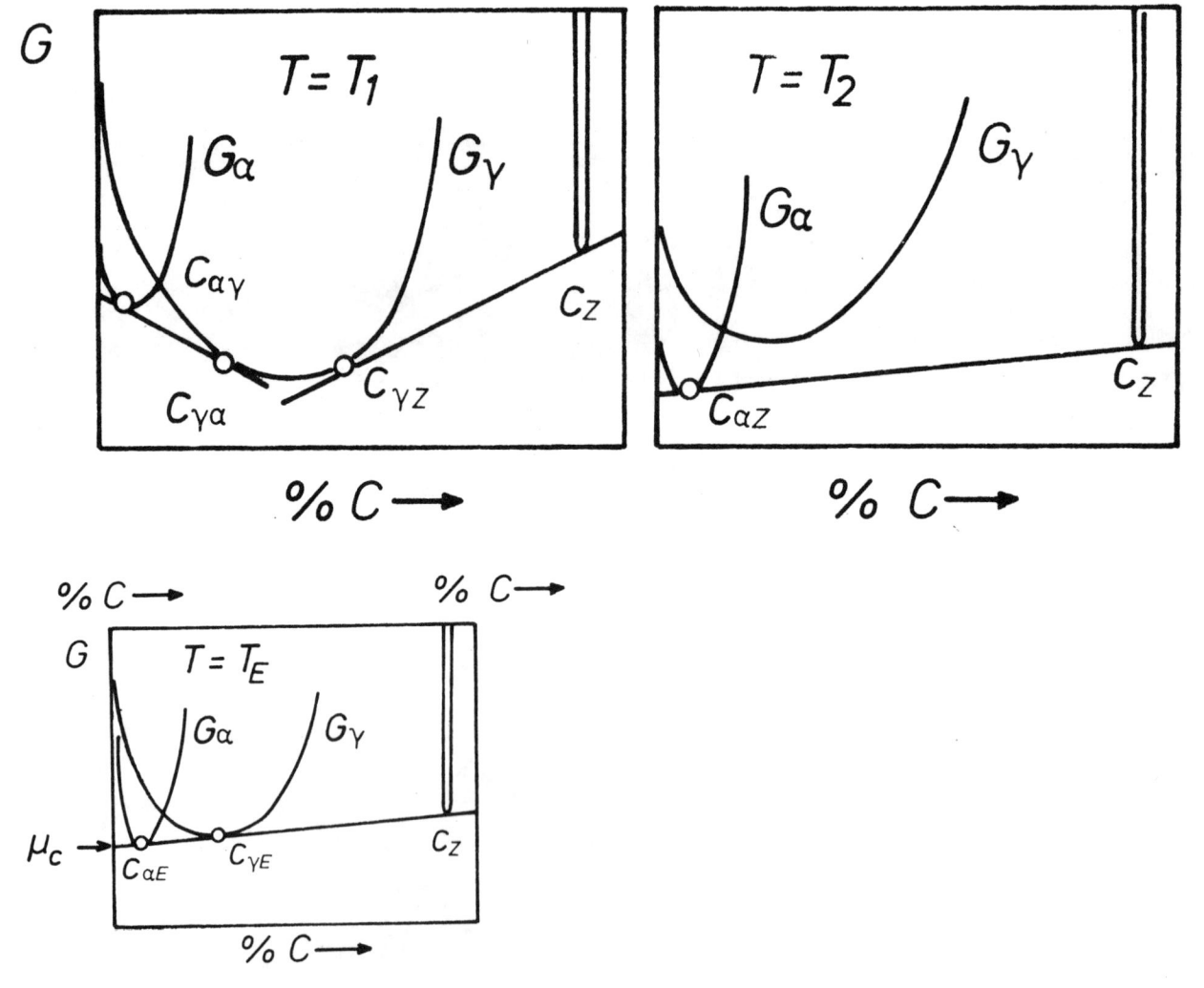

Bild 2: $G(c, T)$-Schaubilder zum eutektoiden Zerfall des Austenits. Temperaturangaben beziehen sich auf Bild 1

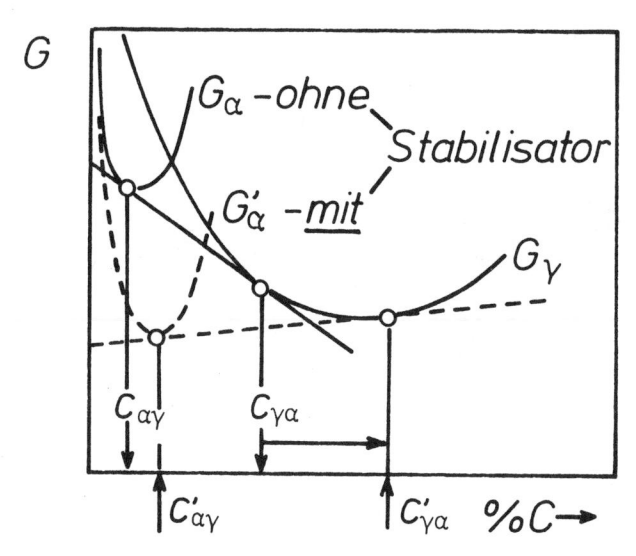

Bild 3: Verschiebung des Gleichgewichts-Kohlenstoffgehaltes im Austenit durch Zulegieren eines Ferrit-Stabilisators

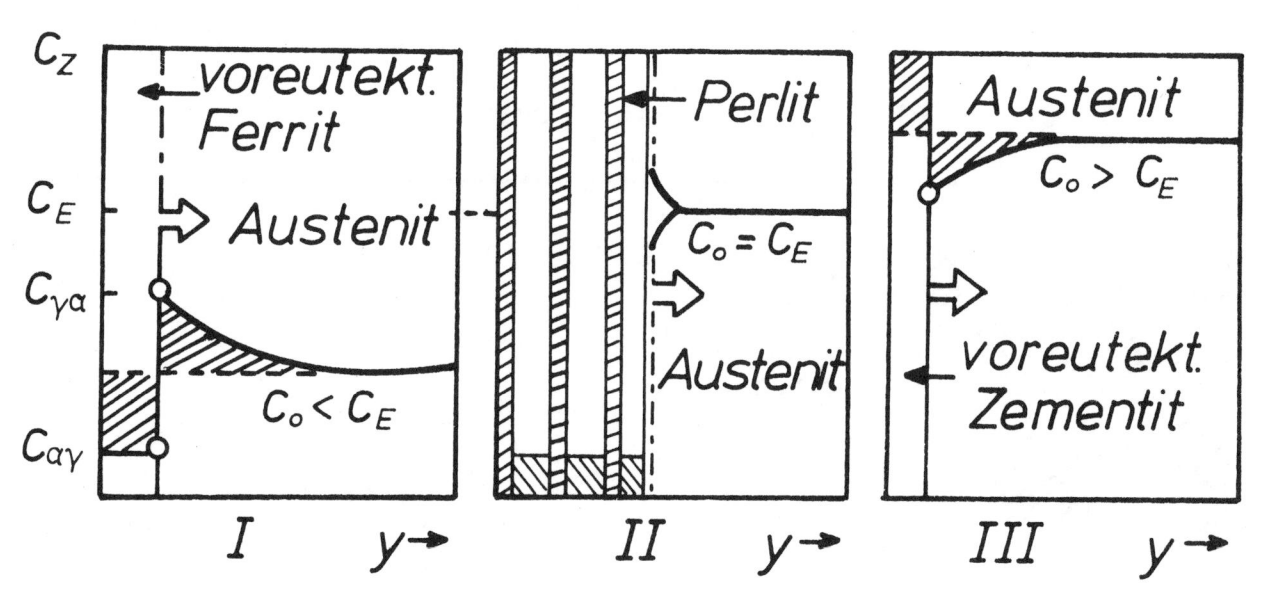

Bild 4: Konzentrationsprofile des Kohlenstoffs vor den Wachstumsfronten für die Fälle I, II, III des Bildes 4.1

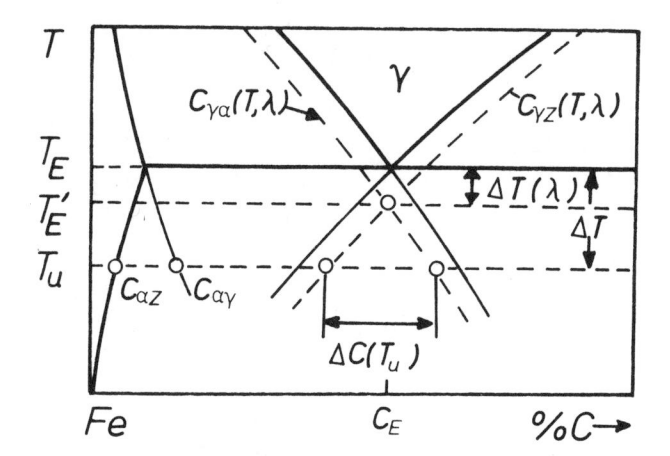

Bild 5: Fe-C-Zustandsschaubild, für $T < T_E$ extrapoliert. Gestrichelte Kurven $c(T,\lambda)$ berücksichtigen die Grenzflächenenergie

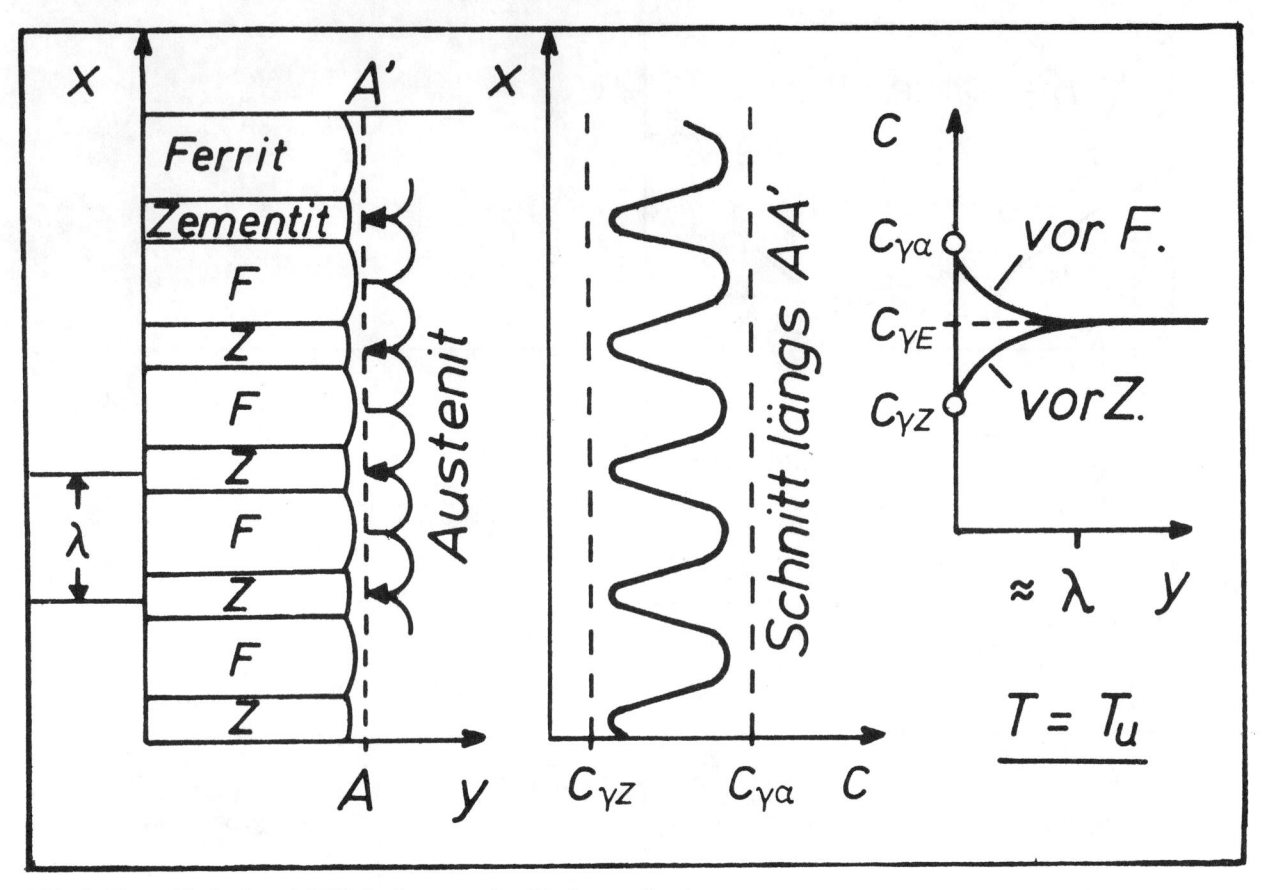

Bild 6: Konz.-Verlauf und Diff.-Ströme vor der Wachstumsfront

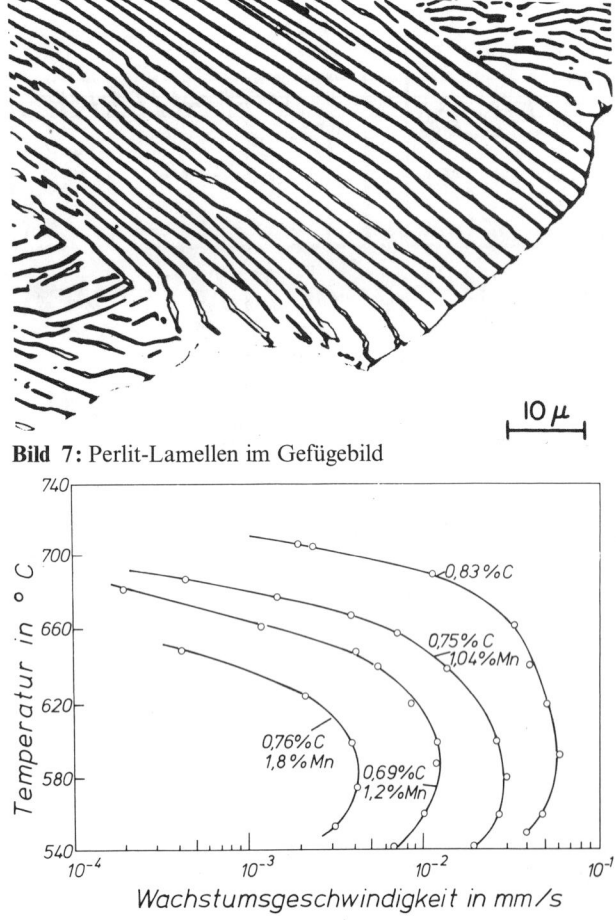

Bild 7: Perlit-Lamellen im Gefügebild

Bild 8: Einfluß von Temperatur und Mn-Gehalt auf die Wachstumsrate von Perlit; Meßwerte von Pickelsimer u. a. (1960)

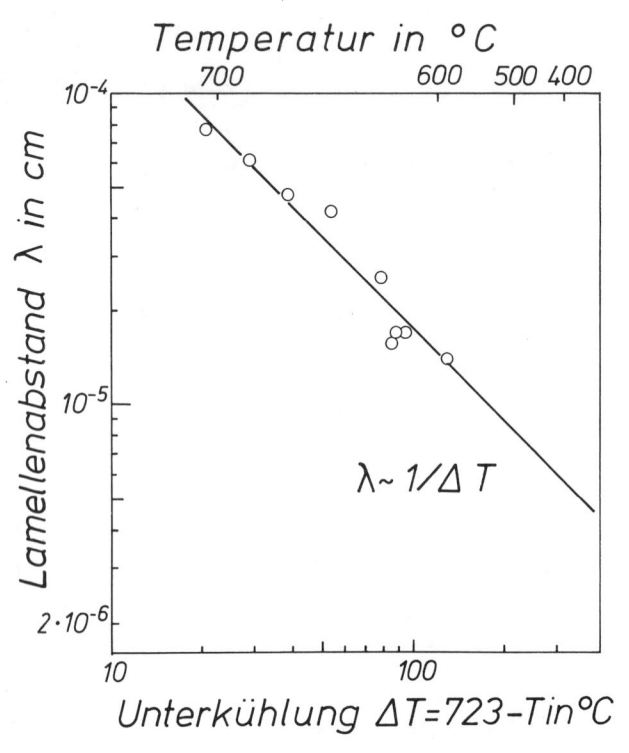

Bild 9: Abhängigkeit des Lamellenabstandes von der Unterkühlung. Meßwerte von Mehl u. M. (1942)

5. Martensitumwandlung

W. Pitsch

Die Austenit-Martensit-Umwandlung hat den Eisen- und Stahlwerkstoffen ihre Sonderstellung gegeben, weil durch sie die ungewöhnlich hohe Härtbarkeit dieser Werkstoffe bewirkt wird. Dementsprechend ist diese Umwandlung im Laufe der Zeit immer wieder und unter den verschiedensten Gesichtspunkten untersucht worden [siehe z. B. die Übersichtsartikel[1-10]]. Die Vielzahl der in diesen Untersuchungen festgestellten Eigenschaften der martensitischen Umwandlungen kann in diesem Bericht unmöglich vollständig wiedergegeben werden. Es wird aber versucht, an Einzelbeispielen das Besondere dieser Umwandlungen verständlich zu machen.

1. Die Art der Martensitumwandlung

Martensitumwandlungen haben eine ganze Reihe von Eigenschaften, die sie von den diffusionsgesteuerten Umwandlungen deutlich unterscheiden und durch die sie bereits frühzeitig als eine eigene Umwandlungsklasse erkannt wurden. Zur Erinnerung seien einige Eigenschaften genannt: die Martensitumwandlungen finden bei tiefen Temperaturen athermisch statt, d. h., sie setzen während der Abkühlung bei Erreichen einer bestimmten Temperatur schlagartig ein und laufen dann in Bruchteilen von Sekunden ab[11]); wird die Abkühlung gestoppt, so hört auch die weitere Umwandlung auf, obwohl das Gleichgewicht noch nicht erreicht ist; die umgewandelten Kristallbereiche sind bereits vor dem Anätzen auf der ursprünglich glatten Probenoberfläche durch klar umrissene Reliefstrukturen erkennbar, die durch Umklappvorgänge entstanden sind (siehe Bild 1) u. a.

Man hat natürlich zunächst versucht, mit diesen und anderen, ähnlich prägnanten Merkmalen die Klasse der Martensitumwandlungen zu charakterisieren. Es zeigte sich jedoch durchweg, daß unter bestimmten Versuchsbedingungen einzelne dieser Merkmale ausnahmsweise nicht auftraten. Deshalb hat sich schließlich die Charakterisierung durchgesetzt, die sich auf den Mechanismus der während der Umwandlung ablaufenden Atombewegungen bezieht.

Um diese Charakterisierung deutlich zu machen, betrachten wir einen γ-Mischkristall mit dem Legierungsgehalt x^0, der mit abnehmenden Temperaturen T_1, T_2, T_3 im Vergleich zum Phasenzustand α zunehmend instabil wird. Die freien Enthalpien G^φ der beiden Phasenzustände $\varphi = \alpha, \gamma$ sind in Bild 2 in Abhängigkeit von x, T schematisch skizziert worden. Bei der höheren Temperatur T_1 steht für die Bildung eines α-Keims (hier willkürlich mit der Zusammensetzung x' angenommen) die treibende freie Enthalpie $(G_2 - G_1)$ zur Verfügung. Die thermische Beweglichkeit der Atome sei noch so groß, daß einzelne Platzwechsel häufig stattfinden können, so daß weitreichende Diffusion in nicht zu langen Zeiten stattfindet. Die Umwandlung verläuft unter diesen Umständen als diffusionsgesteuerter Vorgang so, wie in Bild 3 schematisch durch einzelne Pfeile angedeutet ist.

Wird der γ-Mischkristall aber stärker unterkühlt, z. B. durch eine höhere Abkühlgeschwindigkeit, so nimmt einerseits die eine Umwandlung treibende Energie laufend zu, z. .B beträgt sie bei T_2 bereits $(G_3 - G_1)$ statt nur $(G_2 - G_1)$, andererseits aber friert die thermische Beweglichkeit der Atome zunehmend ein, wodurch eine Umwandlung, wie sie in Bild 3 dargestellt ist, zunehmend erschwert wird.

Dieses Dilemma wird durch die Art der martensitischen Umwandlung überwunden: Betrachten wir den auf die sehr tiefe Temperatur T_3 (z. B. $-100\,°C$) unterkühlten γ-Mischkristall mit der Zusammensetzung x^0 (Bild 2). Eine weitreichende Diffusion kann nicht mehr stattfinden; deshalb ist die Bildung eines α-Keims mit einer Zusammensetzung $x' \neq x^0$ überhaupt nicht möglich. Für die Bildung eines α-Keims der Zusammensetzung x^0 steht die Energie $(G_6 - G_4)$ zur Verfügung, die zwar kleiner ist als die für eine Bildung eines α-Keims bei x', die aber auch mit zunehmender Unterkühlung laufend anwächst (vgl. z. B. $(G_5 - G_4)$ mit $(G_6 - G_4)$ in Bild 2). Da nun T_3 so niedrig ist, daß praktisch keine Platzwechsel einzelner Atome im Gitter stattfinden, bleibt nur die Möglichkeit, daß eine ganze Gruppe von Atomen in einer gekoppelten und deshalb koordinierten Bewegung die Plätze der neuen Gitterstruktur einnimmt. Dies ist in Bild 4 für den gleichen Strukturwechsel wie in Bild 3 schematisch skizziert worden. Im Gegensatz zu Bild 3 bleiben in Bild 4 die nachbarlichen Verbindungen zwischen den Atomen erhalten; sie werden nur „strapaziert". Die Koordinierung der Atombewegungen bezieht sich dabei hauptsächlich auf die Geometrie der Atomwege und nicht unbedingt auf ihren zeitlichen Ablauf. Es ist wahrscheinlich, daß die Atombewegungen, ähnlich wie bei einer Kristallgleitung, nacheinander ablaufen, z. B. in Bild 4 von der Mittellinie ausgehend und an einer Seite beginnend.

Diese Koordinierung der Atombewegungen ist nun das entscheidende Charakteristikum der Martensitumwandlungen im Vergleich mit den individuell verlaufenden Atombewegungen bei diffusionsgesteuerten Umwandlungen.

Wie in Bild 4 anschaulich zu erkennen ist, bewirken diese koordinierten Atombewegungen notwendigerweise außer einer Volumenänderung vor allem eine ausgeprägte Gestaltsänderung des umwandelnden Kristallbereiches. Dadurch entstehen starke Gitterverspannungen und damit neben den Phasengrenzflächenenergien noch besonders hohe elastische Volumenenergien*).

Erfahrungsgemäß werden solche Gitterverspannungen nach Möglichkeit durch plastische Verformung des umgebenden Austenits abgebaut (siehe Bild 5). Es bleibt jedoch die fundamentale Forderung bestehen: die koordinierten Atombewegungen einer martensitischen Umwandlung müssen so verlaufen, daß die unvermeidlichen elastischen Volumen- und Grenzflächenenergien wenigstens auf ein Minimum beschränkt bleiben. Wir werden sehen, wie diese Forderung den besonderen Bildungsmechanismus des Martensits erzwingt, der dann zu der besonderen Gefügestruktur des Martensits führt und damit letztlich für die besonderen Eigenschaften dieses Werkstoffzustandes verantwortlich ist.

Eine erste Folge dieser Forderung ist, daß der Martensitkristall in seiner typischen Form sich plattenförmig bildet (siehe z. B. Bild 5), weil die bei der Bildung von plattenförmigen Kristallen erzeugte elastische Volumenenergie besonders niedrig ist. Außerdem bleibt, wie im nächsten Abschnitt gezeigt wird, die Grenzflächenenergie auf ein Minimum beschränkt.

Eine Abweichung von der Plattenform tritt nur bei höheren Umwandlungstemperaturen auf. Auf Grund des entstehenden Gefügebildes wird dieser Martensit unter anderem „Massiv-Martensit" genannt. Darauf wird später noch näher eingegangen werden.

Diese Art des Martensits wird bereits hier genannt, um sie gegen eine andersartige Umwandlung abzugrenzen, die unglücklicherweise ähnlich als „Massiv-Umwandlung" bezeichnet wird[12]). Diese Umwandlung erzeugt, wie der Name schon andeutet, ein sehr ähnliches Gefüge und tritt ebenfalls bei mittleren Temperaturen (in Bild 2 zwischen T_1 und T_3) auf. Dies sind Temperaturen, bei denen zwar die thermische Beweglichkeit innerhalb der α- und γ-Kristalle bereits weitgehend

---

*) Anmerkung: Bei diffusionsgesteuerten Umwandlungen wie im Bild 3 werden solche Gestaltsänderungen durch die hier mögliche Diffusion in der Phasengrenzfläche weitgehend vermieden.

eingefroren ist, jedoch können im Bereich einer inkohärenten (also zum Teil aufgelockerten) α-γ-Phasengrenze noch individuelle Platzwechsel einzelner Atome ablaufen. Die mittlere Konzentration der Legierungsatome ändert sich dabei, wie bei Martensitumwandlungen, nicht. Falls dann, wie in Bild 2 angedeutet, unter diesen Bedingungen für eine ($\alpha \rightarrow \gamma$)-Umwandlung eine gewisse treibende Energie (z. B. ($G_5 - G_4$) bei der Temperatur T_2) zur Verfügung steht, ist es möglich, daß der α-Kristall, ausgehend von einer Korngrenze, durch Diffusionsvorgänge in der Phasengrenzschicht aus dem γ-Kristallgefüge gebildet wird. Dabei wird, wie gesagt, die Legierungszusammensetzung nicht geändert. Trotzdem gehört diese Umwandlung nicht zur Klasse der Martensitumwandlungen, weil die Atomverlagerungen nicht koordiniert verlaufen.

2. Das kristallographische Modell der Martensitumwandlungen[13])

2.1. Die Umwandlungsbedingungen

Martensitische Umwandlungen sind in vielen Legierungen zwischen Phasen mit verschiedenen Gitterstrukturen festgestellt worden. Die folgenden Ausführungen beschränken sich auf die für Eisenlegierungen besonders wichtige Umwandlung der kubisch-flächenzentrierten Phase Austenit (γ) in die kubisch-raumzentrierte oder tetragonal-raumzentrierte Phase Martensit (α).

Die Aufgabe des Modells läßt sich nach dem oben Gesagten durch folgende Forderungen ausdrücken: Das Modell soll einen Umwandlungsverlauf angeben, der

1. das kubisch-flächenzentrierte Gitter der Ausgangsphase mit bekannter Gitterkonstante a_γ in das kubisch-raumzentrierte Gitter der neuen Phase mit bekannter Gitterkonstante a_α überführt;

2. der Plattenform der neuen Phase dadurch Rechnung trägt, daß er eine Habitusebene liefert, d. h. wenigstens eine Ebene während der Umwandlung
a) in sich unverzerrt und
b) im Raum ungedreht läßt.

Die erste Forderung ist selbstverständlich. Die zweite Forderung beinhaltet, daß die Habitusebene, d. h. die Plattenebene, bei der Umwandlung völlig ungeändert bleibt. Auf diese Weise wird die Grenzflächenenergie möglichst gering gehalten.

2.2. Die gitterverändernde (Bain-)Deformation

Ein naheliegender Umwandlungsvorgang, der durch eine sog. gitterverändernde Deformation (kurz: Gitterdeformation) bereits die erste Forderung erfüllt, wurde zuerst von E. C. Bain[15]) beschrieben (Bild 6): Da das γ-Gitter unter anderem auch aus tetragonal-raumzentrierten Zellen zusammengesetzt werden kann, läßt sich das Martensitgitter durch eine Stauchung in der Würfelkantenrichtung $[001]_\gamma$ und durch eine in allen Richtungen senkrecht dazu gleich große Dehnung erzeugen. Dabei ist in Substitutionsmischkristallen (z. B. Fe-Ni) das Martensitgitter wieder kubisch, während in Einlagerungsmischkristallen (z. B. Fe-C) das neue Gitter durch die erzwungene Lage der Einlagerungsatome (mindestens zunächst) geringfügig tetragonal verzerrt ist (siehe Bild 6). Da das Grundsätzliche nicht verschieden ist, wird im folgenden der Einfachheit wegen hauptsächlich der kubische Martensit behandelt.

Durch die beschriebene Gitterdeformation wird jeder Ortsvektor im γ-Gitter eindeutig in einen neuen Ortsvektor des Martensitgitters umgewandelt. In kristallographischer Schreibweise läßt sich dies so ausdrücken, daß für beide Gitter jeweils drei aufeinander senkrecht stehende Vektoren angegeben werden, die durch die Gitterdeformation ineinander übergehen:

$$\begin{aligned}[100]_\gamma &\rightarrow [1\bar{1}0]_\alpha \\ [010]_\gamma &\rightarrow [110]_\alpha \\ [001]_\gamma &\rightarrow [001]_\alpha\end{aligned} \quad (1)$$

Die Zahlenwerte der in den Beziehungen (1) enthaltenen Längenänderungen hängen von den Werten der Gitterkonstanten a_φ der beiden Kristalle $\varphi = \alpha, \gamma$ und damit von der jeweiligen Legierung ab. Um einen Anhalt zu gewinnen, kann man die meist ungefähr gültige Beziehung $\sqrt{3}\, a_\alpha = \sqrt{2}\, a_\gamma$ verwenden. Man erhält dann für die beiden ersten Beziehungen die gleich großen Dehnungen um den Faktor $\eta = \sqrt{2}\, a_\alpha/a_\gamma = 1{,}15$ und für die dritte Beziehung eine Stauchung um $\eta' = a_\alpha/a_\gamma = 0{,}82$. Die damit durch (1) beschriebene Gitterdeformation wird in Bild 7 veranschaulicht, indem ein Kugelbereich des γ-Gitters nach (1) in einen Ellipsoidbereich des α-Gitters überführt wird. Die gegenseitige Lage der beiden Kristallbereiche ist willkürlich so angenommen worden, daß die in (1) genannten Kristallrichtungen zueinander parallel eingestellt sind. Dieser Orientierungszusammenhang wird im Schrifttum kurz Bain-Zusammenhang genannt.

Würden nun im Austenitgitter Atombewegungen gemäß der Gitterdeformation (1) ohne Hinzunahme von weiteren Atombewegungen ablaufen, so würde keine Ebene unverzerrt bleiben, d. h., die Forderung 2 wäre nicht erfüllt. Dies läßt sich gut an Bild 7 einsehen: Die meisten Ortsvektoren ändern sowohl ihre Länge als auch ihre Richtung. Nur die auf dem Kegel B_i gelegenen Austenitvektoren, die in die auf dem Kegel B_f gelegenen Martensitvektoren übergehen, ändern zwar ihre Richtung, nicht aber ihre Länge. Die innerhalb B_i liegenden γ-Vektoren werden durch die Gitterdeformation verkürzt, die außerhalb liegenden verlängert.

2.3. Die gitterverändernden Deformationen

Entscheidend ist nun, ob durch einen weiteren Umwandlungsschritt wenigstens in einer Ebene die durch die Gitterdeformation (1) erzeugten Verzerrungen wieder rückgängig gemacht werden können. Allerdings muß dieser zweite Umwandlungsschritt die besondere Eigenschaft haben, daß das durch die Gitterdeformation (1) bereits erzeugte Martensitgitter als Strukturtyp erhalten bleibt.

Solche „gitternichtverändernden" Deformationen sind die Kristallabgleitungen durch Versetzungen und die Zwillingsbildung. In Bild 8 ist schematisch dargestellt, wie durch solche Vorgänge die Gestaltsänderung einer gitterverändernden Deformation wenigstens im groben wieder rückgängig gemacht werden kann. Überzeugende Hinweise dafür, daß solche Vorgänge bei der Martensitbildung wirklich stattfinden, liefern die elektronenmikroskopischen Beobachtungen der Martensitkristalle: in hoher Vergrößerung erkennt man, daß die Martensitkristalle dichte Innenstrukturen enthalten; die Bilder 9 und 10 zeigen besonders eindeutige Beispiele für eine Versetzungs- und für eine Zwillingsstruktur.

Beide (gitternichtverändernde) Deformationen lassen sich makroskopisch als eine Scherung beschreiben (Bild 11), bei der die Scherebene K_1 gleich der Gleitebene oder der Zwillingsebene ist, die Scherrichtung b gleich der Gleitrichtung oder der Zwillingsscherrichtung ist und der Scherwinkel 2Ψ bestimmt wird durch den Abstand der betätigten Gleitebenen oder durch den Abstand der alternierenden Zwillingsscherungen (siehe Bilder 8 und 11).

Bei einer solchen Scherung gibt es nun ebenfalls Gebiete, in denen die Ortsvektoren gedehnt oder gestaucht werden. Sie lassen sich an Hand von Bild 11 übersehen: Alle Vektoren bleiben in ihrer Länge ungeändert, die entweder in der Scherebene K_1 liegen oder in einer Ebene K_2, die gegen die Scherebene um den Winkel $(90°-\Psi)$ geneigt ist. Die Ebene K_2 geht durch die Scherung in die Ebene K'_2 über. Die beiden Ebenen K_1, K_2 teilen den in Bild 11 dargestellten Halbraum in zwei Abschnitte. Die Ortsvektoren im linken Abschnitt werden durch die Scherung gestaucht, im rechten Abschnitt gedehnt. Damit ist es grundsätzlich vorstellbar, daß durch eine geeignete Scherung wenigstens in einer Ebene die durch die Gitterdeformation (1) verursachten Längenänderungen wieder behoben werden. In dieser Ebene sollten dann wegen der Verzerrungsfreiheit die Martensitplatten entstehen.

Das zahlenmäßige Zusammensetzen der genannten Umwandlungsschritte läßt sich nach D. S. Liebermann[16] mit Hilfe der stereographischen Projektionen veranschaulichen: In den Bildern 12 bzw. 13 sind die Gitterdeformation (1) aus Bild 7 bzw. die Scherung aus Bild 11 noch einmal dargestellt. Dabei sind in Bild 13 als Beispiel $K_1 = (\bar{1}\bar{1}2)_\alpha$ und $b = [111]_\alpha$ gewählt worden, weil $(\bar{1}\bar{1}2)_\alpha$ sowohl Gleit- als auch Zwillingsebene und $[111]_\alpha$ sowohl Gleit- als auch Zwillingsscherrichtung des kubisch-raumzentrierten Martensitgitters sind. In den beiden Bildern 12 und 13 sind die Gebiete, in denen die Ortsvektoren durch den jeweiligen Umwandlungsschritt verkürzt werden, durch eine Dunkeltönung gekennzeichnet.

In Bild 14 sind nun die Darstellungen der Bilder 12 und 13 zusammengefaßt worden. Man erkennt, grob gesprochen, daß in bestimmten, ungetönten Gebieten die Ortsvektoren durch beide Umwandlungsschritte verlängert, in anderen, doppelt getönten Gebieten zweifach verkürzt werden; jedoch in den einfach getönten Gebieten werden die Ortsvektoren sowohl verkürzt als auch verlängert! Hier besteht die Möglichkeit, daß eine Ebene die eingangs genannte Forderung 2a erfüllt, d. h. in sich unverzerrt bleibt.

Bei der zahlenmäßigen Prüfung dieser Möglichkeit verfolgt man die Vektoren, die ihre Länge bei beiden Umwandlungsschritten nicht ändern; diese Vektoren sind durch die Schnittpunkte des Kegels B_f mit den Ebenen K_1 oder K_2 markiert. An diesen Vektoren kann man feststellen, ob es eine Ebene gibt, die unverzerrt bleibt. Es zeigte sich, daß bei einem bestimmten Wert des Scherwinkels 2Ψ solche Ebenen vorkommen[13,14]. Dieser Wert liegt meist nahe bei $\Psi = 10°$ und variiert nur wenig von Legierung zu Legierung[3].

2.4. Die Habitusebene und der Orientierungszusammenhang

In Bild 14 sind für das hier behandelte Beispiel die beiden Lagen der unverzerrt bleibenden Ebene in bezug auf das Ausgangs- und das Endgitter eingetragen, und zwar als Spurkreise H_γ bzw. H_α und als Polrichtungen n_γ bzw. n_α. Bild 15 gibt die Lagen von n_γ wieder, die nach dieser Methode in Abhängigkeit von den Werten der Gitterkonstanten a_γ, a_α wie in Bild 14 berechnet wurden; sie geben als erste Aussage der Theorie die kristallographischen Lagen der Martensitplatten im Austenitgitter an.

Schließlich muß noch die anfangs gestellte Forderung 2b erfüllt werden: an Bild 14 sieht man, daß dies erreicht wird, wenn in einem dritten Umwandlungsschritt eines der beiden Kristallgitter, z. B. das neue α-Gitter starr so gedreht wird, daß die unverzerrt gebliebene Ebene H_α wieder in ihre ursprüngliche Lage H_γ gebracht wird. Da hierbei die Forderungen 1 und 2a erfüllt bleiben, ist damit ein kristallographischer Umwandlungsmechanismus gefunden, der alle Forderungen an das Modell erfüllt.

Durch die starre Drehung des neuen Kristallgitters wird der im ersten Umwandlungsschritt zunächst willkürlich eingestellte Bain-Orientierungszusammenhang geändert. Es stellt sich der wirklich zu erwartende Zusammenhang ein, der von dem Bain-Zusammenhang um die Orientierungsänderung abweicht, die durch die starre Drehung bewirkt wird. Ein Teil dieser Orientierungsänderung besteht darin, in Bild 14 die beiden Habituspole n_α, n_γ zur Deckung zu bringen; der restliche Teil besteht in einer Drehung um den Habituspol. Erfahrungsgemäß ist für jeden Ortsvektor seine Gesamtdrehung stets kleiner als rd. 11°. Der genaue Betrag hängt natürlich wieder von den Zahlenwerten der jeweiligen Gitterkonstanten a_α, a_γ ab.

Das kristallographische Modell liefert also die Vorhersage, daß bei martensitischen Umwandlungen in Eisenlegierungen die Orientierungszusammenhänge in bestimmten Lagen innerhalb eines rd. 11°-Bereichs um den Bain-Zusammenhang liegen. Diese Aussage wird in Bild 16 mit gemessenen Zusammenhängen[17-20] verglichen. Neben dem Bain-Zusammenhang mit einem 11°-Streubereich sind die gemessenen Zusammenhänge aus Tafel 1 in allen kristallographisch gleichberechtigten Varianten eingetragen. Die Übereinstimmung ist gut.

Als weitere Prüfung für die Vorhersagen des kristallographischen Modells werden die in Bild 15 angegebenen Habituspole mit entsprechenden Messungen verglichen. Dabei kann sich dieser Vergleich nicht auf die nach abgelaufener Umwandlung beobachtbare Austenit-Martensit-Grenzfläche beziehen, weil – wie z. B. in den Bildern 1, 5 oder 17 erkennbar ist – diese Grenzfläche häufig von Stelle zu Stelle verschieden orientiert ist. Nur die Ebene, in der der Martensitkristall angefangen hat sich zu bilden, entspricht ungestört der Beschreibung des Modells.

Diese Ebene ist in manchen Legierungen durch das Phänomen der sog. Mittelrippen-Ebene (nach dem Angelsächsischen kurz midrib-Ebene) klar erkennbar (siehe Bild 17). Elektronenmikroskopische Beobachtungen[21] haben gezeigt, daß dieses Phänomen dann entsteht, wenn die Martensitumwandlung zunächst mit einer Zwillingsscherung als gitterverändernder Deformation beginnt, dann aber mit einer Versetzungsgleitung fortschreitet (Bild 18). Daß diese Ebene wirklich der Ausgangsort der Martensitbildung ist, konnte nachgewiesen werden durch Beobachtungen an Martensitkristallen, die in in einem Austenit mit eingelagerten Fremdteilchen entstanden waren[22]: nach Durchgang der Umwandlungsfront blieben an diesen Teilchen nichtumgewandelte Austenitbereiche wie Schatten zurück (siehe Bild 19), deren Richtung eindeutig von der Fortbewegungsrichtung der Umwandlungsfront abhängt. Man sieht in Bild 19, daß sich die Schattenrichtung auf beiden Seiten der midrib-Ebene umkehrt; daraus folgt, daß die Umwandlungsfront an diesen Stellen mit entgegengesetzter Richtung durchgegangen ist und daß deshalb die midrib-Ebene der Startpunkt der Martensitumwandlung gewesen ist.

Die durch Röntgenmessungen bestimmten Lagen von midrib-Ebenen in Fe-Ni-Legierungen sind in Bild 20 wiedergegeben. Ein Vergleich mit Bild 15 zeigt die gute Übereinstimmung zwischen Modellaussage und Messung.

2.5. Die Gesamtdeformation

Durch die Zerlegung des Umwandlungsvorganges in Teilschritte konnte die Entstehung der verschiedenen kristallographischen Eigenschaften der Umwandlung, also der Innenstruktur, der Habituslage usw., deutlich gemacht werden. Die Vorstellung vom Gesamtverlauf der Umwandlung muß jedoch noch gewonnen werden. Dies ist aber sofort möglich, ohne daß die einzelnen Teilschritte wieder aufgegriffen werden müßten: Aus dem Ergebnis, daß die Habitusebene völlig invariant, d. h.

ungedreht und unverzerrt bleibt, folgt notwendig, daß die Gesamtdeformation nur aus einer Längenänderung senkrecht und einer makroskopischen Scherung parallel zu dieser Ebene bestehen kann (Bild 21a). Zahlenmäßig ist diese Längenänderung gleich der Volumenzunahme bei der Austenit-Martensit-Umwandlung, d. h., sie beträgt durchweg rd. $+3\%$. Der makroskopische Scherwinkel wird für die meisten Legierungen in der Größenordnung von rd. $10°$ berechnet und gemessen. Solche Messungen wurden an Martensitreliefs auf glattpolierten Probenflächen durchgeführt[23]) (siehe Bild 21 b), auf denen ursprünglich geradlinige Kratzerspuren AD durch die Bildung des Martensitkristalls EFGHIJKL im Bereich BC abgeknickt werden[2]).

2.6. Ergänzungen

Um das Charakteristische einer Martensitumwandlung als koordinierte Atombewegung an einem konkreten Beispiel anschaulich zu machen, wurde das Modell mit bestimmten kristallographischen Daten für die gitternichtverändernde Deformation, für die Habitusebene usw. vorgeführt. Ein Vergleich mit den Messungen zeigte, daß diese Daten den Verhältnissen in Fe + (31 bis 33)% Ni Legierungen entsprechen. In anderen Legierungen werden dagegen auch andere Werte für die Habitusebene, für das gitternichtverändernde Schersystem usw. gefunden. Zum Beispiel in bestimmten Fe-C-Legierungen ist diese Scherung komplizierter als bisher aus Gleitvorgängen auf mehr als nur einer Gleitebene zusammengesetzt[24, 25]). Dies führt dann auch auf die dort beobachtete Habitusebene $\{225\}_\gamma$, statt auf $\{3.10.15\}_\gamma$ wie in Bild 20. Das Grundsätzliche des beschriebenen Umwandlungsvorganges bleibt jedoch unverändert.

Einschneidender verändert ist dagegen der Umwandlungsmechanismus, wenn die Martensitbildung bei höheren Temperaturen, d. h. bei niedrigeren Legierungsgehalten, abläuft (z. B. in Fe + 20 Gew.% Ni statt in Fe + 32 Gew.% Ni oder in Fe + 0,2 Gew.% C statt in Fe + 1 Gew.% C). Die Grundeinheit des Martensitgefüges besteht hier erfahrungsgemäß nicht mehr aus Platten, sondern aus abgeflachten Stäben, die dicht an dicht zu Schichten längs der $\{111\}_\gamma$-Ebenen und darüber hinaus zu massiven Blöcken zusammengepackt sind (Bild 22)[9, 26]). Dementsprechend bezeichnet man diesen Martensit im Gegensatz zu dem bisher behandelten Plattenmartensit als Stab-, Block- oder Massiv-Martensit [im Angelsächsischen: lath-, blocky, massive-martensite[26])].

Obwohl auch dieser Martensit durch koordinierte Atombewegungen entsteht, ist eine ähnlich allgemein gültige kristallographische Analyse wie bei dem Plattenmartensit hier noch nicht gelungen. Der Grund dafür besteht vermutlich darin, daß bei den höheren Umwandlungstemperaturen die entstehenden elastischen Gitterverspannungen stärker durch Gleit- und Erholungsvorgänge im Austenitgitter abgebaut werden, so daß die eingangs genannten Forderungen 1, 2a, 2b nicht mehr in ganzer Schärfe erfüllt werden müssen und die kristallographischen Eigenschaften des entstehenden Martensitgefüges deshalb nicht mehr so einheitlich sind.

Schließlich sei vermerkt, daß die durch die gitternichtverändernden Deformationen in den Martensitkristallen erzeugten Defektstrukturen (Versetzungen oder/und Zwillingsebenen, siehe z. B. die Bilder 9 und 10) wesentlich zu der hohen Härte des Martensits beitragen. Einmal bewirkt diese Defektstruktur an sich schon, wie auch die gegebenenfalls eingelagerten C-Atome, eine Härtung; zum andern begünstigt sie eine feindisperse Karbidausscheidung, die wiederum die Härte des Werkstoffs steigert[8]).

3. Die Keimbildung des Martensits

3.1. Das Modell der homogenen Keimbildung

Da das Wachstum eines Martensitkristalls in der Regel in Bruchteilen von 1 s abläuft, wird die Kinetik der Martensitumwandlung in erster Linie durch die Keimbildung bestimmt. Die Bedingungen, unter denen diese Keimbildung erfahrungsgemäß abläuft, sind in den Bildern 23 und 24 an Hand von Beispielen dargestellt: Bild 23 enthält für zwei Eisenlegierungen den Verlauf der γ/α-Gleichgewichtstemperaturen T_0 und den der Starttemperaturen M_s der Umwandlung in Abhängigkeit vom Legierungsgehalt. Die bei M_s die Umwandlung antreibenden freien Enthalpien $\Delta G^{\alpha/\gamma}$ (häufig kurz „chemische" Energien genannt), sind in Bild 24 angegeben. Diese Energien erhält man aus Beziehungen wie in Gl. (16), (38a) des ersten Berichtes, da die neue Phase dieselbe chemische Zusammensetzung hat wie die alte Phase. Zahlenmäßig ist z. B. für eine Fe + 30 At% Ni Legierung $\Delta G^{\alpha/\gamma} = 315$ cal/g-Atom oder auf das Volumen bezogen: $\Delta g^{\alpha/\gamma} = 44$ cal/cm^3. Diese Energie reicht offenbar aus, oder: ist offenbar nötig, um die durch die Umwandlung erzeugten elastischen Volumen- und Grenzflächenenergien zu überwinden. Für eine Abschätzung genügt es, die in der Innenstruktur des Martensits enthaltene Energie zu vernachlässigen und nach[6, 27]) die Keimbildungsarbeit ΔW zusammenzusetzen aus:

$$\Delta W = -\frac{4\pi}{3} r^2 c \Delta g^{\alpha/\gamma} + \frac{4\pi}{3} r^2 c A \frac{c}{r} + 2\pi r^2 \sigma \quad (2)$$

mit: r bzw. c = Radius bzw. halbe Dicke der (ellipsoiden) Martensitplatte; A = Faktor in der elastischen Volumenenergie, der von der Gesamtdeformation und von den elastischen Konstanten abhängt; σ = α/γ-Grenzflächenenergie. Man sieht, daß die elastische Volumenenergie einer Platte bei festem Volumen dem Achsenverhältnis c/r proportional, d. h. bei dünnen Platten kleiner als bei dickeren Platten ist.

In Bild 25 ist ΔW in Abhängigkeit von r und c schematisch dargestellt. Bei Martensitplatten mit kleinem r und c ist ΔW positiv, d. h., zu Beginn ist die aufzubringende Energie größer als die antreibende chemische Energie. Man erkennt den günstigsten Weg

$$c^2 = \sigma r/A, \quad (3)$$

der an der kritischen Stelle

$$r_* = 4 A \sigma/(\Delta g^{\alpha/\gamma})^2 \text{ und } c_* = 2 \sigma/\Delta g^{\alpha/\gamma}$$

über die niedrigste Aktivierungsschwelle

$$\Delta W_* = 32 \pi A^2 \sigma^3/3 (\Delta g^{\alpha/\gamma})^4$$

führt.

Zahlenmäßig erhält M. Cohen in[27]) dann mit $\Delta g^{\alpha/\gamma} = 44$ cal/cm^3, mit dem für Eisenlegierungen zutreffenden Wert $A = 500$ cal/cm^3 aus[28]) und, entsprechend der Vorstellung, daß die α/γ-Grenzfläche aus gleitfähigen Versetzungen aufgebaut ist[28]), mit $\sigma = 200$ erg/cm^2 = $5 \cdot 10^{-6}$ cal/cm^2:

$c_* = 23 \cdot 10^{-8}$ cm

$r_* = 516 \cdot 10^{-8}$ cm

$\Delta W_* = 2,8 \cdot 10^{-16}$ cal pro Keim

$= 1,7 \cdot 10^8$ cal pro Mol Keime.

Mit diesen Werten wird nun eine kritische Keimgröße vorhergesagt, die fast $6 \cdot 10^6$ Atome enthält und dementsprechend einen so großen Energieaufwand ΔW_* erfordert, daß er aus den bei den tiefen M_s-Temperaturen noch vorhandenen thermischen Atombewegungen nicht gewonnen werden kann. Eine Keimbildung durch thermische Fluktuationen ist für diesen Fall nicht möglich. Dieses Ergebnis weist wieder auf den Unterschied hin, der zwischen den koordinierten martensitischen Umwandlungen und den diffusionsgesteuerten Umwandlungen und Ausscheidungen besteht (vgl. den dritten Bericht dieser Vortragsreihe).

3.2. Das Modell einer „operationalen" Keimbildung[6][27][28]

Man hat als Ausweg aus dieser Situation die Hypothese entwickelt, daß im unterkühlten Austenitgitter vorgebildete Martensitkeime vorhanden sein müssen, woher sie auch immer kommen mögen, deren Größen bereits jenseits des ΔW-Bergrückens in Bild 25 liegen. Diese präformierten Martensitkeime können nach Gl. (2) ihre Energie ΔW durch Weiterwachsen, z. B. längs des Weges (3), sofort erniedrigen. Es wird aber nun weiter berücksichtigt, daß auf diesem Wege noch feinere Energieschwellen zu überwinden sind, die dadurch entstehen, daß in der frisch zu bildenden α/γ-Grenzfläche neue Versetzungsstrukturen eingebaut werden müssen.

Für diesen Vorgang wird eine neue Energiebetrachtung angestellt, die neben der Energiebilanz in Gl. (2) zu berücksichtigen ist: die beiden Volumenenergieterme in Gl. (2), die jenseits von r_* längs des Weges (3) zusammengenommen immer negativer werden, werden einer „angelegten" Schubspannung gleichgesetzt, die zur Bildung eines neuen Versetzungsstückes l zur Verfügung steht. Die mit der Bildung dieses Versetzungsstückes und dem gleichzeitigen Nachlassen der Schubspannung verbundene Energieänderung W^l ist zusammen mit ΔW in Bild 26 wiedergegeben. (Der Berechnung von W^l wurde neben den bereits genannten Zahlenwerten für $\Delta g^{\alpha/\gamma}$, A und σ ein vereinfachtes Versetzungsnetzwerk mit einer bestimmten Maschenweite zugrundegelegt.)

Man erkennt an Bild 26, daß die Energie W^l bis zu einer Martensitgröße $r_c > r_*$ ansteigt und dann abfällt. Als Konsequenz ergibt sich: in dem Austenitkristall, für den Bild 26 berechnet wurde, können präformierte Martensitbereiche mit $r > r_c$ spontan wachsen, weil dabei sowohl ΔW als auch W^l erniedrigt wird; dieses Wachstum würde dem typischen, athermischen Losbersten des Martensits entsprechen.

Präformierte Keime mit $r < r_*$ können gar nicht wachsen; die thermischen Fluktuationen reichen nicht aus, um die entgegenwirkenden Energiebeträge zu überwinden. Präformierte Keime mit $r_* < r < r_c$ können zunächst auch nicht wachsen, da die Versetzungsenergie W^l noch ansteigt. Ähnlich wie bei der Versetzungsbewegung eines gewöhnlichen Gleitvorganges ist es jedoch denkbar, daß der W^l-Berg in kleinen Teilschritten überwunden wird. Die Schwellenenergie ΔW^l solcher Schritte ist der Steigung der Kurve $W^l(r)$ und der Schrittweite proportional; sie ist in Bild 26 miteingetragen. Der Betrag dieser Schwellenenergien variiert zwischen Null und einem Maximalwert ΔW^l_+ ($< \Delta W_*$). Deshalb können Martensitkeime mit Größen bei $r \sim r_c$ selbst bei der tiefen M_s-Temperatur durch thermische Fluktuationen schrittweise wachsen, bis sie die Größe r_c erreicht haben und dann ohne weiteres Anhalten schlagartig weiterwachsen. Erst bei diesem schlagartigen Weiterwachsen werden die Martensitkristalle beobachtbar, so daß sich für den Beobachter das Überschreiten der r_c-Schwelle wie ein Keimbildungsvorgang darstellt. M. Cohen nennt dies eine „operationale" Keimbildung.

Die Umwandlung von Martensitkristallen aus dem Bereich $r_* < r < r_c$ geht also isotherm mit einer Anlaufzeit vor sich, so wie es bei diffusionsgesteuerten Umwandlungen die Regel ist. In bestimmten Fe-Ni-Mn-Legierungen ist diese Umwandlungsart auch wirklich beobachtet worden[29,30]. Ihre Kinetik konnte mit dem operationalen Keimbildungsmodell erklärt werden[31].

Trotz dieses Erfolges bleibt der beschriebene Ansatz des operationalen Keimbildungsmodells unbefriedigend, weil die Natur und Herkunft der präformierten Keime völlig ungewiß sind. Es ist anzunehmen, daß diese Schwierigkeit des Modells daher rührt, daß von vornherein die Eigenschaften eines ausgewachsenen Martensitkristalls, z. B. dessen inkohärente Grenzflächenstruktur, auf den Martensitkeim übertragen wurden. Man muß statt dessen davon ausgehen, daß die zuerst gebildeten Martensitbereiche noch kohärent mit dem umgebenden Austenitgitter verbunden sind. Mit einer solchen Vorstellung läßt sich die genannte Schwierigkeit überwinden. Dies wird im folgenden Abschnitt skizziert werden.

4. Thermoelastischer Martensit

In der Regel beginnt die Martensitumwandlung in Eisenlegierungen erst nach einer Unterkühlung von rd. 100 bis 200° (siehe z. B. Bild 23). Ähnlich beginnt in diesen Legierungen auch die Martensit-Austenit-Rückumwandlung erst nach einer starken Überhitzung, d. h. bei einer Temperatur A_s, die wesentlich oberhalb der Gleichgewichtstemperatur T_0 liegt. Diese Rückumwandlung läuft oft, wie der Martensit, mit koordinierten Atombewegungen ab[32]. Dann entsteht, wie beim Martensit, ein charakteristisches Oberflächenrelief der im Martensit rückgebildeten Austenitplatten (Bild 27).

Die starke Temperaturhysterese des Austenit-Martensit-Umwandlungszyklusses entsteht durch den Abbau der die Umwandlungen begleitenden elastischen Gitterverspannungen. Dies wird deutlich, wenn man den Martensit in einem stark verfestigten Austenit erzeugt, der die elastischen Spannungen nur schwer durch Gleitung abbauen kann. Ein solcher Fall wurde in einer Fe + 24 At%-Pt-Legierung untersucht[33]: Bild 28 zeigt den Verlauf der Hin- und Rückumwandlung in dieser Legierung, wenn sie als γ-Mischkristall ohne eine geordnete Atomverteilung vorliegt. In diesem Zustand ist eine plastische Verformung gut möglich; dementsprechend wird eine große Temperaturhysterese festgestellt. Wird jedoch im γ-Mischkristall durch eine vorgeschaltete Glühung bei höherer Temperatur eine Fe_3Pt-Überstruktur erzeugt, die wegen der geordneten Atomverteilung eine höhere Festigkeit besitzt, so finden Hin- und Rückumwandlung fast ohne Temperaturhysterese statt (Bild 29).

Letzteres tritt auf, weil ein Abbau der durch die Umwandlung erzeugten Gitterverspannungen durch plastische Verformung praktisch nicht stattfindet und deshalb der Martensit kohärent mit dem umgebenden Austenit verbunden bleibt. Dieser Zustand verhält sich wie eine gespannte Feder: bei Temperaturerhöhung wandelt sich der bei Abkühlung gebildete Martensit auf Grund der elastischen Spannungen sofort wieder in Austenit zurück, obwohl die Probentemperatur noch unterhalb der α/γ-Gleichgewichtstemperatur T_0 liegt. Dieses Umwandlungsverhalten nennt man „thermoelastisch"[34,35]. Zur Anschauung sind in Bild 30 die Mengenkurven für einen gewöhnlichen und einen thermoelastischen Austenit-Martensit-Umwandlungszyklus bei jeweils gleicher M_s-Temperatur schematisch dargestellt.

Das Gefüge des thermoelastisch gebildeten Martensits ist dadurch charakterisiert, daß die Martensitplatten ungewöhnlich dünn sind, ähnlich wie in dem Beispiel in Bild 31, in dem der Austenit durch feinverteilte Fremdteilchen verfestigt worden ist. Die Erklärung hierfür ist, daß mit zunehmender Plattendicke die Gesamtdeformation des umwandelnden

Kristallbereiches zunehmend elastische Gegenspannungen erzeugt, die nicht durch plastische Verformung abgebaut werden (vgl. Bild 4). Das radiale Wachstum wird dagegen erst durch Fremdhindernisse, wie Korngrenzen oder andere Martensitplatten, angehalten.

Es ist augenscheinlich, daß der Fall des thermoelastischen Martensits durch das operationale Keimbildungsmodell nicht behandelt wird. Dies ist eine Schwäche des Modells, die deshalb besonders ins Gewicht fällt, weil der thermoelastische und der nicht thermoelastische Martensit gleiche kristallographische Eigenschaften haben[40]) und es deshalb unwahrscheinlich ist, daß sie durch fundamental verschiedene Umwandlungsmechanismen entstehen.

Es ist aber möglich, diese Schwäche zu überwinden, indem beide Umwandlungsarten in einem Bild zusammengefaßt werden. Dazu wird folgende Hypothese aufgestellt: Auch der nicht thermoelastische Martensit bildet sich wenigstens im Anfangsstadium im beschriebenen Sinne thermoelastisch. Dies geschieht in einer dünnen Schicht längs der midrib-Ebene. Die Schichtbreite sollte noch deutlich kleiner als die Dicke der midrib-Spur, z. B. in den Bildern 17 und 19, sein. Die α/γ-Grenzfläche ist in diesem Stadium noch kohärent und die Grenzflächenenergie ist deshalb weit geringer als bei einer inkohärenten, mit Versetzungen durchzogenen Grenzschicht. Man kann daher für σ den willkürlichen, aber plausiblen Ansatz machen:

$$\sigma = K \cdot c^{0,5} \qquad (4)$$

mit der Konstanten $K = 2{,}24 \cdot 10^{-3}$ cal/cm^{2,5}, die bei einer halben Dicke von $c = 5 \cdot 10^{-8}$ cm den Wert

$$\sigma = 5 \cdot 10^{-7} \text{ cal/cm}^2 = 20 \text{ erg/cm}^2 \text{ ergibt.}$$

Setzt man diese Grenzflächenenergie an Stelle des festen Wertes von 200 erg/cm^2 in die Gleichung (2) ein, während die Daten für $\Delta g^{\alpha/\gamma}$ und A unverändert bleiben, so erhält man eine Aktivierungsschwelle mit

$$c_* \approx 1 \cdot 10^{-8} \text{ cm}$$
$$r_* \approx 30 \cdot 10^{-8} \text{ cm}$$
$$\Delta W_* \approx 12 \cdot 10^{-3} \text{ cal pro Mol Keime.}$$

Diese Werte sind deutlich niedriger als die in Abschnitt 3.1 aus[27]) mitgeteilten Werte; sie schließen eine Keimbildung durch thermische Gitterschwingungen nicht mehr aus.

Der aus Gl. (2), (4) berechnete Wachstumsweg der Martensitkristalle verläuft, ähnlich wie in Bild 25, hauptsächlich in r-Richtung, wenn auch bei wesentlich kleineren c-Werten als dort. Deshalb können nach Überwindung der Aktivierungsschwelle ΔW_* schmale Martensit-Schichtkristalle ungehemmt in radialer Richtung wachsen, bis sie auf Fremdhindernisse, z. T. auf Korngrenzen, stoßen (Bild 31). Von da an ist nur noch ein Dickenwachstum möglich.

Die Energie ΔW steigt aber mit zunehmendem c wieder auf positivere Werte an. Dadurch ist, wie bei der thermoelastischen Martensitbildung[33]), das Wachstum zunächst einmal gestoppt. Es ist aber grundsätzlich vorstellbar, daß in diesem gespannten Gitterzustand entweder Versetzungen direkt in der Phasengrenzfläche erzeugt oder aus dem umgebenden Austenit in diese Grenzfläche hineingezogen werden. Durch diesen Vorgang wird zwar die Grenzflächenenergie erhöht, aber gleichzeitig wird die elastische Volumenenergie abgebaut. Der insgesamt erhaltene Energiegewinn bewirkt dann, daß die Martensitumwandlung jetzt durch das Dickenwachstum der zunächst dünnen Schichten makroskopisch feststellbare Bereiche erfaßt.

Der beschriebene Vorgang der Versetzungserzeugung hat die gleichen Eigenschaften wie die in Abschnitt 3.2. beschriebene Vergrößerung des Versetzungsnetzwerkes in der Phasengrenzfläche. Deshalb bleiben im Grundsätzlichen die mit dem operationalen Keimbildungsmodell gewonnenen Aussagen erhalten.

In diesem nur grob skizzierten Bild unterscheiden sich der thermoelastische und der nicht thermoelastische Martensit (in Eisenlegierungen) nur dadurch, daß in ersterem höchstens ein geringer Abbau der elastischen Gitterspannungen durch Verformung des Austenits stattfindet.

Schrifttumshinweise

[1]) *Bilby, B. A.,* u. *J. W. Christian:* In: „Proceedings of the Symposium of the Mechanism of Phase Transformations in Metals". Monograph Nr. 18, Institute of Metals, London, 1956, S. 121.

[2]) *Wayman, C. M.:* „Introduction to the Crystallography of Martensitic Transformations". New York, McMillan 1964.

[3]) *Wayman, C. M.:* „The Crystallography of Martensitic Transformations in Alloys of Iron". In: Advances in Materials Research Edtr. H. Herman, Vol. 3 (1968).

[4]) *Christian, J. W.:* „The Theory of Transformations in Metals and Alloys". Oxford, Pergamon Press 1965. S. 415 ff.

[5]) *Haasen, P.:* „Physikalische Metallkunde". Berlin/Heidelberg/New York. Springer-Verlag 1974. Siehe besonders Kap. 13.

[6]) *Kaufman, L.,* u. *M. Cohen:* „Thermodynamics and Kinetics of Martensitic Transformations". Progress in Metal Physics 7 (1958), S. 165.

[7]) *Bryans, R. G., T. Bell* u. *V. M. Thomas:* „The Morphology and Crystallography of Massive Martensite in Iron-Nickel Alloys". In Monograph and Report Series Nr. 33 (1969) Institute of Metals, London, S. 181.

[8]) *Hornbogen, E.:* „Verfestigungsmechanismen in Stählen". Symposium der Climax Molybdenum Comp. in Zürich (1969). S. 1.

[9]) *Rassmann, G.,* u. *P. Müller:* „Martensitmorphologie und Festigkeit von Eisenbasislegierungen in Phasenumwandlungen im festen Zustand". Hrsg. Akademie der Wissenschaften der DDR, Leipzig. VEB Deutscher Verlag für Grundstoffindustrie (1973). S. 85.

[10]) *Magee, C. L.:* Kap. 3, S. 115, in Seminar on „Phase Transformations" of ASM, Metals Park, Ohio (1968).

[11]) *Bunshah, R. F.,* u. *R. F. Mehl:* Trans. AIME **197** (1953) S. 1251. – *Förster, F.* u. *E. Scheil:* Z. Metallkde. **32** (1940) S. 165.

[12]) *Massalski, T. B.:* Kap. 10, S. 433, in Seminar on „Phase Transformations" of ASM, Metals Park, Ohio (1968).
[13]) *Wechsler, M. S., D. S. Lieberman* u. *T. A. Read:* Trans. AIME **197** (1953) S. 1503.
[14]) *Bowles, J. S.,* u. *J. K. Mackenzie:* Acta Met. **2** (1954) S. 129 u. 224. – J. Australian Inst. Metals **5** (1960) S. 90.
[15]) *Bain, E. C.:* Trans. AIME **70** (1924) S. 25.
[16]) *Lieberman, D. S.:* Acta Met. **6** (1958) S. 680.
[17]) *Kurdjumov, G.,* u. *G. Sachs:* Z. Phys. **64** (1930) S. 325.
[18]) *Nishiyama, Z.:* Sci. Rep. Tohoku-Univ. **23** (1934) S. 637.
[19]) *Wassermann, G.:* Mitt. K.-Wilh.-Inst. Eisenforsch. **17** (1935) S. 149.
[20]) *Pitsch, W.:* Phil. Mag. **4** (1959) S. 577.
[21]) *Warlimont, H.:* Proc. 5th Int. Conf. on Electr. Microscopy **1** (1962) S. HH6. – *Patterson, R. L.,* u. *C. M. Wayman:* Acta Met. **14** (1966) S. 347.
[22]) *Neuhäuser, H. J.,* u. *W. Pitsch:* Acta Met. **19** (1971) S. 337.
[23]) *Dunne, D. P.,* u. *J. S. Bowles:* Acta Met. **17** (1969) S. 201.
[24]) *Bowles, J. S.,* u. *D. P. Dunne:* Acta Met. **17** (1969) S. 677.
[25]) *Ahlers, M.:* Z. Metallkde. **65** (1974) S. 576.
[26]) *Krauss, G.,* u. *A. R. Marder:* Met. Trans. **2** (1971) S. 2343. – Trans. ASM **60** (1967) S. 651.
[27]) *Cohen, M.:* Trans. AIME **200** (1958) S. 171.
[28]) *Knapp, H.,* u. *U. Dehlinger:* Acta Met. **4** (1956) S. 289.
[29]) *Cech, R. E.,* u. *J. H. Hollomon:* Trans. AIME **197** (1953) S. 685.
[30]) *Raghavan, V.,* u. *M. Cohen:* Met. Trans. **2** (1971) S. 2409.
[31]) *Cohen, M.:* Met. Trans. **3** (1972) S. 1095.
[32]) *Kessler, H.,* u. *W. Pitsch:* Arch. Eisenhüttenwes. **38** (1967) S. 321.
[33]) *Dunne, D. P.,* u. *C. M. Wayman:* Met. Trans. **4** (1973) S. 137 u. 147.
[34]) *Kelly, A.,* u. *G. W. Groves:* „Crystallography and Crystal Defects". London, Longman, 1970. Siehe besonders S. 335 u. 336.
[35]) *Hornbogen, E.:* Arch. Eisenhüttenwes. **43** (1972) S. 307.
[36]) *Pitsch, W.:* Arch. Eisenhüttenwes. **32** (1961) S. 575.
[37]) *Pitsch, W.:* Arch. Eisenhüttenwes. **38** (1967) S. 859.
[38]) *Bühler, H. E., W. Pepperhoff* u. *H. J. Schüler:* Arch. Eisenhüttenwes. **36** (1965) S. 457.
[39]) *Neuhäuser, H. J.,* u. *W. Pitsch:* Arch. Eisenhüttenwes. **44** (1973) S. 235.
[40]) *Tadaki, T.,* u. *K. Shimizu:* Trans. Japan Inst. Met. **11** (1970) S. 44.

Verwendete Symbole

x	= Legierungszusammensetzung
T	= Temperatur
G	= freie Enthalpie pro g-Atom
g	= freie Enthalpie pro 1 cm^3
a	= Gitterkonstante
η	= Längenänderung
B_i, B_f	= Kegel, auf denen die Vektoren ihre Länge nicht ändern
K, H	= Spuren von Ebenen
$\vec{b}$	= Schervektor
ψ	= halber Scherwinkel
n	= Habituspol
$W, \Delta W$	= Keimbildungsarbeiten
σ	= Grenzflächenenergie
c	= halbe Dicke einer Martensitplatte
r	= Radius einer Martensitplatte
M_s	= Starttemperatur der Martensitumwandlung
A_s	= Starttemperatur der Austenitrückumwandlung
T_0	= α/γ-Gleichgewichtstemperatur
α, γ, φ	= Phasen

Tafel 1: Bei Austenit-Martensit-Umwandlungen gemessene Orientierungszusammenhänge (Austenit = F, Martensit = B; aus [37]) entnommen).

Nr.	Orientierungsangaben in gewöhnlicher Schreibweise	Winkel zwischen den Richtungen und			
		$[100]_F$	$[010]_F$	$[001]_F$	
1	$(\bar{1}11)_F \| (011)_B$	9,5°	93°	80°	$[1\bar{1}0]_B$
	$[101]_F \| [1\bar{1}1]_B$	86°	6°	94,5°	$[110]_B$
	(Kurdjumov- und Sachs-Zusammenhang)	99°	85°	10,5°	$[001]_B$
2	$(\bar{1}11)_F \| (011)_B$	7°	90°	84°	$[1\bar{1}0]_B$
	$[110]_F \| [100]_B$	89,5°	7°	97°	$[110]_B$
	(Nishiyama-Zusammenhang)	97°	83°	9,5°	$[001]_B$
3	$[110]_F \| [100]_B$	0°	90°	90°	$[1\bar{1}0]_B$
	$[001]_F \| [001]_B$	90°	0°	90°	$[110]_B$
	(Bain-Zusammenhang)	90°	90°	0°	$[001]_B$
4	$[01\bar{1}]_F \| [11\bar{1}]_B$	0°	90°	90°	$[1\bar{1}0]_B$
	$[100]_F \| [1\bar{1}0]_B$	90°	9,5°	99,5°	$[110]_B$
		90°	81°	9,5°	$[001]_B$

100 µm

a) Relief   b) Geätzt in Königswasser   c) Bedampft mit TiO$_2$

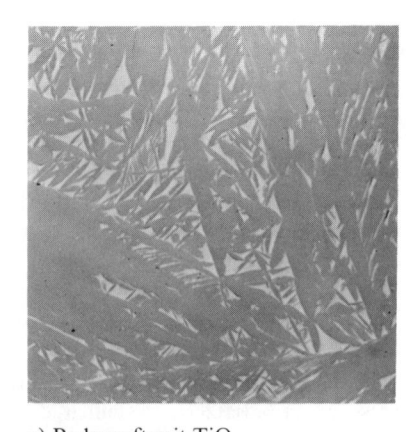

Bild 1: Fe + 32 Gew. % Ni Legierung zum größten Teil in Martensit umgewandelt: a) Relief auf einer vor der Umwandlung glatten Probenoberfläche; b) nach Abpolieren mit Königswasser geätzt; c) nach Abpolieren mit TiO$_2$ bedampft: der Martensit erscheint dunkel, der Restaustenit hell

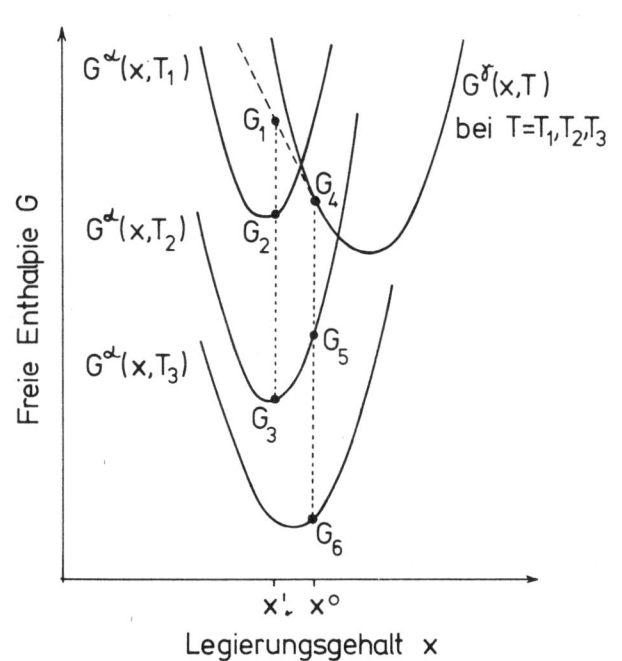

Bild 2: Die freien Enthalpien G^φ zweier Phasen $\varphi = \alpha, \gamma$ als Funktionen der Legierungszusammensetzung x bei verschiedenen Temperaturen T_i ($i = 1, 2, 3$). Da nur die relative Lage interessiert, ist für G^γ nur eine schematische Kurve eingetragen worden

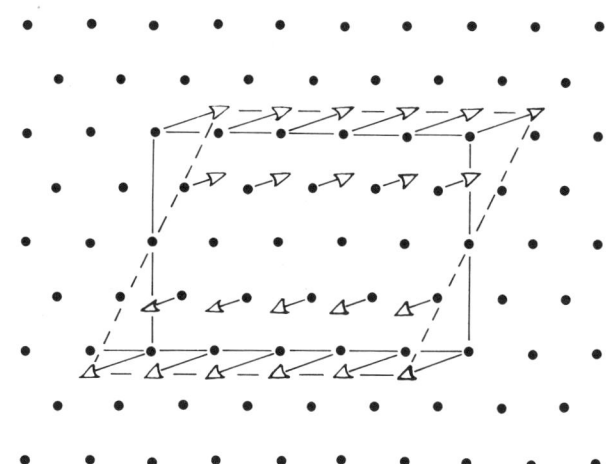

Bild 4: Umwandlung der dichtgepackten Gitterstruktur aus Bild 3 in die weniger dichtgepackte Gitterstruktur durch gekoppelte, d. h. koordinierte Atombewegungen

⊗ = A ⊙ = B ☐ = Leerstelle

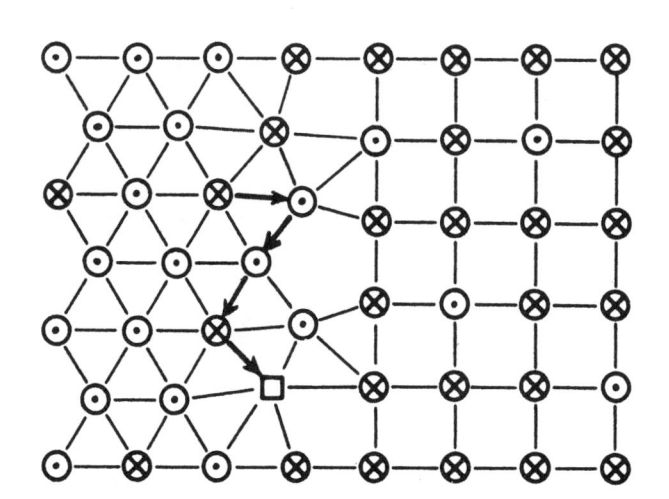

Bild 3: Inkohärente Grenze zwischen zwei Gitterstrukturen mit verschieden dichten Atompackungen

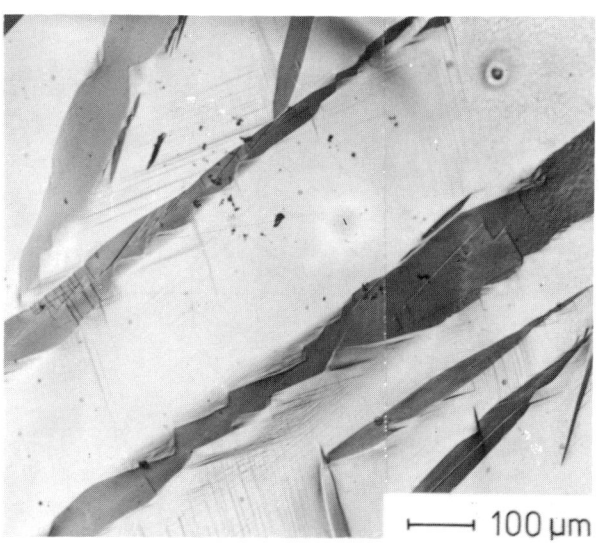

Bild 5: Relief einzelner Martensitplatten und Gleitspuren im angrenzenden Austenit in einer Fe + 33,5 Gew. % Ni Legierung

85

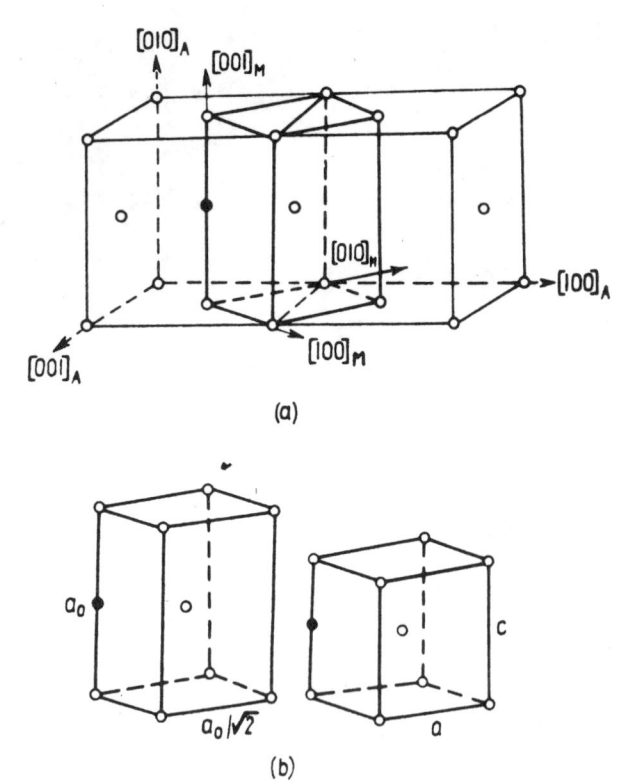

Bild 6: Die Bain-Deformation (siehe (b)) der tetragon. r. z. Zellen des kub. fl. z. Austenitgitters (siehe (a) mit $A = \gamma$ und $M = \alpha$). Die kristallographischen Angaben entsprechen nicht genau der in Gl. (1) verwendeten Schreibweise, sie sind aber gleichwertig. Für die Gitterkonstante gilt $a_0 = a_\gamma$. (Aus [4] entnommen.)

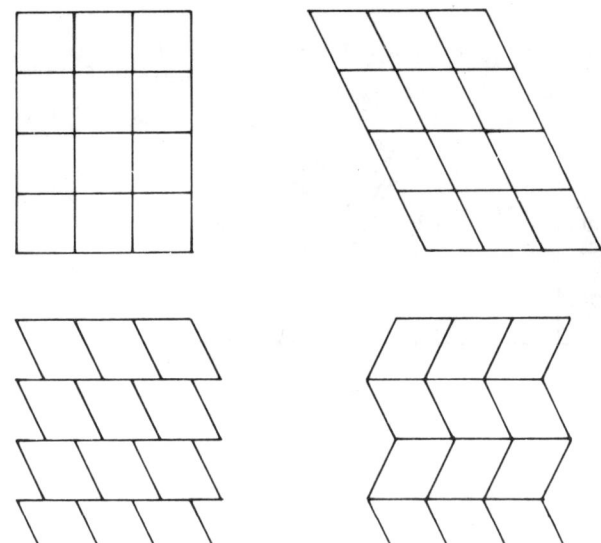

Bild 8: Strukturänderung durch eine Gitterdeformation (oben); Beseitigung der durch die Gitterdeformation verursachten Gestaltsänderung durch Gleitung (unten links) oder durch Zwillingsbildung (unten rechts)

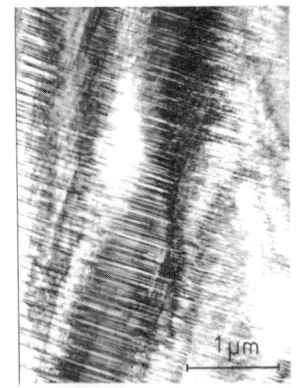

Bild 9: Elektronenmikroskopische Durchstrahlaufnahme von der Innenstruktur einer Martensitplatte, aus Versetzungen bestehend

Bild 10: Innenstruktur einer Martensitplatte, aus Zwillingslamellen bestehend

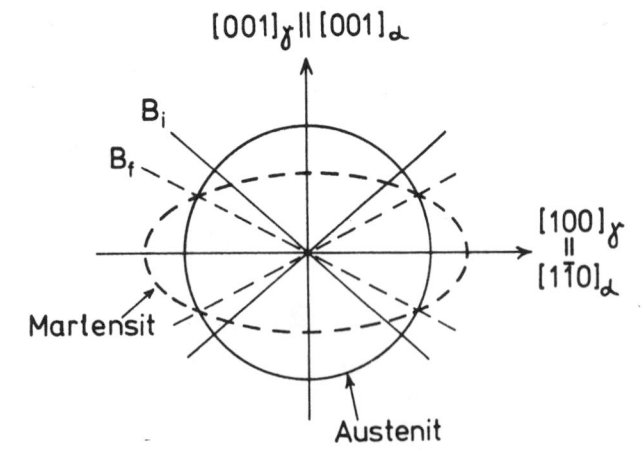

Bild 7: Umwandlung eines kugelförmigen γ-Bereiches in einen ellipsoidförmigen α-Bereich durch eine Bain-Deformation. Raumvektoren, die dabei ihre Länge nicht ändern, liegen im Ausgangsgitter auf dem Kegel B_i und im Endgitter auf dem Kegel B_f.

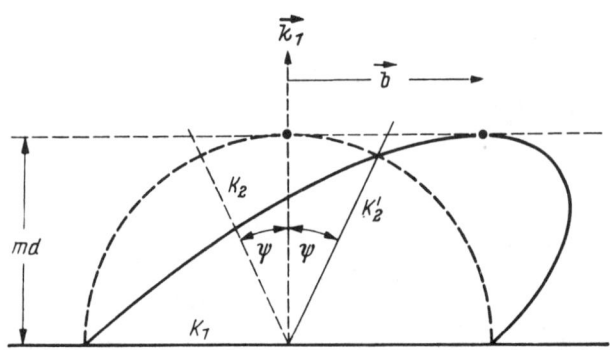

Bild 11: Scherung um den Winkel 2ψ, die den gestrichelt gezeichneten Halbkreis in die durchgehend gezeichnete Ellipse überführt. Die Spuren der Scherebene K_1 und zweier Ebenen K_2 und K_2' sind angegeben. (Aus [36] entnommen.)

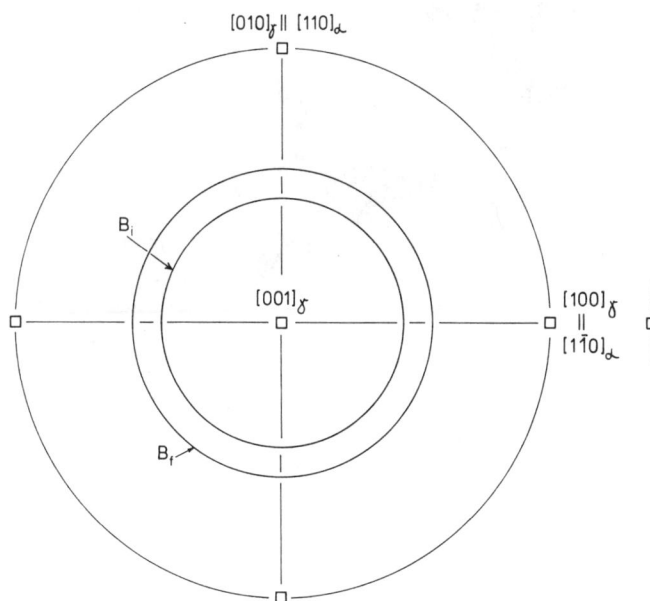

Bild 12: Darstellung der Gitterdeformation aus Bild 7 in einer stereographischen Projektion

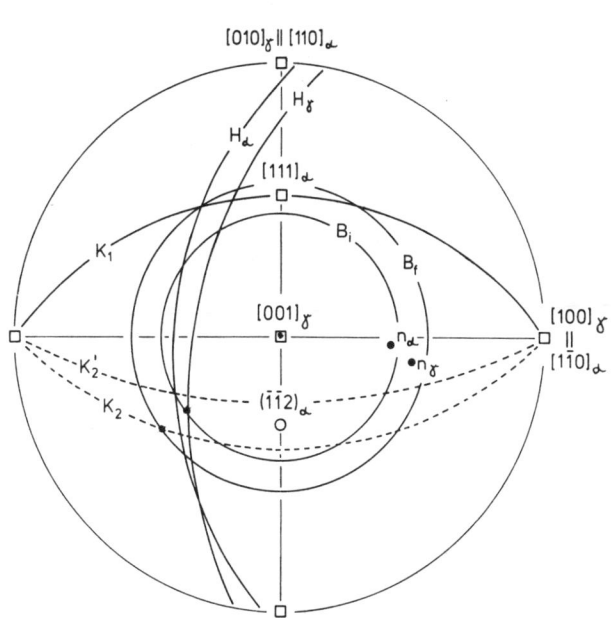

Bild 14: Überlagerung der Bilder 12 und 13: Die durch beide Umwandlungsschritte erzeugte, in sich unverzerrte Habitusebene ist durch ihre Spuren H_φ und Polrichtungen n_φ in bezug auf beide Kristallgitter $\varphi = \alpha, \gamma$ angegeben

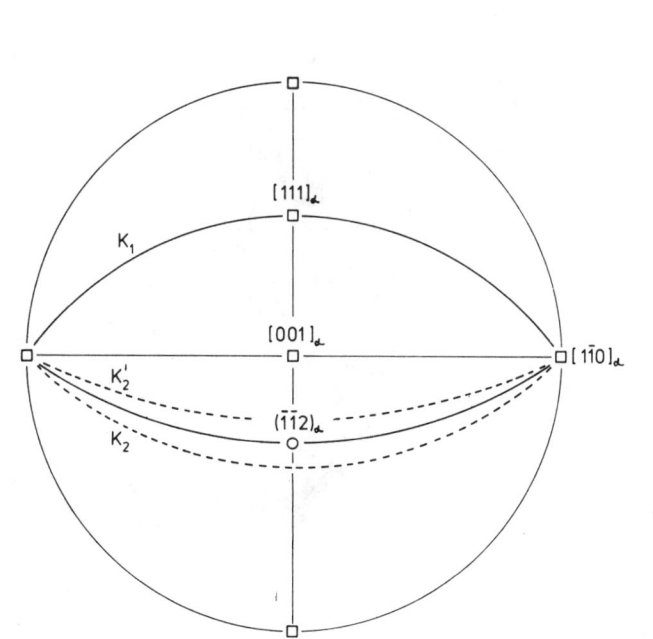

Bild 13: Darstellung der Scherung aus Bild 11 in einer stereographischen Projektion

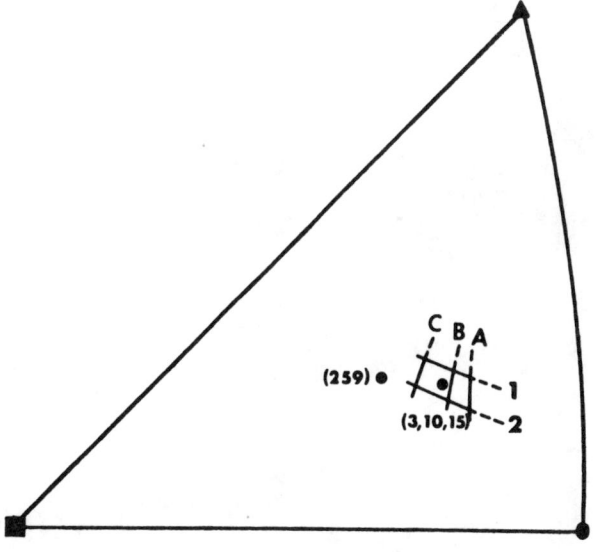

Bild 15: In bezug auf das Austenitgitter theoretisch vorhergesagte Lagen der Martensitplatten, wenn die gitternichtverändernde Deformation eine $\langle 111 \rangle_\alpha \{112\}_\alpha$-Scherung ist. Verschiedene Werte der Gitterkonstanten ergeben eine geringe Variation entlang der Kurvenstücke 1, 2, A, B, C. (Aus[3] entnommen.)

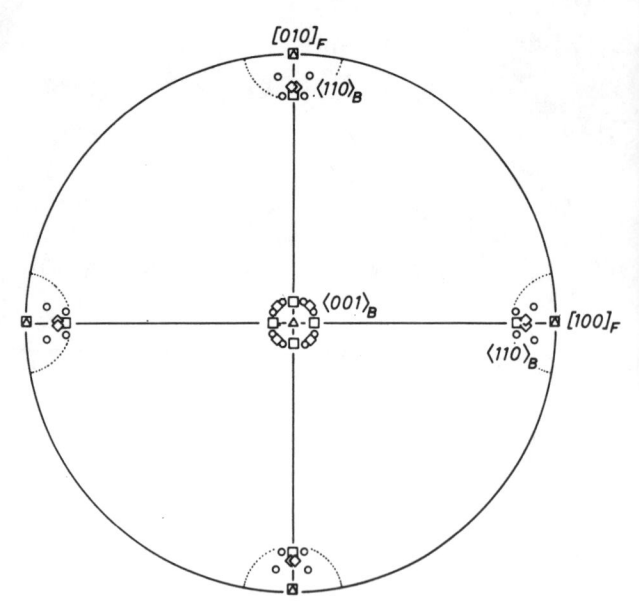

Bild 16: Darstellung der α/γ-Orientierungszusammenhänge (α = B, γ = F) aus Tafel 1 in einer stereographischen Projektion mit $[001]_\gamma \parallel [001]_\alpha$ als Polrichtung. Es sind die Lagen der Richtung $[001]_\alpha$ (= $\langle 001 \rangle_B$) der Richtungen $[1\bar{1}0]_\alpha$ und $[110]_\alpha$ (= $\langle 110 \rangle_B$) in bezug auf die Grundsachen des Austenitgitters eingetragen. Dabei werden die kristallographisch gleichbedeutenden Varianten des Orientierungszusammenhanges Nr. 1 durch Kreise, Nr. 2 durch auf die Spitze gestellte Quadrate, Nr. 3 durch Dreiecke und Nr. 4 durch auf einer Seite stehende Quadrate angegeben. Orientierungsbereiche von 11° sind punktiert als Kreise um die $\langle 100 \rangle_\gamma$-Richtungen eingetragen; der Kreis um den Mittelpol $[001]_\gamma$ fällt mit den dort liegenden $[001]_\alpha$-Polen zusammen. (Aus [37] entnommen.)

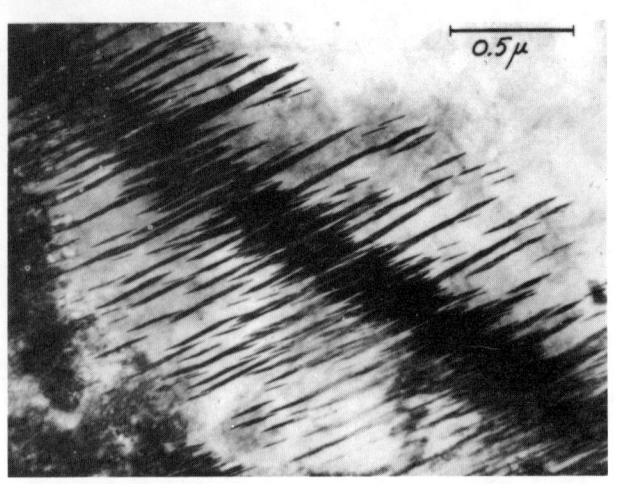

Bild 18: Elektronenmikroskopische Durchstrahlaufnahme einer midrib-Ebene im Martensit, bestehend aus begrenzt ausgedehnten Zwillingslamellen. (Aus [3] entnommen.)

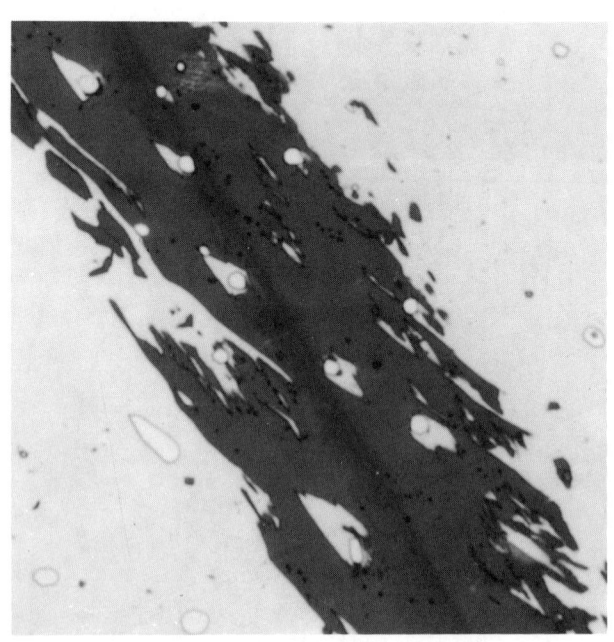

Bild 17: Martensitplatten im Austenit einer Fe + 32,6 Gew. % Ni Legierung. Die midrib-Ebenen dieser Platten sind als dunkle Spurlinien erkennbar.

Bild 19: Martensitkristall mit midrib-Ebene (dunkle Linie) und kegelartigen „Schatten" von Restaustenit an eingelagerten Phosphidteilchen in einer Fe + 31,4 Gew. % Ni + 1,1 Gew. % P Legierung. (Ätzung mit alkohol. HNO_3; aus [22] entnommen.)

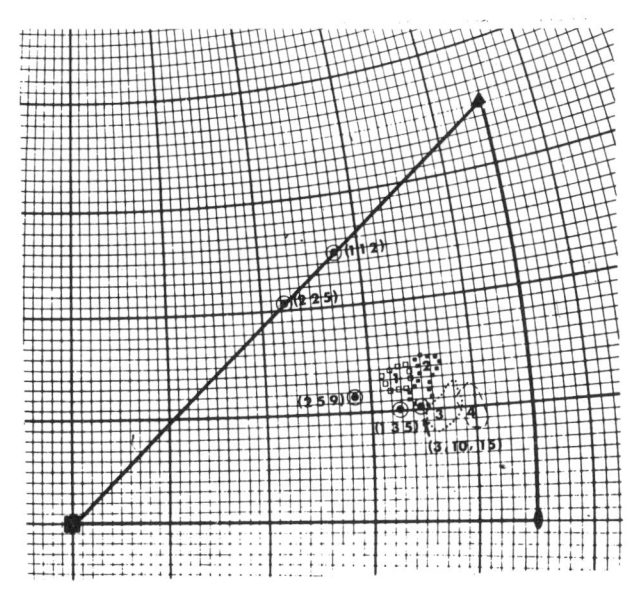

Bild 20: In bezug auf das Austenitgitter gemessene Lagen der Martensit-midrib-Ebenen in Fe-Ni-Legierungen mit verschiedenen Gehalten. Die Bereiche 1,2,3,4 entsprechen den Gehalten 30.9, 31.9, 33.1, 34.8 % Ni. (Aus [3] entnommen.)

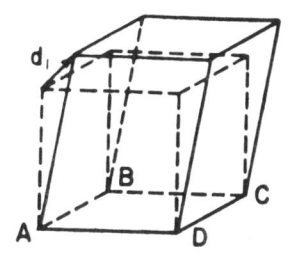

Bild 21a: Mögliche Deformation eines Kristallbereiches, in dem die Ebene A,B,C,D ungedreht und in sich unverzerrt bleibt. (Aus [2] entnommen.)

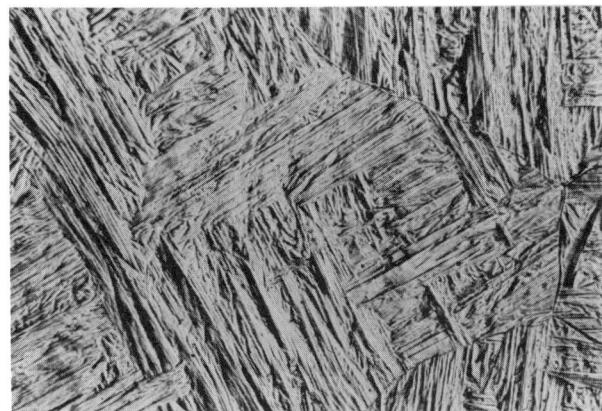

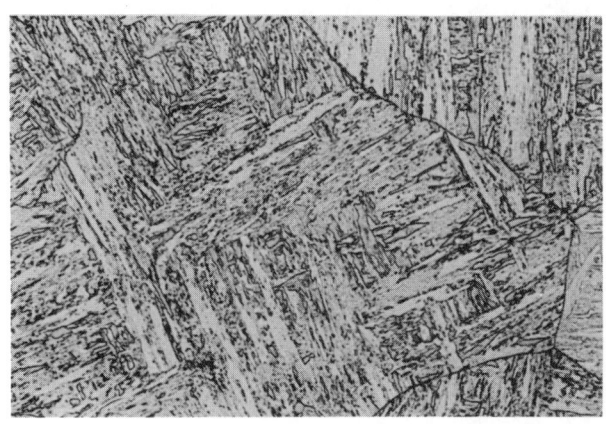

Bild 22: Fe + 20 Gew. % Ni-Legierung beim Abschrecken von 1100 °C in Wasser in Martensit umgewandelt (175:1): a) Relief auf der vor der Umwandlung glatten Probenoberfläche; b) nach dem Abpolieren des Reliefs mit (10 Teile HCl und 1 Teil HNO_3) geätzt

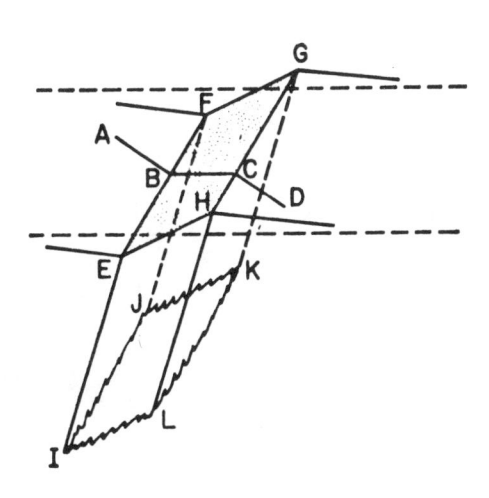

Bild 21b: Schematische Darstellung der Gesamtdeformation eines in Martensit umgewandelten Kristallbereiches EFGHIJKL an der freien Probenoberfläche EFGH. Die Austenit-Martensitgrenzflächen EFJI und HGKL sind ungedreht und in sich unverzerrt geblieben. (Aus [2] entnommen.)

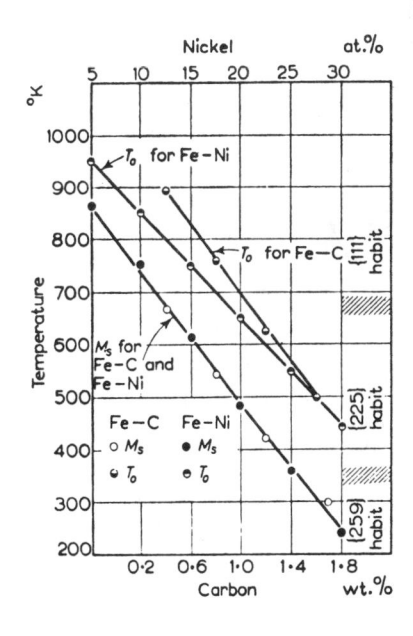

Bild 23: Die Temperaturen M_s und T_0 von Fe + C und Fe + Ni Legierungen. Die Temperaturintervalle sind angegeben, in denen Plattenmartensit mit ungefähr $\{259\}_\gamma$- und $\{225\}_\gamma$-Habitus und Massivmartensit (mit $\{111\}_\gamma$ gekennzeichnet) entstehen. (Aus [6] entnommen.)

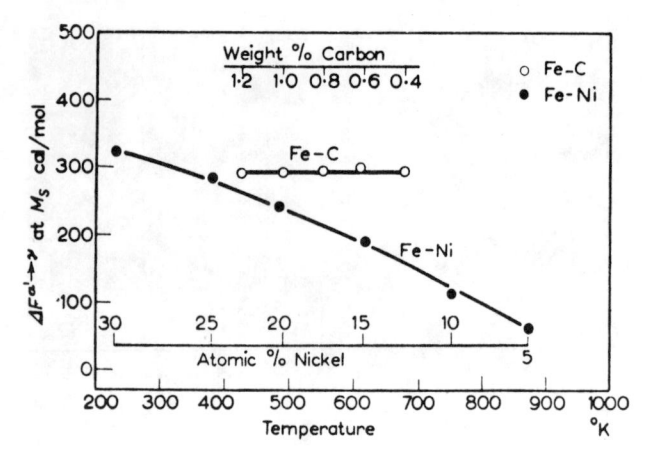

Bild 24: Freie Enthalpiedifferenz (als ΔF statt ΔG bezeichnet), die am M_s-Punkt die Martensitumwandlung antreibt, für Fe + C und Fe + Ni Legierungen. (Aus [6] entnommen.)

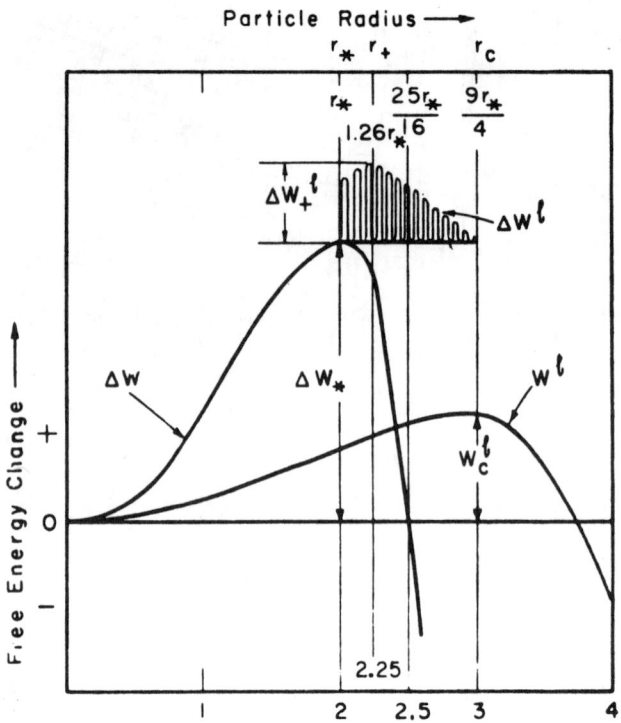

Bild 26: Die Bildungsarbeit eines Martensitkeims (ΔW) sowie der Versetzungsstruktur in der Austenit-Martensit-Grenzfläche (W^l) und die Energiestufen ΔW^l für das Einfügen einer weiteren Versetzung in die Grenzfläche in Abhängigkeit vom Martensitteilchenradius r. (Aus [27] entnommen.)

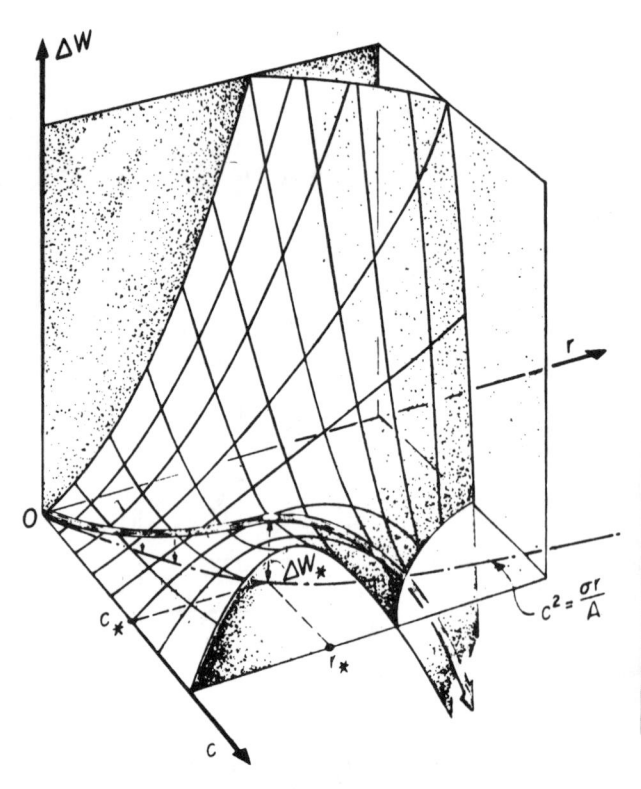

Bild 25: Keimbildungsarbeit ΔW eines plattenförmigen Martensitkristalls mit dem Radius r und der halben Dicke c. (Aus [27] entnommen.)

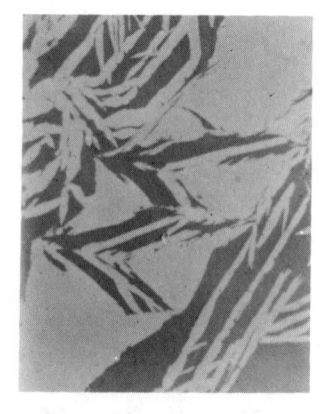

Bild 27: Rückumgewandelte Austenitplatten in einem Gefüge aus Martensit und Restaustenit einer Fe + 32,5 Gew.% Ni Legierung. (Aus [32] entnommen.) Links: Oberflächenrelief. Rechts: nach [38] mit Zinkselenid bedampft.

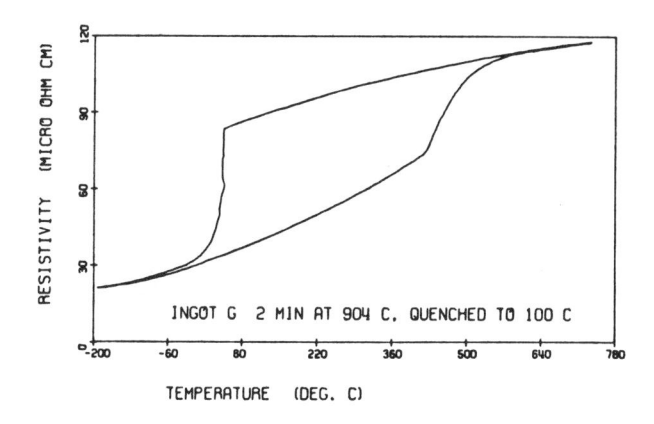

Bild 28: Elektrischer Widerstand mit der Temperatur (°C) bei einem Austenit-Martensit-Umwandlungszyklus in einer ungeordneten Fe + 24 At. % Pt Legierung. (Aus [33] entnommen.)

Bild 31: Martensitplatten im Austenit einer Fe + 32 Gew. % Ni + 1 Gew. % P Legierung mit sehr fein dispers ausgeschiedenen Phosphidteilchen. Mit alkohol. HNO_3 geätzt. (Aus [39] entnommen.)

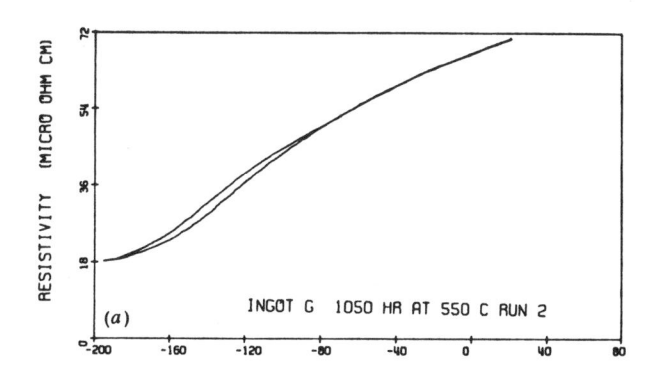

Bild 29: Elektrischer Widerstand mit der Temperatur (°C) bei einem Austenit-Martensit-Umwandlungszyklus in einer geordneten Fe + 24 At. % Pt Legierung. (Aus [33] entnommen.)

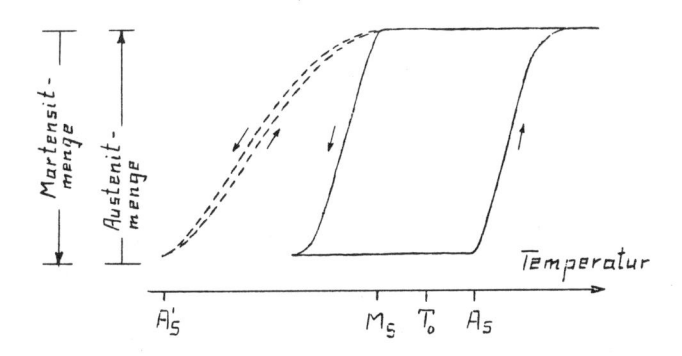

Bild 30: Schematische Darstellung der Austenit- und Martensitmengen bei einem Umwandlungszyklus. (Ausgezogene Kurve: Umwandlung mit einem Abbau der elastischen Gitterverspannungen. Gestrichelte Kurve: thermoelastische Umwandlung.)

6. Die Umwandlungen in der Bainitstufe

H. Warlimont

1. Einleitung

Die Umwandlungen von Stählen in der Bainitstufe führen im allgemeinen zur Bildung von Ferrit-Carbid-Aggregaten. Im Gegensatz zur perlitischen Umwandlung sind sie durch diffusionsbestimmtes Wachstum in Verbindung mit martensitischer Kristallographie gekennzeichnet. Damit stehen sie zwischen den nicht-bainitischen voreutektoiden und perlitischen Hochtemperaturumwandlungen einerseits und der martensitischen Umwandlung andererseits. Dies beruht im wesentlichen darauf, daß die Eisen- und Substitutionsatome bei der Temperatur der Bainitbildung überwiegend durch kooperative Scherbewegungen vom Austenit- ins Ferritgitter übergehen, während die Kohlenstoffatome einzeln diffundieren, so daß Konzentrationsänderungen und Carbidausscheidung möglich sind.

Typische Gefügeerscheinungen sind: 1. ein stab- oder plattenförmiges Umwandlungsprodukt, das oft in Bündeln oder verzweigten Gruppen auftritt; es ist meistens zweiphasig und besteht aus Ferrit und Carbid, Bild 1; 2. am Ort jedes Stabes bzw. jeder Platte, die bis an die Probenoberfläche reichen, bildet sich während des Wachstums ein Oberflächenrelief, Bild 2.; es zeigt an, daß die Umwandlung mit einer makroskopischen Scherung des umgewandelten Volumens, meistens des Ferrits, verbunden ist.

Die bainitische Umwandlung in Stählen wurde 1930 von Davenport und Bain erstmals ausführlich untersucht und beschrieben[1]). Dieser Umwandlungstyp wurde daraufhin nach E. C. Bain benannt. Inzwischen ist – wie bei der perlitischen und martensitischen Umwandlung – erkannt worden, daß analoge Umwandlungen auch in Nichteisen-Legierungssystemen auftreten, so daß die Bezeichnung bainitisch auf sie ausgedehnt wurde. Die verallgemeinerte Definition der bainitischen Umwandlungen ist dadurch gegeben, daß die Strukturänderung im wesentlichen durch kooperative Atombewegungen oder korrelierte Einzelatomsprünge verläuft, wobei das Ausgangsgitter durch martensitartige Scherung in das Produktgitter übergeht; dabei bestimmt die Diffusion der schneller diffundierenden Komponente überwiegend die Kinetik.

Als die bainitischen Umwandlungen in Stählen im engeren Sinne werden mehrere Reaktionen bezeichnet, die überwiegend zu nichtlamellaren Ferrit-Carbid-Aggregaten führen, wobei der Ferrit die oben genannten Kennzeichen aufweist. Im Sinne der Definition können auch voreutektoidisch gebildeter Widmannstättenferrit und -zementit bainitische Umwandlungsprodukte sein, wenn sie die bainitischen Kennzeichen aufweisen. Es treten zum Teil kontinuierliche Übergänge zwischen den Umwandlungen auf, so daß eine einfache Abgrenzung der einzelnen Reaktionsvarianten nicht möglich ist. Da die Umwandlungsgefüge sehr vielfältig und stark konzentrations- und temperaturabhängig sind, sind die theoretischen Deutungen der Umwandlungen selbst und ihrer Ursachen noch immer umstritten[2]).

In dieser Übersicht werden zunächst die Gefüge näher beschrieben. Dabei wird eine Gliederung der einzelnen Varianten dieses Umwandlungstyps gegeben. Es folgt eine Behandlung der thermodynamischen Zusammenhänge und der Kinetik, die zum Verständnis des Umwandlungsverhaltens führen, wie es die ZTU-Diagramme wiedergeben.

Übersichten über die bainitischen Umwandlungen sind in den vergangenen Jahren mehrfach erschienen[3-6]). Diese breiteren Darstellungen enthalten auch umfangreichere Literaturverzeichnisse.

2. Gefüge und Kristallographie

Die grundlegenden metallographischen Untersuchungen der bainitischen Umwandlungen stützen sich im allgemeinen auf legierte Stähle, weil die Umwandlungsprodukte in diesem Fall isoliert beobachtet werden können, während in unlegierten Stählen die hohe Umwandlungsgeschwindigkeit und die mit der Bainitbildung konkurrierenden Reaktionen die Untersuchungen erschweren. Die bainitischen Umwandlungsvarianten sind aber bei mäßig hohen Legierungsgehalten im wesentlichen die gleichen. Bei höheren Legierungskonzentrationen und in Gegenwart extrem schwacher oder starker Carbidbildner kann der Einfluß der Legierungselemente stark unterschiedlich sein.

Bild 3 zeigt die isothermen Umwandlungsprodukte als Funktion der Temperatur und der Kohlenstoffkonzentration in einem Gefügediagramm für unlegierte Stähle[7]). Die bainitischen Umwandlungsprodukte im engeren Sinne treten bis zu einer oberen Grenztemperatur von $B_s \simeq 570\,°C$ auf, die von der Kohlenstoffkonzentration praktisch unabhängig ist. Ausnahmen bilden der rein ferritische Bainit und der inverse Bainit, die auch bei höheren Temperaturen gebildet werden können. Einen Überblick über die verschiedenen Umwandlungsprodukte, die in den folgenden Abschnitten einzeln behandelt werden, gibt Tafel 1.

2.1. Rein ferritischer Bainit

Die einfachste Variante der bainitischen Umwandlungsprodukte ist der rein ferritische Bainit, der in kohlenstoffarmen Stählen bei Temperaturen bis wenig unterhalb A3 gebildet wird. Schon Ko hatte darauf hingewiesen[12]), daß die voreutektoide Ferritausscheidung in Plattenform in einem Oberflächenreliefeffekt verbunden sein kann, wie die Bildung der anderen Bainitvarianten. Typische Ferritplatten mit Oberflächenrelief zeigt Bild 4. Sie wachsen diffusionsabhängig. Wie in Abschnitt 4.3 näher erörtert wird, folgt ihre Wachstumsgeschwindigkeit in Kantenrichtung dem gleichen Zusammenhang wie diejenige der übrigen bainitischen Varianten.

Je nach Temperatur und Konzentration werden verschiedene plattenförmige, ferritische Umwandlungsprodukte gebildet, die allgemein als Widmannstätten-Ferrit bezeichnet werden. Bainitisch ist die Umwandlung nur, wenn eine Gitterscherung und damit ein Oberflächenrelief auftritt. Einfache Schliffbeobachtung läßt praktisch keine Unterscheidung von den anderen Widmannstättenferrit-Varianten zu. Es ist auch anzunehmen, daß je nach Umwandlungstemperatur und Legierungszusammensetzung Übergänge zwischen bainitisch und nichtbainitisch gebildeten Ferritplatten auftreten.

Die Kristallographie des rein ferritischen Bainits ist an einem unlegierten Stahl mit 0,45 % C untersucht worden[28]). Die Orientierungsbeziehung zwischen Ferrit und Austenit liegt nahe der idealisierten Beziehung nach Kurdjumov-Sachs [Gl. (2) im Abschnitt 2.2].

2.2. Oberer Bainit

Im Temperaturbereich $570 \gtrsim T \gtrsim 350\,°C$, wird der sogenannte obere Bainit gebildet. Das Umwandlungsgefüge besteht aus Gruppen abgeflachter Nadeln (englisch: laths), deren Keimbildung bevorzugt an Austenitkorngrenzen stattfindet. Beim oberen Bainit sind zwei Varianten zu unterscheiden:

a) Untereutektoider oberer Bainit: er besteht aus Ferritnadeln mit Carbidausscheidung im Austenit, Bild 5.

b) Eutektoider oberer Bainit mit Carbidausscheidung im Ferrit, Bild 6.

Aus den Bildern geht zusätzlich hervor, daß oberer Bainit und Perlit konkurrierende Phasenumwandlungen sind, was nach Bild 3 für unlegierte Stähle im Bereich $450 \lesssim T \lesssim 570\,°C$ zutrifft.

Zwischen dem Ferrit des oberen Bainits und dem Austenit besteht nach älteren Untersuchungen[22] die Orientierungsbeziehung nach Nishiyama

$$(011)_\alpha \parallel (111)_\gamma \quad (1)$$

$$[0\bar{1}1]_\alpha \parallel [\bar{1}\bar{1}2]_\gamma,$$

nach jüngeren Untersuchungen[8] die Orientierungsbeziehung nach Kurdyumov-Sachs

$$(011)_\alpha \parallel (111)_\gamma \quad (2)$$

$$[\bar{1}\bar{1}1]_\alpha \parallel [\bar{1}0\bar{1}]_\alpha.$$

Diese ohnehin nur annähernd exakten Beziehungen unterscheiden sich durch eine Rotation von weniger als 5°. Bedenkt man weiterhin, daß der Fehler bzw. die Schwankungen bei den Einzelmessungen einige Grad betragen können und die verschiedenen Autoren unterschiedliche Legierungszusammensetzungen verwendet haben, so ist eine Verallgemeinerung der jeweils gefundenen Orientierungsbeziehungen praktisch nicht möglich.

Die Carbidphase im oberen Bainit ist Zementit, Fe_3C. Sie bildet sich im Austenit mit der Orientierungsbeziehung[23-25]

$$(001)_{Fe_3C} \parallel (252)_\gamma$$

$$[100]_{Fe_3C} \parallel [54\bar{5}]_\gamma \quad (3)$$

$$[010]_{Fe_3C} \parallel [\bar{1}01]_\gamma.$$

Diese Beziehung gilt auch, wenn der Zementit sich aus dem Ferrit bildet und für Ferrit/Austenit die Orientierungsbeziehung (2) angenommen wird[8]. Eindeutige Aussagen über die Umwandlungsvariante (a oder b) lassen sich deshalb aus kristallographischen Analysen allein nicht ableiten.

Aus Ergebnissen verschiedener Untersuchungen kann geschlossen werden, daß bei der oberen Bainitbildung folgende Teilreaktionen auftreten: im Austenit bilden sich Ferritstäbe bzw. schmale längliche Platten mit einer Grenzfläche, die sich wie beim Martensit durch kooperative Bewegung der Eisenatome vorwärtsbewegen kann. Mehrere Stäbe, die durch katalytische Keimbildung in Gruppen entstehen, wachsen gemeinsam. Dabei wird Kohlenstoff im Austenit zwischen den Ferritstäben angereichert und die Übersättigung bewirkt schließlich, daß sich Zementit an der Austenit/Ferrit-Phasengrenze, und zwar entweder im Austenit in den Zwischenräumen der Ferritplatten (Variante a) oder innerhalb der Ferritplatten (Variante b) ausscheidet. Allerdings führen das Wachstum des Ferrits und die gekoppelte Zementitbildung nicht zum Gleichgewicht. Vielmehr wird beobachtet, daß

1. eine Kohlenstoffanreicherung im Austenit stattfindet, die zu einer Erhöhung des Restaustenitgehalts führt[6],

2. die Umwandlung in einem Temperaturbereich $B_s > T > B_f$ auch nach langen Zeiten unvollständig abläuft.

Die Ursachen beider Erscheinungen sind noch nicht geklärt. Unter anderem wird angenommen, daß die Keimbildungshäufigkeit für Zementit und Ferrit mit zunehmender Glühzeit abnimmt. Außerdem ist zu erwarten, daß die zunächst durch kooperative Atombewegungen sich verschiebenden Ferritgrenzflächen ihre Beweglichkeit mit zunehmender Reaktionszeit durch regellose Einzelatomsprünge verlieren. Das heißt, die gleitfähige Grenzfläche entartet zu einer stationären. Hierauf weist auch die Form der einzelnen Ferritkristallite hin. Die wiederholte, katalytische Keimbildung von Ferritkristalliten beim Längen- und Dickenwachstum einer Stäbchengruppe läßt ebenfalls erkennen, daß die Grenzflächen offenbar jeweils nach kurzer Wachstumsstrecke einen hohen Kohärenzgrad erreichen und damit unbeweglich werden. Bild 7 zeigt nach Hehemann charakteristische Wachstumsformen des Ferrits im Bereich des oberen Bainits[9].

2.3. Inverser Bainit

In übereutektoiden Stählen oberhalb von etwa 350 °C kann primär ausgeschiedener Widmannstättenzementit infolge der Kohlenstoffverarmung im angrenzenden Austenit die Bildung eines Ferritsaums hervorrufen, woraus schließlich ein grobes bainitisches Ferrit-Zementit-Aggregat hervorgeht. Bilder 8a und b zeigen das Umwandlungsgefüge dieser Bainitvariante. In Bild 8b erkennt man am linken Bildrand den Übergang in das verhältnismäßig grobe Ferrit/Zementit-Aggregat. Zusätzlich ist in Bild 7b konkurrierendes Wachstum von typischem eutektoidem oberem Bainit, und in Bild 8a neben dem inversen Bainit (spießförmig) und dem oberen Bainit (dunkel angeätzt) noch Perlit (grau, Lamellen nicht aufgelöst) und der beim Abschrecken entstandene Martensit (hellgrau) im Restaustenit (weiß) zu erkennen. Die Bezeichnung inverser Bainit beruht darauf[10], daß nicht Ferrit, sondern Zementit die führende Phase ist. Die Umwandlung soll hier nicht im einzelnen besprochen werden. Ihr Auftreten ist aber für das Verständnis der Zusammenhänge zwischen den bainitischen Umwandlungsvarianten wesentlich.

2.4. Unterer Bainit

Unterhalb von etwa 350 °C bildet sich in unter- und übereutektoiden Stählen der untere Bainit. Er besteht aus Ferritplatten, die meistens in verzweigten Aggregaten auftreten, Bild 1a. Im Inneren der Ferritplatten sind Carbidteilchen ausgeschieden, Bilder 1b und 9, die in jeder einzelnen Platte eine einheitliche Orientierungsbeziehung und Habitusebene haben. Für den Fall der Zementitausscheidung gilt die Orientierungsbeziehung

$$(001)_{Fe_3C} \parallel (11\bar{2})_\alpha$$

$$[100]_{Fe_3C} \parallel [1\bar{1}0]_\alpha \quad (4)$$

$$[010]_{Fe_3C} \parallel [111]_\alpha$$

Die Carbidausscheidung findet während des Wachstums im bainitischen Ferrit statt.

Als Carbidphasen treten im unteren Bainit von unlegierten und legierten Stählen sowohl Zementit als auch ε-Carbid auf. Das ε-Carbid wandelt sich bei längerem Anlassen im Temperaturbereich des unteren Bainits in Zementit um, wie Bild 10 an einer dilatometrischen Messung zeigt. Der Verlauf der Carbidausscheidung im unteren Bainit ist damit den Vorgängen beim Anlassen von Martensit sehr ähnlich.

Allerdings sind die Austenit/Martensit- und die Austenit/Bainit-Kristallographie nicht gleich. Dies haben Srinivasan und Wayman[11] an einem Stahl mit 8 % Cr und 1,1 % C gezeigt. In Bild 11, das aus ihrer Arbeit entnommen ist, kann aus dem Unterschied der Habitusebenen auf weitere Unterschiede geschlossen werden. Beide Produkte lassen sich aber auf die Entstehung aus einer Kombination von Gitterscherungen zurückführen.

Die Kohlenstoffanreicherung des Austenits vor der Reaktionsfront und damit der Restaustenitgehalt sind wesentlich geringer als beim oberen Bainit. Der Mechanismus der unteren Bainitumwandlung ist umstritten. Übereinstimmend wird aus den Beobachtungen entnommen, daß sich zunächst Ferritplatten bilden, weil ihre Keimbildung die geringste Energie erfordert. In diesen an Kohlenstoff übersättigten Ferritplatten wird anschließend Carbid ausgeschieden. Dadurch ist weiteres Wachstum möglich, weil die Kohlenstoffübersättigung des Austenits durch die Reaktion $\gamma \to \alpha + \varepsilon$ abgebaut werden kann. Die unterschiedlichen Auffassungen über den Mechanismus beziehen sich auf die Frage, wie die Carbide in bezug auf die Ferrit-Austenit-Grenzfläche angeordnet sind. Einerseits weisen Beobachtungen darauf hin, daß die Carbide in Kontakt mit dieser Grenze stehen; damit entspräche die Anordnung derjenigen einer diskontinuierlichen Umwandlung, allerdings im Gegensatz zum Perlit ohne Lamellen. Andererseits wurde auch beobachtet, daß die Carbide erst hinter der Ferrit-Austenitgrenzfläche, also hinter einer reinen Ferritrandschicht, wachsen. Der Unterschied ist für die Umwandlungskinetik von Bedeutung.

3. Thermodynamik

Die chemische treibende Energie einer Phasenumwandlung ist durch den Unterschied ΔG zwischen der freien Enthalpie G der Ausgangsphase vor und der Produktphase hinter der Grenzfläche gegeben. Für diese treibende Energie sind nicht immer die stabilen Phasengleichgewichte maßgebend. Vielmehr können verschiedene Abweichungen auftreten, die gerade bei bainitischen Umwandlungen eine wesentliche Rolle spielen. Solche Abweichungen sind:

a) die Bildung metastabiler Zustände (z. B. kohlenstoffreicherer Ferrit im Gleichgewicht mit ε-Carbid);

b) Die Ausbildung von Produkten mit Kanten von kleinem Krümmungsradius ϱ (Größenordnung nm); hierdurch wird der Unterschied der freien Enthalpie, die auf diese gekrümmte Kante wirkt, um $\sigma V/\varrho$ erniedrigt[13]),

σ = Grenzflächenenergie,
V = Molvolumen;

c) das Auftreten von Konzentrationsgradienten, durch das die Unterschiede der freien Enthalpie örtlich sehr verschieden sein können.

Diese Variablen spielen bei den bainitischen Umwandlungen eine wesentliche Rolle, wie bereits aus der Beschreibung der Umwandlungsgefüge der verschiedenen Varianten hervorgeht. Deshalb wird bezeichnenderweise in der ausführlichsten Darstellung der Thermodynamik der bainitischen Umwandlungen[13]) nur das einfache γ/α-Gleichgewicht behandelt.

3.1. Metastabile Gleichgewichte Austenit/Ferrit/Zementit

Bild 12 zeigt das Fe-C-Phasendiagramm aus [13]), in das die metastabilen Gleichgewichtslinien, die hier interessieren, eingezeichnet sind. Die mit $x_{\gamma\alpha}$ bezeichnete Linie gibt die Phasengrenze $\gamma/\gamma + \alpha$ an. Sie bezieht sich auf die metastabile Gleichgewichtsentmischung in $\gamma + \alpha$ bei Abwesenheit von Zementit. Der Kohlenstoffgehalt des Ferrits ist praktisch so niedrig, wie im ($\alpha + Fe_3C$)-Gleichgewicht und ist deshalb nicht eingezeichnet.

Diese Linie wird nun verschoben und nimmt den gestrichelt eingezeichneten Verlauf an, wenn das Gleichgewicht an einer Kante mit dem Krümmungsradius $\varrho = 15$ Å betrachtet wird. Für das Wachstum von Bainitplatten in Kantenrichtung ist dieser Wert typisch und das Diagramm zeigt, wie der örtliche Krümmungsradius die einwirkende treibende Energie beeinflußt.

---
*) Im amerikanischen Schrifttum wird die freie Enthalpie G als freie Energie F bezeichnet.

Schließlich ist zum Vergleich die Linie $T_0 (\Delta F^{\gamma \to \alpha'} = 0)$* eingezeichnet. Sie gibt das Gleichgewicht zwischen Austenit und Martensit an. Würde der bainitische Ferrit mit dem gleichen Kohlenstoffgehalt wie der Austenit gebildet, so stellte diese Linie die obere Grenze der möglichen Bainitbildung dar. Da in Wirklichkeit Entmischung stattfindet, hat die T_0-Linie allenfalls die Bedeutung eines unteren Grenzwertes für B_s.
Während Bild 12 die Lage der Grenzen der interessierenden Gleichgewichte als Funktion der Kohlenstoff-Konzentration wiedergibt, kann aus Bild 13 die Größe der treibenden Energie als Funktion der Temperatur für verschiedene Reaktionen bei der eutektoiden Zusammensetzung entnommen werden[13]). Man sieht, daß die treibende Energie bei der Gleichgewichtsreaktion $\gamma \to \alpha + Fe_3C$ am größten, bei der Entmischung $\gamma \to \gamma + \alpha$ bereits erheblich kleiner und beim Übergang $\gamma \to \alpha$ ohne Konzentrationsänderung am kleinsten ist.

Ein wesentliches Ergebnis der Betrachtung der thermodynamischen Beziehungen ist, daß die Bildung des bainitischen Ferrits, soweit sie nicht mit Carbidbildung gekoppelt ist, im gesamten Temperaturbereich $T < A_3$ einem einheitlichen Zusammenhang folgen muß. Das heißt, voreutektoider, rein ferritischer Bainit, oberer und unterer Bainit, deren Wachstum in Kantenrichtung einem reinen $\gamma \to \alpha$-Übergang entspricht, weil an den Kanten der bainitischen Ferritplatten kein Carbid gebildet wird, sollten einem monoton von der Temperatur abhängigen, einheitlichen Wachstumsgesetz folgen[13]). Dies ist auch tatsächlich der Fall, wie im Abschnitt über die Wachstumskinetik noch näher ausgeführt wird.

3.2. Metastabile Gleichgewichte Austenit/Ferrit/ε-Carbid

Da die metastabilen Gleichgewichte $\gamma/\alpha/\varepsilon$ im Eisen-Kohlenstoff-System nicht bekannt sind, ist eine thermodynamische Behandlung der unteren Bainitumwandlung nicht möglich. Bild 14 zeigt ein hypothetisches Diagramm der metastabilen Gleichgewichte nach Hehemann[6]). Er geht von der Annahme aus, daß ein eutektoides Gleichgewicht $\gamma = \alpha + \varepsilon$ bei etwa 350 °C auftritt, der oberen Grenztemperatur für die ε-Carbid-Bildung. Diese Annahme stützt sich vor allem auf die Beobachtung, daß die Grenze zwischen oberem und unterem Bainit weitgehend unabhängig von der Ausgangskonzentration ist.

Wenn derartige Gleichgewichtsbeziehungen im Prinzip zutreffen, ist zu erwarten, daß die chemische treibende Energie für den oberen und unteren Bainit bezüglich der reinen Ferritbildung gleich, bezüglich der gekoppelten Ferrit-Carbid-Bildung dagegen verschieden ist. Kinetische Untersuchungen weisen tatsächlich auf diesen Unterschied hin.

4. Kinetik

Aus der Beschreibung der Gefüge der bainitischen Umwandlungsprodukte und der thermodynamischen Beziehungen geht hervor, daß die Umwandlungskinetik von zahlreichen Teilreaktionen abhängt. Außer der Wachstumsgeschwindigkeit von Ferritplatten in Kantenrichtung[13]) ist keine der Teilreaktionen bisher befriedigend quantitativ behandelt worden. Das ist keineswegs erstaunlich, wenn man analysiert, wieviele Teilreaktionen in die Zunahme des Volumenanteils der bainitischen Produkte – die zur Aufstellung von ZTU-Diagrammen verwendete Meßgröße – eingehen:

1. Keimbildungsgeschwindigkeit des Ferrits,
2. Keimbildungsgeschwindigkeit des Zementits bei Kohlenstoffanreicherung im Austenit (oberer Bainit),
3. Keimbildungsgeschwindigkeit des Zementits bzw. des ε-Carbids im Ferrit (oberer bzw. unterer Bainit),

4. Wachstumsgeschwindigkeit von Ferritplatten in Kantenrichtung,
5. Wachstumsgeschwindigkeit von Ferritplatten in Dickenrichtung:
a) ohne gekoppelte Carbidausscheidung (bainitische Ferritplatten),
b) mit gekoppelter Zementitausscheidung im Austenit (oberer Bainit),
c) mit gekoppelter Zementitausscheidung im Ferrit (oberer Bainit),
d) mit gekoppelter ε-Carbidausscheidung im Ferrit (unterer Bainit),
6. Einflüsse der Grenzflächenstruktur auf die Wachstumsgeschwindigkeit,
7. Einflüsse von Legierungsatomen auf die Beweglichkeit der Grenzflächen.

4.1. Keimbildung

Die Keimbildung der bainitischen Reaktionsprodukte ist, wie bei allen Festkörperreaktionen, nicht nur von Schwankungen der chemischen Zusammensetzung, sondern auch vom Einfluß der vorhandenen Gitterbaufehler abhängig. Das heißt, daß heterogene Keimbildung bei weitem überwiegt, wie die bevorzugte Bainitbildung an Austenitkorngrenzen zeigt. Die Keimbildungskinetik hat nun bei bainitischen Umwandlungen in Stählen nicht nur Bedeutung für den Umwandlungsbeginn, sondern wegen der Kopplung von Ferrit- und Carbidausscheidung auch Einfluß auf die Reaktionsgeschwindigkeit.

Betrachten wir zunächst die Keimbildung der Ferritphase, mit der die bainitischen Umwandlungen – außer beim inversen Bainit – beginnen. Wir haben gesehen, daß die Reaktion $\gamma \rightarrow \gamma + \alpha$ thermodynamisch davon unabhängig ist, ob sie im Bereich des voreutektoiden Ferrits, des oberen oder unteren Bainits abläuft. Bild 13 zeigt, daß die chemische treibende Energie ΔG mit abnehmender Temperatur monoton zunimmt. Andererseits hängt die Keimbildungsgeschwindigkeit von der Diffusion des Kohlenstoffs, d. h. von deren Aktivierungsenergie Q ab, so daß die Temperaturabhängigkeit der Keimbildungsrate (Zahl der Keime kritischer Größe, die pro Zeiteinheit gebildet werden) der allgemeinen Beziehungen folgt [vgl. [26]]:

$$I^* = K(T) \exp\left[-(\Delta G^* + Q)/kT\right]; \qquad (5)$$

$K(T)$ = schwach temperaturabhängiger Faktor,
ΔG^* = freie Enthalpieänderung für einen Keim kritischer Größe (Keimbildungsarbeit).

Diese Beziehung ergibt den bekannten C-förmigen Verlauf des Umwandlungsbeginns als Funktion der Temperatur [Bild 4 in [26]]. Wenn sich also die Art des Keimes nicht ändert, erwarten wir eine einheitliche C-Kurve für den Beginn der voreutektoiden, rein ferritischen, der oberen und der unteren Bainitbildung, wie sie auch tatsächlich beobachtet wird.

Der Einfluß der Keimbildung auf die Carbidausscheidung läßt sich nur qualitativ beschreiben. Im Bereich des oberen Bainits ist die Kohlenstoffanreicherung im Austenit vor der wandernden Ferrit/Austenit-Grenzfläche wesentlich. Durch diese Anreicherung wird örtlich $\Delta G^{\gamma \rightarrow \mathrm{Fe_3C}}_\gamma$ erhöht, so daß besonders zwischen zwei Ferritplatten die Zementitbildung begünstigt ist, wie es auch tatsächlich beobachtet wird. Die unvollständige Umwandlung von Austenit in oberen Bainit bei geringer Unterkühlung unter B_s könnte u. a. damit zusammenhängen, daß sich beim anfänglich schnelleren Wachstum der Ferritplatten ausreichend Kohlenstoff vor der Grenzfläche anreichert, um zur Keimbildung von Zementit zu führen; verlangsamt sich das Ferritwachstum (durch abnehmende Beweglichkeit der Grenzfläche), so ist die Kohlenstoffanreicherung vor der Grenzfläche geringer; sie reicht zur Zementitkeimbildung nicht aus und das System bleibt in einem metastabilen Zustand, der nicht dem metastabilen Gleichgewicht in Bild 12 entspricht, teilumgewandelt.

Die Keimbildung des ε-Carbids im unteren Bainit ist offenbar durch dessen innere Defektstruktur begünstigt, wie die gleichmäßige Ausrichtung der Carbidteilchen zeigt (Bilder 1b und 8). Es ist nicht wahrscheinlich, daß ihre Keimbildung der geschwindigkeitsbestimmende Schritt ist. Wie werden sehen, daß das Wachstum der unteren Bainitplatten in Dickenrichtung mit der Diffusionsgeschwindigkeit des Kohlenstoffs im Ferrit verstanden werden kann.

4.2. Experimentelle Beobachtungen der Wachstumsgeschwindigkeit

Das Wachstum einzelner Bainitplatten kann wegen der Oberflächenreliefbildung im Heiztischmikroskop gemessen werden, wie Bild 15 zeigt. Alle Untersuchungen dieser Art haben ergeben, daß die Bainitplatten bei isothermer Umwandlung sowohl radial (in Kantenrichtung) als auch in der Dickenrichtung mit konstanter Geschwindigkeit wachsen. Bilder 16 und 17 zeigen Beispiele von Meßergebnissen von Speich[14]. Die Wachstumsgeschwindigkeit in Kantenrichtung dl/dt ist im Beispiel von Bild 16 etwa um den Faktor 20 größer als die Wachstumsgeschwindigkeit in Dickenrichtung dw/dt. Die Streuung der Meßergebnisse an verschiedenen Platten hat vermutlich geometrische Gründe wie die Lage der einzelnen Platte zur Anschliffebene und Abweichungen der Bainitplattenmorphologie von der Kreisform.

Aus der mittleren Wachstumsgeschwindigkeit bei verschiedenen Temperaturen kann die Aktivierungsenergie des Wachstumsvorgangs abgeleitet werden. Zum Beispiel wurde für eine Fe-0,66 % C- 3,32 % Cr-Legierung bei 350 °C für das radiale („Längen".)Wachstum $Q_l = 48,7$ kJ/Mol und für das Dickenwachstum $Q_W = 60,0$ kJ/Mol gefunden[14].

Für die Messungen von Goodenow, Matas und Hehemann[15], die in Bild 18 eingetragen sind, werden zwei verschiedene Werte der Aktivierungsenergie Q_l im unteren und oberen Bainitbereich angenommen.

4.3. Wachstumsgeschwindigkeit von Ferrit in Kantenrichtung

Wenn an der Umwandlung nur Austenit und Ferrit beteiligt sind, kann die Wachstumsgeschwindigkeit quantitativ behandelt werden. Die Verhältnisse sind für bainitische Widmannstättenferritplatten, oberen und unteren Bainit gleich, solange man nur die carbidfreien Kanten der Umwandlungsprodukte betrachtet. Für die Änderung der freien Enthalpie an der Wachstumsfront einer Ferritausscheidung im Austenit gilt

$$\Delta G_{\mathrm{Fe}}^{\gamma \rightarrow \alpha} = \frac{RT}{5} \ln\left(\frac{1 - 6 x_{\gamma\alpha}}{1 - x_{\gamma\alpha}}\right); \qquad (6)$$

$x_{\gamma\alpha}$ = C-Konzentration im Austenit an der $(\alpha + \gamma)/\gamma$-Phasengrenze.

Bezieht man den Einfluß der Plattenkante ein, so ergibt sich

$$\Delta G_{\mathrm{Fe}}^{\gamma \rightarrow \alpha} = \frac{RT}{5} \ln\left(\frac{1 - 6 x_{\gamma\alpha}^\varrho}{1 - x_{\gamma\alpha}^\varrho}\right) - \frac{\sigma V}{\varrho}. \qquad (7)$$

Hierin bedeutet $x_{\gamma\alpha}^\varrho$ die vom Krümmungsradius ϱ abhängige Kohlenstoffkonzentration im Austenit im Kontakt mit der Kante der Ferritplatte. D. h., für diesen Fall ist sowohl durch den zweiten Term als auch durch die krümmungsabhängige Gleichgewichtskonzentration eine andere treibende Kraft wirksam als im Fall einer ebenen Wachstumsfront. Bild 19 zeigt schematisch das Konzentrationsprofil für diese beiden Fälle.

Die Wachstumsgeschwindigkeit hängt von der Geschwindigkeit der Kohlenstoffdiffusion von der Grenzfläche in den Austenit ab. Gl. 7 zeigt, daß die chemische treibende Energie mit abnehmendem Krümmungsradius abnimmt. Andererseits verkürzt sich mit abnehmendem ϱ der mittlere Diffusionsweg des Kohlenstoffs wegen des quasi halbzylindrischen Diffusionsvolumens, das die Plattenkante umgibt. Hieraus ergibt sich eine Wechselbeziehung von treibender Energie und Diffusionskinetik. Die thermodynamischen Beziehungen und die Diffusionsgleichung führen auf die Wachstumsgeschwindigkeit.

Sie beträgt nach Zener[16]) mit einer Ergänzung durch Hillert[17])

$$i = \left(\frac{x_{\gamma\alpha}^{\varrho 0} - x}{2 x_{\varrho 0}}\right) D_C^\gamma \left(x_{\gamma\alpha}^{\varrho 0}\right); \qquad (8)$$

x = Kohlenstoffkonzentration (Molenbruch) im Austenit,
ϱ_0 = Krümmungsradius der Kante, der sich im stationären Zustand einstellt,
$D_C^\varrho x_{\gamma\alpha}^{\varrho 0}$ = Diffusionskoeffizient des Kohlenstoffs im Austenit an der $\gamma\alpha$-Grenze bei der durch den Radius ϱ_o gegebenen Konzentration $x_{\gamma\alpha}$.

Die ausführliche Darstellung der thermodynamischen Grundlagen und der Vergleich der nach dieser Beziehung berechneten Wachstumsgeschwindigkeit mit dem Experiment[13]) zeigen gute Übereinstimmung mit den Messungen im Rahmen der Genauigkeit, mit der die Grenzflächenenergie σ sich abschätzen läßt und der Diffusionskoeffizient D_C^γ bekannt ist. Bild 18 zeigt diesen Vergleich.

4.4. Wachstumskinetik des oberen Bainits

Für die Wachstumsgeschwindigkeit der Stabgruppen des Ferrits im oberen Bainitbereich lassen sich nur qualitativ einige allgemeine Zusammenhänge angeben. Die Volumenzunahme des bainitischen Produkts ist nicht einfach aus der Keimbildungs- und Längen- und Dickenwachstumsgeschwindigkeit einzelner Ferritstäbe abzuleiten. Die Kinetik der katalytischen Keimbildung neuer Ferritstäbe an den bereits vorhandenen innerhalb einer Gruppe und die Kinetik der Keimbildung und des Wachstums der Zementitausscheidung bestimmen zusätzlich den Verlauf der Gesamtreaktion.

Die unvollständige Umwandlung im Bereich $B_s > T > B_f$ ist nicht geklärt. Aber wie in Abschnitt 4.1 bereits erläutert wurde, liegt hier wahrscheinlich ein Einfluß der abnehmenden Beweglichkeit der Ferrit/Austenit-Grenzfläche auf die Keimbildungshäufigkeit des Zementits vor, die soweit absinkt, daß die Reaktion praktisch einfriert.

4.5. Wachstumsgeschwindigkeit des unteren Bainits in Dickenrichtung

Speich und Cohen[18]) haben im Bereich des unteren Bainits eine konstante isotherme Wachstumsgeschwindigkeit in Dickenrichtung gefunden. Da der mittlere Abstand der Karbidausscheidungen während des Wachstums ebenfalls konstant bleibt, nahmen sie für die Wachstumskinetik das Modell an, das für eine diskontinuierliche Reaktion, wie z. B. die Perlitbildung[27]) gilt. Dabei tritt transversal zur Grenzfläche ein Diffusionsstrom auf. Im vorliegenden Fall diffundiert der Kohlenstoff zu den ε-Carbidausscheidungen, wobei der Diffusionsweg im Austenit, im Ferrit oder teilweise in beiden Phasen verlaufen kann. Die Aktivierungsenergie Q_w des Wachstumsvorgangs liegt für eine Reihe von unlegierten und legierten Stählen im Bereich von 63–80 kJ/mol[6, 15, 18]); Werte für die Geschwindigkeit der Gesamtreaktion liegen in der gleichen Größenordnung[19, 20]).

4.6. Einfluß von Legierungszusätzen

Während die Legierungskomponenten, die mit den Eisenphasen Substitionsmischkristalle bilden, bei den bainitischen Umwandlungen praktisch nicht den stabilen Gleichgewichten entsprechend umverteilt werden, können sie dennoch über zwei Faktoren die Umwandlungskinetik beeinflussen. Einerseits ändern sie die metastabilen Phasengleichgewichte und damit die treibenden chemischen Energien ΔG für die Teilreaktionen. Andererseits können Legierungsatome an der Reaktionsfront angereichert und mitgeschleppt werden, wodurch deren Beweglichkeit verringert wird. Hillert hält dies für den wahrscheinlich überwiegenden Einfluß der Legierungselemente[21]).

Verwendete Zeichen und ihre Bedeutung:

B_s Obere Grenztemperatur bzw. zeitlicher Beginn der bainitischen Umwandlungen
ΔG Unterschied der freien Enthalpie
ϱ Krümmingsradius der Kanten von Bainitplatten
V Molvolumen
σ Grenzflächenenergie
x Molenbruch des Kohlenstoffs in Fe-C-Legierungen
ΔF Unterschied der freien Enthalpie (amerikanische Bezeichnungsweise)
T_0 Gleichgewichtstemperatur für Austenit mit Martensit
I^* Keimbildungsrate
K Faktor in der Gleichung für die Keimbildungsrate
ΔG^* Freie Enthalpieänderung für einen Keim kritischer Größe (Keimbildungsarbeit)
Q Aktivierungsenergie der Diffusion
l Länge einer Bainitplatte in Kantenrichtung
w Dicke einer Bainitplatte
Q_l Aktivierungsenergie des radialen („Längen"-)Wachstums einer Bainitplatte
Q_w Aktivierungsenergie des Dickenwachstums einer Bainitplatte
D_C^γ Diffusionskoeffizient von Kohlenstoff in Austenit

Schrifttum

[1]) *Davenport, E. S.,* u. *E. C. Bain:* Trans. AIME **90** (1930) S. 117.

[2]) *Hehemann, R. F., K. R. Kinsmann* u. *H. I. Aaronson:* A Debate on the Bainite Reaction. Metall. Trans. **3** (1972) S. 1077.

[3]) Decomposition of Austenite by Diffusional Processes. *V. F. Zackay* and *H. I. Aaronson* eds., Interscience Publishers, New York, London 1962.

[4]) Physical Properties of Martensite and Bainite. The Iron and Steel Institute, Special Report 93, 1965.

[5]) *Aaronson, H. I.:* On the Problem of the Definitions and the Mechanisms of the Bainite Reaction. Proc. Intern. Symp. The Mechanism of Phase Transformations in Crystalline Solids, Institute of Metals, London 1969.

[6]) *Hehemann, R. F.:* The Bainite Transformation. In: Phase Transformations, ASM, Metals Park, Ohio 1970.

[7]) *Warlimont, H.:* U.S. Steel Fundamental Research Rep. No. 941 (1961).

[8] *Shackleton, D. N.* u. *P. M. Kelly:* Acta Met. **15** (1967) S. 979.
[9] *Hehemann, R. F.:* In: Transformation and Hardenability of Steels, Climax Molybdenum Co., Ann Arbor, Mich. 1967.
[10] *Hillert, M.:* Jernkontorets Ann. **141** (1957) S. 757.
[11] *Srinivasan, G. R.* u. *C. M. Wayman:* Acta Met. **16** (1968) 609, S. 621.
[12] *Ko, T.:* J. Iron Steel Inst. **175** (1953) S. 16.
[13] *Kaufman, L., S. V. Radcliffe* u. *M. Cohen:* Thermodynamics of the Bainite Reaction. In: Decomposition of Austenite by Diffusional Processes. V. F. Zackay and H. I. Aaronson eds., Interscience Publishers, New York, London 1962.
[14] *Speich, G. R.:* Growth Kinetics of Bainite in a 3% Chromium Steel. In: Physical Properties of Martensite and Bainite. The Iron and Steel Institute, Special Report 93, 1965.
[15] *Goodenow, R. H., S. Matas* u. *R. F. Hehemann:* Trans. AIME **227** (1963) S. 651.
[16] *Zener, C.:* Trans AIME **167** (1946) S. 550.
[17] *Hillert, M.:* Jernkontorets Ann. **141** (1957) S. 757.
[18] *Speich, G. R.,* u. *M. Cohen:* AIME **218** (1960) S. 1050.
[19] *Radcliffe, S. V.,* u. *E. C. Rollason:* J. Iron Steel Inst. **191** (1959) S. 56.
[20] *Vasudevan, P., L. W. Graham* u. *H. J. Axon:* J. Iron Steel Inst. **190** (1958) S. 386.
[21] *Hillert, M.:* Eutectoid Transformation of Austenite. In: Chemical Metallurgy of Iron and Steel. Iron and Steel Institute, London 1973.
[22] *Smith, G. V.,* u. *R. F. Mehl:* Trans. AIME **150** (1942) S. 211.
[23] *Pitsch, W.:* Acta Met. **10** (1962) 79, S. 897.
[24] *Pitsch, W.:* Proc. 5th Int. Congr. Electron. Micr. **1**, HH2 (1962).
[25] *Pitsch, W.:* Arch. Eisenhüttenw. **34** (1963) S. 381.
[26] *Dahl, W.,* u. *G. Sauthoff:* im gleichen Band.
[27] *Ilschner, B.:* im gleichen Band.
[28] *Warson, J. D.,* u. *P. McDougall:* Acta Met. **21** (1973) S. 961.

Tafel 1; Umwandlungsprodukte in der Bainitstufe

Umwandlungsprodukt	Temperatur- und Konzentrationsbereich	Erscheinung an polierter Oberfläche	Ursache der Plattenform	Carbid
rein ferritischer Bainit	$T < A_3$, $c_C \ll c_{C,\text{Eutektoid}}$	Relief	martensitische Kristallographie	—
untereutektoider, oberer Bainit mit gekoppelter Carbidausscheidung im Austenit	$350 \lesssim T \lesssim 570\,°C$, $c_C < c_{C,\text{Eutektoid}}$	Ferrit: Relief	martensitische Kristallographie des Ferrits	Fe_3C
eutektoider, oberer Bainit mit Carbidausscheidung im Ferrit	$350 \lesssim T \lesssim 570\,°C$, $c_C \gtrsim c_{C,\text{Eutektoid}}$ + Carbidbildner	Ferrit: Relief	martensitische Kristallographie des Ferrits	Fe_3C
inverser Bainit	$350 < T < A_1$, $c_C \gg c_{C,\text{Eutektoid}}$ + Carbidbildner	Zementit: Relief	martensitische Kristallographie des Zementits	Fe_3C
unterer Bainit	$T < 350\,°C$	Ferrit: Relief	martensitische Kristallographie des Ferrits	Fe_3C, ε

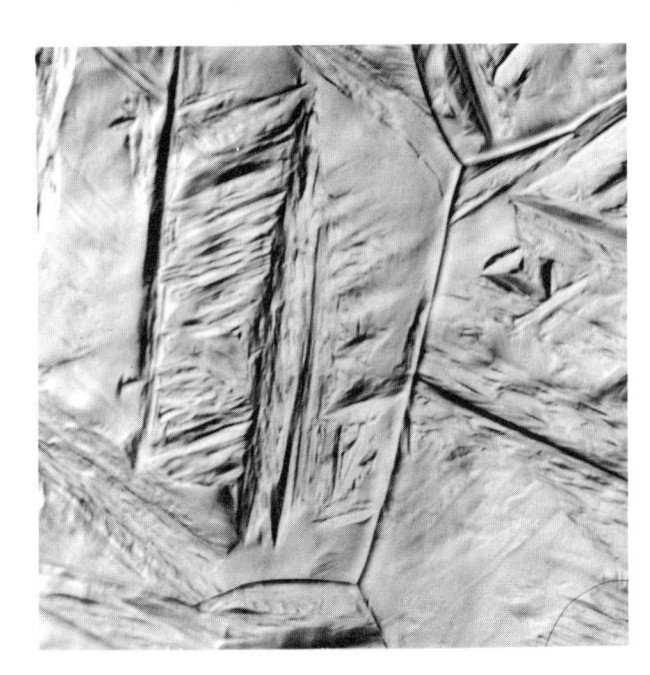

Bild 2: Oberer Bainit, Perlit Fe − 0,38 %, C − 5,0 % Ni. Bei 450 °C umgewandelt; a) Relief an der vorher polierten Oberfläche. Schrägbeleuchtung. 1000 ×, b) Gleicher Bildausschnitt, geätzt. 1000 ×

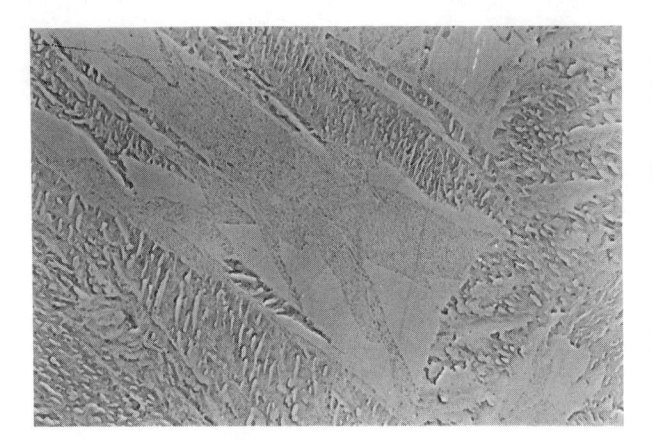

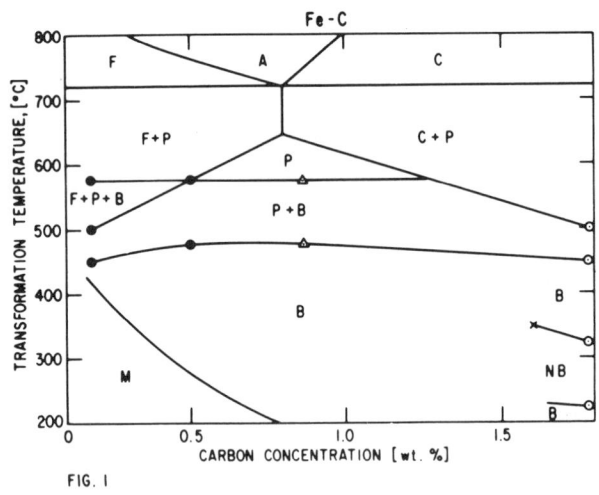

Bild 1: Unterer Bainit, Martensit, Restaustenit. Fe − 0,82 %, C − 5,2 % Ni. 24 h 200 °C; a) Schliff, geätzt. 1000 ×, b) Oberflächenabdruck. 16 000 ×

Bild 3: Gefügediagramm für die isotherme Umwandlung reiner Eisen-Kohlenstoff-Legierungen bzw. unlegierter Stähle[7])

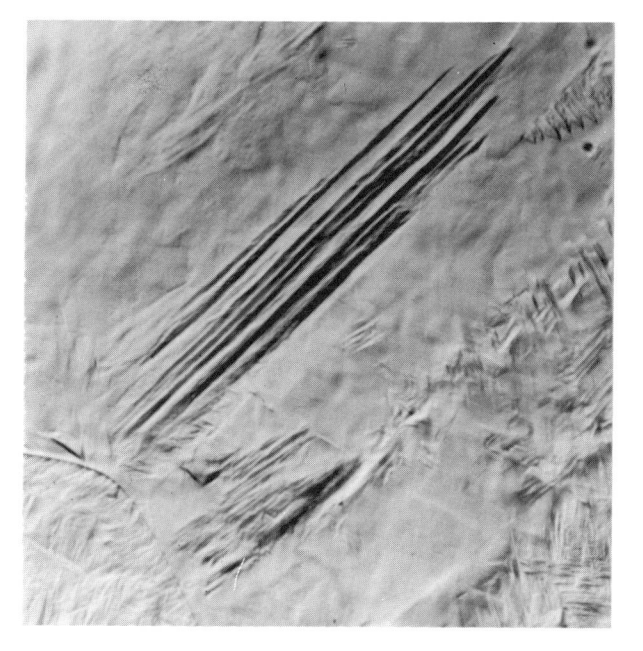

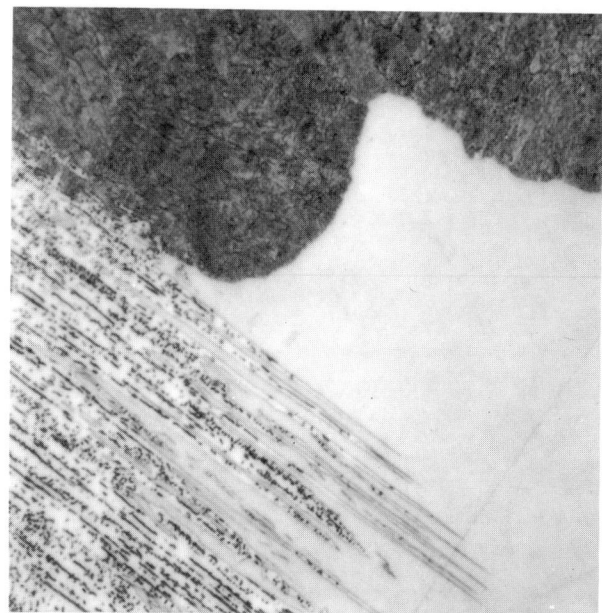

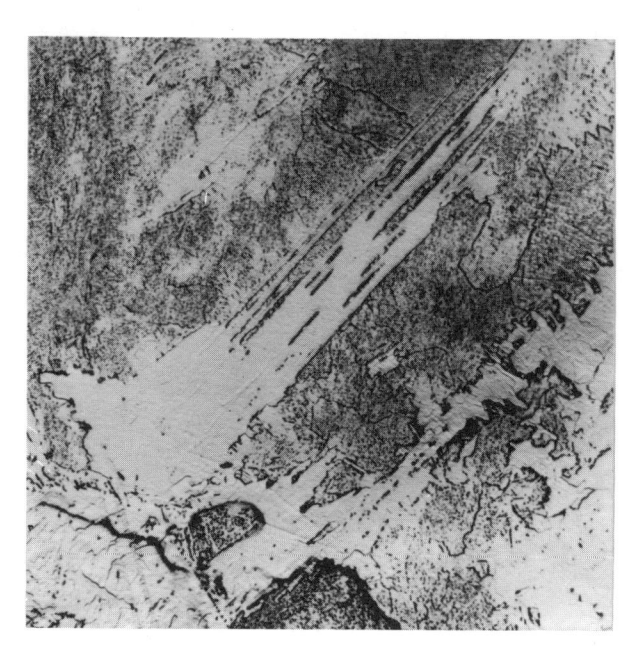

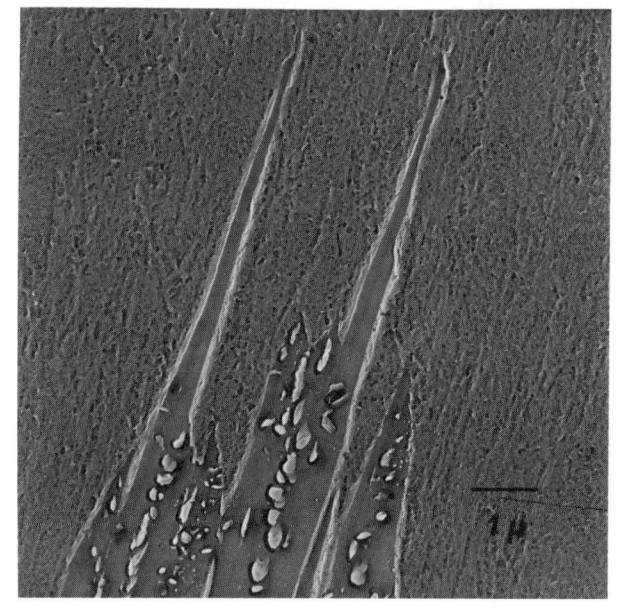

Bild 4: Rein ferritischer Bainit, Perlit. Fe − 0,17 % C − 5,1 % Ni. Bei 500 °C umgewandelt; a) Relief an der vorher polierten Oberfläche, Schrägbeleuchtung. 500 ×. b) Gleicher Bildausschnitt, geätzt. 500 ×

Bild 5: Untereutektoider oberer Bainit mit carbidfreien Wachstumskanten, Perlit, Restaustenit. Fe − 0,38 % C − 5,0 % Ni. a) Schliff, geätzt. 1000 ×, b) Oberflächenabdruck. 8000 ×

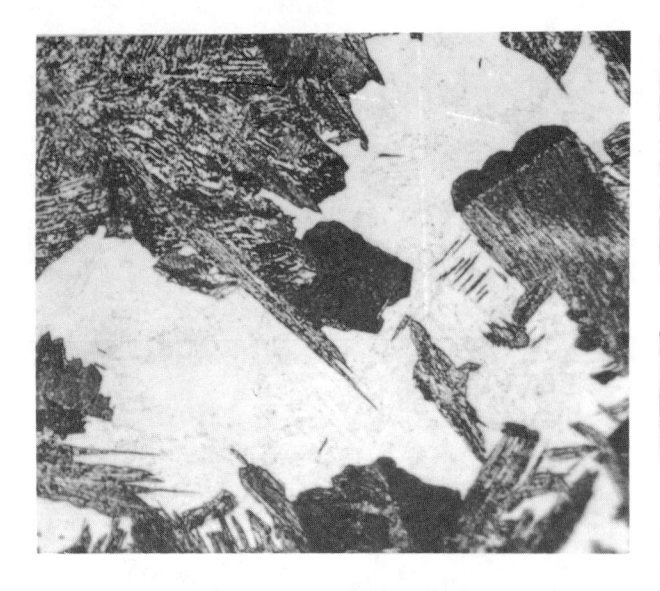

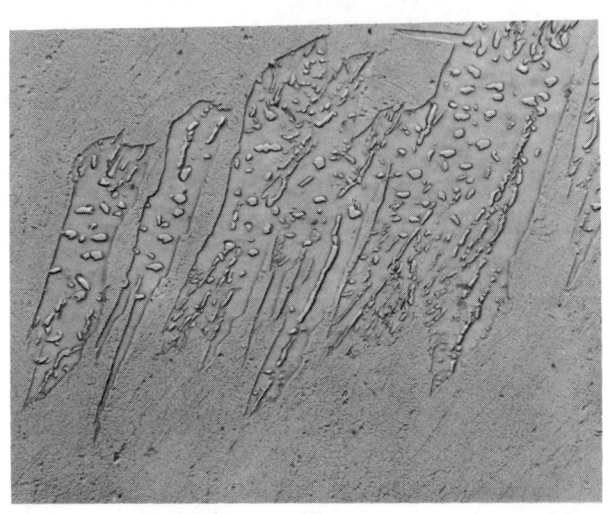

Bild 6: Eutektoider, oberer Bainit, Perlit, Restaustenit Fe − 0,66 % C − 5,0 % Ni. 4 min 450 °C. a) Schliff, geätzt. 1000 ×, b) Oberflächenabdruck. 8000 ×

Bild 8: Inverser Bainit, eutektoider, oberer Bainit, Perlit, Martensit, Restaustenit. Fe − 1,17 % C − 4,9 % Ni. 90 s 450 °C. a) Schliff, geätzt, 1000 ×, b) Oberflächenabdruck. 16 000 ×

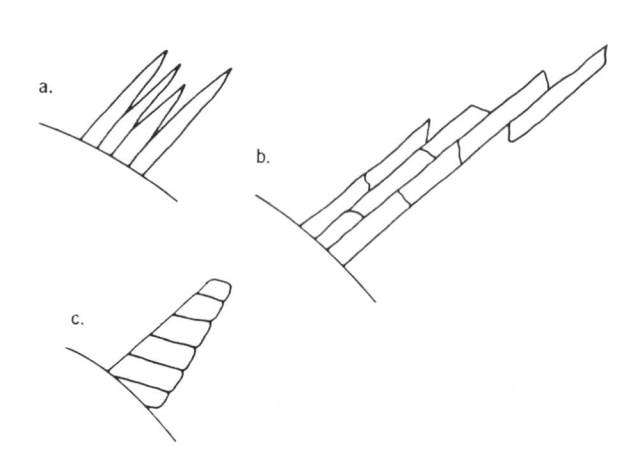

Bild 7: Wachstumsformen des oberen Bainits[9])

Bild 9: Karbidanordnung in unterem Bainit. Fe − 1,12 % C − 3,35 % Cr. 92 h 200 °C. Elektronenmikroskopische Durchstrahlung. 32 000 ×

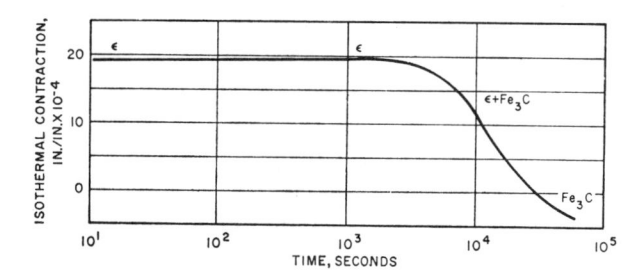

Bild 10: Dilatometrischer Nachweis des Übergangs ε-Carbid → Zementit bei längerem Anlassen von unterem Bainit[6])

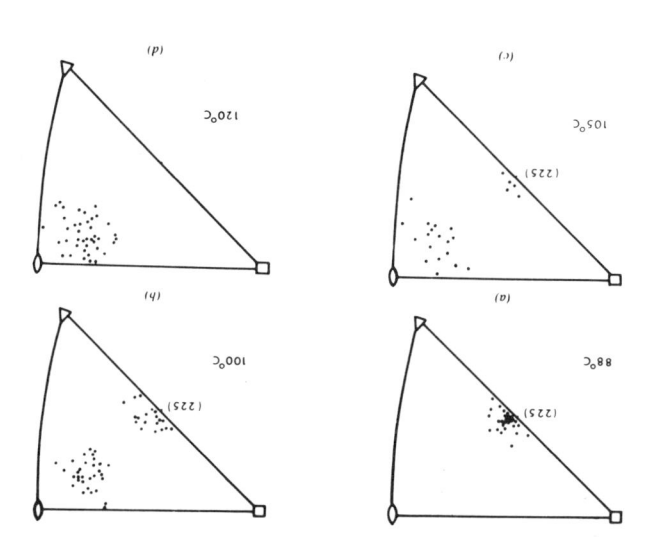

Bild 11: Habitusebenen von unterem Bainit und Martensit in einem Stahl mit 1,1 % C, 8 % Cr[11])

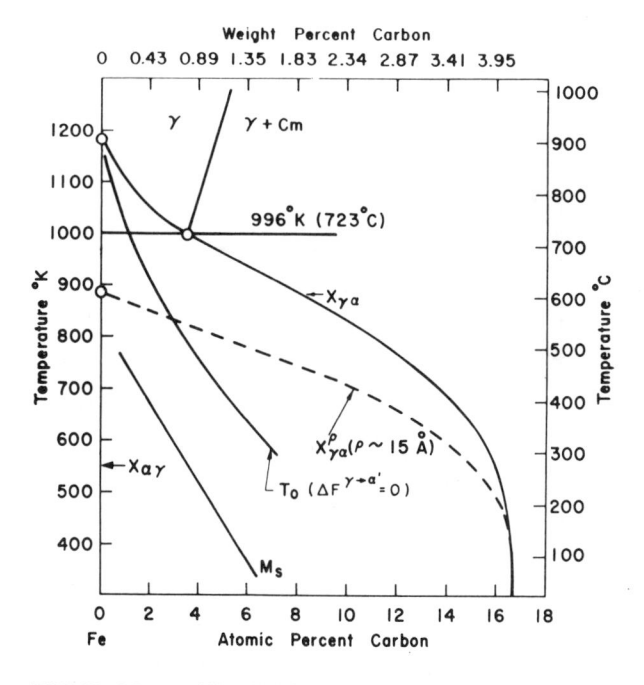

Bild 12: Metastabile Gleichgewichte im System Eisen–Kohlenstoff[13])

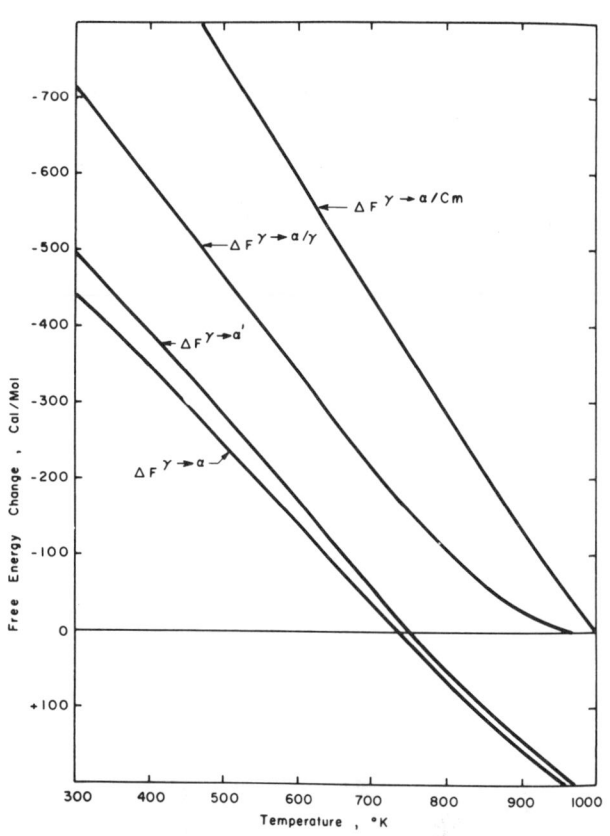

Bild 13: Änderung der freien Enthalpie als Funktion der Temperatur für eine Fe − 0,89 % C-Legierung bei verschiedenen Reaktionen[13])

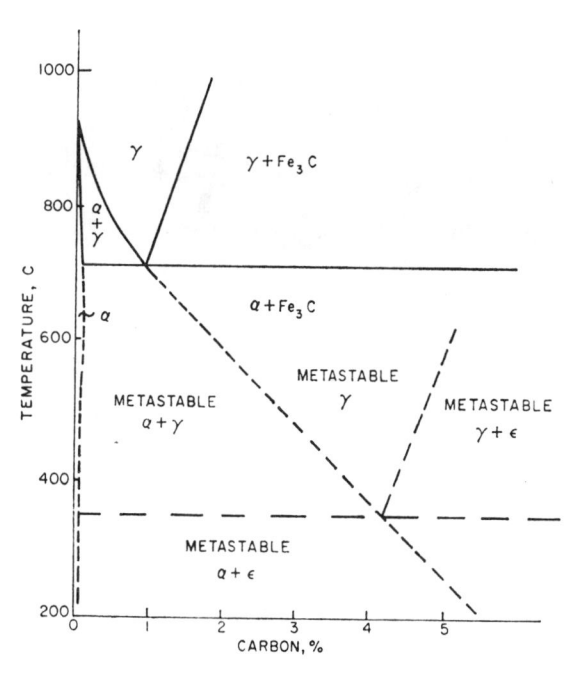

Bild 14: Hypothetisches metastabiles Eisenkohlenstoffdiagramm mit der ε-Carbidphase[6])

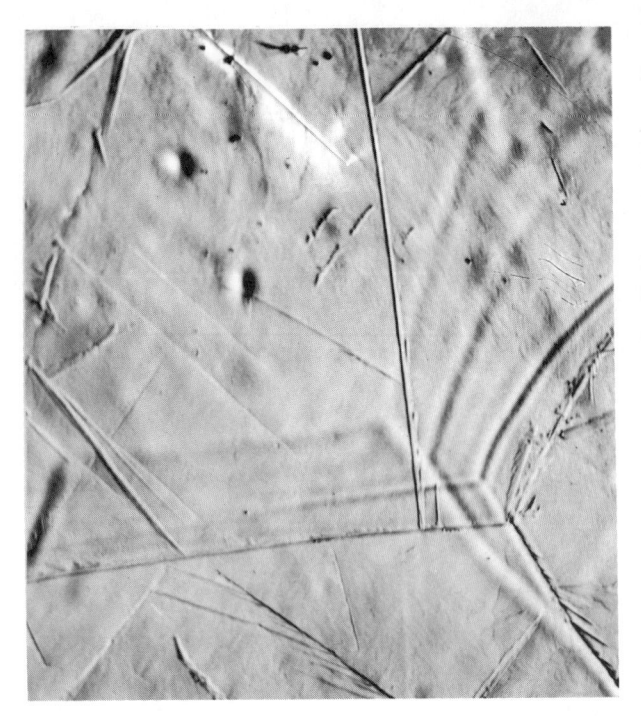

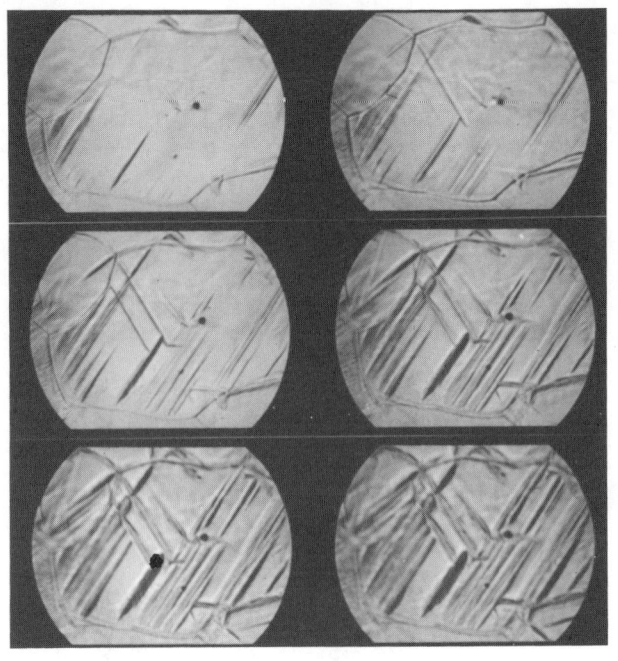

Bild 15: Bildfolge einer Untersuchung der Wachstumsgeschwindigkeit von Bainit. Fe − 0,38 % C − 5,0 % Ni. 400 °C. Heiztischmikroskop, Schrägbeleuchtung. 1000 ×. 0, 8, 17, 34, 52, 62 min nach Erreichen der Umwandlungstemperatur (Austenitisierung: 15 min 1100 °C)

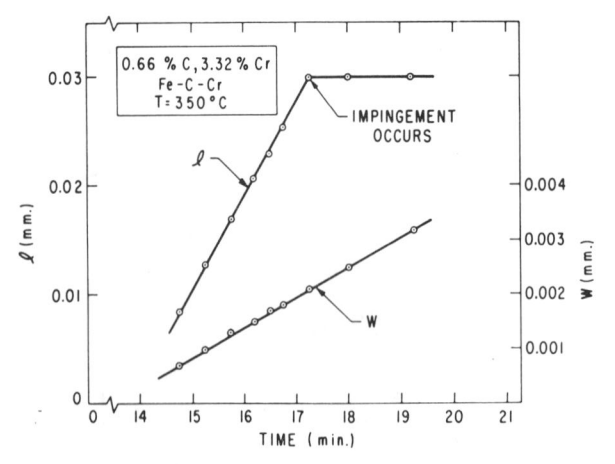

Bild 16: Experimentelle Beobachtung der konstanten Längenzunahme in Kantenrichtung[1]) und in Dickenrichtung (w) für eine Martensitplatte[14])

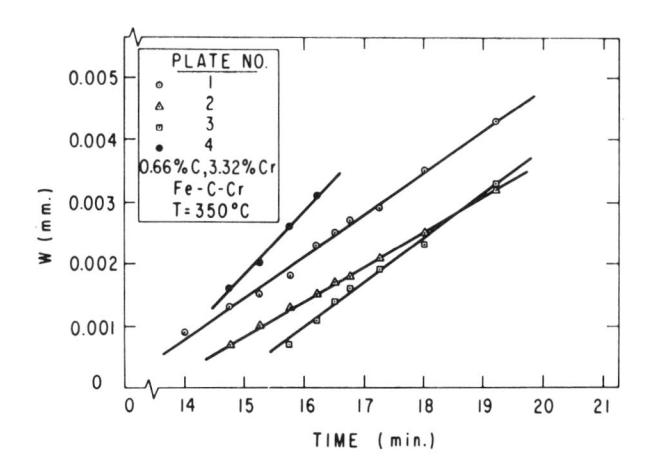

Bild 17: Dickenzunahme verschiedener Bainitplatten[14])

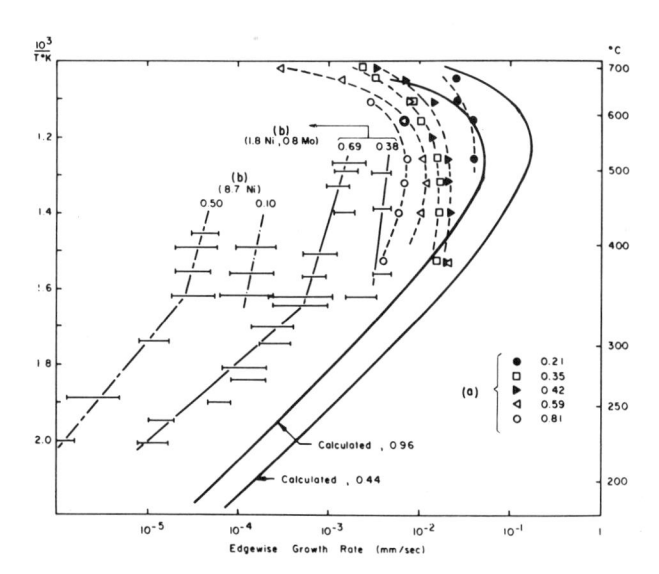

Bild 18: Experimentelle und theoretische Werte der Wachstumsgeschwindigkeit von Bainitplatten in Kantenrichtung bei verschiedenen Temperaturen[13])

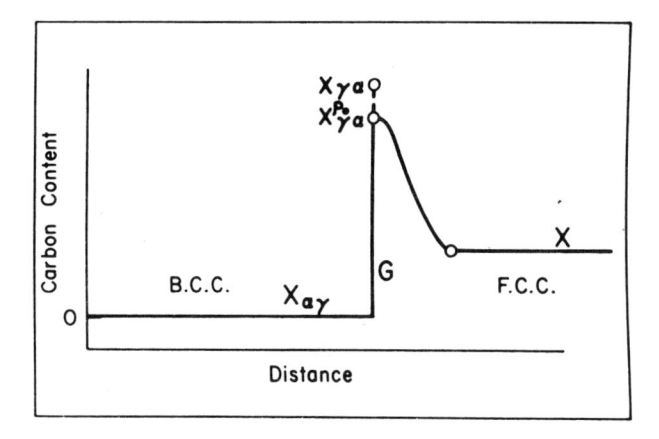

Bild 19: Schematische Darstellung des Verlaufs der Kohlenstoffkonzentration vor und hinter der Reaktionsfront einer Bainitplatte in Kantenrichtung[13])

7. Zusammenfassende Darstellung der Umwandlungen

H. P. Hougardy

Im folgenden werden die ZTU-Schaubilder als Darstellung der nicht unter Gleichgewichtsbedingungen ablaufenden Umwandlungen von Stählen beschrieben und die Einflußgrößen auf den Ablauf der Umwandlung diskutiert. Es werden Ansätze zur rechnerischen Beschreibung der Stahlhärtung angegeben sowie die bei schnellen Aufheiz- und Abkühlungsvorgängen entstehenden Wärme- und Umwandlungseigenspannungen dargestellt.

1. ZTU-Schaubilder für isothermische Umwandlung

1.1. Darstellung

Als isothermisch werden Wärmebehandlungen bezeichnet, bei denen eine Probe oder ein Werkstück so schnell – im Idealfall unendlich schnell – auf die Glühtemperatur gebracht werden, daß bis zum Erreichen dieser Temperatur keine wesentlichen Gefügeänderungen eintreten. Der Ablauf einer derartigen isothermischen Umwandlung des Austenits zu Perlit und Zwischenstufengefüge kann durch die Exponentialfunktion

$$W = 1 - \exp(-bt^n) \qquad (1)$$

beschrieben werden[1]). W ist der zur Zeit t umgewandelte Anteil an Austenit, b und n sind temperaturabhängige Koeffizienten. Entsprechend dem flachen Verlauf der Funktion bei Werten von W um 0% und 100% sind die zugehörigen Zeiten auch bei erheblichem Meßaufwand nur ungenau zu bestimmen. Aus diesem Grunde werden Beginn und Ende der Umwandlungen durch die Linien für 1% und 99% umgewandelte Menge beschrieben, wie es Bild 1 veranschaulicht. A bezeichnet das Ausgangs-, U das Umwandlungsgefüge. Tu ist die Gleichgewichtstemperatur der Umwandlung. Wie aus den vorangehenden Beiträgen[2-4] hervorgeht, nimmt mit zunehmender Unterkühlung unter Tu die Keimbildungsgeschwindigkeit zunächst zu, die Wachstumsgeschwindigkeit nimmt ab. Die Umwandlungsgeschwindigkeit als Resultierende geht mit zunehmender Unterkühlung durch ein Maximum, was der in Bild 1 als „Nase" bezeichneten Temperatur der kürzesten Anlaufzeit der Umwandlung entspricht. Die zusätzlich eingetragenen Kurven für 25%, 50% und 75% umgewandelte Menge sind nach Gleichung (1) errechnet.

Die Umwandlung des Austenits in Ferrit, Carbid, Perlit und Zwischenstufengefüge kann jeweils durch ein Bild 1 entsprechendes Schaubild beschrieben werden, was zu der in Bild 2a dargestellten Überlagerung führt. In Bereichen, in denen zwei verschiedene Umwandlungen zeitlich aufeinander folgen, sowie in den Zweiphasengebieten $A + V$ (Bereich zwischen Tu_V und Tu_P) bedeuten die Linien für 1% und 99% die *relativen* Anteile des jeweils gebildeten Gefüges. Hierbei ist vereinfachend angenommen, daß die Umwandlungen sich nicht gegenseitig beeinflussen. Die Bildung des Martensits erfolgt athermisch, so daß die Linien gleichen Martensitgehaltes Isothermen sind. Die unter M_s gebildeten Martensitmengen können auch für legierte Stähle in erster Näherung durch die Gleichung

$$W_M = 1 - \exp(-0{,}011\,[M_s - Tu]) \qquad (2)$$

ermittelt werden[5]). Entsprechend den verschiedenen Umwandlungsmechanismen bezeichnet man die einzelnen Bereiche als Martensitstufe[3]), Zwischenstufe[4]) und Perlitstufe[2]), welche die voreutektoide Ausscheidung und die Umwandlung zu Perlit umfaßt.

Zur Begrenzung des Versuchsaufwandes werden in realen Schaubildern in den Bereichen der Überschneidung von zwei verschiedenartigen Umwandlungen die Linien für das Ende der vorauslaufenden Umwandlung nicht ermittelt, sondern lediglich die Linie für 99% insgesamt umgewandelte Menge. Die Bildung der Zwischenstufe bei Temperaturen unterhalb von M_s wird ebenfalls in der Regel nicht untersucht. Mit diesen Vereinfachungen ergibt sich aus Bild 2a Bild 2b. Im Temperaturbereich zwischen Tu_P (Ac$_1$) und Tu_V (Ac$_3$) wird nur der Beginn, nicht das Ende der Umwandlung angegeben.

Die endgültige Form eines ZTU-Schaubildes kann aus Bild 2b nur gewonnen werden, wenn die Annahme, daß die Umwandlungen sich gegenseitig nicht beeinflussen, aufgegeben wird. Die Erfahrung zeigt, daß die Umwandlung zu Perlit, einmal eingeleitet, alle anderen Reaktionen zurückdrängt. Damit entfallen nach dem Beginn der Perlitbildung die Linien für Beginn und Ende der voreutektoidischen Ausscheidung sowie der Umwandlung in der Zwischenstufe, so daß aus Bild 2b Bild 2c entsteht. Es ist lediglich noch die zusätzliche Korrektur angebracht, daß nach dem Ende der Umwandlung zu Zwischenstufe kein Austenit mehr vorliegt und demnach auch kein Perlit mehr entstehen kann. Die Linie für 1% Perlit knickt daher an dieser Stelle horizontal ab. Als weitere Vereinfachung der Messung bezeichnen die Linien für 1% einer Gefügeart nicht die relativen Mengen wie in Bild 2a, sondern absolute Mengen. ZTU-Schaubilder für isothermische Umwandlung[7-10]) nach Bild 2c und Bild 3 enthalten somit lediglich die Linie für 1% umgewandelten Austenit als Beginn der Umwandlung, die Linie für 1% der zweiten Gefügeart, bezogen auf die Gesamtmenge, und die Linie für 99% umgewandelten Austenit. Die Linie für den Beginn der Perlitbildung in Bild 3 sagt nichts darüber aus, ob die voreutektoidische Ferritausscheidung bereits abgeschlossen ist oder nicht. Entsprechendes gilt für den Bereich der Überlagerung von Zwischenstufengefügen und Perlit.

An der rechten Seite des Schaubildes in Bild 3 sind die Gefügemengen und Härten, gemessen bei Raumtemperatur, dargestellt, die bei den jeweiligen Umwandlungstemperaturen entstehen. Die in Bild 2 als Tu_P und Tu_V bezeichneten Gleichgewichtstemperaturen der Umwandlung sind in Bild 3 als Ac$_1$ (Temperatur, bei der sich beim Erwärmen mit 3 °C/min Austenit zu bilden beginnt) und Ac$_3$ (Temperatur, bei der beim Erwärmen mit 3 °C/min die Umwandlung des Ferrits in Austenit beendet ist)[11]) eingetragen. In Mehrstoffsystemen tritt an Stelle der eutektoidischen Geraden im Zustandsschaubild Eisen–Kohlenstoff[12]) ein Dreiphasenraum, $\alpha + \gamma + K$, der in Bild 22 in der Temperatur-Konzentrationsebene bei der Zeit unendlich zu erkennen ist. In diesen Fällen spaltet die Temperatur Ac$_1$ auf in Ac$_{1b}$ als Temperatur, bei der sich Austenit zu bilden beginnt, und Ac$_{1e}$ als Temperatur, bei welcher die Auflösung des eutektoidischen Anteils des Karbids beendet ist[11]). Diese beiden Temperaturen sind im allgemeinen lediglich an übereutektoidischen Stählen im Dilatometer zu unterscheiden und werden daher meist nur bei diesen in die Schaubilder eingezeichnet[7-8]), wie im Beispiel von Bild 9. Schaubilder, wie in Bild 3 dargestellt, gelten ausschließlich für die untersuchte Charge und die gewählten Austenitisierungsbedingungen.

Mit Annäherung an die Gleichgewichtstemperaturen werden die Umwandlungszeiten sehr groß. Gleichzeitig ändert sich die Gefügeausbildung. Läßt man die Umwandlung zu Perlit bei zunehmend höheren Temperaturen ablaufen, so muß mit der dadurch abnehmenden Unterkühlung unter Ac$_1$ der Lamellenabstand des Perlits immer größer werden[2]), bis die gekoppelte Ausscheidung auseinanderfällt, so daß Ferrit und Zementit unabhängig voneinander entstehen, wie es Bild 4 für eine Umwandlung bei 725 °C zeigt. Derartige Gefüge wurden früher als „entartet" oder „anomal" bezeichnet und können heute vor allem noch in kohlenstoffarmen Tiefziehblechen entstehen[13]).

1.2 Meßverfahren

Der isothermische Umwandlungsablauf wird im allgemeinen an Plättchen ermittelt, die nach unterschiedlichen Haltedauern auf Umwandlungstemperatur abgeschreckt werden[7,14]). Bei Raumtemperatur werden die gebildeten Gefügeanteile vermessen und durch Interpolation die in das Schaubild einzutragenden Zeiten für 1% und 99% umgewandelte Menge ermittelt. Trägt man nach Gleichung (1)

$$\lg \ln \frac{1}{1-W}$$

über $\lg t$ auf, so lassen sich die Meßwerte durch Geraden interpolieren[1]). Folgen verschiedenartige Umwandlungen zeitlich aufeinander, so ist darauf zu achten, daß für W auf die jeweilige Gefügeart bezogene Mengen eingesetzt werden. Die isothermischen Umwandlungen können auch im Dilatometer oder durch Messen anderer physikalischer Größen verfolgt werden[7,15]). Vor allem bei dilatometrischen Messungen ist es jedoch bei umwandlungsträgen Stählen schwierig, wegen des flachen Verlaufs der Meßkurven Beginn und Ende der Umwandlung festzulegen. Die M_s-Temperatur wird im Dilatometer, über thermische Analyse (vgl. Abschnitt 2.2) oder durch gestuftes Abschrecken von Plättchen ermittelt[7]).

Wegen der in Stählen stets vorhandenen Seigerungen (vgl. Abschnitt 3.2) liegt die Unsicherheit in der Ermittlung der Zeiten für die 1%- und 99%-Linie bei Verwendung von 5 Plättchen je Temperatur bei etwa ±10% des Meßwertes. Der Ausgangszustand der Proben und die Austenitisierungsbedingungen sollten den betrieblichen Bedingungen angepaßt sein, für welche die Schaubilder zur Beurteilung der Wärmebehandlung herangezogen werden sollen.

2. ZTU-Schaubilder für kontinuierliche Abkühlung

2.1 Darstellung

Die ZTU-Schaubilder für kontinuierliche Abkühlung, in Bild 5 dargestellt für einen Stahl Ck 45[16]), entstehen durch Verbinden der Punkte gleichen Umwandlungszustandes auf den Abkühlungskurven. Eingetragen werden analog zu der Vorgehensweise bei den Schaubildern für isothermische Umwandlung die Linien für 1% – bezogen auf die Gesamtmenge – der gebildeten Gefüge sowie für 99% umgewandelten Austenit. Die in das Schaubild eingezeichneten Abkühlungskurven werden vielfach durch die Abkühlungszeit von 800 bis 500 °C oder von Ac_3 bis 500 °C gekennzeichnet. Voraussetzung hierfür ist, daß die Art der Abkühlung – linear oder exponentiell – bekannt ist. Entlang einer Abkühlungskurve – und nur in dieser Form dürfen die Bilder gelesen werden – beschreibt ein derartiges Schaubild den Ablauf der Umwandlungen sowie die bei Raumtemperatur vorliegenden Gefügeanteile und die erreichten Härtewerte, die in Bild 5 in einem Teilbild getrennt dargestellt sind. Die starke Abhängigkeit des Ferritanteils von der Abkühlungszeit zeigt deutlich, daß es ohne genaue Kenntnis der Abkühlungsbedingungen einer Probe nicht möglich ist, aus dem Verhältnis des Ferrit- und Perlitanteiles auf den Kohlenstoffgehalt zu schließen.

Für eine unendlich langsame Abkühlung münden die Kurven für Beginn und Ende der Ferrit- und Perlitumwandlung in die Gleichgewichtslinie des Zustandsschaubildes, das in dem jeweiligen Konzentrationspunkt der Grenzfall des ZTU-Schaubildes bei $t = \infty$ ist, Bild 6. Bei sehr kleinen Abkühlungsgeschwindigkeiten entstehen analog zu Bild 4 Gefüge, die den Gleichgewichtszustand bereits erkennen lassen: einige sehr große Karbide in ferritischer Grundmasse, Bild 7.

Vielfach werden die Gefügemengen und Härtewerte unmittelbar in das Schaubild eingetragen, wie in Bild 8[17]). Die Beschreibung der Abkühlungskurven durch die Abkühlungszeit von Ac_3 bis 500 °C ermöglicht eine Kennzeichnung des Umwandlungsverhaltens durch kritische Kühlzeiten.

Zu beachten ist wiederum, daß die Angaben eines Schaubildes streng nur gültig sind für die untersuchte Charge, die gewählten Austenitisierungsbedingungen und den verwendeten Abkühlungsverlauf.

In der Form der ZTU-Schaubilder für kontinuierliche Abkühlung prägt sich deutlich die gegenseitige Beeinflussung der Umwandlungen aus. Die voreutektoidische Ferritausscheidung sowie die Umwandlung in der oberen Zwischenstufe führen zu einer Kohlenstoffanreicherung in dem umgebenden Austenit und damit zu einem Absinken der M_s-Temperatur (vgl. Abschnitt 5.2), wie aus Bild 8 hervorgeht. Eine voreutektoidische Carbidausscheidung in übereutektoidischen Stählen dagegen führt zu einer Kohlenstoffverarmung des Austenits und damit mit zunehmenden Mengen zu einer Anhebung des M_s-Punktes, wie Bild 9 für den Einsatzzahl 14 NiCr 14, aufgekohlt auf 1,03% C, zeigt[8]). Obwohl bei 930 °C noch ungelöste Carbide vorliegen, ist der Kohlenstoffgehalt des Austenits so hoch, daß im Bereich hoher Abkühlungsgeschwindigkeiten und dementsprechend geringer voreutektoidischer Carbidausscheidung der M_s-Punkt unter 100 °C liegt. Es bleibt „Restaustenit" zurück (vgl. Gleichung (2)), dessen Mengenanteil in Abhängigkeit vom Kohlenstoffgehalt und der Abkühlungsgeschwindigkeit für die Grundlegierung eines Stahles 14 NiCr 14 aus Bild 10 hervorgeht. Die jeweils kleinere Zeit von K_M und K_K gibt die Abkühlungsdauer an, bei der etwa die größten Gehalte erreicht werden.

2.2 Meßverfahren

Der Ablauf einer Umwandlung bei kontinuierlicher Abkühlung kann sehr einfach mit einem Dilatometer ermittelt werden, solange die Abkühlungszeit von 800 bis 500 °C nicht weniger als rd. 50 s beträgt[7,15]). Bei höheren Abkühlungsgeschwindigkeiten treten in den üblicherweise verwendeten Dilatometerproben mit 4 mm Durchmesser bereits so hohe Temperaturgradienten auf, daß die Temperaturanzeige nicht mehr der gemessenen Längenänderung entspricht. In diesen Bereichen werden die Umwandlungen über eine thermische Analyse an dünnen Plättchen ermittelt[8,15]). Dieses Verfahren kann noch verbessert werden durch die gleichzeitige Messung der Änderung der Magnetisierung der Proben. Bild 11 zeigt die über eine thermische Analyse ermittelte Abkühlungsgeschwindigkeit einer Probe als Funktion der Zeit. Die bei tiefen Temperaturen ablaufende Martensitumwandlung ist nur schwer auszuwerten. Die der Änderung der Magnetisierbarkeit der Probe proportionale Flußänderung dagegen zeigt die Umwandlung deutlich an. Die Meßgenauigkeit der verschiedenen Verfahren beträgt für die Umwandlungslinien etwa ±10 °C, für die kritischen Kühlzeiten etwa ±10%.

Vor allem bei kontinuierlicher Abkühlung ist es mitunter schwer, metallographisch die einzelnen Gefügebestandteile eindeutig voneinander zu trennen. Es müssen daher in Anlehnung an die oben beschriebenen Mechanismen[2-4]) praktikable Definitionen verwendet werden. Als Widmannstättenferrit[18]) sollten alle Ferritnadeln bezeichnet werden, zwischen denen Perlit entsteht, z.B. der Bereich rechts der Mitte von Bild 12. Mitunter ist die Kohlenstoffanreicherung in dem zwischen den Ferritplatten liegenden Austenit jedoch so hoch, daß die Umwandlung zu Perlit unvollständig bleibt, wie in dem Bereich links oben im Bild 12. Die hellen Restfelder bestehen aus Martensit und Restaustenit. Auch diese Bereiche sind als Ferrit in

Widmannstättenscher Anordnung zu bezeichnen. Zur Zwischenstufe würden lediglich die Ferritnadeln gerechnet, zwischen denen Carbide liegen. Als Martensit werden alle athermisch gebildeten Bereiche eingestuft, unabhängig von ihrer Bildungstemperatur und dem Anlaßzustand. Liegt die M_s-Temperatur bei rd. 400 °C, scheiden sich noch während der Abkühlung aus dem zuerst gebildeten Martensit feine Carbide aus, der dadurch lichtoptisch dunkel erscheint, Bild 13. Vor allem in hochfesten schweißbaren Stählen ist der bei 400 °C gebildete Martensit wie in Bild 14 vielfach nur durch die gleichmäßigere Karbidverteilung von der unteren Zwischenstufe zu unterscheiden, Bild 15. Im allgemeinen heben sich die Zwischenstufengefüge vom Martensit durch die langen parallelen Bündel von Nadeln ab wie in dem Beispiel von Bild 16. Die obere Zwischenstufe hat meist eine sehr grobe Anordnung von Ferrit und Carbid, wie z.B. in Bild 17, die zu einem merklichen Härteabfall gegenüber der unteren Perlitstufe führt[6]), wie z.B. für den Stahl 50 CrMo 4 in Bild 3. Bei kontinuierlicher Abkühlung bleibt die Umwandlung oft unvollständig. Aus dem zwischen dem Ferrit liegenden Austenit scheiden sich nur teilweise Carbide aus, ein Teil wandelt um zu Martensit, wobei vielfach noch Restaustenit zurück bleibt, Bild 18. Derartige Gefüge haben vielfach ungünstige mechanische Eigenschaften. Es erscheint nicht sinnvoll, die nur mit großem Versuchsaufwand zu ermittelnden Bereiche der Bildung oberer Zwischenstufe in die ZTU-Schaubilder einzutragen, um auf diese Weise „Abkühlungen, welche zu ungünstigen mechanischen Eigenschaften führen", zu kennzeichnen. Nicht die Anordnung von Ferrit und Carbid der oberen Zwischenstufe[4]) führt zu ungünstigen mechanischen Eigenschaften, sondern die durch die unvollständige Umwandlung entstehenden Martensitanteile, die z.B. bei isothermischer Umwandlung nicht entstehen und deren Auswirkung auf die Zähigkeit nach dem Gefügebild nicht abzuschätzen ist. Ähnlich wirken auf Grund von Seigerungen in Gefüge der oberen Zwischenstufe eingelagerte Streifen aus feinlamellaren Perlit[6]). Die mechanischen Eigenschaften, vor allem die Zähigkeit, sollten daher stets an entsprechend abgekühlten Proben ermittelt werden, wie es für die Härte bei jedem ZTU-Schaubild durchgeführt wird.

Häufig kann an Hand nur eines Schliffes die Art des Gefüges nicht eindeutig ermittelt werden. In diesen Fällen lassen sich durch Vergleich der bei verschiedenen Abkühlungsgeschwindigkeiten entstandenen Gefüge für einen bestimmten Stahl die Gefügeausbildungen ausreichend genau beschreiben. Soweit die Carbidphasen innerhalb einzelner Gefüge identifiziert werden sollen, müssen Strukturbestimmungen durchgeführt werden, da aus der Ausbildungsform nicht auf die Art der Carbide geschlossen werden kann[19]). Der meist sehr fein verteilte Restaustenit ist mit metallographischen Verfahren nicht zu erfassen[20]). Hier sind magnetische und vor allem röntgenographische Methoden einzusetzen[21]).

2.3 Kurzbeschreibung der Umwandlung bei kontinuierlicher Abkühlung

In der Praxis ist es zu aufwendig, für jede Charge zur Kontrolle ein vollständiges ZTU-Schaubild aufzunehmen, zumal vielfach die kritische Kühlzeit K_m (vgl. Bild 8) gesucht ist. Ein vereinfachtes Meßverfahren stellt der Stirnabschreckversuch dar[7, 22]), der in letzter Zeit auch für schwach einhärtende Stähle eingesetzt wird[23]). Die über dem Stirnabstand aufgetragene Härte ist ein guter Anhaltswert für eine vergleichende Chargenkontrolle. Ordnet man den Stirnabständen Kühlzeiten von 800 bis 500 °C zu, so ergibt sich der Anschluß an die ZTU-Schaubilder[7, 24]). Hierbei ist jedoch zu beachten, daß der Abkühlungsverlauf in der Stirnabschreckprobe und bei den üblichen Dilatometerversuchen für die Aufnahme von ZTU-Schaubildern nicht völlig identisch sind. Vor allem bei Stählen, die im Bereich der Stirnabschreckprobe eine ausgeprägte Umwandlung in der Zwischenstufe aufweisen, können daher je nach dem Meßverfahren bei nominell gleichen Kühlzeiten von 800 bis 500 °C merkliche Härteunterschiede auftreten, wie es aus Bild 19 hervorgeht. Dieser Nachteil kann jedoch dadurch überwunden werden, daß man die Ergebnisse des Stirnabschreckversuches unmittelbar mit den betrieblich wesentlichen Aussagen, wie der Einhärtungstiefe, korreliert[23]).

3. Veränderung des Umwandlungsverhaltens

3.1 Einfluß der Legierungselemente

Die durch den Zusatz der Legierungselemente bedingten unterschiedlichen Formen der ZTU-Schaubilder für isothermische Umwandlung entstehen aus der in Bild 2 gezeigten Grundform durch Verschieben der Umwandlungstemperaturen T_u gegeneinander, durch mehr oder weniger starke Verschiebung einer der Umwandlungsstufen zu längeren Zeiten sowie die gegenseitige Beeinflussung der einzelnen Umwandlungsvorgänge. Betrachtet man nur die Verschiebung der Umwandlungstemperaturen, so ergeben sich für isothermische ZTU-Schaubilder für den Übergang von der Perlit- zur Zwischenstufe die in Bild 20 mit A1 bis C1 bezeichneten Formen[25]), welche im wesentlichen den Einfluß der Legierungselemente wiedergeben. Mit den Ziffern 1 bis 4 sind die Formen für den Übergang von der Zwischenstufe zum Martensit gekennzeichnet. Hier ist der Gehalt an Kohlenstoff wesentliche Einflußgröße. Eine quantitative Beschreibung des Einflusses der Legierungselemente ergibt sich in guter Übereinstimmung mit Experimenten über einen Wirkparameter L nach Bild 21.

Die zeitliche Verschiebung der einzelnen Umwandlungsbereiche ist in dieser Beschreibung nicht berücksichtigt, obwohl sie bereits für die Analysenabweichungen von zwei Chargen einer Qualität beträchtlich sein kann[7]). Qualitativ ergibt sich aus vorliegenden Schaubildern[7-10]), daß Molybdän vor allem die Umwandlung in der Perlitstufe verzögert[18]). Die übrigen Elemente verschieben alle Umwandlungen zu längeren Zeiten. In Vervollständigung von Bild 9 ist analog zu Bild 6 in Bild 22 das Umwandlungsverhalten von Legierungen mit der Grundanalyse eines Einsatzstahles 14 NiCr 14 bei kontinuierlicher Abkühlung in Abhängigkeit vom Kohlenstoffgehalt dargestellt. Die Abkühlungskurven sowie die voreutektoidische Carbidausscheidung sind der Übersichtlichkeit wegen nicht eingezeichnet. Lediglich der Schnitt zwischen der Fläche für den Beginn der voreutektoidischen Carbidausscheidung und derjenigen der Perlitumwandlung ist durch die mit K bezeichnete strichpunktierte Linie eingetragen. Bei der Zeit $T = \infty$ ist das Zustandsschaubild des Stahles dargestellt, der Raum der Perlitbildung stößt auf einen Dreiphasenraum $\alpha + \gamma + K$. Die Einbuchtung in der Fläche für den Beginn der Perlitumwandlung zeigt, daß diese Umwandlung durch die voreutektoidische Ferrit- und Karbidausscheidung beschleunigt wird. Die Umwandlungsträgheit im eutektoidischen Bereich zeigt sich auch in dem in Bild 10 dargestellten Restaustenitgehalt des Stahles 14 NiCr 14. Der steile Anstieg der Fläche für den Beginn der Martensitbildung verdeutlicht den in Bild 20 dargestellten Einfluß des Kohlenstoffs auf die Form der Schaubilder. Analog zu Bild 10 ist in Bild 23 die Härte einer Grundlegierung 14 NiCr 14 in Abhängigkeit vom Kohlenstoffgehalt und der Abkühlungsdauer dargestellt. Die Umwandlungsträgheit im eutektoidischen Bereich führt zu einer „Nase" erhöhter Härte. Der Härteabfall bei hohen Kohlenstoffgehalten und kleinen Abkühlungsdauern wird durch zunehmenden Restaustenitgehalt verursacht. Ein Vergleich mit einer entsprechenden Darstellung für eine Grundlegierung Ck 15 in Bild 24 zeigt den Einfluß von Legierungselementen auf die Härtbarkeit. So können bereits relativ geringe Unterschiede zwischen zwei Chargen zu einem merklich anderen Umwandlungsverhalten führen, Bild 25.

3.2 Auswirkung von Seigerungen

Bisher wurden die in technischen Stählen unvermeidbaren Seigerungen außer Acht gelassen. In Wirklichkeit stellen alle ZTU-Schaubilder ein Mittel über alle im Stahl vorliegenden Legierungskonzentrationen dar. Die Linie für 1% umgewandelten Austenit bezeichnet den Beginn der Umwandlung in den legierungsarmen, umwandlungsfreudigen Dendriten, die Linie für 99% umgewandelten Austenit das Ende der Umwandlung in den legierungsreichen, umwandlungsträgen Bereichen der Restschmelze[26]. Die gleichzeitige Verschiebung der Umwandlungstemperatur durch die Legierungsanreicherung führt nach Bild 26 zu einer örtlichen Fixierung der Umwandlungsgefüge an die Seigerungen[27]. In überwiegend mit Silicium legierten Stählen liegen die Zeilen des voreutektoidischen Ferrits in den legierungsreichen Restfeldern, Bild 27, in überwiegend mit Mangan legierten Stählen liegen in den manganreichen Zonen der Restschmelzen die Umwandlungstemperaturen niedriger als im Bereich der Dendriten. Die Umwandlung ist zudem verzögert. Die voreutektoidische Ferritausscheidung setzt im Bereich der Dendriten ein, die legierungsreichen Zwischenräume sind durch Perlit markiert[27], Bild 28.

Die Seigerung der Legierungselemente führt vor allem in Bereichen mit zwei zeitlich aufeinander folgenden verschiedenen Umwandlungen bei gewalzten Stählen zu zeiliger Gefügeausbildung. Zeilen von feinstreifigem Perlit in Gefügen der oberen Zwischenstufe können die mechanischen Eigenschaften ungünstig beeinflussen[6]. Die Ausbildung von Zeilengefüge wird begünstigt durch feines Korn, langsame Abkühlung und große Dendritenabstände[26, 27].

Beim Anlassen nach dem Härten reichern sich die Carbide an den Stellen erhöhter Konzentration von Carbidbildnern an. Bei allen Wärmebehandlungen diffundiert der Kohlenstoff entsprechend seinem Aktivitätsgefälle[28]. Im Bereich des Austenits sei der Einfluß von Schwankungen in der Legierungskonzentration auf Grund von Seigerungen auf die Kohlenstoffaktivität nur gering, so daß nach dem Abschrecken der Kohlenstoff praktisch gleichmäßig verteilt ist, Bild 29b. Im Bereich des α-Eisens ist der Einfluß von Schwankungen der Legierungskonzentration auf die Aktivität nicht zu vernachlässigen, sie wird z.B. durch Silicium erhöht. Dies führt unter Annahme einer Siliciumverteilung nach Bild 29a und einer Kohlenstoffverteilung nach Bild 29b, zu einem Aktivitätsverlauf nach Bild 29c. Wird durch Anlassen eine Diffusion des Kohlenstoffs, nicht aber der Legierungselemente ermöglicht, so bleibt das Konzentrationsprofil nach Bild 29a erhalten, der Kohlenstoff strebt jedoch einen Ausgleich der Aktivität an, Bild 29d, der durch ein Konzentrationsprofil nach Bild 29e erreicht wird. Entsprechend entstehen in Siliciumstählen im Bereich der Dendriten karbidfreie Ferritbänder[27], die mit zunehmender Glühzeit deutlicher hervortreten, Bild 30. Mangan senkt die Kohlenstoffaktivität und führt dementsprechend zu einer Kohlenstoffanreicherung in den manganreichen Restfeldern, Bild 31. Dieses Verhalten der Carbide, das auch im Zweiphasengebiet Austenit + Carbid zu beobachten ist, kann zum Sichtbarmachen der Seigerungen verwendet werden. Vor allem für Elemente, welche die A_1-Temperatur senken, kann darüber hinaus die Seigerung sehr gut angezeigt werden durch eine Austenitisierung zwischen der A_1-Temperatur der Dendriten und derjenigen der Restschmelze. In den Bereichen der Restschmelze entsteht Austenit – der durch Abschrecken zu Martensit umgewandelt werden kann – in den dendritischen Bereichen wird das Gefüge lediglich angelassen. In Bild 32 markieren die martensitischen Bereiche Linien gleicher A_1-Temperatur.

3.3 Der Einfluß der Austenitisierung

3.3.1 Beschreibung des Austenitisierungszustandes

Voraussetzung für jede Umwandlung der Stähle ist ein austenitischer Mischkristall, der nach dem Zustandsschaubild Eisen–Kohlenstoff[12] bei Temperaturen oberhalb 723°C entsteht. Für Stähle sind die jeweiligen Mehrstoffsysteme für die Bestimmung der Bildungstemperaturen anzuwenden. Analog zu den unter den Abschnitten 1. und 2. beschriebenen Umwandlungen ist die Bildung des Austenits beim Aufheizen abhängig von der Erwärmungsgeschwindigkeit. Die Aussagen des Abschnitts 1.1 lassen sich übertragen auf das in Bild 33 dargestellte Zeit-Temperatur-Auflösungsschaubild (ZTA-Schaubild) für isothermische Austenitisierung[9, 29]. Die nach der vollständigen Umwandlung des Ferrits vorliegenden Phasen $\gamma + K$ können nach dem Gleichgewicht in untereutektoidischen Stählen nicht nebeneinander beständig sein. Doch erst nach langen Glühtemperaturen, angedeutet durch das schraffierte Band, ist der Austenit homogen. Nach einer kurzen Austenisierung bei niedrigen Temperaturen sind Carbide mitunter nicht mehr zu erkennen, der Kohlenstoff ist jedoch noch nicht gleichmäßig verteilt. Bei einer anschließenden Umwandlung kann dies dazu führen, daß sich neben dem Umwandlungsgefüge Carbide wieder an den Stellen ausscheiden, an denen sie in Lösung gegangen sind, Bild 34. In der Praxis wählt man für die Austenitisierung Temperaturen zwischen 30 und 50°C oberhalb von Ac_3. Werkzeugstähle werden im Zweiphasengebiet $\gamma + K$ austenitisiert. Die Austenitisierungstemperatur, welche zu der größtmöglichen Härte führt, kann durch Aufnahme einer Austenitisierungstemperatur-Härtekurve ermittelt werden[7, 9].

Bild 35 gibt analog zu Bild 6 ein ZTA-Schaubild für kontinuierliche Erwärmung wieder[9]. Das Zustandsschaubild ist Grenzfall für eine unendlich langsame Aufheizgeschwindigkeit. Die Verschiebung der Umwandlung zu hohen Temperaturen bei hohen Aufheizgeschwindigkeiten ist vor allem bei Schnellerwärmungsvorgängen zu beachten. Eine Erwärmung mit 3°C/min wird im allgemeinen für die Ermittlung der Ac-Temperaturen verwendet[7].

3.3.2 Die Austenitkorngröße

Mit der Austenitisierungstemperatur ändert sich auch die Austenitkorngröße, welche vor allem die Umwandlung in der Perlitstufe beeinflußt[2]. Bild 36[30] zeigt die Änderung der Korngröße mit der Austenitisierungstemperatur für eine Glühzeit von 30 min. Stahl 3 hat keine Zusätze an kornwachstumshemmenden Ausscheidungen, Stahl 1 enthält AlN, das bei 1100°C in Lösung geht, was in diesem Bereich zur Ausbildung von Mischkorn führt[31], Stahl 2 enthält neben AlN auch bei hohen Temperaturen nicht völlig in Lösung gehende Titannitride. Neben der Austenitisierungstemperatur ist zu beachten, daß mit zunehmender Austenitisierungs*zeit* bei Temperaturen oberhalb von 1000°C mit einem zusätzlichen Kornwachstum zu rechnen ist[32]. Für eine Beurteilung der Auswirkung auf die mechanischen Eigenschaften ist zu beachten, daß nicht die Austenitkorngröße, sondern die Ferritkorngröße die entscheidende Einflußgröße ist. Nach den Bildern 37 und 38 kann durch die Bildung von Widmannstättenferrit trotz zunehmender Austenitkorngröße die Ferritkorngröße konstant bleiben.

3.3.3 Auswirkung der Austenitisierung

Der Austenitisierungszustand wirkt sich vor allem über die Homogenität des Austenits und seine Korngröße auf die Umwandlung aus. Zunehmende Korngröße und steigende Austenitisierungstemperatur führen vor allem bei schweißbaren Baustählen im Bereich der wärmebeeinflußten Zone zu einer Verzögerung der Umwandlung[9, 33]. Werden in Werkzeugstählen alle Carbide aufgelöst, steigt der Kohlenstoffgehalt im Austenit, gleichzeitig setzt ein sprunghaftes Kornwachstum ein[9]. Beide Vorgänge führen zu einem Absinken der M_s-Temperatur und einer Verzögerung der Umwandlung, wie Bild 9 zeigt. Bei hochlegierten Stählen ist der Austenit nach üblicher Austenitisierung mitunter so inhomogen, daß zwei Martensitpunkte meßbar sind und die Gefüge deutliche Unterschiede in der Umgebung der Carbide im Vergleich zur übrigen Matrix zeigen[7]. Wird nach unvollständiger Austenitisierung gehärtet, kann der in Bild 34 gezeigte Effekt auch beim Anlassen auftreten, die Carbide scheiden sich bevorzugt an den Stellen wieder aus, an denen sie in Lösung gegangen sind.

4. Informationsgehalt der Schaubilder

4.1 Darstellungsformen

In Abschnitt 2.1 wurde bereits darauf hingewiesen, daß die Abkühlungskurven vielfach durch die Abkühlungszeit von 800 bis 500 °C gekennzeichnet werden. Als Konsequenz daraus ist vorgeschlagen worden, die Schaubilder unmittelbar über der Kühlzeit aufzutragen, was zu der in Bild 39 dargestellten Form führt[34]. Dies hat den Vorteil, daß aus anderen Diagrammen ermittelte Kühlzeiten für Abkühlungsvorgänge unmittelbar auf das ZTU-Schaubild übertragen werden können[7, 24, 34–36]. Der Nachteil ist, daß der Verlauf der Abkühlung nicht mehr zu entnehmen ist, der mitunter auch innerhalb eines Schaubildes aus praktischen Gründen wechselt[7, 8].

In diesem Falle ist eine zusätzliche Information zu Gunsten einer einfachen Ablesung der Daten aufgegeben worden. Vielfach sollen jedoch in einem ZTU-Schaubild noch zusätzliche Informationen dargestellt werden. Dies ist in zweidimensionalen Graphiken durch Einzeichnen weiterer Parameter möglich, wie der Gefügemengen und der Härte in den Bildern 8 und 9. Die Darstellung wird jedoch sehr schnell unübersichtlich, so daß es vorzuziehen ist, derartige Informationen in getrennten Schaubildern wiederzugeben, zum Beispiel in Form von Gefüge- und Härtekurven wie Bild 3 und 5, oder den mechanischen Eigenschaften in Abhängigkeit von der Umwandlungstemperatur[6]. Eine andere Möglichkeit, zusätzliche Informationen darzustellen, besteht in dem Übergang zu dreidimensionalen Abbildungen, wie in den Bildern 10, 22, 23 und 24. Derartige Darstellungen vermitteln zwar einen guten Einblick in die grundsätzlichen Zusammenhänge, Zahlenwerte sind ihnen jedoch nur mühsam zu entnehmen. Für die praktische Anwendung geht man daher vielfach dazu über, die angegebenen Werte auf die unbedingt erforderlichen zu reduzieren. So ist für die Beurteilung der wärmebeeinflußten Zone einer Schweißung die Kenntnis der ZTU-Schaubilder für alle Austenitisierungstemperaturen zwischen A_1 und 1300 °C erforderlich. Für vorgegebene Schweißbedingungen kann man jedoch annehmen, daß unabhängig von der erreichten Maximaltemperatur in der wärmebeeinflußten Zone alle Kühlzeiten von 800 bis 500 °C gleich sind. Wählt man nun als Ordinate die erreichte Spitzentemperatur, als Abzisse die Kühlzeit von 800 bis 500 °C, so erhält man ein in Bild 40 wiedergegebenes Spitzentemperatur-Kühlzeit-(STAZ-)Schaubild, in dem die anschraffierten Linien die Grenzen zwischen den bei Raumtemperatur vorliegenden Gefügeausbildungen angeben[37, 38]. Der Ablauf der Umwandlungen mit der Temperatur ist nicht mehr darstellbar. In derartige Schaubilder können – soweit es die Lesbarkeit zuläßt – alle Eigenschaften der jeweiligen Gefügezustände bei Raumtemperatur eingetragen werden, so in Bild 40 die Härte[38]. Für allgemeine Anwendungen ist jedoch die Einzeldarstellung der Umwandlungen und der Eigenschaften vorzuziehen, da Schaubilder, wie sie in den Bildern 39 und 40 dargestellt sind, Annahmen enthalten, die nicht für alle Fälle zutreffen.

4.2 Praktische Anwendung

Für eine praktische Anwendung sollen hier nur die grundlegenden Wärmebehandlungen an Hand der ZTU-Schaubilder erläutert werden. Die Bedingungen für die Austenitisierung wurden bereits unter 3.3 beschrieben. *Härten* erfordert in der Regel eine Umwandlung zu Martensit[11], das heißt für eine Durchhärtung eine Abkühlung im Kern schneller als es K_M entspricht (vgl. Bild 8). Wegen der Gefahr von Härterissen bei schnellem Abschrecken muß in der Praxis oft hingenommen werden, daß im Kern die Umwandlung in der unteren Zwischenstufe abläuft. Durch anschließendes Anlassen bei einer *Vergütung* werden bei vorgegebenen Festigkeiten bessere Zähigkeitseigenschaften erreicht als bei einer kontinuierlichen Abkühlung[6]. Ein zum Vermindern der Wärmespannungen angewendetes *Warmbadhärten* setzt voraus, daß im isothermischen ZTU-Schaubild kurz oberhalb M_s eine ausreichende Zeit bis zum Einsetzen der Umwandlung zur Verfügung steht. Für einen Stahl 50 CrMo 4 sind dies nach Bild 3 lediglich 15 s, was zum Temperaturausgleich größerer Werkstücke nicht ausreicht. Ferner muß sichergestellt sein, daß bei dem Einlauf der Kerntemperatur in die Warmbadtemperatur die Kühlzeit K_f nach Bild 8 nicht überschritten wird. Falls beim *Normalglühen*[11] ein ferritisch-perlitisches Gefüge erzielt werden soll, muß die Abkühlung am Rand langsamer sein, als es der kritischen Kühlzeit K_p entspricht. Ein *Weichglühen* setzt bei untereutektoidischen Stählen voraus, daß die Ac_1-Temperatur nicht überschritten wird. Nach Glühungen über Ac_1, wie bei den übereutektoidischen Stählen in Form einer Pendelglühung, muß die Ac_1-Temperatur langsam unterschritten oder kurz unter A_1 geglüht werden, da andernfalls wieder Perlit entstehen würde. Die Vielzahl der weiteren möglichen Wärmebehandlungen ergibt sich unmittelbar durch Kombination der oben beschriebenen. So kann ein grobkörniges Gefüge entsprechend Bild 36 durch erneute Austenitisierung bei niedriger Temperatur zu einem feinen Korn umgewandelt werden.

5. Berechnung der Umwandlung

5.1 Berechnung der Schaubilder

Eine Berechnung der ZTU-Schaubilder ist in den Bildern 20 und 21 für die *Form* der isothermischen Schaubilder bereits erläutert worden. Für eutektoidische Stähle kann unter Annahme der Gültigkeit von Gleichung (1) eine mathematische Beschreibung des gesamten Umwandlungsablaufes mit nur 22 Koeffizienten gegeben werden[1]. Mit diesen Daten ist zusätzlich eine Berechnung der Umwandlung bei kontinuierlicher Abkühlung möglich, indem die Abkühlungskurve durch eine Stufenfunktion angenähert wird. Damit kann die Umwandlung vor allem auch für die Abkühlungsverläufe berechnet werden, die zu einer Einleitung der Umwandlung bei der Abkühlung auf eine isothermische Umwandlungstemperatur führen[1]. Nach den Bildern 20 und 21 ist eine rechnerische Vorhersage der Lage der Umwandlungstemperaturen nach Bild 20 aus der Analyse möglich. Eine Vorhersage der zeitlichen Lage der Umwandlung ist allgemeingültig noch nicht möglich, da der Einfluß eines Elementes nicht linear ist, wie Bild 22 für den Kohlenstoff zeigt. Für den Einfluß einzelner Legierungselemente auf eine bestimmte Umwandlungsstufe sowie die Auflösung von Carbiden im Austenit sind Modelle entwickelt worden, die in Einzelfällen eine theoretische Beschreibung ermöglichen[2-4, 39, 40].

5.2 Berechnung der Härtbarkeit

Für eine vereinfachte Beschreibung des Umwandlungsverhaltens bei kontinuierlicher Abkühlung sind vielfach Formeln entwickelt worden, die jeweils für bestimmte Stahlgruppen eine Abschätzung der kritischen Kühlzeit K_m oder des Verlaufes von Stirnabschreckhärtekurven erlauben[41, 42]. Als weitere Hilfsmittel stehen Berechnungen der Umwandlungstemperaturen nach Bild 2 zur Verfügung[25]. Für die Ermittlung der M_s-Temperatur wurde unter Auswertung der im „Atlas zur Wärmebehandlung der Stähle" aufgeführten Legierungen[7, 8] eine graphische Korrektur von Gleichungen aus der Literatur angegeben, die eine sehr gute Übereinstimmung mit den Messungen ergibt[43].

6. Eigenspannungen

Für das Verhalten eines Werkstückes sind neben dem Gefügeaufbau die Eigenspannungen von entscheidender Bedeutung. Die hier besprochenen Eigenspannungen erster Art[44] entstehen durch die Temperaturgradienten bei der Abkühlung und durch die mit der Umwandlung verbundenen Volumenänderungen. Bild 41 zeigt die Entstehung der Längseigenspannungen am Rand in einem durchgehärteten Rundbolzen[45]. Auf Grund der Temperaturunterschiede schrumpft der Rand stärker als der Kern und kommt zunehmend unter Zugspannungen (gestrichelte Linie im unteren Teilbild), die jedoch nur bis zur Fließgrenze ansteigen können (ausgezogene Linie). Der Rand wird plastisch gedehnt. Nach Abkühlung des Randes auf 450 °C nimmt die Temperaturdifferenz zwischen Rand und Kern ab, die Zugspannung am Rand fällt. Ab 410 °C setzt zusätzlich die Martensitumwandlung am Rand ein, die Zugspannungen werden weiter abgebaut und gehen unterhalb von 350 °C Randtemperatur in Druckspannungen über. Entsprechend der hohen Festigkeit des Martensits am Rand und der geringen Festigkeit des Austenits im Kern wird dieser unter Zugspannungen plastisch gedehnt. Durch die Martensitumwandlung im Kern wird das Volumen in diesem Bereich nochmals vergrößert, die Druckspannungen im Rand gehen über in Zugspannungen, den Endzustand bei Raumtemperatur. Wesentlich für die Entstehung dieses Spannungszustandes ist die plastische Dehnung des Kernes bei der Martensitbildung am Rand, die zu einer relativen Verlängerung des Kernes gegenüber dem Rand führt.

Über derartige Betrachtungen lassen sich die Eigenspannungen für verschiedene Abkühlungen und Umwandlungsformen in sehr guter Übereinstimmung mit Messungen ableiten[45]. In Bild 42 sind die Ergebnisse schematisch dargestellt[46]. Die Eigenspannungsverteilung über den Querschnitt bei reinen Wärmespannungen ist entgegengesetzt der in Bild 41 beschriebenen für einen durchhärtenden Stahl. Entsprechende Messungen an Schweißnähten haben gezeigt, daß auch hier die Umwandlung den Eigenspannungsverlauf entscheidend beeinflußt. Unter Bedingungen, die beim Verschweißen eines austenitischen Werkstoffes mit einer austenitischen Elektrode zu Zugspannungen in der Schweiße führen, können beim Verschweißen von umwandelnden Werkstoffen Druckeigenspannungen entstehen[47].

Verwendete Zeichen und ihre Bedeutung

A	Austenit
a_C^α	Aktivität des Kohlenstoffs in α-Eisen
b	Koeffizient
F	Ferrit
φ	Magnetischer Fluß
K	Carbid
K_F	Kritische Kühlzeit für die Bildung von Ferrit
K_K	Kritische Kühlzeit für die Bildung von Carbid
K_M	Kritische Kühlzeit für die Bildung von Martensit
K_P	Kritische Kühlzeit für die Bildung von 100% Gefüge der Perlitstufe
M	Martensit
M_s	Temperatur für Beginn der Martensitbildung
n	Exponent
P	Perlit
t	Zeit
T, ϑ	Temperatur
Tu	Umwandlungstemperatur als obere Grenztemperatur für die Bildung eines Gefüges
Tu_M	Umwandlungstemperatur für die Bildung von Martensit
Tu_P	Umwandlungstemperatur für die Bildung von Perlit
Tu_V	Umwandlungstemperatur für die Bildung von voreutektoidischen Phasen
Tu_{Zw}	Umwandlungstemperatur für die Bildung von Zwischenstufe
U	Umwandlungsgefüge
V	Vortektoidisch ausgeschiedene Phasen
W	Mengenanteil
W_M	Mengenanteil an Martensit

Schrifttumshinweise

[1] *Tzitzelkov, I., H. P. Hougardy* u. *A. Rose*: Arch. Eisenhüttenw. 45 (1974) Heft 8, S. 525/32.

[2] *Ilschner, B.*: Bildung von Perlit durch eutektoiden Zerfall von Austenit. Kontaktstudium „Grundlagen der Wärmebehandlung von Stahl: Umwandlung, Ausscheidung und Rekristallisation" Kapitel 4.

[3] *Pitsch, W.*: Martensitumwandlung. Kontaktstudium „Grundlagen der Wärmebehandlung von Stahl: Umwandlung, Ausscheidung und Rekristallisation" Kapitel 5.

[4] *Warlimont, H.*: Umwandlungen in der Zwischenstufe + Kontaktstudium „Grundlagen der Wärmebehandlung von Stahl: Umwandlung, Ausscheidung und Rekristallisation" Kapitel 6

[5] *Meyzaud, Y.*, u. *C. Sauzay*: Mém. sci. Rev. Métallurg. 69 (1972) Nr. 11, S. 763/74.

[6] *Rose, A., A. Krisch* u. *F. Pentzlin*: Stahl u. Eisen 91 (1971) Heft 18, S. 1001/20.

[7] Atlas zur Wärmebehandlung der Stähle. Hrsg. vom Max-Planck-Institut für Eisenforschung in Zusammenarbeit mit dem Werkstoffausschuß des Vereins Deutscher Eisenhüttenleute. Bd. 1. T. 1. von F. Wever und A. Rose. Bd. 1. T. 2. von A. Rose, W. Peter, W. Strassburg und L. Rademacher. 1954–1958.

[8] Atlas zur Wärmebehandlung der Stähle. Hrsg. vom Max-Planck-Institut für Eisenforschung in Zusammenarbeit mit

dem Werkstoffausschuß des Vereins Deutscher Eisenhüttenleute. Bd. 2. von A. Rose und H. Hougardy. 1972.

[9] Atlas zur Wärmebehandlung der Stähle. Hrsg. vom Max-Planck-Institut für Eisenforschung in Zusammenarbeit mit dem Institut für Werkstofftechnik im Fachbereich Werkstoffwissenschaften an der Technischen Universität Berlin und dem Werkstoffausschuß des Vereins Deutscher Eisenhüttenleute. Bd. 3. Zeit-Temperatur-Austenitisierung-Schaubilder, von Jürgen Orlich, Adolf Rose und Paul Wiest, Verlag Stahleisen Düsseldorf 1973.

[10] Atlas of isothermal transformation diagrams of BS En steels. London 1949. (Spec. Rep. Iron Steel Inst. No. 40.) (2. ed. 1956.)
Atlas of isothermal transformation diagrams. 2. ed. (Hrsg.:) United States Steel Corporation Pittsburgh 1951.
Atlas of isothermal transformation diagrams. 2. ed. (Hrsg.:) United States Steel Corporation Pittsburgh, Supplement 1953.
Transformation characteristics of nickel steels. (Hrsg.:) The Mond Nickel Company Limited. London 1952.
Courbes de transformation des aciers de fabrication francaise. (Hrsg.:) Institut de Récherches de la Sidérurgie. Saint-Germain-en-Laye. Bd. 1 u. 2 von G. Delbart und A. Constant. 1953–1956. Bd. 3 u. 4 von G. Delbart, A. Constant u. A. Clerc (um 1961).
Transformation characteristics of direct-hardening nickel-alloy steels. Publ. by the Mond Nickel Company Limited. London 1958. Isothermal transformation diagrams for nickel steels. Erg. 1.
Popov, A. A., u. A. E. Popova: Isotermitscheskie i termokinetitscheskie diagrammj raspada pereochlaschdennogo austenita. Gossudarstvennoe nautschno-technitscheskoe isdatelstvo maschinostroitelnoi literaturj. Moskau, Swerdlowsk 1961.
Economopoulos, M., N. Lambert u. L. Habraken: Diagrammes de transformation des aciers fabriqués dans le Benelux. Vol. 1 Bruxelles 1967.
Maratray, F., u. R. Usseglis-Nanot: Courbes de transformation de fontes blanches au chrome et ou chromemolybdène. (Hrsg.:) Climax Molybdenum S.A., Paris 1970
Alloy Steels. (Hrsg.:) Samuel Fox & Company Limited. Sheffield, England.
Cias, W. W.: Phase Transformation Kinetics and Hardenability of Medium-Carbon Alloy Steels. (Hrsg.:) Climax Molybdenum Company, Greenwich, Connecticut (um 1972).
Continuous Cooling Transformation Diagrams. (Hrsg.:) Fundamental Research Laboratories. R and D Bureau. Nippon Steel Corporation 1972.

[11] DIN 17014. Wärmebehandlung von Eisen und Stahl. Fach-Ausdrücke.

[12] Horstmann, D.: Das Zustandsschaubild Eisen–Kohlenstoff und die Grundlagen der Wärmebehandlung der Eisen-Kohlenstoff-Legierungen. Verlag Stahleisen mbH 1961.

[13] Rose, A. u. H. P. Hougardy: Arch. Eisenhüttenwes. 34 (1963) Nr. 5, S. 369/76.

[14] Stahleisen Prüfblatt 1680. Aufstellung von Zeit-Temperatur-Umwandlungsschaubildern von Eisenlegierungen.

[15] Hougardy, H. P., u. A. Rose: In: Neuere metallkundliche Untersuchungsverfahren. Verlag Stahleisen mbH, Düsseldorf 1970, S. 275/89.

[16] Hougardy, H. P.: Draht 19 (1968) 12, S. 918/26.

[17] Wever, F., u. A. Rose: Stahl u. Eisen 74 (1954) 12, S. 749/60.

[18] Rose, A., H. P. Hougardy u. A. Klein: Forschungsber. d. Landes Nordrh.-Westf., Ber.-Nr. 1419, Westdeutscher Verlag, Köln und Opladen, 1964.

[19] Rose, A., u. H. P. Hougardy: Radex Rundschau (1967) 3/4 S. 529/33.

[20] Rose, A., L. Rademacher u. J. M. van Wyk: Stahl u. Eisen 79 (1959) S. 1901/12.

[21] Härterei-Technische-Mitteilungen 30 (1975): G. Fanniger S. 231, W. Schuler S. 232/33, U. Hartmann S. 234/37, H. Faber u. U. Hartmann S. 238/40; weitere 4 Arbeiten in 31 (1975).

[22] DIN 50191. Prüfung von Eisenwerkstoffen, Stirnabschreckversuch.

[23] Randak, A., u. K. Vetter: Arch. Eisenhüttenwes. 43 (1972) Heft 10, S. 763.

[24] Peter, W., u. H. Finkler: Arch. Eisenhüttenwes. 39 (1968) Heft 8, S. 617/22.

[25] Peter, W., u. H. Finkler: Arch. Eisenhüttenwes. 45 (1974) Nr. 8, S. 533/40.

[26] Kulmburg, A., u. K. Swoboda: Praktische Metallographie VI (1968) S. 383/400.

[27] Rose, A., S. Takaishi u. H. P. Hougardy: Arch. Eisenhüttenw. 35 (1964) S. 209/220.

[28] Heumann, Th.: Diffusion in festen Metallen. Kontaktstudium „Grundlagen der Wärmebehandlung von Stahl: Umwandlung, Ausscheidung und Rekristallisation" Kapitel 2.

[29] Rose, A., u. W. Strassburg: Stahl u. Eisen 76 (1956) Heft 15, S. 976/83.

[30] Sachowa, E., u. H. P. Hougardy: Bericht der Europäischen Gemeinschaft für Kohle und Stahl, Kommission Technische Forschung Stahl, 1975.

[31] Lücke, K., u. G. Gottstein: Grundvorgänge und Erscheinungsformen der Rekristallisation homogener metallischer Werkstoffe. Kontaktstudium „Grundlagen der Wärmebehandlung von Stahl: Umwandlung, Ausscheidung und Rekristallisation" Kapitel 8.

[32] Hougardy, H. P., H.J. Pietrzeniuk u. A. Rose: In: Tagungsberichte der Informationstagung über dispersionsgehärtete Baustähle. Europäische Gemeinschaft für Kohle und Stahl, Luxemburg, 1971, S. 53/70.

[33] Rose, A.: Stahl u. Eisen 86 (1966) S. 663/70.

[34] Kunze, E., u. H. Brandis: DEW-Techn. Ber. 5 (1965) Heft 3, S. 106/110.

[35] Eichhorn, F., u. K. Niederhoff: Schweißen u. Schneiden 25 (1973) Heft 7, S. 241.

[36] Uwer, D., u. J. Degenkolbe: Schweißen u. Schneiden 24 (1972) S. 485/89.

[37] Berkhout, C. F., u. H. P. van Lent: Schweißen u. Schneiden 20 (1968) S. 256.

[38] Ruge, J., u. G. Gniers: Schweißen u. Schneiden 23 (1971) Heft 7, S. 255.

[39] Hillert, M., K. Nilsson u. L. E. Törndahl: JISI 209 (1971) S. 49/66.

[40] Plichta, M. R., u. H. I. Aaronson: Metall. Trans. 5 (1974) Heft 12, S. 2611/13.

[41] Berichte des Symposiums „Härtbarkeit" Cleveland 1972. Metall. Trans. 4 (1973) S. 2230/2342.

[42] Freiburg, A., W. Knorr u. M. Kühlmeyer: Härterei-Techn. Mitt. 29 (1974) Heft 1, S. 11/19.

[43] Rose, A., u. H. P. Hougardy: Forschungsberichte des Landes Nordrhein-Westfalen, Ber. Nr. 1946, Westdeutscher Verlag Köln und Opladen, 1968.

[44] Wolfstieg, U.: Härterei-Techn. Mitt. 29 (1974) Heft 3, S. 175/84.

[45] Bühler, H., u. A. Rose: Arch. Eisenhüttenwes. 40 (1969) S. 411/23.

[46] Rose, A.: Berg- u. hüttenm. Mh. 110 (1965) Heft 11, S. 393/402.

[47] Bühler, H., H. A. Rappe u. A. Rose: Arch. Eisenhüttenwes. 45 (1974) Heft 10, S. 719.

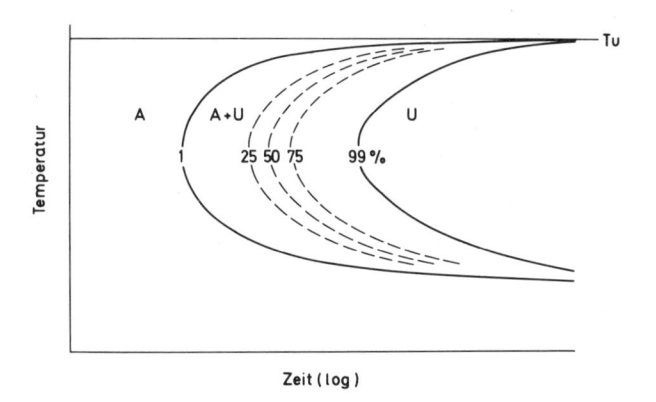

Bild 1: Isothermischer Zerfall der Phase A in das Gefüge U in Abhängigkeit von der Temperatur. Tu ist die Gleichgewichtstemperatur.

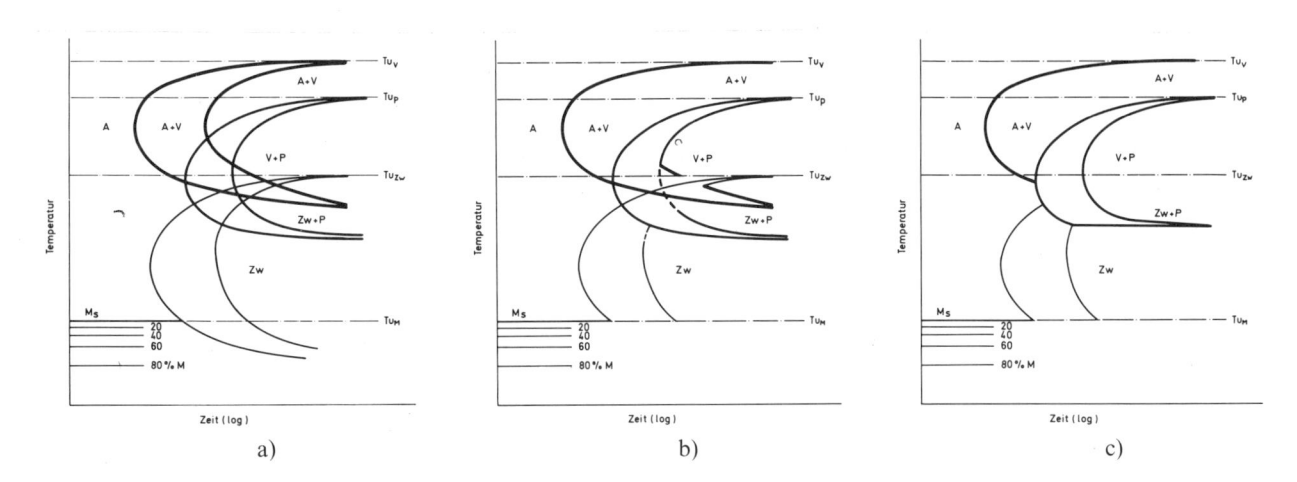

Bild 2: Allgemeine Darstellung eines ZTU-Schaubildes für isothermische Umwandlung für die Ausscheidung der voreutektoidischen Phase V sowie die Umwandlung des Austenits A zu Perlit P, Zwischenstufengefüge Zw oder Martensit M; a) vollständige Darstellung der Umwandlungslinien mit der Annahme, daß sich die Umwandlungen gegenseitig nicht beeinflussen; b) wie a), jedoch ohne Einzeichnen des Endes der einer zweiten vorweglaufenden Umwandlung; c) übliche Darstellung eines ZTU-Schaubildes unter Berücksichtigung der gegenseitigen Beeinflussung der Umwandlungen.

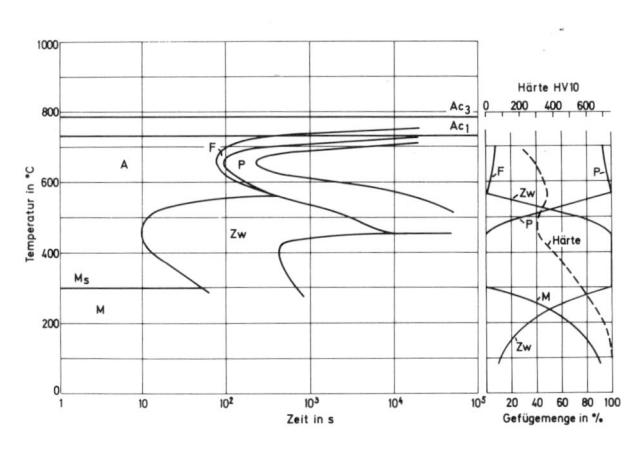

Bild 3: ZTU-Schaubild für isothermische Umwandlung eines Stahles 50 CrMo 4[6]) mit 0,53% C, 0,62% Mn, 1,12% Cr und 0,16% Mo. Im rechten Teilbild Gefügemengenkurven und Härteverlauf.

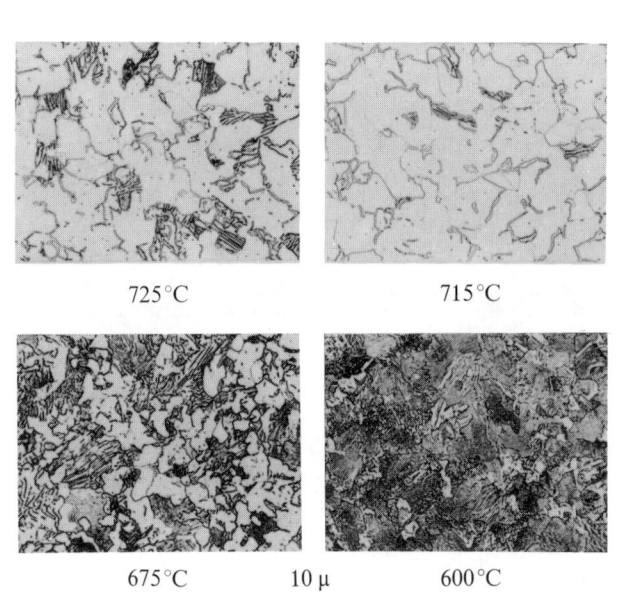

Bild 4: Änderung der Gefügeausbildung einer Legierung aus Eisen mit 0,5% C in Abhängigkeit von der Umwandlungstemperatur. Austenitisierung 850°C 10 min[13]).

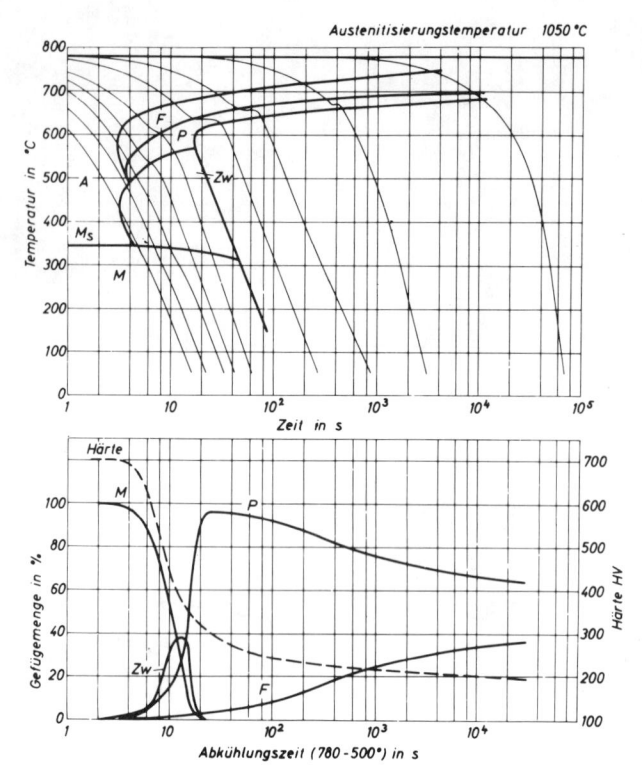

Bild 5: ZTU-Schaubild und Härte eines Stahls Ck 45 mit 0,44% C, 0,66% Mn und 0,22% Si[16]). Austenitisierung 1050°C 3 min.

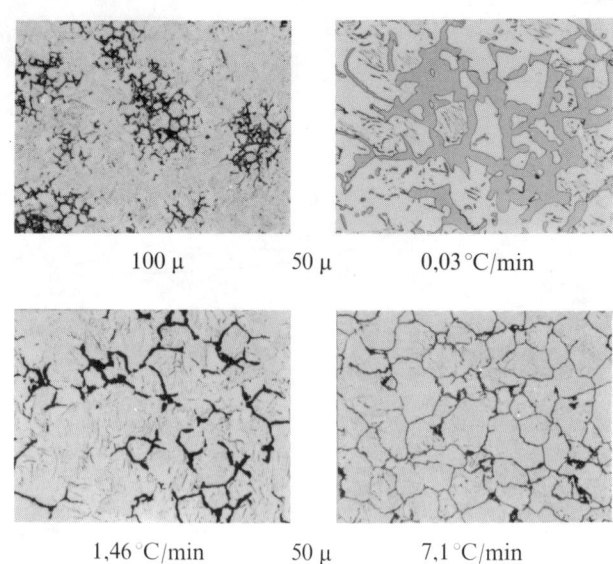

Bild 7: Änderung der Gefügeausbildung einer Legierung aus Eisen mit 1,3% C in Abhängigkeit von der Abkühlungsgeschwindigkeit[13]). Austenitisierung 970°C 10 min.

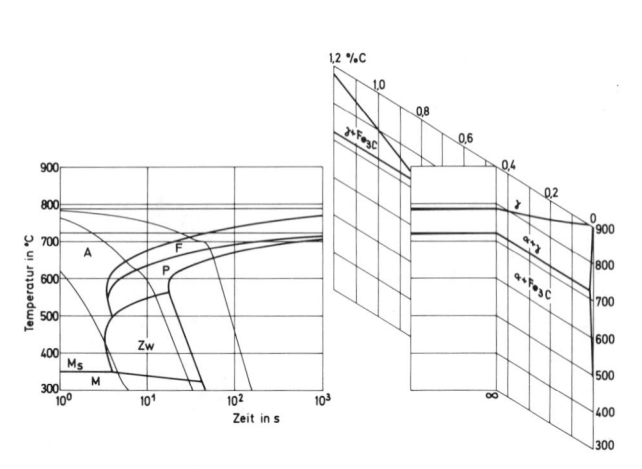

Bild 6: Zustandsschaubild als Grenzfall des ZTU-Schaubildes für kontinuierliche Abkühlung, dargestellt für eine Eisenkohlenstofflegierung mit 0,45% C[16]).

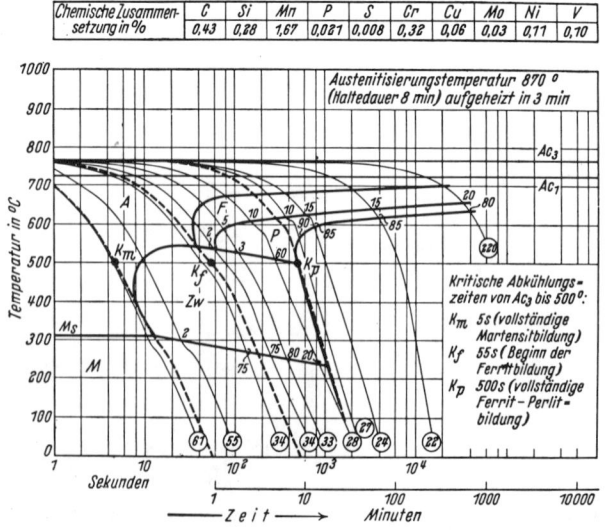

Bild 8: ZTU-Schaubild für kontinuierliche Abkühlung eines Stahles 42 MnV 7 mit eingetragenen kritischen Abkühlungen[17])

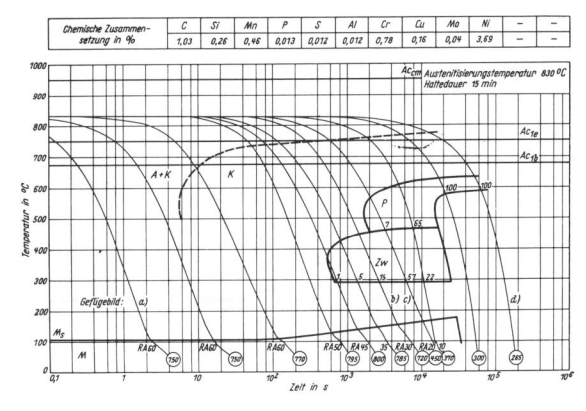

Bild 9: ZTU-Schaubild für kontinuierliche Abkühlung eines Einsatzstahls 14 NiCr 14, aufgekohlt auf 1,03% C. Kritische Kühlzeit K_k für den Beginn der voreutektoidischen Carbidausscheidung 6 s, K_m 280 s, K_f 1600 s und K_p 16 000 s.

Bild 12: Widmannstättenferrit in einem Stahl Ck 15. Austenitisierung 900 °C 10 min. Abkühlung von Ac_3 bis 500 °C in 6,3 s.

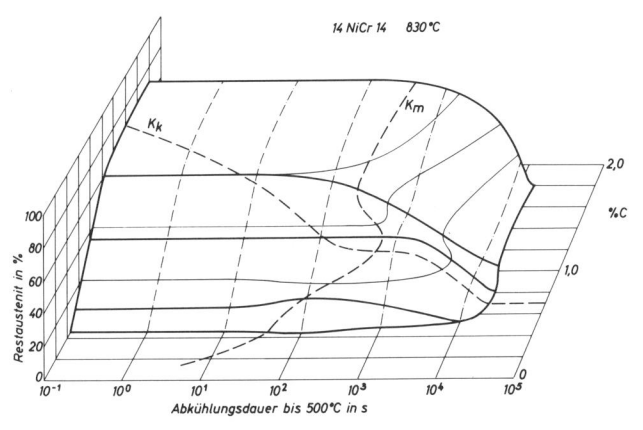

Bild 10: Restaustenitgehalt eines Einsatzstahls 14 NiCr 14 in Abhängigkeit vom Kohlenstoffgehalt nach einer Aufkohlung und der Abkühlungsdauer von 830°–500°C. Analyse siehe Bild 9.

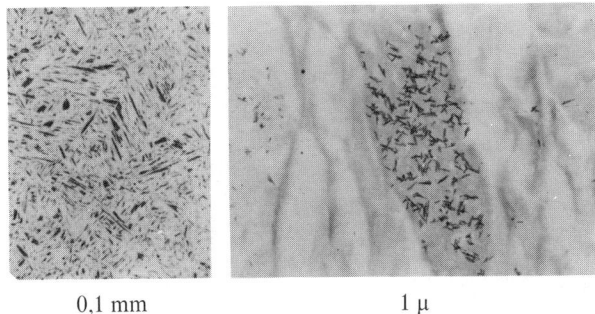

Bild 13: Carbidausscheidung während der Abkühlung aus bereits gebildetem Martensit in einem Stahl Ck 15. Austenitisierung 920 °C 10 min. Linkes Teilbild lichtoptisch, rechtes Teilbild elektronenoptisch über einen Ausziehabdruck (dunkle Teilchen: Carbid).

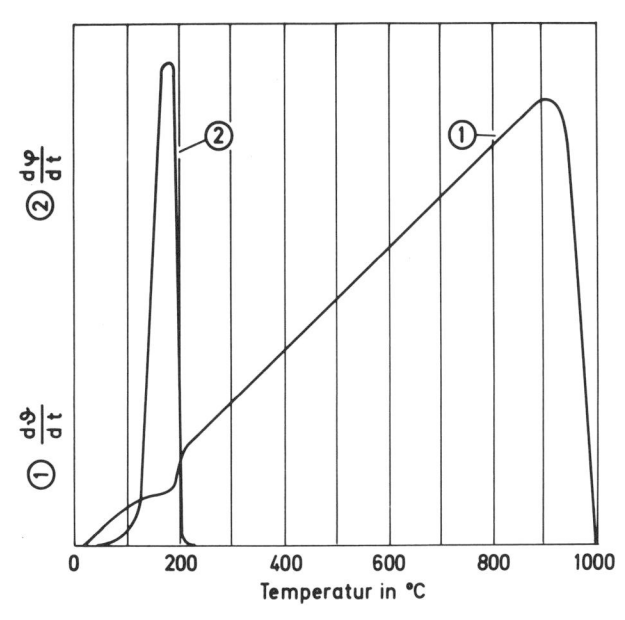

Bild 11: Messung des Martensitpunktes mit Hilfe der thermischen Analyse (1) und der Änderung der Magnetisierung (2) der Probe.

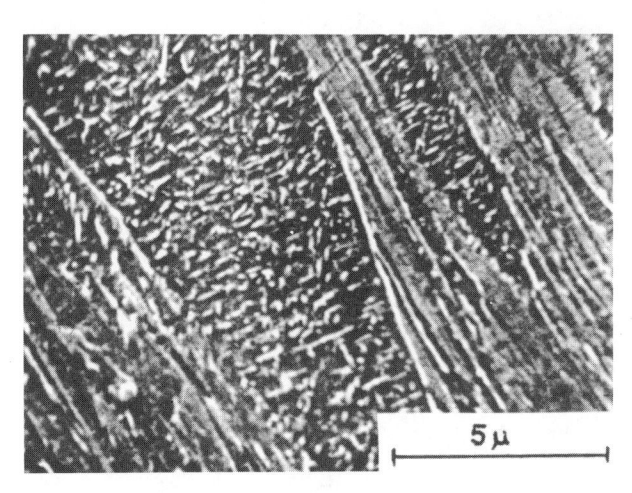

Bild 14: Martensit in einem Stahl StE 70. Abbildung mit einem Rasterelektronenmikroskop. Helle Teilchen: Carbid. Austenitisierung 1300 °C 1 min. Abkühlung von 900° bis 500 °C in 18 s.

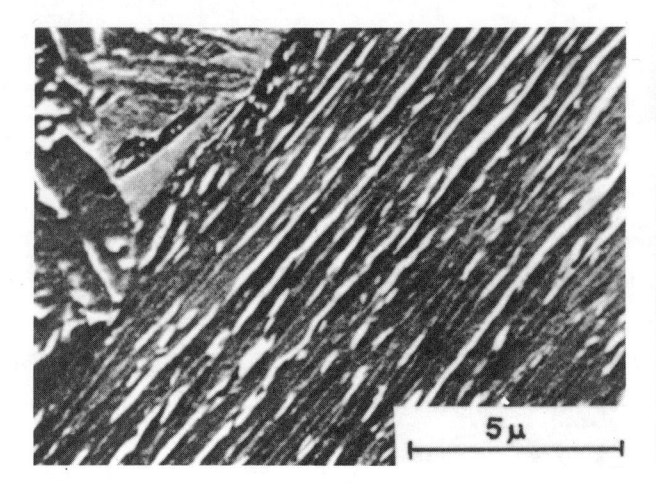

Bild 15: Untere Zwischenstufe in einem Stahl StE 70. Abbildung mit einem Rasterelektronenmikroskop. Helle Teilchen: Carbid. Austenitisierung 1300 °C 1 min. Abkühlung von 900° bis 500 °C in 55 s.

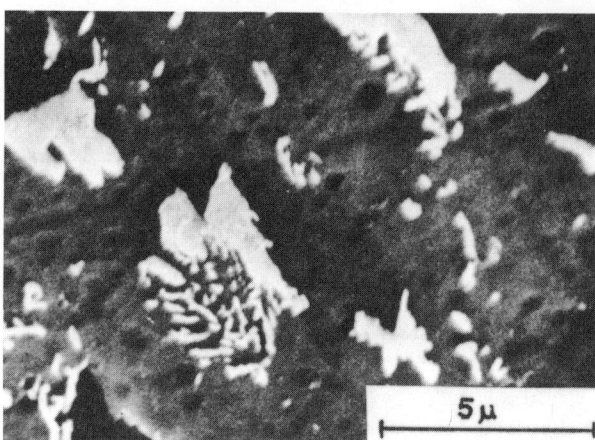

Bild 18: Obere Zwischenstufe in einem Stahl StE 70. Abbildung mit einem Rasterelektronenmikroskop. Zwischen dem Ferrit (dunkler Untergrund) liegen Bereiche aus Martensit und Restaustenit, die in Carbid übergehen. Austenitisierung 1300 °C 1 min. Abkühlung von 900° bis 500 °C in 1200 s.

Bild 16: Zwischenstufengefüge (dunkle lange Nadeln) und Martensit in einem Stahl 15 CrNi 6 nach Aufkohlung auf 0,32 % C.

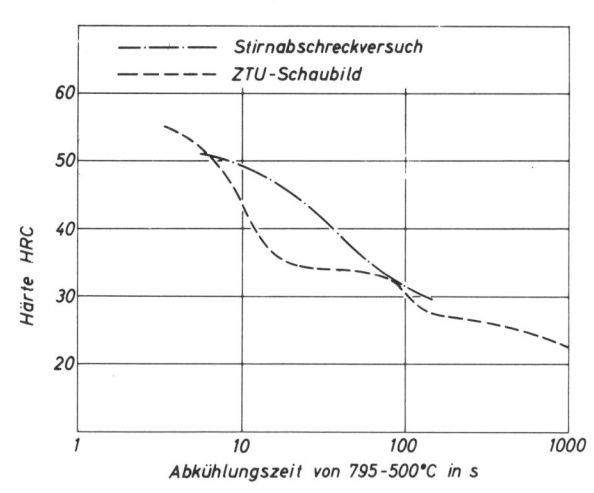

Bild 19: Einfluß der Abkühlungsart bei gleicher Abkühlungszeit von Ac_3 bis 500 °C auf die Härte eines Stahles 34 CrMo 4. Austenitisierung 850 °C.

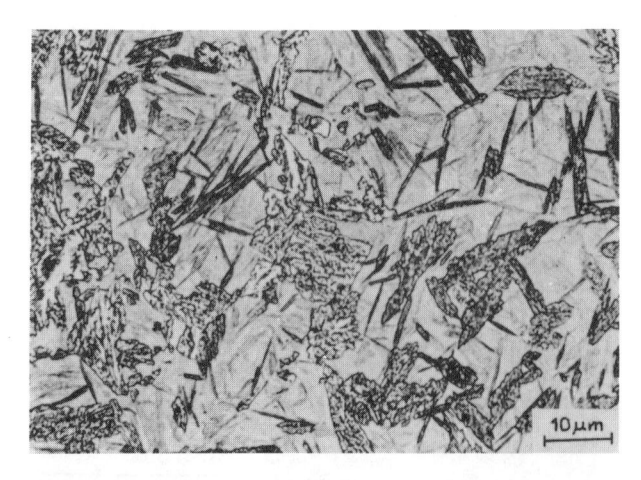

Bild 17: Obere Zwischenstufe, untere Zwischenstufe (dunkle Nadeln) und Martensit (heller Untergrund) in einem Stahl 14 NiCr 14, aufgekohlt auf 0,53 % C. Austenitisierung 930 °C 10 min; Abkühlung von 930 °C bis 500 °C in 1300 s.

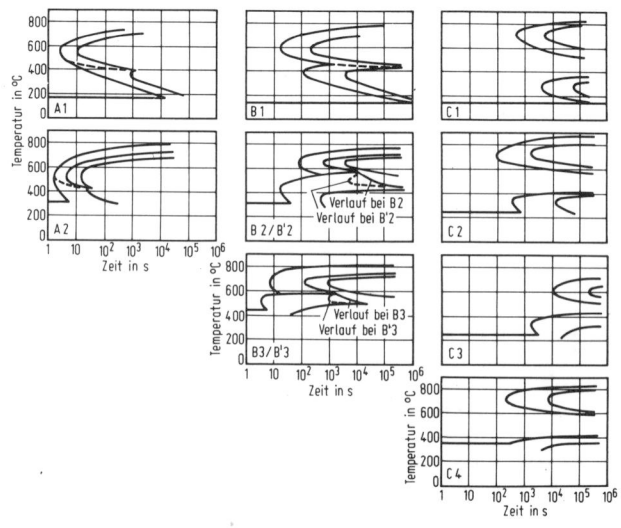

Bild 20: Kennzeichnende Formen isothermischer ZTU-Schaubilder ohne Berücksichtigung einer zeitlichen Verschiebung der Umwandlungsstufen gegeneinander[25]).

	L < 1,7	L ≧ 1,7 < 3	L ≧ 3 ≦ 10	L > 10
mehr als 0,75 %C	A1*)	B1	C1	C1
0,2 %C bis 0,75 %C	A2*)	B2 0,4%C B2 und B'2 0,26%C B2,B'2 und B3	C2 ($\frac{L}{C-0,2}<27$) 0,31%C C3 ($\frac{L}{C-0,2}>27$)	0,57%C C2 C3 C4
weniger als 0,2 %C	A2*)	B3,B'3 und bei Mn>0,8 % B2	C4	C4

$L = \%Mn + \%Cr + \%Mo + \%V + 0,3(\%Ni + \%W + \%Si)$
*) bei reinen Nickelstählen auch bis L>1,7

Bild 21: Zuordnung der Schaubildformen nach Bild 20 zu dem Wirkparameter L^{25}).

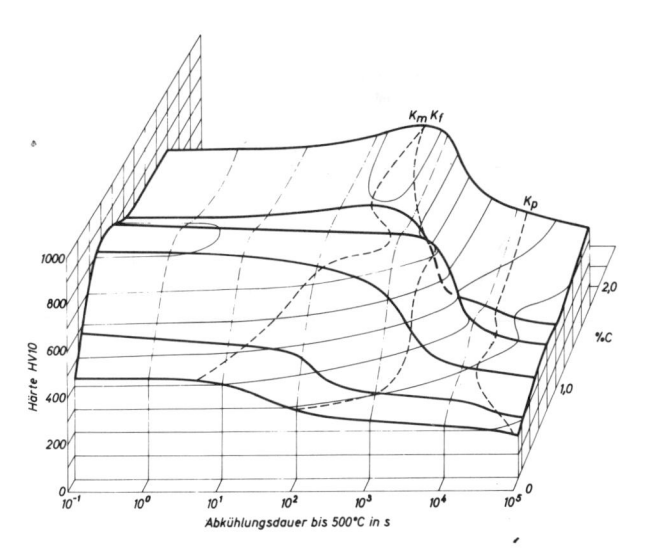

Bild 23: Härte einer Grundlegierung 14 NiCr 14 in Abhängigkeit vom Kohlenstoffgehalt und der Abkühlungsdauer. Austenitisierung 830 °C 15 min.

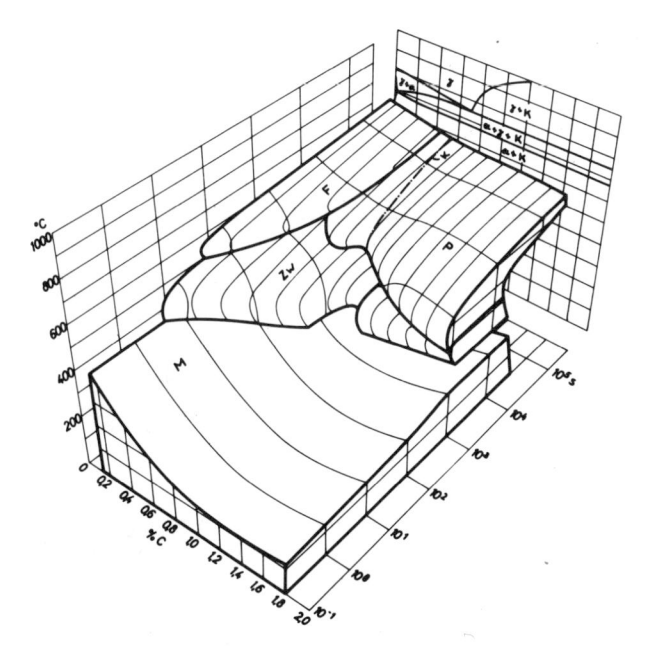

Bild 22: ZTU-Schaubild für kontinuierliche Abkühlung der Grundlegierung eines Stahles 14 NiCr 14 für verschiedene Kohlenstoffgehalte. Die Abkühlungskurven sowie die voreutektoidische Carbidausscheidung sind nicht eingezeichnet. Austenitisierung 830 °C 15 min.

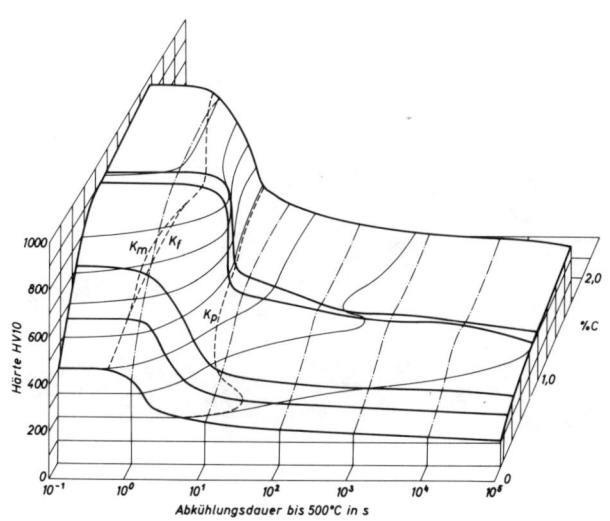

Bild 24: Härte einer Grundlegierung Ck 15 in Abhängigkeit vom Kohlenstoffgehalt und der Abkühlungsdauer. Austenitisierung 830 °C 15 min.

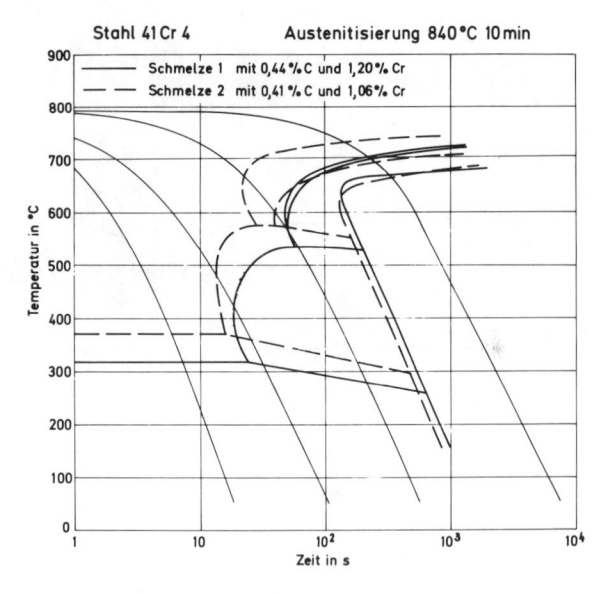

Bild 25: Einfluß von Analysenschwankungen auf das Umwandlungsverhalten eines Stahls 41 Cr 4.

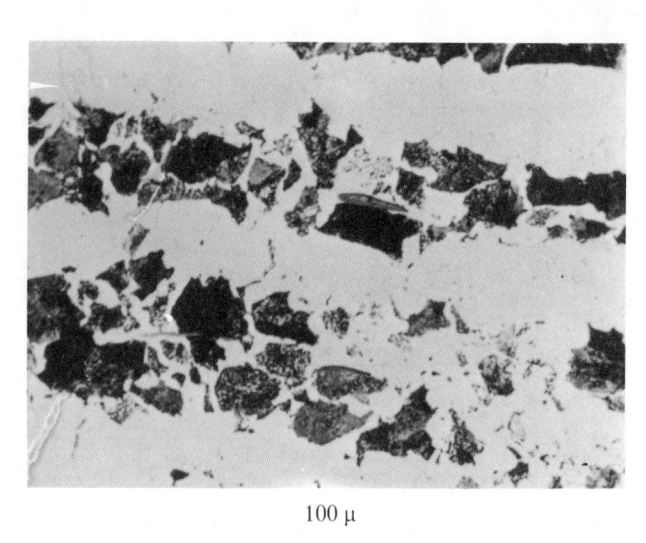

Bild 28: Perlitzeile im Bereich der Restschmelze (gekennzeichnet durch einen Einschluß) eines Stahls 19 Mn 5[27]).

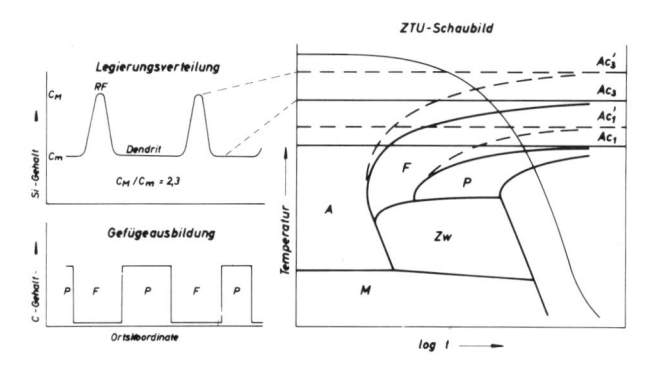

Bild 26: Auswirkung einer Siliciumseigerung auf das Umwandlungsverhalten. Linkes Teilbild: Angenommene Siliciumverteilung und Zuordnung der Ferrit- und Perlitbereiche. Rechtes Teilbild: ZTU-Schaubilder für kontinuierliche Abkühlung für die siliciumarmen (ausgezogen) und die siliciumreichen (gestrichelt) Bereiche.

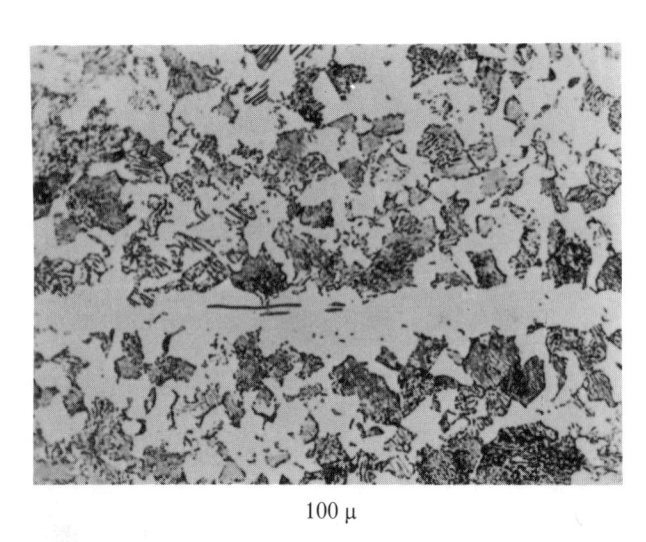

Bild 27: Ferritzeile im Bereich der Restschmelze (gekennzeichnet durch Einschlüsse) eines Stahls 38 Si 6[27]).

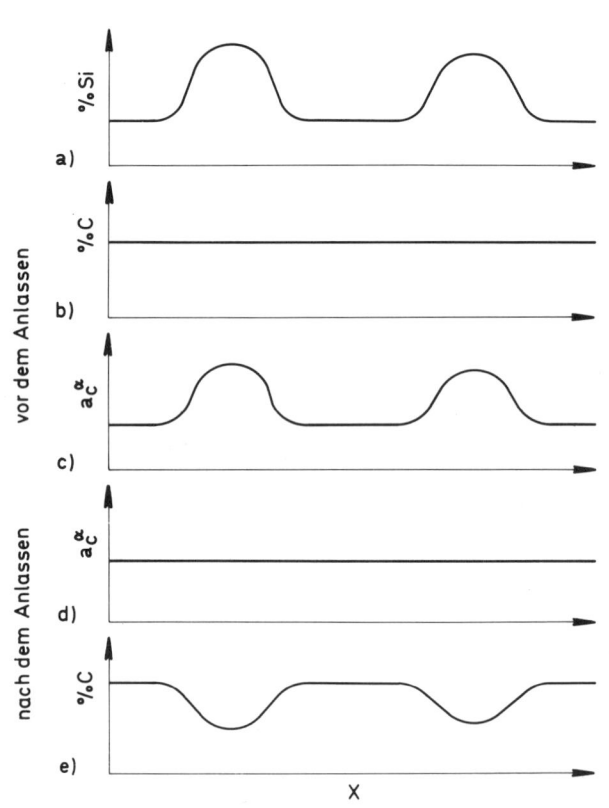

Bild 29: Verteilung des Kohlenstoffs beim Härten und Anlassen aufgrund von Seigerungen der Legierungselemente (schematisch); a) Angenommene Konzentrationsverteilung von Silicium; b) Angenommene Konzentrationsverteilung des Kohlenstoffs nach Austenitisieren und Abschrecken; c) Aktivitätsverlauf für den Kohlenstoff nach Austenitisieren und Abschrecken entsprechend den Kurven a) und b); d) Aktivitätsverlauf für den Kohlenstoff nach Austenitisieren, Abschrecken und Anlassen. Kurve a) ist unverändert; e) Konzentrationsverteilung des Kohlenstoffs nach Austenitisieren, Abschrecken und Anlassen entsprechend den Kurven a) und d).

100 µ   200:1

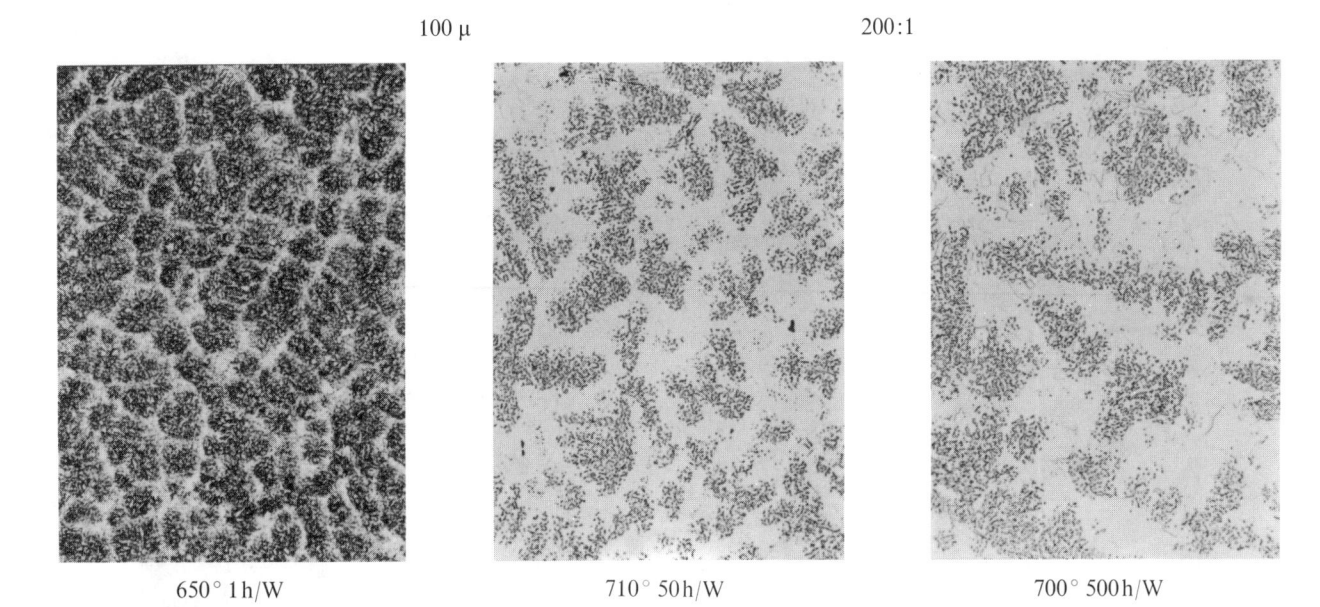

650° 1 h/W   710° 50 h/W   700° 500 h/W

Bild 30: Einfluß einer Siliciumseigerung auf die Kohlenstoffentmischung beim Anlassen eines Stahls und 0,56% C und 1,02% Si[27]). Vorbehandlung 970°C 10 min/Wasser.

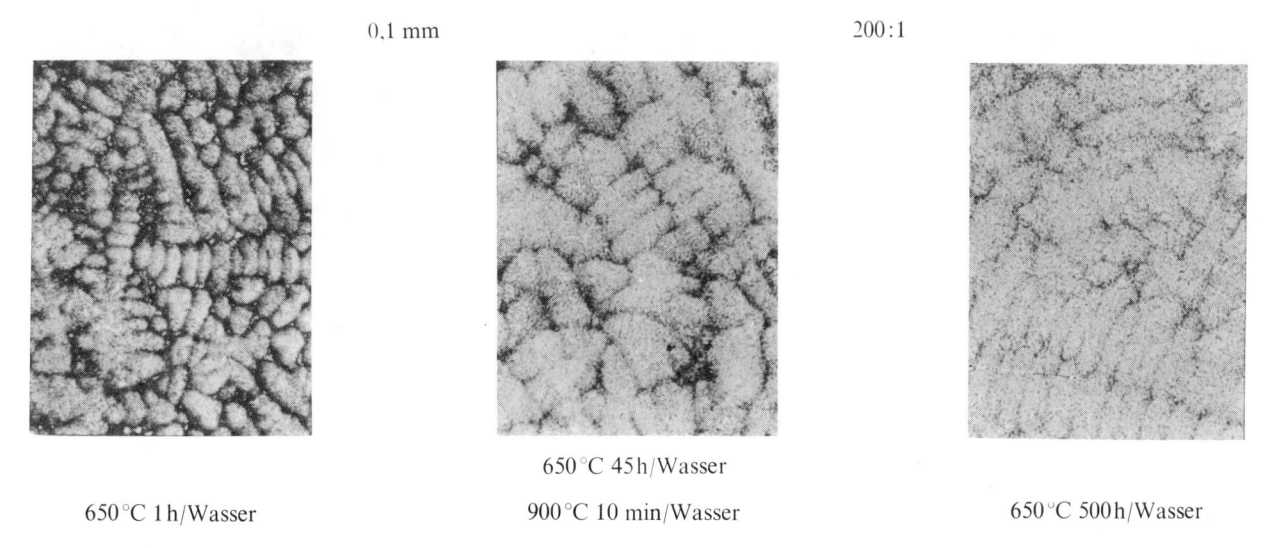

0,1 mm   200:1

650°C 1 h/Wasser   650°C 45 h/Wasser
900°C 10 min/Wasser   650°C 500 h/Wasser

Bild 31: Einfluß einer Manganseigerung auf die Kohlenstoffentmischung beim Anlassen eines Stahls mit 0,57% C und 3,03% Mn. Vorbehandlung 900°C 10 min/Wasser.

100 µ 200:1   100 µ 500:1

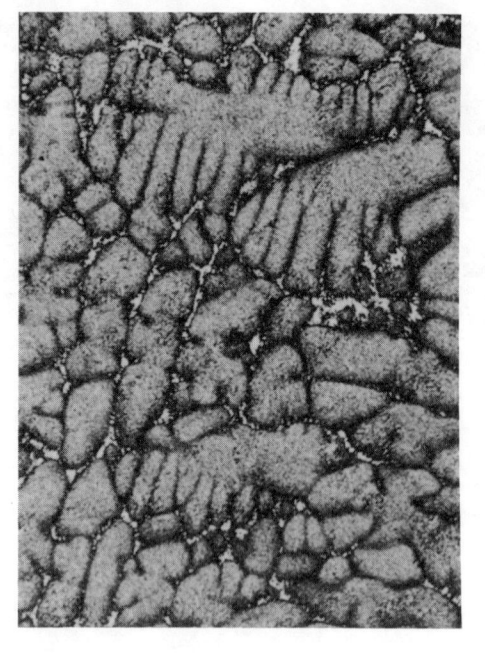

Bild 32: Sichtbarmachen einer Manganseigerung in einem Stahl mit 0,57% C und 3,03% Mn. Wärmebehandlung: 900°C 10 min/Wasser + 675°C 5 min/Wasser.

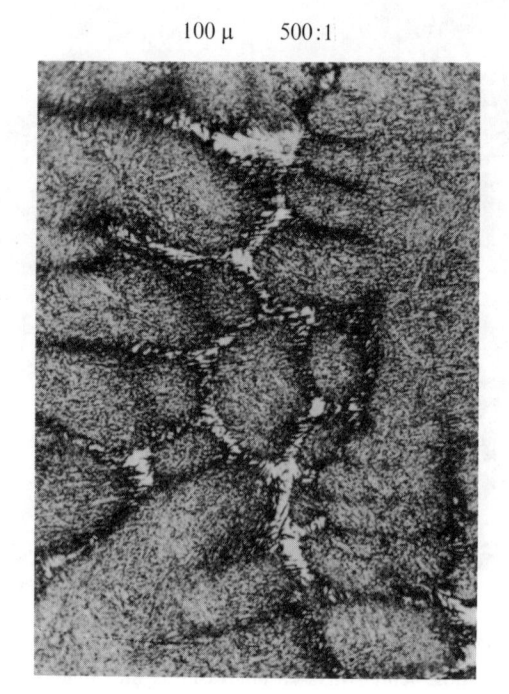

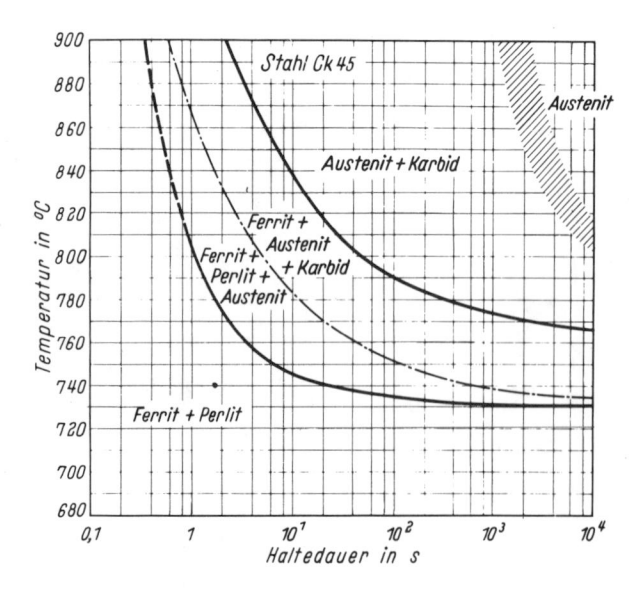

Bild 33: ZTA-Schaubild für isothermische Austenitisierung eines Stahls Ck 45 mit 0,45% C und 0,66% Mn[29]).

Bild 34: Gefüge eines Stahls C 70 nach unvollständiger Austenitisierung. Ausgangszustand: groblamellarer Perlit. Wärmebehandlung: 810°C 10 min/1 s → 500°C. Neben feinlamellarem Perlit (Untergrund) sind Carbide an den Stellen der ehemaligen Carbidlamellen des Perlits im Ausgangszustand ausgeschieden (dunkle Striche).

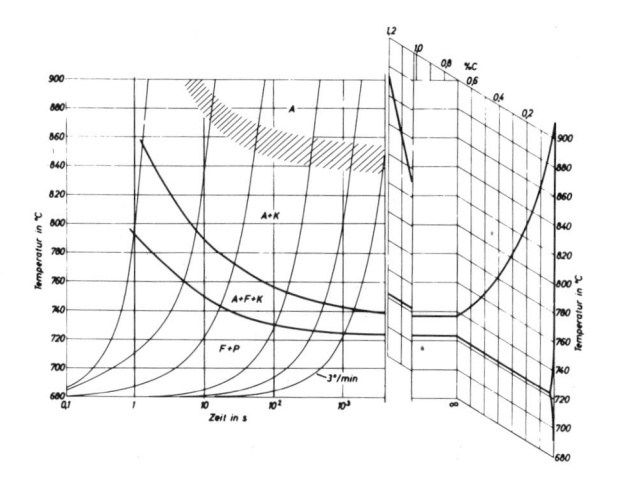

Bild 35: Das Zustandsschaubild Eisen–Kohlenstoff als Grenzfall eines ZTA-Schaubildes für kontinuierliches Erwärmen.

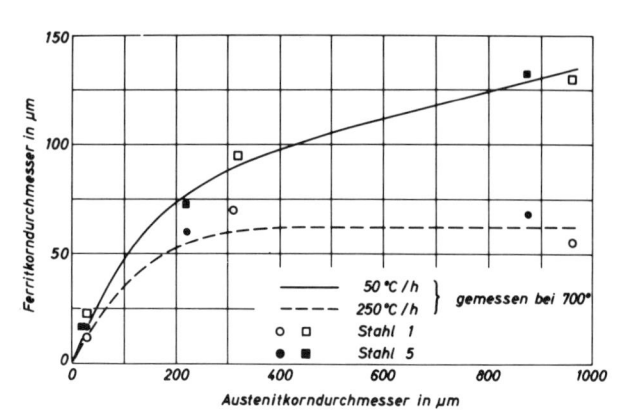

Bild 37: Ferritkorngröße in Abhängigkeit von der Austenitkorngröße für 2 Abkühlungsgeschwindigkeiten.

	% C	% Mn	% Al	% N
Stahl 1	0,16	1,26	0,019	0,012
Stahl 5	0,17	1,35	0,047	0,017

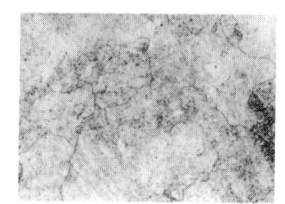

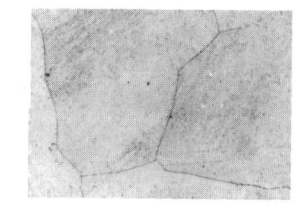

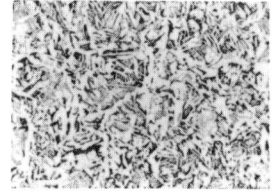

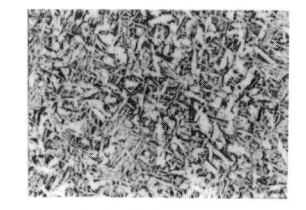

1150 °C 30 min/W   1350 °C 30 min/W

1150 °C 30 min/L   1350 °C 30 min/L

Bild 38: Gefügeausbildungen des Stahles 5 (s. Bild 37). Obere Teilbilder: geätzt auf Austenitkorngrenzen. Untere Teilbilder: geätzt auf Gefügeausbildung.

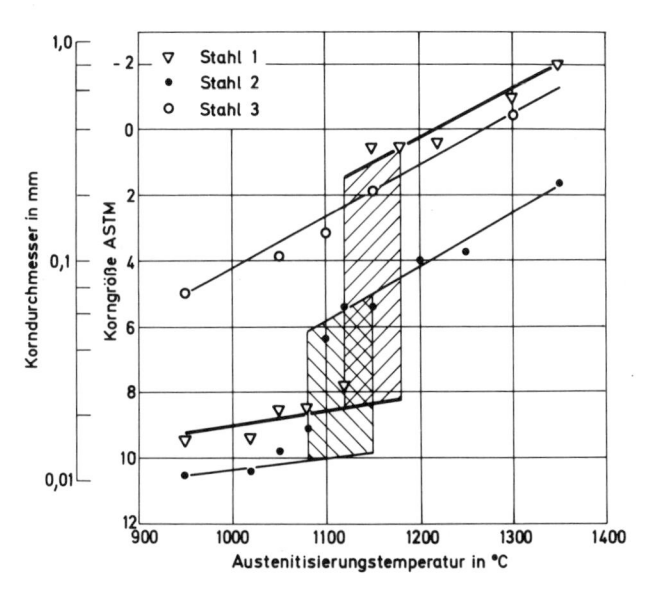

Bild 36: Temperaturabhängigkeit der Austenitkorngröße für 3 Stähle[32]). Im Bereich des Kornwachstumssprungs tritt Mischkorn auf.

	% C	% Mn	% Al	% N	% Ti
Stahl 1	0,17	1,35	0,047	0,017	
Stahl 2	0,19	1,34	0,060	0,018	0,14
Stahl 3	0,21	1,16	0,004	0,010	

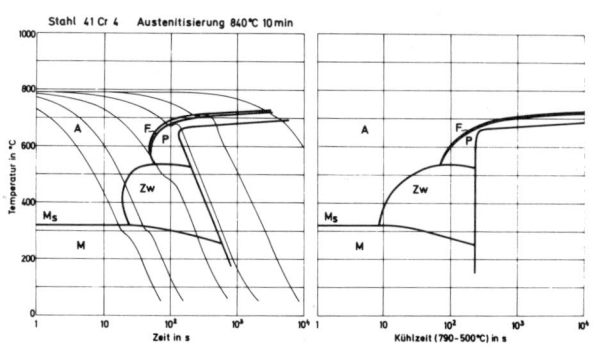

Bild 39: ZTU- (linkes Teilbild) und Temperatur-Kühlzeit-Schaubild (rechtes Teilbild) eines Stahles 41 Cr 4.

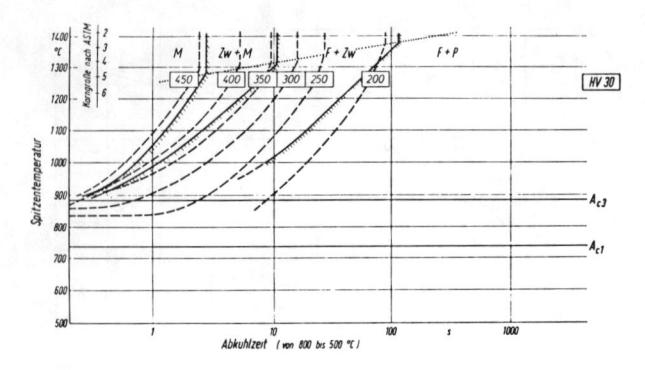

Bild 40: Spitzentemperatur-Abkühlungszeit-(STAZ)-Schaubild eines Stahles mit 0,16% C, 0,40% Si und 1,50% Mn[37]).

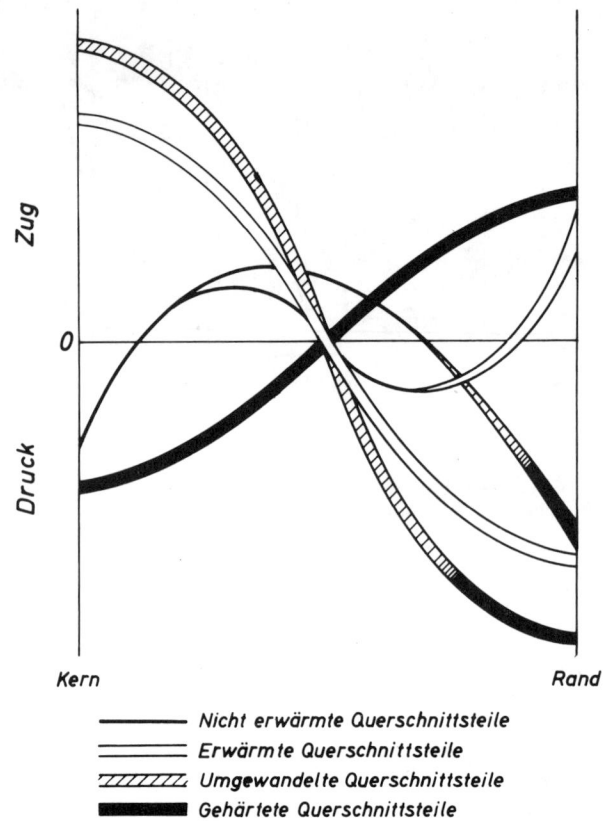

Bild 42: Eigenspannungsverlauf in zylindrischen Körpern nach unterschiedlichen Wärmebehandlungen[46]).

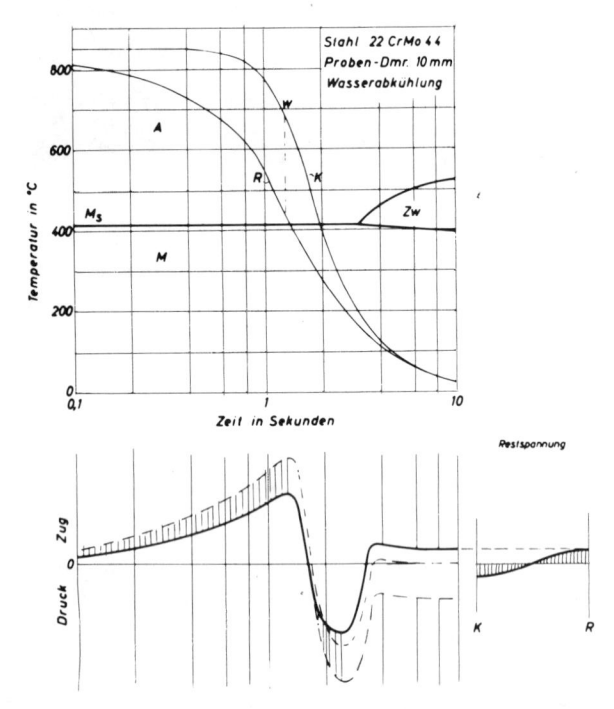

Bild 41: Entstehung von Umwandlungsspannungen in einem durchhärtenden Zylinder[45]). Oberes Teilbild: Abkühlung und Umwandlung in Rand (R) und Kern (K). Unteres Teilbild: Spannungsverlauf während der Abkühlung ohne Fließen (gestrichelte Linie) sowie unter Berücksichtigung des plastischen Fließens (ausgezogene Linie).

8. Grundvorgänge und Erscheinungsformen der Rekristallisation homogener metallischer Werkstoffe

K. Lücke
G. Gottstein

1. Einleitung

Mit der Herstellung von Metallen etwa durch Gießen, Sintern oder plastischer Formgebung ist fast in allen Fällen eine Wärmebehandlung verbunden, die zu einer Rekristallisation der Metalle führt. Die Rekristallisation der Metalle ist daher einer der für die Metalltechnik wichtigsten metallkundlichen Vorgänge und daher eine der meist untersuchten metallkundlichen Erscheinungen. Trotzdem sind die zugrunde liegenden Mechanismen sehr viel weniger als in anderen metallkundlichen Gebieten (z. B. dem der plastischen Verformung) geklärt, was damit zusammenhängt, daß die Korngrenze, deren Bewegung ja die Rekristallisation ausmacht, der zwar am längsten bekannte, aber auch der atomistisch am wenigsten verstandene Gitterfehler ist.

2. Überblick über die Rekristallisationserscheinungen

2.1 Phänomene

Bei der plastischen Verformung eines Metalls ändern sich eine Reihe seiner physikalischen Eigenschaften, wie Härte, Wärmeinhalt oder elektrischer Widerstand. Beim Anlassen auf höhere Temperaturen nehmen sie allmählich wieder ihren ursprünglichen Wert an, wie in Bild 1[1]) am Beispiel der Härte gezeigt ist. Dabei sind im Bereich des Steilabfalles starke Gefügeänderungen zu beobachten, während die bei etwas niedrigeren Temperaturen auftretenden geringeren Härteabnahmen ohne Gefügeänderungen ablaufen. Im ersten Falle spricht man von Rekristallisation, im zweiten von Erholung. Allerdings sind auch im Erholungsbereich Änderungen des mikroskopischen Bildes beobachtbar, wenn man die Ätzbehandlung so wählt, daß die Versetzungsstruktur erkennbar wird. Es ist daher zweckmäßig, unter Rekristallisation alle die Erscheinungen im Zusammenhang mit der Wanderung und auch der Entstehung von Großwinkelkorngrenzen zusammenzufassen und unter Erholung alle diejenigen, die mit der Änderung der Versetzungsstruktur beim Anlassen zusammenhängen. Dazu rechnet auch die Entstehung von Subgrenzen, wie man im Mikroskop an Hand von Ätzgrübchen erkennen kann, Zusammentreten von Versetzungen (Polygonisation) sowie die Wanderung der Subgrenzen.

Bild 2[2]) zeigt an Hand von Heizmikroskopaufnahmen die Rekristallisation von verformtem polykristallinem Zink. Man sieht, daß an einigen Stellen Keime entstehen, die dann auf Kosten des verformten Gefüges wachsen, bis sie zusammenstoßen bzw. das verformte Gefüge vollständig aufgezehrt ist. Dieser Vorgang – charakterisiert durch Keimbildung und Kornwachstum bis zur vollständigen Aufzehrung des verformten Gefüges – wird als primäre Rekristallisation bezeichnet.

Bei einer weiteren Glühung, insbesondere bei höheren Temperaturen, kann die nach der primären Rekristallisation vorliegende Korngröße noch weiter zunehmen. Diese unter dem Namen Kornvergrößerungserscheinungen zusammengefaßten Vorgänge treten nicht nur nach einer Kaltverformung auf, sondern auch in anders hergestellten Metallkörpern (selbst in Gußgefügen). Man findet sie hauptsächlich in zwei Erscheinungsformen, zwischen denen auch Übergänge möglich sind:

a) Stetige Kornvergrößerung (Bild 3)[2]). Hier hat man eine relativ gleichmäßige Vergrößerung des mittleren Korndurchmessers. Die Korngrößenverteilung stellt stets eine Kurve mit einem Maximum dar, das sich mit zunehmender Zeit zu größeren Körnern hin verschiebt (Bild 4a).

b) Unstetige Kornvergrößerung (Bild 5)[2]). Hier zeigen einige der primären Körner ein sehr starkes Wachstum, die anderen hingegen praktisch überhaupt keins. Die Korngrößenverteilung ist also hier durch eine Kurve mit zwei Maxima gegeben, wobei mit zunehmender Zeit das bei höheren Korngrößen auf Kosten des bei niedrigeren Korngrößen wächst (Bild 4b). Dieser Vorgang wird wegen seiner äußerlichen Ähnlichkeit zur primären Rekristallisation (Keimbildung und Keimwachstum) auch als sekundäre Rekristallisation bezeichnet, er führt zu einzelnen sehr großen Körnern und ist somit technisch meist unerwünscht (sog. Grobkornbildung).

Neben diesen beiden wichtigsten Erscheinungsformen, der primären Rekristallisation und den Kornvergrößerungserscheinungen, beobachtet man jedoch gelegentlich auch ganz andere Abläufe der Gefügeänderungen bei der Erwärmung nach Kaltverformung. So bilden sich nach schwächerer Verformung keine neuen Keime, sondern die bereits vorhandenen Korngrenzen verschieben sich und lassen dabei ein verformungsfreies Gebiet hinter sich (strain induced grain boundary motion). Speziell nach sehr starker Kaltverformung beobachtet man eine so starke Polygonisation, daß dabei nicht nur Kleinwinkel-, sondern auch Großwinkelkorngrenzen entstehen. Da dann eine völlige Gefügeneubildung ohne Wanderung von Großwinkelkorngrenzen stattgefunden hat, bezeichnet man diesen Vorgang als Rekristallisation in situ.

2.2 Die energetischen Ursachen

Eine Bewegung einer Korngrenze findet stets dann statt, wenn dadurch die freie Enthalpie G des Körpers vermindert werden kann. Verschiebt sich ein Flächenelement dF einer Korngrenze um die kleine Strecke dx, so ändert sich die freie Enthalpie um den Betrag

$$dG = -p\, dF\, dx = -p\, dV. \tag{1}$$

Die Größe $p = -dG/dV$ bezeichnet man als treibende Kraft. Sie kann nämlich als die pro Volumeneinheit des von der Korngrenze überstrichenen Gebietes gewonnene freie Enthalpie (erg/cm^3), aber auch die pro Flächeneinheit der Korngrenze angreifende Kraft (dyn/cm^2), d. h. als Druck auf die Korngrenze betrachtet werden. Die Natur der treibenden Kräfte für die Rekristallisation ist heute weitgehend verstanden.

Wächst bei der primären Rekristallisation ein Korn in das verformte Gefüge hinein, so läßt die dabei bewegte Korngrenze ein Gebiet mit wesentlich niedrigerer Versetzungsdichte hinter sich zurück (etwa 10^6 Versetzungen pro cm^2 gegenüber 10^{11} bis 10^{12} pro cm^2 in stark verformten Metallen). Setzt man die Energie einer Versetzung pro Längeneinheit $= 1/2\ \mu b^2$ (μ = Schubmodul, b = Burgersvektor) und für die Versetzungsdichte (d. h. die Gesamtversetzungslänge pro cm^3) Λ, so ist der Energiegewinn pro cm^3 von der Korngrenze überstrichenem Volumen und damit auch die treibende Kraft:

$$p = \tfrac{1}{2}\, \Lambda\, \mu\, b^2. \tag{2}$$

Mit $\Lambda = 10^{12}$ cm^{-2}, $\mu = 0{,}5 \times 10^{12}$ dyn cm^{-2} und $b = 2 \times 10^{-8}$ cm beträgt die treibende Kraft $p = 1 \times 10^8$ erg cm$^{-3} \approx 2$ cal cm^{-3} was der kalorisch gemessenen latenten Verformungsenergie entspricht.

Bei den Kornvergrößerungserscheinungen stammt die treibende Kraft aus den Korngrenzen selbst. Bei einem Durchmesser D der Körner (die der Einfachheit halber als Würfel angenommen werden) beträgt mit der spezifischen Korngrenzenenergie γ die Korngrenzenenergie pro cm^3 und damit die treibende Kraft auf die ein solches Gefüge überstreichende Korngrenze

$$p = \frac{3\, D^2\, \gamma}{D^3} = \frac{3\, \gamma}{D}. \tag{3}$$

Setzt man für den Korndurchmesser einen Wert der üblichen Größenordnung $D = 10^{-2}$ cm und für $\gamma = 1000$ erg cm^{-2}, so erhält man für $p = 3 \times 10^5$ erg cm^{-3}. Man erkennt daraus, daß die treibende Kraft bei der Kornvergrößerung niedriger ist als bei der primären Rekristallisation. Daher laufen die Kornvergrößerungserscheinungen sehr viel langsamer bzw. erst bei höheren Temperaturen ab. Der Ableitung von Gl. (3) liegt die Vorstellung zugrunde, daß ein großer Einkristall in ein vielkristallines Gefüge hineinwächst wie bei der unstetigen Kornvergrößerung und dabei die Korngrenzenenergie freisetzt, d. h. die treibende Kraft wurde pauschal für die gesamte Korngrenze angesetzt. Ein beliebig herausgegriffenes Flächenelement der wandernden Grenze „spürt" jedoch im allgemeinen die in gewisser Entfernung befindlichen „treibenden" Korngrenzen nicht direkt. Diese kommen dort lediglich dadurch zur Wirkung, daß sie eine Krümmung der wandernden Grenze verursachen. Eine gekrümmte Korngrenze ist aber bestrebt, in Richtung ihres Krümmungsmittelpunktes zu wandern, da sich die Korngrenze hierbei verkürzt und somit an Energie verliert. Die treibende Kraft ist daher hier als der auf eine gekrümmte Oberfläche wirkende Druck durch

$$p = \frac{2\gamma}{R} \qquad (4)$$

(R = Krümmungsradius) gegeben. Man sieht, daß die treibenden Kräfte in Gl. (3) und (4) etwa übereinstimmen, wenn R gleich dem Korndurchmesser D ist. Im allgemeinen ist jedoch bei der stetigen Kornvergrößerung R um den Faktor 5 bis 10 größer und damit die treibende Kraft für die stetige Kornvergrößerung fünf- bis zehnmal kleiner als die für ein sekundäres Korn.

Unter besonderen Bedingungen können auch treibende Kräfte anderer Art für die Rekristallisation eine Rolle spielen. Wenn sich z. B. magnetisch anisotrope Kristalle in einem Magnetfeld befinden und die Suszeptibilität der Körner in Feldrichtung unterschiedlich ist, wird die Korngrenze bestrebt sein, sich so zu bewegen, daß der Kristall mit größter Suszeptibilität, dem die höhere Magnetisierung und damit die kleinere Energie im Magnetfeld zukommt, wächst. Ähnliche Verhältnisse hat man bei elastisch anisotropen Materialien beim Anlegen einer äußeren Spannung. Immer der Kristall mit dem größeren Elastizitätsmodul in Dehnungsrichtung besitzt die kleinere elastische Energie und wird bestrebt sein, auf Kosten des anderen zu wachsen. Wie man in Tafel 1 sieht, sind jedoch die so erhaltenen treibenden Kräfte sehr klein, so daß diese Ursachen für den wirklichen Ablauf von Rekristallisationserscheinungen praktisch keine Rolle spielen. Treibende Kräfte von erheblicher Größenordnung können aber auftreten, wenn Prozesse chemischer Natur mit der Rekristallisation verknüpft sind. Das ist beispielsweise der Fall, wenn durch die Korngrenzenbewegung Phasenumwandlungen ablaufen können. Ein Beispiel ist die Bewegung einer Korngrenze durch einen übersättigten Mischkristall. Durch die Korngrenzendiffusion können die bislang gehemmten Ausscheidungsvorgänge ablaufen, und die Korngrenze läßt ein Zweiphasengebiet zurück (siehe Bild 6). Die treibende Kraft für die Korngrenzenbewegung ist hierbei die Umwandlungswärme, d. h. der Gewinn an freier Enthalpie infolge der Ausscheidungsvorgänge. Wenn man z. B. eine Kupferlegierung mit 4,9 % Ag von 780 °C abschreckt und bei 300 °C anläßt, ergibt sich eine treibende Kraft $p_c \approx 6 \cdot 10^9$ dyn/cm^2, die sogar erheblich größer als die latente Verformungswärme ist.

3. Atomistische Grundvorgänge bei der Rekristallisation

3.1 Erholung

Die Erholungserscheinung kann durch direkte Beobachtung der Versetzungen, etwa mittels der Ätzgrübchenmethode, unmittelbar verfolgt werden. Sie äußert sich jedoch auch an der Änderung der makroskopischen Eigenschaften des Materials. Das zeigt bereits am Beispiel der Härte Bild 1 an Hand der stetigen Abnahme bei tieferen Temperaturen. Eine solche Überlagerung der Einflüsse von Erholung und Rekristallisation läßt sich verdeutlichen, wenn man die Härteänderung über dem bereits rekristallisierten Bruchteil aufträgt (Bild 7). Bei einem Material, das praktisch keine Erholung zeigt, wie Kupfer oder Silber, ist die Härteänderung dem rekristallisierten Bruchteil proportional. Tritt Erholung auf, wie beispielsweise beim Aluminium, so erhält man auch nach geringem Rekristallisationsumfang eine ausgeprägte Härteänderung, die also eine Härteabnahme des noch nicht rekristallisierten Gefügeanteils, also eine Erholung, anzeigt.

Die Erholung besteht in einer Bewegung der Versetzungen durch Gleitung oder Klettern in einer solchen Art, daß die Wechselwirkungsenergie der Versetzungen untereinander vermindert wird. Wegen der zum Klettern aufzubringenden Aktivierungsenergie kann die Erholung in nennenswertem Umfang erst bei höherer Temperatur stattfinden.

Da die Aktivierungsenergie mit zunehmender Aufspaltung der Versetzungen, d. h. mit abnehmender Stapelfehlerenergie wächst, ist sie lediglich bei Metallen mit geringer Versetzungsaufspaltung (z. B. Al, α-Fe) in nennenswertem Umfang zu beobachten, hingegen kaum bei solchen mit niedriger Stapelfehlerenergie (z. B. Cu, Ag, Messing, Austenit). Die Erholung führt hauptsächlich zu folgenden Erscheinungen:

1. Die Versetzungszahl wird infolge der gegenseitigen Anziehung und schließlichen Auslöschung von Versetzungen entgegengesetzten Vorzeichens reduziert (Bild 8)[3].

2. Die Versetzungen nicht entgegengesetzten Vorzeichens ordnen sich in energetisch günstigen Subgrenzen an. Dies zeigt Bild 9[3] für nur Stufenversetzungen enthaltenden Kristall, in welchem sich die Versetzungen nach der Verformung zunächst auf Gleitlinien parallel zu den Gleitebenen befanden, um sich dann bei der Erholung in dazu senkrechten Linien übereinander anzuordnen (Polygonisation).

3. Die so entstandenen versetzungsfreien Bereiche (Subkörner) vergrößern sich (Subkornwachstum) und bilden somit Korngrenzen beträchtlicher Winkeldifferenz (Bild 10).

4. Durch Klettern der Versetzungen einer Subgrenze löst sich diese allmählich auf, und die beiden angrenzenden Subkörner vereinigen sich (Subkornkoaleszenz). Dieser Vorgang ist in den zwischen den Deformationsbändern liegenden sogenannten „Übergangsbändern" von gewalztem Siliziumeisen elektronenmikroskopisch beobachtet worden (Bild 11)[4].

3.2 Die Keimbildung

Ein Keim ist ein kleines Korn, das die Fähigkeit hat, auf Kosten der Matrix zu wachsen. Als Folge seiner geringen Größe ist es wegen der erforderlichen hohen Vergrößerung und dem nötigen Blickfeld extrem schwer, den Keimbildungsvorgang direkt, etwa im Elektronenmikroskop, zu beobachten. Die Einzelheiten des Keimbildungsvorgangs sind daher noch weitgehend ungeklärt. Jedoch kann man die notwendigen Bedingungen, unter denen er ablaufen kann, direkt angeben.

a) Ein Keim muß selbst arm an Versetzungen, aber von versetzungsreichen Gebieten umgeben sein, damit eine treibende Kraft zu seiner Vergrößerung wirksam ist. Wäre die Versetzungsdichte von Keim und Umgebung nämlich gleich groß, so wäre auch die resultierende treibende Kraft auf die Korngrenze gleich Null. Diese Forderung wird gestützt durch die sehr häufige mikroskopische Beobachtung, daß sich die Keime an den am stärksten verformten Stellen im Gefüge bilden.

Durch Polygonisationsvorgänge können nahezu versetzungsfreie Gebiete (Subkörner) entstehen, deren Umgebung infolge ihrer hohen Versetzungsdichte eine große treibende Kraft auf die Subkorngrenze ausüben. So bilden sich Keime bevorzugt an Korngrenzen, Deformationsbändern und Einschlüssen zweiter Phasen. Bild 12[5]) zeigt, daß in hochreinem Aluminium mit 0,008% Cu die Keime sogar nur an den Kornkanten entstehen. In Bild 13[6]) ist das Auftreten der ersten Keime an den Kreuzungspunkten von Deformationsbändern und in Bild 14[7]) an Oxideinschlüssen deutlich zu erkennen. Diese Vorstellung macht außerdem plausibel, daß die Keimbildungsgeschwindigkeit sehr viel stärker mit dem Verformungsgrad ansteigt als die Wachstumsgeschwindigkeit.

b) Ein Keim muß eine Mindestgröße haben, um thermodynamisch stabil zu sein. Bei einer Vergrößerung des Keimes unter Wirkung der treibenden Kraft p (Energie pro Volumeneinheit), muß nämlich auch die Korngrenzenfläche vergrößert werden, wozu die Korngrenzenenergie γ (Energie pro Flächeneinheit) aufgebracht werden muß. Gemäß der klassischen Keimbildungstheorie, wie sie bei Phasenumwandlungen verwendet wird, ergibt sich die Mindestgröße des Keimradius r_k (kugelförmige Keime vorausgesetzt) aus der Bedingung, daß die freie Enthalpie G sich bei Vergrößerung des Keimradius um dr verringert oder mindestens gleich bleibt. Da die freie Enthalpie sich um den Energiebeitrag der erzeugten Korngrenzenfläche vergrößert ($8\pi r \gamma\, dr$) und um den Betrag der gewonnenen treibenden Kraft verringert ($-4\pi r^2 p\, dr$) folgt aus der Bedingung $dG/dr = 0$ der kritische Radius $r_k = 2\gamma/p$ sowie die zur Keimbildung aufzubringende freie Enthalpie $G_K = 16/3\, \pi \cdot \gamma^3/p^2$. Für die primäre Rekristallisation erhält man unter Verwendung der in Tafel 1 angegebenen Werte für γ und p, $r_k \approx 2 \cdot 10^{-5}$ cm. Ein solcher Keim kann nun aber unmöglich durch eine thermische Schwankung im Sinne der klassischen Keimbildungstheorie erzeugt werden, weil die zugehörige Aktivierungsenergie G_K mit etwa 10^6 eV einen astronomisch großen Wert besitzt. Es wird vielmehr angenommen, daß die unter a) beschriebenen Subkörner infolge ausgeprägter Polygonisation groß genug sind, um die thermodynamische Stabilitätsbedingung $r \geq r_k$ zu erfüllen.

c) Ein Keim muß eine hinreichend große Orientierungsdifferenz zur Matrix besitzen, um schnell wachsen zu können. Die Wachstumsgeschwindigkeit ist räumlich von der Orientierungsdifferenz zur Matrix abhängig, und zwar derart, daß die Wachstumsgeschwindigkeit mit steigender Orientierungsdifferenz zunimmt (vgl. Abschn. 3.3 und 5.). Bei der unter a) beschriebenen Polygonisation entstehen zunächst nur Kleinwinkelkorngrenzen mit geringer Orientierungsdifferenz, so daß damit das Problem noch nicht gelöst ist. Als mögliche Mechanismen zur Keimbildung werden alle solche Vorgänge herangezogen, die zur Bildung von der Matrix abweichender Orientierungen führen.

1. Keime können bereits bei der plastischen Verformung erzeugt werden. Wie bekannt, verformt sich ein Metall, auch ein Einkristall, nicht ganz homogen. Dadurch treten im Kristall Orientierungsschwankungen auf, die sich beispielsweise als Streubreite bei röntgenographischen Untersuchungen zeigen. Die Randlagen der Streuung können beträchtliche Orientierungsdifferenzen zur Matrix aufweisen. Wenn nun als Randlage ein genügend großes Kristallgebiet mit einer Orientierung existiert, die besonders schnell wächst, so wird dieser Keim das restliche Gefüge aufzehren und dadurch als Korn in Erscheinung treten.

2. Bei der Verformung können beträchtliche Orientierungsdifferenzen auch dadurch entstehen, daß sich das Material durch Zwillingsbildung verformt. Das ist bei Metallen mit geringer Stapelfehlerenergie wie Cu, Ag oder austenitischen Stählen bei nicht zu hohen Verformungstemperaturen auch der Fall. Ein wachstumsmäßig günstig orientierter Verformungszwilling könnte somit als Keim für die Rekristallisation dienen.

3. Während der Rekristallisation können durch Bildung von Rekristallisationszwillingen neue Orientierungen entstehen. Zu diesen Zwillingen können sich wiederum Zwillinge zweiter und dritter Generation bilden, bis möglicherweise ein entstandener Zwilling eine solche Orientierung hat, die besonders schnell wachsen kann. Hier entstehen die Keime also während der Rekristallisation, vorzugsweise während der Anfangsstadien.

4. Schließlich wird noch die sogenannte „inverse Rowlandtransformation" diskutiert. Sie entspricht einer lokalen martensitischen Umwandlung und beruht darauf, daß zwei zueinander in Zwillingsbeziehung vorliegende Kristallteile derart umklappen, daß eine neue gemeinsame Orientierung entsteht, die besonders schnell wachsen kann.

Da für den Ablauf der Polygonisation bzw. für die danach einsetzende Vergrößerung der Subkörner Zeit erforderlich ist, läßt sich verstehen, daß die Keimbildungsgeschwindigkeit nicht zeitlich konstant ist, sondern mit der Zeit von sehr kleinen Werten an zunimmt, wie es in Bild 15[8]) für schwach verformtes Aluminium gezeigt ist. Nach einer gewissen Zeit erreicht die Keimbildungsgeschwindigkeit häufig ein Maximum, um dann wieder abzufallen. Dieses Abklingen deutet darauf hin, daß die Keimstellen im Gefüge prädestiniert sind und sich im Verlaufe der Rekristallisation erschöpfen können.

Aus der vorangehenden Diskussion sieht man, daß die Keimbildung also auf jeden Fall mit der Bewegung von Korngrenzen verbunden und deshalb mit dem Keimwachstum verwandt ist. Dies erklärt die häufig beobachtete Tatsache, daß die Aktivierungsenergien für Keimbildungs- und Keimwachstumsgeschwindigkeit und damit die Temperaturabhängigkeit beider Vorgänge einander gleich sind. In einigen Fällen, z. B. beim Aluminium, beobachtet man jedoch auch sehr viel größere Aktivierungsenergien für die Keimbildung, die sich jedoch nur als scheinbare Aktivierungsenergie infolge von Überlagerung mehrerer Vorgänge verstehen lassen.

3.3 Die Korngrenzenwanderung

Unter der Wirkung einer treibenden Kraft vermögen Korngrenzen zu wandern. Ihre Geschwindigkeit setzt man im allgemeinen proportional der treibenden Kraft an:

$$v = m \cdot p \qquad (5)$$

wobei m als Korngrenzenbeweglichkeit bezeichnet wird. Während p letzten Endes durch das die Korngrenze umgebende Volumen bestimmt wird, ist die Beweglichkeit m eine Eigenschaft der Korngrenze selbst. Man muß sich vorstellen, daß zur Bewegung der Korngrenze die an der Korngrenze angelagerten Atome des einen Kristalls durch eine Art Diffusionssprung sich dem anderen Kristall anlagern. Da solche Sprünge thermisch aktiviert sind, kann man für die Beweglichkeit einer Korngrenze ableiten*)

$$m = \frac{b^2 D_m}{kT} = \frac{b^2 D_0}{kT} \exp(-U_v/kT). \qquad (6)$$

(U_v = Aktivierungsenergie eines Sprunges, b = Atomabstand, k = Boltzmannkonstante), d. h. die Korngrenzengeschwindigkeit v steigt stark mit wachsender Temperatur an. Diese Aktivierungsenergie für Korngrenzenwanderung läßt sich durch Messung der Temperaturabhängigkeit der Korngrenzengeschwindigkeit bestimmen (vgl. auch Bild 21)[1,3]).

Bei sehr reinen Metallen wird U_v etwa halb so groß gefunden wie bei der Volumendiffusion, d. h. von der Größenordnung der Korngrenzendiffusion. Die Diffusionssprünge in der Korngrenze können also leichter stattfinden als im Korninneren. Dabei ist wahrscheinlich anzunehmen, daß auch für diese die Korngrenzenverschiebung bewirkenden Sprünge ähnlich wie bei Atomsprüngen im Kristallinneren Leerstellen nötig sind. Da bei der primären Rekristallisation Versetzungen in der Korngrenze aufgezehrt werden, aber die mit den Versetzungen verbundene Volumenvergrößerung weitgehend erhalten bleibt, können dadurch in der Korngrenze auch ständig die nötigen Leerstellen gebildet werden.

Liegen in der Matrix gelöste Fremdatome vor, so werden die Erscheinungen wesentlich komplizierter. Infolge etwa eines von den Wirtsatomen unterschiedlichen Radius werden sie sich bevorzugt an Korngrenzen anlagern, wo sie sich besser einpassen können. Beträgt die Fremdatomkonzentration im Korninneren c und der Energiegewinn beim Überführen eines Fremdatoms vom Kristallinneren in die Korngrenze ΔU, so ist die Konzentration in der Korngrenze

$$c_{KG} = c \cdot e^{+\Delta U/kT}. \qquad (7)$$

Beim Wandern einer solchen mit Fremdatomen beladenen Korngrenze muß die Fremdatomwolke mitgeschleppt werden. Da dies auf dem Wege der Volumendiffusion erfolgt, wird die Bewegung der Korngrenze stark (z. B. im Fall von 0,01 % Fe in Al um mehr als 10 Zehnerpotenzen!) verlangsamt. Als Aktivierungsenergie der Korngrenzenwanderung wird man also hier die der Volumendiffusion bzw. wegen der geringen Entfernung zur Versetzung eine etwas erniedrigte erhalten. Bei einer Verminderung der Fremdatomkonzentration im Kristall und damit auch in der Korngrenze wird schließlich einmal ein Punkt erreicht, wo die rücktreibende Kraft der Fremdatome der treibenden Kraft nicht mehr länger das Gleichgewicht zu halten vermag und die Korngrenze von ihrer Fremdatomwolke abreißt, um sich dann – ähnlich wie im reinen Kristall – über den Mechanismus der Korngrenzendiffusion weiterzubewegen.

Diese Zusammenhänge zeigen die Bilder 16a und b[9]) sehr klar. Bei kleinen Fremdatomkonzentrationen hat man zunächst keine Änderung der Korngrenzenbeweglichkeit und damit eine Aktivierungsenergie, die mit etwa der Korngrenzendiffusion übereinstimmt. Bei höheren Konzentrationen hat man sehr viel niedrigere, stark mit der Konzentration abnehmende Geschwindigkeiten und eine Aktivierungsenergie etwa entsprechend der Selbstdiffusion. Dazwischen liegt eine Konzentration, die der des Abreißens entspricht, bei der sich also beide Größen sprunghaft ändern. Ein solches Abreißen erfolgt ebenfalls, wenn man von tiefen zu hohen Temperaturen übergeht, da auch dabei gemäß Gl. (7) die Konzentration in der Korngrenze verringert wird. Die dadurch verursachte starke Zunahme der Wanderungsgeschwindigkeit täuscht eine sehr hohe Aktivierungsenergie vor und ist wahrscheinlich die Erklärung für die bei vielen Rekristallisationsvorgängen beobachtete extrem hohe Aktivierungsenergie (bis zum doppelten der Aktivierungsenergie für Diffusion).

Sind die Fremdatome nicht – wie bisher angenommen – in Lösung, sondern liegen sie in Form ausgeschiedener Partikel vor, so erfolgt dadurch ebenfalls eine Behinderung der Korngrenzenbewegung. Die Korngrenze wird allmählich von den Partikeln festgehalten, da an diesen Stellen ein Stück Korngrenze und damit Korngrenzenenergie eingespart wird, die beim Losreißen zusätzlich wieder aufgebracht werden muß. Als rücktreibende Kraft läßt sich auf dieser Basis der Ausdruck

$$p_r = \frac{3 f \gamma}{d_i} \qquad (8)$$

ableiten, wobei γ die spezifische Korngrenzenenergie, f der Volumenanteil der Ausscheidungen und d_i der Durchmesser der Ausscheidungen ist. Die Größe f/d_i stellt die Zahl der Ausscheidungen dar, die von einer willkürlich durch das Volumen gelegten Geraden pro Längeneinheit getroffen werden, und wird als Dispersionsgrad bezeichnet**). Eine Korngrenzenbewegung kann also nur erfolgen, wenn die treibende Kraft p die rücktreibende Kraft p_r übersteigt. Gl. (8) zeigt, daß diese rücktreibende Kraft mit höherer Dispersion (größeres f/d_i) größer wird. Setzt man zur Abschätzung der Größenordnung von p_r $f = 1$ % und $d_i = 10^{-4}$ cm, so erhält man $p_r \approx 10^5$ dyn/cm². Ein Vergleich mit Tafel 1 lehrt, daß p_r auf die primäre Rekristallisation keinen Einfluß nehmen kann, weil die treibende Kraft dort viel größer ist. Entscheidend beeinflussen können Ausscheidungen dagegen die Kornvergrößerung, weil dabei die treibenden Kräfte etwa die gleiche Größenordnung haben wie p_r (vgl. Abschn. 4). Bild 18[11]) demonstriert anschaulich die Verankerung der Korngrenzen an Ausscheidungen.

Schließlich hängt die Korngrenzenbeweglichkeit noch in ganz erheblichem Maß von der Orientierung der beiden Körner zueinander und der Lage der Korngrenze ab. Bei einem kleinen Unterschied der Orientierung ist die Beweglichkeit sehr gering. Sie wächst, wie Bild 19[12]) zeigt, zunächst mit zunehmender Orientierungsdifferenz und zeigt dann bei ganz bestimmten Orientierungsbeziehungen maximale Werte. Die physikalischen Ursachen für die besonders hohe Beweglichkeit spezieller Korngrenzen sind noch nicht verstanden. Auf nähere Einzelheiten wird in Abschn. 5 eingegangen.

---

*) Die Geschwindigkeit einer Korngrenze unter dem Einfluß einer treibenden Kraft p ergibt sich aus der Differenz der Sprungzahlen in Richtung des rekristallisierten Korns und des aufgezehrten Gefüges

$$v = b \, v_0 \left\{ \exp\left(-\frac{U_v - \frac{pb^3}{2}}{kT}\right) - \exp\left(-\frac{U_v + \frac{pb^3}{2}}{kT}\right) \right\}.$$

Hier gibt der erste Summand, bei dem die Aktivierungsenergie erniedrigt ist, die Sprünge in Richtung der treibenden Kraft, der zweite in entgegengesetzter Richtung an. Der Term pb^3 ist die treibende Kraft pro Atom und

$$D_m = v_0 \, b^2 \exp(-U_v/kT)$$

die Diffusionskonstante für Sprünge über die Korngrenze hinweg. Da für reine Metalle bei der Rekristallisation $pb^3 \ll kT$ gilt, kann man $\exp(\pm pb^3/2kT)$ linear entwickeln und man erhält Gl. (6).

**) Die Größe der rücktreibenden Kraft läßt sich anhand von Bild 17 leicht herleiten. Hier sind die Einschlüsse kubusförmig angenommen worden. Ist f der Bruchteil der Korngrenzenfläche, der von Einschlüssen bedeckt ist und γ die spezifische Korngrenzenenergie, so muß beim Losreißen eine Energie $f \cdot \gamma$ aufgebracht werden. Da diese Arbeit auf dem Weg $\frac{1}{2} d_i$ verrichtet werden muß, wobei d_i der Durchmesser der Teilchen ist, so ergibt sich die rücktreibende Kraft

$$p_r = \frac{f \cdot \gamma}{\frac{1}{2} d_i} = \frac{2 \gamma f}{d_i}.$$

Für eine andere Teilchengeometrie kann der Vorfaktor natürlich andere Werte annehmen. Für kugelförmige Teilchen erhält man so den Faktor 3 statt 2.

4. Quantitative Beschreibung des makroskopischen Rekristallisationsverlaufs

4.1 Primäre Rekristallisation

Wie bereits erwähnt, verläuft die primäre Rekristallisation immer durch Bildung von Keimen und deren Wachstum. Zur quantitativen Erfassung der Gefügegrößen muß deshalb auf die Keimbildungsgeschwindigkeit N und die Keimwachstumsgeschwindigkeit v zurückgegriffen werden. Diese Größen sind durch folgende Gleichungen definiert:

$$N = \frac{dn/dt}{1-X}, \tag{9}$$

$$v = \frac{1}{2}\frac{dD}{dt}. \tag{10}$$

Hierin bedeuten t die Zeit und D den Durchmesser eines Kornes, n ist die Zahl der beobachtbaren Körner pro Volumeneinheit und X der rekristallisierte Volumenanteil. N ist also die Zahl der pro Zeiteinheit neu gebildeten Körner, bezogen auf den noch nicht rekristallisierten Bruchteil. Es sei darauf hingewiesen, daß mit n nur die sich wirklich zu einem Korn auswachsenden Keime gemeint sind. Sicher werden in vielen Fällen in kleinen Bereichen mehrere Keime entstehen, die jedoch zum Teil in einem früheren Stadium der primären Rekristallisation, z. B. von einem besonders schnell wachsenden Keim, aufgezehrt werden, und somit später nicht mehr beobachtet werden (Mikro-Wachstumsauslese).

Bild 20[8]) zeigt den gemessenen rekristallisierten Bruchteil X über der Anlaßzeit t für Aluminium. Unter stark vereinfachenden Voraussetzungen lassen sich bei bekanntem N und v der rekristallisierte Bruchteil X als Funktion der Zeit sowie die Endkorngröße nach vollendeter Primärrekristallisation und die Rekristallisationszeit auch quantitativ angeben. Dazu wird meistens die Avrami-Johnson-Mehl-Gleichung

$$X = 1 - e^{-(t/\tau)^{\alpha}} \tag{11}$$

benutzt, die für kleine Zeiten die Form $X = (t/\tau)^{\alpha}$ annimmt. Die Form dieser Gleichung sowie die Bedeutung der Halbwertszeit τ und des Avrami-Exponenten α soll im folgenden plausibel gemacht werden.

Nimmt man zunächst einmal an, daß alle Keime zur Zeit $t = 0$ entstehen (n pro cm³), räumlich statistisch verteilt sind und nach allen Richtungen mit auch zeitlich konstanter Geschwindigkeit wachsen, so erhält man für kleine Zeiten, wenn die neuen Körner noch ungehindert wachsende Kugeln darstellen $X = \frac{4}{3}\pi n v^3 t^3$. Der Vergleich mit Gl. (11) zeigt also, daß hier $\alpha = 3$ und $1/\tau = (\frac{4}{3}\pi n)^{1/3} v$. Im weiteren Verlauf der Rekristallisation stoßen jedoch die wachsenden Körner in zunehmendem Maße zusammen, und das freie Wachstum wird immer stärker behindert. Das muß zu einem Umbiegen der t^3-Kurve und schließlich zum Erreichen des Sättigungswertes $X = 1$ führen, wie das am einfachsten durch Gl. (11) bewirkt wird. Da sich im angenommenen Fall die Zahl der Keime im Verlauf der Rekristallisation nicht ändert, erhält man für die mittlere Endkorngröße nach diesem Modell $D \approx n^{-1/3}$.

In Fällen, wo das Wachstum nicht räumlich verläuft, erhält man entsprechend geringere Avrami-Exponenten, beispielsweise $\alpha = 2$ bei flächenhaftem und $\alpha = 1$ bei linearem Wachstum. Bleibt dagegen bei räumlichem Wachstum die Keimzahl n zeitlich nicht konstant, sondern gilt etwa eine konstante Keimbildungsgeschwindigkeit N während der primären Rekristallisation, so erhält man für ungehindertes Wachstum $X \approx N v^3 t^4$, also einen höheren Avrami-Exponenten. In diesem Fall wird die Endkorngröße der primären Rekristallisation auch nicht allein durch die Anzahl der Keime, sondern vielmehr durch die Konkurrenz zwischen Keimbildung und Kornwachstum bestimmt und man erhält für die Halbwertszeit der Rekristallisation τ, die im folgenden auch als Rekristallisationszeit bezeichnet wird und die mittlere Endkorngröße D

$$\tau \approx (Nv^3)^{-1/4}, \tag{12}$$

$$D \approx 2v\tau = 2\left(\frac{v}{N}\right)^{1/4}. \tag{13}$$

Da v und N exponentiell mit der Temperatur wachsen (vgl. Abschn. 3) muß auch die Rekristallisationszeit exponentiell von der Temperatur abhängen. Das zeigt auch Bild 21[13]) an Hand von Meßwerten, wo τ halblogarithmisch über dem Kehrwert der Auslagerungstemperatur aufgetragen ist.

Die zur Ableitung der Gleichungen (11), (12) und (13) gemachten Voraussetzungen sind in den meisten Fällen nicht genau erfüllt. So nimmt die Keimwachstumsgeschwindigkeit häufig mit der Zeit etwas ab, wie man durch direkte Messungen feststellen kann, und ist in keinem Fall völlig isotrop. Umgekehrt beginnt die Keimbildungsgeschwindigkeit mit sehr kleinen Werten, nimmt dann sehr rasch zu, um oft nach einem Maximum wieder abzufallen (vgl. Bild 15). Die Tatsache, daß die Keimbildungsgeschwindigkeit erst nach einer gewissen Zeit ihren größten Wert erreicht, wird häufig als Inkubationszeit bezeichnet und deutet an, daß Erholung Zeit braucht. Schließlich ist auch, wie schon oben erläutert, die Keimbildung nicht statistisch über das Volumen verteilt. Das Vorliegen solcher Abweichungen erkennt man besonders deutlich, wenn man $\ln\ln(1/(1-X))$ gegen $\ln t$ aufträgt. Gemäß Gl. (11) sollten sich Geraden mit der Steigung 3 oder 4 ergeben. Oft werden jedoch geringere Steigungen gefunden. Es zeigt an, daß entweder N oder v nicht konstant sind, sondern mit der Zeit abfallen (z. B. durch Erholung) oder aber das Wachstum nicht dreidimensional verläuft (wie z. B. bei der Keimbildung an Kornkanten). Jedoch auch wenn solche Abweichungen von den der quantitativen Analyse zugrunde liegenden Voraussetzungen auftreten, behalten die qualitativen Ergebnisse doch weitgehend ihre Gültigkeit.

4.2 Korngrößenerscheinungen

4.2.1 Die stetige Kornvergrößerung

Nach beendeter Primärrekristallisation, bei der die Körner in zufälliger Weise zusammengestoßen sind, tritt zunächst eine weitgehende Begradigung der Korngrenzen ein, da auf diese Weise Korngrenzenenergie eingespart werden kann. Die entscheidende Ursache der weiteren Kornvergrößerung besteht nun darin, daß diese Begradigung niemals vollständig sein kann, daß also die Korngrenzen stets eine Krümmung beibehalten und somit gemäß Gl. (4) immer die Tendenz zeigen, sich zu verschieben.

Um diese Vorgänge etwas besser im einzelnen zu verstehen, soll zunächst ein zweidimensionales Modell betrachtet werden, in dem die Korngrenzen also Linien darstellen. Damit keine Wanderung der Korngrenzen auftritt, müssen diese alle gerade sein und jeweils in Winkeln von 120° zusammenstoßen, denn nur dann heben sich in den Eckpunkten die drei (für alle Korngrenzen als gleich angenommenen) Oberflächenspannungen auf. Diese beiden Bedingungen lassen sich jedoch nur dann erfüllen, wenn alle Körner Sechsecke darstellen, da nur in Sechsecken der Innenwinkel 120° beträgt. Wie Bild 22 zeigt, läßt sich bei einem fünfeckigen Korn die 120°-Bedingung nur erfüllen, wenn eine Korngrenze gekrümmt ist. Da dann aber auf diese in Richtung des Krümmungsmittelpunkts eine Kraft wirkt, verschiebt sie sich, was aber zu einer Verstimmung der 120°-Winkel führt. Um diese wieder einzustellen, bewegen sich die an der betrachteten Ecke zusammenstoßenden Korngrenzstücke, was dann weitere Krümmungen und damit auch Korngrenzenwanderungen zur Folge hat.

Diese im einzelnen sehr komplizierten Vorgänge werden übersichtlicher, wenn man davon ausgeht, daß zur Erfüllung der 120°-Bedingung Körner mit mehr als sechs Seiten im Mittel konkav gekrümmte, die mit weniger als sechs Seiten hingegen konvex gekrümmte Oberflächen besitzen (Bild 23). Bei Körnern mit weniger als sechs Seiten werden die Korngrenzen also bevorzugt zum Korninnern wandern. Wie Bild 24[14]) am Beispiel eines zweidimensionalen Seifenschaumes zeigt, müssen dabei die dreieckigen Körner verschwinden, während die angrenzenden zunächst eine Seite verlieren. Da die größten Körner im allgemeinen auch die größte Eckenzahl und somit ebenfalls die stärkste konkave Krümmung besitzen, besteht also die Tendenz, daß die größeren Körner auf Kosten der kleineren wachsen. Da jedoch der Verlust einer Seite jeweils auch die wachsenden Körner treffen kann, werden im Verlaufe der Kornvergrößerung auch diese Körner möglicherweise die kritische Seitenzahl sechs unterschreiten und schließlich verschwinden.

In einem dreidimensionalen Gefüge liegen die Dinge ganz ähnlich. Hier wären, um Korngrenzenverschiebungen auszuschließen, drei Bedingungen zu erfüllen, nämlich alle Korngrenzen müssen eben sein, die Korngrenzen müssen an den Kanten Winkel von 120° bilden und an den Kornecken müssen die Kornkanten in den Tetraederwinkeln zusammenstoßen. Da es unmöglich ist, diese Bedingungen überall erfüllt zu haben, muß ganz ähnlich wie im zweidimensionalen auch im dreidimensionalen eine Schrumpfung der kleinen und ein Wachsen der größeren Körner einsetzen. Daß diese hier am Seifenschaum demonstrierte Vorstellung auch für Metalle zutrifft, zeigt z. B. Bild 25[15]), aus dem man die Verschiebung der Korngrenzen in Richtung des Krümmungsmittelpunktes erkennt.

Das Zeitgesetz der Kornvergrößerung kann man leicht ableiten, wenn man annimmt, daß der mittlere Krümmungsradius dem Korndurchmesser D und die mittlere Wanderungsgeschwindigkeit v der Korngrenzen der zeitlichen Änderung des Korndurchmessers proportional ist. Mit den Proportionalitätsfaktoren δ und β, der Konstanten K und der Ausgangskorngröße D_0 erhält man dann mit den Gleichungen (4) und (5)

$$\beta \frac{dD}{dt} = m \frac{2\gamma}{\delta D}$$

$$D dD = \frac{2\gamma m}{\delta \beta} dt \qquad (14)$$

$$D^2 - D_0^2 = K \cdot t,$$

d. h. bei hinreichend kleiner Ausgangskorngröße D_0 sollte die Korngröße mit der Wurzel aus der Zeit wachsen. Ein solches Verhalten wird tatsächlich bei höchstreinen Metallen beobachtet, bei Metallen normaler Reinheit findet man jedoch meist eine geringere Zunahme der Korngröße mit der Glühzeit, die in der Regel durch die Gleichung

$$D = k t^n \qquad (15)$$

mit $n < 1/2$ gekennzeichnet wird. Häufig wird sogar ein völliger Stillstand der Kornvergrößerung beobachtet.

Für solche Hemmungen der zu erwartenden Kornvergrößerung kommen folgende Gründe in Betracht:

1. Erreichen die Körner einen Durchmesser, der etwa der kleinsten Probendimension entspricht, so ist ihr weiteres Wachsen außerordentlich gehemmt. Dies ist bei Drähten, bei denen dann die Korngrenzen senkrecht zur Achse stehen, sofort einzusehen. Bei Blechen, wo dann die Korngrenzen etwa senkrecht zur Blechoberfläche stehen, würde man jedoch zunächst eine weitere zweidimensionale Kornvergrößerung erwarten. Daß diese nicht auftritt, liegt daran, daß sich dort, wo eine Korngrenze die Oberfläche erreicht, sofort infolge thermischer Ätzung Furchen bilden, die auch bei geringster Tiefe die Korngrenzen verankern (die Kraft, mit der die Korngrenzen an den Ätzfurchen festgehalten werden, ist nämlich nicht von der Furchentiefe, sondern nur von dem durch die Grenzflächenenergie bestimmten Furchenwinkel abhängig). Große sekundäre Körner können jedoch sehr wohl zweidimensional weiterwachsen, da ihnen eine größere treibende Kraft zur Verfügung steht, wenn sie von vielen kleineren Körnern umgeben sind.

2. Befinden sich Ausscheidungen zweiter Phasen im Material, so wird durch sie – wie schon erwähnt – die Korngrenzenbewegung behindert. Die Kornvergrößerung kommt zum Stillstand, wenn die durch Gleichung (4) gegebene treibende Kraft gerade gleich der durch Gl. (8) gegebenen rücktreibenden Kraft ist. Setzt man wieder $R = \delta D$, so ist der größte Korndurchmesser mit

$$D = \frac{2 d_i}{3 \delta f} \qquad (16)$$

erreicht. Da mit wachsender Glühtemperatur die Ausscheidungen häufig koagulieren oder sich sogar auflösen, erhält man gemäß Gl. (16) mit wachsender Glühtemperatur eine größere Endkorngröße.

3. Auch in Lösung befindliche Fremdatome können einen Abfall der Geschwindigkeit der Kornvergrößerung mit der Zeit bewirken. Durch die ständige Abnahme der treibenden Kraft mit wachsendem Kornradius kann man, ähnlich wie in Bild 16[9]) mit wachsender Konzentration, aus dem Bereich der freien Korngrenze in den der mitdiffundierenden Fremdatomwolken kommen, was – wie oben gesagt – einen starken Abfall der Wanderungsgeschwindigkeit der Korngrenzen um mehrere Zehnerpotenzen zur Folge haben kann.

4. Es wurde bereits darauf hingewiesen, daß die Beweglichkeit einer Korngrenze zwischen Kristallen ähnlicher Orientierung sehr gering ist. Deshalb findet kaum eine stetige Kornvergrößerung statt, wenn eine strenge und nur aus einer Komponente bestehende Textur vorliegt, z. B. die Würfeltextur in kubisch-flächenzentrierten Metallen.

4.2.2 Die unstetige Kornvergrößerung

Ist ein Korn sehr viel größer als die übrigen Körner des Gefüges, so hat es im allgemeinen eine sehr viel größere Eckenzahl und deshalb nach dem Vorhergesagten bei einer Fortsetzung der Glühung eine starke Tendenz, die Nachbarkörner aufzuzehren. Bild 26[16]) zeigt, daß in der Tat die Oberfläche eines sekundären Kornes nicht – wie man zunächst annehmen könnte – eine konvexe Krümmung besitzt, sondern sich aus vielen kleinen konkaven Stücken zusammensetzt, die sich in Richtung einer Vergrößerung dieses Kornes verschieben können. Man kann also das Weiterwachsen eines sekundären Kornes ohne Schwierigkeiten verstehen. Das eigentliche Problem der sekundären Rekristallisation liegt darin, wie es überhaupt möglich ist, daß sich Körner solcher überdurchschnittlichen Größe bilden. Dazu ist erforderlich, daß die stetige Kornvergrößerung behindert und nur an einigen Stellen lokal aufgehoben wird.

Wenn in einem Metall Ausscheidungen einer zweiten Phase vorhanden sind, so kommt zunächst bei einem kritischen Korndurchmesser jegliches Wachstum zum Stillstand [siehe Gl. (16)]. Da jedoch die Ausscheidungen im allgemeinen stets inhomogen verteilt sind, kann man sich leicht vorstellen, daß an einigen Stellen die Ausscheidungen schon in Lösung gehen und so dort ein weiteres Kornwachstum auftritt, während im übrigen Material die Bewegung der Korngrenzen noch durch Ausscheidungen behindert wird. Hiermit ist die Entstehung weniger großer Körner als Keime für die sekundäre Rekristallisation erklärt. Dieses Verhalten wurde am besten an Aluminium-Mangan-Legierungen nachgewiesen. Bild 27[17] zeigt bei Glühtemperaturen, bei denen das Mangan vollständig gelöst ist, nur durch die Blechdicke beschränktes stetiges Kornwachstum. Während bei Temperaturen, bei denen das Mangan vollständig ausgeschieden ist, selbst nach sehr langen Glühzeiten keine Veränderung in der Korngröße festgestellt wird, tritt bei einer Glühung in der Nähe der Löslichkeitstemperatur starke sekundäre Rekristallisation auf. Da die technischen Legierungen selten frei von Ausscheidungen sind, findet man bei ihrer Rekristallisation häufig diese Art der unstetigen Kornvergrößerung.

Weiterhin besteht die Möglichkeit, Keime für die sekundäre Rekristallisation zu bilden, wenn die stetige Kornvergrößerung durch eine sehr einheitliche Textur behindert wird. Einzelne Körner mit stark abweichender Orientierung besitzen nämlich zu dem umgebenden Material Großwinkelkorngrenzen mit hoher Beweglichkeit und können, wenn sie außerdem groß genug sind, sehr schnell wachsen. Häufig entstehen die Körner verschiedener Orientierung in Gebieten, in denen der normalen Verformung eine zusätzliche Verformung überlagert war, z. B. an Schnittkanten oder besonders beanspruchten Oberflächen; dann spricht man von erzwungener sekundärer Rekristallisation. Während bei der durch Heterogenitäten verursachten sekundären Rekristallisation die Körner im allgemeinen stark zergliederte Grenzen besitzen, zeichnen sich die sekundären Körner bei texturbedingtem Wachstum durch relativ gerade Grenzen aus.

Es soll schließlich darauf hingewiesen werden, daß es besonders bei dünnen Blechen noch eine weitere Ursache der Kornvergrößerung nach der primären Rekristallisation gibt, die als tertiäre Rekristallisation bezeichnet wird, da sie meist erst nach vollendeter Sekundärrekristallisation auftritt. Im allgemeinen besitzen nämlich verschieden orientierte Oberflächen eine unterschiedliche Oberflächenenergie. Infolgedessen kann also eine Energieerniedrigung stattfinden, wenn Körner, die so orientiert sind, daß ihre freie Oberfläche eine besonders geringe Energie besitzt, auf Kosten der anderen wachsen. Ein solches Verhalten ist an dünnen Eisen-Silizium-Blechen beobachtet worden. Da jedoch hier die treibende Kraft noch etwa eine Zehnerpotenz niedriger ist als bei der Kornvergrößerung, tritt diese Erscheinung nur in Spezialfällen und unter besonderen Bedingungen auf.

5. Das rekristallisierte Gefüge

5.1 Endkorngröße und Rekristallisationsdiagramm

Nachdem bisher die Keimbildungs- und Keimwachstumsgeschwindigkeit als die bestimmenden Grundgrößen der primären Rekristallisation einzeln besprochen wurden, soll nunmehr betrachtet werden, wie sie die Rekristallisationszeit und die Endkorngröße beeinflussen.

Da v und N mit der Temperatur wachsen, nimmt die Rekristallisationszeit gem. Gl. (12) mit steigender Temperatur ab. Aus Gl. (12) folgt als scheinbare Aktivierungsenergie der Rekristallisation $(U_N + 3 U_v)/4$. Wenn die Aktivierungsenergie der Keimbildung U_N und des Keimwachstums U_v nicht sehr verschieden voneinander sind, überwiegt also der Einfluß von U_v. Vielfach sind die beiden Aktivierungsenergien U_N und U_v gleich, dann sollte nach Gl. (13) die Endkorngröße unabhängig von der Temperatur sein. In manchen Fällen (z. B. bei Al) überwiegt U_N, dann sollte die Korngröße mit steigender Temperatur abnehmen. Sowohl N als auch v nehmen mit dem Verformungsgrad zu, wodurch sich die Rekristallisationszeit verkürzt. Da N mit dem Verformungsgrad jedoch stärker zunimmt als v, verringert sich die Endkorngröße mit höherem Verformungsgrad. Ähnlich wie eine Zunahme des Verformungsgrades wirkt sich eine kleinere Korngröße vor der Verformung aus.

Der Darstellung eines solchen Zusammenhanges zwischen rekristallisierter Korngröße, Verformungsgrad und Temperatur dient das Rekristallisationsdiagramm, das insbesondere in der betrieblichen Praxis eine große Bedeutung besitzt. Beispiele dazu zeigt Bild 28[18–19] anhand von gewalztem Aluminium und einem kaltgepilgerten ferritischen Stahl. Es ist zu erkennen, daß Rekristallisation erst oberhalb einer bestimmten Verformung – der kritischen Verformung – und für jeden Verformungsgrad oberhalb einer bestimmten Temperatur einsetzt. Abgesehen vom Verlauf in der Nähe des Rekristallisationsbeginns, wo oft innerhalb der Glühzeit die Primärrekristallisation noch nicht abgeschlossen ist und der deshalb beim Aluminium ganz fortgelassen wurde, nimmt die Korngröße mit sinkendem Verformungsgrad und steigender Glühtemperatur zu.

Es ist jedoch zu beachten, daß in den Rekristallisationsdiagrammen nicht die Endkorngröße nach vollendeter Primärrekristallisation angegeben ist, sondern die nach einer bestimmten Glühdauer. Bei tiefen Temperaturen hat bei der gewählten Glühdauer häufig die Rekristallisation noch nicht stattgefunden bzw. ist noch nicht vollständig. Dann kann keine rekristallisierte Korngröße angegeben werden, d. h., das Rekristallisationsdiagramm beginnt erst oberhalb einer gewissen vom Verformungsgrad abhängigen Temperatur. Bei hohen Temperaturen ist hingegen in der gewählten Glühzeit häufig nicht nur die primäre Rekristallisation bereits abgelaufen, sondern oft hat auch schon eine Kornvergrößerung eingesetzt. Da bei der Kornvergrößerung die Korngröße mit der Temperatur zunimmt, gibt das Rekristallisationsdiagramm hier eine mit steigender Temperatur ansteigende Korngröße, während nach gerade vollendeter Primärrekristallisation eine von der Temperatur unabhängige bzw. eine mit steigender Temperatur abnehmende Korngröße erwartet werden sollte. Zur Erzielung eines besonders feinen Rekristallisationskornes sollte daher die Glühung sofort nach abgeschlossener Primärrekristallisation beendet werden.

Bei einer sekundären Rekristallisation wird auch das Rekristallisationsdiagramm in dem Gebiet ihres Auftretens besonders große Körner anzeigen. Weiterhin ist zu beachten, daß die technisch wichtige Aufheizzeit bei diesen Betrachtungen nicht berücksichtigt ist. Eine geringe Aufheizgeschwindigkeit entspricht ungefähr einer vorgelagerten Erholungsbehandlung bei tiefen Temperaturen und verursacht häufig eine Verminderung der Keimzahl.

Von besonderer Wichtigkeit ist der Einfluß der Legierungszusätze. Sind die Fremdatome in Lösung, so wird – wie oben beschrieben – grundsätzlich v herabgesetzt. Zumeist, insbesondere bei kleinen Konzentrationen, wird auch N vermindert, und zwar in etwa gleichem Maße wie v. Dies erkennt man bereits daraus, daß bei Zusatz von Fremdatomen sich die Endkorngröße und daher gemäß Gl. (13) auch das Verhältnis N/v nur um kleinere Faktoren ändern, wohingegen die Änderung der Rekristallisationszeit und somit auch von N und v viele Größenordnungen betragen kann. Bei höheren Konzentrationen ist jedoch auch eine Zunahme von N mit der Konzentration beobachtet worden, was jedoch wahrscheinlich weniger auf die direkte Wechselwirkung zwischen Korngrenze und Fremdatomen zurückzuführen ist, sondern eher auf einen Unterschied im verformten Gefüge von reinem Metall und Legierung.

5.2 Rekristallisationstexturen

Zur Beschreibung einer Orientierung ist im allgemeinen die Angabe von drei Parametern, beispielsweise der drei Eulerschen Winkel, nötig. Die Darstellung der Orientierungsverteilung von Vielkristallen geschieht daher am besten im dreidimensionalen Orientierungsdiagramm. Eine solche Darstellung ist allerdings mit nicht unbeträchtlichem rechnerischem Aufwand verbunden. Daher beschränkt man sich gewöhnlich auf die röntgenographisch direkt zu ermittelnde und deshalb gebräuchliche Darstellung in Form von Polfiguren, bei denen die Belegungshäufigkeit spezieller, niedrig indizierter Pole in der stereografischen Projektion bestimmt wird.

Die Erfahrung zeigt, daß die Orientierungsverteilung der Körner einer vielkristallinen Metallprobe im allgemeinen nicht regellos ist. Vielmehr treten einige Kristallorientierungen besonders häufig auf, andere dagegen gar nicht. Ferner ist bekannt, daß eine scharf ausgeprägte Verformungstextur, d. h., ein Großteil der Körner ist nach der Verformung gleich orientiert, in der Regel zu einer scharf ausgeprägten und daher für die Verformungstextur spezifischen Rekristallisationstextur führt. Nach starker Verformung stellt sich gewöhnlich bei ähnlichen Verformungsbedingungen eine Verformungstextur ein, die für verschiedene Materialtypen typisch ist. Im folgenden sind einige Beispiele anhand von Polfiguren für Vielkristalle nach Walzverformung und anschließender Glühbehandlung gezeigt.

Beim kubisch-flächenzentrierten Gitter, das wohl am ausgiebigsten untersucht wurde, unterscheidet man grundsätzlich zwei Typen von Walz- und entsprechend auch von Glühtexturen, von denen auch Mischformen vorkommen.

a) Die Messingtextur stellt sich gewöhnlich bei tiefen Verformungstemperaturen und bei Materialien mit großem Fremdatomgehalt ein. Diese Messingtextur ist in Bild 29[24]) am Beispiel von α-Messing dargestellt, zusammen mit der Messingglühtextur, die sich in der Regel bei der Rekristallisation von verformten Metallen mit einer Messing-Walztextur ergibt. Die Schwerpunkte der Verformungstextur lassen sich durch die idealen Lagen (011) [$2\bar{1}\bar{1}$], diejenige der Glühtextur durch (113) [$2\bar{1}\bar{1}$] beschreiben.

b) Bild 30[25]) zeigt am Beispiel von raumtemperaturgewalztem Kupfer die sogenannte „Kupfertextur", die sich nach Walzverformung kubisch-flächenzentrierter Metalle bei höheren Temperaturen oder Materialien mit geringem Fremdatomgehalt ergibt. Die zugehörige Rekristallisationstextur wird als Würfellage bezeichnet, weil sich die Körner so orientieren, daß die Flächen des kubischen Elementarwürfels sich parallel zu den Blechoberflächen einstellen. Als Schwerpunkt der Verformungstextur findet man hier die idealen Lagen (011) [$2\bar{1}\bar{1}$], (123) [$63\bar{4}$] und (112) [$11\bar{1}$] und als Rekristallisationstextur die Würfellage (001) [100].

Die Entwicklung dieser Texturen ist nicht an die chemische Natur des Grundmetalls, sondern vielmehr an den betätigten Verformungsmechanismus geknüpft. Das zeigen die Bilder 31[21]) und 32[22]) anhand der Verformungs- und Glühtextur eines austenitischen Stahles nach Walzverformung und Auslagerung, bei dem sich beim Kaltwalzen die Messingtextur mit zugehöriger Glühtextur ausbildet und beim Warmwalzen die Kupfertextur entsteht, die beim Glühen in die Würfellage übergeht. Während bei der Ausbildung der Messingtextur die Verformung wesentlich durch Zwillingsbildung getragen wird, ist bei der Entwicklung der Kupfertextur die Gleitung der überwiegende Verformungsmechanismus. Die mechanische Zwillingsbildung tritt immer dann als Verformungsmechanismus auf, wenn die Verformungstemperatur niedrig und die Stapelfehlerenergie des Materials – die gewöhnlich durch Zulegierung abnimmt – klein ist. Reine Gleitung wird dagegen immer bei hohen Verformungstemperaturen und großen Werten der Stapelfehlerenergie beobachtet. Daß die Glühtextur derart durch die Verformungstextur bestimmt wird, ist ein Beispiel dafür, wie Grundeigenschaften der Versetzungen (z. B. die Stapelfehlerenergie) bis zur Glühtextur durchschlagen.

Eine ganz andere Texturbildung ist dagegen beim kubischraumzentrierten α-Eisen zu beobachten, die in Bild 33 dargestellt ist. Hier wird als Hauptlage der Verformungstextur zumeist die (001) [$\bar{1}10$] Orientierung gefunden, während als Rekristallisationslage außer der (001) [$\bar{1}10$] auch noch (111) [$\bar{2}11$] gefunden wird. Die Unterschiede in der Verformungstextur zu den kubisch-flächenzentrierten Metallen ist auf den unterschiedlichen Verformungsmechanismus in den beiden Gittertypen zurückzuführen, daß darüber hinaus auch die Rekristallisationsbedingungen unterschiedlich sein können, wird im folgenden Abschnitt gezeigt.

Offenbar herrschen also grundlegende geometrische Beziehungen zwischen Gittertyp und Texturentwicklung. Das zeigt sich deutlich anhand der Textur von umwandlungsfähigen Stählen, die je nach Temperatur beide Gittertypen annehmen können. Je nach Gittertyp stellen sich typische Walz- und Glühtexturen ein, und wenn beide Phasen vorliegen, zeigt sich in der Regel eine Mischung aus den betreffenden Texturtypen. Auf eine quantitative Beschreibung der Texturen soll hier allerdings nicht eingegangen werden.

5.3 Mechanismus der Texturentstehung

Die Entstehung der Rekristallisationstexturen hängt eng mit den in Abschn. 3 beschriebenen Grundvorgängen zusammen. Die Diskussion der Texturzusammenhänge liefert zusätzliche Information und somit ein tiefergehendes Verständnis des Zusammenwirkens dieser Vorgänge als lediglich die Betrachtung der Korngröße. Allerdings kann hier nur auf einige Gesichtspunkte eingegangen werden. Zunächst soll der Einfluß der drei Grundvorgänge: Erholung, Keimbildung und Kornwachstum kurz betrachtet werden.

a) Durch Erholungsvorgänge wird die Textur im Falle einer ausgeprägten Rekristallisation in situ (Abschn. 3.1) bestimmt. Da diese lediglich in einer Bildung von Subkörnern besteht, bleibt hierbei im wesentlichen die Verformungstextur erhalten. Solche Texturbildung wird in der Tat häufig in Metallen mit niedriger Stapelfehlerenergie (z. B. Al und α-Fe) beobachtet. Das Auftreten ganz andersartiger Texturen bei der Rekristallisation läßt sich jedoch mit der Hilfe von Erholungsvorgängen nicht erklären.

b) nach der Theorie der orientierten Keimbildung entstehen bereits die ersten Rekristallisationskeime nur in den Orientierungen, die später beim Abschluß der Rekristallisation das Gefüge bestimmen. Nach den Ergebnissen der bislang geführten Untersuchungen scheinen die Rekristallisationstexturen mit Hilfe dieser Theorie allein nicht befriedigend gedeutet werden zu können.

c) Die Theorie der Wachstumsauslese macht zunächst keine Annahme über die Orientierungsverteilung der Rekristallisationskeime, sondern geht lediglich davon aus, daß nur diejenigen Kornorientierungen die Textur bestimmen werden, die besonders schnell und gut in das verformte Gefüge einwachsen können. Aus einer Reihe von Experimenten ist nämlich bekannt, daß eine Orientierungsabhängigkeit der Korngrenzenbeweglichkeit besteht, die groß genug ist, das Auftreten ausgeprägter Vorzugsorientierungen bei der Rekristallisation zu erklären.

Für die Entscheidung, ob die Rekristallisationstexturen mit Hilfe der Keimbildung b) oder des Wachstums c) gedeutet werden müssen, ist natürlich von besonderem Interesse, welche Korngrenzenorientierungen eine besonders große Wanderungsgeschwindigkeit besitzen. Solche Messungen der

Orientierungsabhängigkeit der Wanderungsgeschwindigkeit der Korngrenze geschehen am besten an Bikristallen. Beispielsweise kann man einen Einkristall um einen bestimmten Betrag verformen und einen anderen unverformten Kristall einer vorgegebenen Orientierung in diese verformte Matrix hineinwachsen lassen. Solche Experimente sind, da sie sehr schwierig und zeitraubend sind, nur in geringer Zahl durchgeführt worden. Bild 19[12]) zeigt ein Beispiel für Aluminium-Bikristalle mit gemeinsamer ⟨111⟩-Achse. Danach ergibt sich also eine maximale Wachstumsgeschwindigkeit, wenn Keim und Matrix um 40° ⟨111⟩ gegeneinander verdreht sind.

Schneller durchzuführen sind Wachstumsausleseexperimente. Hier läßt man in einen verformten Einkristall zahlreiche Keime verschiedenster Orientierung hineinwachsen, die dann in ihrem Wachstum miteinander konkurrieren, bis schließlich nur ein einziger dann der ganzen Querschnitt ausfüllender Kristall, nämlich der schnellst wachsende, übrigbleibt. In Bild 34[26]) ist als Beispiel die Verteilung von bei solchen Experimenten erhaltenen schnellst wachsenden Kristallen an Siliziumeisen wiedergegeben. Man sieht, daß hier eine 27° ⟨110⟩-Beziehung zwischen schnellst wachsendem Korn und Matrix stark bevorzugt ist.

Besonders aufschlußreich für die bestimmenden Mechanismen von Keimbildung und -wachstum sind solche Experimente, bei denen verformte Einkristalle frei rekristallisieren können, wo also orientierte Keimbildung und schnelles Kornwachstum sich frei entfalten können. Auch hier findet man wieder die bekannten Orientierungsbeziehungen zwischen Verformungs- und Rekristallisationslage, so beim Aluminium die bekannte 40° ⟨111⟩-Rotation. Dabei zeigt sich nun allerdings, daß die bestimmende Rotation nicht um einen beliebigen Pol erfolgt (insgesamt gibt es ja acht Möglichkeiten, nämlich vier ⟨111⟩-Pole mit jeweils +40° und −40° Drehung), sondern daß derjenige ausgesucht wird, bei welchem die gedrehte Lage der Streulage der Verformungstextur am nächsten kommt, wie Bild 35[27]) zeigt. Das kann wohl nur so gedeutet werden, daß die Keime der schnellstwachsenden Orientierungen bereits bei der Verformung erzeugt werden.

Während die Rekristallisationstexturen von Einkristallen offenbar gut durch Konkurrenz zwischen Wachstumsauslese und Keimverfügbarkeit erklärt werden können, liegt der Fall bei Vielkristallen etwas schwieriger. Hier genügt es nicht, daß ein Korn eine große Wachstumsgeschwindigkeit bezüglich einer Komponente der Verformungstextur besitzt, sondern dasjenige Korn wird sich durchsetzen, das genügend schnell in die verschiedenen Komponenten der Verformungstextur hineinwächst. Auf diese Art kommen die sogenannten Kompromißtexturen zustande. Eine nähere Betrachtung zeigt, daß die gefundenen Komponenten der Rekristallisationstextur (z. B. beim Aluminium) sich als Kompromißorientierungen auf der Basis von 40° ⟨111⟩-Drehungen aus der Walztextur herleiten lassen. Das heißt, daß von den acht möglichen, durch eine 40° ⟨111⟩-Drehung zu einer herausgegriffenen Komponente gegebenen Orientierungen nur solche wirklich als rekristallisiertes Korn entstehen, die auch zu den anderen Komponenten angenähert eine 40° ⟨111⟩-Orientierungsbeziehung besitzen. Dann sind sie nämlich in der Lage, in alle Komponenten hineinzuwachsen.

Verwendete Zeichen und ihre Bedeutung

α		Avramiexponent
b [cm]		Burgersvektor
c		Konzentration
D [cm]		Korndurchmesser
D_m [cm² · s⁻¹]		Diffusionskoeffizient für Korngrenzenbewegung
d_i [cm]		Durchmesser von Ausscheidungen
f		Volumenbruchteil der Ausscheidungen
G [erg]		Freie Enthalpie
γ [erg · cm⁻²]		Spezifische Korngrenzenenergie
k [eV · K⁻¹]		Boltzmannkonstante
Λ [cm⁻²]		Versetzungsdichte
μ [dyn · cm⁻²]		Schubmodul
m [cm⁴ · erg⁻¹ · s⁻¹]		Beweglichkeit der Korngrenze
N [cm⁻³ · s⁻¹]		Keimbildungsgeschwindigkeit
p [erg · cm⁻³]		treibende Kraft
p_r [erg · cm⁻³]		rücktreibende Kraft
R [cm]		Krümmungsradius der Korngrenze
T [K]		absolute Temperatur
t [s]		Zeit
τ [s]		Halbwertszeit der Rekristallisation
U_v [eV]		Aktivierungsenergie für Korngrenzenbewegung
U_N [eV]		Aktivierungsenergie für Keimbildung
v [cm · s⁻¹]		Korngrenzengeschwindigkeit
V [cm³]		Volumen
X		rekristallisierter Volumenbruchteil

Weiterführende Literatur

Gleiter, H., u. *B. Chalmers:* Progress in Materials Science. Vol. 16 (1972).

Himmel, L.: Recovery and Recrystallization of Metals. Interscience Publishers, New York–London 1963.

Recrystallization, Grain Growth and Textures. American Society for Metals (1966).

Haessner, F.: Recrystallization of Metallic Materials. Dr. Riederer Verlag, Stuttgart 1971.

Schrifttumshinweise

[1]) *Masing, G.:* Lehrbuch der Allgemeinen Metallkunde, Berlin/Göttingen/Heidelberg: Springer Verlag 1950.
[2]) *Tuschy, E.,* u. *K. Lücke:* Unveröffentlicht.
[3]) *Hibbard, W. R.,* u. *C. G. Dunn:* Acta Met. **4** (1956) S. 306. Hrsg. von L. Himmel.
[4]) *Hu, H.:* In: Recovery and Recrystallization of Metals. Interscience Publishers, New York/London 1963. S. 311.
[5]) *Vandermeer, R. A.,* u. *P. Gordon:* Trans. AIME **215** (1959) S. 577.
[6]) *Schofield, T. H.,* u. *A. E. Bacon:* Acta Met. **9** (1961) S. 653.
[7]) *Leslie, W. C., J. T. Michalak* u. *F. W. Aul:* Iron and its dilute Solid Solutions. Interscience Publishers New York/London 1963. S. 119.
[8]) *Anderson, W. A.,* u. *R. F. Mehl:* Trans. Amer. Inst. metall. Engrs. **161** (1945) S. 140.
[9]) *Frois, C.,* u. *C. Dimitrov:* «Influence de faibles additions d'argent sur la recrystallisation d'aluminium de zone fondue» en 7ᵉ Colloque de Métallurgie «Ecrouissage, Restauration, Recrystallisation». Organisé à Saclay, Presses Universitaires de France 1963, S. 181.
[10]) *Geisler, A. H.:* In: Phase Transformations in Solids. John Wiley and Sons, New York 1957.
[11]) *Burke, J. E.,* u. *D. Turnbull:* Recrystallization and Grain Growth, Progress in Met. Phys. **3** (1952) S. 220.
[12]) *Liebmann, B., K. Lücke* u. *G. Masing:* Z. Metallkunde **47** (1956) S. 57.
[13]) *Rosenbaum, F. W.:* Dissertation TH Aachen 1972.
[14]) *Smith, C. S.:* Scientific American, Jan. 1954.
[15]) *Beck, P. A.,* u. *P. R. Sperry:* J. appl. Phys. **21** (1950) S. 150.
[16]) *Burke, J.:* The Fundamentals of Recrystallization and Grain Growth. In: Grain Control in Industrial Metallurgy. S. 1 (Cleveland, American Society for Metals 1949).

[17]) Beck, P. A., M. L. Holzworth u. P. R. Sperry: Trans. AIME **180** (1949) S. 163.
[18]) Dahl, W., u. E. Lenz: Arch. Eisenhüttenwes. **33** (1962) S. 607.
[19]) Dahl, O., u. F. Pawlek: Z. Metallkunde **28** (1936) S. 266.
[20]) Goodman, S. R., u. H. Hu: Trans AIME **230** (1964) S. 1314.
[21]) Goodman, S. R., u. H. Hu: Trans. AIME **236** (1966) S. 710.
[22]) Goodman, S. R., u. H. Hu: Trans. AIME **233** (1965) S. 103.
[23]) Strier, F.: Dissertation TH Aachen 1968.
[24]) Schmitt, U., u. K. Lücke: Journal of the Less-common Metal **28** (1972) S. 187.
[25]) Schmitt, U., u. K. Lücke: Zeitschrift für Metallkunde (im Druck).
[26]) Ibe, G., u. K. Lücke: Arch. Eisenhüttenwes. **39** (1968) S. 693.
[27]) Lücke, K., R. Rixen u. M. Senna: Aktamet. (im Druck).

Tafel 1. Treibende Kräfte für die Korngrenzenwanderung

Quelle	Größe [dyn/cm^2]	Bemerkungen
Temperaturgradient	$4 \cdot 10^2$	$dT/dx = 1000\,°C/cm$
elastische Spannungen	$2{,}5 \cdot 10^2$	Spannungen $\approx 1\,kg/mm^2$, Moduli $\approx 10^4\,kg/mm^2$
Magnetfeld	10^4	Wismut, $H \approx 10^5$ Gauss
Oberflächenenergie	$2 \cdot 10^4$	$\Delta\gamma' \approx 100\,erg/cm^2$, Blechdicke 0,1 mm
Korngrenzenenergie	$3 \cdot 10^5$	$\gamma \approx 1000\,erg/cm^2$, $R = 0{,}1$ mm
latente Verformungsenergie	$2 \cdot 10^8$	$\approx 30\,cal/g$ At für Cu

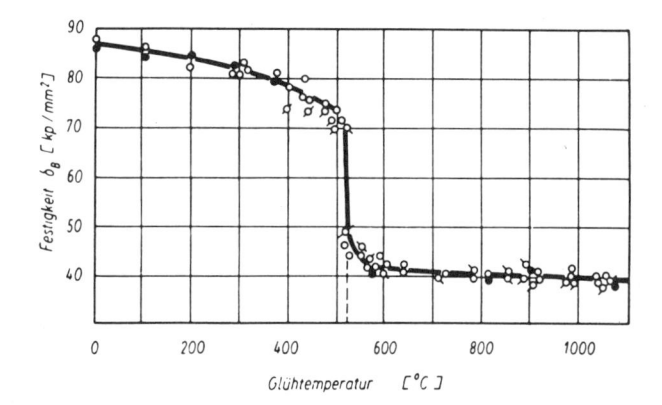

Bild 1: Der Verlauf der Härte bei der Rekristallisation am Beispiel von kaltgerecktem Eisen [nach[1]]

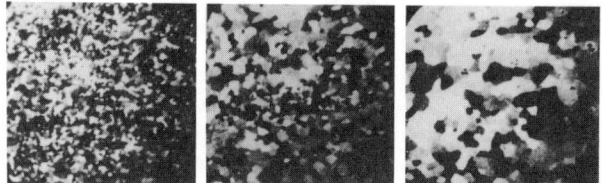

Bild 3: Kornvergrößerung von Zn – 0,5 % Cu nach 40 % Verformung bei 360 °C; Die gleiche Gefügestelle im Heizmikroskop mit polarisiertem Licht zu verschiedenen Zeiten aufgenommen [nach[2]] Vergr. 20fach; a) 20 s, b) 5 min, c) 380 min

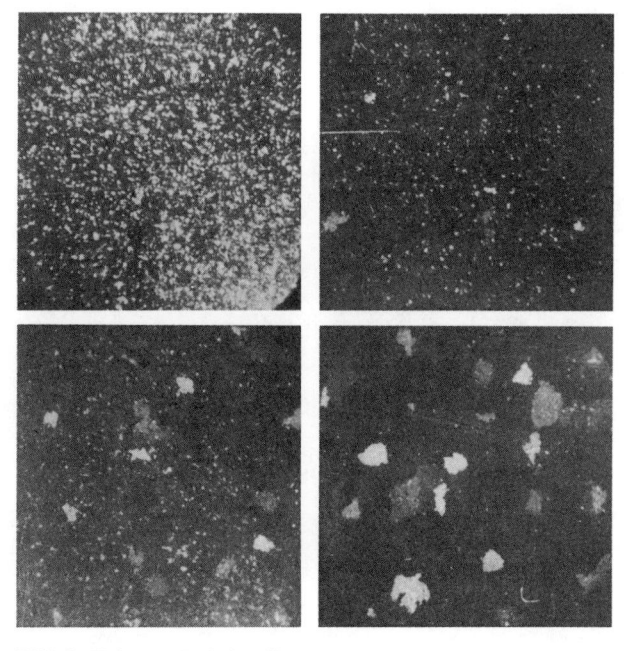

Bild 2: Primäre Rekristallisation von Reinst-Zink nach 5 % Verformung bei 110 °C. Die gleiche Gefügestelle im Heizmikroskop mit polarisiertem Licht zu verschiedenen Zeiten aufgenommen [nach[2]]; Vergr. 20fach a) 20 s, b) 80 s, c) 110 s, d) 180 s

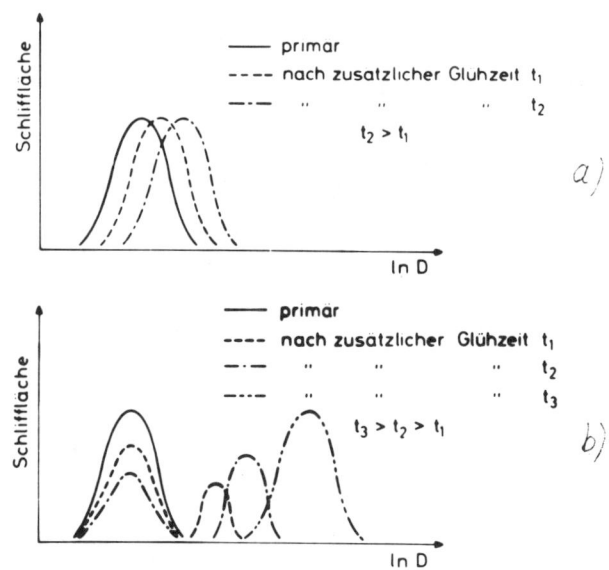

Bild 4: Änderung der Korngrößenverteilung mit der Zeit; a) bei stetiger Kornvergrößerung, b) bei unstetiger Kornvergrößerung

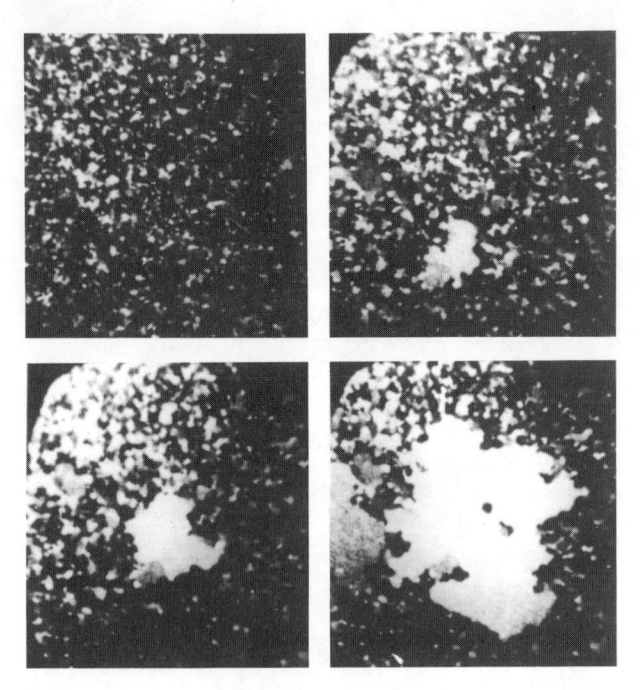

Bild 5: Unstetige Kornvergrößerung von Reinstzink nach 40 % Verformung bei 240 °C; die gleiche Gefügestelle im Heizmikroskop mit polarisiertem Licht zu verschiedenen Zeiten aufgenommen [nach[2]] Vergr. 20fach; a) 25 s, b) 79 min, c) 92 min, d) 135 min

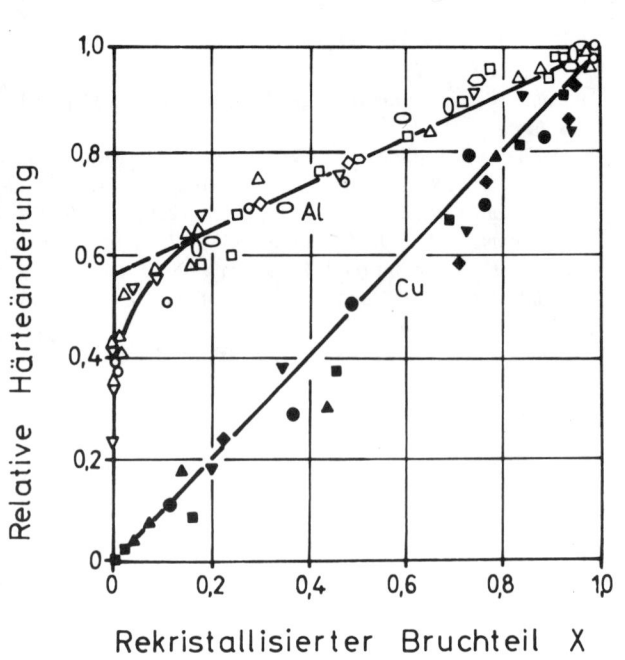

Bild 7: Relative Härteänderung als Funktion des rekristallisierten Bruchteils für Kupfer und Aluminium (die Meßpunkte sind verschiedenen Autoren entnommen)

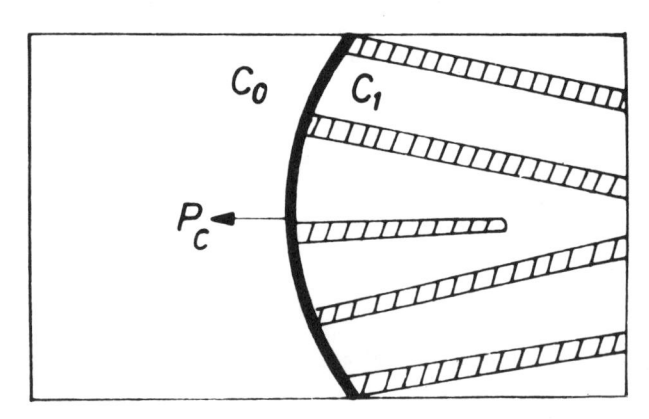

Bild 6a: Schematische Darstellung einer diskontinuierlichen Ausscheidung. Die übersättigte Lösung der Konzentration c_0 wirkt als chemische Kraft P_c auf die Korngrenze

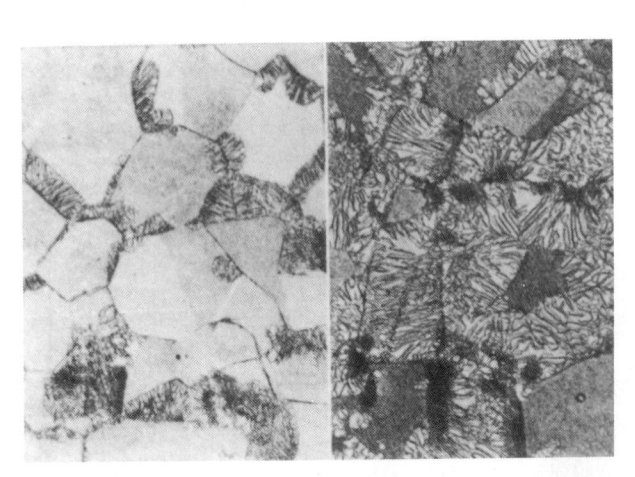

Bild 6b: Diskontinuierliche Ausscheidung in Cu-21 %Ni-29 % Co; links: Nach 6 h bei 800 °C, rechts: Nach 48 h bei 800 °C; Vergr. 400fach [nach[10]]

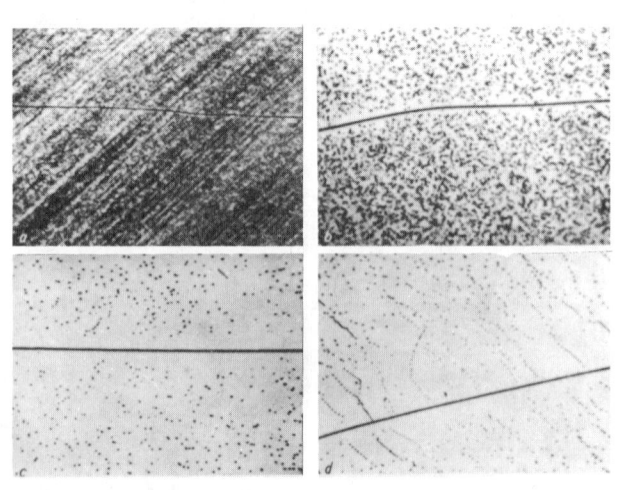

Bild 8: Verminderung der Versetzungsdichte während der Erholung von biegeverformtem Siliziumeisen [nach[3]] Vergr. 750fach; a) unmittelbar nach der Verformung, b) 1 h bei 750 °C, c) 1 h bei 950 °C, d) 1 h bei 1020 °C geglüht

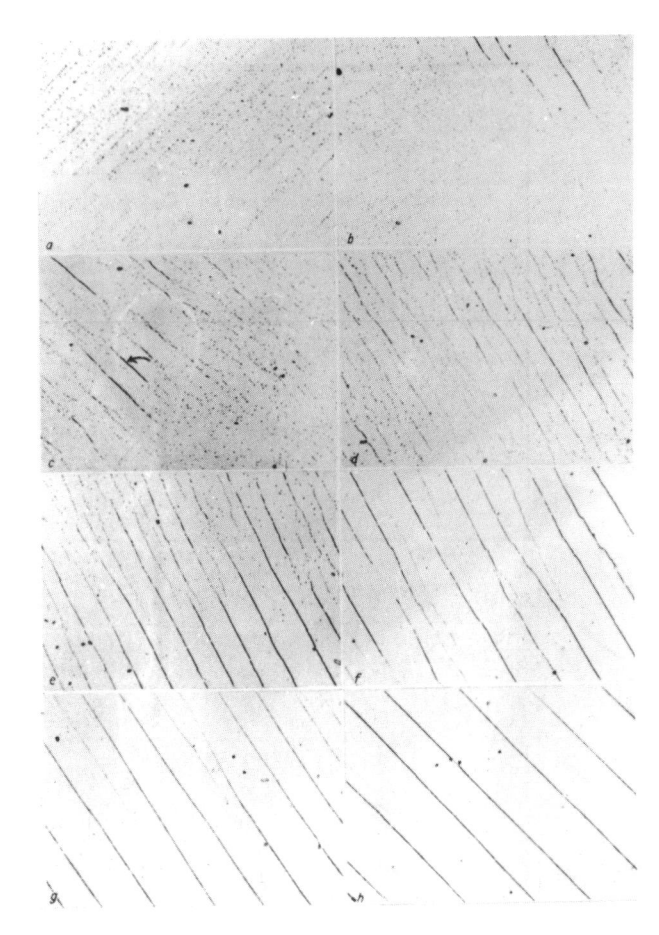

Bild 9: Polygonisation von biegeverformtem Siliziumeisen [nach³)] Vergr. 750fach, a) 1 h bei 650 °C, b) 1 h bei 700 °C, c) 1 h bei 750 °C, d) 1 h bei 850 °C, e) 1 h bei 875 °C, f) 1 h bei 925 °C, g) 1 h bei 975 °C, h) 1 h bei 1060 °C geglüht

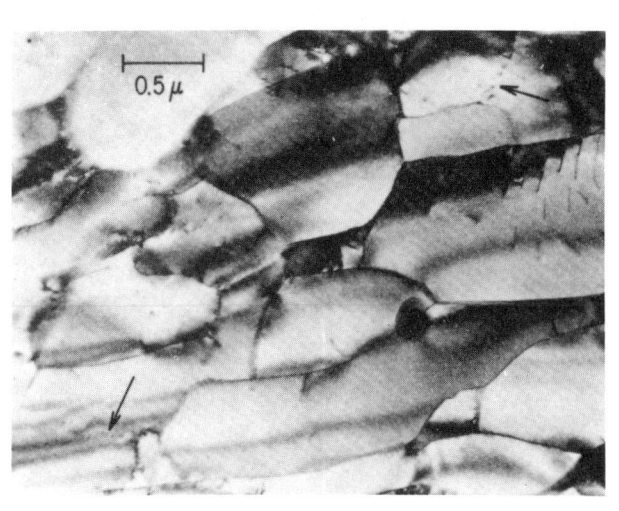

Bild 11: Elektronenmikroskopische Beobachtung von Subkornkoaleszenz in gewalztem Siliziumeisen; die Pfeile deuten auf Gefügestellen, an denen sich Kleinwinkelkorngrenzen auflösen [nach⁴)]

Bild 12: Keimbildung an Kornkanten in zonengereinigtem Aluminium mit 0,008 % Cu; AB entspricht einer nahezu in der Blechebene liegenden Kornkante [nach⁵)]

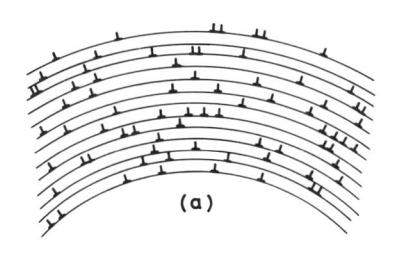

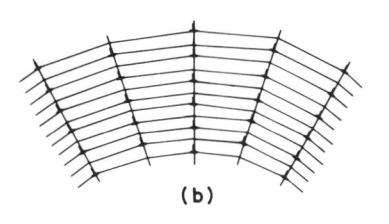

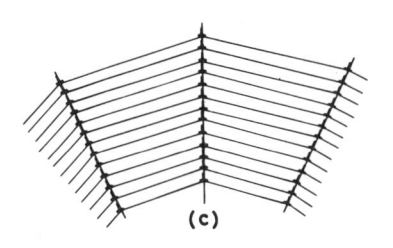

Bild 10: Polygonisation und anschließendes Subkornwachstum (schematisch)

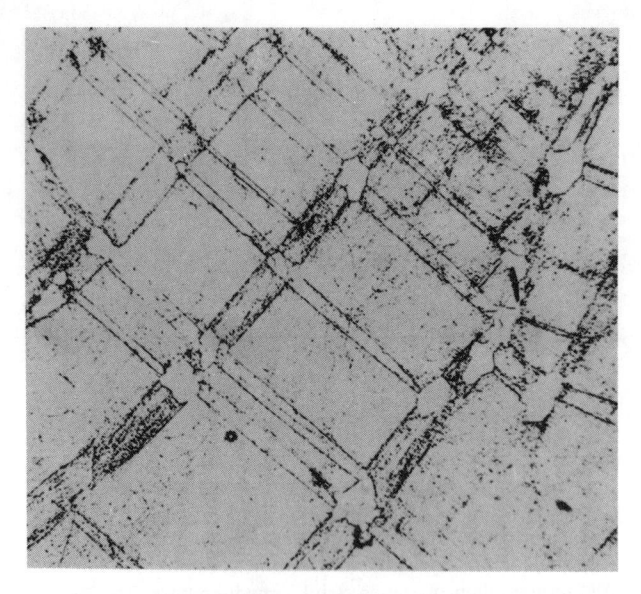

Bild 13: Keimbildung an Kreuzungspunkten von Deformationsbändern in einer Legierung aus Titan mit 10 % Mo [nach[6]]

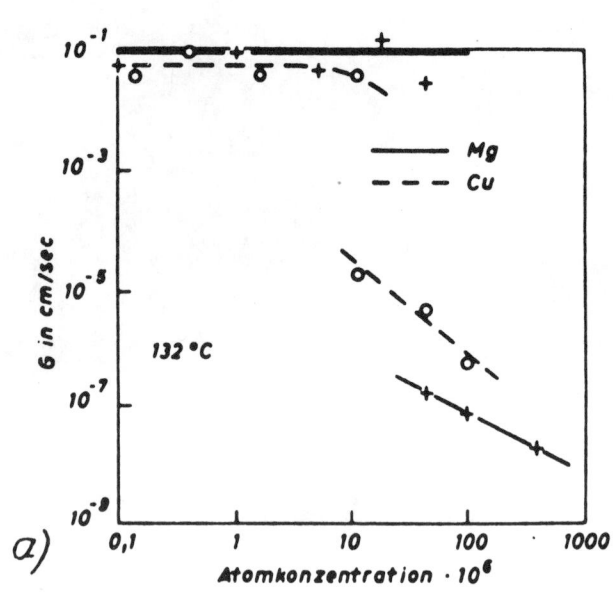

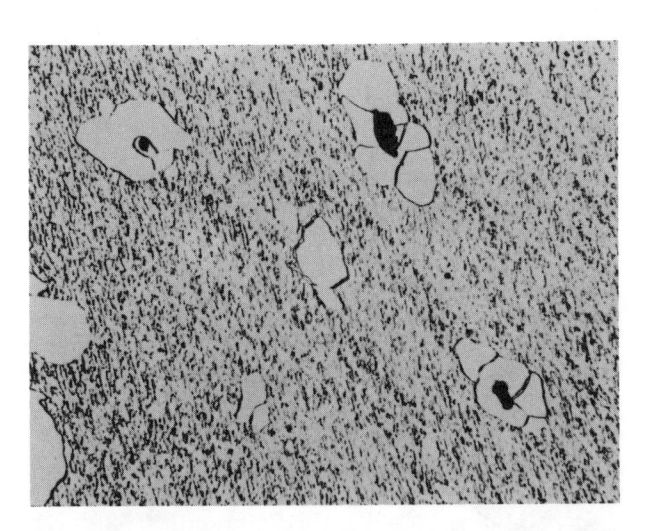

Bild 14: Keimbildung an Oxideinschlüssen in einer Eisen-Sauerstoff-Legierung (0,033 %) [nach[7]]

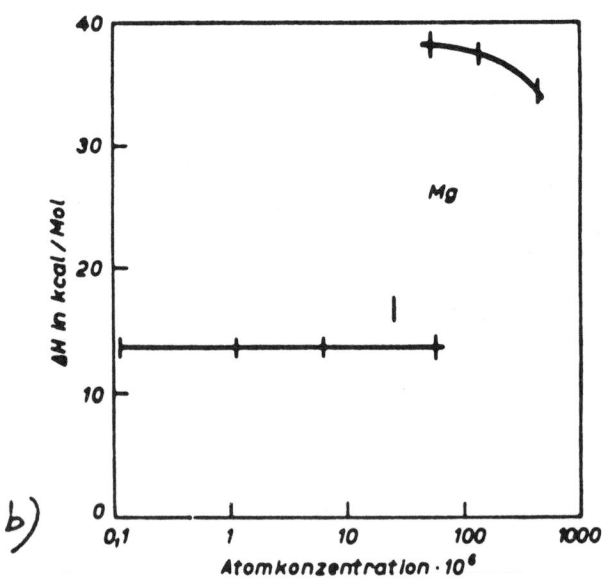

Bild 16: a) Geschwindigkeit der Korngrenzenwanderung in höchstreinen Aluminium-Kupfer- und Aluminium-Magnesium-Legierungen als Funktion der Konzentration; b) Aktivierungsenergie der Korngrenzenwanderung in höchstreinen Aluminium-Magnesium-Legierungen als Funktion der Konzentration [beide nach[9]]

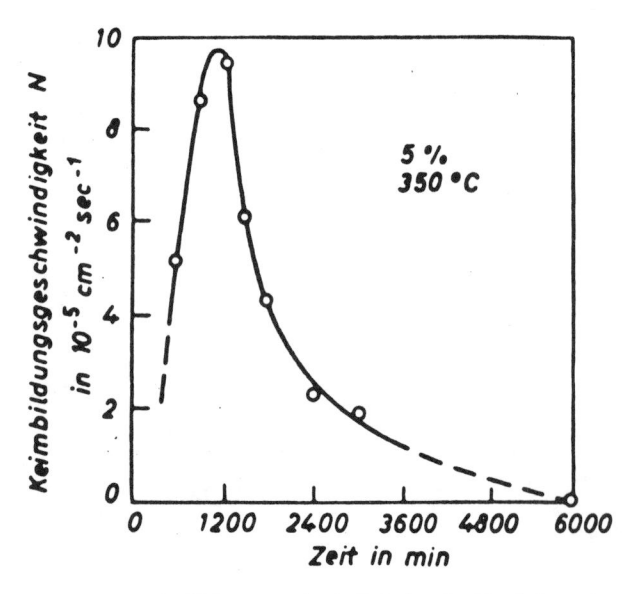

Bild 15: Keimbildungsgeschwindigkeit als Funktion der Rekristallisationszeit in Aluminium [nach[8]]

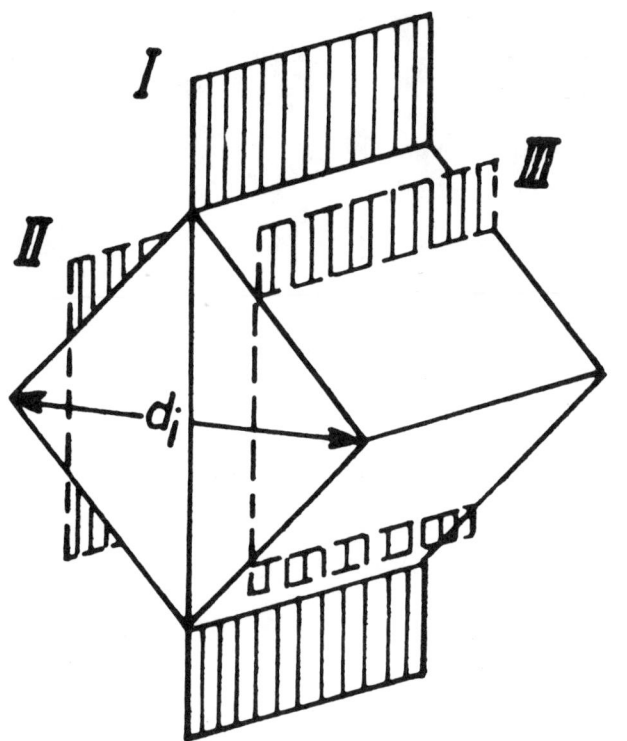

Bild 17: Wechselwirkung zwischen Ausscheidung und Korngrenze; in Position I ist die Energie der Korngrenze am kleinsten, in Position II und III erfährt die Korngrenze eine Kraft p_r, die sie in Position I zu bringen versucht

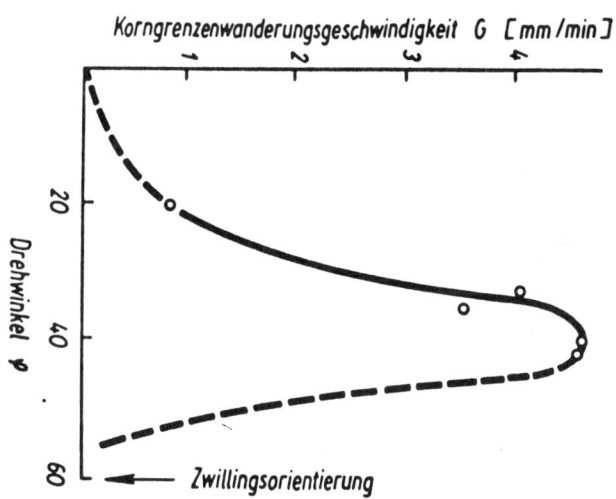

Bild 19: Änderung der Wanderungsgeschwindigkeit von Korngrenzen mit dem Orientierungsunterschied der angrenzenden Körner in Aluminium (Drehung um den Winkel φ um die gemeinsame 111-Achse) [nach[12]]

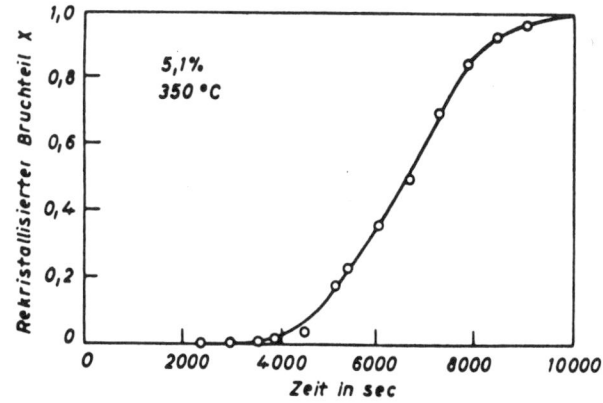

Bild 20: Isotherme Rekristallisationskurve bei 350 °C von Aluminium nach 5,1 % Verformung [nach[8]]

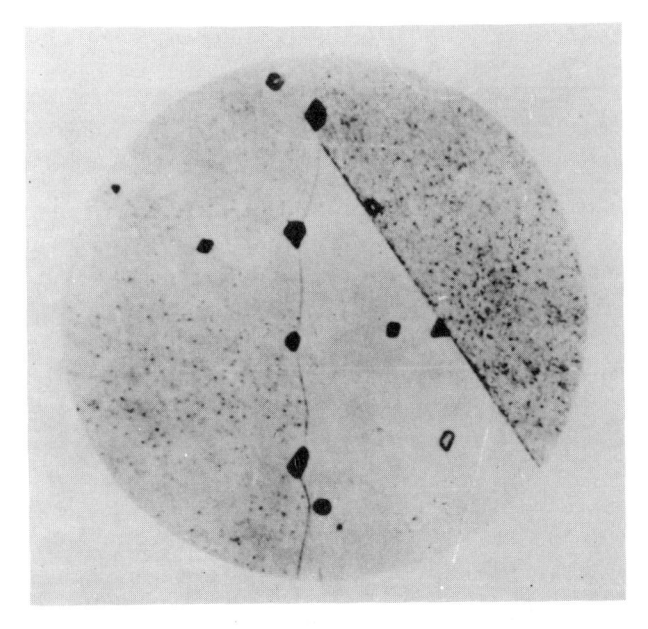

Bild 18: Verankerung von Korngrenzen durch Ausscheidungen in α-Messing [nach[11]]

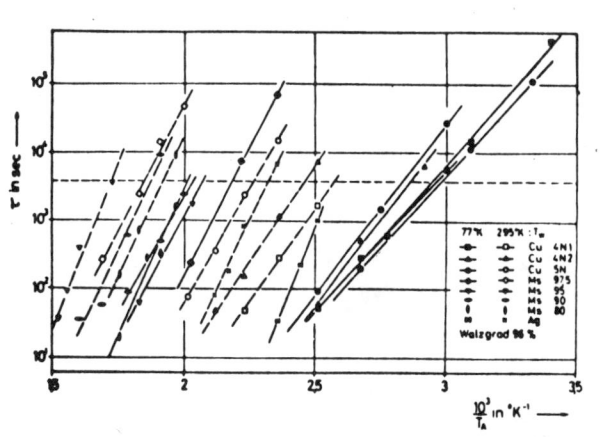

Bild 21: Die Halbwertszeit der Rekristallisation in Abhängigkeit von der Auslagerungstemperatur für verschiedene Materialien und Walztemperaturen [nach[13]]

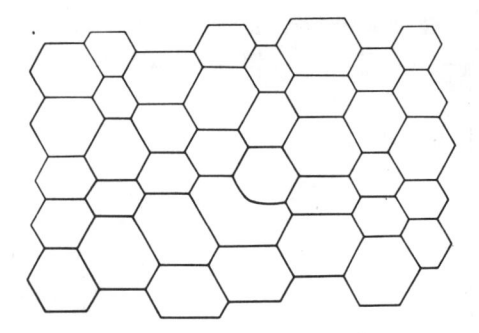

Bild 22: Beispiel eines zweidimensionalen Gleichgewichtsgefüges, das bis auf eine Störstelle aus nur 120°-Winkel enthaltenden Sechsecken besteht

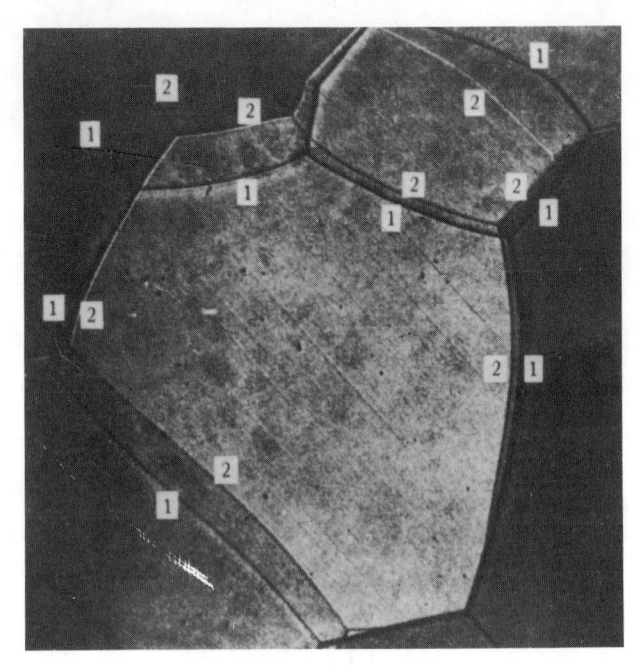

Bild 25: Verschiebung der Korngrenzen bei rekristallisiertem Reinstaluminium während einer zusätzlichen Glühbehandlung [nach[15]]

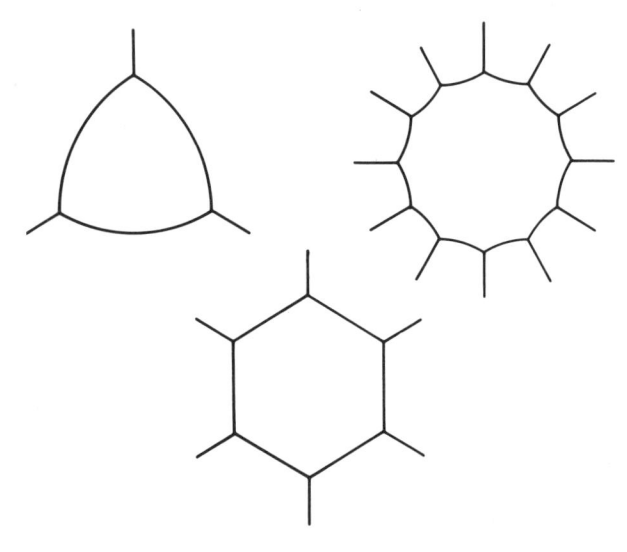

Bild 23: Krümmung der Seiten regelmäßiger Vielecke verschiedener Eckenzahl bei einem Innenwinkel von 120°

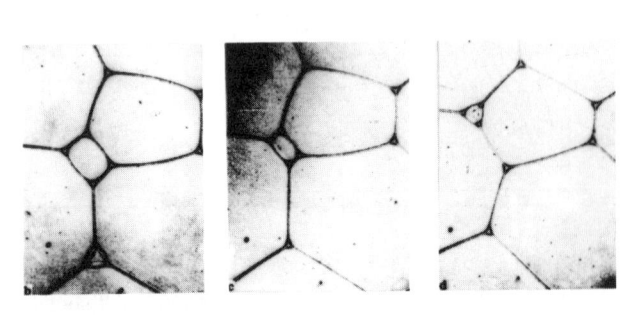

Bild 24: Verschwinden von dreiseitigen und vierseitigen Körnern in zweidimensionalem Seifenschaum [nach[14]]

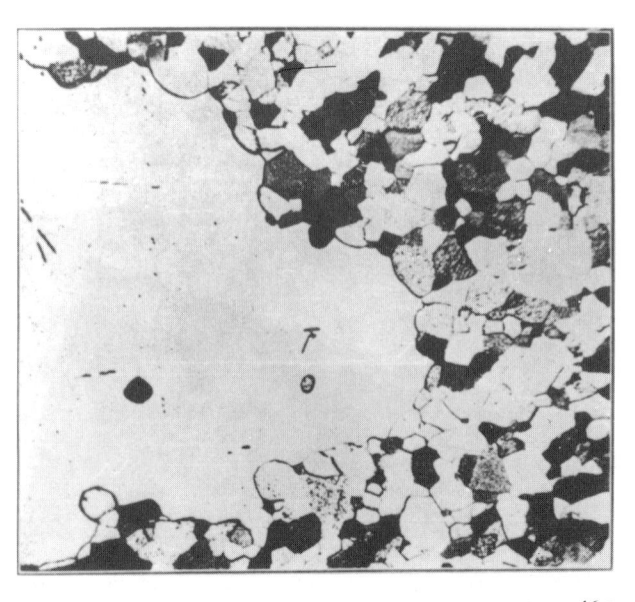

Bild 26: Sekundär rekristallisierendes Korn in Zink [nach[16]]

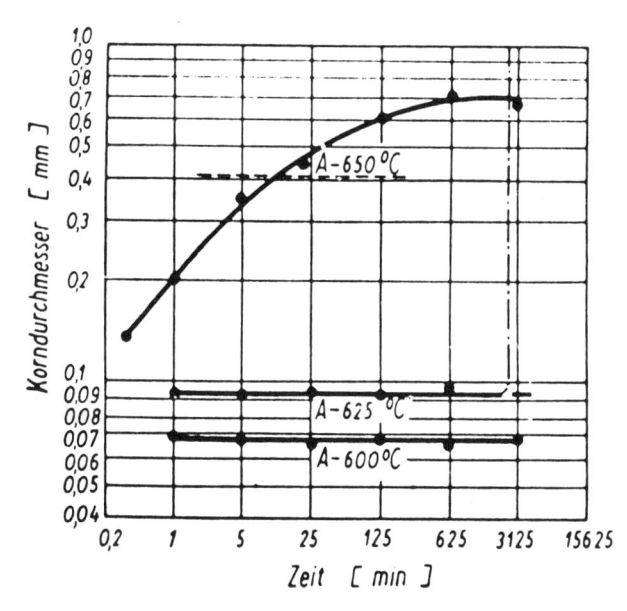

Bild 27: Kornwachstum in einer Aluminium-Legierung mit 1,1 % Mn bei verschiedenen Temperaturen. Die horizontal gestrichelte Linie gibt die Blechdicke und die vertikal strichpunktierte Linie den Beginn des sekundären Kornwachstums an [nach[17]]

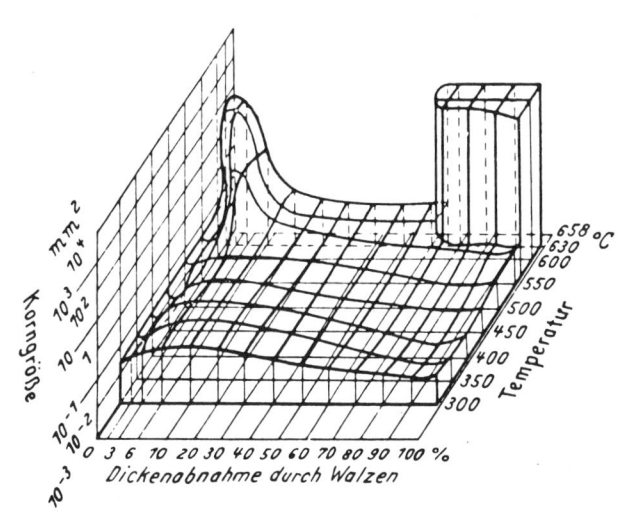

Bild 28b: Rekristallisationsdiagramm von Reinaluminium [nach[19]]

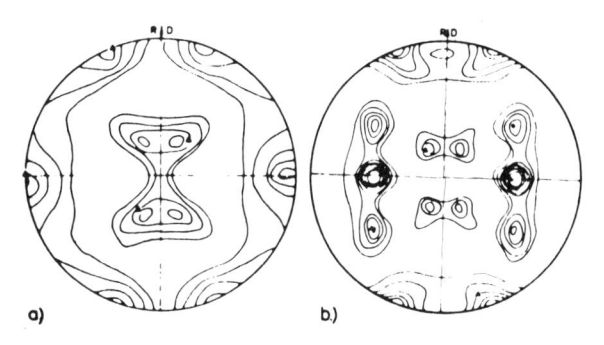

Bild 29: Messingwalz- und Glühtextur anhand von {111}-Polfiguren; a) Messing-Walztextur von α-Messing mit 20 % Zn, 95 % gewalzt bei −196 °C, b) Rekristallisationstextur desselben Materials nach 30 min Glühung bei 400 °C [nach[24]]

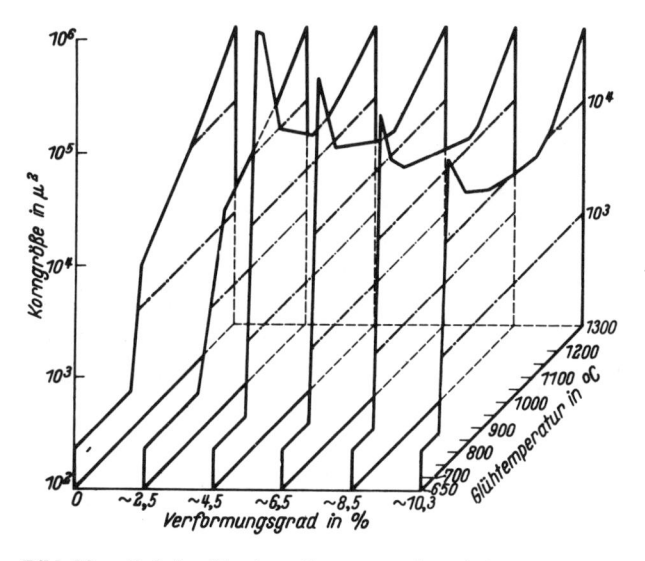

Bild 28a: Rekristallisationsdiagramm eines kalt gepilgerten ferritischen Stahles [nach[18]]

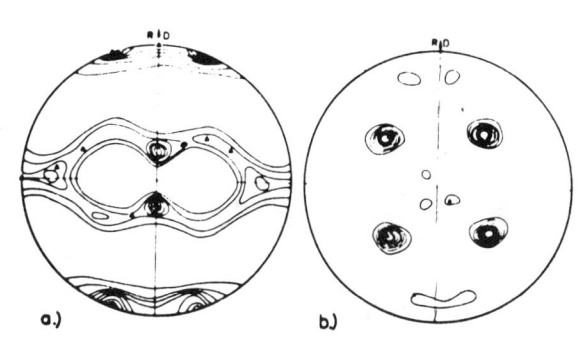

Bild 30: Kupferwalz- und Glühtextur anhand von {111}-Polfiguren; a) Kupferwalztextur, 95 % gewalzt bei 20 °C, b) Würfeltextur als Rekristallisationstextur desselben Materials nach 30 min Glühung bei 400 °C [nach[25]]

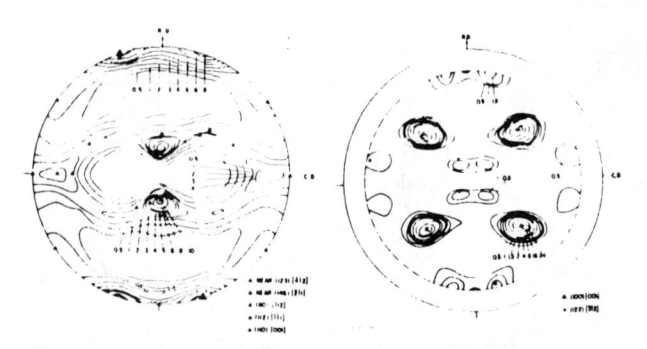

Bild 31: Walz- und Glühtextur eines warmgewalzten 18-8-austenitischen Stahls anhand von {111}-Polfiguren; a) Walztextur eines 90 % bei 800 °C warmgewalzten 18-8-Stahles [nach [20]], b) Rekristallisierungstextur desselben Materials nach 30 min Glühung bei 1000 °C [nach [21]]

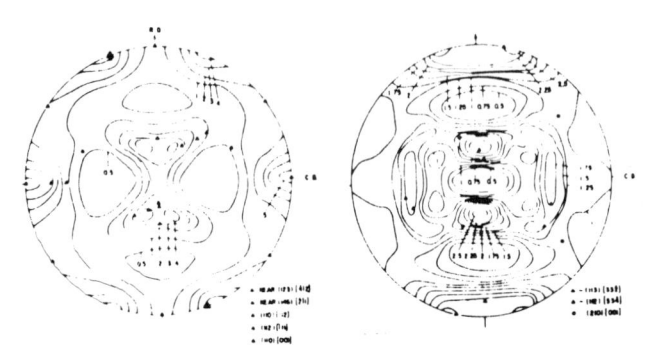

Bild 32: Walz- und Glühtextur eines kaltgewalzten 18-8-austenitischen Stahles anhand von {111}-Polfiguren; a) Walztextur eines 90 % bei 200 °C gewalzten 18-8-Stahles [nach [20]], b) Rekristallisationstextur desselben Materials nach 5 min Glühung bei 900 °C [nach [22]]

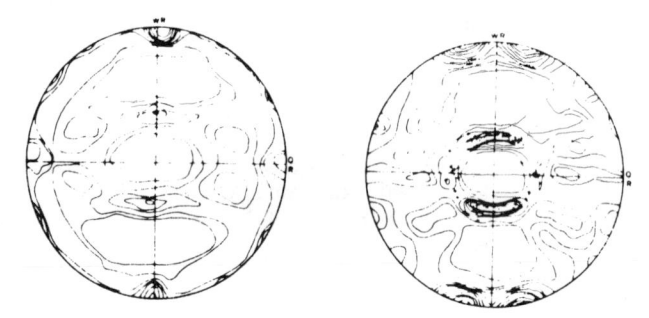

Bild 33: Walz- und Glühtextur von Reinst α-Eisen anhand von {110}-Polfiguren [nach [23]]; a) raumtemperaturgewalztes α-Eisen, b) Rekristallisationstextur desselben Materials

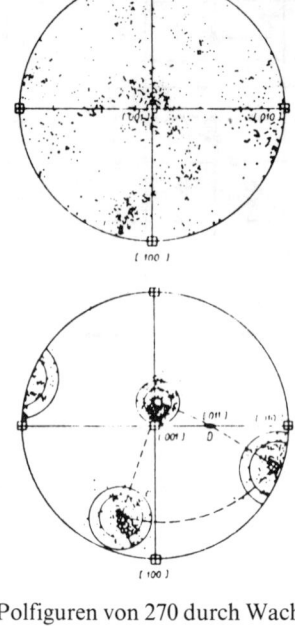

Bild 34: {100}-Polfiguren von 270 durch Wachstumsauslese in Siliziumeisen-Einkristallen erhaltenen neuen Kristallen; a) Walzrichtung nahe [011] bis [120], Walzebenennormale bei {111} bis {112}, b) diese Polfiguren durch Symmetrieoperationen so transformiert, daß der Orientierungszusammenhang 27° ⟨110⟩ sichtbar wird [nach [26]]

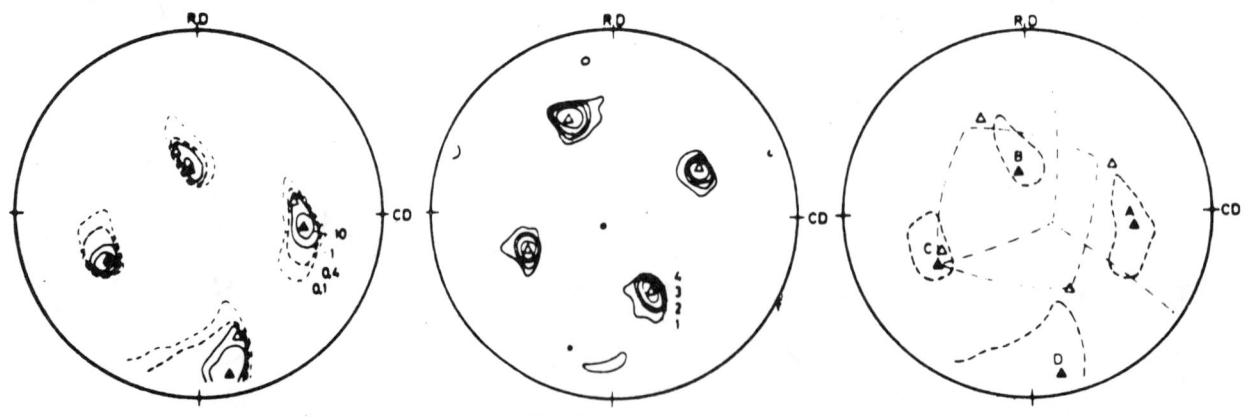

Bild 35: Texturentwicklung bei der freien Rekristallisation eines gewalzten Einkristalles; a) Verformungstextur, b) Rekristallisationstextur, c) Aufzeigen der Orientierungsbeziehung [nach [27]]

9. Rekristallisation mehrphasiger Werkstoffe

E. Hornbogen
H. Kreye

Die meisten metallischen Werkstoffe enthalten geringe Volumenanteile einer zweiten Phase, die eine Ausscheidungshärtung bewirken oder das Kornwachstum behindern soll, oder die unbeabsichtigt z. B. als Schlackeneinschlüsse vorhanden ist. In einigen Legierungen, wie z. B. $\alpha + \beta$-Messing, Neusilber und Eisen-Nickel, können in bestimmten Konzentrationsbereichen beide Phasen mit annähernd gleichen Volumenanteilen vorkommen. Das Rekristallisationsverhalten der mehrphasigen Legierungen weist gegenüber den reinen Metallen und homogenen Mischkristallen eine Reihe von Besonderheiten auf, die nicht ohne weiteres zu verstehen sind. So können z. B. Teilchen einer zweiten Phase den Rekristallisationsablauf verzögern, ganz verhindern oder auch beschleunigen. Sie können bewirken, daß die Körner im rekristallisierten Gefüge eine Orientierungsverteilung ähnlich der des verformten Zustandes oder der des rekristallisierten Mischkristalls ohne Teilchen aufweisen, oder aber, daß eine völlig andere Textur entsteht. Der Einfluß der Teilchen hängt davon ab, ob sie erst während der Rekristallisationsglühung aus dem übersättigten Mischkristall ausgeschieden werden oder ob sie bereits vor der Verformung vorhanden sind und durch den Verformungsvorgang nicht zerstört werden. In beiden Fällen spielen außerdem die Größe, der Volumenanteil und die Verteilung der Teilchen eine wesentliche Rolle. In den o. a. Legierungen mit vergleichbar großen Volumenanteilen der beiden Phasen kann durch Rekristallisation die Verteilung der Phasen in weiten Bereichen variiert werden.

Im folgenden sollen die Besonderheiten der Rekristallisation von mehrphasigen Legierungen am Beispiel einiger Eisenlegierungen erläutert werden (Kap. 1 bis 3). Die dabei herauszustellenden Zusammenhänge sollen einmal dazu dienen, die bei der Rekristallisation komplizierter technischer Legierungen auftretenden Erscheinungen zu deuten. Sie bilden aber auch die Grundlage für die thermomechanische Behandlung von Legierungen, bei der durch geeignete Kombination von Verformung und Wärmebehandlung gezielt Gefüge mit besonderen Eigenschaften hergestellt werden (Kap. 4, 5).

1. Rekristallisation von übersättigten Mischkristallen

Wird ein metallischer Werkstoff als übersättigter Mischkristall verformt und anschließend ausgelagert, dann kann es zu einer wechselseitigen Beeinflussung von Ausscheidung und Rekristallisation kommen. Die dabei möglichen Vorgänge lassen sich anhand eines Zeit-Temperatur-Reaktionsdiagramms erläutern, in das der Beginn von Ausscheidung t_A und Rekristallisation t_R eingetragen wird[1]) (Bild 1). Die Kurven lassen sich durch folgende Beziehungen beschreiben (Bild 1a):

$$t_R = t_{R0}(N) \exp\left(\frac{Q_R}{RT}\right), \tag{1}$$

$$t_A = t_{A0}(c) \exp\left(\frac{Q_B + \Delta G_K}{RT}\right). \tag{2}$$

Im allgemeinen Fall, daß Ausscheidung und Rekristallisation etwa gleichzeitig ablaufen, lassen sich drei Temperaturbereiche mit verschiedener Reihenfolge der Reaktionen unterscheiden (Bild 1b).

I Rekristallisation im homogenen stabilen Mischkristall.
II Rekristallisation im übersättigten Mischkristall mit anschließender Ausscheidung.
III Wechselseitige Beeinflussung von Ausscheidung und Rekristallisation.

Die Bildung von neuen Korngrenzen bzw. Rekristallisationskeimen erfolgt durch Umordnung von Versetzungen, Versetzungsnetzwerken und Subkorngrenzen in besonders stark gestörten Bereichen des verformten Gefüges. Der Vorgang wird im Bereich IIIa mit abnehmender Temperatur in zunehmendem Maße durch bereits im verformten Gefüge ausgeschiedene Teilchen behindert. Unterhalb der Temperatur T_2 wird die Dichte der fein verteilten Teilchen so hoch, daß sie die Umordnung der Versetzungen zunächst verhindern. Da sich die Teilchen aber mit zunehmender Auslagerungszeit vergröbern (Ostwald-Reifung), werden nach und nach Versetzungen aus ihrer Verankerung befreit und können sich weiter umordnen. Die Kinetik der Bildung von Rekristallisationskeimen wird im Bereich IIIb durch das Wachstum der Teilchen bestimmt.

Die Rekristallisationskeime vergrößern sich dadurch, daß die sie umgebenden Korngrenzen sich als Reaktionsfront in das noch verformte Gefüge hinein bewegen. Die treibende Kraft p für diesen Vorgang setzt sich im allgemeinen Fall zusammen aus einem von der Differenz der Versetzungsdichte vor und hinter der Korngrenze ($N_2 - N_1$) herrührenden Anteil p_N und einem chemischen Anteil p_c, falls an der Korngrenze gleichzeitig eine Ausscheidung oder die Umwandlung einer metastabilen Phase in die Gleichgewichtsphase stattfindet. Bereits vor der Korngrenze ausgeschiedene Teilchen verringern die treibende Kraft um eine Festhaltekraft p_T

$$p = p_N + p_c + p_T \tag{3}$$

$$p_N = \alpha \mu b^2 (N_2 - N_1), \tag{4}$$

$$p_c \approx n RT \ln c_1/c_0, \tag{5}$$

$$p_T = -\frac{3f}{2 r_T} \gamma_{KG}. \tag{6}$$

Zwei wichtige Fälle sind zu unterscheiden:

$\Sigma p_i > 0$, die Rekristallisation läuft als diskontinuierliche Reaktion ab. Die Versetzungsdichte nimmt lokal beim Durchlaufen der Reaktionsfront sprunghaft von etwa 10^{11} bis 10^{12} auf 10^8 cm^{-2} ab (Bereiche I, II, IIIa).

$\Sigma p_i < 0$, die Rekristallisation läuft als kontinuierliche Reaktion (in situ) ab. Die durch Umordnung der Versetzungen zu Subkorngrenzen und Zusammenwachsen der Subkörner entstandenen Korngrenzen werden von den Teilchen festgehalten. Der Vorgang entspricht einer fortgesetzten Erholung (Bereich IIIb).

Die kontinuierliche Reaktion bietet mehrere Möglichkeiten, Gefüge mit besonderen Eigenschaften herzustellen: z. B. hohe Festigkeit durch Kombination von Teilchenhärtung und mechanischer Verfestigung. Durch die sich bereits im verformten Gefüge ausscheidenden Teilchen wird die Festigkeit des stark verformten Mischkristalls noch erhöht, durch die Umordnung der Versetzungen wird gleichzeitig auch die Duktilität verbessert. Außerdem bleibt die nach hohen Verformungsgraden gut ausgeprägte Walztextur bei der kontinuierlichen Rekristallisation erhalten. Schließlich kann in Legierungen mit sehr hoher Übersättigung durch geeignete Wahl der Glühbedingungen ein Mikroduplexgefüge erzeugt werden (Kap. 4).

Als charakteristische Beispiele für die Rekristallisation von übersättigten Mischkristallen sind α-Eisen-Kupfer[2)3)] und α-Eisen-Nickel-Legierungen[4)] näher untersucht worden. Der wesentliche Unterschied zwischen diesen Legierungen besteht darin, daß in Fe-Cu die Löslichkeit von Kupfer wie in der schematischen Darstellung in Bild 1 mit zunehmender Temperatur zunimmt, bei Fe-Ni dagegen abnimmt. Bild 2 zeigt einen Teil des Eisen-Kupfer-Zustandsdiagramms und die experimentell bestimmten Reaktionsdiagramme für Legierungen mit 0,5 und 1,2 % Kupfer, die nach dem Homogenisieren 90 % verformt waren. Aus der Lage und dem Anstieg der t_R-

Kurven geht hervor, daß bei Fe–0,5 Cu die Rekristallisation im Bereich IIIa, bei Fe–1,2 Cu im Bereich IIIb erfolgt. Sie läuft daher im ersten Fall diskontinuierlich, im zweiten kontinuierlich ab (Bild 3). Bei der diskontinuierlichen Rekristallisation wird durch die gelösten Kupferatome die Anisotropie der Korngrenzenbeweglichkeit so weit abgeschwächt, daß das Material nur noch eine schwach ausgeprägte Textur aufweist. Die Rekristallisation von Fe–1,2 Cu führt – wie erwartet – zur Beibehaltung der Walztextur, da bei der kontinuierlichen Rekristallisation keine Umorientierung größerer Gitterbereiche durch wandernde Korngrenzen stattfindet[2]).

Für eine Eisen-6%-Nickel-Legierung ergibt sich aufgrund des andersartigen Verlaufs der Löslichkeitslinie das in Bild 4 dargestellte Reaktionsdiagramm[4]). Nach dem Abschrecken dieser Legierung aus dem γ-Gebiet erhält man einen homogenen α-Mischkristall (martensitisch). Verformt man diesen und lagert ihn im Zweiphasengebiet aus, so kann bei genügend hoher Versetzungsdichte erreicht werden, daß die Rekristallisation bereits abgeschlossen ist, bevor sich Keime der γ-Phase bilden (analog dem in Bild 1a dargestellten Fall). Da die Keimbildungsenergie für γ im α-Gitter sehr hoch ist, beobachtet man Ausscheidung fast nur an ursprünglich vorhandenen und neu gebildeten Korngrenzen. Bei der Auslagerung des unverformten Martensits wird der Rekristallisationsbeginn infolge der geringeren Versetzungsdichte zu längeren Glühzeiten verschoben, es kommt zu einer Wechselwirkung mit der bereits ausgeschiedenen γ-Phase. Diese führt in einem dem Bereich IIIa in Bild 1 entsprechenden Temperaturbereich zu einer kombinierten diskontinuierlichen Reaktion. An den sich bewegenden Korngrenzen findet gleichzeitig eine diskontinuierliche Ausscheidung statt. Dadurch werden beide Reaktionen beschleunigt ($p = p_N + p_c$), es entsteht ein $\alpha + \gamma$-Gemisch mit lamellarer Anordnung der beiden Phasen. Durch Wahl der Rekristallisationsbedingungen lassen sich also Morphologie und Eigenschaften des entsprechenden Gefüges in weiten Bereichen variieren.

2. Rekristallisation von Legierungen, die bereits vor der Verformung zweiphasig sind

Bereiche einer zweiten Phase können sich bei einer Verformung unterschiedlich verhalten[5]). Dabei ist zu unterscheiden zwischen „weichen" Teilchen, die von Versetzungen geschert werden, „harten" Teilchen, die sich nicht verformen lassen, und größeren Bereichen, die sich wie die umgebende Matrix mit verformen und dann eine hohe Versetzungsdichte aufweisen. Weiche Teilchen können bei starker Verformung von durchlaufenden Versetzungen ganz zerstört werden, so daß zu Beginn der Rekristallisation ein übersättigter Mischkristall vorliegt (Kap. 1), oder sie können durch Abscheren zerkleinert werden. Die in Verformungsrichtung aufgereihten Bruchstücke haben bei der Rekristallisation ein anisotropes Kornwachstum zur Folge[3]) (Kap. 5).

Teilchen nehmen nicht an der Verformung teil, wenn sie eine inkohärente Grenzfläche und ein Gitter mit einem wesentlich höheren Schubmodul als die Matrix aufweisen, z.B. Oxid- oder Karbideinschlüsse in Stahl. Solche Teilchen können die Rekristallisation, verglichen zum teilchenfreien Gefüge, sowohl beschleunigen als auch verzögern[6]). Die Wirkung hängt von ihrer Größe und Verteilung ab. An Teilchen mit einem Durchmesser von mehr als 0,3 bis 0,5 μm entstehen beim Verformen durch Versetzungsaufstau bzw. durch Wechselwirkung der Versetzungen mit den Teilchen lokal stark gestörte Gebiete. Dadurch wird die Bildung von Rekristallisationskeimen an den Teilchen begünstigt[7–9]). An sehr großen Teilchen können gleichzeitig mehrere Rekristallisationskeime entstehen[7, 10]). Die an den Teilchen gebildeten rekristallisierten Bereiche vergrößern sich solange bis sie mit den von den Nachbarteilchen ausgehenden Bereichen zusammenstoßen. Der mittlere Korndurchmesser des rekristallisierten Gefüges ist dann kleiner oder gleich dem Teilchenabstand. Die Teilchen beschleunigen nicht nur die Rekristallisation. Infolge der erhöhten Keimzahl wird auch die Wachstumsauslese unter den Keimen verschiedener Orientierung verstärkt, was eine Verschärfung der Rekristallisationstextur zur Folge haben kann[10]).

Der Einfluß nicht verformbarer Teilchen zeigt sich deutlich bei der Rekristallisation von Fe-Mn-O- und Fe-C-Legierungen. Bei Fe-Mn-O-Legierungen wird der nach einer bestimmten Glühung vorliegende rekristallisierte Volumenanteil mit zunehmendem Mangangehalt größer[11]) (Bild 5). Bei der Legierung I bleibt Mn im Gitter gelöst, bei den Legierungen II und III haben sich grobe MnO-Teilchen gebildet. Durch die Begünstigung der Keimbildung verschiebt sich der Rekristallisationsbeginn zu kürzeren Auslagerungszeiten. Mit zunehmendem Mangangehalt erhöht sich die Dichte der Teilchen und damit die Keimzahl, der rekristallisierte Volumenanteil wächst dadurch schneller.

In Fe-C-Legierungen nimmt die Keimzahl mit zunehmendem Kohlenstoffgehalt zunächst ab[12]) (Bild 6), da die für die Keimbildung erforderliche Umordnung von Versetzungen in zunehmendem Maße durch gelöste Kohlenstoffatome erschwert wird. In der an Kohlenstoff übersättigten Legierung mit 0,0086 % C nimmt die Keimzahl wieder stark zu. Die im verformten Gefüge vorhandenen groben Carbidteilchen begünstigen die Keimbildung. Bei vorgegebenem Kohlenstoffgehalt läßt sich die Rekristallisation durch die Vorbehandlung des Materials beeinflussen. In einem Stahl C 22 (0,23 % C) wurden durch entsprechende Wärmebehandlungen verschieden große Teilchen erzeugt und dann verformt. Bei der anschließenden Glühung bewirkten kleine, nichtschneidbare Teilchen (130 nm) die stärkste Verzögerung der Rekristallisation. Sehr große Teilchen (2700 nm) beschleunigen den Beginn der Rekristallisation durch Keimbildung an den Phasengrenzen. Sehr kleine Carbidteilchen weisen infolge von Schneidprozessen eine inhomogene Verteilung der Versetzungen im verformten Zustand auf und rekristallisieren deshalb etwas früher als die Legierungen mit Teilchen, die zwar nichtschneidbar sind, aber die Rekristallisation nicht auslösen können (Bild 7). Zum Vergleich mit den Werten der Teilchendispersionen sind Meßergebnisse des gleichen Stahls im ferrit-perlitischen Zustand eingetragen. Der Ferritanteil rekristallisiert schneller als alle Dispersionen[13]).

In einem grob zweiphasigen Gefüge können beide Phasen unabhängig voneinander rekristallisieren. Da sich die Phasen im allgemeinen hinsichtlich ihrer Struktur, Versetzungsanordnung und Diffusionskoeffizienten unterscheiden, rekristallisieren sie nacheinander (Bild 8a). Die Abnahme der Festigkeit des verformten Phasengemisches erfolgt in zwei Stufen. Wird für die Rekristallisationsglühung die Temperatur so gewählt, daß sich der Volumenanteil der zuletzt rekristallisierten Phase entsprechend dem geänderten Gleichgewicht erhöht, dann kann die Phasengrenze die Bildung von Rekristallisationskeimen für diese Phase begünstigen und die Rekristallisation dadurch beschleunigen (Bild 8b). Systematische Untersuchungen über das Rekristallisationsverhalten grob zweiphasiger Gefüge wurden bisher nur an $\alpha + \beta$-Messing durchgeführt[14])

3. Korn- und Teilchenwachstum

Korn- und Teilchenwachstum beginnen, nachdem Rekristallisation in defekten Kristallen oder Ausscheidung in übersättigten Mischkristallen abgeschlossen sind. Die treibende Kraft ergibt sich für beide Vorgänge aus der spezifischen Energie γ und der Konzentration der vorhandenen Grenzflächen α/α bzw. α/β. Die Zeitgesetze für die einzelnen Vorgänge sind in einer kürzlichen Arbeit eingehend behandelt worden[15]. Die Ergebnisse seien hier kurz zusammengestellt.

Kornwachstum: Betrachtet man die Bewegung der Korngrenzen als ein Hinüberspringen der Atome vom schrumpfenden zum wachsenden Korn und drückt die Sprungzeit durch den Korngrenzendiffusionskoeffizienten aus, dann folgt für die Änderung des Kornradius:

$$r_K^2 = \frac{6 V_m}{RT} \cdot \frac{D_{\alpha\alpha} \gamma_{\alpha\alpha}}{\lambda} \cdot t. \qquad (7)$$

Die Zeitabhängigkeit $r \propto t^{1/2}$ läßt sich experimentell bestätigen. Häufig findet man, daß der Kornradius mit zunehmender Zeit langsamer wächst als erwartet[16]. Die Verzögerung kann zwei Ursachen haben: Änderung der Korngrenzenstruktur in Richtung auf höhere Koinzidenz und damit Abnahme von $D_{\alpha\alpha}$ und $\gamma_{\alpha\alpha}$ oder zunehmender Einfluß von gelösten Atomen, die die Korngrenze während ihrer Wanderung aufsammelt[17][18].

Wachstum von Duplexgemischen: Es handelt sich dabei um Legierungen, wie sie z.B. als $\alpha+\beta$-Messing seit langem verwendet werden, die aber als Mikroduplexlegierungen und als superplastische Legierungen neues Interesse gefunden haben (vgl. Kap. 4). Im am häufigsten vorliegenden Fall, daß die Phasengrenzen inkohärente Grenzflächen sind, erfolgt das Wachstum über Grenzflächendiffusion. Die Rechnung liefert als Wachstumsgesetz für die Vergröberung des Phasengemisches

$$r_K^4 = 3 \frac{V_m}{RT} \lambda D_{\alpha\beta} \bar{\gamma} t. \qquad (8)$$

Die Zeitabhängigkeit $r \propto t^{1/4}$ konnte am Beispiel von $\alpha+\beta$-Messing bestätigt werden[14]. Die verglichen zum Kornwachstum wesentlich langsamere Vergröberung ist der Grund dafür, daß zweiphasige Legierungen einphasigen überlegen sind, wenn — wie z.B. bei superplastischer Verformung — bei erhöhter Temperatur möglichst lange eine kleine Kristallitgröße bewahrt werden muß. In Bild 9 sind in einem schematischen Diagramm die drei Arten von Kristallwachstum verglichen worden.

Wachstum von Dispersionen: Das Wachstum einer Dispersion von β-Teilchen in einer α-Matrix folgt unter der Voraussetzung, daß das Wachstum durch Volumendiffusion der zweiten Atomart $B(D_B)$ in der Phase α bestimmt ist, der Beziehung[19-22]

$$r_T^3 \propto D_B \gamma_{\alpha\beta} c_B t. \qquad (9a)$$

Durch elastische Anisotropie des Grundgitters α wird die Verteilung der Teilchen beeinflußt. Sie ordnen sich während des Wachstums bevorzugt zu Reihen um, die den Richtungen des kleinstmöglichen Elastizitätsmoduls folgen[21,22]. Erfolgt das Teilchenwachstum in einem stark gestörten Gitter, z.B. in thermomechanisch behandelten Legierungen oder in angelassenem Martensit, dann ist mit einer erhöhten Diffusion der Fremdatome entlang der Versetzungen zu rechnen. Überwiegt dieser Vorgang, dann gilt für das Wachstum der Teilchen[23]:

$$r_T^5 \propto v b^2 D_v t. \qquad (9b)$$

Behinderung des Kornwachstums durch Teilchen: Eine statistische Verteilung von kugelförmigen Teilchen übt auf eine Korngrenze eine „Festhaltekraft" p_T aus. Der in Gleichung (6) angegebene Wert p_T gilt nur, wenn sich die Teilchen gegenüber der Korngrenze stabil verhalten. Andernfalls muß p_T entsprechend modifiziert werden[5]. Damit eine Teilchendispersion die Kornvergröberung verhindert, muß diese Kraft größer sein als die treibende Kraft für das Kornwachstum $p_{\alpha\alpha}$:

$$p_T \geq p_{\alpha\alpha}. \qquad (10)$$

Aus dieser Bedingung ergibt sich eine kritische Korngröße $r_{\alpha c}$, die mit einem bestimmten Volumenanteil der Teilchen gerade noch stabilisiert wird[15]

$$r_{\alpha c} = \frac{4 r_T}{3 f}. \qquad (11)$$

Daraus folgt, daß die kritische Korngröße zunimmt, wenn beim Glühen mit steigender Temperatur der Volumenanteil f abnimmt. Bei isothermer Glühung bleibt f konstant und $r_{\alpha c}$ wird proportional r_T entsprechend Gleichung (9) zunehmen. Bei nicht statistischer Verteilung der Teilchen läßt sich eine bestimmte Korngröße bereits mit einem kleineren Volumenanteil gleich großer Teilchen stabilisieren[15]. In einem solchen Fall kann man aber von einer unsicheren Stabilisierung sprechen. Wenn sich eine Korngrenze von den Teilchen lösen kann, kann sie sich gleich über eine Strecke von der Größenordnung des Korndurchmessers r_α bewegen. Bei sicherer Stabilisierung bewegt sie sich nur um einen Teilchenabstand.

Gekoppeltes Korn- und Teilchenwachstum: Da eine bereits stabilisierte Korngröße bei isothermer Glühung nur proportional der Teilchengröße wächst [Gleichung (11)], läßt sich das Kornwachstum für die beiden Fälle des Teilchenwachstums [über Volumendiffusion und Grenzflächendiffusion, Gleichung (9)] berechnen. Das Wachstum von Duplexgefügen kann auch durch Teilchen einer dritten Phase δ gesteuert werden, wenn diese aufgrund eines niedrigen Diffusionskoeffizienten langsamer wachsen als die Kristallite des Phasengemisches.

Schließlich sei noch erwähnt, daß auch die Wachstumsvorgänge diskontinuierlich auftreten können. Neben der als „Sekundäre Rekristallisation" seit langem bekannten Erscheinung wurde kürzlich gefunden, daß auch feinlamellare Phasengemische ihre Lamellenabstände diskontinuierlich stark vergrößern können.

4. Duplexgefüge

Es handelt sich hierbei um mehrphasige Gefüge, die sich grundsätzlich von den Dispersionen unterscheiden. Im allgemeinen ist der Anteil der Phasen α und β etwa gleich groß, während der Anteil von β in Dispersionen meist klein ist. Das entscheidende Kennzeichen eines Duplexgefüges ist aber, daß α- und β-Korngrößen sowie $\alpha+\beta$-Phasengrenzen vorkommen und daß diese gleichmäßig verteilt sind (Tafel 1).

Notwendige Voraussetzung für die Herstellung eines thermisch stabilen Duplexgefüges ist die Existenz eines Gebietes, in dem zwei Phasen mit gewünschten Eigenschaften koexistieren. Bei den Stählen liefern Legierungen auf der Grundlage Fe–C und Fe–Ni die Voraussetzung für Zusammensetzungen, bei denen derartige Gefüge erzeugt werden können. Die Anregung dazu kommt aus zwei Anwendungsgebieten. Duplexgemische können bei erhöhter Temperatur superplastisch verformbar sein[24], während bei tiefen Temperaturen ein sehr feinkristallines Phasengemisch besonders hohe Festigkeit und Zähigkeit aufweisen kann.

Duplexgefüge entstehen nicht automatisch, wenn eine Legierung bei geeigneter Zusammensetzung und Temperatur geglüht wird (Bild 10), vielmehr können auch Netz- oder Widmannstättengefüge oder Dispersionen entstehen. Die Ursachen für das Entstehen der Duplexgefüge sind kürzlich insbesondere an Legierungen vom Typ $\alpha + \beta$-Messing untersucht worden[14, 25, 26]). Zur Erzeugung eines feinkristallinen Gefüges ist immer ein kombinierter Ausscheidungs- und Rekristallisationsprozeß notwendig. Die kennzeichnenden Vorgänge sollen anhand von Untersuchungen an Fe–Ni[27-29]) und Fe–C[30]) Stählen erörtert werden.

Das Fe-Ni-Zustandsschaubild lehrt, daß sich in einen Stahl mit 9 % Ni bei etwa 600 °C ein Phasengemisch aus etwa gleichen Volumenanteilen einstellt (Bild 11). Das Schema der zur Herstellung des Duplexgefüges notwendigen thermomechanischen Behandlung ist in Bild 11 angegeben. Die Legierung wird durch Glühen im γ-Gebiet und martensitische Umwandlung bei der Abkühlung homogenisiert. Um die Voraussetzung für das Auftreten der Rekristallisation zu schaffen, muß der Martensit verformt werden. Die anschließende Glühung bei genau festliegender Temperatur führt zu dem Duplexgefüge. Die Versuche ergaben, daß ein Verformungsgrad von mindestens 50 % für die Bildung des gleichmäßigen Gefüges, 50 %/50 % in einer Legierung mit 9 % Ni notwendig ist. Bei höheren Verformungsgraden nimmt die Korngröße ab. Das Entstehen des Gefüges ist folgendermaßen zu erklären:

1. Die Bildung der γ-Phase aus α (ebenso wie für α aus γ) ist infolge der Volumenänderung mit einer hohen Aktivierungsenergie für Keimbildung verbunden. Deshalb bildet sich die γ-Phase bevorzugt an Korngrenzen oder an Orten mit ähnlicher Struktur, α-β-Phasengrenzen und Knotenpunkte von Subkorngrenzen – nicht aber an Versetzungen.

2. In einer unverformten Legierung bildet sich deshalb durch Ausscheidung an Korngrenzen ein Netzgefüge aus, das durch anisotropes Wachstum in ein Widmannstättengefüge übergehen kann.

3. Die durch die Verformung erzeugten Versetzungen müssen sich zu Subkorngrenzen umordnen, bis sich die γ-Phase an deren Knotenpunkten zusätzlich zu den ursprünglichen Korngrenzen bilden. Die Zahl der wirksamen Knotenpunkte nimmt mit zunehmendem Verformungsgrad zu und damit auch die Feinkörnigkeit des Gefüges. Falls bei sehr hohen Verformungsgraden Rekristallisation der α-Phase auftritt, bilden sich an den Knotenlinien der neugebildeten Korngrenzen sofort γ-Teilchen, die weiteres Kornwachstum behindern.

4. Grundsätzlich kann ein Duplexgefüge in Fe-Ni-Legierungen auch durch Verformung im γ-Zustand und anschließendes schnelles Abkühlen in das $\alpha + \gamma$-Gebiet erzeugt werden. Diese Behandlung ist technisch schwieriger und deshalb für Fe-Ni-Legierungen nicht zu empfehlen. Für Fe-C-Stähle bildet sie aber die einzige Möglichkeit, um zu einem echten Duplexgefüge zu gelangen (Bilder 12 und 13). Da die Kohlenstoffstähle zur Bildung eines Duplexgefüges aus der α-Phase von Raumtemperatur auf $T > 720\,°C$ aufgeheizt werden müssen, ist es unmöglich, die Ausscheidung von Fe_3C an den Versetzungen des α-Eisens zu verhindern. Bei dieser Glühung kann sich dann die γ-Phase nicht direkt aus dem übersättigten α-Eisen bilden, sondern nur durch Auflösung des metastabilen Phasengemisches $\alpha + Fe_3C$. Während der Glühung im $\alpha + \gamma$-Gebiet wachsen die im Inneren der α-Bezirke befindlichen Fe_3C-Teilchen weiter durch Ostwaldreifung, während nur diejenigen sich schnell auflösen, die die α-γ-Grenzfläche berühren. Die Einstellung des Gleichgewichtsgefüges ist also in diesem Falle nicht durch die Schwierigkeit der Keimbildung, sondern durch das extrem langsame Wachstum der α-γ-Umwandlungsfront infolge der Fe_3C-Ausscheidung bedingt.

5. Ein echtes Duplexgefüge entsteht in Kohlenstoffstählen bei Verformung des γ-Kristalls dicht oberhalb der Umwandlungstemperatur und anschließender Abkühlung im $\alpha + \beta$-Gebiet mit einer Geschwindigkeit, die groß genug ist, daß die durch die Verformung eingebrachten Defekte noch nicht ausgeheilt sind. Der Übergang zum Duplexgefüge erfolgt zwischen 20 und 40 % Verformung. Es ist technisch schwierig, sehr viel höhere Verformungsgrade in einem Walzdurchgang und damit eine sehr feine Korngröße zu erhalten. Das Duplexgefüge besteht bei Raumtemperatur aus Kristalliten, aus kubisch-raumzentrierter Kristallstruktur mit verschiedenem Kohlenstoffgehalt, da die γ-Phase beim Abkühlen martensitisch umwandelt.

Es ist schwierig, ein primär durch Rekristallisation entstandenes Duplexgefüge weiter zu verfeinern. Durch wiederholtes Verformen und Glühen wird nur die Kristallitform geändert, außerdem werden die Bereiche einer Phase in mehrere Kristallite aufgeteilt. Eine Möglichkeit zur Neubildung von γ in α oder α in γ bieten Temperaturwechsel, d.h., die zweite und dritte Glühung wird bei Temperaturen durchgeführt, bei denen Volumenanteile und Zusammensetzung nicht im Gleichgewicht sind und deshalb Phasenneubildung notwendig wird (Bild 14). Schließlich wurde in $\alpha + \beta$-Messing-Legierungen beobachtet, daß es Glühbedingungen gibt, bei denen in einem Phasengemisch gleicher Kristallstruktur, aber verschiedener Zusammensetzung beträchtliche Diffusion über die Grenzflächen stattfinden kann, bevor Rekristallisation und Bildung der dem Gleichgewicht entsprechenden Phasen einsetzt. Im Gebiet dieses Diffusionsgradienten bilden sich die beiden Phasen in sehr feiner Verteilung (Bild 15). Dieser Mechanismus sollte auch in Substitutionslegierungen des Eisens nach martensitischer Umwandlung der γ-Phase auftreten können.

5. Gefügeanisotropie

Es gibt zwei Ursachen für die Anisotropie der Eigenschaften von metallischen Werkstoffen – die Kristallanisotropie und die Gefügeanisotropie. Beide können durch Rekristallisationsbehandlungen kontrolliert werden. Die Wirkung der Kristallanisotropie ist verknüpft mit dem Vorhandensein einer Textur, die bewirkt, daß die Richtungsabhängigkeit der Kristalleigenschaften nicht herausgemittelt wird. Die Gefügeanisotropie ist dadurch gekennzeichnet, daß die Kristallite im Idealfall Stab- oder Plattenform besitzen und daß die Achsen der Kristallite in bezug auf eine Richtung der äußeren Werkstoffabmessungen (z. B. Drahtachse, Walzrichtung von Blechen) ausgerichtet sind. Zur Kennzeichnung der Gefügeanisotropie sind also immer mindestens zwei Parameter notwendig: Kristallitform und Grad der Ausrichtung der Kristallite.

Der einfachste Weg, auf dem ein Gefüge länglicher, ausgerichteter Körner erhalten werden kann, ist die Verformung und Rekristallisation einer Legierung, die eine Dispersion von Teilchen enthält. Der Verformungsgrad und die Verformungsart bestimmt die Formänderung der ursprünglichen Kristallite. Die Teilchendispersion muß so gewählt werden, daß Kornwachstum verhindert wird.

$$p = p_N + p_T < 0.$$

Durch die Rekristallisationsglühung kann dann erreicht werden, daß die Form der rekristallisierten Körner derjenigen der verformten entspricht[31]) (Bild 16).

Andere Methoden, mit denen ausgerichtete Korngefüge erhalten werden können, sind gerichtete Erstarrung[32]), Rekristallisation[33]) oder Phasenumwandlung[34]). Dabei wird die gerichtete Erstarrung in der Technik am häufigsten angewandt. Die gerichtete Rekristallisation ist erst in jüngster Zeit entwickelt worden. Sie hat zu guten Erfolgen bei der Erzeugung von Säulengefügen in warmfesten Nickellegierungen geführt[33b]).

Als Ausgangszustand wird ein warmgepreßtes Gefüge von sehr geringer Korngröße ($d \approx 1$ µm) verwendet. Eine Hochtemperaturzone, deren maximale Temperatur $T_{max} = T_R + 100\,°C$ (T_R = Rekristallisationstemperatur) beträgt, wird parallel der gewünschten Kornausrichtung durch den Werkstoff bewegt. Die günstigste Geschwindigkeit ist durch die Zeit t_{min} gegeben, die notwendig ist, um bei T_{max} die Rekristallisation vollständig ablaufen zu lassen. Da gleichmäßiges Subkorn- und Kornwachstum von Nachteil sind, ist es notwendig, daß der Temperaturgradient besonders im Temperaturbereich $T_R < T < T_{max}$ so steil wie möglich ist.

Die Anisotropie der Eigenschaften kann noch erhöht werden, wenn nicht nur die Körner einer Phase, sondern auch eine zweite Phase ausgerichtet wird. So hergestellte Werkstoffe werden auch als In-situ-Verbundwerkstoffe bezeichnet, weil sie in ihrem Gefüge den durch Mischen vereinigten Gefügen der faserverstärkten Werkstoffe entsprechen[35, 36]). Neben der Ausscheidung interstitieller Phasen unter äußerer Spannung[34]) ist insbesondere die gerichtete eutektoide Umwandlung für Eisenlegierungen interessant. Die Methode entspricht derjenigen der gerichteten Rekristallisation außer, daß ein negativer Temperaturgradient bewegt werden muß. Im System Fe–Fe$_3$C ist faserförmiger Perlit bereits in mehreren Fällen erfolgreich hergestellt worden[36-38]). Es ist zu erwarten, daß diese Methode ebenso gut für die kombinierte Rekristallisations- und Ausscheidungsreaktion (Kap. 2) angewandt werden kann. Es sollte möglich sein, auf diese Weise Fasergefüge für eine große Zahl von Stählen herzustellen.

Verzeichnis der verwendeten Formelzeichen

α	Vorfaktor
b	Burgersvektor
c	Konzentration
c_0	Gleichgewichtskonzentration
c_1	Konzentration des übersättigten Mischkristalls
$D_{\alpha\alpha}, D_{\alpha\beta}$	Diffusionskoeffizient für Korn- bzw. Phasengrenzendiffusion
D_B	Diffusionskoeffizient (Volumendiffusion) für gelöste Fremdatome
D_v	Diffusionskoeffizient für Diffusion entlang von Versetzungen
f	Volumenanteil
ΔG_K	Aktivierungsenergie für Keimbildung der zweiten Phase
$\bar{\gamma}$	Mittlere spezifische Grenzflächenenergie
$\gamma_{\alpha,\beta}$	Spezifische Phasengrenzenenergie
$\gamma_{KG}, \gamma_{\alpha\alpha}$	Spezifische Korngrenzenenergie
λ	Dicke der Korngrenze
μ	Schubmodell
n	Molzahl
$p_{\alpha\alpha}$	Treibende Kraft für Kornwachstum
Q_B	Aktivierungsenergie für Diffusion von Fremdatomen
Q_R	Aktivierungsenergie für Rekristallisationsbeginn (etwa Selbstdiffusion)
t_R, t_A	Auslagerungszeit bis zum Beginn der Rekristallisation bzw. Ausscheidung
N	Versetzungsdichte
r_T	Teilchenradius
r_K	Kornradius
V_m	Molvolumen
v	Zahl der Versetzungen an einem Teilchen

Schrifttumshinweise

[1]) *Hornbogen, E.,* u. *H. Kreye:* In: Texturen in Forschung und Praxis. Hrsg. v. J. Grewen u.G. Wassermann. Berlin 1969. S. 274.
[2]) *Kreye, H., E. Hornbogen* u. *F. Haeßner:* Arch. Eisenhüttenwes. **41** (1970) S. 439.
[3]) *Rickett, R. L.,* u. *W. C. Leslie:* Trans ASM **51** (1959) S. 310.
[4]) *Hornbogen, E., E. Minuth* u. *E. Blank:* Arch. Eisenhüttenwes. **41** (1970) S. 883.
[5]) *Hornbogen, E.:* Metall **27** (1973) S. 780.
[6]) *Cahn, R. W.:* In: Recrystallization, Grain Growth and Textures. ASM (1966) S. 99.
[7]) *Leslie, W. C., J. T. Michalak* u. *F. W. Aul:* In: Iron and Its Dilute Solid Solutions, Interscience. New York 1963. S. 119.
[8]) *Cahn, R. W.:* Physical Metallurgy, North-Holland Publ. Amsterdam 1970. S. 1129.
[9]) *Hornbogen, E.,* u. *E. Minuth:* Prakt. Metallographie **9** (1972) S. 57.
[10]) *Haeßner, F., E. Hornbogen* u. *M. Mukherje:* Z. Metallkde. **57** (1966) S. 171.
[11]) *Leslie, W. C., J. T. Michalak, A. S. Keh* u. *R. J. Sober:* Trans. ASM **58** (1965) S. 672.
[12]) *Venturello, G., C. Antonione* u. *F. Bonaccorso:* Trans. AIME **227** (1963) S. 1433.
[13]) *Kamma, C.:* Dissertation, Ruhr-Universität Bochum 1976.
[14]) *Mäder, K.,* u. *E. Hornbogen:* Scripta Met. **8** (1974) S. 979. – *Mäder, K.:* Dissertation, Ruhr-Universität Bochum 1973.
[15]) *Hornbogen, E.:* Metall **29** (1975).
[16]) *Frois, C.,* u. *O. Dimitrov:* Mem. Sci. Rev. Met. **59** (1962) S. 643.
[17]) *Cahn, J. W.:* Acta Met. **10** (1962) S. 789.
[18]) *Lücke, K.,* u. *H. P. Stüwe:* In: Recovery and Recrystallization of Metals, L. Himmel ed., Interscience (1963) S. 171.
[19]) *Wagner, C.:* Z. Elektrochemie **95** (1961) S. 581.
[20]) *Kahlweit, M.,* u. *K. Kampmann:* Ber. Bunsengesellschaft **71** (1967) S. 78.
[21]) *Hornbogen, E.,* u. *M. Roth:* Z. Metallkde. **58** (1967) S. 842.
[22]) *Ardell, A. J.,* u. *R. B. Nicholson:* Acta Met. **14** (1966) S. 1295.
[23]) *Kreye, H.:* Z. Metallkde. **61** (1970) S. 108.
[24]) *Smith, C. I.,* u. *N. Ridley:* Metals Technology **1** (1974) S. 191.
[25]) *Ansuini, F. J.,* u. *F. A. Badia:* Met. Trans. **4** (1973) S. 15.
[26]) *Kreye, H.,* u. *U. Brenner:* J. Mater. Sci. **9** (1974) S. 1775.
[27]) *Minuth, E.,* u. *E. Hornbogen:* In: Fortschritte in der Metallographie, IV. Int. Metallographie-Tagung, Leoben. Hrsg. F. Jeglitsch u. G. Petzow (1975).
[28]) *Miller, R. L.:* Met. Trans. **3** (1972) S. 905.
[29]) *Snape, E.:* J. Metals **24** (1972) S. 23.
[30]) *Brock, C., P. Stratmann, H. Thommek* u. *E. Hornbogen:* Arch. Eisenhüttenwes. 1976.
[31]) *McQueen, H. J.,* u. *J. J. Jonas:* Recovery and Recrystalization During High Temperature Deformation. In: Plastic Deformation of Materials. R. J. Arsenould ed., Academic Press, N.Y.
[32]) *Woodford, D. A.,* u. *J. J. Frawley:* Met. Trans. **5** (1974) S. 2005.

[33a] *Bailey, P. G.*, u. *R. E. Kutchera:* Manufacturing Methods for Directional Recrystallisation Process. Technical Report AFML-TR-73-294. Dez. 1973.
[33b] *Cairns, R. L., L. R. Churwick* u. *J. S. Benjamin:* Met. Trans. **6A** (1975) S. 179.
[34] *Weisner, E.*, u. *E. Hornbogen:* Scripta Met. **3** (1969) S. 243.
[35] *Livingstone, J. D.:* Journal Crystal Growth **24/25** (1974) S. 94.
[36] *Chadwick, G. A.:* Proc. Conf. on In-situ Composites. NMAB-308. National Academy of Sciences. Washington D.C. (1973).
[37] *Bolling, G. F.*, u. *R. H. Richman:* Met. Trans. **1** (1970) S. 2095.
[38] *Gurevich, Ya. B., A. M. Zubko, V. V. Nikonera* u. *E. P. Rakhmanera:* Sowjet. Phys. Doklady **16** (1972) S. 992.

Tafel 1:

| | Art des Phasen-gemisches | Grenzflächen- | | Mechanische Eigenschaften | |
		Korn-	Phasen-	Hochtemperatur	Raumtemperatur
1	Dispersion	αα	αβ	Warmfestigkeit	Ausscheidungs-härtung
2	Duplex	αα ββ	αβ	Superplastizität	Feinkornhärtung

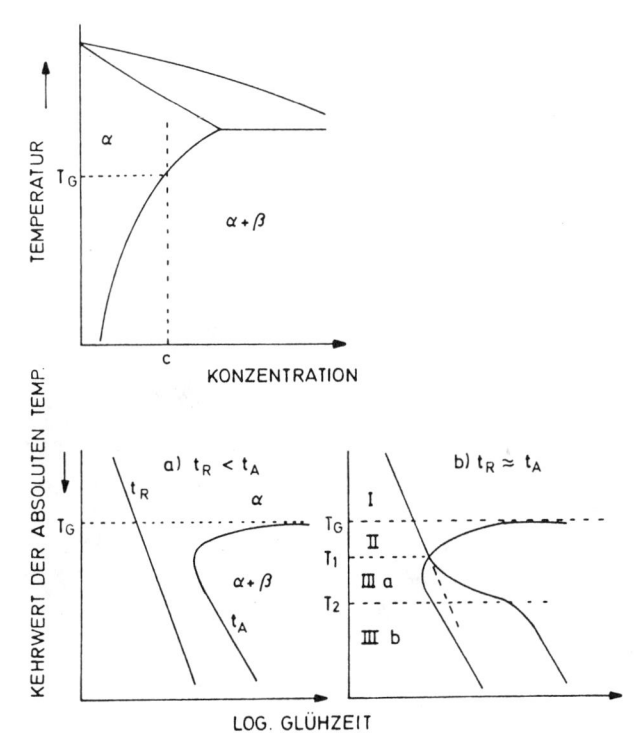

Bild 1: Zeit-Temperatur-Reaktionsdiagramm für den Fall a) $t_R < t_A$ und b) $t_R \approx t_A$. Oben: Teil des entsprechenden Zustandsdiagramms [nach [1]]

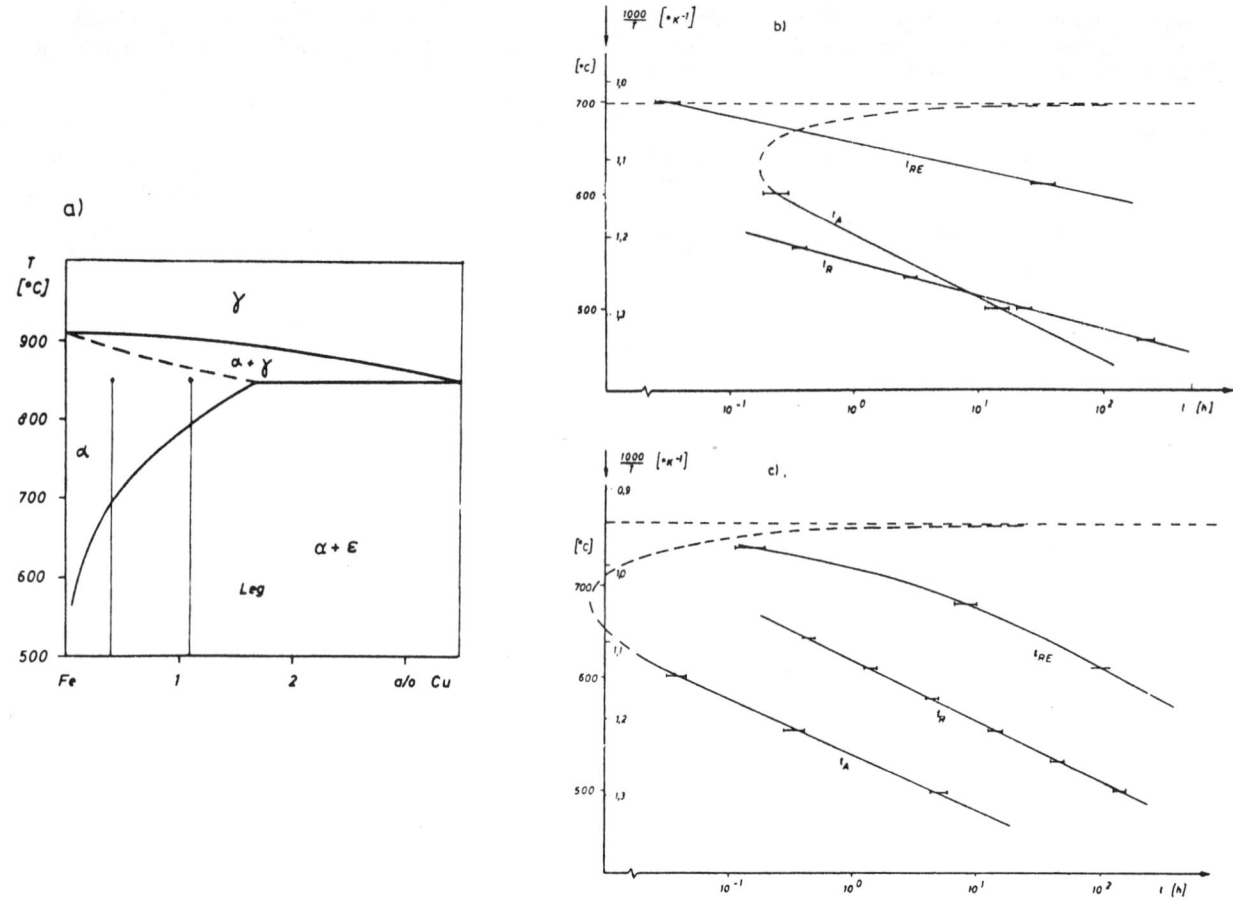

Bild 2: a) Teil des Zustandsdiagramms für Fe–Cu; b) und c) Zeit-Temperatur-Reaktionsdiagramm für die Legierungen Fe–0,5 Cu und Fe–1,2 Cu [nach [2]]

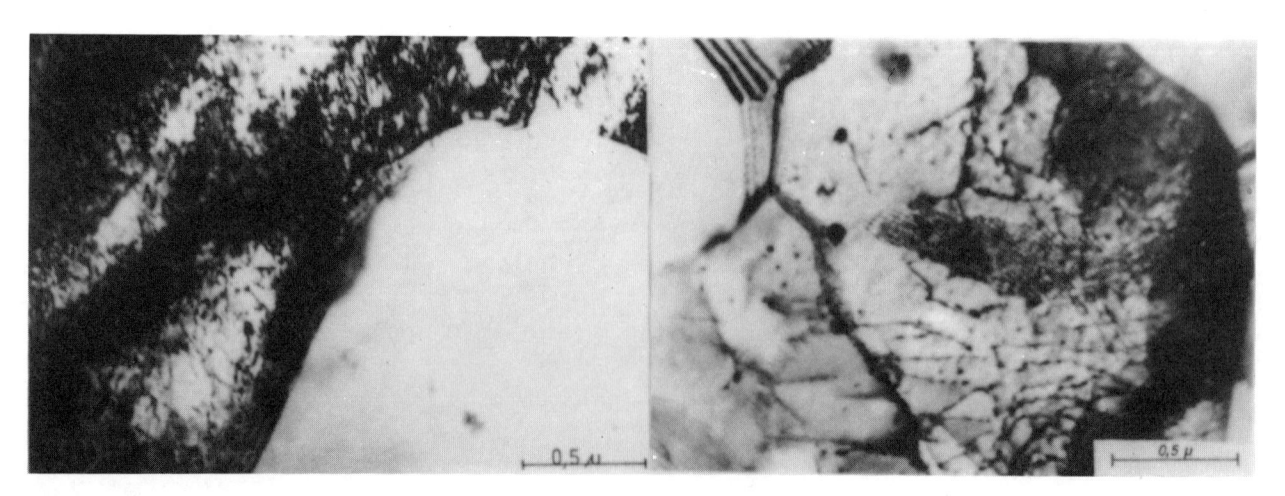

Bild 3: Gefüge während a) der diskontinuierlichen und b) kontinuierlichen Rekristallisation [nach [2]]; a) Fe–0,5 Cu, 90% verf. 1 h 600 °C; b) Fe–1,2 Cu, 90% verf. 1 h 610 °C

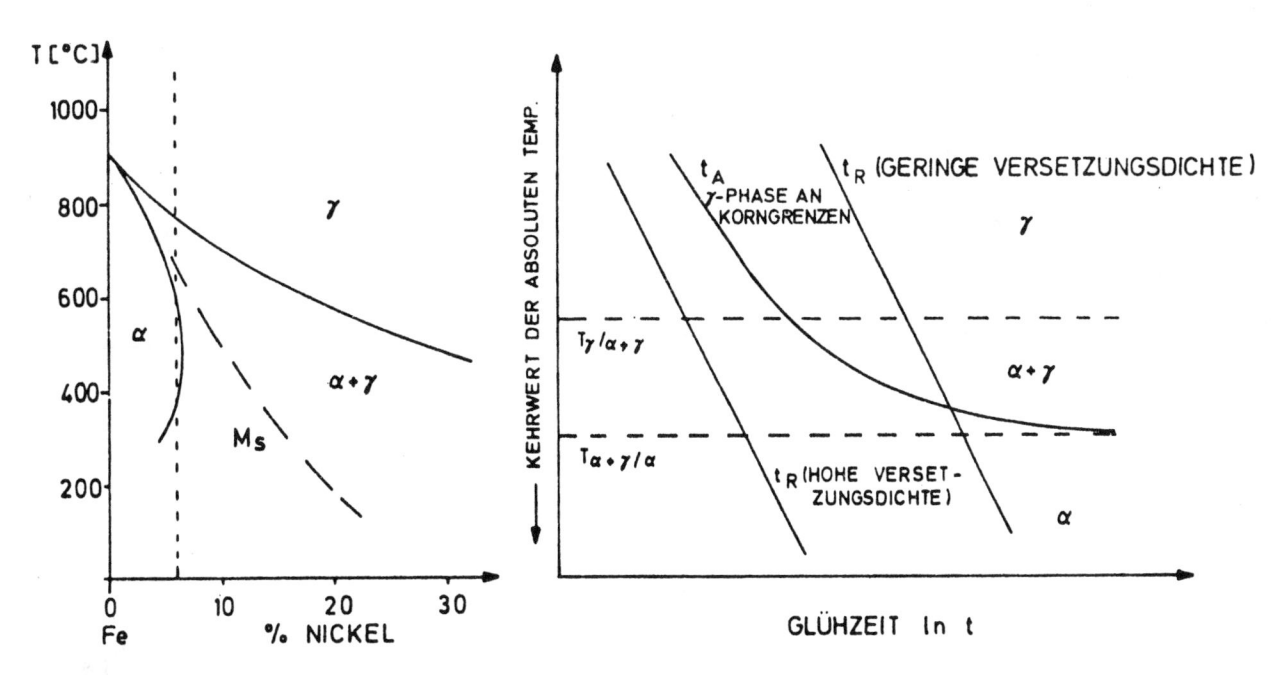

Bild 4: Teil des Zustandsdiagramms für Fe–Ni und Zeit-Temperatur-Reaktionsdiagramm für Fe–6 Ni [nach [4]]

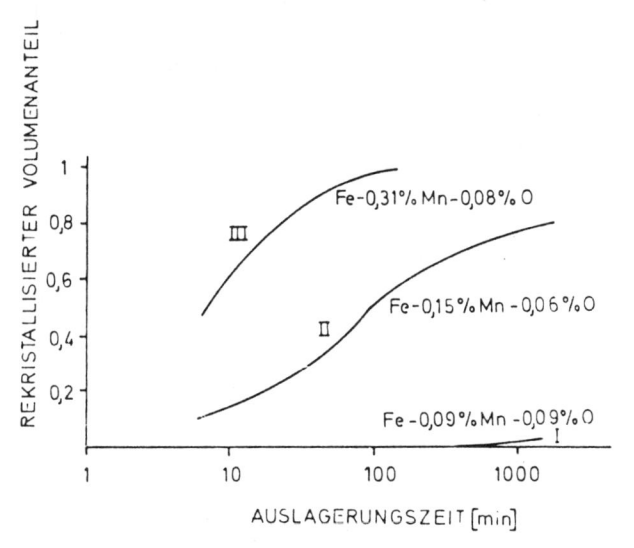

Bild 5: Einfluß von MnO-Teilchen auf die Rekristallisation von Eisen: I: Mn und O behindern als sehr kleine Teilchen oder segregiert an Versetzungen die Rekristallisation; II, III: Bildung von großen MnO-Teilchen führt zur beschleunigten Auslösung der Rekristallisation [nach [11]]

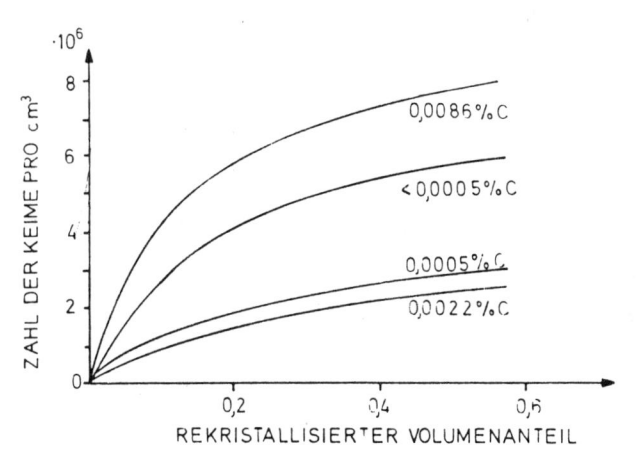

Bild 6: Einfluß des Kohlenstoffgehalts auf die Rekristallisation von Eisen (Löslichkeit ≈ 0,0030 % C [nach [12]]

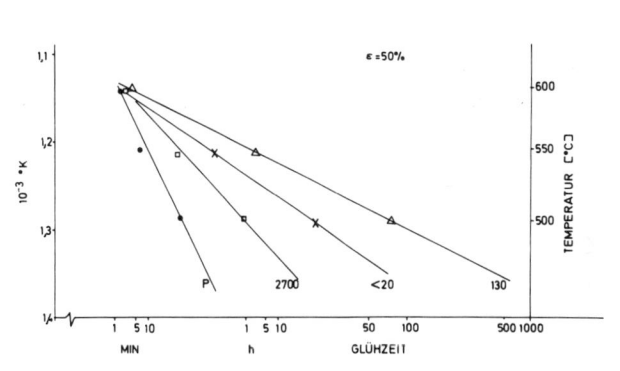

Bild 7: Temperaturabhängigkeit des Rekristallisationsbeginns eines Stahls C 22 nach verschiedenen Wärmebehandlungen (Carbid-Teilchendispersionen, Durchmesser 2700, 130, 20 nm, P durch kontinuierliche Abkühlung entstandenes Ferrit-Perlit-Gefüge) und 50 % Kaltverformung durch Walzen [nach [13]]

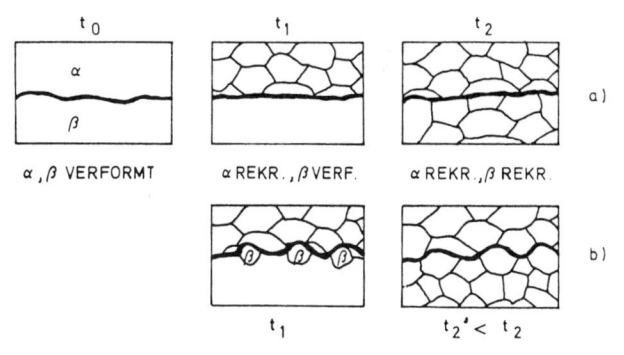

Bild 8: Rekristallisation eines groben Phasengemisches (schematisch); a) ohne Änderung der Volumenanteile von α und β, b) mit Erhöhung des Volumenanteils von β

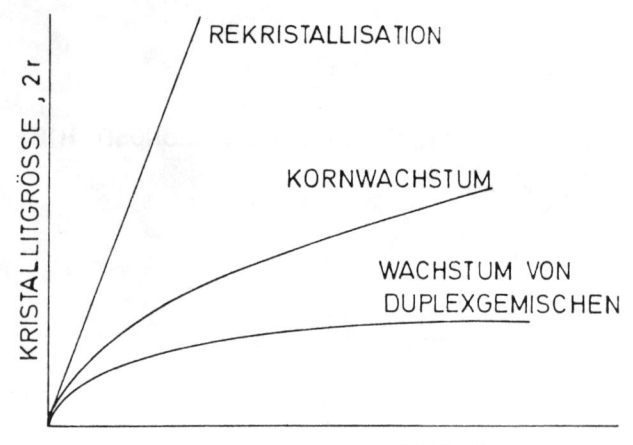

Bild 9: Darstellung verschiedener Wachstumsgesetze, schematisch [vgl. Gleichungen (7) und (8)]

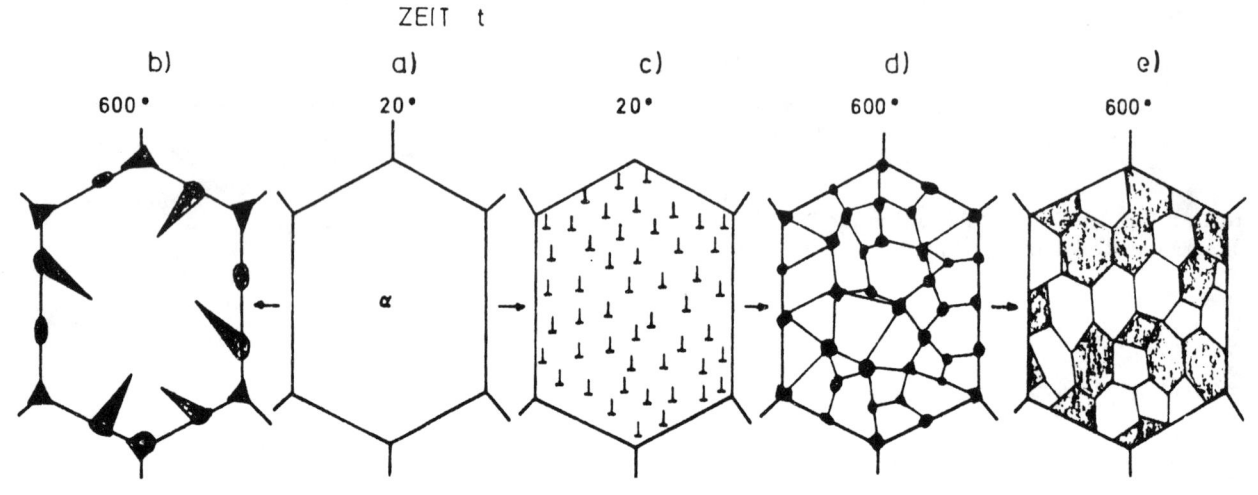

Bild 10: Schematische Darstellung der Entstehung des Duplexgefüges durch kombinierte Ausscheidung und Rekristallisation durch Glühung im heterogenen Gebiet (600° für Fe–Ni); b) Glühung der unverformten Legierung führt zu Netz- oder Widmannstättengefüge, d) Verformung bei Raumtemperatur (a, c) führt zu gleichmäßig verteilten Keimstellen für die γ-Physe, e) durch Zusammenwachsen der γ-Keime entsteht Duplexgefüge

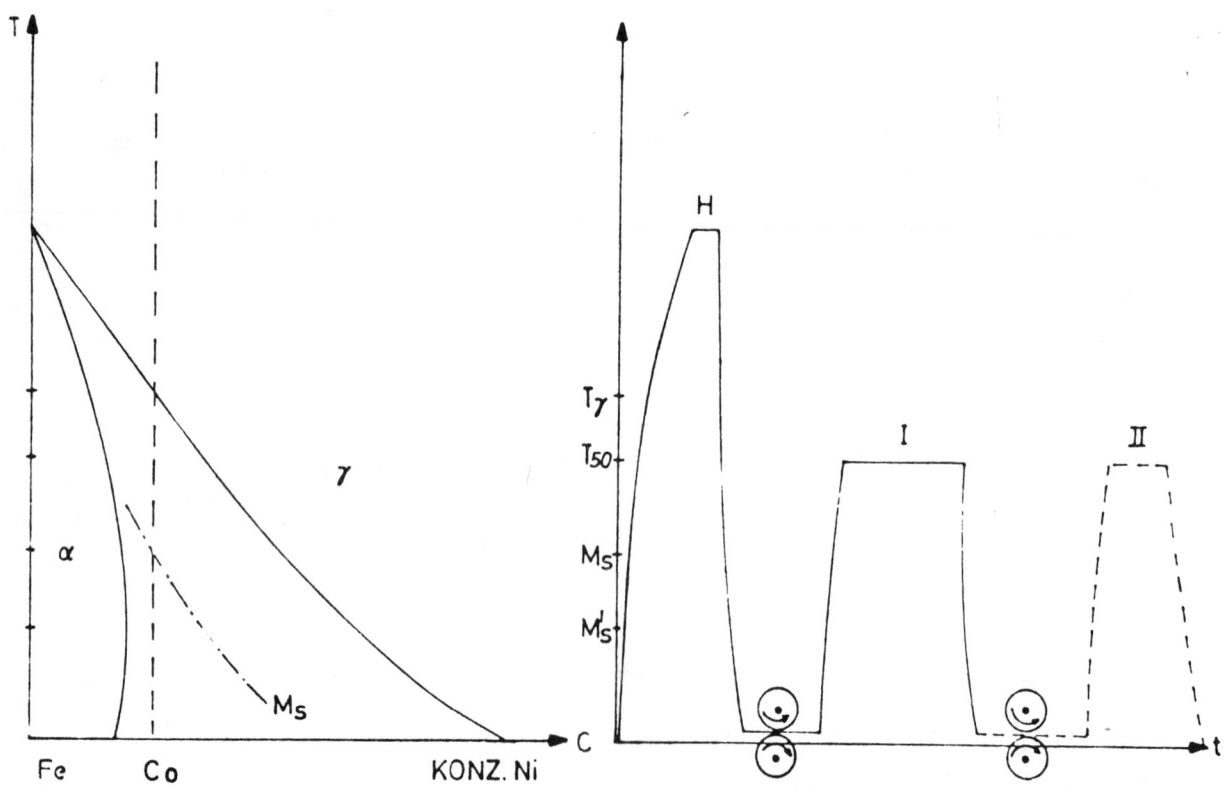

Bild 11: Schema der Wärmebehandlung zur Erzeugung von Duplexgefügen in Fe-Ni-Legierungen; eine zweite thermomechanische Behandlung II bei gleicher Temperatur wie I führt nicht zu stark verfeinertem Duplexgefüge, sondern nur zur Rekristallisation der einzelnen Phasenbereiche

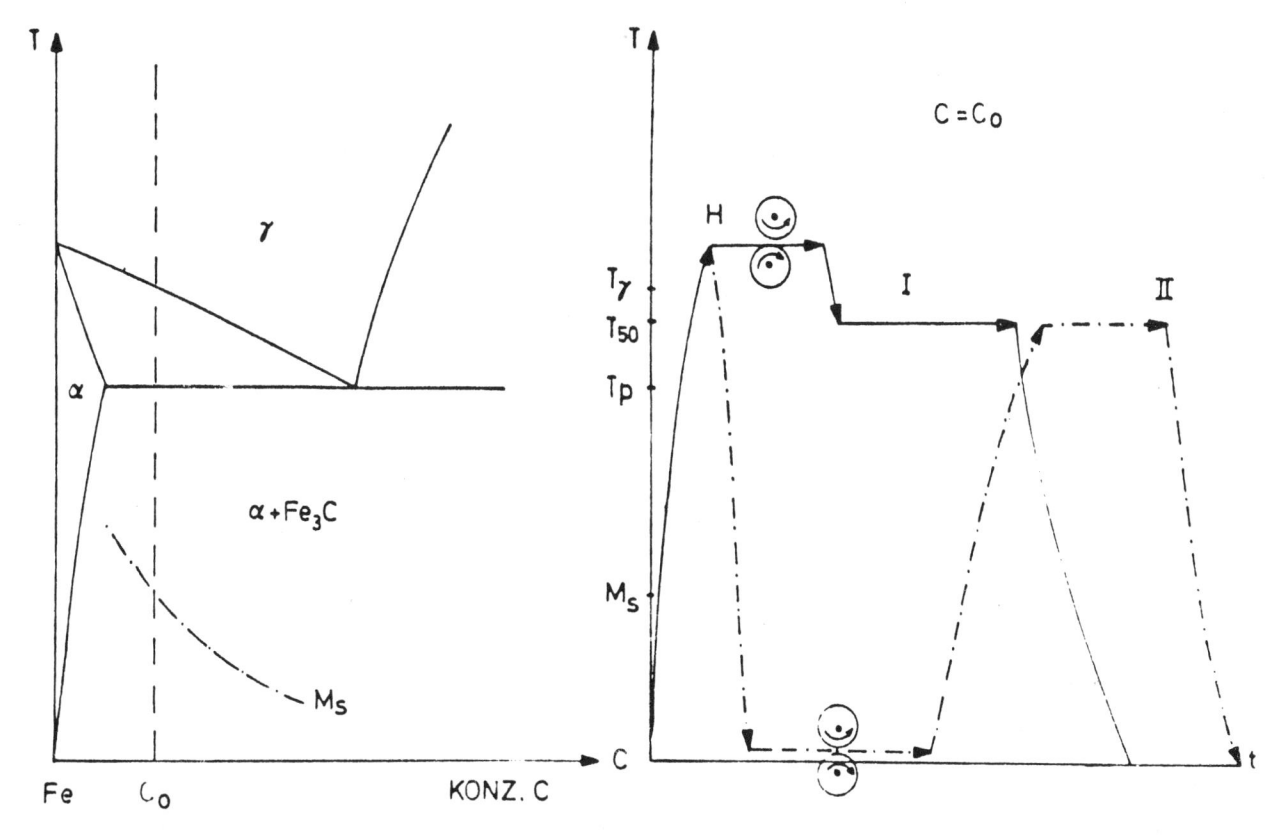

Bild 12: Schema der Wärmebehandlung zur Herstellung von Duplexgefügen in Kohlenstoffstählen I; die Behandlung II führt nicht zu einem reinen Duplexgefüge, da sich beim Aufheizen Fe_3C ausscheidet (siehe Bild 13); die Behandlung I führt zu dem in Bild 10e gezeigten Gefüge

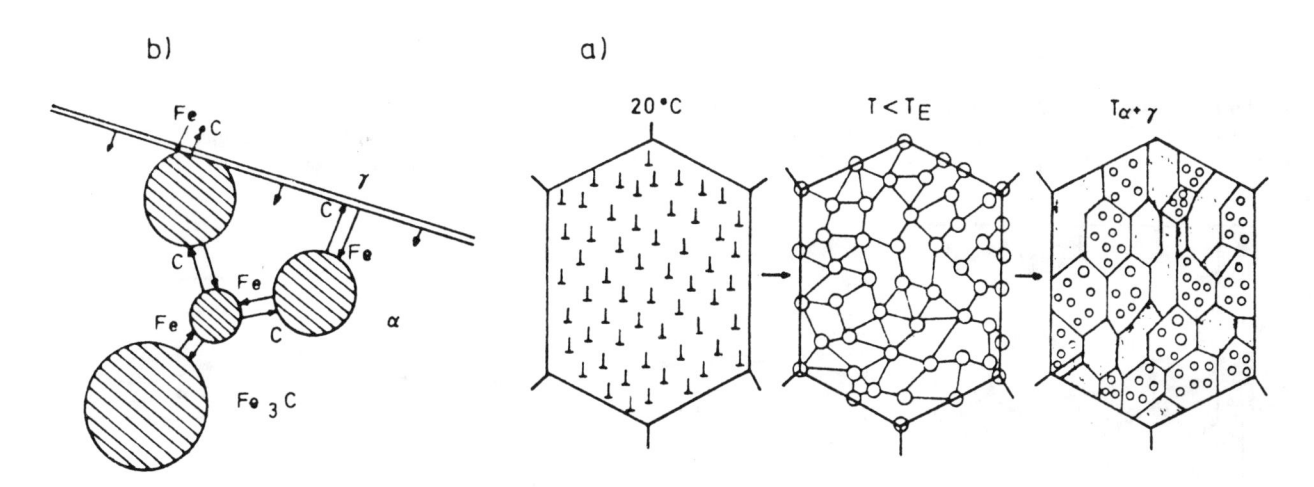

Bild 13: a) Schema des Gefüges, das durch Behandlung II in Bild 12 entsteht; b) die α-Phase enthält Fe_3C-Teilchen, die weiterwachsen, wenn sie im Inneren liegen und sich nur an der α-γ-Grenzfläche auflösen; deshalb sehr langsame Einstellung des Gleichgewichtszustandes

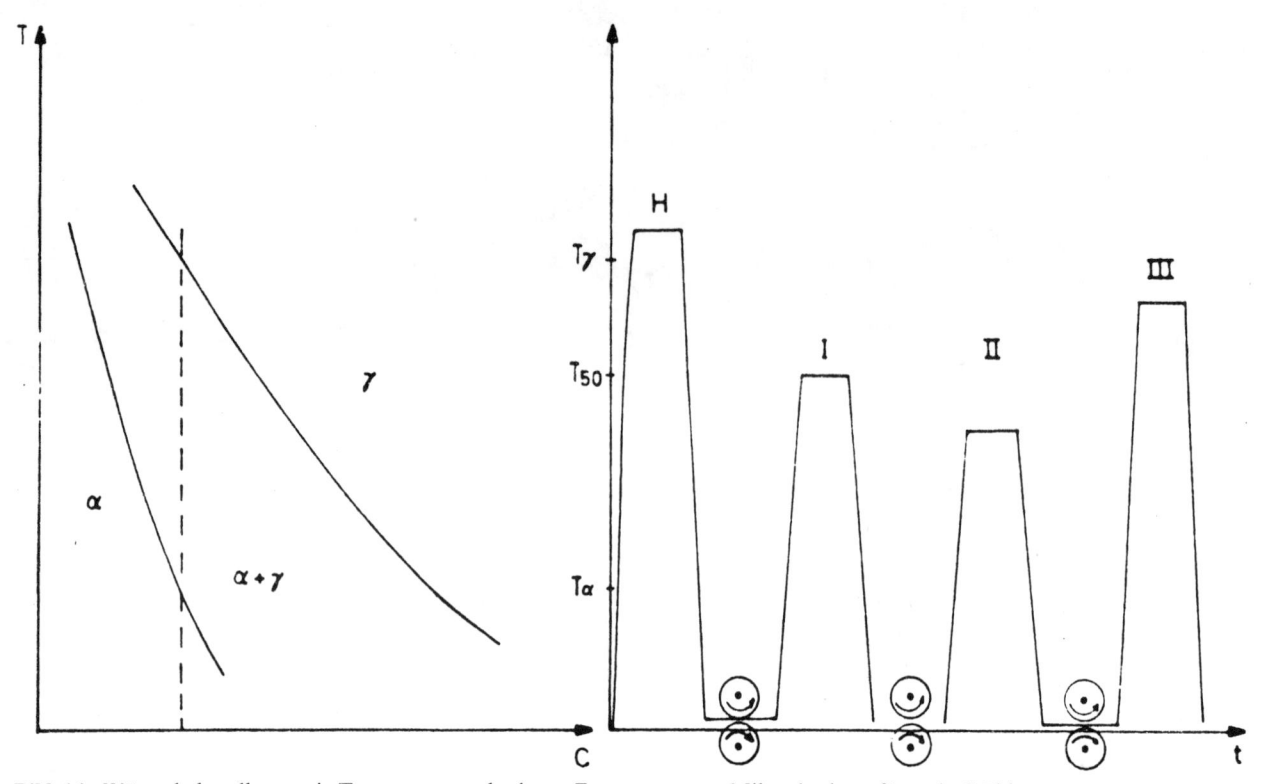

Bild 14: Wärmebehandlung mit Temperaturwechsel zur Erzeugung von Mikroduplexgefügen in Stählen

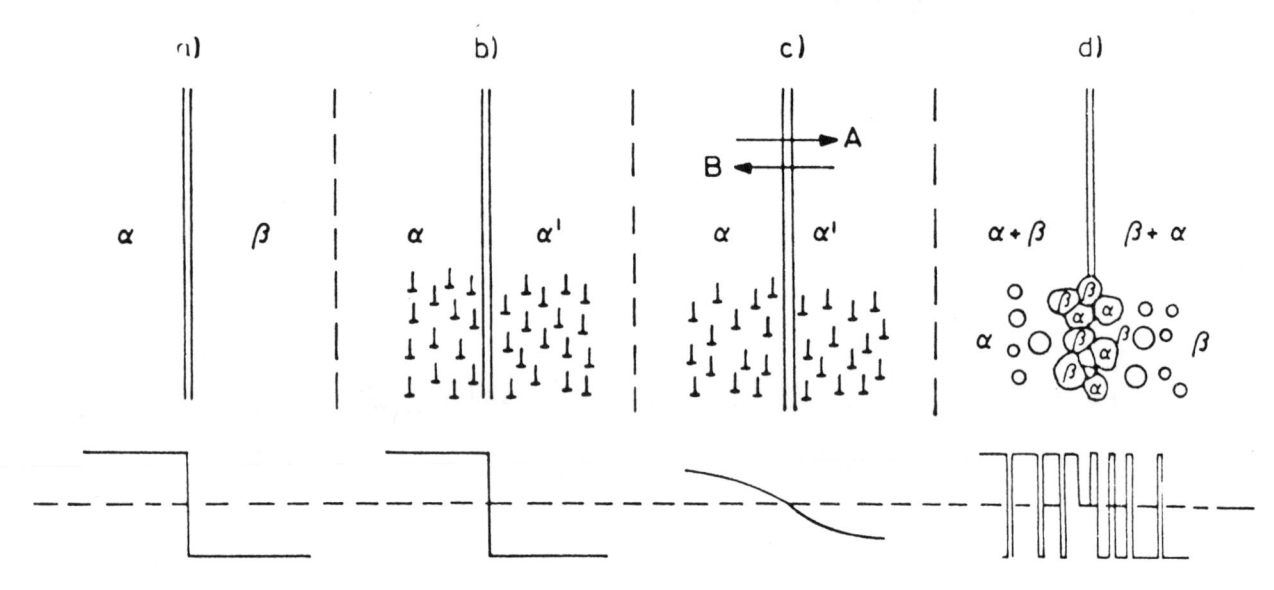

Bild 15: Entstehung von feinem Korn in der Nähe der Grenzflächen von Duplexgefügen; a) und b) β-Phase des Duplexgefüges wird durch Verformung oder Abkühlung in α' umgewandelt; c) Diffusion über die ursprüngliche Grenzfläche in die beiden α-Phasen; d) Keimbildung und Wachstum der dem Gleichgewicht entsprechenden Phasen im Diffusionsgradienten

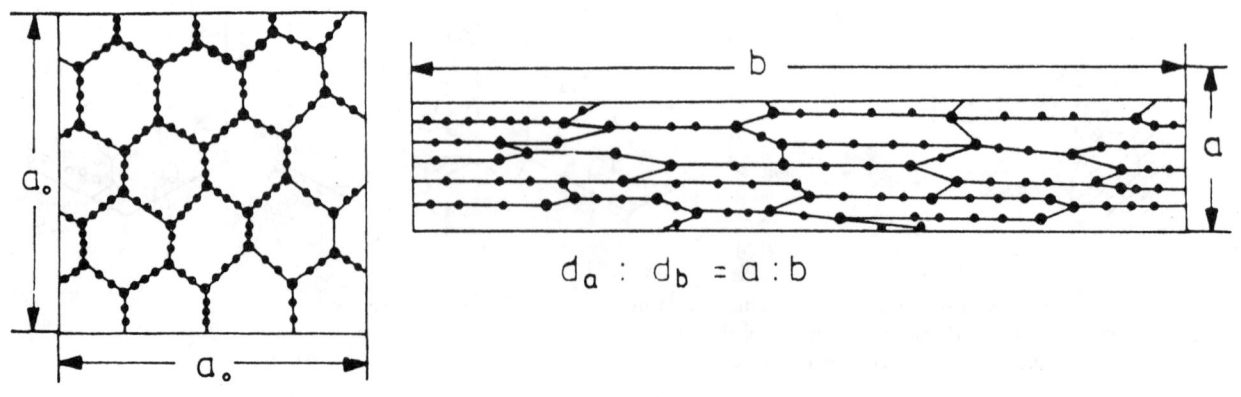

Bild 16: Entstehung von in Walzrichtung gestreckten rekristallisierten Körnern

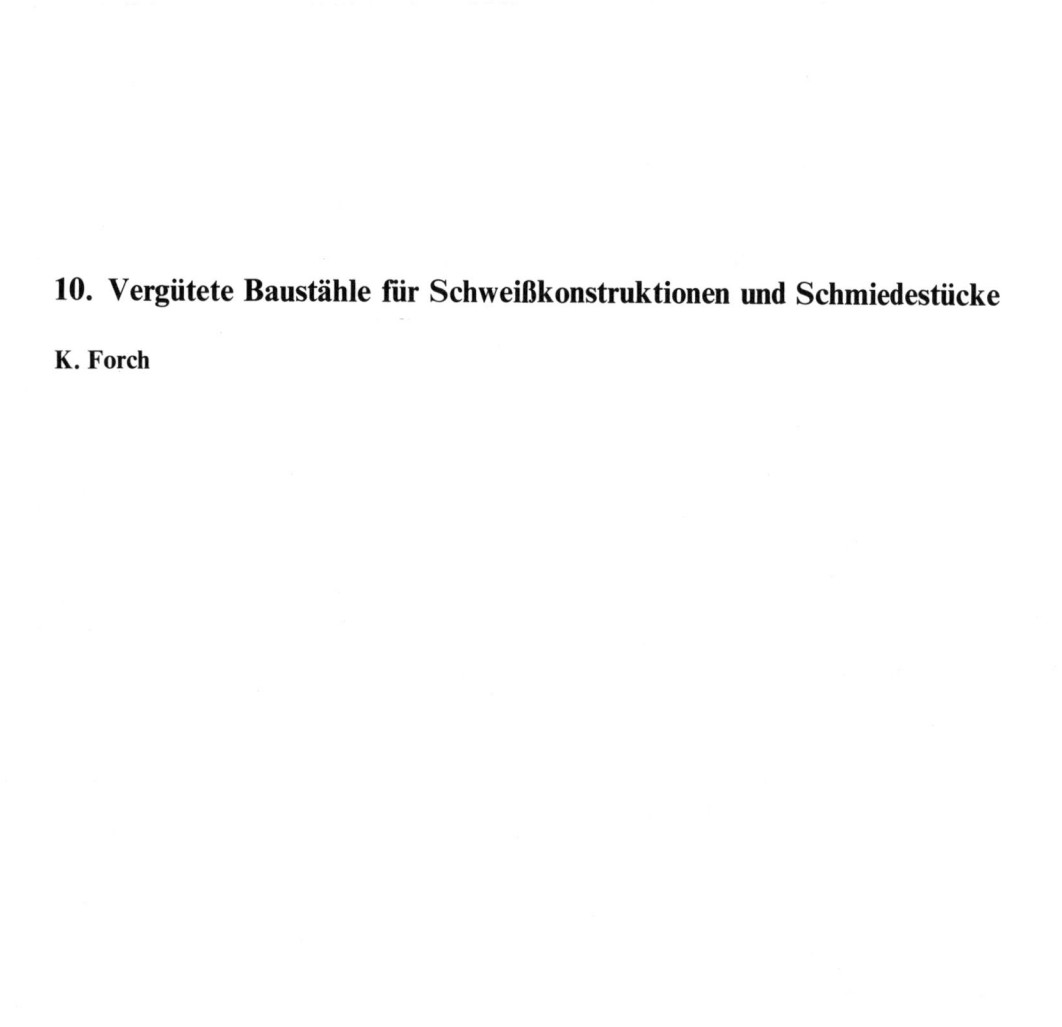

10. Vergütete Baustähle für Schweißkonstruktionen und Schmiedestücke

K. Forch

1. Einführung

Vergütungsstähle finden heute eine so vielfältige Anwendung in der Praxis, daß ein Übersichtsreferat auf Schwerpunkte abgestellt sein muß, wenn die Überschaubarkeit der Thematik nicht verloren gehen soll. Aus diesem Grunde ist der vorliegende Bericht auf wasservergütete Qualitäten beschränkt, das Gebiet Luftvergütung wird also nicht behandelt.

Neben den seit langem bekannten Anwendungsschwerpunkten Freiform- und Gesenkschmiedestücke finden Vergütungsstähle in zunehmendem Maße auch im Stahlbau als schweißbare Baustähle Verwendung. Allgemein ist in den vergangenen Jahren eine intensive Weiterentwicklung auf dem Gebiet der flüssigkeitsvergüteten Stähle erfolgt. Anlaß für diese Entwicklung sind ständig wachsende Forderungen der Verbraucherseite an die technologischen Gütewerte der Bauteile, die sich vor allem in der Kombination hoher Sprödbruchsicherheit mit gleichzeitig angehobener Streckgrenze ausdrücken.

Kennzeichnende Beispiele sind auf der Schmiedeseite die Generator- und Turbinenwellen für den Kraftwerksbau, deren Ballendurchmesser mit den steigenden Leistungseinheiten inzwischen Abmessungen bis zu ⌀ 1800 mm erreicht haben, so daß Vergütungsquerschnitte dieser Größenordnung beherrscht werden müssen. Bis 1969 betrugen die maximalen Vergütungsquerschnitte noch etwa ⌀ 1200 mm. Für den Kernbereich werden heute Streckgrenzen oberhalb 70 kp/mm^2 bei einer Übergangstemperatur $T_{ü}$ der Kerbschlagzähigkeit von mindestens $\pm 0\,°C$ gefordert. Zur gesicherten Einstellung dieser Werte war eine gezielte Werkstoffentwicklung erforderlich. (Auf die Definition der Übergangstemperatur wird in Kapitel 2, Absatz 9 näher eingegangen.)

Obwohl die größte Bedeutung der wasservergüteten schweißbaren Baustähle auf dem Stahlbausektor liegt, wird als Beispiel für die Entwicklung auf der Blechseite die Fertigung von Reaktordruckgefäßen im Kernkraftwerksbau gewählt, weil dort das Ansteigen der Anforderungen an den Werkstoff besonders augenfällig ist. Das erste deutsche Kernkraftwerk mit einer Leistung von 15 MWe ist 1960 in Kahl errichtet worden. Für die Fertigung des Reaktordruckgefäßes (Gewicht 110 t) kam bei Wanddicken im zylindrischen Teil von 98 mm der luftvergütete schweißbare Feinkornstahl 19 MnMo 4 5 mit einer Streckgrenze von 32 kp/mm^2 (die Warmstreckgrenze bei 300 °C beträgt 25 kp/mm^2) zur Anwendung.

Auch das zweite, 1965 in Betrieb genommene Reaktordruckgefäß (Leistung 50 MWe, Gewicht 170 t) wurde bei Wanddicken im zylindrischen Teil von 144 mm aus diesem Stahl hergestellt. Es zeigte sich aber, daß mit Wanddicken in dieser Größenordnung die Grenzen für den Einsatz des luftvergüteten Stahles erreicht waren[1]. So kam für die Fertigung des folgenden Reaktordruckgefäßes (Kernkraftwerk Gundremmingen, 1966, Leistung 237 MWe, Gewicht 285 t), dessen Wanddicke im zylindrischen Teil 131 mm beträgt, der Ni-legierte flüssigkeitsvergütete Stahl 20 NiMoCr 3 6 mit einer Kaltstreckgrenze von 35 kp/mm^2 und einer Warmstreckgrenze bei 300 °C von 32 kp/mm^2 zur Anwendung. Dieser Stahl ist mit nur geringen analytischen Änderungen auch für alle späteren Reaktordruckgefäße verwendet worden, wobei die Wanddicken im zylindrischen Teil bis auf 220 mm anstiegen. In Bild 1 ist die Schnittzeichnung eines Reaktordruckgefäßes für 300 MWe wiedergegeben, dessen Gewicht 460 t beträgt. Man erkennt aus der Zeichnung, daß neben der Einstellung der mechanischen Gütewerte für den zylindrischen Teil des Druckgefäßes auch die erheblichen Vergütungsquerschnitte im Flanschbereich beherrscht werden müssen.

Zur sicheren Gewährleistung der erhöhten Forderungen sowohl auf der Blech- als auch auf der Schmiedeseite waren neben legierungstechnischen Maßnahmen auch verfahrenstechnische Weiterentwicklungen erforderlich, über die im einzelnen zu berichten ist. Zuvor sollen die grundsätzlichen werkstoffkundlichen Zusammenhänge der Vergütungsbehandlung besprochen werden.

2. Prinzip der Vergütungsbehandlung

Die Vergütung umfaßt zwei getrennte Wärmebehandlungsschritte. In der ersten Stufe, dem Härtungsprozeß, wird durch schnelles Abkühlen von Austenitisierungstemperatur (Härtetemperatur) dafür gesorgt, daß eine Umwandlung des Austenits (γ-Mischkristall) in die thermodynamischen Gleichgewichtsphasen Ferrit und Karbid (Perlit) nicht erfolgt. Es entsteht ein an Kohlenstoff übersättigtes Umwandlungsgefüge der α-Phase, aus dem in der zweiten Stufe, dem Anlaßvorgang, bei erhöhter Temperatur Karbide ausgeschieden werden. Die Vermeidung von Ferrit-Perlit-Bildung ist gleichbedeutend mit der Unterdrückung einer diffusionsgesteuerten γ/α-Umwandlung. Die zur Umwandlung in Ferrit und Perlit führenden Diffusionsprozesse laufen üblicherweise im Temperaturbereich 800 bis 600 °C ab. Durch Stabilisierung des Austenits muß erreicht werden, daß diese Temperaturspanne bei den gegebenen Abkühlverhältnissen durchlaufen werden kann, ohne daß es zur Umwandlung kommt, d. h. der Umwandlungsablauf so weit unterkühlt wird, daß Diffusionsprozesse nur noch anteilig oder gar nicht mehr beteiligt sind. Es kommt zu einem diffusionslosen Umklappvorgang des kubisch-flächenzentrierten γ-Gitters in die kubisch-raumzentrierte α-Phase. Dabei gelangen die in den Oktaederlücken des kubisch-flächenzentrierten Gitters gelösten Kohlenstoffatome in die c-Achse des kubisch-raumzentrierten Gitters und bewirken eine tetragonale Verzerrung der α-Elementarzelle. Das Schema dieser Umwandlung ist in Bild 2 skizziert.

Entsprechend dem Bildungsmechanismus des Härtungsgefüges beruht die Legierungsbasis der Vergütungsstähle auf Elementen, die entweder austenitstabilisierend im Sinne einer Aufweitung des Homogenitätsgebietes für den γ-Mischkristall zu tieferen Temperaturen wirken (Nickel, Mangan)[2] oder die für das Ablaufen der Umwandlung erforderlichen Diffusionsprozesse, vor allem die Diffusion der Kohlenstoff-Atome, behindern (Chrom, Molybdän)[3]. Außer von den Legierungselementen hängt der Beginn der γ/α-Umwandlung vom Kohlenstoffgehalt ab, wobei sowohl die M_S-Temperatur (Beginn der Martensitbildung) als auch die B_S-Temperatur (Beginn der Zwischenstufen- oder Bainitbildung) mit zunehmendem Kohlenstoffgehalt des Stahles zu höheren Werten verschoben werden.

Um die einzelnen Vergütungsstähle hinsichtlich ihrer Einsatzmöglichkeiten klassifizieren zu können, wurden die Begriffe „Durchhärtung" bzw. „Durchvergütung" und „Grenzvergütungsquerschnitt" eingeführt. Über sie wird üblicherweise angegeben, bis zu welcher Tiefe bzw. über welchen Querschnitt bei höchstmöglicher Abkühlgeschwindigkeit eine Ferrit-Perlit-freie Gefügeausbildung entsteht.

Eine gute Orientierung über die Steigerung der Durchhärtung mit Erhöhung des Legierungsgehaltes vermitteln die aus den kontinuierlichen Zeit-Temperatur-Umwandlungs-Diagrammen (ZTU-Diagrammen) zu entnehmenden kritischen Abkühlgeschwindigkeiten. Nachdem im Rahmen dieser Vortragsreihe bereits ein umfassender Bericht über Darstellungsform und Informationsinhalt von ZTU-Schaubildern erstattet worden ist, braucht auf die Grundlagen in diesem Zusammenhang nicht mehr eingegangen zu werden. Anhand einer Gegenüberstellung der drei kontinuierlichen ZTU-Schaubilder aus Bild 3a wird am Beispiel des Ni-Zusatzes verdeutlicht, wie stark sich die kritischen Abkühlgeschwindigkeiten durch Anheben des Nickel-Gehaltes zu langen Zeiten verschieben, d. h. wie ausgeprägt die γ-stabilisierende Wirkung des Nickels ist. Für 100 % Martensitbildung betragen die kritischen Abkühlungszeiten von Austenitisierungstemperatur bis 500 °C (K_m-Werte) etwa 30 Sekunden bei dem Stahl mit 2 % Nickel und etwa 1000 Sekunden bei dem 3,5 % Ni-Stahl. Die Vergleichszahlen für die Ferritbildung unterscheiden sich noch stärker.

Durch Chrom wird die Durchhärtung sehr stark begünstigt. Bei NiCrMoV-Stählen bewirkt eine Erhöhung des Cr-Gehaltes von 1 % auf 2 % die Verschiebung des K_m-Wertes um eine Zehnerpotenz (Bild 3b). Für die Praxis bedeutet dies, daß der Stahl 28 NiCrMoV 74 üblicherweise nur bis zu Vergütungsquerschnitten von max. ⌀ 1200 mm eingesetzt wird, während der höher Ni-legierte Stahl 26 NiCrMoV 14 5 geeignet ist, ein einwandfreies Vergütungsgefüge bis zu Durchmessern von mindestens ⌀ 1800 mm sicherzustellen.

Außer den Legierungselementen bewirkt auch Kohlenstoff eine deutliche Erhöhung der Durchhärtung (Bild 3c).

Ein Vergleich der ZTU-Schaubilder von drei wasservergüteten schweißbaren Baustählen (Bild 4a bis 4c) vermittelt einen weiteren Eindruck über die quantitativen Auswirkungen des Legierungsgehaltes auf das Umwandlungsverhalten der Stähle. Der Anwendungsbereich des Vergütungsstahles StE 43 V ist im allgemeinen auf Blechdicken bis 35 mm begrenzt. Die Stahlgüte StE 70 (T 1) kann mit der angegebenen Analyse bis zu Blechdicken von 65 mm, bei geringen Anforderungen an die Materialwerte auch noch bis etwa 100 mm eingesetzt werden. Für den Dickenbereich oberhalb 100 mm wird eine neue Analyse vorgeschlagen, die sich von der bisherigen durch Verdoppelung der Ni- und Cr-Gehalte auf 1,2/1,5 % Ni bzw. 1,0/1,5 % Cr sowie Anheben des Mn-Gehaltes auf 1,3 % unterscheidet. Für NiCrMo-legierte Vergütungsstähle der Gruppe StE 100 wird z. Z. an der Güte HY 100 die größtmögliche technisch nutzbare Blechdicke ermittelt. Sie dürfte im Bereich um 300 mm liegen. Die Grenzvergütungsquerschnitte sind in den Bildern 4a bis 4c durch Hervorhebung der entsprechenden Abkühlkurven für den Kernbereich der Bleche gekennzeichnet.

Die angegebenen Beispiele verdeutlichen, in welchem Maße der Grenzvergütungsquerschnitt von der Analyse abhängt. Die Zielsetzung der laufenden Werkstoffentwicklung auf dem Gebiet der Vergütungsstähle ist es, bei wirtschaftlicher Wahl der Analysenbasis den ständig wachsenden Forderungen hinsichtlich der technologischen Werte, vor allem für das Kerngefüge, zu entsprechen. Damit gewinnen quantitative Untersuchungen über die selektive und kumulative Wirkung der Legierungselemente auf die Gefügeausbildung zunehmend an Bedeutung. Hierbei stehen sowohl der Typ des Härtungsgefüges als auch der optimale Anlaßzustand im Vordergrund des Interesses.

In den Bildern 5 und 6 ist für die Gruppe der NiCrMoV-legierten Schmiedestähle die Abhängigkeit der mechanischen Gütewerte vom Nickel- bzw. Chromgehalt aufgetragen [4-6], und zwar sowohl für martensitisches als auch für Zwischenstufen -Vergütungsgefüge. Die ausgeprägteste Wirkung einer Erhöhung des Nickelgehaltes tritt in der starken Absenkung der Übergangstemperatur $T_{ü}$ des Zwischenstufengefüges in Erscheinung. $T_{ü}$ ist definiert als die Prüftemperatur, bei der 50 % der Bruchfläche kristallin erscheinen, d. h. spröde gebrochen sind. Diese Temperatur ist identisch mit dem im angelsächsischen Schrifttum als Fracture Appearance Transition Temperature (FAT-Temperatur) bezeichneten Wert. Niedrige $T_{ü}$- bzw. FATT-Werte kennzeichnen hohe Werkstoffzähigkeit. Eine Verdoppelung der Nickel-Konzentration von etwa 2 % auf 4 % bewirkt einen annähernd linearen Abfall der $T_{ü}$-Werte von ± 0 auf −60 °C. Beim Martensitgefüge wird demgegenüber nur ein Absenken der $T_{ü}$-Werte um 20 °C erreicht, bei allerdings insgesamt sehr niedrigem Niveau.

Für die $\sigma_{0,2}$-Grenze zeigt sich umgekehrt der stärkste Effekt des Nickelgehaltes beim Martensitgefüge, wo zwischen 2 % und 4 % Nickel ein Abfall der Werte um etwa 10 kp/mm² eintritt, während die Vergleichswerte des Zwischenstufengefüges praktisch unverändert bleiben.

Steigende Chromgehalte (Bild 6) haben in bezug auf die Übergangstemperatur eine ähnliche gefügespezifische Wirkung wie Nickel. Die günstige Wirkung auf die Kerbschlagzähigkeit des Zwischenstufengefüges ist bei Chrom sogar höher. Eine Anhebung der Chromkonzentration von 1 % auf 3 % bewirkt einen linearen Abfall der $T_{ü}$-Werte von + 10 auf −140 °C. Damit erreichen die Übergangstemperaturen des Zwischenstufengefüges bei 3 % Chrom dasselbe Niveau wie die Martensitwerte, die innerhalb der untersuchten Chromspanne von − 105 auf − 140 °C abfallen.

Die $\sigma_{0,2}$-Werte werden mit steigenden Chromgehalten abgesenkt. Dabei ist für den bisher technisch ausgenutzten Bereich von 1 % bis 2 % Chrom beim Martensitgefüge der Abfall deutlich ausgeprägter als beim Zwischenstufengefüge.

Die metallkundliche Erklärung dieser Zusammenhänge beruht auf der Steuerung des Umwandlungsverhaltens und des Karbid-Ausscheidungsmechanismus durch die mischkristallbildenden Legierungselemente und die Karbidbildner. Einzelheiten hierzu sind der angegebenen Literatur zu entnehmen [4-6].

3. Härtungsgefüge und Anlaßverhalten

Zur gleichzeitigen Einstellung hoher Streckgrenzenwerte und guter Sprödbruchsicherheit bieten die einzelnen Härtungsgefüge unterschiedliche Voraussetzungen. Dies geht auf die gefügespezifischen Ausscheidungsbedingungen für die Karbidphase zurück. Der günstigste Ausscheidungszustand ist eine statistische Verteilung feiner Karbidpartikel. Je weitergehend die Unterkühlung der γ/α-Umwandlung ist, d. h. je tiefer die Bildungstemperatur für die α-Phase abgesenkt wird, um so höher wird die Fehlordnung des α-Gitters und damit auch die Keimbildungsdichte für die Karbidausscheidung. Daher wird allgemein durch eine Vergütung in der Martensitstufe die beste Wertepaarung aus Streckgrenze und Zähigkeit erzielt. Bei Vergütung über Zwischenstufe ist die Bildungstemperatur des Härtungsgefüges entscheidend für die erreichbaren mechanischen Gütewerte. Je nach Bildungstemperatur unterscheidet man die „obere" und „untere" Zwischenstufe.

Der Temperaturbereich für die Bildung der oberen Zwischenstufe liegt mit etwa 600 bis 400 °C so hoch, daß der diffusionsgesteuerte Anteil an der Umwandlung überwiegt, was gleichbedeutend mit einer vergleichsweise starken Karbidausscheidung unter Bildung grober Karbide während des Härtungsvorganges ist, so daß bereits eine Annäherung an den Gleichgewichtsgefügezustand besteht, womit ungünstige Vergütungseigenschaften verbunden sind*). Die dicht oberhalb der Martensitbildungstemperatur entstehende untere Zwischenstufe wird überwiegend diffusionslos gebildet und bietet somit ähnlich günstige Voraussetzungen für den Vergütungseffekt wie der Martensit.

Die Nutzung der analytischen Möglichkeiten zur Steuerung der Ausbildung des Härtungsgefüges im Sinne weitestgehender

---

*) Wegen der nachteiligen Vergütungseigenschaften des oberen Zwischenstufengefüges sollte die Definition der Begriffe „Durchhärtung" bzw. „Durchvergütung" nicht nur die Ferritfreiheit in den Vordergrund stellen, sondern auch die weitestgehende Vermeidung von oberer Zwischenstufe im Härtungsgefüge betonen.

Austenitumwandlung in der Martensit- und der unteren Zwischenstufe findet in der Praxis ihre Grenzen bei so ausgeprägter Stabilisierung des Austenits, daß nach dem Härten Restaustenit in nicht vernachlässigbaren Mengen verbleibt. Der Restaustenit kann zwar meistens durch Tieftemperaturbehandlung nachträglich noch in Martensit umgewandelt werden. Dieser Weg ist aber für eine wirtschaftliche Fertigung kaum vertretbar.

Die Qualität X 8 Ni 9, ein 9%iger Nickelstahl mit Kohlenstoffgehalten unter 0,10%, stellt bei den schweißbaren Baustählen die obere Grenze für den in der Praxis genutzten Legierungsgehaltes an Nickel dar. Dieser Stahl wandelt beim Härten noch weitgehend frei von Restaustenit um. Über eine besondere Anlaßbehandlung ist es möglich, mit dem Stahl X 8 Ni 9 günstige Kerbschlagzähigkeitswerte bis zum Temperaturbereich um −200 °C einzustellen, in Verbindung mit vergleichsweise hohen Mindestwerten der Streckgrenze[7−9]).

Beim Anlassen martensitischen Härtungsgefüges kann man mit steigender Anlaßtemperatur drei wesentliche Anlaßstufen unterscheiden, ohne daß scharfe Temperaturgrenzen vorliegen. Die erste Stufe reicht bis etwa 250 °C. Sie ist bereits mit einem merklichen Rückgang der tetragonalen Verzerrung des α-Gitters durch Ausscheidung feindisperser Karbide verbunden. Es wird zunächst das ε-Karbid[10−13]) ausgeschieden, dessen Zusammensetzung in der Literatur[14]) mit $Fe_{2,4}C$ angegeben wird.

In der zweiten Anlaßstufe, die etwa im Temperaturbereich 250 bis 350 °C abläuft, findet die Umwandlung der ε-Karbide in Zementit Fe_3C statt. Geschwindigkeitsbestimmender Schritt ist dabei die Kohlenstoff-Diffusion im Martensit- bzw. im Ferritgitter. Bei weiterer Temperatursteigerung wachsen die Zementitpartikel unter gleichzeitiger Einformung, wobei neben der Kohlenstoffdiffusion auch Platzwechselvorgänge der Eisenatome eintreten.

Erreicht die Anlaßtemperatur Werte, bei denen Legierungselemente merklich diffundieren können, wird der Zementit auflegiert (dritte Anlaßstufe), entsprechend einem Übergang von Fe_3C in M_3C. Für die Auflegierung bestehen maximale Löslichkeiten, etwa für Chrom und Molybdän, bei deren Überschreitung es zur Ausscheidung von Folgeprodukten aus dem M_3C kommt[15−17]). Es bildet sich zunächst die M_7C_3-Phase, aus der bei sehr langen Anlaßzeiten und entsprechend hohen Legierungsgehalten die $M_{23}C_6$-Phase entsteht. Sonderkarbidbildende Elemente, deren Löslichkeit im M_3C sehr gering ist, wie z.B. Vanadin, Niob und Titan, bilden Karbidphasen, meist vom Typ MC, über Eigenkeimbildung[18]).

Prinzipiell ähnliche Vorgänge laufen beim Anlassen des Zwischenstufengefüges ab. Auch hier tritt beim Anlassen eine Karbideinformung und bei Stählen, die mit sonderkarbidbildenden Elementen legiert sind, eine Auflegierung der während der Härtung bzw. später gebildeten Karbide ein, wobei sich wiederum ein Übergang zu Sonderkarbiden anschließen kann.

Da Einformung und Auflegierung der Karbide über Diffusionsprozesse gesteuert werden, ist die Geschwindigkeit beider Vorgänge von der Ausscheidungsstatistik bestimmt, über welche die Diffusionswege festgelegt sind. Die Folge ist, daß bei gegebener Anlaßbehandlung die Karbide des martensitischen Vergütungsgefüges allgemein schneller einformen und höher legiert sind als die des Zwischenstufengefüges[19]).

Ein karbidischer Ausscheidungszustand mit feinverteilten, eingeformten Karbiden bewirkt im allgemeinen gute Zähigkeitswerte. Da mit der Karbideinformung gleichzeitig die Blockierung der Versetzungen bzw. die Behinderung der Versetzungswanderung zurückgeht, kann ein überzogenes Anlassen andererseits einen zu weitgehenden Streckgrenzenabfall bewirken. Somit sind genaue Temperaturführung und darauf abgestimmte Zeitvorgabe Voraussetzung für eine optimierte Vergütungsbehandlung.

Zur Darstellung der quantitativen Zusammenhänge zwischen Härtungsgefüge, Anlaßbehandlung und technologischen Werten werden Vergütungsschaubilder (Anlaßschaubilder) aufgestellt. Für ein gegebenes Härtungsgefüge wird die Abhängigkeit der Festigkeits- und Zähigkeitswerte von der Anlaßtemperatur (isochrones Schaubild) oder von der Anlaßzeit (isothermes Schaubild) aufgetragen. Grundsätzlich gilt, daß mit zunehmender Anlaßintensität, sei es durch Temperaturerhöhung oder Verlängerung der Anlaßzeit, ein Abfall der Festigkeits- und Streckgrenzenwerte und eine Zunahme der Verformungswerte (Bruchdehnung und Brucheinschnürung) sowie der Kerbschlagzähigkeit eintreten.

Bei der Auftragung von Anlaßschaubildern müssen zu den mechanischen Werten genauere Angaben bezüglich der Stahlanalyse, der Härtungsbedingungen, vor allem Härtetemperatur und Abschreckmittel, sowie für die Blechdicke bzw. den Vergütungsquerschnitt gemacht werden. Aus der Härtetemperatur können Rückschlüsse auf die eingestellte Austenitkorngröße sowie gegebenenfalls auf das Ausmaß der Lösung von Sonderkarbiden während der Austenitisierungsbehandlung gezogen werden.

Bevor die Anlaßschaubilder einiger Vergütungsstähle erläutert werden, soll anhand des Stahles StE 43 V, dessen Zusammensetzung auf C-Mn-Basis dem bekannten Baustahl St 52-3 weitestgehend entspricht, kurz der generelle Vorteil des Vergütungsgefüges gegenüber dem Normalisierungsgefüge in bezug auf die technologischen Werte aufgezeigt werden. In Bild 7 sind die Kerbschlagzähigkeits-Temperatur-Kurven für den normalisierten und den vergüteten Gefügezustand eines C-Mn-Stahles gegenübergestellt (Blechdicke 15 mm) und die Werte für Festigkeit, Streckgrenze und Bruchdehnung sowie Angaben über Analyse und Wärmebehandlung vermerkt. Durch die Vergütung ist die Festigkeit um etwa 10 kp/mm^2, die Streckgrenze um etwa 12 kp/mm^2 angehoben worden, bei gleichzeitiger Verbesserung, d. h. Absenkung, der Übergangstemperatur $T_Ü$ für 0 % kristallinen Bruchanteil (Beginn des Steilabfalls) um etwa 40 °C und um ca. 20 °C für 50 % kristallinen Bruchanteil, entsprechend $a_k = 3{,}5$ mkp/cm^2 an der Charpy-V-Probe.

Generell ist zu sagen, daß für die Gruppe der schweißbaren Baustähle zur Verbindung hinreichender Sprödbruchsicherheit mit Streckgrenzenwerten deutlich oberhalb etwa 50 kp/mm^2 eine Vergütungsbehandlung unumgänglich ist.

In den Bildern 8a und 8b sind die isochronen Vergütungsschaubilder ($t = 1$ h, gerechnet nach Temperaturausgleich) der schweißbaren Baustähle StE 43 V und StE 70 (T 1) gegenübergestellt. Für den angegebenen Blechdickenbereich bis 30 mm wird in beiden Fällen mit dem Härten in Wasser eine vollständige oder doch weitgehende Umwandlung über Martensit erreicht. Der Analyseneinfluß wird am Vergleich der Wertepaare aus Streckgrenze und Kerbschlagzähigkeit deutlich. Bei vergleichbarer Zähigkeit liegen die Streckgrenzenwerte des Stahles T 1 erheblich über denen des Stahles StE 43 V.

Die Anlaßbeständigkeit eines Vergütungsstahles wird wesentlich durch den Legierungsgehalt der Karbidphase bestimmt, indem ein hoher Legierungsgehalt, insbesondere an Chrom und Molybdän, die Bildung eingeformter Karbide begünstigt und damit die Anlaßbeständigkeit vermindert. Diese Wirkung der karbidbildenden Elemente wird durch hohe Nickelgehalte indirekt gefördert (s. a. Abschnitt 4).

In der nachfolgenden tabellarischen Zusammenstellung sind die Festigkeits-, Streckgrenzen- und Kerbschlagzähigkeitswerte der Vergütungsstähle StE 43, StE 70 (T 1) und StE 70 (HY 100) aufgeführt, wie sie sich nach Härten von 30 mm Blechen in Wasser und Anlassen bei 650 °C ergeben.

	σ_B [kp/mm^2]	σ_S [kp/mm^2]	a_k − 20 °C längs [mkp/cm^2]	quer
StE 43 V	62	48	10,5	7,5
StE 70 (T 1)	89	81	13	6,8
StE 70 (HY 100)	82	72	23	19

Der eigentliche Vorteil der höherlegierten Güten, die weiterreichende Durchvergütung, tritt naturgemäß erst bei Übergang zu größeren Wanddicken deutlich in Erscheinung.

Die Gefügeabhängigkeit des Anlaßverhaltens wird verdeutlicht am Beispiel des NiCrMoV-legierten Vergütungsstahles 28 NiCrMoV 7 5. In Bild 9 sind die Vergütungsschaubilder dieser Qualität für das martensitische und das Zwischenstufen-Härtungsgefüge gegenübergestellt[20]). Die Gefügeeinstellung erfolgte über programmierte Temperaturführung während des Härtens (Labormaßstab) so, daß bezogen auf einen Vollzylinder mit 1000 mm Durchmesser, das Rand- und das Kerngefüge, d. h. Martensit bzw. obere mit unterer Zwischenstufe, gebildet wurde. Die Zähigkeit liegt beim über Martensit vergüteten Gefüge höher als bei der vergüteten Zwischenstufe. Demgegenüber sind die gefügebedingten Unterschiede in den Festigkeits-, Streckgrenzen- und Verformungswerten geringer. Diese Feststellung kann zumindest für die NiCrMoV-legierten Vergütungsstähle dahingehend verallgemeinert werden, daß die Gefügeabhängigkeit der Zähigkeitswerte ausgeprägter ist als die der Festigkeits- und Streckgrenzenwerte (s. auch Bild 12).

Bevor weiter auf die Werkstoffeigenschaften von Vergütungsstählen eingegangen wird, soll noch das Problem der Anlaßversprödung behandelt werden.

4. Anlaßversprödung

Unter Anlaßversprödung versteht man eine Verschlechterung der Sprödbruchsicherheit während des Anlassens oder, was häufiger vorkommt, im Verlaufe der Abkühlung von Anlaßtemperatur. Dieser Effekt tritt ausgeprägt nur beim Vergütungsgefüge in Erscheinung. Im normalisierten Zustand wird er kaum oder gar nicht beobachtet.

Die verminderte Sprödbruchsicherheit wird in einer mehr oder weniger starken Verschiebung der Kerbschlagzähigkeits-Übergangstemperatur $T_Ü$ zu hohen Werten deutlich. Die Hochlagewerte der Kerbschlagzähigkeit sind kaum betroffen. Streckgrenze und Festigkeit ändern sich im Zusammenhang mit der Anlaßversprödung nicht. Am schnellsten tritt die Anlaßversprödung im Temperaturbereich 560 bis 530 °C ein, bei entsprechend langem Halten auch noch bei tieferen Temperaturen, während oberhalb 600 °C eine Anlaßversprödung nicht mehr stattfindet. Eine Glühung bei 600 °C oder höheren Temperaturen führt sogar zu einer vollständigen Aufhebung der Versprödung. Die Verbesserung der Sprödbruchsicherheit bleibt erhalten, wenn die Abkühlgeschwindigkeit nach dieser Glühbehandlung so groß ist, daß der Temperaturbereich maximaler Versprödung hinreichend schnell durchlaufen wird.

Der genaue Mechanismus der Anlaßversprödung ist bis heute nicht geklärt. Die Ursache dieser Versprödungserscheinung wird in einer Gleichgewichtsseigerung der im Stahl enthaltenen Spurenelemente, vor allem Phosphor und Zinn, an die Korngrenzen gesehen[21−23]). Anreicherungen dieser Elemente auf den Korngrenzen konnten mit Hilfe der Auger-Elektronenmikroskopie nachgewiesen werden[24]). Die Wirksamkeit dieser Elemente wird, begünstigt durch zulegierte Mischkristallbildner, vor allem Nickel, aber auch Mangan und Silizium, sowie durch das karbidbildende Element Chrom[5, 6]). Demgegenüber wirken Molybdän-Gehalte um 0,4 % der Versprödungsneigung entgegen. Höhere Mo-Gehalte sind nachteilig.

Diese scheinbar unübersichtlichen Zusammenhänge finden ihre metallkundliche Deutung über die Wirkungsweise des Molybdäns. Sie kann in einer Diffusionshemmung für den Ablauf der Gleichgewichtsseigerung von Phosphor und Zinn bestehen oder in der Verminderung der thermodynamischen Aktivitäten dieser versprödenden Elemente. Unabhängig davon, welcher Mechanismus tatsächlich vorherrscht, ist davon auszugehen, daß von dem analytisch nachgewiesenen Gesamt-Molybdängehalt nur der im Grundgefüge gelöste Anteil für die Unterdrückung der Anlaßversprödung wirksam ist. Damit wird die Verteilungsfunktion des zulegierten Molybdäns zwischen Mischkristall und Karbidphase entscheidend für die Wirksamkeit des Molybdäns.

Die Verteilungsfunktion wird durch alle Legierungselemente gemeinsam bestimmt. Substitution im α-Gitter erfolgt außer durch die reinen Mischkristallbildner, auch in mehr oder weniger starkem Umfang durch sonderkarbidbildende Elemente. Für die Sonderkarbidbildner wird die Verteilungsfunktion zwischen Grundgefüge und Karbidphasen mitbestimmt durch die Ähnlichkeit des Atomvolumens und der Elektronenkonfiguration in bezug auf das α-Eisen. Chrom, Mangan und Nickel füllen bekanntlich gemeinsam mit Eisen und Kobalt nacheinander das 3d-Band der Elektronenschalen auf (Ordnungszahlen 24–28). Die Ordnungszahl von Molybdän ist mit 42 wesentlich größer. Es kann daher davon ausgegangen werden, daß Molybdän bevorzugt in die Karbidphase gedrängt wird, wenn dem Stahl große Gehalte an Chrom, Mangan und Nickel zulegiert sind. Die begünstigende Wirkung von Silizium auf die Anlaßversprödung muß ebenfalls mit der starken Mischkristallbildung im α-Gitter in Zusammenhang gebracht werden.

Daß Molybdängehalte oberhalb 0,5 % ungünstig auf die Anlaßversprödung wirken, wird über die nachgewiesene Bildung der Mo_2C-Phase verständlich, mit deren Ausscheidung eine starke zusätzliche Senke für Molybdän in Richtung auf die Karbidphasen, also ein weiterer Entzug von Molybdän aus dem Grundgitter, eintritt.

Insgesamt besteht somit eine kumulative Wirkung der Hauptlegierungselemente in bezug auf die Sensibilisierung der Anlaßversprödung. Dies wird am folgenden Beispiel deutlich. Bei den Schmiedestählen auf Ni-Cr-Basis, deren Cr-Gehalt um 1,5 % liegt, tritt Anlaßversprödung erst oberhalb 3 % Nickel auf[26]). Der Mangangehalt dieser Qualitäten ist mit etwa 0,25 % niedrig. Demgegenüber werden schweißbare vergütete Baustähle, die Mn-Gehalte um 1,4 % enthalten, bereits bei wesentlich niedrigeren Ni-Gehalten anlaßspröde[27]).

Als quantitatives Maß für die Anlaßversprödung wird der $\Delta T_Ü$-Wert bestimmt, der sich als Differenz der Übergangstemperaturen nach stufenweisem, langsamen Durchlaufen des Temperaturbereiches der Versprödung (step cooling) und nach schroffer Abkühlung (Wasser) ergibt, jeweils ausgehend von Anlaßtemperatur und bezogen auf $T_Ü$ für 50 % kristallinen Bruchanteil[28]). In Tabelle 1 sind einige in dieser Weise ermittelte $\Delta T_Ü$-Werte zusammengestellt, die das oben gesagte veranschaulichen.

Die Höhe des $\Delta T_Ü$-Wertes ist außer von der Stahlzusammensetzung abhängig von der Art des Vergütungsgefüges. Eine

Umwandlung über Martensit macht den Stahl empfindlicher gegen Anlaßversprödung als eine Vergütung in der Bainitstufe.

In Bild 10 sind für einen Schmiedestahl auf NiCr (Mo)-Basis die $\Delta T_{\ddot{U}}$-Werte für martensitisches und bainitisches Vergütungsgefüge gegenübergestellt. Aus dieser Darstellung ist außer dem gefügespezifischen Unterschied in der Höhe der $\Delta T_{\ddot{U}}$-Werte zu ersehen, daß zur weitgehenden Unterdrückung der Anlaßversprödung bei martensitischem Vergütungsgefüge mehr Molybdän (0,5%) benötigt wird als bei bainitischem Vergütungsgefüge (ca. 0,3%)[25]. Dieser Sachverhalt läßt sich anhand der dargelegten grundsätzlichen Überlegungen zum Wirkungsmechanismus des Molybdäns zwanglos erklären. Die Karbide des martensitischen Vergütungsgefüges weisen, wie schon erwähnt, bei gegebener Anlaßbehandlung den höheren Legierungsgehalt auf als die Karbide des bainitischen Vergütungsgefüges, so daß zur Aufrechterhaltung des erforderlichen Mindest-Molybdängehaltes im Grundgitter bei Martensit eine größere Gesamt-Molybdänmenge zulegiert werden muß als bei der Zwischenstufe.

In gleicher Weise ist der Befund zu verstehen, daß die Anlaßversprödung bei gegebener Analyse und gegebener Gefügeausbildung abhängig von der Festigkeit ist. Sie wird um so geringer, je höher die Festigkeit ist, also je niedriger die Anlaßtemperatur und damit die Auflegierung der Karbide war[29].

Für die Praxis hat die Erscheinung der Anlaßversprödung naturgemäß besondere Bedeutung bei Schmiedestücken mit großem Vergütungsquerschnitt, zumal wenn aus Gründen des Eigenspannungsaufbaues nach dem Anlassen nicht beliebig schnell abgekühlt werden kann. Bei den vergüteten schweißbaren Baustählen ist der Effekt mehr im Hinblick auf die richtige Festlegung der Spannungsarmglühtemperatur zu bewerten.

Um einer Versprödung von vornherein entgegenzuwirken, werden in der Praxis außer der Vorgabe bestmöglich abgestimmter Stahlzusammensetzungen aufwendige metallurgische Maßnahmen ergriffen, indem z. B. bei der Fertigung von schweren Generator- oder Turbinenwellen von einer Roheisenbasis ausgegangen wird, die es gestattet, im Stahl Phosphor- und Zinngehalte unter 0,010% einzustellen. Außerdem werden die Silizium- und Mangan-Gehalte im Bereich von 0,20% gehalten, wobei die Technik der Vakuum-Kohlenstoffdesoxidation günstige Voraussetzungen bietet, um noch niedrigere Werte zu erreichen. Bei der Vakuum-Kohlenstoffdesoxidation erfolgt die Abbindung des freien Sauerstoffs über Reaktionen mit Kohlenstoff, also über die Gasphase. Damit können die Zusätze von Silizium, Mangan und Aluminium, wie sie bei der klassischen Fällungsdesoxidation üblich sind, entsprechend weitgehend vermindert werden oder entfallen.

5. Ergebnisse aus der betrieblichen Praxis

5.1 Schweißbare wasservergütete Baustähle

Die wichtigsten in der Bundesrepublik hergestellten schweißbaren wasservergüteten Baustähle umfassen einen Streckgrenzenbereich zwischen 43 und 90 kp/mm². Die chemische Zusammensetzung sowie die mechanischen Gütewerte sind in Tabelle 2 zusammengestellt. Die technologischen Werte gelten für eine Probenlage unter der Oberfläche bzw. in Oberflächennähe, entsprechend den DIN-Festlegungen. In der Tabelle sind unter der Spalte „Blechdicke max." die Grenzwandstärken aufgeführt, bis zu denen jeweils die höchsten angegebenen Festigkeitskennwerte garantiert werden.

Die einzelnen Stähle lassen sich nach der garantierten Mindeststreckgrenze und dem Hauptverwendungszweck in vier Gruppen einteilen. Die erste Gruppe umfaßt niedriglegierte Stähle im Streckgrenzenbereich zwischen 43 und 51 kp/mm², in dem gleichzeitig auch normalgeglühte Stähle zur Verfügung stehen. Typische Merkmale dieser wasservergüteten Stähle sind ein geringerer Legierungsaufwand, verbesserte Schweißbarkeit durch abgesenkten Kohlenstoffgehalt und teilweise bis zu etwa 25% erhöhte Zähigkeitswerte. Für die aufgeführten S-Güten, die sich gegenüber der Grundgüte analytisch durch einen weiter abgesenkten C-Gehalt und eine engere Begrenzung des Phosphor- und Schwefelgehaltes unterscheiden, ist der Gewährleistungsumfang in der Zähigkeit bis auf Temperaturen von $-60\,°C$ erweitert. Die beiden ersten Stähle dieser Gruppe werden in Blechdicken bis 35 mm, die übrigen in Blechdicken bis 50 mm geliefert. Sie finden hauptsächlich Anwendung beim Bau von Lagerbehältern für Erdöl und verflüssigte Gase sowie für Druckrohrleitungen.

Die Stähle der zweiten Gruppe fallen hinsichtlich der garantierten Streckgrenze zwischen 44 und 56 kp/mm² teilweise noch in die vorherige Gruppe, sie unterscheiden sich jedoch in der chemischen Zusammensetzung durch höhere Nickel- und Molybdängehalte, teilweise in Verbindung mit geringem Chrom- und Vanadinzusatz. Aufgrund der verbesserten Durchvergütungseigenschaften und der erhöhten Warmfestigkeitswerte werden diese Stähle vorzugsweise für warmgehende Druckbehälter, wie z. B. Reaktordruckgefäße, Kesseltrommeln, Wärmeaustauscher usw., eingesetzt. Auf eine Wiedergabe gewährleisteter Warmfestigkeitswerte wird an dieser Stelle aus Gründen einer besseren Übersicht verzichtet.

Die nächste Gruppe mit einem Streckgrenzenbereich von 55 bis 90 kp/mm² enthält vorwiegend Güten auf CrMo-, NiCrMo- und MnMoNi-Basis. In vielen Fällen werden sowohl Zähigkeitswerte bis zu tiefen Temperaturen als auch Streckgrenzenwerte bis 400°C garantiert. Der Anwendungsbereich dieser Stähle ist daher sehr vielseitig. Der Schwerpunkt liegt z. Z. noch in den Bereichen Stahlbau, Fahrzeugbau, Maschinenbau und Kranbau. Einige Stähle werden durch Anwendung extrem niedriger Anlaßtemperaturen im Bereich zwischen 400 und 500 °C auch als Sondergüten mit hohen Verschleißeigenschaften hergestellt.

Die in der letzten Gruppe aufgeführten Stähle HY 80 und HY 100 sind durch hohe Nickel- und Chromgehalte gekennzeichnet. Ihr Anwendungsbereich erstreckt sich bisher im wesentlichen auf den Bau von Unterwasserfahrzeugen[30-32]. Die guten Durchvergütungseigenschaften sowie die ausgezeichneten Zähigkeitswerte lassen beide Stähle jedoch auch für andere hochbeanspruchte Bauteile geeignet erscheinen. Die Entwicklungsarbeiten für Stähle dieser Gruppe reichen inzwischen bis zur praktischen Erprobung einer Qualität HY 130. Dieser Stahl enthält nur noch Kohlenstoffgehalte um 0,10%. Dafür sind der Nickelgehalt auf etwa 5% und der Mangangehalt auf knapp 1% angehoben. Nach Flüssigkeitsvergütung können mit diesem Stahl bei sehr guten Zähigkeitseigenschaften Streckgrenzen oberhalb 100 kp/mm² eingestellt werden.

Insgesamt bestätigt sich, daß die wasservergüteten Baustähle durch besonders gute Sprödbruchsicherheit bei gleichzeitig hohen Streckgrenzen gekennzeichnet sind. Weitere Angaben hierzu sind dem Schrifttum zu entnehmen[33-37].

In diesem Zusammenhang sei noch kurz auf Sprödbruchprüfungen eingegangen, deren Aussage für die Praxis weitergehend ist als der geläufige Kerbschlagbiegeversuch, mit dem die Übergangstemperaturen für 0% und 50% kristallinen Bruchanteil bestimmt werden. Wesentliches Merkmal der modernen Prüftechniken ist die Verwendung von Proben mit natürlichen

Anrissen an Stelle der bei Kerbschlagbiegeproben üblichen künstlichen Kerben. Erwähnt seien der Robertson-Test[38]) und der Drop-Weight-Test nach Pellini[39]). Während der Versuchsaufwand für die Sprödbruchprüfung an den Großproben nach Robertson sehr aufwendig ist, hat der Drop-Weight-Test wegen der einfacheren Probenherstellung in den letzten Jahren zunehmend an Bedeutung gewonnen. Auf bruchmechanische Messungen wird unter Pkt. 5.2 bei der Behandlung der Schmiedequalitäten eingegangen.

Zur Einleitung eines natürlichen Anrisses in den Werkstoff bei dynamischer Biegebeanspruchung werden beim Pellini-Versuch die Proben auf der während der Prüfung zugbeanspruchten Oberfläche mit einer Schweißraupe versehen, wobei das niedergeschmolzene Schweißgut extrem spröde ist. Vor der Fallgewichtsprüfung wird die Schweißraupe angekerbt, so daß von dort während der Prüfung ein natürlicher Anriß in den Grundwerkstoff hinein läuft. Ermittelt wird die Temperatur, bis zu der der Werkstoff noch in der Lage ist, den laufenden Riß so weit abzufangen, daß die äußere Begrenzung der Probe nicht erreicht wird. Diese Temperatur ist die sogenannte „nil ductility transition temperature" (NDT-Temperatur), bei deren Unterschreitung ein spröder Bruch zu erwarten ist. Unter Verwendung der NDT-Temperatur können Abschätzungen über das Betriebsverhalten von Bauteilen gemacht werden. Beispiele hierzu sind in der Literatur mehrfach angegeben[40]).

In Bild 11 sind für einige wasservergütete Baustähle die NDT-Temperaturen angegeben, und zwar die Streubänder für alle geprüften Blechdicken. Die Streckgrenze ist jeweils mit vermerkt. Für den Stahl T 1 konnten an Großproben beim Robertson-Test Rißauffangtemperaturen zwischen -50 und $-60\,°C$ festgestellt werden.

Durch die steigende Anwendung dicker Bleche für hochbeanspruchte Bauteile kommt der Frage des Verlaufes der mechanischen Gütewerte über die Blechdicke zunehmend Bedeutung zu. Da eine Voraussage anhand der heute zur Verfügung stehenden Mittel nur begrenzt möglich ist, laufen seit einiger Zeit labormäßige Simulationsversuche und praktische Erprobungen zur Bestimmung der entsprechenden Werte.

Die Überprüfung von Bohrkernproben, wie sie häufig bei Kesseltrommeln über Länge und Umfang verteilt entnommen werden, ermöglicht eine gute Beurteilung der über den Blechquerschnitt vorliegenden Eigenschaften sowie des Vergütungseffektes in größeren Abmessungen. Tabelle 3 enthält Prüfergebnisse, die an verschiedenen Bohrkernen aus einer wasservergüteten Kesseltrommel ermittelt worden sind. Die Wanddicke der aus einem warmfesten MnNiMo-legierten Vergütungsstahl gefertigten Trommel betrug 77 mm. Die Festigkeitswerte (Probenlage 1/6 der Wanddicke) zeigen bis auf eine Ausnahme in der Dehnung eine hohe Gleichmäßigkeit; der größte Unterschied in der Streckgrenze beträgt nur 4 kp/mm². Die Kerbschlagzähigkeitswerte bei $\pm 0\,°C$ an der ISO-V-Kerbprobe liegen mit über 10 mkp/cm² bemerkenswert hoch und sind über die gesamte Wanddicke sehr einheitlich.

5.2 Schmiedestücke

Bei der Erprobung schwerer Schmiedestücke mit großem Vergütungsquerschnitt ist eine gesonderte Prüfung für den Rand- und den Kernbereich seit langem üblich. Für zwei NiCrMoV-Vergütungsstähle mit unterschiedlichem Legierungsgehalt an Nickel und Chrom sind in Tabelle 4 die mechanischen Gütewerte für den Rand- und den Kernbereich schwerer Wellen zusammengestellt. Mit angegeben sind außer den Analysen die interessierenden Stückabmessungen sowie die Wärmebehandlung.

Wie bereits erwähnt, wird der Stahl 28 NiCrMoV 7 4 bei hohen Anforderungen hinsichtlich der mechanischen Gütewerte nur bis zu Vergütungsquerschnitten von ⌀ 1200 mm eingesetzt, während für die Qualität 25 NiCrMoV 14 5 positive Erfahrungen bis zu Durchmessern von ⌀ 1800 mm vorliegen. Für den Vergleich wurden schwere Wellen mit ⌀ 1500 mm herangezogen, um die werkstoffbedingten Unterschiede deutlich zu machen. Mit beiden Stählen kann im Randbereich der Wellen ein überwiegend oder rein martensitisches Härtungsgefüge eingestellt werden. Mit zunehmender Randentfernung tritt der Analyseneinfluß stärker in Erscheinung. Im Kernbereich härtet der höherlegierte Stahl noch voll durch (ca. 80 % Zwischenstufe + 20 % Martensit), während mit dem 2 % Ni-Stahl bei ⌀ 1500 mm kaum noch ein Ferrit-freies Kerngefüge einzustellen ist (vergl. Bild 3). Demzufolge sind die mechanischen Werte über den Querschnitt der höherlegierten Welle wesentlich ausgeglichener als beim Vergleichskörper. Ein gefügespezifischer Abfall der Werte wird bei dem Rotorkörper aus 3,5 % Ni-Stahl nur für die Übergangstemperatur beobachtet, die aber mit $-30\,°C$ im Kern immer noch einen sehr guten Wert aufweist.

Bei der Welle aus 2 % Ni-Stahl fallen dagegen auch die Streckgrenze und die Festigkeit über den Querschnitt deutlich ab. Die im Vergleich zum 3,5 % Ni-Stahl niedrigeren Werte im Randbereich gehen zum Teil auf die Unterschiede in der Anlaßtemperatur zurück. Die Übergangstemperatur steigt im Kern auf $+45\,°C$ an und liegt damit sehr hoch.

Der beobachtete Effekt, daß beim 3,5 % Ni-Stahl die Festigkeits- und Streckgrenzenwerte des Zwischenstufen-Kerngefüges höher liegen als die Vergleichszahlen des martensitischen Randgefüges, tritt in der Praxis häufiger auf, ohne aber typisch zu sein. Dabei handelt es sich nicht allein um die Folge unvermeidlicher Blockseigerungen. Vielmehr wird bei NiCrMoV-Stählen mit Ni-Gehalten oberhalb etwa 3,5 % eine solche Erscheinung auch bei Versuchsschmelzen im 100-kg-Maßstab beobachtet, woraus zu schließen ist, daß der Mischkristall-Härtungseffekt des Nickels abhängig vom Typ des Grundgefüges ist. In Bild 12 sind für drei Schmelzen gleicher Grundanalyse, aber mit gestuftem Ni-Gehaltes die Anlaßschaubilder, getrennt nach martensitischem und bainitischem Vergütungsgefüge, gegenübergestellt[41]). Beim Stahl mit 3,8 % Nickel werden die höheren Festigkeitswerte beim bainitischen Vergütungsgefüge gemessen. Wegen der metallkundlichen Deutung wird auf die Literatur[5]) verwiesen. Unabhängig davon erkennt man wiederum den ausgeprägten – mit steigendem Nickelgehalt, d. h. mit Begünstigung der unteren Zwischenstufe allerdings zurückgehenden – Vorteil des martensitischen Vergütungsgefüges hinsichtlich der Zähigkeitswerte.

Die mit einem gegebenen Vergütungsstahl und festliegenden Abkühlgeschwindigkeiten erzielbaren mechanischen Gütewerte hängen auch von der Austenitkorngröße ab. Je größer das beim Härten vorliegende Austenitkorn ist, um so geringere Streckgrenzenwerte und um so höhere Übergangstemperaturen ergeben sich. Aus diesem Grunde wird der Härtung häufig eine ein- oder mehrmalige Normalisierungsbehandlung vorgeschaltet, um mit der Umkristallisation eine Kornverfeinerung zu bewirken. Dies ist insbesondere erforderlich, wenn die Temperaturführung in den vorausgegangenen Arbeitsgängen (z. B. Vorwärmung auf etwa 1250 °C zum Schmieden oder Walzen) zu einem sehr starken Kornwachstum geführt hat und die Kornvergröberung unter der Verformung nicht hinreichend rückgängig gemacht werden konnte. Fälle dieser Art können beim Schmieden schwerer Stücke mit großem Querschnitt auftreten, deren Wärmekapazität so groß ist, daß nach Schmiedeende ein erneutes Kornwachstum einsetzen kann. Wo die Temperaturgrenze für deutliches Kornwachstum liegt, hängt in gewissem Umfang von der Stahlanalyse ab, da z. B. Aluminiumnitride und Vanadinkarbonitride das Kornwachstum hemmen, so daß erst oberhalb deren Lösungstemperatur, d. h. um 1000 °C, ein starkes Wachstum der Austenitkörner einsetzt.

In Fällen besonderer Beanspruchungsverhältnisse wird die Erprobung von Schmiedestücken über den üblichen Umfang, wie Bestimmung von Streckgrenze, Übergangstemperatur u. ä., hinaus auch auf bruchmechanische Messungen ausgedehnt, um die Betriebseignung hochbeanspruchter Teile zu beschreiben. Für Turbinen- und Generatorwellen liegen inzwischen zahlreiche K_{IC}-Werte vor, die außerhalb der offiziellen Erprobung bestimmt worden sind [42,43]. Anhand dieser Werte können nach den Gesetzen der Bruchmechanik kritische Rißlängen berechnet werden, bei deren Überschreitung spontanes Rißwachstum einsetzt.

Die im Rahmen der praktischen Erprobung bestimmten K_{IC}-Werte für NiCrMoV-Qualitäten liegen erwartungsgemäß in einem vergleichsweise breiten Streuband, da sie verschiedene Vergütungszustände umfassen. Eine ausgeprägte Gefügeabhängigkeit der Bruchzähigkeit ergab sich aus eingehenden Untersuchungen [44] für den Stahl 26 NiCrMoV 14 5, wobei an 60 mm dicken C-T-Proben die K_{IC}-Werte gesondert für angelassenen Martensit sowie untere und obere Bainitstufe gemessen wurden. Zusätzlich ist dabei der gefügespezifische Einfluß einer Anlaßversprödung ermittelt worden. Die Streckgrenze bei Raumtemperatur lag für alle untersuchten Gefügezustände einheitlich bei 79 kp/mm². Die Ergebnisse dieser Versuche sind in Bild 13a zusammengestellt. Die zu erwartende Gefügeabhängigkeit drückt sich in der deutlichen Stufung der K_{IC}-Werte für das martensitische und für die beiden Zwischenstufen-Vergütungsgefüge aus mit den höchsten Werten beim Martensit und den niedrigsten bei der oberen Zwischenstufe.

Der Vorteil des martensitischen Vergütungszustandes geht weitgehend verloren, wenn sich infolge langsamer Abkühlung von Anlaßtemperatur ein Anlaßversprödungseffekt auswirkt. Die Unterschiede zwischen der unteren und der oberen Zwischenstufe treten bei Einbeziehung einer Anlaßversprödung stärker in Erscheinung.

Die mit den gemessenen K_{IC}-Werten berechneten kritischen Rißlängen bei Annahme eines elliptischen Innenfehlers mit einem Achsenverhältnis a/2c = 0,1 und einer Normalspannung von 70 kp/mm² (Bild 13b) spiegeln den Gefügeeinfluß ebenfalls deutlich wieder. Für eine Temperatur von ± 0 °C findet man hier für die obere Zwischenstufe eine kritische Rißlänge von ca. 5 mm. Derartige Befunde werden bei der Ultraschallprüfung mit Sicherheit aufgezeigt. Aus dem Schaubild läßt sich weiterhin abschätzen, daß für die untere Zwischenstufe die kritische Rißlänge wesentlich größer ist. Bei Martensit liegen die Verhältnisse noch günstiger. Obwohl nicht für alle Gefügezustände bruchmechanische Werte, die den Betriebstemperaturen von Turbinen- und Generatorwellen zuzuordnen sind, gemessen werden konnten, zeichnet sich doch die Sinnfälligkeit ab, beim Härten der Wellen eine weitgehende Umwandlung des Kerngefüges in der unteren Zwischenstufe zu realisieren.

Während für Turbinen- und Generatorwellen die vorliegenden bruchmechanischen Werte außerhalb der Abnahme bestimmt wurden, werden bei der Fertigung von Schwungscheiben für den Kernkraftwerksbau K_{IC}-Werte als Gewährleistungswerte gemessen. Die Schwungscheiben, die ebenfalls aus NiCrMoV-legierten Vergütungsstählen gefertigt werden, sind mit den Antriebsmotoren der Primärkühlpumpe gekoppelt und dienen dazu, über ihre Speicherenergie bei Stromausfall ein allmähliches Auslaufen der Pumpe bis zur Inbetriebnahme von Hilfsaggregaten zu ermöglichen. Gebräuchliche Abmessungen derartiger Scheiben sind ⌀ 1800 bis 2000 mm bei Wanddicken von 200 bis 400 mm.

Als Gewährleistungswerte für die um Raumtemperatur liegenden Betriebstemperaturen der Schwungradscheiben sind bei Streckgrenzen bis zu 85 kp/mm² Mindestwerte der Bruchzähigkeit K_{IC} von 575 kp/mm$^{3/2}$ einzustellen. Diese Forderung ist mit dem Werkstoff 25 NiCrMoV 14 5 mit guter Sicherheit zu erfüllen.

Neben der Erfordernis hoher Sprödbruchsicherheit bei gleichzeitig hohen Streckgrenzen müssen mit Vergütungsstählen auch Beanspruchungsverhältnisse abgedeckt werden, die wesentlich auf Verschleiß durch Abrieb bzw. Wälzreibung ausgerichtet sind. Ein typisches Beispiel hierfür sind aus dem Gebiet der schweren Schmiedestücke die Kaltwalzen. Die Legierungsbasis der Stähle dieser Gruppe ist mit eutektoidem Kohlenstoffgehalt und Chromgehalten um 1,5 % (Grundtyp 100 Cr 6) auf die Erzielung hoher Härte im Oberflächenbereich abgestimmt. Um dabei ausreichende Zähigkeit im Kern zu behalten, erfolgt nach einer Vorvergütung auf entsprechende Zähigkeit, mit der auch die Gütewerte der Zapfen eingestellt werden, eine Oberflächenhärtung mit nachfolgendem niedrigen Anlassen bei Temperaturen, die in der Spanne 120 bis 350 °C, meist um 200 °C, liegen.

Zum Härten der Oberflächenschicht wird die Randzone entweder kurzzeitig im Ofen oder induktiv auf Temperaturen erhitzt, die eine vollständige Gefügeumwandlung mit weitgehender Lösung der Chromkarbide bewirken.

Als Härtungsgefüge entsteht je nach Art der Härtung ein Martensit- oder Zwischenstufengefüge (manchmal auch eine sorbitische Ausbildung des Eutektoids). Die erzielten Oberflächenhärten liegen vor dem Anlassen um 900 kp/mm², danach bei etwa 750 kp/mm² (jeweils HV 125). Die Einhärtetiefe kann beim Austenitisieren im Ofen durch die Haltezeit in gewissem Umfang gesteuert werden. Über eine Induktivhärtung sind aufgrund der physikalischen Gesetzmäßigkeiten des Induktionseffektes normalerweise nur Einhärtetiefen bis etwa 20 mm erreichbar.

Grundsätzliche Aussagen über die erreichbaren Einhärtetiefen können über den sogenannten Stirnabschreckversuch nach Jominy gemacht werden, bei dem die Stirnseite einer zylindrischen Probe (⌀ 25 mm) von Härtetemperatur mit Wasser abgeschreckt wird und anschließend entlang einer auf der Mantelfläche angeschliffenen Längsbahn der Härteverlauf, ausgehend von der Stirnseite, bestimmt wird [45].

Bei der Behandlung des Themas Oberflächenhärtung sei auch auf die bei der Fertigung von Lokomotiv- und Waggonrädern zur Verschleißminderung gebräuchliche Laufkranzvergütung hingewiesen. Mit den für dieses Produkt bisher eingesetzten C-Mn-Stählen (C etwa 0,50 %, Mn etwa 0,60 %) wird dabei nur eine sorbitische Ausbildung des Eutektoids erreicht. Die Werkstoffentwicklung auf diesem Gebiet schließt aber die Verwendung von Stählen nicht aus, deren Analysenbasis es gestattet, unter der Wirkung einer Laufkranzvergütung ein martensitisches oder Zwischenstufen-Vergütungsgefüge einzustellen. Gelegentlich wird in diesem Zusammenhang auch über die Vollvergütung von Rädern berichtet, bei der die Dosierung der Wassermenge gesondert für den Laufkranz-, Steg- und Nabenbereich erfolgt.

6. Betriebliche Vergütungseinrichtungen

Für das Vergüten von Grobblechen wurden besondere Anlagen entwickelt, die eine wirtschaftliche Fertigung gewährleisten[46,47]). Sie bestehen aus Härteofen, Abschreckeinrichtung – der sogenannten Quette – und Anlaßofen. Das Blech wird zunächst über den Aufgabetisch in den Rollenherdofen eingebracht und auf Härtetemperatur erhitzt. Durch Variation der Transportgeschwindigkeit ist eine auf Blechdicke und Stahlgüte abgestimmte durchgreifende Erwärmung möglich. Über einen Schnellrollgang kommt das Blech mit hoher Geschwindigkeit in die Quette, wird dort zwischen der Ober- und Untermatrize durch Stempel bzw. Bolzen fest eingespannt oder durch Rollen geführt und dabei gleichzeitig über ein Düsensystem mit einer großen Druckwassermenge beidseitig bis auf Raumtemperatur abgeschreckt. Durch das Aufbringen des Wassers unter hohem Druck wird der Bildung von Dampfpolstern (Leidenfrost'sches Phänomen) entgegengewirkt. Für die gleichmäßige Verteilung der Wassermenge sind verschiedene Düsensysteme entwickelt worden. In einem der Quette nachgeschalteten Rollenherd-Durchlaufofen erfolgt das Anlassen der gehärteten Bleche auf die gewünschten Gütewerte. Um eine gleichmäßige Durchwärmung sicherzustellen, sind diese Öfen mit einer Umwälzbeheizung ausgerüstet. Bild 14 läßt die wesentlichen Teile einer kontinuierlichen Blechvergütungsanlage mit einer Vielzahl von Einspannbolzen (Bildmitte) und einen Teil des Anlaßofens (Vordergrund) erkennen.

Hinsichtlich der Abschreckvorrichtung unterscheidet man zwei verschiedene Ausführungen, die stationäre (Platen-Quench) und die Rollen-Quette (Roller-Quench). Die wesentlichen Unterschiede beider Anlagen sind aus dem Bild 15 zu ersehen. Während in der stationären Quette das Blech nach dem Einlaufen angehalten und in einer starren Einspannung abgeschreckt wird, erfolgt in der Rollen-Quette die Härtung kontinuierlich während des Durchlaufs durch ein Rollensystem. Die gesamte Anlage ist in eine Hochdruck- und eine Niederdruck-Abschreckzone unterteilt. Durch hohe Drücke und große Wassermengen wird die für eine intensive Härtung erforderliche Abkühlgeschwindigkeit erzielt; der Niederdruckteil dient der gleichmäßigen Nachkühlung der Bleche.

Das während des Abschreckvorganges entstehende Härtungsgefüge führt in den Blechen zu erheblichen Spannungen, die die Einhaltung einer guten Ebenheit erschweren. Es muß daher auf eine gleichmäßige Wasserbeaufschlagung geachtet werden. Bei dünnen Blechen ist jedoch häufig ein Nachrichten unumgänglich.

Die Wärmebehandlung von Blechen in kontinuierlichen Anlagen ist hinsichtlich der Abmessungen, insbesondere in der Blechdicke, begrenzt. Dickbleche, etwa ab 70 mm, sowie warmverformte Böden und Schüsse müssen in Herdwagenöfen oder Schachtöfen zum Härten und Anlassen erwärmt und in entsprechend großen Wasserbecken im Tauchverfahren gehärtet werden. Insbesondere bei Böden und Schüssen bedarf es spezieller Vorrichtungen, um größeren Verzug zu vermeiden. Als Beispiel einer Vergütung im Tauchverfahren ist in den Bildern 16 und 17 auf das Härten eines 100 mm dicken Bleches aus StE 70 bzw. das Anlassen eines etwa 6 m langen Schusses aus einem warmfesten Kesselbaustahl in einem Schachtofen hingewiesen. Derartige Schachtöfen werden normalerweise für die Wärmebehandlung größerer Rotorkörper benutzt. Der Schuß mit einer Wanddicke von 77 mm wurde von der Bodenplatte durch Distanzstücke so weit abgesetzt, daß auch von der Innenseite eine intensive Härtung erfolgte. Durch eine genaue Zentrierung konnte dabei der Verzug in zulässigen Grenzen gehalten werden.

Um für das Härten dicker Bleche und von zylindrischen Vollkörpern mit großem Durchmesser einen Überblick über die Größenordnung der Abkühlgeschwindigkeiten im Rand- und im Kernbereich zu geben, sind in Bild 18 experimentell bestimmte Temperatur-Zeit-Kurven für Wasserhärtung aufgetragen. Man erkennt, wie stark mit wachsendem Vergütungsquerschnitt die Kernabkühlung verzögert wird. Zum Durchhärten von Rotorkörpern mit großem Ballendurchmesser ist ein intensives Wassersprühen mit optimaler Wasserverteilung über entsprechende Düsensysteme erforderlich. Dabei ist allerdings darauf zu achten, daß mit den zwischen Rand und Kern entstehenden Temperaturdifferenzen der Aufbau von Eigenspannungen verbunden ist und diese bei unkontrollierter Temperaturführung während des Härtens eine Höhe erreichen können, die ein Aufreißen des Stückes bewirkt. Von daher sind der betrieblichen Praxis Grenzen für die Steigerung der Abschreckintensitäten gesetzt.

In den Bildern 19 bis 22 sind folgende Beispiele für das Härten schwerer Schmiedestücke gezeigt:

Wassersprühen einer Generatorwelle (Bild 19); während des Härtens rotiert die Welle. Der Verlauf der Oberflächentemperatur wird gemessen.

Tauchhärtung eines schweren Ringes mit Wanddicken um 300 mm (Bild 20); das Stück wird im Härtebad bewegt und zusätzlich ein Flüssigkeitsumlauf erzwungen. Dem Wasser können Zusätze beigefügt werden, die die Benetzung fördern und die Wärmekapazität des Wassers erhöhen.

Induktivhärten der Verschleißschicht einer Kaltwalze (Bild 21); die Walze wird rotierend durch den Induktor und das darunter angeordnete Sprühringsystem bewegt. Der Induktor ist meist zweiteilig ausgelegt, so daß dem Aufheizen auf Austenitisierungstemperatur eine Vorwärmung vorausgeht. Auf diese Weise und über die Frequenz sowie natürlich über den Vorschub des Stückes kann die Einhärtetiefe in gewissem Umfang gesteuert werden.

Laufkranzhärtung eines Eisenbahnrades. Das Rad rotiert während der Härtung. Die mittlere Abkühlgeschwindigkeit im Laufkranz beträgt etwa 80 °C/min (Bild 22). Infolge der Rotation des Rades und der Wasserführung werden der Steg- und der Nabenbereich nicht mit Wasser beaufschlagt, obwohl diese Flächen nicht abgedeckt sind.

7. Anwendungsbereich von Vergütungsstählen

Die mit dem Vergütungseffekt verbundenen Vorteile bezüglich der Kombination hoher Streckgrenzen- und Zähigkeitswerte haben für Schweißkonstruktionen die Leichtbauweise ermöglicht, was in vielen Fällen, etwa im Kran- und Fahrzeugbau, mit der Einsparung von Betriebs- und Transportkosten verbunden ist. Die erreichte Steigerung der Nutzlast im Fahrzeugbau wird mit 15 % angegeben. Die hohen Streckgrenzenwerte in Verbindung mit gesteigerter Sicherheit gegen Sprödbruch, auch bei schlagartiger Beanspruchung, boten für zahlreiche Anwendungsgebiete die Voraussetzungen zur Verwirklichung von Konstruktionen, die bis dahin unwirtschaftlich oder unmöglich waren. Die aufgezeigten Vorteile haben den wasservergüteten schweißbaren Baustählen einen weiten Anwendungsbereich erschlossen[48–51]).

Als Beispiele für die vielseitigen Einsatzmöglichkeiten seien neben den bereits genannten Schwerpunkten Kran- und Nutzfahrzeugbau erwähnt der Brückenbau, Druckbehälterbau, Schwerbehälterbau sowie die Fertigung von Turbinengehäusen und Druckrohrleitungen für Wasserkraftwerke.

Ein wichtiger Anwendungsschwerpunkt der Vergütungsstähle auf der Schmiedeseite wurde mit dem Hinweis auf die Generator- und Turbinenwellen bereits erwähnt. Die größten z. Z. gefertigten einteiligen Niederdruckwellen wiegen bei Ballendurchmessern von 1700 mm etwa 75 t. Die einteiligen Generatorwellen für 4polige Generatoren haben inzwischen Ballendurchmesser von etwa ⌀ 1800 mm bei Gewichten von 200 t erreicht. In diesem Zusammenhang sind Spindelwellen und Scheiben z. B. für die Schrumpf- oder Schweißkonstruktion von Turbinenwellen zu nennen, die ebenfalls aus dem Stahl 25 NiCrMoV 14 5 gefertigt werden. Die benötigten Niederdruckwellenscheiben haben Durchmesser bis etwa 3000 mm und Wanddicken um 1000 mm. Als Werkstoffe für warmgehende Wellen werden Qualitäten mit erhöhtem Molybdängehalt (ca. 1 % Mo) eingesetzt, denen je nach Vergütungsquerschnitt auch Nickel bis knapp 1 % zulegiert ist (z. B. Stähle 21 CrMoV 5 11 und 30 CrMoNiV 5 11).

Stähle auf Nickel-, Chrom-, Molybdän-Basis werden auch im Druckbehälterbau für die Fertigung von ein- oder mehrteilig nahtlos hohlgeschmiedeten Behältern, sowie von Schüssen, Ringen und Böden verwendet, wobei bisher Ni-Gehalte bis 1,5 % in Verbindung mit Cr-Gehalten um 1 % und Mo-Gehalten um 0,5 % eingesetzt wurden.

Schmiedestücken mit geringeren Vergütungsquerschnitten, z. B. Teile für den Automobilbau, können aus Ni-freien Vergütungsstählen hergestellt werden. Sehr häufig werden hier Mn-, Cr- und Cr-Mo-legierte Stähle entsprechend DIN 17200 eingesetzt. Als Beispiele seien die Güten 40 Mn 4, 41 Cr 4 und 42 CrMo 4 erwähnt.

Da bei Arbeits- und Stützwalzen der Durchvergütungseffekt nicht vorrangig ist, kommen auch dort vergleichsweise niedrig legierte Stähle zur Anwendung, deren Kohlenstoffgehalt allerdings bis auf etwa 1 % angehoben ist. Die Zusammensetzung dieser Stähle entspricht der Qualitätsgruppe 100 Cr 6.

Es ließen sich noch weitere Anwendungsbeispiele ergänzen. Innerhalb des Rahmens eines Übersichtsreferates sollte aber in erster Linie die Breite des Anwendungsgebietes flüssigkeitsvergüteter Stähle betont werden.

Schrifttumshinweise

[1] *Bröhl, W.:* Internationale Schmiedetagung 1965.
[2] *Hansen, M.:* Constitution of Binary Alloys, McGraw-Hill Book Company, Inc. New York-Toronto-London 1958.
[3] *Frye jr., H., E. E. Stansbury* u. *D. L. McElroy:* J. Metals Bd. 5 (1953) S. 219/224. S. a. E. Houdremont, S. 631, 3. Auflage, Springer-Verlag 1956.
[4] *Forch, K.:* technica 1972, Nr. 1, S. 39/45.
[5] *Bidani, S.:* Dissertation: Einfluß von Legierungselementen und Wärmebehandlung auf die Gefügeausbildung und mechanischen Eigenschaften von Rand und Kern schwerer Rotorkörper aus NiCrMoV-Stahl. TH Aachen 1974.
[6] *Piehl, K. H.,* et. al.: Stahl und Eisen demnächst (s. a. Vortrag Eisenhüttentag 1974).
[7] *Bastien, P.,* et. al.: Revue de Metallurgie, 1963, S. 60/73.
[8] *Krön, M.,* et. al.: Les Memoires scientifiques de la Revue de Métallurgie LLXVIII No. 12, 1961, S. 903/910; s.a. Poli, G., et. al., S. 143/53.
[9] *Yano, S.,* et. al.: Transactions ISIJ, Vol. 13, 1973, S. 133/40, s. a. Haga, H., S. 141/44.
[10] *Lement, B. S., B. L. Averbach* u. *M. Cohen:* Trans. Amer. Soc. Met. Bd. 46 (1954) S. 851/77.
[11] *Arbusow, M.,* u. *G. V. Kurdjumov:* Journal Technitscheskoj Fisiki (SSSR) Bd. 10 (1940) S. 1093/100. S. a. Chem. Zbl. Bd. 112 (1941) II, S. 946.
[12] *Jack, K. H.:* J. Iron Steel Inst. Bd. 168 (1951) S. 26/36.
[13] *Crangle, J.,* u. *W. Sucksmith:* J. Iron Steel Inst. Bd. 168 (1951) S. 141/51.
[14] *Roberts, C. S., B. L. Averbach* u. *M. Cohen:* Trans. Amer. Soc. Met. Bd. 45 (1953) S. 576/604.
[15] *Leiber, F., W. Koch* u. *E. Schürmann:* Thyssenforschung **3** (1971) S. 152/60.
[16] *Bokshtein, S. Z.:* Zhurnal Tekhnicheskoi Fiziki Vol. 20 (1950) S. 327/33. (Copyright der Engl. Übersetzung by H. Brutcher, 1952.)
[17] *Relander, K.,* u. *Th. Geiger:* Arch. f. d. Eisenhüttenwes. **37** (1966) S. 897/906.
[18] *Vougioukas, P., K. Forch* u. *K. H. Piehl:* Stahl und Eisen 94 (1974) Nr. 17, S. 805/13.
[19] Eigene Messungen, Veröffentlichung demnächst.
[20] Eigene Messungen, Veröffentlichung demnächst.
[21] Temper Embrittlement of Alloy Steels. A symposium presented at the Seventy-fourth Annual Meeting. American Society for Testing and Materials, Atlantic City, N.J., 1971, ASTM Special Technical Publication No. 499.
[22] Effects of Residual Elements on Temper Embrittlement of Ni-Cr-Mo-V Rotor Steels, Temper Embrittlement Symposium Annual Meeting of the American Society for Testing and Materials at Atlantic City, 1971.
[23] *Kramer, O.:* Dissertation: Beitrag zum zeitlichen Ablauf der reversiblen Anlaßversprödung Chrom-Molybdänlegierter Vergütungsstähle. Bergakademie Freiberg 1973.
[24] *Seah, M. P.,* and *E. D. Hondros:* Scripta Metallurgica, Vol. 7, S. 735/38, 1973.
[25] *Forch, K.:* Int. Tagung über Materialfehler. Marienbad 1973.
[26] *Hochstein, F.:* Persönliche Mitteilung.
[27] Eigene Messungen.
[28] Temper Embrittlement in Steel. A symposium presented at a meeting of Committee A-1 on Steel. American Society for Testing and Materials, Philadelphia, 1967.
[29] *Graham, J.,* u. *P. Kent:* Persönliche Mitteilung.
[30] *Wenk, E. jr.:* Druckkesselanalyse von U-Boot-Körpern. Weld. J. 40 (1961) Anh. S. 110s/12s.
[31] *Dawson, T. J.:* Abgeschreckte und angelassene Stähle im Schiffbau. Weld. J. 40 (1961) Anh. S. 175s/81s.
[32] *Fairhurst, W.,* u. *J. E. Wilson:* High-Strength Steels Assume Key Role in Underwater Research Vehicles. Steel Times, 1968, S. 597/600.
[33] *Degenkolbe, J.:* Sprödbruchverhalten vergüteter Baustähle. Materialprüf. 9 (1967) S. 15/19.
[34] *McGeady, L. J.:* Fracture Characteristics of Welded Quenched and Tempered Steels in Various Specimens Weld. J. Res. Supp., 47, 563 s/570 s (1968).
[35] *Degenkolbe, J.:* Wasservergütete schweißbare Baustähle-Herstellung und Eigenschaften. Schweizer Archiv, 1968 S. 2/20.
[36] *Benter, W. P. jr., W. D. Doty* u. *R. D. Manning:* Performance Tests of a High-Yield-Strength Steel for Ships Brit. Weld. J. 15 (1968) S. 534/42.
[37] *Archer, G. L.,* u. *F. M. Burdekin:* Fracture tests on a quenched and tempered C/Mn-Steel. Metal Constr. & Brit. Weld. J. (1969) S. 96/99.
[38] *Degenkolbe, J.,* u. *B. Müsgen:* Bänder, Bleche, Rohre. Düsseldorf, 11 (1970) Nr. 3, S. 165/70.
[39] *Pellini, W. S.,* u. *P. P. Puzak:* NRL Report 5920 (März 1963).
[40] *Piehl, K. H.:* Mitteilungen der VGB **50**, 1970, S. 304/24.
[41] Eigene Messungen.
[42] *Greenberg, H. D., E. T. Wessel, W. G. Clark jr.* u. *W. H. Pryle:* Int. Schmiedetagung 1970, Terni.
[43] *Schinn, R.,* u. *U. Schieferstein:* VGB-Kraftwerkstechnik 53, Heft 3, März 1973, S. 182/95.

44) *Forch, K.:* Int. Tagung über den Bruch, München 1973.
45) Stahl-Eisen-Prüfblatt 1650/61, Januar 1961.
46) *Melloy, G. F., C. W. Roe* u. *R. D. Romerlil:* Die Entwicklung von Einrichtungen und Verfahren zur Härtung von Stahlblechen. Iron and Steel Enginer, Heft 12, 1966.
47) *Itozaki, K., H. Kimura, H. Nakagawa, H. Yoshinaga* u. *T. Kunitake:* Heavy Steel Plates produced by the Roller Quench System. The Sumitomo Search No. 1, 1969, S. 81/92.
48) Trends in Applications for High Strength Steels. Metal Progress, August 1965, S. 58/77.
49) Quenched- and tempered Alloy-Steel Plates 80 through 110 ksi yield strength minimum; Climax-Molybdenum.
50) Feinkornbaustähle für geschweißte Konstruktionen. Merkblatt 365 der Stahlberatungsstelle Düsseldorf, 1972.
51) *Suzuki, H.,* u. *H. Oba:* On the Use of QT Strength Steels in Japan. International Institute of Welding, Annual Assembly 1971.

Tafel 1: Kumulative Wirkung der Legierungselemente auf die Anlaßversprödung
($\Delta T_{\ddot{U}} = T_{\ddot{U}}$ step cooling-$T_{\ddot{U}}$ Wasser)

C %	Mn %	Cr %	Ni %	Mo %	P %	Sn %	Gefüge	$\Delta T_{\ddot{U}}$ °C
0.15	1.27	0.08	0.09	0.04	0.012	0.017	M/Zw	20
0.17	1.34	0.12	0.10	0.16	0.014	0.017	M/Zw	10
0.16	1.39	0.10	0.11	0.25	0.014	0.019	M/Zw	5
0.17	1.40	0.14	1.12	0.03	0.017	0.014	M/Zw	73
0.16	1.35	0.14	1.08	0.11	0.015	0.013	M/Zw	38
0.16	1.35	0.15	1.10	0.30	0.016	0.014	M/Zw	5
0.27	0.32	1.86	3.41	0.02	0.018	0.005	M	128
0.28	0.35	1.86	3.56	0.29	0.018	0.005	M	38
0.28	0.30	1.83	3.57	0.50	0.016	0.005	M	10

Tafel 2:

Stahlsorte	C	Si	Mn	P max	S max	Ni	Cr	Mo	V	Sonstige	Blechdicke max mm	Streckgrenze kp/mm² mind	Zugfestigk kp/mm²	Dehnung (l = 5d) % mind	Probenlage	ISO-V-Kerbschlagzähigkeit in kpm/cm² Prüftemperatur in °C ±0	-20	-40	-60	Anwendungsbereiche
BHV 43(S)	≤0,18 (0,17)	0,10 0,50	1,00 1,60	0,035 (0,030)	0,035 (0,030)						16	43	54-69	18	l q	7(8) 5(5,5)	6(6,5) 4(4,5)	5,5 3,5	4	Lagerbehälter für Öl und Flüssiggas – Kaltgehende Druckbehälter – Druckrohrleitungen
BHV 47(S)	≤0,16 (0,15)	0,10 0,55	1,00 1,60	0,035 (0,030)	0,035 (0,030)	≤0,80		0,15 0,30	(≤0,10)		16	47	57-74	17	l q	7(8) 5(5,5)	6(6,5) 4(4,5)	5,5	4	
BHV 51(S)	≤0,18 (0,17)	0,10 0,55	1,00 1,60	0,035 (0,030)	0,035 (0,030)	≤0,80		0,15 0,30	(≤0,10)		16	51	62-79	16	l q	7(8) 5(5,5)	6(6,5) 4(4,5)	(4)		
XABO 47	≤0,15	0,10 0,40	≤1,30	0,035	0,035		ca 0,25	ca 0,20		Ti ≤ 0,02 B ≤ 0,002	16	47	57-75	17	l q	6 4	5 3,5	4	(-50) 3,5	
XABO 51	≤0,15	0,10 0,40	≤1,30	0,035	0,035		ca 0,25	ca 0,20		Ti ≤ 0,02 B ≤ 0,002	16	51	62-80	16	l q	5,5 4	4,5	3,5		

Stahlsorte	C	Si	Mn	P max	S max	Ni	Cr	Mo	V	Sonstige	Blechdicke max mm	Streckgrenze kp/mm² mind	Zugfestigk kp/mm²	Dehnung (l = 5d) % mind	Probenlage	ISO-V-Kerbschlagzähigkeit in kpm/cm² Prüftemperatur in °C ±0	-20	-40	-60	Anwendungsbereiche
BHV 60	≤0,20	0,20 0,50	1,20 1,50	0,035	0,035	≤0,60		0,20 0,40			50	60	70-85	18	l q	7 5	6 4	-75 5 4	3,5 4 3,5	Kranbau Fahrzeugbau Maschinenbau Brückenbau Schiffbau Druckrohrleitungen Lagerbehälter Druckbehälter
N-A-XTRA 55/60/65	≤0,20	ca 0,50	ca 0,70	0,035	0,035		0,50 0,90	0,20 0,60		Zr 0,04 0,10	50	55 60 65	70-85 70-85 70-90	18 18 17	l q	7 5	6 4	-75 5 4	3,5 4 3,5	
T1	0,10 0,20	0,15 0,35	0,60 1,00	0,035	0,040	0,70 1,00	0,40 0,65	0,40 0,60	0,03 0,08	B 0,002 0,006 Cu 0,15 0,50	64	70	80-95	18*	l q l q			-18 -18 -46 -46	5 3,5 3,5 2,5	
T1 A	0,12 0,21	0,20 0,35	0,70 1,00	0,035	0,040		0,40 0,65	0,15 0,25	0,03 0,08	Ti 0,01 0,03 B 0,0005 0,005 (Cu) 0,20 0,40	32	70	81-95	18*	l q			-46 -46	2,5 2,5	
N-A-XTRA 70	≤0,20	ca 0,60	ca 0,90	0,035	0,035		0,60 1,00	0,20 0,60		Zr 0,06 0,12	50	70	80-100	16	l q	7 5	6 4	-75 5 4	3,5 4 3,5	
XABO 90	≤0,18	0,10 0,45	≤1,00	0,035	0,035	≥1,00	≤0,80	0,20 0,60	≤0,10		50	90	100-115		l q	7 5	6 4	5 4	4 3,5	

* Bruchdehnung (2")

Stahlsorte	C	Si	Mn	P max	S max	Ni	Cr	Mo	V	Blechdicke max mm	Streckgrenze kp/mm² mind	Zugfestigk kp/mm²	Dehnung (l = 5d) % mind	Probenlage	ISO-V-Kerbschlagzähigkeit in kpm/cm² Prüftemperatur in °C ±0	-20	-40	-60	Anwendungsbereiche
22 NiMoCr 37	0,17 0,25	≤0,35	0,50 1,00	0,025	0,025	0,60 1,20	0,30 0,50	0,50 0,80		150	45	60-75	18	l q	6 4				Warmgehende dickwandige Druckbehälter
20 MnMoNi 55	0,17 0,23	≤0,35	1,00 1,50	0,020	0,020	0,40 0,80		0,45 0,60		125	45	60-75	18	l q	 4				
WELMONIL 43 V	≤0,15	0,20 0,50	1,20 1,50	0,035	0,035	1,20 1,80		0,20 0,50	≤0,13	130	56	66	18	l q	6 5				
HY 80	≤0,18	0,15 0,35	0,10 0,40	0,025	0,025	2,00 3,25	1,00 1,80	0,20 0,60		200	56-70		20*	l q			-84,5	5,2	Unterwasserfahrzeuge – Bauteile mit hohen Anforderungen
HY 100	≤0,20	0,15 0,35	0,10 0,40	0,025	0,025	2,25 3,50	1,00 1,80	0,20 0,60		75	60-85		18*	l q			-84,5	5,2	

* Bruchdehnung (2")

Q-Fg	Chemische Zusammensetzung und mechanische Gütewerte für schweißbare, wasservergütete Baustähle

Tafel 3: Ergebnisse von Bohrkernproben aus einer wasservergüteten Kesseltrommel
Abmessung der Kesseltrommel: 2000/1850 ⌀ × 8980 mm
Werkstoff: BHW 38 (ohne V), wasservergütet

Probe	Festigkeitseigenschaften			Kerbschlagzähigkeit in kpm/cm^2 ISO-V-Proben quer					
	Streckgrenze kp/mm^2	Festigkeit kp/mm^2	Dehnung ($l = 5\,d$) %	± 0 °C			− 10 °C		
				A	B	C	A	B	C
1	52,9	66,8	26	18,2	16,7	10,4	14,0	9,6	13,1
2	53,3	67,2	24	14,5	15,0	16,4	14,0	9,5	10,5
3	53,7	67,2	26	15,0	13,0	15,1	17,1	15,9	13,6
4	52,3	66,5	24	15,0	17,5	15,7	7,0	7,7	10,7
5	50,2	65,0	23	15,1	13,7	16,5	13,1	10,7	9,9
6	51,6	65,8	24	15,2	18,2	16,5	15,1	9,6	12,3
7	53,3	65,8	24	14,9	18,1	13,1	13,0	8,5	9,8
8	49,8	64,3	26	16,8	15,9	12,9	11,5	12,4	11,2
9	50,2	65,0	26	15,4	13,1	14,6	11,7	10,8	12,1
10	52,8	68,0	21	14,5	14,9	17,6	10,0	10,9	11,4

Tafel 4: Vergleich der Durchvergütung für die Stähle 25 NiCrMoV 14 5 und 28 NiCrMoV 7 4

Qualität: 25 NiCrMoV 14 5	C %	Si %	Mn %	P %	S %	Cr %	Mo %	Ni %	V %	Sn %
	0.28	0.13	0.28	0.007	0.008	1.76	0.47	3.69	0.12	0.014
Ballenabmessungen:	Länge [mm] 5830	Durchmesser [mm] 1518	Wärmebehandlung 830 °C/Wasser 610 °C/Luft							
	mechanische Gütewerte									
	$\sigma_{0,2}$ [kp/mm^2]	σ_B [kp/mm^2]	δ [%]	ψ [%]	a_{kRT} (Charpy-V) [mkp/cm^2]	$T_{\ddot{U}}$ 50 % Kr.Br. [°C]				
Ballenoberfläche	60,5	84,0	20,0	67,5	9,9	− 90				
Ballenkern	43,9	85,3	19,6	65,2	8,7	− 30				
Qualität: 28 NiCrMoV 7 4	C %	Si %	Mn %	P %	S %	Cr %	Mo %	Ni %	V %	Sn %
	0.26	0.22	0.44	0.012	0.014	1.23	0.47	1.90	0.12	0.016
Ballenabmessungen:	Länge [mm] 6560	Durchmesser [mm] 1530	Wärmebehandlung 830 °C/Wasser 640 °C/Luft							
	mechanische Gütewerte									
	$\sigma_{0,2}$ [kp/mm^2]	σ_B [kp/mm^2]	δ [%]	ψ [%]	a_{kRT} (Charpy-V) [mkp/cm^2]	$T_{\ddot{U}}$ 50 % Kr.Br. [°C]				
Ballenoberfläche	60,5	74,5	18,4	61,6	11,2	− 60				
	43,9	63,7	22,0	61,6	7,3	+ 45				

Bild 1

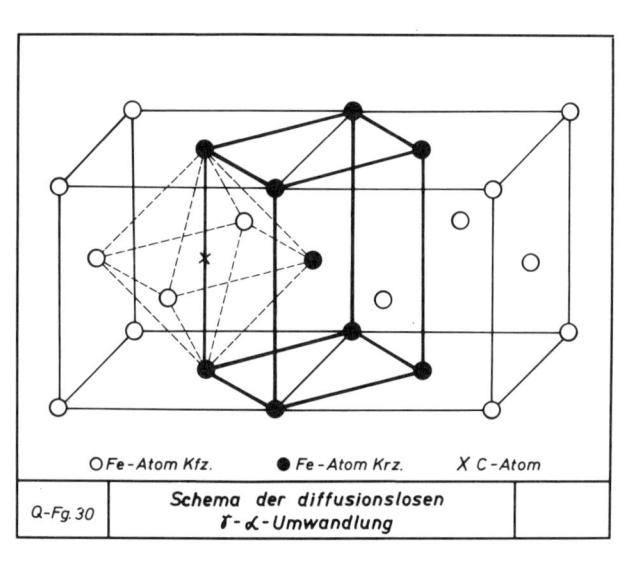

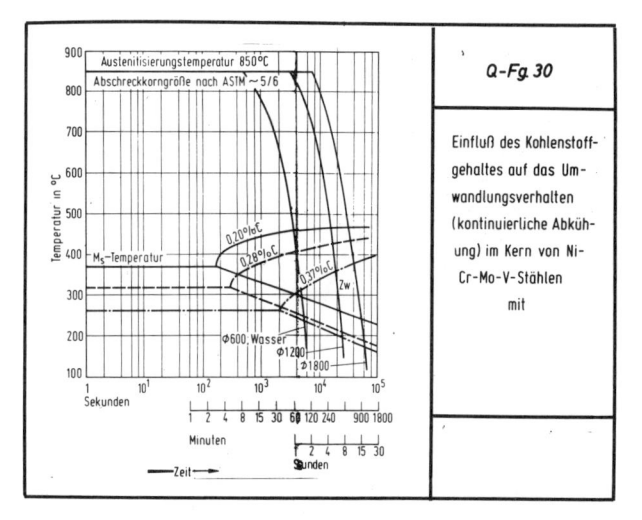

Bild 2

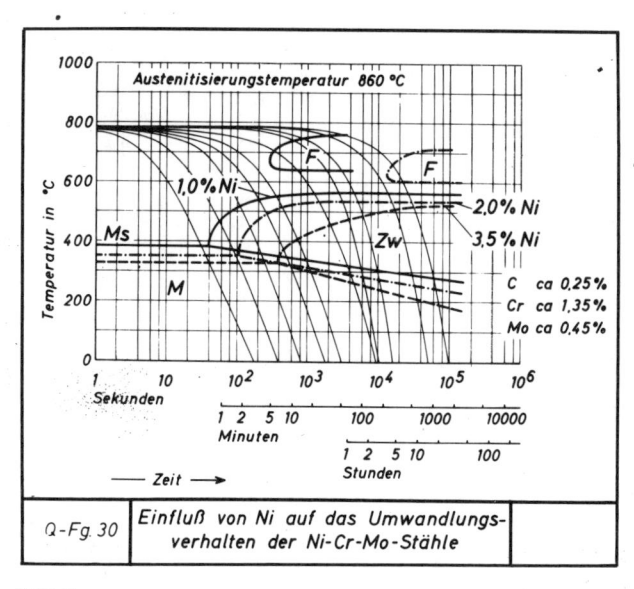

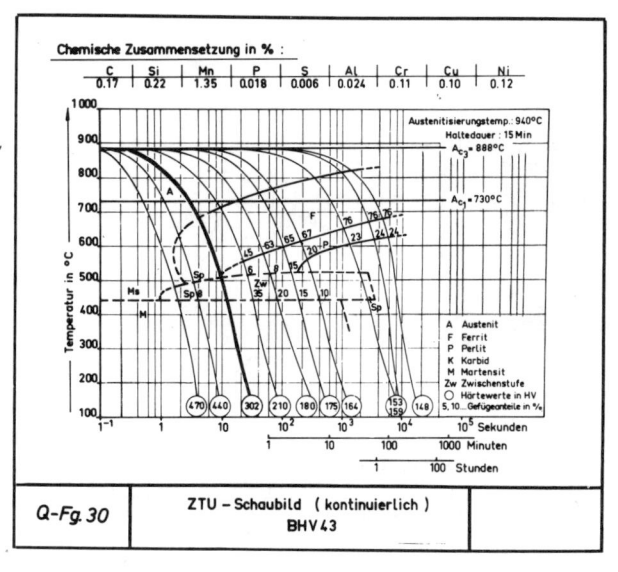

Bild 3a

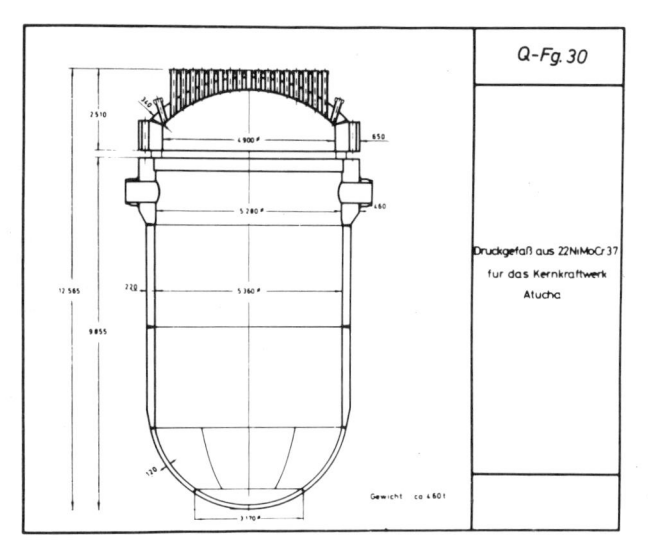

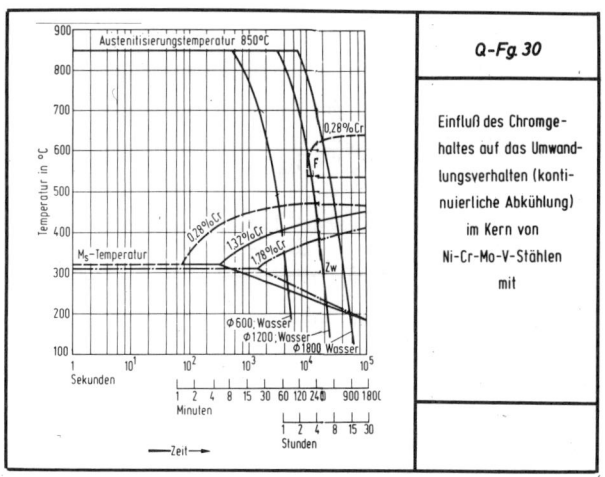

Bild 3b⁶⁾

Bild 3c⁶⁾

Bild 4a

167

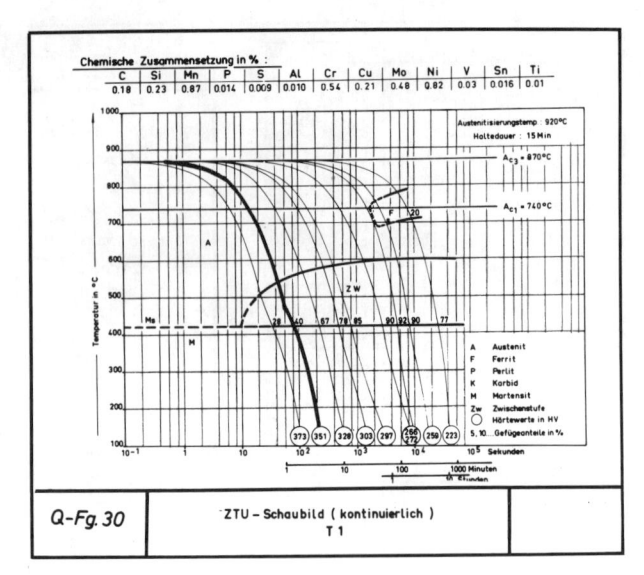

Bild 4b

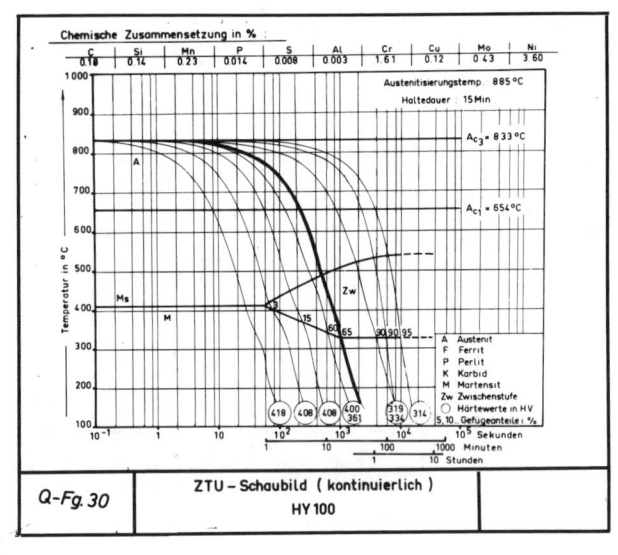

Bild 4c

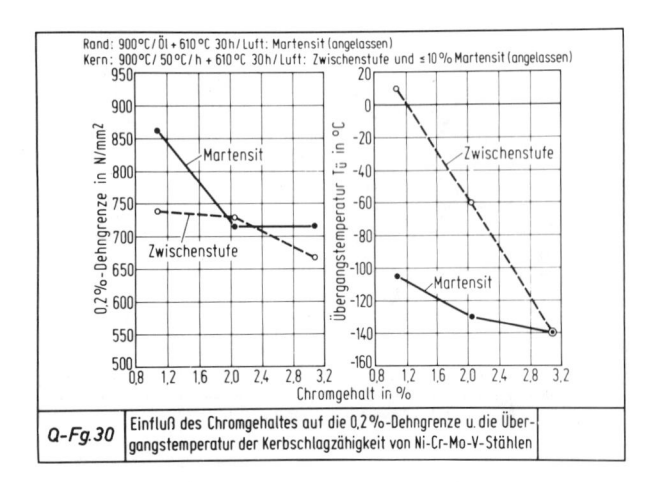

Bild 5

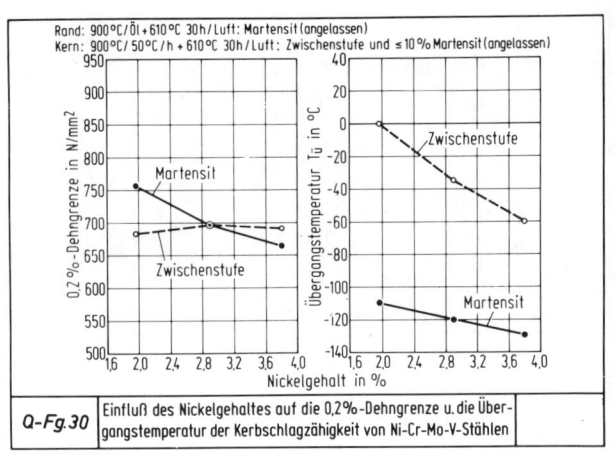

Bild 6

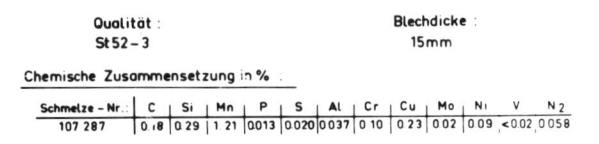

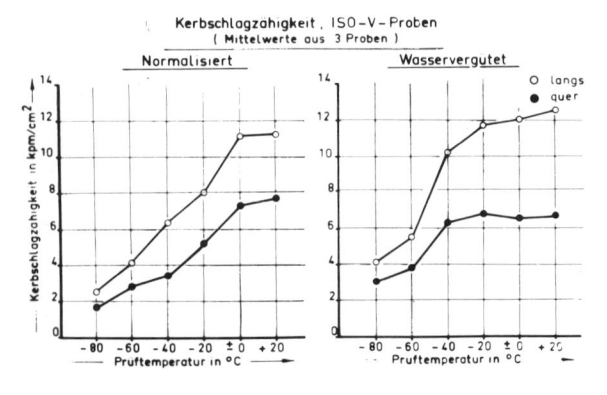

Bild 7: Eigenschaften von St 52-3 nach Normalisierung bzw. Wasservergütung

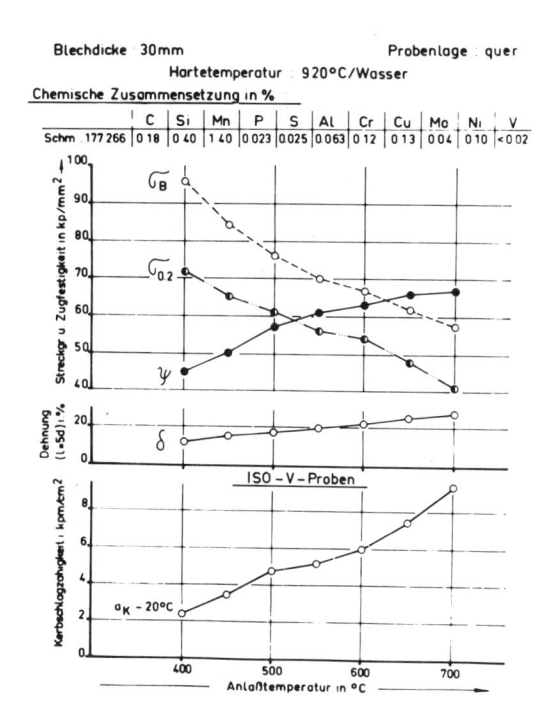

Bild 8a: Vergütungsschaubild BH 34 V (StE 43 V)

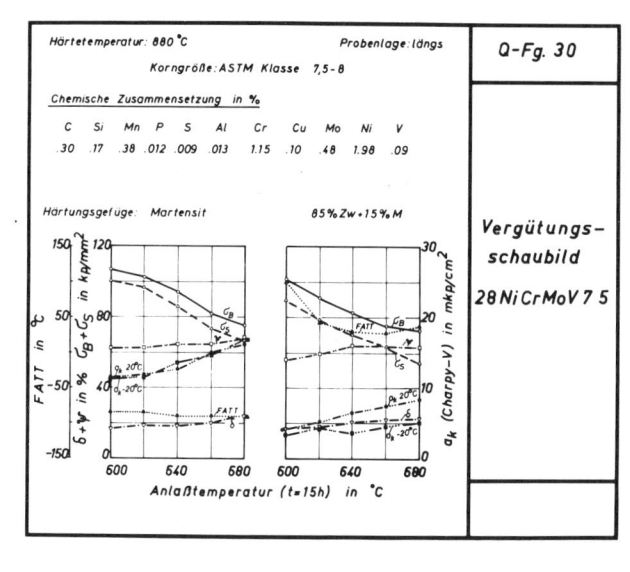

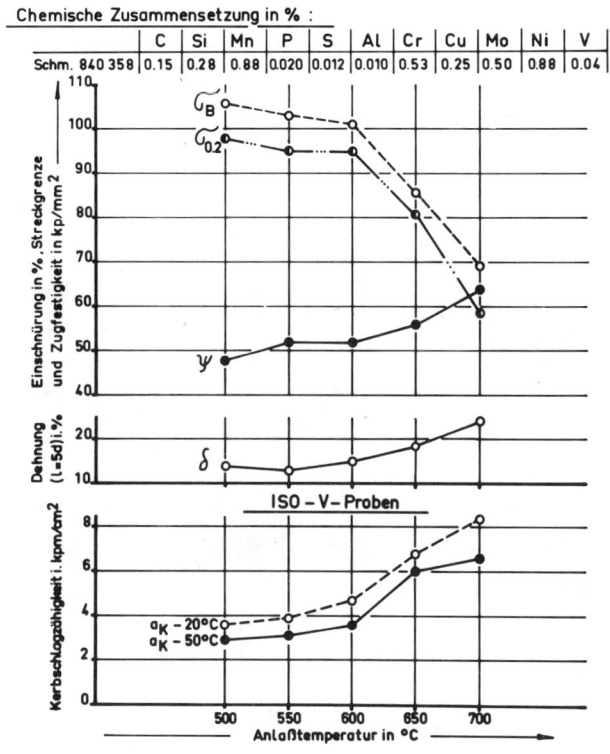

Bild 8b: Vergütungsschaubild T 1 (StE 70)

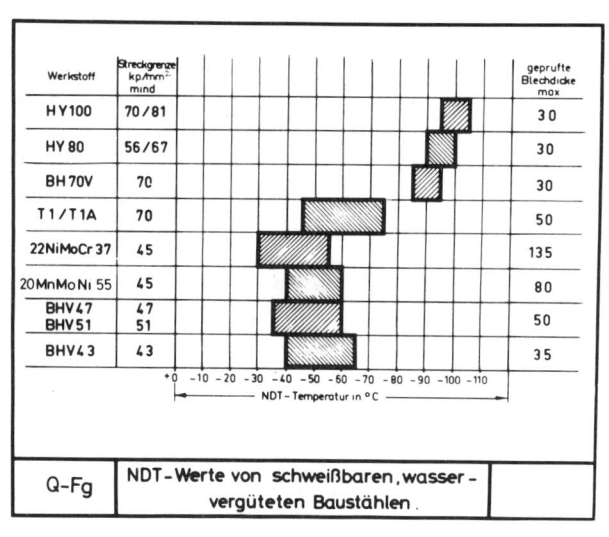

Bild 9

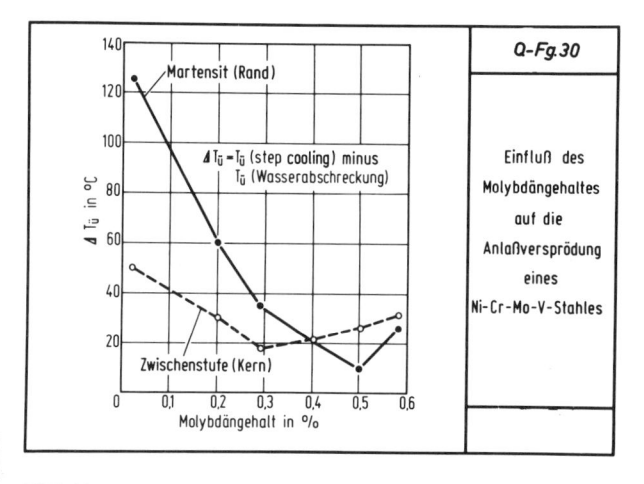

Bild 10

Bild 11

169

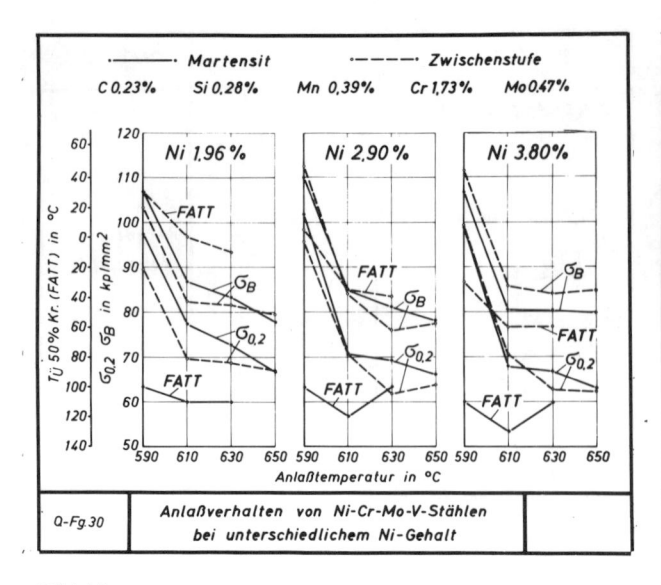

Bild 12

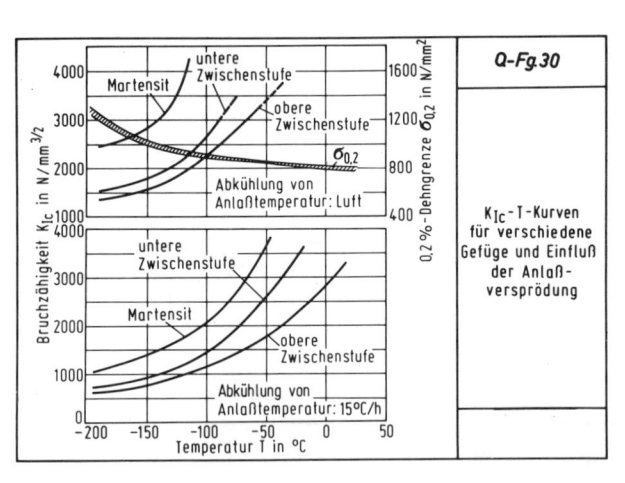

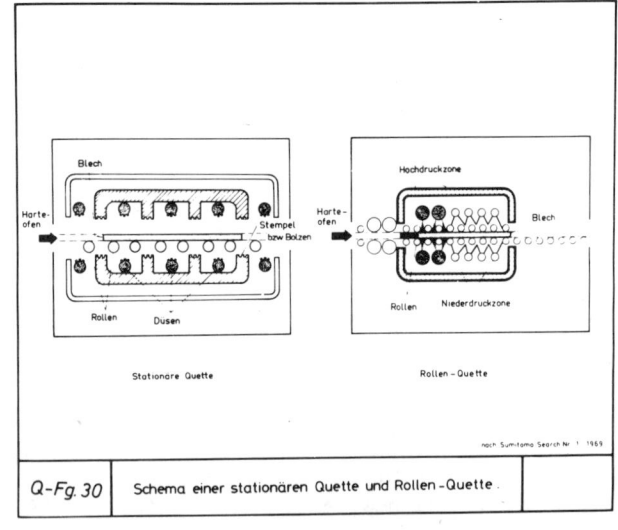

Bild 13a

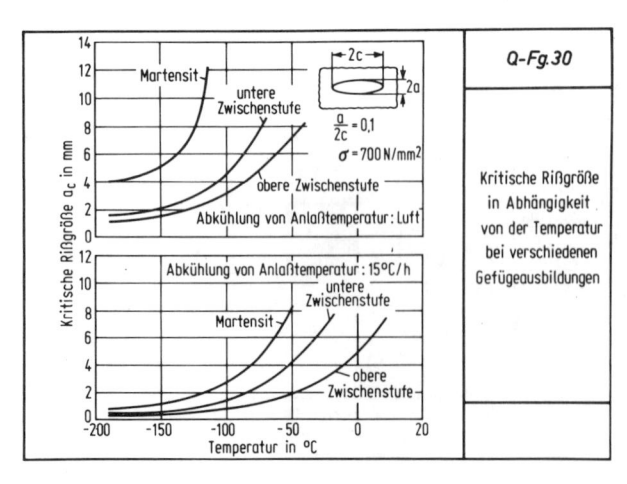

Bild 13b

Bild 14

Bild 15

Bild 16

Bild 17 — Q-Fg 30 — Vergüten eines Schusses (1600 ⌀ x 77 mm) für eine Kesseltrommel aus BHW 38

Bild 18 — Q-Fg. 30 — Experimentell bestimmte Temperatur-Zeit-Kurven von Zylindern und Blechen bei Wasserhärtung

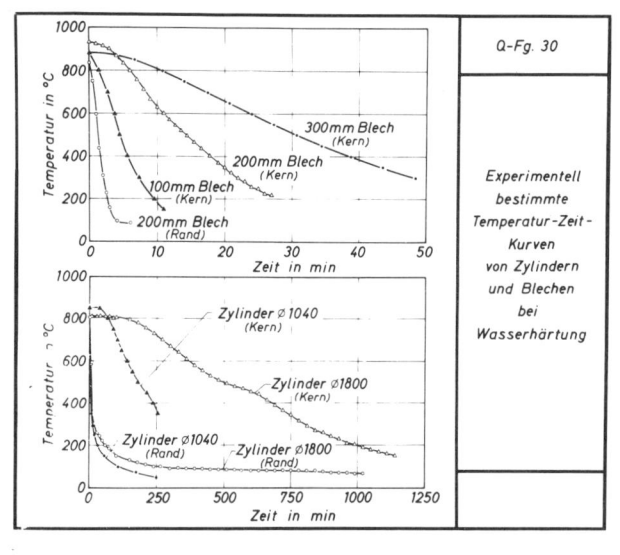

Bild 19 — Q-Fg.30 — Vergütung einer Turbinenwelle

Bild 20 — Q-Fg.30 — Tauchhärtung eines Flanschringes mit den Abmessungen 4450/3360 x 1550 Höhe f.e. Reaktordruckgefäß

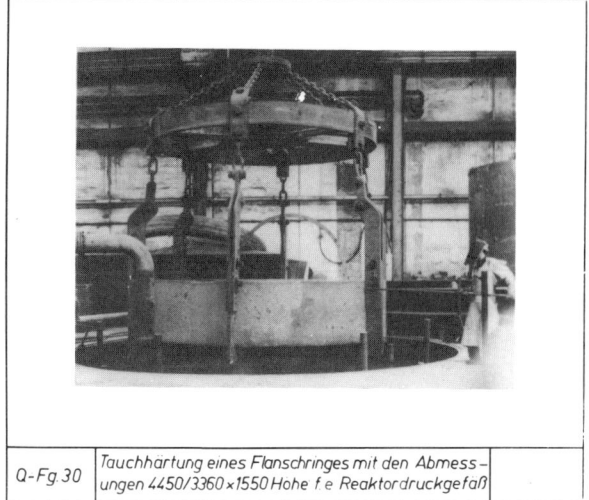

Bild 21 — Q-Fg 30 — Induktivhärten einer Kaltwalze

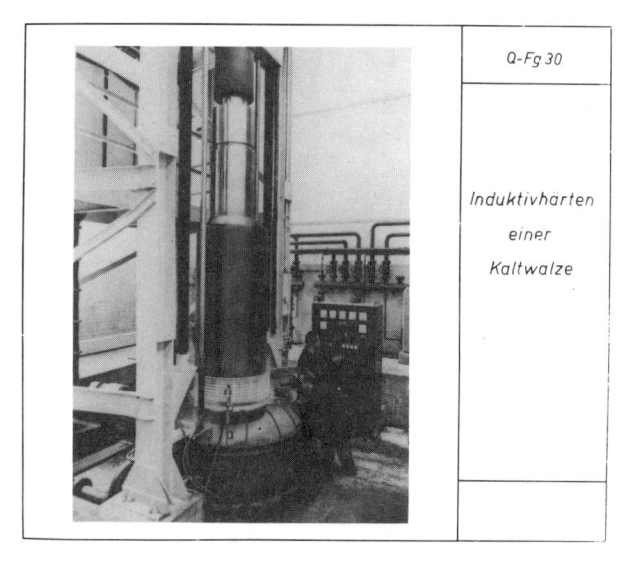

Bild 22 — Q-Fg.30 — Laufkranzhärtung eines Eisenbahnrades

11. Umwandlung, Ausscheidung und Rekristallisation in mikrolegierten schweißbaren Baustählen

L. Meyer

Umwandlung, Ausscheidung und Rekristallisation in mikrolegierten schweißbaren Baustählen

Zu den schweißbaren Baustählen, die Legierungselemente in sehr geringen Konzentrationen von einigen Hundertstelprozent enthalten, können Stähle recht unterschiedlicher Zusammensetzung, Behandlung und Eigenschaften gerechnet werden. Im folgenden ist aber unter dem Begriff der mikrolegierten schweißbaren Baustähle derjenige Stahltyp zu verstehen, der sich durch folgende Merkmale auszeichnet:

Geringer Kohlenstoffgehalt von < 0,2 %, häufig < 0,1 %,

Mikrolegierung mit starken Carbid- und/oder Nitridbildnern,

Erzielung der gewünschten Eigenschaften ohne zusätzliche Wärmebehandlung nach dem Warmwalzen,

Streckgrenzenbereich von rd. 350 bis 700 N/mm^2.

Stähle dieser Art werden seit etwa 15 Jahren großtechnisch hergestellt und nehmen heute vor allem als Flacherzeugnisse einen breiten Raum in verschiedenen Bereichen der Anwendung hochfester Stähle ein.

Für die Eigenschaften der mikrolegierten schweißbaren Baustähle spielen die Vorgänge der Umwandlung, Ausscheidung und Rekristallisation eine entscheidende Rolle. Diese Stähle sind deshalb besonders geeignet, die Nutzanwendung der in dieser Berichtsreihe dargelegten Grundlagen der Wärmebehandlung an einem Beispiel von großer technischer Bedeutung zu erläutern. Dabei muß allerdings der Begriff Wärmebehandlung umfassender verstanden werden als es häufig in unserem Fachsprachgebrauch geschieht, nämlich als eine gezielte Beeinflussung der Gebrauchseigenschaften des Werkstoffs unter Ausnutzung der Wirkungen hoher Temperaturen.

Unter der Einwirkung hoher Temperaturen und von Temperaturänderungen können im Stahl die Vorgänge der Phasenumwandlung des Eisens, der Ausscheidung und Auflösung von Zweitphasen und der Rekristallisation des verformten Metalls ablaufen. Es liegt in der Natur dieser Vorgänge, daß sie sich bei entsprechenden Voraussetzungen gegenseitig beeinflussen. Diese Wechselwirkungen eröffnen eine große Vielfalt der Kombinationsmöglichkeiten für die technische Nutzung. Andererseits wird es aber dadurch auch schwieriger, die einzelnen Reaktionen zu erfassen, zu messen und zu beschreiben. Trotz der engen Verflechtung der drei Vorgänge bei der Wärmebehandlung der Stähle im Walzwerk soll im folgenden versucht werden, das Ausscheidungsverhalten, die Umwandlung und die Rekristallisation getrennt zu erörtern. Anschließend ergibt sich mit der Beschreibung der thermomechanischen Behandlung zwangsläufig eine Darstellung der komplexen Vorgänge bei der Herstellung der Stähle und ihrer Auswirkungen auf die Strukturmerkmale und Werkstoffeigenschaften.

1. Merkmale von Mikrolegierungselementen in schweißbaren Baustählen

Legierungselemente bringen in einem Metall besonders gravierende Veränderungen der Eigenschaften hervor, wenn sie zu Ausscheidungen definierter Größe im festen Zustand führen. Voraussetzung dafür ist eine Löslichkeit, die im Bereich der in Frage kommenden Behandlungstemperaturen ausreicht, damit eine partielle oder vollständige Auflösung im Mischkristall möglich ist, die aber andererseits nicht zu groß ist, damit es überhaupt zu Unterkühlung und Ausscheidung in dem für die Diffusion notwendigen Temperaturbereich kommen kann. Es kommt der Forderung nach niedrigen Kosten der Baustähle sehr entgegen, daß es carbid- und nitridbildende Elemente gibt, die bei relativ geringen Gehalten diese Voraussetzungen erfüllen. Im Periodensystem der Elemente stehen einige Metalle in enger Nachbarschaft, deren Affinität zu den im Stahl enthaltenen Elementen Kohlenstoff, Stickstoff und Schwefel das erforderliche Maß aufweist. Bild 1 zeigt, daß bestimmte Verbindungen von Niob, Titan und Vanadin eine Bildungsenthalpie haben, die in einem relativ engen Bereich liegen. Es handelt sich um NbC, NbN, TiC und VN. Nur diese Verbindungen können in schweißbaren Baustählen – mit der ihnen eigenen Grundzusammensetzung – Ausscheidungen wirksamer Dispersion hervorbringen. Niob, Titan und Vanadin sind deshalb auch die Legierungselemente, deren Wirkung in Gehalten um 0,1 % auf die Umwandlung, Ausscheidung und Rekristallisation der Stähle dargestellt wird. Neben den genannten Ausscheidungsphasen spielen aber auch die im Mischkristall des Eisens gelösten Mikrolegierungselemente für die Vorgänge im festen Zustand eine große Rolle.

Die Metalle Niob, Titan und Vanadin weisen einige Besonderheiten auf, die einerseits ihre Verwandtschaft deutlich machen, andererseits aber auch kennzeichnende Unterschiede erkennen lassen. In Bild 2 sind einige dieser Merkmale zusammengestellt. Zunächst zeigt der Atomradius der Elemente, daß er deutlich größer als der des Eisens ist und daß Niob und Titan das Vanadin dabei übertreffen. In erster Näherung kann man daraus Unterschiede im Diffusionsverhalten in einer Eisenmatrix ableiten. Tatsächlich wandern Niob- und Titanatome wesentlich langsamer als Vanadinatome im Eisen. Das hat wiederum entsprechende Auswirkungen auf die Umwandlungs- und Ausscheidungsvorgänge.

Die Neigung zur Bildung von Carbiden und Nitriden drückt sich in den für bestimmte Temperaturen berechneten Bildungsenthalpien aus. Entsprechend dem zugehörigen Löslichkeitsprodukt ergeben sich neben den im Stahl gewöhnlich enthaltenen Konzentrationen an Metalloiden die im Gleichgewicht löslichen Gehalte an Legierungselementen. Auch hier zeigt sich, daß zwischen 1200 und 900 °C, dem für das Warmformgeben wichtigen Temperaturbereich, nur Niobcarbonitrid, Titancarbid und Vanadinnitrid aufgelöst und ausgeschieden werden können. Titannitrid ist zu wenig, Vanadincarbid zu stark löslich, um an dem Wechselspiel zwischen Matrix-Mischkristall und Ausscheidungen teilnehmen zu können. Da die Ausscheidungsphase für alle in Frage kommenden Verbindungen den gleichen Kristalltyp aufweist, sind die Carbide und Nitride untereinander isomorph und vollständig löslich, so daß Carbide gewisse Anteile an Stickstoff und Nitride gewisse Mengen an Kohlenstoff enthalten können. Die Bezeichnung Carbonitrid ist deshalb zutreffender. Vereinfachend lassen sich aber die uns interessierenden Ausscheidungen des Niobs und Titans als Carbid, die des Vanadins als Nitrid ansprechen. Titannitrid scheidet sich auf Grund seiner geringen Löslichkeit bereits vor oder bei der Erstarrung des Stahls aus und liegt als relativ grobe Einschlüsse vor, die die Eigenschaften des Stahls nur wenig beeinflussen.

Die Carbide und Nitride der Metalle sind als Hartstoffe bekannt – sie weisen eine außerordentlich hohe Härte von rd. 2500 bis 3000 HV auf. Das bedeutet für das Verhalten von Ausscheidungen dieser Phasen in einer Matrix, daß ein Schneiden durch wandernde Versetzungen nur bei extrem kleinen Teilchenabmessungen möglich ist. Das Aushärtungsmaximum, das sich aus der Konkurrenz von Schneidmechanismus und Umgehungsmechanismus ergibt, wird deshalb in den Systemen Ferrit/MeX bereits bei sehr kleinen Ausscheidungen von nur wenigen Gitterkonstanten Durchmesser erreicht.

Eine weitere Besonderheit der Carbide und Nitride von Niob, Titan und Vanadin ist die Möglichkeit einer Teilkohärenz zwischen Ferrit-Matrix und Ausscheidung, wie der Orientierungszusammenhang zeigt. Das bedeutet einerseits eine erleichterte Keimbildung bei Unterkühlung und damit die Entstehung einer feineren Dispersion; andererseits tragen Kohärenzspannungen um solche äußerst feinen Ausscheidungen zur Verfestigung des Stahls wesentlich bei.

Dieser kurze Abriß über die thermodynamischen und metallphysikalischen Gegebenheiten bei mit Niob, Titan oder Vanadin legierten Baustählen läßt erkennen, daß es sich hier um ein besonders wirkungsvolles und außerdem auch wirtschaftliches Legierungssystem handelt.

2. Das Ausscheidungsverhalten der Mikrolegierungselemente

Die Bildung von Ausscheidungen in Niob, Titan oder Vanadin enthaltenden Stählen wird von einer Reihe von Einflußfaktoren wie Übersättigungsgrad, Umwandlung, Verformung, Rekristallisation, Grundzusammensetzung des Stahls usw. bestimmt. Hier können deshalb nur die wesentlichen Merkmale aufgeführt werden.

Ablauf und Wirkung der Ausscheidungsvorgänge hängen in erster Linie davon ab, ob es sich um eine austenitische Matrix (bei relativ hohen Temperaturen von > 900 °C) oder eine ferritische Matrix (bei niedrigeren Temperaturen) handelt. Teilchengröße und -anordnung, Wechselwirkung mit Versetzungen und Teilkohärenz mit der Eisen-Matrix unterscheiden sich je nach den Entstehungsbedingungen. Einen Sonderfall der Ausscheidung stellt die Bildung von Teilchen während der γ/α-Umwandlung dar. Für ihn ist eine Anordnung der Ausscheidungen in Reihenform kennzeichnend. Bild 3 zeigt elektronenoptische Durchstrahlungsaufnahmen typischer Ausscheidungszustände mikrolegierter Baustähle für die Bildung im Austenit, während der Phasenumwandlung und im Ferrit. Die Kohärenzspannungen lassen sich an im Ferrit entstandenen Teilchen sichtbar machen, wenn die Beugungsbedingungen dafür gegeben sind. Das trifft für das im Teilbild rechts unten erfaßte Ferritkorn zu. Die Spannungshöfe zeichnen sich in einer Licht-Schatten-Wirkung ab.

Die Menge der Ausscheidungen oder der als Carbid oder Nitrid ausgeschiedene Anteil des Legierungsmetalls läßt sich durch chemische Isolierungsverfahren besser erfassen als durch mikroskopische Auswertungen. Obwohl die Grenze der Teilchengröße, bis zu der herab bei chemischer Auflösung die nichtmetallische Phase nicht merklich angegriffen wird, sich nicht genau angeben läßt, ist der chemisch unlösliche Gehalt an Legierungsmetall ein geeigneter Maßstab für die Ausscheidungsmenge. Eine typische Ausscheidungscharakteristik gibt Bild 4 wieder. Die ausgezogenen Kurvenzüge zeigen, daß – ausgehend von der Temperatur der Teilchenauflösung – mit fallender Temperatur die Ausscheidungsmenge im Austenit stark zunimmt und um 900 °C einen Höchstwert nahe der vollständigen Carbonitridbildung erreicht. Bei weiter abnehmender Temperatur fällt die Ausscheidungsmenge wieder, obwohl die Übersättigung weiter zunimmt. In diesem Temperaturbereich wird das Ausmaß der Ausscheidung mehr und mehr von der diffusionsabhängigen Kinetik bestimmt. Die Teilchengröße nimmt gleichzeitig ab, bis sie die äußerst feine Dispersion erreicht, die für eine starke Aushärtung des Ferrits erforderlich ist. Die scheinbare Gegenläufigkeit von Ausscheidungsmenge und Ausscheidungsverfestigung findet auf diese Weise eine Erklärung. Die Aushärtung, die im vorliegenden Fall durch eine Streckgrenzensteigerung ausgewiesen wird, kommt erst dann zustande, wenn die Ausscheidungen zu fein sind, um chemisch erfaßt zu werden. Selbst eine elektronenoptische Ausbildung in Folien ist dann nicht mehr möglich.

Wie es für Ausscheidungs- und Aushärtungsvorgänge kennzeichnend ist, lassen sich Temperatur und Zeit in einem gewissen Rahmen gegeneinander austauschen. Die unteren Teilbilder des Bildes 4 zeigen für eine Temperatur im oberen Ferritbereich, wie mit zunehmender Glühdauer der ausgeschiedene Anteil zunimmt, während die Streckgrenze nach Durchlaufen eines Höchstwertes wieder abfällt.

Unterschiede zwischen Niob und Vanadin in der Kinetik und Menge der Ausscheidung sind auf die größere Löslichkeit des Vanadinnitrids und auf das schnellere Teilchenwachstum infolge größerer Diffusionsgeschwindigkeit zurückzuführen.

Aus den für unterschiedliche Temperaturen aufgenommenen Aushärtungskurven läßt sich durch eine Arrhenius-Auswertung die Aktivierungsenergie der Ausscheidungshärtung ermitteln. Sie liegt für alle drei Legierungssysteme in der gleichen Größenordnung und legt den Schluß nahe, daß die Diffusion der Legierungsmetallatome im Ferrit der geschwindigkeitsbestimmende Schritt der Ausscheidungsvorgänge ist.

Eine Besonderheit titanlegierter Stähle ist darin begründet, daß Titan auf Grund seiner ausgeprägten Neigung zur Verbindungsbildung nicht nur mit Stickstoff und Kohlenstoff, sondern auch mit Schwefel reagiert und neben Carbonitriden auch Carbosulfide bildet. Diese können sowohl bei der Erstarrung als relativ grobe Einschlüsse als auch im Austenit als feine Ausscheidungen entstehen. Im Gegensatz zu niob- und vanadinlegierten Stählen, in denen stets nur eine im Austenit lösliche Carbid- oder Nitridphase vorkommt, tritt in Titanstählen stets eine weitgehend unlösliche Titanfraktion als Nitrid und als Carbosulfid auf.

Die im Austenit entstandenen Ausscheidungen mikrolegierter Stähle können wegen ihrer Größe und wegen der Phasenumwandlung keine Kohärenz mit der Ferrit-Matrix aufweisen. Dagegen ist bei im Ferrit gebildeten Ausscheidungen die Entstehung und Aufrechterhaltung einer Kohärenz mit dem Matrixgitter sehr wahrscheinlich und häufig auch nachweisbar. Deshalb werden die Ausscheidungen entsprechend ihrer Entstehungsgeschichte und Eigenart häufig als inkohärent oder kohärent bezeichnet. Die Rolle, die diese Arten der Ausscheidungen für andere Vorgänge während der thermischen und mechanischen Behandlung und für die Eigenschaften des Stahles spielen, wird im folgenden noch erörtert.

3. Das Umwandlungsverhalten mikrolegierter Baustähle

Das Umwandlungsverhalten schweißbarer Baustähle hat insofern für deren Verarbeitungseigenschaften eine besondere Bedeutung, als darin die Neigung zur Bildung der spröden Aufhärtungsphase Martensit, die beim Schweißen weitestgehend vermieden werden soll, zum Ausdruck kommt. Mikrolegierte Stähle zeichnen sich gegenüber unlegierten Stählen dadurch aus, daß sie auf Grund ihres verringerten Kohlengehaltes oder Kohlenstoffäquivalents wesentlich umwandlungsfreudiger sind und eine Aufhärtungsgefahr praktisch nicht besteht. Diese Tatsache soll Bild 5 belegen, in dem ein Zeit-Temperatur-Umwandlung-Schaubild für kontinuierliche Abkühlung sowohl für einen herkömmlichen Stahl St 52 als auch für einen perlitarmen titanlegierten Stahl wiedergegeben ist. Obwohl der mikrolegierte Stahl eine wesentlich höhere Festigkeit als der Stahl St 52 erreichen kann, läuft die Umwandlung in der Ferrit-Perlit-Stufe viel schneller und weitergehend ab. Das ist aber nur eine mittelbare Wirkung des Legierungszusatzes, der durch seine Verfestigungswirkung eine starke Senkung des Kohlenstoffäquivalentes ermöglichte.

Daneben übt der Zusatz eines Mikrolegierungselementes seinen spezifischen Einfluß auf das Umwandlungsverhalten des Stahles aus. Quantitative Ergebnisse liegen für Niob und Titan vor, die zweifellos auch eine stärkere Wirkung als Vanadin haben, gleiche Konzentrationen vorausgesetzt. Neben dem Gehalt an Legierungsmetall ist vor allem die Austenitisierungstemperatur von Bedeutung, da sie über den Zustand entscheidet, in dem das Legierungselement in das Umwandlungsgeschehen hineinwirkt.

Bild 6 zeigt drei ZTU-Schaubilder eines perlitarmen Stahles, die sich durch den Legierungsgehalt (a – unlegiert, b – 0,184% Ti) oder die Austenitisierungstemperatur unterscheiden (b – 920 °C, c – 1300 °C). Ohne die Einzelheiten der Schaubilder zu erörtern, ergeben sich deutliche Unterschiede. Bei niedriger Austenitisierungstemperatur bewirkt der Titanzusatz eine Einengung des Martensit-, Zwischenstufen- und Perlitbereichs und eine insgesamt stark beschleunigte und verstärkte Ferritbildung. Die wesentliche Ursache hierfür liegt offenbar in der doppelten Wirkung der Titancarbid-Ausscheidung im Austenit. Einerseits wird ein wesentlicher Teil des vorhandenen Kohlenstoffs durch Titan abgebunden. Andererseits wirken die Carbide als Keime bei der Umwandlung. Beide Einflüsse beschleunigen und begünstigen die Ferritbildung.

Nach einer die Carbide auflösenden Austenitisierung verändert sich das ZTU-Schaubild jedoch erheblich (Bild 6c). Das im Austenit gelöste Titan verzögert die Ferritbildung deutlich und führt über einen weiten Bereich der schnelleren Abkühlungsgeschwindigkeiten zu Martensit- und Zwischenstufengefüge. Im Vergleich zum Umwandlungsverhalten bei niedriger Austenitisierung spielt neben dem Titangehalt im γ-Mischkristall das Fehlen der Carbid-Keime und das grobere Austenitkorn sicherlich auch eine Rolle. Bei langsameren Abkühlgeschwindigkeiten tritt bereits vor der beginnenden Ferritbildung die Titancarbid-Ausscheidung ein. Sie führt schließlich auch hier zum Ausbleiben der Perlitbildung.

Die gleichsam entgegengesetzte Wirkung des Titans nach niedriger oder hoher Austenitisierung kommt besonders deutlich in Bild 7 zum Ausdruck, in dem die für eine 50%ige Umwandlung in der Ferrit-Perlit-Stufe erforderliche Abkühlungszeit zwischen Austenitisierungstemperatur und 500 °C über dem Titangehalt des Stahles dargestellt ist. Nach der Abbindung des im Stahl enthaltenen Stickstoffs und z. T. auch Schwefels durch die ersten Hunderstelprozent bewirken zunehmende Titangehalte im einen Fall eine Umwandlungsbeschleunigung durch Carbid-Bildung, im anderen Fall eine Verzögerung durch Titan in fester Lösung. Die Änderungen im Umwandlungskennwert können dabei mehr als eine Zehnerpotenz betragen.

Ähnliche Untersuchungen an nioblegiertem Stahl ähnlich St 52 hatten zu den gleichen Zusammenhängen zwischen Legierungsgehalt, Ausscheidungszustand und Umwandlungsverhalten geführt. Bild 8 weist für niedrige Austenitisierungstemperatur eine beschleunigende Wirkung eines zunehmenden Niobgehaltes auf den Beginn der Ferrit-Perlit-Bildung aus. Dagegen wird die Umwandlung sehr stark gebremst, wenn das Niob in den gelösten Zustand überführt worden ist. Auffallend ist die starke Wirkung von nur wenigen Hundertstelprozent. Oberhalb rd. 0,04% Nb wird keine weitere Verzögerung beobachtet. Das ist mit dem Löslichkeitsprodukt bei 1250 °C in Einklang, das keine weitere Auflösung von Niob erlaubt. Bei sehr hohen Niobgehalten macht sich offenbar auch der Einfluß nichtaufgelöster Carbonitride im Sinne einer Umwandlungsbeschleunigung bemerkbar. Die Wirkung von im Austenit vorhandenen Teilchen wird bei einer Austenitisierungstemperatur von 1100 °C und hohen Niobgehalten besonders deutlich.

Niob verändert das Umwandlungsverhalten noch stärker als Titan, wenn es im Austenit gelöst vorliegt. In seiner die Ferritbildung zurückdrängenden, eine spießige, nadlige oder bainitische Gefügeausbildung fördernden Wirkung ähnelt es dem Molybdän, dem es im Periodensystem benachbart ist. Werden beide Metalle gemeinsam legiert, so wird das Umwandlungsverhalten des Stahles besonders gravierend verändert. Ein solcher Stahl neigt auch bei sehr niedrigen Kohlenstoffgehalten bis zu 0,02% zur Bildung eines Umklapp-Ferrits, der sich vom herkömmlichen polygonalen Ferrit in seiner Gefügeausbildung und vor allem in seiner Versetzungsdichte unterscheidet. Bild 9 zeigt diesen Tatbestand an durchstrahlten Folien sehr deutlich. Die besonderen Strukturmerkmale des Umklapp-Ferrits – kleine Korn- oder Zellgröße, hohe Versetzungsdichte, hohe Ausscheidungsdichte an sehr feinen Nb-Mo-Carbonitriden – verleihen dem Stahl sehr viel günstigere mechanische Eigenschaften, als sie ein vergleichbarer Stahl mit polygonalem Ferrit aufweist. Deshalb konzentrieren sich in jüngster Zeit die Entwicklungen mikrolegierter, besonders hochfester Baustähle auf diese Legierungskombination. Das Gefüge wird häufig auch als acicularer oder Nadelferrit oder kohlenstoffarmes Zwischenstufengefüge angesprochen.

Welche Veränderungen in den Eigenschaften eines MnMoNb(V)-legierten Stahles durch Ausnutzung seines spezifischen Umwandlungsverhaltens erzielbar sind, zeigt Bild 10. Mit zunehmendem Anteil an Umklapp-Ferrit, bedingt durch erhöhte Abkühlungsgeschwindigkeit oder durch Änderung der chemischen Zusammensetzung, steigt die Festigkeit stark an, während die Hochlage der Kerbschlagzähigkeit dementsprechend etwas abfällt. Überraschend ist die gleichzeitige Verbesserung der Übergangstemperatur.

Eine quantitative Gefügebeschreibung ist bei den durch Umklapp- oder Nahbereichsdiffusion-Vorgänge entstandenen Ferritstrukturen problematisch. Trotzdem sind die typischen Unterschiede zu dem herkömmlichen Polygonalferrit-Gefüge als erwiesen anzusehen und in mehreren Fällen auch schon großtechnisch genutzt worden.

4. Rekristallisation in mikrolegierten Baustählen

Der klassische Ablauf einer Rekristallisation stellt sich in einem nach Temperatur und Dauer definierten Glühvorgang nach vorausgegangener Kaltverformung dar. Für die mikrolegierten Baustähle hat Rekristallisation dagegen nur Bedeutung als Teilvorgang der Gefüge- und Strukturveränderungen bei und nach dem Warmumformen im Walzwerk.
Während der Rekristallisation der unlegierten schweißbaren Stähle im Verlauf des üblichen Warmwalzens nie besondere Aufmerksamkeit geschenkt wurde, zeigten sich bei den mikrolegierten Stählen einige Indizien wie erhöhter Kraftbedarf beim Warmwalzen oder gewisse Gefüge-Anomalien, die auf ein andersartiges Rekristallisationsverhalten hindeuteten. Inzwischen ist durch zahlreiche Betriebsversuche und Laboruntersuchungen eindeutig erwiesen, daß die Legierungselemente Niob und Titan – und in deutlich schwächerem Ausmaß auch Vanadin – die Rekristallisation bei der Warmformung sehr stark verzögern. Im folgenden soll zunächst das Phänomen selbst beschrieben, dann die Ursachen beleuchtet und schließlich die für die Stähle wichtigen Folgen erörtert werden.

Umfangreiche Ergebnisse liegen über den Einfluß von Niob auf das Rekristallisationsverhalten schweißbarer Baustähle vor. Sowohl bei dynamischer Rekristallisation, bei der die Entfestigung sich der verformungsbedingten Verfestigung überlagert, wie auch bei statischer Rekristallisation, die nach Aufbringen einer definierten Verformung früher oder später einsetzt, ist der verzögernde Einfluß des Niobs deutlich. Bild 11 zeigt das am Beispiel eines perlitarmen Manganstahls. Steigende Niobgehalte führen besonders bis zu rd. 0,06% zu einer Behinderung der Entfestigung. Sie nimmt zu mit fallender Rekristallisationstemperatur und ist bei statischer Rekristallisation besonders ausgeprägt. Bei Temperaturen unter rd.

900 °C kann die Rekristallisation um mehr als zwei Zehnerpotenzen verzögert werden. Es ist kennzeichnend, daß dieser Effekt nur nach vorheriger Auflösung der Niobcarbonitride eintritt.

Als Ursache für die Rekristallisationsbehinderung kommen aus metallkundlicher Sicht zwei Erscheinungsformen der Mikrolegierungselemente in Betracht – das im Austenit-Mischkristall gelöste Element oder sehr feine Ausscheidungen. Obwohl die Beantwortung dieser Frage viel experimentelles Geschick erfordert, läßt sich heute aus einer Reihe verschiedener Beobachtungen der salomonische Schluß ziehen, daß beide Mechanismen zur Wirkung kommen. Es ist nachgewiesen, daß das gelöste Niob eine starke Verzögerung der Rekristallisation hervorruft. Andererseits bedingt die Verformung des Austenits eine beträchtliche Beschleunigung der Ausscheidung der Carbonitride. Bild 12 zeigt den Unterschied in der Ausscheidungsgeschwindigkeit zwischen einem unverformten und einem verformten Stahl. Die an den Versetzungen begünstigte Keimbildung führt zu einer raschen Bildung von sehr kleinen Teilchen. Diese wiederum binden und blockieren die Versetzungen, so daß die Entfestigung des Austenits behindert wird. Die zweite Phase der Rekristallisationsverzögerung wird also durch feinste Carbonitride verursacht.

In der Wechselwirkung zwischen Rekristallisation und Ausscheidung wird auch die Umwandlung mit einbezogen. Bild 13 verdeutlicht, daß sich ein verformter niobhaltiger Austenit von einem unverformten nicht nur durch eine beschleunigte Ausscheidung, sondern auch durch einen frühzeitigeren Umwandlungsbeginn unterscheidet. In dem versetzungsreichen, mit Carbonitrid-Keimen dekorierten Austenit ist die Umwandlung schon bei geringerer Unterkühlung, also bei höherer Temperatur möglich.

Bild 14 zeigt in einer zusammenfassenden Darstellung die Rekristallisation und Ausscheidung in vorher lösungsgeglühtem und verformtem Austenit eines Stahles ähnlich St 52. Neben der Verzögerung der Rekristallisation durch Niob fällt auf, daß bei Temperaturen nahe dem Beginn der γ/α-Umwandlung eine Beschleunigung der Rekristallisation im mikrolegierten Stahl festzustellen ist, die mit der zunehmenden Ausscheidung des Niobs einhergeht. Möglicherweise erreichen die Carbonitrid-Teilchen in dieser Phase der Ausscheidung eine Größe, die eine geringere Hemmwirkung auf die Versetzungs- oder Korngrenzenbewegung ausüben als bei höheren Glühtemperaturen.

Es ist leicht einzusehen, daß eine so gravierende Beeinflussung der Vorgänge bei und nach dem Warmumformen durch Mikrolegierungselemente wie Niob und Titan nachhaltige Auswirkungen bei der Herstellung und auf die Eigenschaften der Stähle hat. Es läßt sich nachweisen, daß in den letzten Walzstichen einer Warmband- oder Grobblechstraße keine oder nur noch partielle Rekristallisation ablaufen kann. Das hat – abgesehen von den notwendigen höheren Walzkräften – wesentliche Konsequenzen für das Gefüge, das sich aus einem nicht oder nicht vollständig rekristallisierten Austenit bei der weiteren Abkühlung und Umwandlung entwickelt. Die veränderten Keimbildungsbedingungen führen zu einer äußerst kleinen Ferrit-Korngröße. Außerdem teilt sich die ausgeprägte Orientierung des Austenitgefüges in Walzrichtung dem ferritischen Gefüge mit, so daß das Walzerzeugnis eine spezifische Anisotropie der Eigenschaften aufweist. Man erkennt sie, wie Bild 15 erkennen läßt, meistens schon an einer Längsorientierung der Ferritkörner und -zeilen. Sie drückt sich aber auch in den mechanischen Eigenschaften aus. Einen wesentlichen Anteil an der Richtungsabhängigkeit der Strukturmerkmale hat dabei eine Textur des Ferrits.

5. Textur in mikrolegierten Baustählen

Normalerweise ist die kristallografische Orientierung der einzelnen Ferritkristalle in einem warmgewalzten Erzeugnis regellos verteilt – das Gefüge weist keine Textur auf. In mikrolegierten Stählen dagegen stellt man eine ausgeprägte Vorzugsorientierung fest. Eingehende Untersuchungen haben erwiesen, daß die Entstehung dieser Textur unabhängig von der Grundzusammensetzung, vom Walzverfahren und vom Walzerzeugnis immer dann auftritt, wenn der Stahl Niob oder Titan enthält und bei Temperaturen um oder unter 900° fertiggewalzt wurde. Vanadin zeigt wie schon in anderen Zusammenhängen eine viel schwächere, wenn überhaupt nennenswerte Wirkung.

Bild 16 gibt als Beispiel die Polfiguren eines unlegierten und eines titanlegierten perlitarmen Stahles im Warmband-Walzzustand wieder. Die Textur des mikrolegierten Stahles läßt sich als eine unvollständige Fasertextur mit einer $\langle 110 \rangle$-Orientierung der Achsen parallel zur Walzrichtung und der Kristallebenen um $\{112\}$ parallel zur Walzgutoberfläche beschreiben. Die Intensität der Textur erreicht unabhängig vom Legierungssystem meistens den Faktor 3. Dagegen weist der unlegierte Stahl nur eine sehr schwach ausgeprägte Orientierung mit Schwerpunkten bei $\{100\} \langle 011 \rangle$ auf.

Eine Erklärung für die Entstehung einer $\{112\} \langle 110 \rangle$-Textur beim Warmwalzen mikrolegierter Baustähle ergibt sich aus dem Rekristallisationsverhalten. Der „kaltverformte" und damit texturbehaftete Austenit wandelt sich in einen Ferrit um, dessen Kristallausrichtung nicht regellos ist, sondern dem Orientierungszusammenhang bei der Phasenumwandlung entspricht. Neben der theoretischen Rechnung haben auch Messungen der Texturentstehung während des Durchlaufens der Fertigstaffel einer Warmbandstraße diesen Zusammenhang bestätigt.

Wenn man den Einfluß der für niob- oder titanlegierten Baustähle typischen Textur auf die Höhe der Streckgrenze in unterschiedlicher Richtung in der Blechebene rechnerisch überprüft, so findet man einen ausgeprägten Anstieg von der Diagonal- zur Querrichtung. Bild 17 macht das in der Darstellung des Schmid-Faktors, der ein Maß für den Fließbeginn ist, über dem Winkel der Beanspruchungsrichtung deutlich. Für Stähle mit einer $\{112\} \langle 110 \rangle$-Vorzugsorientierung müßte sich demnach eine deutlich höhere Streckgrenze der Querzugprobe im Vergleich zur Längszugprobe ergeben. Tatsächlich ist dieser Tatbestand für mikrolegierte schweißbare Baustähle gesichert. Die Querstreckgrenze liegt im Durchschnitt um mehr als 20 N/mm², im Einzelfall bis zu 50 N/mm² über der in Längsrichtung ermittelten Streckgrenze. Unlegierte Stähle weisen dagegen wesentlich geringere Unterschiede in der Streckgrenze auf. Das ist im Einklang mit dem Verlauf des Schmid-Faktors für die $\{100\} \langle 011 \rangle$-Orientierung, die keine Anisotropie der Streckgrenze erwarten läßt.

Neben dem Einfluß der Textur auf die Streckgrenze scheint auch das Zähigkeits- und Bruchverhalten von den struktur- und texturbedingten Besonderheiten der mikrolegierten Baustähle verändert zu werden. Eine anisotrope Rißausbreitung kann sich beispielsweise in der Ausbildung makroskopischer Aufspaltungen in Walzrichtung äußern. Eine quantitative Erfassung oder metallphysikalische Beschreibung solcher Erscheinungen ist allerdings schwieriger als für das Verhalten beim Fließbeginn im Zugversuch.

Eine Besonderheit der Warmwalztextur mikrolegierter Stähle liegt in ihrer Resistenz gegenüber nachträglichen Wärmebehandlungen. Die Orientierungszusammenhänge bei Phasenumwandlungen sind so eng und reversibel, daß selbst mehrfache Austenitisierungen und Glühungen bis zu sehr hohen

Temperaturen die Textur des Ferrits kaum abzuschwächen vermögen.

6. Thermomechanische Behandlung von Band oder Blech

Schweißbare Baustähle sollen neben anderen Eigenschaften vor allem eine möglichst hohe Festigkeit – in erster Linie ausgedrückt durch die Streckgrenze – und eine möglichst große Sicherheit gegen Sprödbruch – gemessen beispielsweise als Kerbschlagzähigkeit-Übergangstemperatur – aufweisen. Die thermomechanische Behandlung bei der Herstellung des Walzerzeugnisses muß also darauf ausgerichtet sein, dem Stahl eine hohe Streckgrenze bei niedriger Übergangstemperatur zu verleihen. Die bisher erörterten Vorgänge der Umwandlung, Ausscheidung und Rekristallisation bieten hierfür eine ganze Reihe von Möglichkeiten, die Struktur des Stahls so zu gestalten, daß das Ziel erreicht wird. Die wichtigsten Strukturmerkmale sind dabei

die Korngröße,
der Ausscheidungs- bzw. Aushärtungszustand und
die Versetzungsdichte.

Die technische Lösung kann allerdings stets nur ein Kompromiß sein, da die technischen Möglichkeiten im Walzwerk begrenzt sind, die denkbaren Maßnahmen teilweise eine gegenläufige Wirkung auf die beiden Zielgrößen haben und schließlich wirtschaftliche Gesichtspunkte nicht außer acht bleiben dürfen.

Im folgenden soll am Beispiel des Warmwalzens von Band oder Grobblech aus mikrolegierten schweißbaren Baustählen erläutert werden, welche Möglichkeiten die thermomechanische Behandlung bietet und zu welchen Ergebnissen sie führt. Neben den technologischen Parametern wird dabei auch die chemische Zusammensetzung, besonders der Legierungsgehalt, als Komponente mit berücksichtigt.

In Bild 18 ist schematisch eine Warmbandstraße und eine Grobblechstraße zum kontinuierlichen oder reversierenden Walzen dargestellt. Die Auswirkung der einzelnen Einflußgrößen auf Streckgrenze und Übergangstemperatur ist in den mittleren Schemabildern angedeutet. Der Prozeß beginnt mit dem Aufheizen der Brammen auf hohe Temperaturen im Stoßofen. Das Ausmaß der Auflösung von Carbonitriden der Mikrolegierungsmetalle hängt unmittelbar von der erreichten Brammentemperatur ab. Insofern werden viele nachfolgende Vorgänge, die auf der Wirkung der gelösten oder der ausgeschiedenen Legierungsmetalle beruhen, von der Stoßofentemperatur wesentlich beeinflußt. Daneben spielt das mit steigender Wärmtemperatur zunehmende Austenitkorn-Wachstum eine Rolle für Umwandlung und Eigenschaften des Stahls. Zunehmende Brammentemperatur bedingt eine Erhöhung der Streckgrenze infolge verstärkter Ausscheidung und Aushärtung bei der nachfolgenden Abkühlung sowie eine Senkung der Umwandlungstemperaturen. Eine Kornvergröberung des Austenits kann auch ein groberes Ferritgefüge zur Folge haben, so daß der Streckgrenzenanstieg begrenzt ist. In diesem Bereich wird die aushärtungsbedingte Verschlechterung der Übergangstemperatur durch Kornvergröberung noch weiter verstärkt. Beim Walzen von Grobblech, das eine größere Flexibilität in der Stoßofen-Fahrweise als beim Warmbandwalzen gestattet, nutzt man diese Zusammenhänge aus, in dem man zur Erzielung besonders niedriger Übergangstemperaturen und unter Inkaufnahme geringerer Streckgrenzen eine „low-slab"-Praxis mit abgesenkter Brammentemperatur anwendet. Für hohe Festigkeit und geringere Sprödbruchsicherheit bietet sich dagegen die „high-slab"-Technologie an.

Für das Warmwalzen selbst ist die Verformung im unteren Austenitgebiet gegen Ende des Walzvorgangs entscheidend. Sowohl Endwalztemperatur wie auch Verformungsgrad und -geschwindigkeit spielen für Rekristallisation, Umwandlung und Ausscheidung eine entscheidende Rolle und bestimmen weitgehend die Ferritkorngröße und den Ausscheidungszustand. Ohne alle Einflußgrößen und Strukturveränderungen im einzelnen zu erörtern, soll mit den beiden mittleren Schaubildern verdeutlicht werden, daß sich abnehmende Endwalztemperatur und zunehmender Verformungsgrad sehr günstig auf Streckgrenze und Übergangstemperatur auswirken. Maßgeblich ist hier die Kornverfeinerung durch die nachfolgende gleichzeitige Rekristallisation und Umwandlung und durch feindisperse Ausscheidungen beteiligt. Das dabei entstehende Ferritgefüge ist texturbehaftet.

Die Abkühlungsgeschwindigkeit wird beim Bandwalzen durch die dosierte Laminar- und Spritzwasserkühlung eingestellt. Sie beeinflußt unmittelbar die Temperatur der Umwandlung und damit der Rekristallisation. Auch die Menge und Dispersion der Ausscheidungen werden durch die Abkühlungsgeschwindigkeit verändert. Eine schnellere Abkühlung führt durch Senken der Umwandlungstemperatur zu kleinerem Ferritkorn, höherer Versetzungsdichte und feineren Carbonitriden. Die Folge sind steigende Streckgrenzen und im allgemeinen fallende Übergangstemperaturen. Für Grobblech besteht bis heute noch keine Möglichkeit, die Abkühlung in ähnlicher Weise wie bei Warmband zu regulieren. Die Abkühlungsgeschwindigkeit wird hier vor allem durch die Dicke des Bleches vorgegeben. Allerdings sind in verschiedenen Grobblechwalzwerken Versuche mit Zusatzkühlung im Gange.

Eine zusätzliche Maßnahme zur Strukturbeeinflussung steht beim Bandwalzen mit dem Einstellen einer definierten Haspeltemperatur zur Verfügung. Sie bietet die Möglichkeit, die sehr langsame Abkühlung des gewickelten Bundes zum Selbstanlassen zu nutzen und bei geeigneter Temperatur eine Aushärtung des Ferrits durch den in übersättigter Lösung gehaltenen Anteil des Mikrolegierungselementes ablaufen zu lassen. Das im rechten Teilbild angedeutete Maximum in der Streckgrenze und in der Übergangstemperatur ist in erster Näherung identisch mit den Aushärtungsisochronen der Stähle. Bei den für große Bunde sich ergebenden Verweilzeiten und Abkühlungsgeschwindigkeiten stellt sich das Maximum bei Haspeltemperaturen um 600 °C ein. Da die Übergangstemperatur durch die Aushärtung nachteilig beeinflußt wird, muß hier ein Kompromiß gefunden oder durch geeignete andere Maßnahmen eine Verbesserung der Sprödbruchsicherheit erreicht werden.

Der Ablauf der thermomechanischen Behandlung ist in Bild 19 in sehr vereinfachter Form in einem Zeit-Temperatur-Feld dargestellt. Nach Einstellen eines definierten Lösungszustandes in der Bramme folgt das Walzen bei Temperaturen und Verformungsgraden, die einen optimalen Verformungszustand des Austenits sicherstellen. Mit der entsprechenden Abkühlung bis zur und durch die Phasenumwandlung werden Korngröße und Versetzungsdichte des Ferrits festgelegt. Schließlich folgt durch die verzögerte Abkühlung im Bund eine gelenkte Aushärtung.

In gewissem Umfang sind die technologischen Parameter, die die Struktur und die Eigenschaften des fertigen Walzerzeugnisses bestimmen, untereinander und mit der chemischen Zusammensetzung des Stahls austauschbar. Das soll am Beispiel des Bildes 20 erläutert werden. Ein mikrolegierter Stahl kann eine sehr unterschiedliche Streckgrenze haben je nach Endwalz- und Umwandlungstemperatur, die wiederum Korngröße und Ausscheidungszustand und vor allem auch die Art des Ferrits – polygonal oder nicht polygonal – bestimmt. Abnehmende

Umwandlungstemperatur bewirkt entlang den Parallelen für bestimmte Endwalztemperaturen eine Zunahme der Streckgrenze. Unterhalb 650 °C entsteht dabei Umklapp-Ferrit. Die Absenkung der Umwandlungstemperatur kann sowohl durch erhöhte Abkühlgeschwindigkeit (s. Teilbild links unten) oder durch geeignete Legierungszusätze wie z. B. Molybdän (s. Teilbild rechts oben) erreicht werden. Das Endwalzen bei niedrigeren Temperaturen führt zu höheren Niveaus der Streckgrenze. Die gleiche Streckgrenze läßt sich unter verschiedenen Bedingungen der thermomechanischen Behandlung oder auch chemischen Zusammensetzung erzielen. An den auf den Parallelen angegebenen Zahlen für die Ferrit-Korngröße wird deutlich, daß die Kornverfeinerung einen wesentlichen Anteil an der Verfestigung mit abnehmender Umwandlungstemperatur hat und die Übergangstemperatur entsprechend verbessern wird.

Der Gehalt der Mikrolegierungselemente übt verständlicherweise einen besonders starken Einfluß auf die mechanischen Eigenschaften des Walzerzeugnisses aus, indem über Umwandlung mit Rekristallisation und über Ausscheidung unterschiedliche Strukturzustände entstehen.

Bild 21 gibt einen qualitativen Überblick über die kennzeichnenden Wirkungen von Niob, Titan und Vanadin auf die Streckgrenze und Übergangstemperatur, wobei nur die Einflußgrößen Ferrit-Kornverfeinerung und Aushärtung erfaßt sind. Die Veränderung der Versetzungsdichte z. B. durch Verlagerung der Umwandlung in den Bereich des Umklapp-Ferrits ist hier nicht berücksichtigt worden. Mit zunehmendem Legierungsgehalt steigt die Streckgrenze für alle drei Elemente stark an. Wegen der unterschiedlichen Kornverfeinerung, die vom Niob bis zum Vanadin abnimmt, sind jedoch Gradient und Verlauf verschieden. Besonders für die Änderung der Übergangstemperatur ist das Verhältnis von Kornverfeinerung zu Aushärtung wichtig, da sich deren Einflüsse hier nicht addieren, sondern gegenläufig wirken. Deshalb sind gleiche Streckgrenzenanstiege bei den drei Legierungsmetallen mit unterschiedlichen Übergangstemperaturen verbunden. Die Sprödbruchsicherheit eines nioblegierten Stahles ist im thermomechanisch behandelten Zustand größer als die eines gleich festen Titan- oder Vanadinstahles. Ein vanadinlegierter Stahl wiederum kann gegenüber Niob- oder Titanstählen u. U. Vorteile hinsichtlich des Rekristallisationsverhaltens (geringere Walzkräfte) und der Textur (geringere Anisotropie) bringen. Da die hier grob skizzierten Zusammenhänge von vielen Einflußgrößen und vor allem von der Grundzusammensetzung des Stahles mitbestimmt werden, können die Angaben und Aussagen nur als Anhalt gelten. Sie machen jedoch deutlich, daß die Wahl und Konzentration des Legierungselementes für die Wirkung der thermomechanischen Behandlung entscheidende Bedeutung haben.

7. Kennzeichnende Eigenschaften eines thermomechanisch behandelten mikrolegierten Stahles

Für schweißbare Baustähle galt über Jahrzehnte ein nicht definierter Walzzustand oder – für höhere Güten – der normalgeglühte Zustand als der übliche für die Verarbeitung und den Gebrauch der Walzerzeugnisse. Mit den Möglichkeiten der thermomechanischen Behandlung läßt sich heute der Bereich erzielbarer Werkstoffeigenschaften wesentlich erweitern. Eine Einschränkung ergibt sich allerdings für die Dicke des Walzgutes, da die technische Ausrüstung der Walzwerke und teilweise auch die Begrenzung in der Abkühlungsgeschwindigkeit die Anwendung der neuen Technologie erschweren oder verhindern. Für einen großen Bereich der Verwendung von schweißbaren Baustählen lassen sich aber die Vorteile der thermomechanischen Behandlung nutzen. Diese Stähle zeichnen sich aus durch

eine gute Schweißeignung,
eine hohe Streckgrenze und
eine ausgewogene Sprödbruchsicherheit.

Die Eigenschaften beruhen auf folgenden Merkmalen der Struktur:

Weitgehend ferritisches (perlitarmes) Gefüge,
sehr kleine Ferrit-Korngröße,
hohe Versetzungsdichte,
inkohärente und aushärtende Ausscheidungen.

Der Unterschied zu den Eigenschaften eines normalgeglühten Stahles wird deutlich, wenn man einem thermomechanisch behandelten Zustand den nachträglich normalgeglühten Zustand, in dem die Struktur durch die Austenitisierung weitgehend verändert wurde, gegenüberstellt. Bild 22 gibt die wesentlichen Festigkeits- und Zähigkeitskennwerte eines Bandes oder Bleches aus einem perlitarmen mikrolegierten Baustahl wieder. Im thermomechanisch behandelten Zustand wird eine wesentlich höhere Streckgrenze und Zugfestigkeit erreicht, die allerdings mit entsprechend niedrigeren Werten der Bruchdehnung und Kerbschlagzähigkeitshochlage einhergeht. Die Sprödbruchübergangstemperatur liegt im thermomechanisch behandelten Zustand trotz der höheren Festigkeit noch wesentlich günstiger als nach dem Normalglühen. Die häufig als eine die Stahleigenschaften verbessernde Wärmebehandlung angewandte Normalglühung führt also bei mikrolegierten Baustählen zu einer Verschlechterung wichtiger Kennwerte, da der optimale Walzzustand irreversibel verändert wird.

8. Zusammenfassende Darstellung der Wirkung der Mikrolegierungselemente

Niob, Titan und Vanadin bilden in kohlenstoffarmen Stählen Carbonitride, die sich bei Temperaturen des Austenits auflösen können und bei niedrigeren Temperaturen, besonders nach vorausgegangener Verformung, in sehr feiner Dispersion wieder ausscheiden können. Die im Warmwalzwerk ablaufenden Vorgänge der Umwandlung und Rekristallisation werden in vielfältiger Weise von dem im Austenit-Mischkristall gelösten Legierungsmetall und von den im Austenit oder Ferrit gebildeten Ausscheidungen beeinflußt. Umwandlung und Rekristallisation ihrerseits wirken wieder zurück auf die Ausscheidungsvorgänge. So sind die einzelnen Maßnahmen und der Gesamterfolg einer thermomechanischen Behandlung eines mikrolegierten Stahles untrennbar mit der Wirkungsweise der Legierungselemente verknüpft. Bild 23 versucht, die vom gelösten oder ausgeschiedenen Legierungsmetall ausgehenden Wirkungen und die daraus resultierenden Strukturmerkmale des Walzerzeugnisses in einer vereinfachten Übersicht deutlich zu machen. Die im Mischkristall gelösten Anteile der Legierungselemente führen über Diffusionsbehinderung und Senkung der Umwandlungstemperatur zu einem feinkörnigen, versetzungsreichen Ferrit. In geeigneter Dispersion bewirken aber auch ausgeschiedene Carbonitride über eine Blockierung der Korngrenzen eine Kornverfeinerung. Extrem feine, mit der Matrix teilkohärente Ausscheidungen ergeben auf Grund ihrer starken Behinderung der Versetzungsbewegung eine ausgeprägte Aushärtung des Ferrits. Schließlich leisten Niob und Titan sowohl in gelöster wie auch in ausgeschiedener Form über eine sehr nachhaltige Rekristallisationsverzögerung einen weiteren Beitrag zur Verfeinerung des Ferritkorns, verursachen allerdings auch eine Textur des Ferrits, die ihm eine Anisotropie der Eigenschaften verleiht.

Überschaut man die vielfältige Wirkungsweise der Mikrolegierungselemente, deren einzelne Atome durchaus mehrfach, in verschiedenen Rollen, in das komplexe Geschehen der thermomechanischen Behandlung eingreifen, so wird verständlich, daß so geringe Legierungsgehalte erstaunlich große Veränderungen der Stahleigenschaften hervorrufen.

Schrifttumshinweis

[1]) *Smith, R. P.:* Trans. Metallurg. Soc. AIME 224 (1962) S. 190/91.

[2]) *Chino, H., u. K. Wada:* Yawaty techn. Rep. 251 (1965) S. 5817/42.

[3]) *Irvine, K. J., F. B. Pickering* u. *T. Gladman:* JISI 205 (1967) S. 161/82.

[4]) *Nordberg, H.,* u. *B. Aaronsson:* JISI 206 (1968) S. 1263/66.

[5]) *Bungardt, K., K. Kind* u. *W. Oelsen:* Arch. Eisenhüttenwes. 27 (1956) S. 61/66.

[6]) *Meyer, L., H.-E. Bühler* u. *F. Heisterkamp:* Thyssenforsch. 3 (1971) S. 8/43.

[7]) Unveröffentlichte Untersuchungen der Forschung der August Thyssen-Hütte AG.

[8]) *Meyer, L.,* u. *D. Schauwinhold:* Stahl u. Eisen 87 (1967) S. 8/21.

[9]) *Heisterkamp, F.:* Mikrolegierte Baustähle als Beispiel für die kombinierte Anwendung verschiedener Verfestigungsverfahren. DGM-Symposium „Festigkeit metallischer Werkstoffe", Bad Nauheim, 14. 11. 1974.

[10]) *Parrini, C.:* Bolletino Tecnico Finsider Nr. 333, 1974, 783/800.

[11]) *Le Bon, A., J. Rofes-Vernis, D. Henriet* u. *C. Rossard:* Technischer Halbjahresbericht 1/1974 für die EGKS (Vertrag-Nr. 6210-82), IRSID, 1974.

[12]) *Le Bon, A., J. Rofes-Vernis* u. *C. Rossard:* Kinetik der Rekristallisation zweier schweißbarer Baustähle nach Warmverformung. Einfluß des Niobs. Bericht IRSID, August 1971.

[13]) *Meyer, L., F. Heisterkamp* u. *D. Lauterborn:* Titanium as a strengthening and sulfide controlling element in low-carbon steels. In: Processing and properties of low-carbon steel. Editor: J. M. Gray. Molybdenum Corp. of America. Pittsburgh, Pa. 1973, S. 297/320.

[14]) *Lotter, U.,* u. *L. Meyer:* Texture and yield strength anisotropy of microalloyed thermomechanically treated high-strength steels. Symposium „Directionality of properties in wrought products". London, 27.–29. 11. 1974.

[15]) *Kaup, K., B. Bersch, C. Düren* u. *P. A. Peters:* Herstellung und Eigenschaften von Warmbreitbändern und Grobblechen für Großrohre aus höherfesten Sonderstählen. Symposium Rohrleistungstechnik 18. u. 19. 10. 1972 HdT Essen.

[16]) *Täffner, K.,* u. *L. Meyer:* Schweißbare Baustähle. In: Grundlagen des Festigkeits- und Bruchverhaltens. Kontaktstudium Eisen und Stahl. Verlag Stahleisen, Düsseldorf, 1974, S. 239/53.

[17]) *Gray, M.:* Metallurgy of high-strength low-alloy pipeline stells: present and future possibilities. Vortrag Dallas, Texas, 18. 1. 1972.

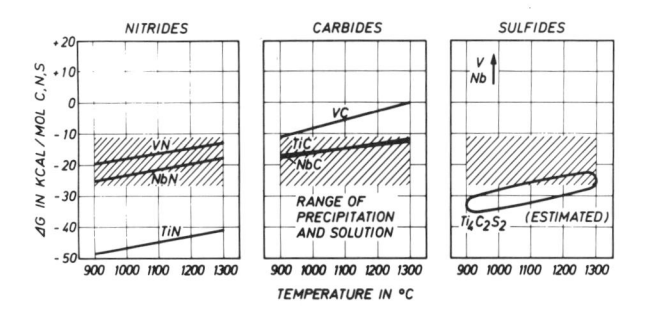

Bild 1: Bildungsenthalpie von Nitriden, Carbiden und Sulfiden des Niobs, Titans und Vanadins in γ-Eisen[1-5])

Bild 2: Voraussetzungen von Niob, Titan und Vanadin für Ausscheidung und Aushärtung im Stahl[1-5])

Ausscheidung von

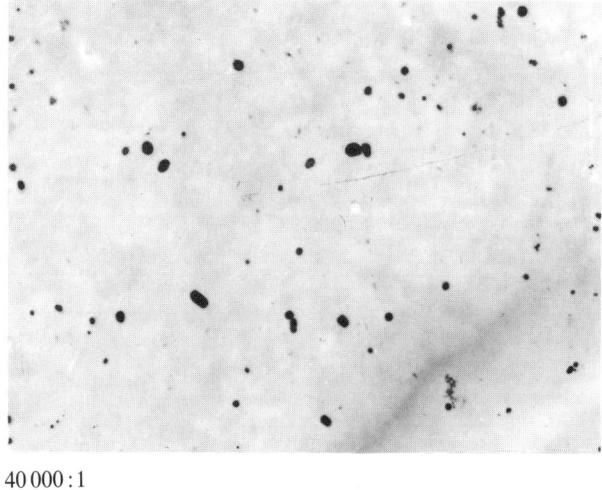

Nb(C,N) im Austenit

Nb(C,N) im Ferrit bei der γ/α-Umwandlung

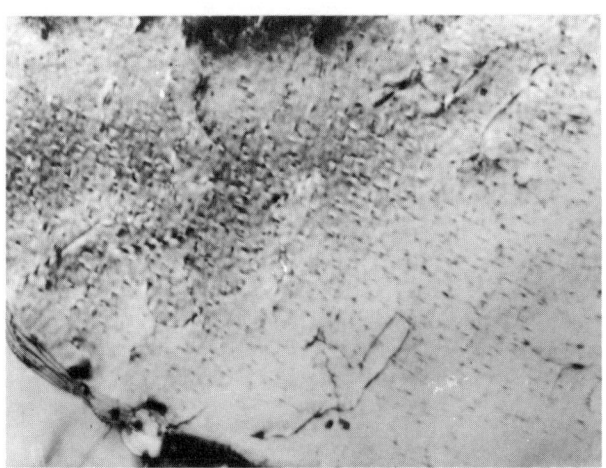

40 000 : 1

40 000 : 1

Ti(C,N) im Ferrit

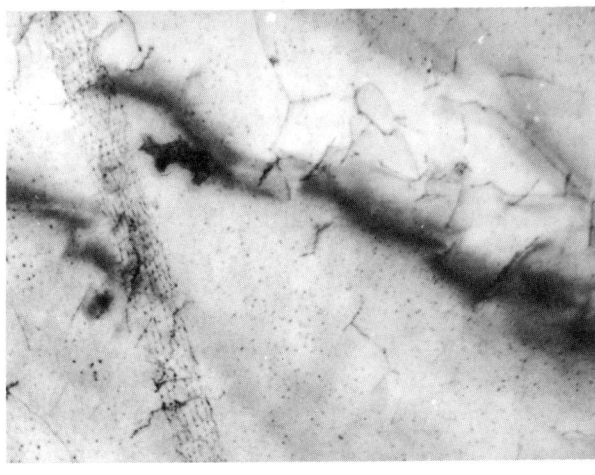

Kohärenzspannungen an Me(C,N) im Ferrit

80 000 : 1

20 000 : 1

Bild 3: Verschiedene Ausscheidungszustände von Carbonitriden in schweißbaren Baustählen

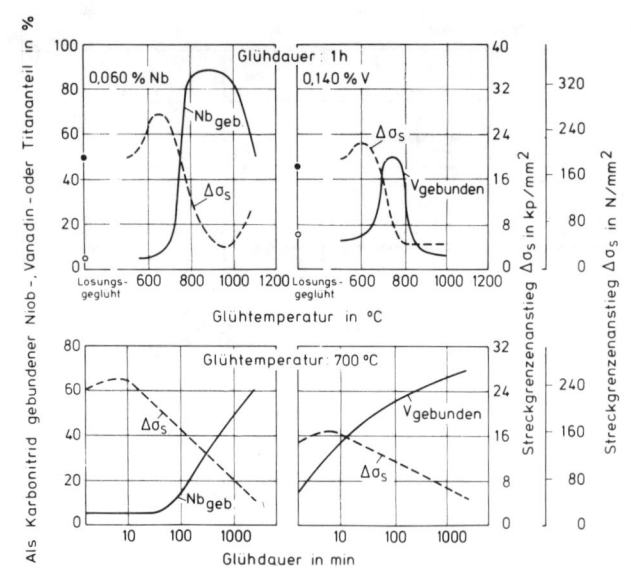

Bild 4: Zusammenhang zwischen dem als Carbonitrid gebundenen Niob und Vanadin, dem Anstieg in der Streckgrenze und dem Wärmebehandlungszustand nach dem Lösungsglühen bei 1300 °C ½ h/Luft[6])

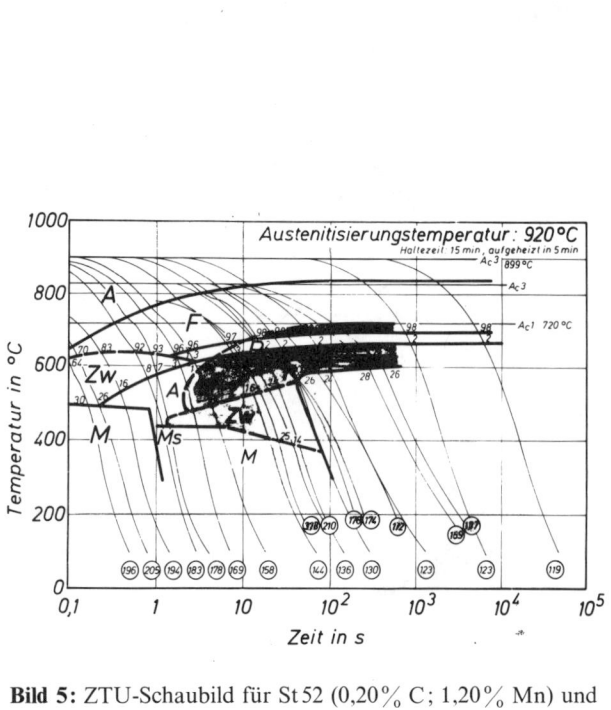

Bild 5: ZTU-Schaubild für St 52 (0,20% C; 1,20% Mn) und für PAS-Ti (0,06% C; 0,80% Mn; 0,15% Ti)

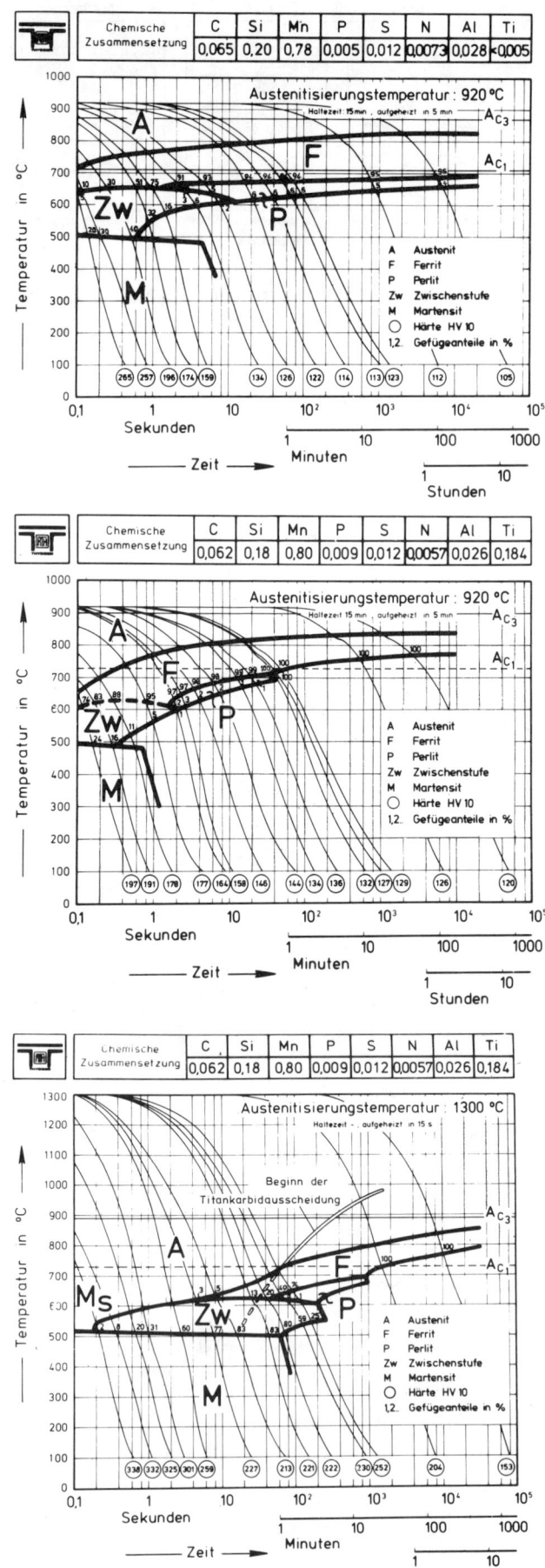

Bild 6: ZTU-Schaubilder perlitarmer Stähle mit unterschiedlichem Titangehalt (a und b) und unterschiedlicher Austenitisierungstemperatur (b und c)[7]

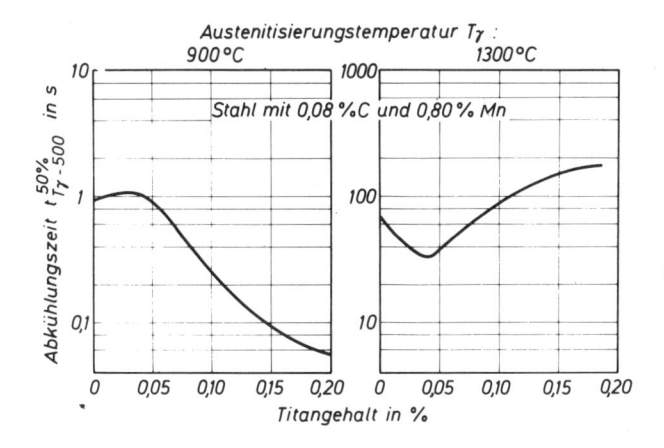

Bild 7: Abkühlungszeiten für 50% Umwandlung in der Perlitstufe perlitarmer Stähle nach unterschiedlich hoher Austenitisierung[7])

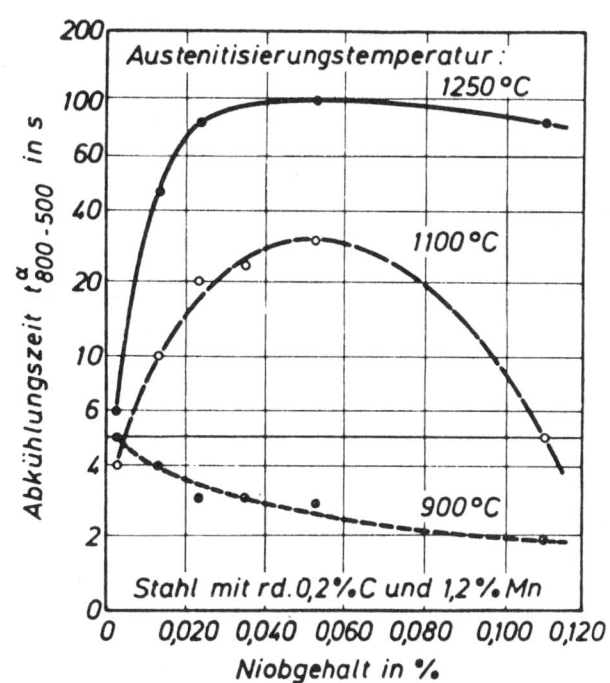

Bild 8: Abkühlungszeiten für den Beginn der Ferrit-Perlit-Bildung St 52-ähnlicher Nb-Stähle nach unterschiedlicher Austenitisierung[8])

Umklapp-Ferrit 10 000:1 polygonaler Ferrit

hohe niedrige
Versetzungsdichte

Bild 9: Unterschied in der Versetzungsdichte zwischen einem polygonalen und einem Umklapp-Ferrit

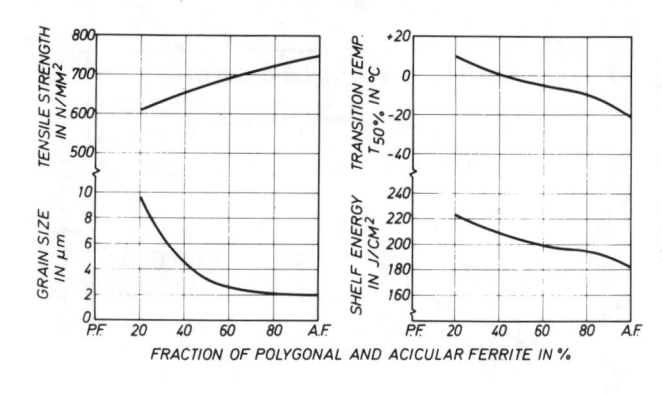

Bild 10: Einfluß des Gefügeanteils an Umklapp-Ferrit auf Korngröße und mechanische Eigenschaften eines C-armen MnMoNb(V)-Stahls[10])

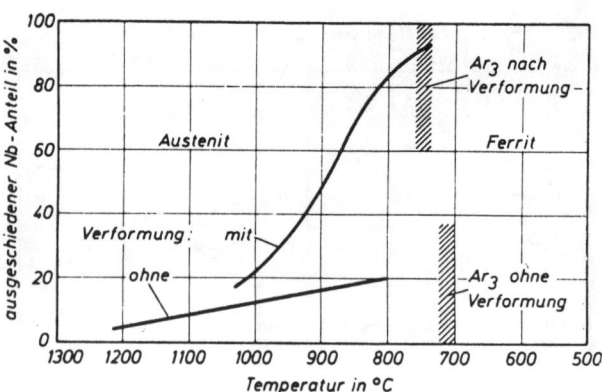

Bild 13: Verlauf der Nb(C,N)-Ausscheidung bei simuliertem Warmwalzen[11])

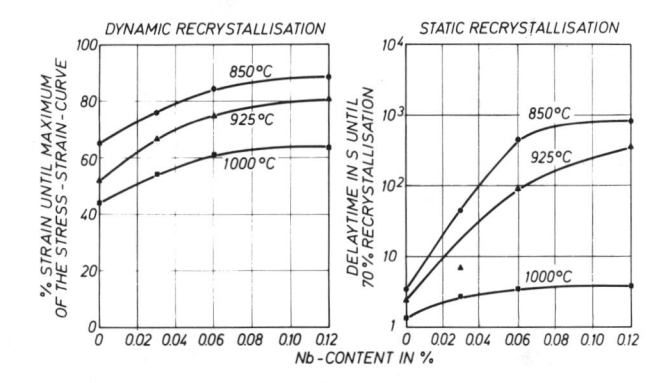

Bild 11: Einfluß des Niobgehaltes auf die Rekristallisation eines 0,05%-C-1,8%-Mn-Stahls[7])

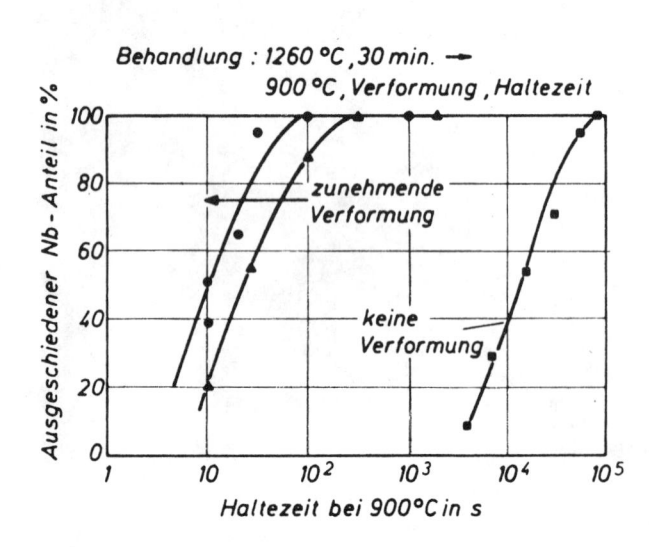

Bild 12: Beschleunigung der Ausscheidung des Niobs beim Halten auf 900 °C durch vorherige Verformung[11])

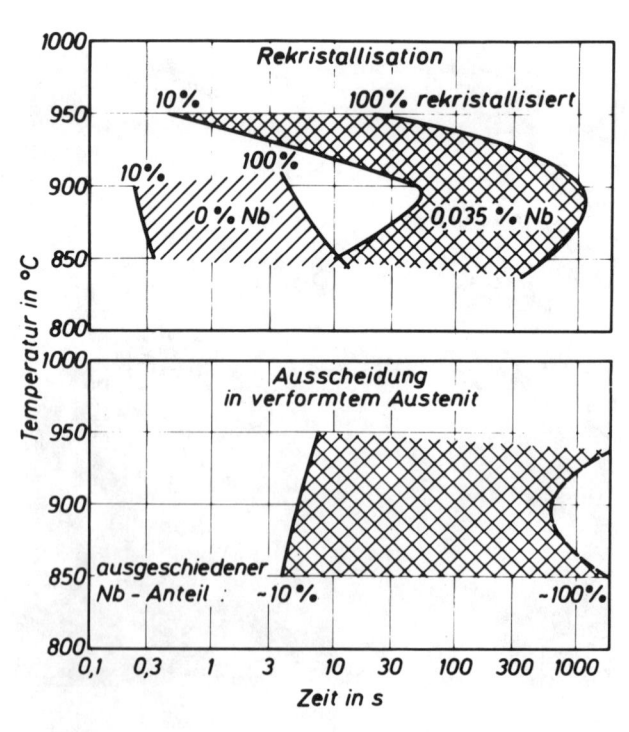

Bild 14: Isotherme Zeit-Temperatur-Schaubilder für Rekristallisation und Ausscheidung in einem Nb-legierten Stahl ähnlich St 52[12])

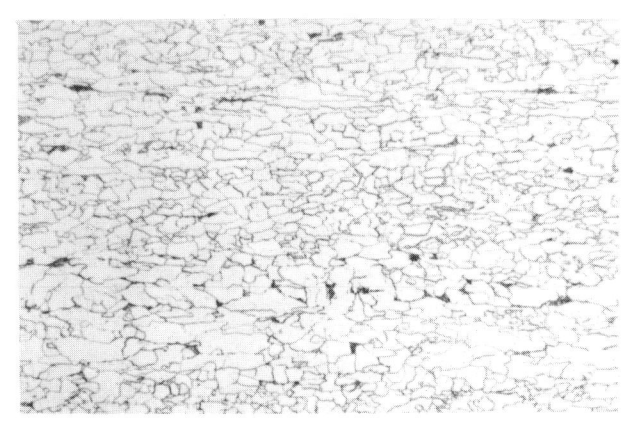

Bild 15: Gefügeausbildung eines perlitarmen mikrolegierten Stahles im thermomechanisch behandelten Zustand

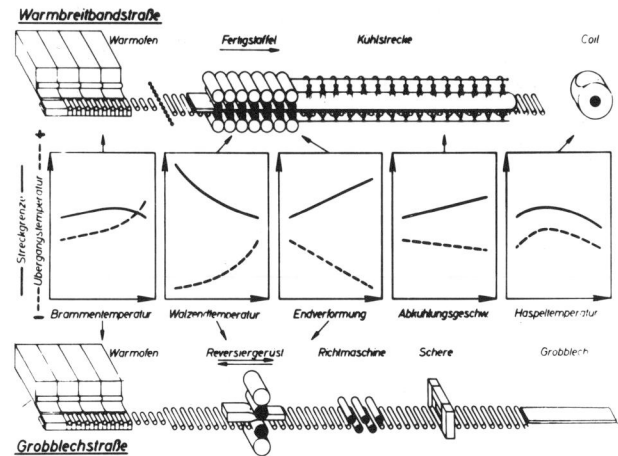

Bild 18: Einflußgrößen bei der thermomechanischen Behandlung von Warmband und Grobblech[15])

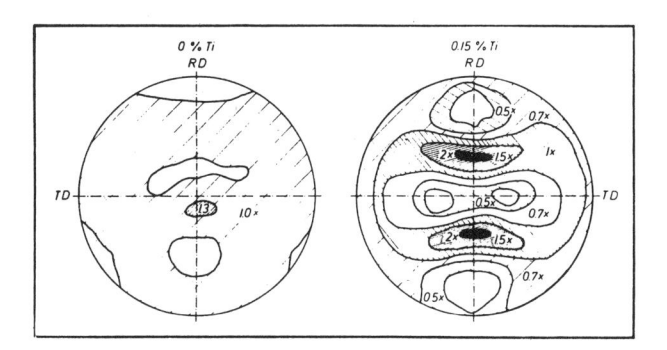

Bild 16: {110}-Polfiguren eines unlegierten und eines Ti-legierten perlitarmen Stahles im thermomechanisch behandelten Zustand[13])

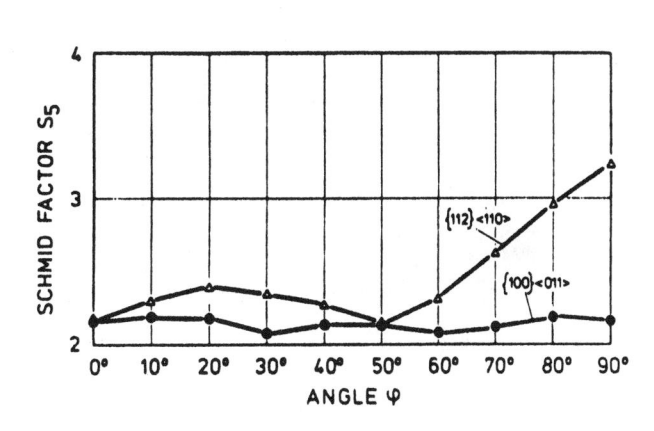

Bild 17: Schmid-Faktor für zwei unterschiedliche Texturkomponenten in Abhängigkeit vom Winkel zwischen Walzrichtung (0°) und Zugrichtung[14])

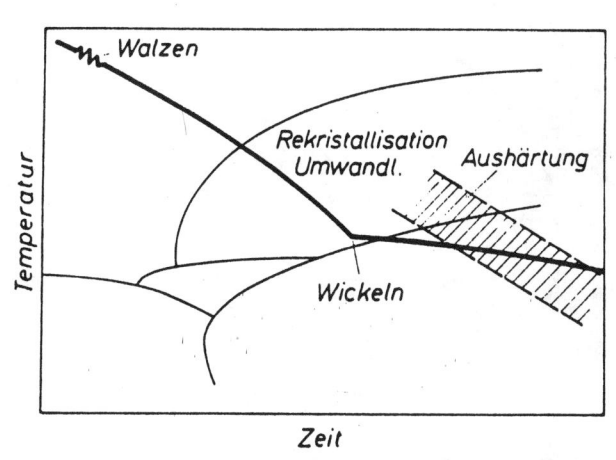

Bild 19: Zeit-Temperatur-Verlauf der Vorgänge bei der thermomechanischen Behandlung von mikrolegiertem Warmband[16])

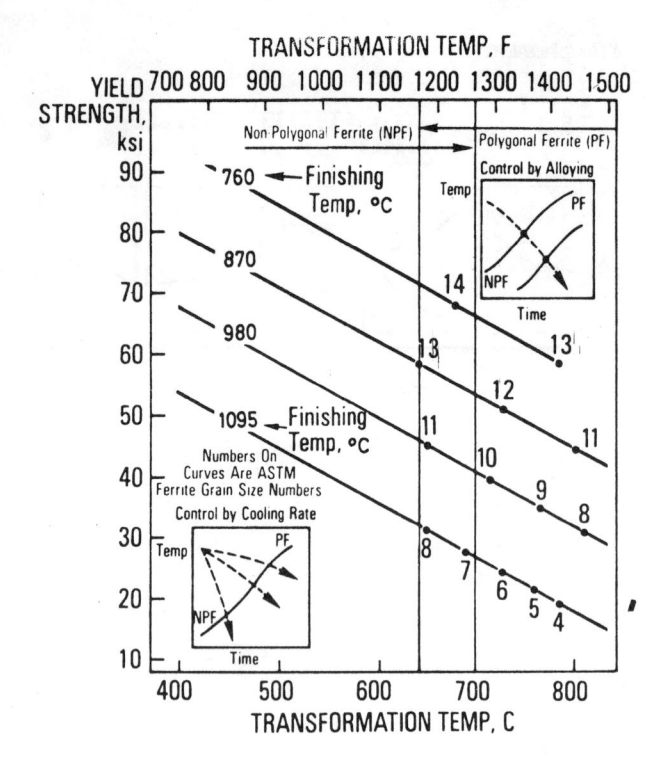

Bild 20: Einfluß von Umwandlungstemperatur, Endverformungstemperatur und Gefügeausbildung auf die Streckgrenze thermomechanisch behandelter mikrolegierter Stähle[18])

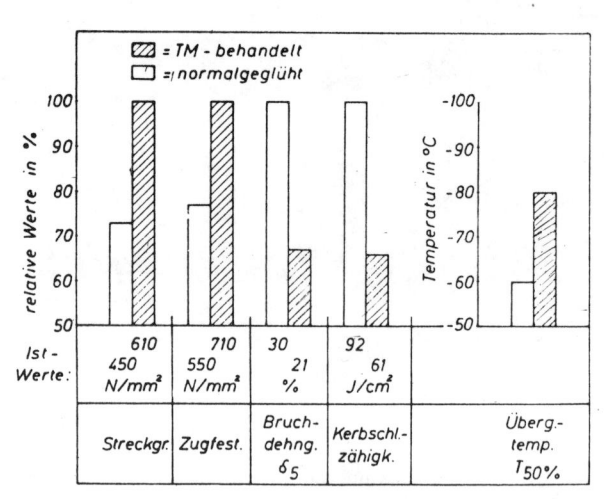

Bild 22: Mechanische Eigenschaften eines mikrolegierten perlitarmen Stahles nach thermomechanischer Behandlung und nach Normalglühen[16])

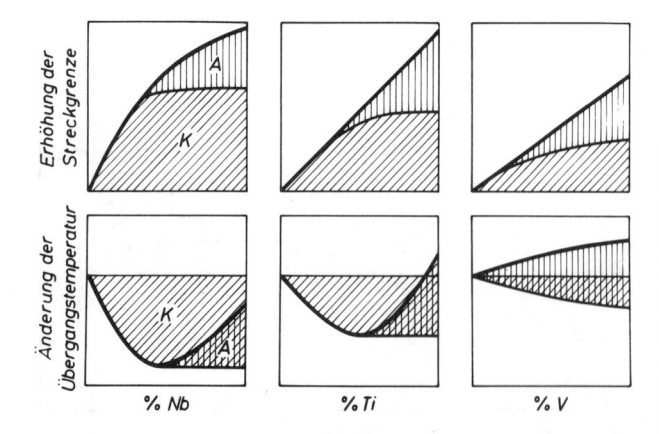

Bild 21: Einfluß von Niob, Titan und Vanadin durch Kornverfeinerung und Aushärtung auf Streckgrenze und Übergangstemperatur im thermomechanisch behandelten Zustand[16])

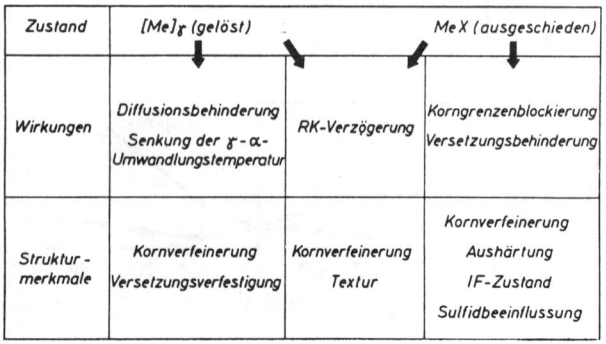

Bild 23: Wirkungsweise von gelöstem und ausgeschiedenem Niob, Titan oder Vanadin

12. Thermochemische (Einsatz-) Verfahren

O. Schaaber

1. Begriffsbestimmungen

Die Wärmebehandlung ist nach dem Wortlaut der entsprechenden Begriffsbestimmung (DIN 17014, Gelbdruck, Dezember 1973) ein „Vorgang, in dessen Verlauf ein Werkstück oder ein Teil eines Werkstückes absichtlich Temperatur-Zeit-Folgen und gegebenenfalls zusätzlich anderen physikalischen und/oder chemischen Einwirkungen ausgesetzt wird, um ihm Eigenschaften zu verleihen, die es für eine Weiterverarbeitung oder Verwendung geeignet machen". Die in diesem Kapitel betrachteten „thermochemischen Behandlungen" unterscheiden sich von den bisher in erster Linie betrachteten Wärmebehandlungen dadurch, daß hier dem Werkstück nicht nur Wärme zugeführt und entzogen wird,

sondern daß – meist während eines Haltens bei der jeweils höchsten vorkommenden Temperatur – über gewollte Austauschreaktionen mit einem geeignet gewählten umgebenden Mittel ein oder mehrere Elemente in die Werkstückoberfläche eingebracht oder dieser entzogen werden, um die chemische Zusammensetzung (und damit Art, Aufbau und Eigenschaften) des Werkstoffes durch Diffusion und gegebenenfalls Bildung intermetallischer Verbindungen von der Werkstückoberfläche her mehr oder weniger tiefgreifend zu ändern.

Diese Gruppe von Wärmebehandlungen, zu der so unterschiedliche Verfahren wie Aluminieren, Borieren, Carbonitrieren, Chromieren, Entkohlen, Nitrieren, Silizieren oder Vanadieren gehören, wird in den beiden einschlägigen Normen, der Euronorm 52-65 und der DIN 17014, unter dem Oberbegriff „Thermochemische (Diffusions-)Behandlungen" zusammengefaßt*). Dieser Ausdruck ist erst relativ neueren Datums, weder die vorhergehende Ausgabe (Oktober 1959) der DIN 17014 noch die „Definitions Relating to Metals and Metalworking" im 1961 erschienenen Metals Handbook, Vol. I, kannten ihn. Solange nur Aufkohlen, Carbonitrieren und Nitrieren in der Praxis eine Rolle spielten, bestand keine zwingende Notwendigkeit, einen gemeinsamen Oberbegriff zu prägen. Es genügte, wo es erforderlich wurde, Aufkohlen und Carbonitrieren in einigen Ausdrücken wie „Einsatzhärtung" (DIN 17014 für Aufkohlen oder Carbonitrieren mit nachfolgender zur Härtung führender Wärmebehandlung) und „Einsatzstähle" (DIN 17200) zusammenzufassen. Die DIN 17014 warnt in einer Anmerkung vor einer weiteren Verwendung des Wortes „Einsetzen" für Aufkohlen, da dieser Ausdruck „unspezifisch und mehrdeutig" sei, geht aber nicht den Schritt weiter, diesen Ausdruck bzw. das Wort: „Einsatzbehandlung" als Oberbegriff für alle Wärmebehandlungen, bei denen über zusätzliche chemische Einwirkungen die chemische Zusammensetzung des Erzeugnisses mehr oder weniger tiefgreifend verändert werden soll, zu empfehlen. Der Grund dafür, statt dessen „thermochemische Behandlungen" vorzuschlagen, wie dies offiziell zum erstenmal in der Euronorm 52-65 geschah, war die Überlegung, daß es besser wäre, einen Ausdruck zu wählen, der in allen wichtigen Sprachen verwendet werden könne. Bedenken, daß es wegen der anderweitigen Bedeutung des Wortes „Thermochemie"**) zu Mißverständnissen kommen könne, wurden demgegenüber zurückgestellt.

Überraschenderweise findet man eine kurze und prägnante Begriffsbestimmung der Wärmebehandlung, die außerdem die im Werkstoff ablaufenden Vorgänge zur Beschreibung heranzieht, nicht in einer Werkstoffnorm, sondern in der DIN 8580 – Begriffe der Fertigungsverfahren –. Dort wird das Ziel der Wärmebehandlung in der 6. Hauptgruppe der Fertigungsverfahren mit dem Stichwort: „Stoffeigenschaftsändern" beschrieben als: „Umlagern, Aussondern oder Einbringen von Stoffteilchen". Im gewissen Sinne ist mit dieser Formulierung die Quintessenz des folgenden Kapitels vorweggenommen. Darin soll kurz in Erinnerung gerufen werden, auf welchen Vorgängen metallkundlich gesehen letztlich die Möglichkeiten beruhen, mit Hilfe der Wärmebehandlung im allgemeinen und der thermochemischen Behandlungen im besonderen die Eigenschaften des Werkstoffes und des Werkstücks in dem von der Fertigung gewünschten Sinne zu beeinflussen.

2. Grundlegende Betrachtungen

Die Wärmebehandlung und damit natürlich auch jede thermochemische Behandlung ist in der Tat nur eines der vielen Glieder in der lagen Kette von Fertigungsoperationen, die erforderlich sind, um Rohmaterialien in Fertigungserzeugnisse umzuwandeln. Ihre Aufgabe ist, wie die DIN 8580 richtig sagt, „Stoffeigenschaften" zu ändern. Es gibt nur sehr wenige Werkstoffe, deren Eigenschaften nicht durch eine Wärmebehandlung verändert werden könnten, und es gibt andererseits auch kaum Eigenschaftskombinationen, welche gleichzeitig optimale Voraussetzungen für die verschiedenen Bearbeitungsverfahren bieten würden wie auch andererseits im fertigen Werkstück ausreichenden Widerstand gegenüber den im Gebrauch auftretenden Beanspruchungen. Die Wärmebehandlung ist fast immer das Mittel der Wahl in der Hand der Fertigung, die Werkstoff-, und zu einem gewissen Maße auch die Werkstückeigenschaften im Verlaufe der verschiedenen Produktionsstufen ein- oder mehrmals so zu verändern, daß die anschließenden Fertigungsoperationen mit dem geringstmöglichen technischen und wirtschaftlichen Aufwand in der kürzestmöglichen Zeit mit der notwendigen Genauigkeit durchgeführt werden können oder daß das Fertigteil den Beanspruchungen des Gebrauchs so lange wie möglich ohne Beeinträchtigung seiner Funktionsfähigkeit standhält.

Man kann davon ausgehen, daß die thermochemischen Verfahren in erster Linie dann verwendet werden, wenn es sich darum handelt, im Fertigteil die geforderten Werte der Gebrauchseigenschaften sicherzustellen. Das gezielte Entkohlen einer Randschicht zur Erleichterung gewisser Formgebungsoperationen bei Stählen mit höherem Kohlenstoffgehalt dürfte einen der wenigen Fälle darstellen, in denen thermochemische Behandlungen ausnahmsweise einmal nicht erst am nahezu fertigen Teil eingesetzt werden.

Ein Bauteil muß je nach seiner Funktion ausreichend hohen Widerstand gegen plastische Verformung, Rißbildung und -fortpflanzung, Bruch, Verschleiß, Korrosion allein oder in Kombination besitzen, wenn seine Funktionsfähigkeit durch die im Betrieb auftretenden Beanspruchungen nicht beeinträchtigt werden soll. Der für die Fertigung geeignete Gefügezustand erfüllt, wie bereits erwähnt, fast nie diese Bedingungen, das Gefüge muß also durch eine geeignete Wärmebehandlung so geändert werden, daß die geforderten Eigenschaften erreicht werden.

Welche Mechanismen hierbei zum Tragen kommen, sei an Hand der Streckgrenze, die hier als einer der Kennwerte für den Widerstand gegen bleibende Verformung dienen soll, kurz ins Gedächtnis zurückgerufen. Aus dem z. B. aus Betriebs-

---

*) Euronorm 52–65. „5. Thermochemische Diffusionsbehandlungen. 5.1 Dieser Ausdruck bezeichnet allgemein jene Wärmebehandlungen, durch die man den Werkstoff mehr oder weniger tief durch Diffusion eines Legierungselementes von seiner Oberfläche her verändert."
DIN 17014: „Wärmebehandlungen, bei denen die chemische Zusammensetzung eines Werkstoffes durch Ein- oder Ausdiffundieren eines oder mehrerer Elemente absichtlich geändert wird. – Zu solchen Verfahren gehören u. a. Aluminieren, Aufkohlen, Borieren, Carbonitrieren, Chromieren, Entkohlen, Nitrieren und Silizieren."

**) Theorie und meßtechnische Erfassung der bei chemischen Reaktionen auftretenden Wärmeeffekte.

versuchen ermittelten Lastenkollektiv ergeben sich an kritischen Stellen des Bauteils, etwa Randschichten, bestimmte Spitzenwerte der Lastspannungen, zu denen eventuell noch vorhandene Eigenspannungen (einschließlich montagebedingter Spannungskomponenten, wie Schrumpfspannungen) hinzukommen. Die Bedingung, das Bauteil dürfte sich unter Betriebsbeanspruchung nicht plastisch verformen, läßt sich nun auch wie folgt formulieren. Die Summe aller Spannungen muß insgesamt unterhalb eines (Schwell-)Wertes bleiben, bei dem Versetzungen ausgelöst und/oder in Bewegung gesetzt werden. Dieser Schwellwert kann nur dadurch heraufgesetzt werden, daß die Zahl der ein-, zwei- oder dreidimensionalen Hindernisse in Form von Fremdatomen[*] oder Fremdgittern erhöht wird, die in der Lage sind, Versetzungen zu „blockieren". Das kann einerseits durch „Umlagern" (DIN 8580) von Fremdatomen, in einigen Fällen auch von Matrixatomen geschehen, in anderen Fällen kann es u. U. notwendig werden, durch geeignete Austauschreaktionen an der Metalloberfläche und entsprechende Diffusionsvorgänge im Werkstoff die Zahl der Fremdatome (und -gitter) je Volumeneinheit von der Oberfläche her zu verändern. Fast immer wird die Erhöhung der Zahl der Fremdatome mit einer Veränderung ihrer räumlichen Anordnung („Umlagern von Stoffteilchen" DIN 8580) kombiniert. Um dieses Ziel zu erreichen, nützt man bei der Wärmebehandlung im allgemeinen und den thermochemischen Behandlungen im besonderen folgende physikalischen bzw. physikalisch-chemischen Gesetzmäßigkeiten aus:

1. Die Beweglichkeit der Atome im Gitter ist temperatur- wie phasenabhängig, sie steigt im allgemeinen (d. h. innerhalb desselben Phasenraumes) mit der Temperatur an.

2. Die Aufnahmefähigkeit der Matrix für Nichtmatrixatome (Fremdatome) ist sowohl temperatur- wie phasenabhängig.

3. Die Art der jeweils sich bildenden Phasen (vgl. Zustandsschaubild) ist temperatur- und konzentrationsabhängig.

4. Bei Temperaturänderung erfolgt die Einstellung des neuen Gleichgewichts und damit die Bildung neuer Gittermodifikationen oder Phasen nicht spontan[**], sondern verläuft zeitabhängig nach einem für die betreffende Temperatur (und Zusammensetzung) charakteristischen Zeitgesetz[1].

Die Bedeutung der einzelnen Punkte soll an dieser Stelle nicht ausführlicher diskutiert werden. Es seien nur einige für das Verständnis des Wesens der thermomechanischen Behandlungen und der dabei im Werkstoff ablaufenden Vorgänge wichtigen Schlußfolgerungen erwähnt.

Aus Punkt 1. ergibt sich z. B., daß der Diffusionskoeffizient, der ja ein Maß für die Beweglichkeit der Atome darstellt, mit der Temperatur ansteigt, jedoch von der jeweiligen Phase abhängig ist. Innerhalb des kubisch-raumzentrierten α-(bzw. δ-) Gitters ist er – verglichen bei gleicher Temperatur – für nahezu alle wichtigen Elemente, unabhängig davon, ob sie Einlagerungs- oder Substitutionsmischkristalle mit dem Eisen bilden, erheblich höher (meist um Zehnerpotenzen) als im flächenzentrierten γ-Gitter. Bei einigen der neueren thermochemischen Verfahren, wie etwa dem Chromieren oder Silizieren, wird im Verlaufe der Behandlung die Randschicht so weit mit dem Fremdelement angereichert, daß die Phasengrenze $\gamma \to \delta$ überschritten wird. Die äußerste Randschicht wandelt daher bei konstanter Temperatur in das raumzentrierte δ-Gitter um[***][2]. Der unterschiedliche Diffusionskoeffizient im γ- und δ-Gitter führt zu dem in Bild 1 wiedergegebenen Konzentrationsverlauf, flach in der zu δ umgewandelten äußersten Schicht, nach einer Unstetigkeitsstelle an dem Ort, wo zuletzt die Phasengrenze γ/δ lag, im ehemaligen γ-Bereich steil abfallend.

Die in 2. angesprochene Aufnahmefähigkeit des Matrix-(Eisen-)gitters für Fremdatome ist für die thermochemischen Verfahren von zweifacher Bedeutung. Einmal sollte damit angedeutet werden, daß an der Grenzfläche Metall/Umgebung je nach Phase und Temperatur unterschiedliche Mengen Fremdatome über Austauschreaktionen in fester Lösung aufgenommen werden können, ehe eine neue Phase, sei es nur eine einfache Umgitterung (z. B. $\gamma \to \delta$ oder $\delta \to \gamma$) oder eine intermetallische Verbindung individuell oder als geschlossene Schicht ausgeschieden wird. Zum anderen sind einige Elemente im α- resp. δ-Gitter im Gegensatz zum γ-Gitter nur sehr beschränkt löslich.

Der Punkt 3. soll lediglich die Bedeutung der Zustandsschaubilder für die thermochemischen Verfahren in Erinnerung bringen. Wegen der auch bei höheren Temperaturen nur verhältnismäßig niedrigen Diffusionsgeschwindigkeit besonders der Substitutionselemente kann man bei den thermochemischen Verfahren die Vorgänge im Werkstoff ohne großen Fehler so betrachten, als läge der Gleichgewichtsfall vor.

Allerdings muß man beachten, daß man im allgemeinen Zustandsdiagramme immer parallel zur y-Achse zu betrachten pflegt: Man verfolgt die Vorgänge, die sich bei konstanter Zusammensetzung z. B. während einer Abkühlung aus dem flüssigen Zustand abspielen. Sie werden also als Funktion der Temperatur und der Zeit betrachtet. Bei einer über dem thermochemischen Verfahren eingeleiteten Diffusion muß man das Zustandsdiagramm parallel zur x-Achse lesen; die eintretenden Zustandsänderungen sind bei konstant gehaltener Temperatur eine Funktion der jeweiligen Konzentration, wobei diese wieder einer Ortskoordinate am Werkstück entspricht. (Auf diese Betrachtungsweise wird bei der Erörterung, wie die entstehenden Schichten beschrieben werden könnten, nochmals zurückgekommen werden.)

Der vierte Punkt ist weniger für die Vorgänge während der eigentlichen „aktiven" Phase eines thermochemischen Verfahrens von Bedeutung als vielmehr zur Betrachtung der manchmal komplizierten Vorgänge beim Abkühlen oder einer anschließenden Wärmebehandlung. Um z. B. die Umwandlung in einer normalen Einsatzschicht, bei der ja der Kohlenstoffgehalt nach einem bestimmten Verlauf vom Rand bis auf den Kernkohlenstoffgehalt abnimmt, richtig darstellen zu können, benötigt man ein dreidimensionales Zeit-Temperatur-Umwandlungsschaubild. Für die Wärmebehandlung allgemein ist die in Punkt 4. enthaltene Feststellung, daß die Bildung neuer Phasen zeitabhängig verlaufe, von entscheidender Bedeutung, denn damit wird implizit die Möglichkeit, einen bestimmten Zustand durch rasche Temperaturänderung zu überhitzen, oder was noch wichtiger ist, zu unterkühlen, angedeutet.

3. Technologie

Auf den ersten Blick scheinen die verschiedenen thermochemischen Verfahren außer der Tatsache, daß die zu behan-

---

[*] In diesem Zusammenhange können Fehlstellen (Stellen, an denen Gitterplätze nicht besetzt sind, der Gitterzusammenhang durch Verzerrung benachbarter Gitterebenen gewahrt bleibt) als negative Substitutionsatome betrachtet werden.

[**] Auch wenn, wie z. B. bei Martensit oder Zwischenstufe die Bildung (Umwandlung) eines Gefügebestandteiles mit sehr großer Geschwindigkeit (spontan) erfolgt, so gehorcht der Zeitpunkt, an dem der einzelne individuelle Gefügebestandteil zur Umwandlung ansteht, einer bestimmten Gesetzmäßigkeit. Über einen größeren Werkstoffbereich integriert verläuft auch hier der Vorgang nicht spontan, sondern zeitabhängig (meist nach einem logarithmisch autokatalytischen Gesetz).

[***] Auf die weiteren Folgerungen, die sich aus dieser Umwandlung ergeben, wie Bildung einer Vorzugsorientierung, erhöhte Fehlstellenkonzentration entlang der ehemaligen Phasengrenze, u. a., wird später noch eingegangen werden.

delnden Teile nicht nur Temperatur-Zeit-Folgen, sondern zusätzlich weiteren chemischen bzw. physikalisch-chemischen Einwirkungen ausgesetzt werden, wenig gemeinsame Züge aufzuweisen. Tatsächlich zeichnen sich bei näherer Betrachtung sowohl bei der Verfahrenstechnik wie auch bei den im Metall ablaufenden Vorgängen und der Art der entstehenden Randschichten gewisse systematischen Gemeinsamkeiten ab.

Das Ziel aller Behandlungen ist darin zu sehen, über die zusätzlichen Austauschreaktionen an der Grenzfläche Metall/Umgebung gewisse Elemente in dem Werkstoff anzureichern oder aus ihm auszusondern. Beides geschieht im allgemeinen dadurch, daß das zu behandelnde Teil während eines Teils der Temperatur-Zeit-Folge, meist bei der höchsten vorkommenden Temperatur, in Berührung mit einem geeigneten festen, flüssigen oder gasförmigen Medium gehalten wird, das die Rolle eines Spender- bzw. Aufnahmematerials übernimmt. In vielen Fällen, mit Ausnahme einiger Typen flüssiger Medien, erfolgt die Austauschreaktion an der Metalloberfläche und der An- bzw. Abtransport der in Frage stehenden Elemente über die bzw. in der Gas- bzw. Dampfphase. Das gilt unabhängig davon, ob das umgebende Medium das zu übertragende Element bereits in atomarer bzw. ionisierender Form enthält, oder ob es erst durch eine Reaktion, bei der das Metall als Katalysator wirken kann, aus einer Verbindung freigemacht oder von einer solchen abgebunden werden muß. Es wird vermutet, daß auch im Falle nichtbenetzender Flüssigkeiten der Transport unmittelbar an der Oberfläche über die Gasphase erfolgt.

Feste Spendermaterialien werden in vielen Fällen in körniger Form (Pulver) verwendet, die Teile werden dann zusammen mit dem Pulver in geeignete Kästen gepackt und darin erhitzt (Beispiele: Pulveraufkohlen, Borieren, Vanadieren). Das als Spendermaterial verwendete „Pulver" besteht im allgemeinen nur zu einem Teil aus dem zu übertragenden Element (u. U. weniger als 5 Gewichtsprozente), der Rest ist einerseits ein Stoff, der sich an der Reaktion nicht beteiligen kann (Verdünnungs-, Füllmaterial, z. B. Al_2O_3), zum anderen ein sogenannter „Aktivator". Das sind meist Stoffe, welche sich bei Behandlungstemperatur zersetzen und gas- oder dampfförmige Komponenten abgeben, die ihrerseits wieder flüchtige Verbindungen mit dem zu übertragenden (noch in fester Form vorliegenden) Element bilden können (meist sind die Aktivatoren Halogenverbindungen, wie im einfachsten Falle Ammoniumchlorid[3]).

Bei dem mit flüssigen Medien, d. h. im allgemeinen geschmolzenen Salzen, arbeitenden Verfahren gelten ähnliche Überlegungen, hier sind die Mechanismen aber wegen nahezu vollständiger Ionisierung der Salzschmelzen komplizierter. In einigen Fällen wird die Austauschreaktion zwischen Salzschmelzen und Metall durch Anlegen eines elektrischen Potentials verstärkt (z. B. elektrolytisches Borieren). Reaktionen zwischen Behälter-(Tiegel-)Material und Schmelze müssen unterbunden werden, sei es durch Wahl eines geeigneten Tiegelmaterials (im Falle des Badnitrierens z. B. Titan) oder durch ein Schutzpotential (etwa beim Borieren in boraxhaltigen Schmelzen[4]).

Bei den mit gas- oder dampfförmigen Medien arbeitenden Verfahren werden die Reaktionsatmosphären entweder außerhalb oder innerhalb des Ofenraumes aus einzelnen Komponenten gemischt. Ein Teil der sogenannten Trägergase bzw. Intergase nimmt an der Reaktion nicht teil und hat ähnliche Funktionen wie die Füllmaterialien bei Pulvern. Sie werden im allgemeinen in besonderen Generatoren (exotherme oder endotherme Generatoren je nach Art der Reaktion), die sich außerhalb, in einigen Fällen aber auch innerhalb des Ofenraumes befinden, aus gasförmigen Spendern (z. B. aus Propan) oder aber durch Eintropfen verdampfender und/oder sich zersetzender Flüssigkeiten in den Arbeitsraum des Ofens erzeugt. In diesem Zusammenhang kann Vakuum ebenfalls als nicht reagierendes „Verdünnungsmittel" angesehen werden. Die „aktiven" Komponenten werden teilweise als handelsübliche Gase bezogen (z. B. Propan bei der Gasaufkohlung, Ammoniak beim Nitrieren und Carbonitrieren) teilweise aber auch erst durch entsprechende Reaktionen von Halogeniden mit als Festkörper vorliegendem Spendermaterial erzeugt (z. B. beim Chromieren, Silizieren usw[5]).

Die thermochemischen Behandlungen sind, wie bereits mehrfach hingewiesen, Fertigungsverfahren und als solche gelten für sie die Grundregeln der Produktion, so auch, daß alle das Ergebnis der Produktion beeinflussenden Faktoren so weit gemessen, gesteuert bzw. geregelt werden müssen, wie es die Gleichmäßigkeit der Qualität der Produkte erfordert.

Im Idealfall strebt man an, als Regelgrößen z. B. für eine „on-line"-Prozeßsteuerung eine oder mehrere der durch den betreffenden Produktionsprozeß veränderten und während der Produktion selbst meßbaren Kennwerte des Produktes zu benutzen, bei einer Formgebungsoperation z. B. Abmessungen und Oberflächengüte. Wo dies nicht möglich ist, und das gilt praktisch bei allen Wärmebehandlungsverfahren, muß man sich damit begnügen, eine oder mehrere Einflußfaktoren aufgrund bekannter Gesetzmäßigkeiten oder empirisch ermittelter Daten auf vorbestimmten Werten zu halten.

Die Regelungs- und Steuerprobleme bei den Einflußgrößen Temperatur und Zeit sind die gleichen wie bei den anderen Wärmebehandlungen. Die mit der Steuerung der Reaktionsmechanismen zusammenhängenden Probleme sind zur Zeit nur für die Gasaufkohlung (und z. T. das Carbonitrieren) technisch gelöst, dort aber auch in größerem Umfang bereits in der Technik eingeführt. Im Prinzip läuft es in der Regel darauf hinaus, die Zusammensetzung der Gase konstant zu halten bzw. nach einem vorgegebenen Programm zu regeln. Das Schwergewicht liegt heute bei der Regelung der mit Hilfe der Infrarotabsorption gut meßbaren Komponente CO_2, eventuell ergänzt durch CO, daneben wird H_2O über die Taupunktmessung, seltener durch Infrarotabsorption herangezogen. Hier existiert auch in Form der Drahtwiderstandsmethode ein Meßverfahren, welches direkt die Wirkung des Aufkohlens, nämlich die Höhe des aufgenommenen Kohlenstoffgehalts über die Abhängigkeit des elektrischen Widerstands von Eisen vom Kohlenstoffgehalt mißt. Bei den anderen mit gasförmigen Spendern arbeitenden thermochemischen Verfahren sind keine Regelverfahren bekannt. Die Salzbäder mit Pulververfahren lassen sich bisher nicht kontinuierlich regeln[6]).

Vom Werkstoff her betrachtet, interessiert nicht die Zusammensetzung, die Konstitution und die Temperatur des umgebenden Mittels, sondern dessen Wirkung auf den Werkstoff. Da das Diffusionsgesetz solange zur Beschreibung der im Werkstoff ablaufenden Vorgänge ausreicht, als durch die damit verbundene Konzentrationsänderung keine Phasengrenze überschritten wird, benützt man den identischen mathematischen Aufbau der Gleichungen für den Wärme- und den Materialtransport, um ähnlich wie bei der Wärmeübertragung zwischen Festkörper und strömender Umgebung die für die Bedingungen an der Grenzfläche maßgebenden Vorgänge in dem umgebenden Medium durch die Angabe zweier Kennwerte zusammenfassend zu beschreiben. So wird als Äquivalent zur Temperatur der X-Pegel (früher häufig als Potential bezeichnet) und als Äquivalent zur Wärmeübergangszahl die X-Übergangszahl definiert. Dabei gibt der X-Pegel an, welcher Gehalt an Element X sich in der Oberfläche eines Werkstücks aus Werkstoff Y bei der Temperatur T nach Erreichen des Gleichgewichts einstellen würde. Dabei ist zu beachten, daß der X-Pegel streng genommen jeweils nur für einen Werkstoff (und eine Temperatur) angegeben werden kann, dasselbe gilt für die Übergangszahl, bei der als weiterer Parameter die Oberflächentopographie dazu kommt. Sie gibt ein Maß für die Menge des Elementes X, die in der Zeiteinheit durch die Flächeneinheit bei einer Differenz zwischen Rand-X-Gehalt und -X-Pegel gleich 1 durchdiffundiert[7]).

Zur Kennzeichnung eines Kohlungsmittels hat sich der Kohlenstoffspiegel weitgehend durchgesetzt. Die DIN 17 014 definiert diesen Begriff wie folgt: „Kennzeichnung für die Neigung eines kohlenstoffhaltigen Mittels, einem Werkstoff bei einer bestimmten Temperatur bis zu einem bestimmten Rundkohlenstoffgehalt auf- oder abzukohlen."

Das bereits bei den Regelproblemen erwähnte Drahtwiderstandsverfahren mißt direkt den auf Reineisen (bzw. in einer Variante auf 95% Fe 5% Ni) bezogenen Kohlenstoffpegel. Auch die Kohlenstoffübergangszahl hat sich in gewissem Umfange eingeführt.

Die Abhängigkeit der nach einer bestimmten Diffusionszeit erreichten Verteilungskurve von der Höhe des Pegels und der Übergangszahl zeigt Bild 2. In dieser schematischen Darstellung werden die Verhältnisse in der Nachbarschicht des Mediums als quasistationär betrachtet, daher die Gerade. Je näher der Schnittpunkt dieser Geraden mit der Pegelhorizontalen an der Oberfläche liegt, desto größer ist die Übergangszahl. Bei sehr kurzen Behandlungszeiten, d.h. dünnen Diffusionsschichten, ist der Wert der Übergangszahl von größerer Bedeutung als die Höhe des Pegels.

Mit dem Begriff Pegel zu arbeiten, hat sich bei den anderen thermochemischen Verfahren beim Carbonitieren und zum Teil beim Nitrieren eingeführt. Es kann aber nicht nachdrücklich genug darauf hingewiesen werden, daß, sobald sich in der Oberfläche eine durchgehende Schicht einer intermetallischen Verbindung gebildet hat, Pegel und Übergangszahl jede Bedeutung für die Diffusionsvorgänge im darunterliegenden Mischkristall verloren haben. Maßgebend sind dann die Verhältnisse an der Grenzschicht Verbindungsschicht/Mischkristall. Solange die Verbindungsschicht dabei nicht aufgelöst wird, hat eine Änderung von Pegel und Übergangszahl keine Wirkung mehr auf die Diffusionskurve im Innern. Das muß besonders bei der Anwendung der Begriffe auf das Nitrieren beachtet werden.

4. Beeinflussung der Zustandsfelder

Man ist gewohnt, Zustandsschaubilder im allgemeinen sich darauf anzusehen was passiert, wenn bei konstanter Zusammensetzung die Temperatur z.B. beim Erstarren einer Schmelze geändert wird. Man liest also z.B. Zweistoffsysteme meist in Schnitten parallel zur Ordinate mit der Zusammensetzung als Parameter. Will man jedoch die Vorgänge während einer thermochemischen Behandlung anhand eines Zustandsschaubildes verfolgen, dann muß man den Schnitt senkrecht zur Temperaturachse (isothermer Schnitt) betrachten, im Zweistoffsystem also parallel zur Abszisse. Wann an einem bestimmten Abstand an der Oberfläche die Konzentration von $X\%$ A erreicht wird, die beispielsweise einer Phasengrenze zwischen zwei Mischkristallgebieten entspricht, entscheidet das Diffusionsgesetz.

Man kann also die jeweils durchlaufenen Zustandsfelder zur Beschreibung der Natur der thermochemisch erzeugten Randschichten benutzen. Wie wir noch sehen werden, reicht dies zur vollständigen Beschreibung noch nicht aus. Da einerseits im allgemeinen die Löslichkeit mit sinkender Temperatur fällt, ist bei der auf die thermochemische Behandlung folgenden Abkühlung auf Raumtemperatur teilweise mit Übersättigung und damit der Bildung von Ausscheidungen zu rechnen. (Beispiel: Nitrieren eines unlegierten Stahles.) Die vollständige Darstellung erfordert dann ein mehrdimensionales Konzentration-Zeit-Temperatur-Entmischung-Schaubild. Wenn es nur um die Vorgänge während einer Abkühlung (ohne isothermisches Halten) geht, gibt eine thermochemisch behandelte Stirnabschreckprobe die notwendigen Informationen. Das Bild einer Mischkristallschicht kann weiter dadurch verändert werden, daß das Mischkristallfeld mit sinkender Temperatur enger (gelegentlich weiter) wird, so daß zumindest in den von der Oberfläche weiter entfernten Teilen der Randschicht eine alltrope Umwandlung eintritt (Beispiel: Eindiffusion von Mangan im Temperaturbereich des γ-Gebietes des Eisens).

Es ist vorgeschlagen worden, die thermochemisch erzeugten Randschichten nach der Art ihres Aufbaus, wie er am Ende der Eindiffusion vorhanden war, einzuteilen.

Wenn sich bei der betreffenden Behandlungstemperatur ein Mischkristallgebiet an die Ordinate anschließt und an der Stelle höchster Konzentration (Oberfläche bzw. nahe Oberfläche) die Phasengrenze des zunächst gebildeten Mischkristalls noch nicht überschritten wird, entsteht eine einfache Mischkristallschicht, die nach dem englischen „solid solution" mit SS, gegebenenfalls durch Angabe der Phase ergänzt, bezeichnet werden soll (Beispiel Mn in Fe: $SS\gamma$, wo notwendig SS Mn γ). Bei der Bezeichnung wird dabei immer von dem bei der eigentlichen Arbeitstemperatur erreichten Zustand ausgegangen, wobei die während der Schlußabkühlung eintretenden Veränderungen außer Betracht bleiben, oder wo es erforderlich erscheint, durch einen in Klammern gesetzten Ausdruck beschrieben werden (Beispiele: allotrope Umwandlung (Transformation) während des Abkühlens: $SS(T)$ oder $SS\gamma(\alpha)$, Ausscheidungen während des Abkühlens $SS(,P)$.

Liegt der Pegel des einzudiffundierenden Elements höher als die Grenzkonzentration der zuerst gebildeten Phase, wird nach einer gewissen von der Übergangszahl abhängigen Zeit die Konzentration des einzudiffundierenden Elements (in den randnahen Zonen) Werte erreichen, die im Zustandsschaubild bereits in einem neuen Phasenfeld liegen, dann kann im Prinzip dreierlei passieren. Schließt sich ein zweites Mischkristallfeld an, dann entstehen zwei Mischkristallschichten nebeneinander, als Kurzbezeichnung wäre dann zu setzen: SS II + SS I bzw. eventuell nähere Phasenbezeichnung $SS\delta + SS\gamma$ oder $SS\gamma + SS\delta$. Beide Fälle können bei den Eisenwerkstoffen eintreten, nämlich $SS\delta + SS\gamma$ beim Eindiffundieren eines das γ-Gebiet einschnürenden Elements (also z.B. von Cr, Mo, Si, W usw.) bei Temperaturen, die im γ-Gebiet des Grundwerkstoffs liegen; das zweite ($SS\gamma + SS\delta$) beim Eindiffundieren von Elementen, die das γ-Gebiet erweitern (wie Mn, Co usw. Nickel kann hier außer Betracht bleiben. Sein Diffusionskoeffizient in Fe ist bekanntlicherweise extrem niedrig.), wenn diese im Bereich des δ-Gebietes des Grundwerkstoffs diffundiert werden.

Die hierbei entstehenden Mischkristallschichten weisen einen unterschiedlichen Konzentrationsverlauf wegen der unterschiedlichen Diffusionskoeffizienten auf. Bild 1 zeigte bereits ein Beispiel dafür, im γ-Gebiet mit seinem niedrigen Diffusionskoeffizienten ist der Gradient immer viel steiler als im δ-Gebiet. Das kann u.U. von beachtlichem technischen Interesse sein, etwa im Falle der Eindiffusion von Cr, wo es auf diese Weise gelingt, den Bereich mit den korrosionsmäßig uninteressanten Konzentration unter etwa 13% sehr klein zu halten.

Praktisch erzwingt in solchen Fällen die Diffusion in den Schichten höherer Konzentration eine allotrope Umwandlung. Die treibende Kraft für die Umwandlung ist zwar nach wie vor die Übersättigung, die hier nicht durch Abkühlen in ein Gebiet geringerer Löslichkeit (Übersättigung durch Unterkühlen), sondern durch Materialtransport bei konstanter Temperatur verursacht wurde. In den so umgegitterten Bereichen wurde in allen bisher untersuchten Fällen eine Vorzugsorientierung beobachtet, und zwar eine Art Fasertextur. Sie ist metallographisch leicht an der Ausbildung der Korngrenzen senkrecht zur Oberfläche bzw. der Stengelkristallbildung zu erkennen[8]).

Hier liegt offenbar eine allgemein gültige Gesetzmäßigkeit vor; diese Vorzugsorientierung ist nicht nur auf die Schichten beschränkt, bei denen wie bei Si, Cr oder Mo (Bild 3) eine Umgitterung $\gamma \rightarrow \delta$ erzwungen wurde, sie tritt auch bei $\delta \rightarrow \gamma$-Umgitterung (Co in Fe bei 1415°C) auf (Bild 4), sowie bei Zn in Cu, sobald bei etwa 400°C > 37,5% Zn die Umgitterung in β-Messing erzwingt (Bild 5).

Die Schicht, an der zuletzt die Grenzlinie zwischen γ und δ verlief, ist auch nach Abkühlen und Umwandlung des noch vorhandenen oder neu gebildeten γ-Gitters in δ-Gitter noch durch eine stark erhöhte Fehlstellenkonzentration ausgezeichnet. Der einfachste Nachweis ist das Eindiffundieren eines zweiten Elements z. B. Stickstoff senkrecht zur Richtung der ersten Diffusion. (Die hohe Fehlstellenkonzentration führt zu einer anomalen Beschleunigung der Diffusion, vgl. Bild 6.)[9])

Die vorstehend geschilderten Auswirkungen treten nicht nur bei der Diffusion von Substitutionsatomen auf. Auch eine durch Diffusion des Einlagerungsatoms C erzwungene Umgitterung führt zu einer vorzugsorientierten Schicht: die Stengelkornbildung in dem beim Entkohlen zwischen A_3 und A_1 gebildeten Ferrit.

Zeichnet sich das neue Feld des Zustandsschaubilds durch das Auftreten einer intermetallischen Verbindung neben dem ursprünglichen Mischkristall aus, so gelten für diese die von der Bildung anderer Ausscheidungsvorgänge her bekannten Gesetzmäßigkeiten. Als Bezeichnung für solche Schichten wäre zu wählen SS, P (vollständig: SS II, $P + SS$ I). Ein Beispiel für eine solche Schicht wäre u. a. die beim (kurzzeitigen) Borieren in Salzschmelzen bei zu niedrigem Borpotential gelegentlich zu beobachtenden feinen (Carbo-) Boride, die als Einzelausscheidungen in der Ferritmatrix vorliegen.

Bei Eindiffusion in ein Zwei- oder Mehrstoffsystem, das ein oder mehrere Legierungselemente enthält, die eine höhere Affinität zu dem eindiffundierenden Element als das Grundmaterial Eisen besitzen, werden die Verhältnisse etwas komplizierter. Es tritt eine zusätzliche Diffusion der betreffenden Legierungselemente über Mikro- und/oder Makrobereiche hinzu. Hierdurch können u. a. Zonen unterhalb der SS, P-Schicht entstehen, in denen die Elemente mit höherer Affinität verarmt sind. In der äußersten Schicht bilden sich Anhäufungen („Cluster") dieser Elemente. Diese stellen – auch nach dem Entstehen der betreffenden intermetallischen Verbindung – eine „Senke" für das eindiffundierende Element dar. Die „overall" Diffusionsgeschwindigkeit des eindiffundierenden Elementes liegt unter diesen Bedingungen wesentlich unterhalb der Werte des legierungsfreien Grundmetalls. Als Beispiel sei auf das Nitrieren von Nitrierstählen, aber auch die Randoxidation hingewiesen[10]).

Als dritte Möglichkeit kann sich ohne wesentliches Zweiphasengebiet direkt eine intermetallische Verbindung anschließen. Dann entstehen in der äußeren Randschicht geschlossene Verbindungsschichten zwischen dem eindiffundierenden Element und dem Matrixelement (B und Fe) und/oder einem oder mehreren der Legierungselemente (Beispiel: V

*) Es darf daran erinnert werden, daß hier unter Ausscheidungen nur diejenigen verstanden werden, die sich während des Eindiffundierens bilden.

und C). Als Bezeichnung wird vorgeschlagen: $CL + SS$ (CL compound layer). Sobald eine solche Schicht einmal an der Oberfläche existiert, verlieren Pegel und Übergangszahl, wie bereits erwähnt, ihre Bedeutung für die weitere Diffusion im Mischkristall. Für die Diffusion aller daran beteiligten Elemente innerhalb der Verbindungsschicht gelten jeweils vom Aufbau der Phase abhängige Gesetze. Beispiel: etwa bei den Boriden die schnurgerade Anordnung der B-Atome.

Der unter der Verbindungsschicht liegende Mischkristall durchläuft während der Schlußabkühlung zusätzlich in jenen Teilen, die mehr von dem eindiffundierbaren Element enthalten als bei Raumtemperatur löslich ist, Entmischungsvorgänge. Die Art, Form und Größe der dabei gebildeten Ausscheidungen hängt vom jeweiligen Abkühlungsverlauf ab. Dabei können diese Ausscheidungen durchaus anderer Art sein als die äußere intermetallische Schicht.

Der Grund liegt häufig darin, daß meist mehrere Elemente, teils beabsichtigt, teils unbeabsichtigt, gleichzeitig von der Oberfläche aufgenommen werden und deren Diffusionskonstanten und Löslichkeiten sehr unterschiedlich sind. Als Beispiel sei auf die Untersuchungen verschiedener Autoren an der Verbindungsschicht beim Nitrieren unlegierter Stähle hingewiesen, die neben Eisen und Stickstoff noch zusätzlich Kohlenstoff und Sauerstoff enthalten sollen[11]).

Je nachdem, welche der im Werkstoff vorhandenen Elemente an der intermetallischen Verbindung beteiligt sind, ergeben sich unmittelbar hinter der Verbindungsschicht Anreicherungen solcher Elemente, die nicht daran beteiligt sind (z. B. Si beim Borieren Si-haltiger Stähle), bzw. Verarmungen derjenigen Legierungs-Elemente, die an die Verbindungsschicht ergehen. Beispiel C-Verarmung beim Vanadieren von höher kohlenstoffhaltigem Stahl[12]).

Liegt der Pegel des Spendermaterials noch höher als die Grenzkonzentration der intermetallischen Phase, so kann eine zweite intermetallische Phase mit höherem Anteil des eindiffundierenden Elements gebildet werden. Beispiele sind u. a. die Bildung einer äußeren Schicht von FeB auf einer Fe_2B-Schicht beim Borieren und einer V_2C-Schicht neben der an das Matrixmaterial angrenzenden VC-Schicht (Bezeichnungsbeispiel: CL II $+ CL$ I $+ SS$)[13]).

Sind diese Schichten höherer Fremdatom-Konzentration spröder als die zuerst gebildeten, wie dies sowohl bei FeB wie bei V_2C der Fall ist, so müssen Pegel (und Übergangszahl) entsprechend gewählt werden, um die Randkonzentration während der Behandlungszeit nie über den kritischen Wert ansteigen zu lassen.

Als weitere Variante im Aufbau thermochemisch erzeugter Randschichten ist nicht nur denkbar, sondern kommt bei einer Reihe auch technisch interessierender Systeme vor, nämlich: (in der Reihenfolge von innen nach außen) Mischkristall, der das oder die eindiffundierten Elemente in fester Lösung enthält, gesättigter Mischkristall mit Ausscheidungen, die aus intermetallischen Phasen, seltener aus dem eindiffundierten Element bestehen*) und ganz außen eine oder zwei Schichten im allgemeinen aus intermetallischen Verbindungen, die aber nicht in allen Fällen mit den Ausscheidungen der darunterliegenden Schicht übereinzustimmen brauchen. Beispiele sind u. a. die Boridschichten auf höher kohlenstoffhaltigen Stählen. Die Bezeichnung könnte lauten: CL II $+ CL$ I $+ SS, P + SS$.

5. Zusammenfassung

Der vorstehende Beitrag sollte einen groben Überblick über einige für alle thermochemischen Verfahren zutreffenden gemeinsamen Gesichtspunkte geben. In diesem Rahmen konnte auf die jedem Verfahren eigenen Besonderheiten nur eingegangen werden, soweit sich diese als Beispiel für die eine oder andere Gesetzmäßigkeit eigneten.

Die Zahl der thermochemisch erzeugbar erkannten Randschichten steigt ständig. Längst sind sie nicht mehr auf die Einlagerungsatome Kohlenstoff und Stickstoff beschränkt. Besonders die Verfahren, bei denen auf geschlossene intermetallische Verbindungsschichten hingearbeitet wird, wie beim Borieren oder Vanadieren, haben zu interessanten, sonst bisher mit einer Wärmebehandlung nicht erreichbaren Eigenschaften, wie extrem hohe Härte, zum Teil verbunden mit einem beachtlichen Korrosionswiderstand, geführt. Da noch lange nicht alle Möglichkeiten, welche die Zustandsdiagramme bieten, bereits experimentell untersucht, andererseits aber die Grundregeln, wie man solche Schichten herstellen kann, im wesentlichen bekannt sind, sind heute schon auf den Bedarfsfall zugeschnittene, praktisch „maßgeschneiderte" Schichten denkbar.

Schrifttumshinweise

[1] *Schaaber, O.:* Die Wärmebehandlung als Fertigungsoperation. Aufgabe, Entwicklungsstadien und wissenschaftlicher Hintergrund. Härterei-Tech. Mitt. 30 (1975) Nr. 1, S. 2/12.

[2] *Müller, H.,* u. *Schaaber, O.:* Untersuchungen zum Aufbau und Wachstumsmechanismus von thermochemisch erzeugten Randschichten. In: Fortschritte in der Metallographie; Prakt. Metallogr., Sonderband 4 (1975) S. 435/47.

[3] *Kunst, H.,* u. *O. Schaaber:* Beobachtungen beim Oberflächenborieren von Stahl. III. Borierverfahren. Härterei-Tech. Mitt. 22 (1967) Nr. 4, S. 275/84.
Müller, H., u. *O. Schaaber:* Thermochemical treatments of iron-base involving metallic elements. Heat treatment '73, London, Metals Society (1975) S. 129/34.
Deger, M., M. Riehle u. *W. Schatt:* Untersuchungen über den Bildungs- und Wachstumsmechanismus von Boridschichten auf Stahl. Neue Hütte 17 (1972) Nr. 8, S. 463/70.

[4] *Ornig, H.:* Versuche mit ^{14}C zur Frage der Kohlenstoffabgabe von cyanidhaltigen Salzschmelzen an Eisen. Härteirei-Tech. Mitt. 15 (1960) Nr. 1, S. 1/14.
Ornig, H., u. *O. Schaaber:* Beobachtungen beim Oberflächenborieren von Stahl. (I). Härterei-Tech. Mitt. 17 (1962) Nr. 3, S. 131/40. Z. wirtsch. Fertig. 57 (1962) Nr. 12, S. 543/52.
Akulinčev, E. V., A. N. Akulinčeva u. *N. J. Norin:* Effect of liquid boriding on the surface quality of alloy KhN77YUR. Metal sci. & heat treatm. 16 (1974) Nr. 1, S. 163.

[5] *Chatterjee-Fischer, R.,* u. *O. Schaaber:* Le potentiel de carbone – sa mesure, sa regulation et sa signification du point de vue de la pratique de la cémentation. Tech. mod. 58 (1966) Febr., Nr. 2, S. 1/8.
Chatterjee-Fischer, R., u. *O. Schaabe:* Einige Betrachtungen zum Carbonitrieren im Gas. I. Das Verhalten des Stickstoffs. Härterei-Tech. Mitt. 24 (1969) Nr. 2, S. 121/24.
Chatterjee-Fischer, R., u. *O. Schaaber:* Einige Betrachtungen zum Carbonitrieren im Gas. II. Überwachung und Regelung der Carbonitrieratmosphäre. Härterei-Tech. Mitt. 24 (1969) Nr. 4, S. 292/95. Z. f. wirtsch. Fertig. 65 (1970) Nr. 1, S. 37/40.
Chatterjee-Fischer, R., u. *O. Schaaber:* Einige Betrachtungen zum Carbonitirieren im Gas. III. Zusammenhang zwischen Kenngröße und Carbonitrieratmosphäre. Härterei-Tech. Mitt. 26 (1971) Nr. 2, S. 108/10.
Hoffmann, R.: Aspekte des Kurzzeitnitrierens. Härterei-Tech. Mitt. 31 (1976), demnächst.
Wyss, U.: Grundlagen der Gasaufkohlung und Schutzgasglühung nach einem Eintropfverfahren. Härterei-Tech. Mitt. 17 (1962) Nr. 3, S. 160/71.
Neumann, F., u. *B. Person:* Beitrag zur Metallurgie der Gasaufkohlung. Zusammenhang zwischen dem C-Potential der Gasphase und des Werkstückes unter Berücksichtigung der Legierungselemente. Härterei-Tech. Mitt. 23 (1968) Nr. 4, S. 296/308.
Neumann, F., u. *U. Wyss:* Aufkohlungswirkung von Gasgemischen im System $H_2/CH_4/H_2O–CO/CO_2–N_2$. Härterei-Tech. Mitt. 25 (1970) Nr. 4, S. 253/66.

[6] *Chatterjee-Fischer, R., H. Müller* u. *O. Schaaber:* Versuche zur Regelung von Gasatmosphären. IV. C-Potentialmessung und -regelung im Ofen auf direktem Weg mittels der Widerstandsabhängigkeit eines Eisendrahtes. Härterei-Tech. Mitt. 19 (1964) Nr. 4, S. 220/23.
Chatterjee-Fischer, R.: Möglichkeiten zur Messung und Regelung des C-Potentials bei der Gasaufkohlung und ihre Bedeutung für die Praxis. Microtec. 20 (1966) Nr. 3, S. 313/15; Nr. 4, S. 401/03; Nr. 5, S. 501/02.

[7] *Fischer, R.,* u. *O. Schaabe:* Beitrag zur Frage der Messung des Kohlungsverhaltens von Salzbädern. Härterei-Tech. u. Wärmebeh. 2 (1956) Okt., Nr. 10, S. HT 89, HT 90, HT 92–HT 96; Beil. Ind.-Bl. 56 (1956) Okt.
Hoffmann, R., u. *F. Neumann:* Gedanken zum C-Übergang beim Aufkohlen von Stahl. Härterei-Tech. Mitt. 27 (1972) Nr. 3, S. 157/62.
Collin, R., S. Gunnarson u. *D. Thulin:* Ein mathematisches Modell zur Berechnung von Aufkohlungsprofilen bei der Gasaufkohlung. Härterei-Tech. Mitt. 25 (1970) Nr. 1, S. 17/21.
Wünning, J.: Weiterentwicklung der Gasaufkohlungstechnik. Härterei-Tech. Mitt. 23 (1968) Nr. 2, S. 101/03.

[8] *Müller, H.:* Eindiffusion von Fremdelementen in Eisenwerkstoffe (II). Härterei-Tech. Mitt. 29 (1974) Nr. 3, S. 143/55.

[9] *Schaaber, O.:* Die konsekutive Überkreuzdiffusion als Hilfsmittel zum Studium von Zwei- und Mehrstofflegierungen. I. Grundlagen und Diskussion der Voraussetzungen am Beispiel Eisen-Legierungselement-Kohlenstoff. Härterei-Tech. Mitt. 20 (1965) Nr. 4, S. 238/41.

[10] *Chatterjee-Fischer, R.:* Un problème du traitement thermique de l'acier: l'oxidation interne. Traitem. Therm. (1975) Nr. 92, S. 35/39.
Chatterjee-Fischer, R.: Randoxidation, ein Problem bei der Wärmebehandlung von Stahl. Österr. Ing.-Z. (demnächst).

[11] *Přenosil, B.:* Gefüge der badnitrierten und in Ammoniakatmosphäre mit Kohlenwasserstoffzusatz hergestellten Schichten. Härterei-Tech. Mitt. 20 (1965) Nr. 1, S. 41.
Přenosil, B.: Einige neue Erkenntnisse über das Gefüge von um 600°C in der Gasatmosphäre carbonitrierten Schichten. Härterei-Tech. Mitt. 28 (1973) Nr. 3, S. 157/64.

[12] *Chatterjee-Fischer, R., O. Schaaber* u. *H. Vetter:* Untersuchungen an Randschichten unterschiedlich wärmebehandelter Bauteile. DVM-Berichtsband der 7. Sitzung Rastermikroskopie am 2.4.1975 in Würzburg, S. 79/93.

[13] *Kunst, H.,* u. *O. Schaaber:* Beobachtungen beim Oberflächenborieren von Stahl. II. Über Wachstumsmechanismus und Aufbau der bei der Eindiffusion von Bor in Eisen bei Gegenwart von Kohlenstoff entstehenden Verbindungs- und Diffusionsschichten. Härterei-Tech. Mitt. 22 (1967) Nr. 1, S. 1/25.
Müller, H.: Zur Frage der harten Schichten. III. Durch Eindiffusion von Fremdelementen erzeugbare Randschichttypen, insbesondere Carbid- und Mischcarbidschichten. Härterei-Tech. Mitt. 30 (1975) Nr. 5, S. 293/97.

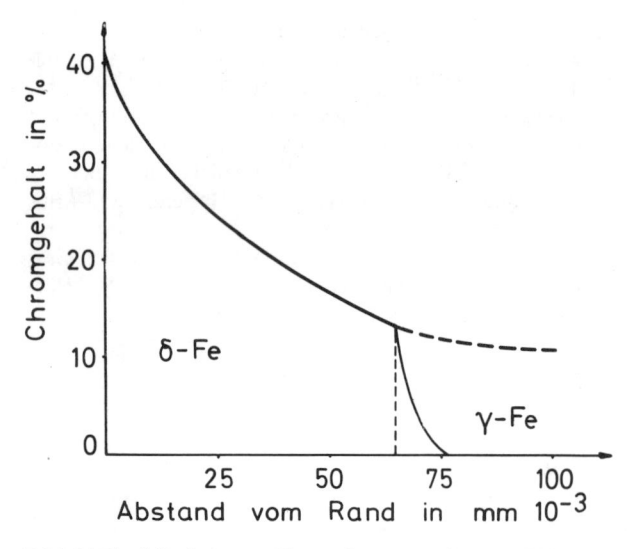

Bild 1: Eindiffusion von Chrom in Armcoeisen (1100 °C 2 h)

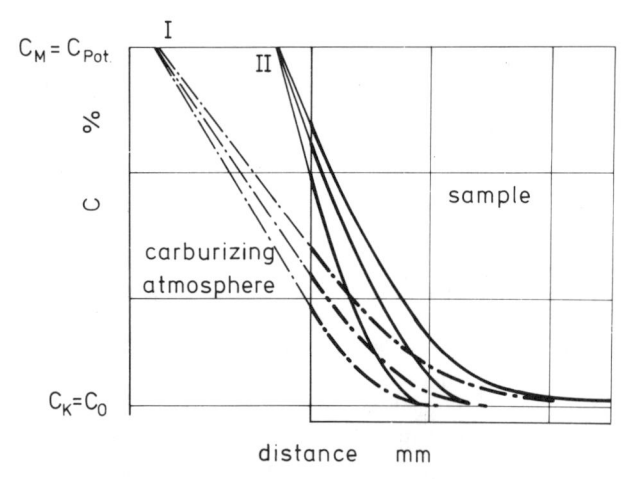

Bild 2: Einfluß der C-Übergangszahl beim Aufkohlen auf den resultierenden Kohlenstoffverlauf

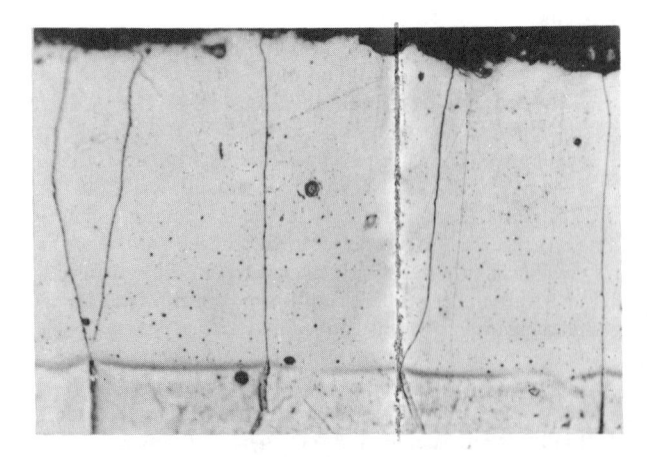

Bild 3: Eindiffusion von Molybdän in Armcoeisen (1100 °C 20 h). γ-δ-Umwandlung. Ätzung: 3%ige alkohol. HNO_3

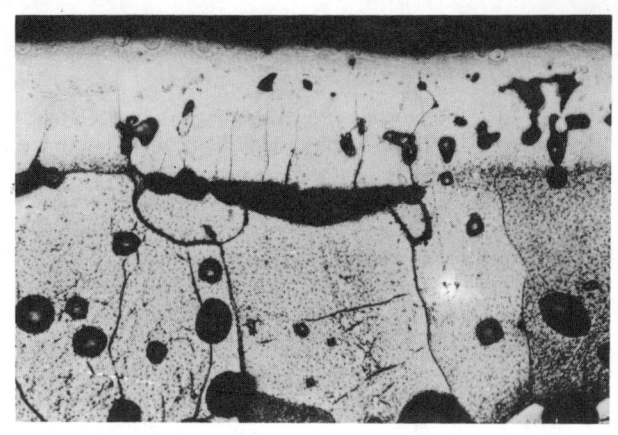

Bild 4: Eindiffusion von Cobalt in Armcoeisen (1415 °C 2 h). δ-γ-Umwandlung. Ätzung: Königswasser

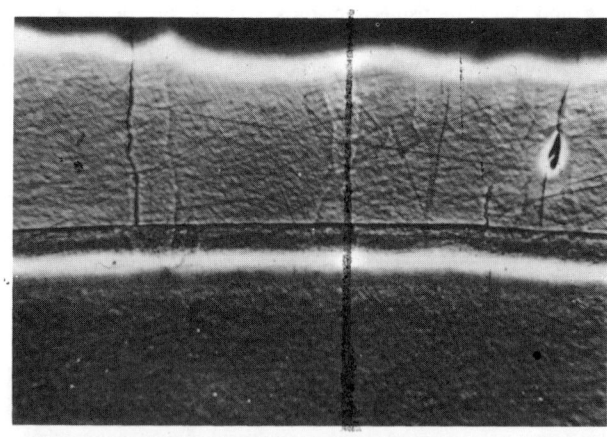

Bild 5: Eindiffusion von Zink in Kupfer (400 °C 20 h). α-β-Umwandlung. Ungeätzt, Phasenkontrastaufnahme

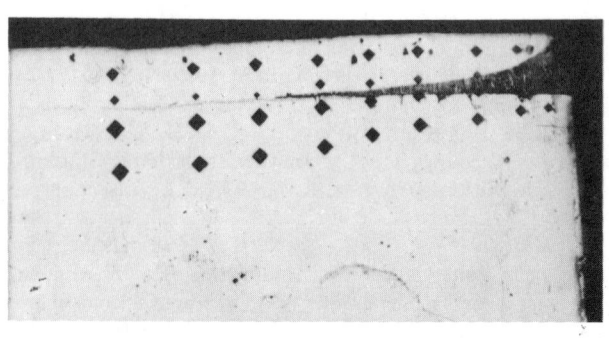

Bild 6: Konsekutive Eindiffusion von Chrom und Stickstoff. Ätzung: 2%ige alkohol. HNO_3

13. Gefügeentstehung durch Wärmebehandlung

L. Rademacher

1. Einführung

Das Gefüge eines Werkstoffes ist von wesentlichem Einfluß auf seine Eigenschaften. Das Gefüge entsteht durch Wärmebehandlung. Diese hat als Bestandteil der Fertigung den Zweck, dem Werkstoff bzw. Werkstück Eigenschaften zu verleihen, die für seine Verarbeitung oder Verwendung erforderlich sind[1,2].

Die Wärmebehandlung ist als ein Vorgang definiert[1,2], in dessen Verlauf ein Werkstoff bzw. Werkstück absichtlich einer oder mehreren Temperatur-Zeit-Folgen unterworfen wird. Zusätzlich können dabei durch das umgebende Mittel physikalische oder chemische Veränderungen herbeigeführt werden. Diese sogenannten „thermochemischen Diffusionsbehandlungen" sind aber im Rahmen dieser Vortragsreihe Gegenstand eines gesonderten Referates. Der vorliegende Beitrag wird sich deshalb auf diejenigen Wärmebehandlungen beschränken, die ausschließlich in einer Erwärmung und Abkühlung bestehen.

Diese Art der Wärmebehandlungen haben zur Hauptsache folgende Ziele:

1. Umwandlungen von Gefügebestandteilen, wobei der Gleichgewichtszustand angestrebt werden kann oder nicht;
2. Änderungen der Größe, Form und der Anordnung der Gefügebestandteile, nicht jedoch ihrer Art;
3. Abbau von inneren Spannungen und Änderung ihrer Verteilung.

Die Wärmebehandlung kann das ganze Werkstück oder nur Teile erfassen, insbesondere auch nur die Randschicht. Das sogenannte „Randschichthärten"[2], früher „Oberflächenhärten", wird aber in diesem Rahmen nicht behandelt werden.

Eine Wärmebehandlung wird im allgemeinen durch ihre Art, das heißt in erster Linie durch ihr wesentlichstes Merkmal und den Zweck einerseits sowie durch die Temperatur-Zeit-Folge andererseits gekennzeichnet. Häufig ist dabei die Temperatur-Zeit-Folge durch die Art der Wärmebehandlung bereits weitgehend festgelegt.

Im folgenden werden zwei Temperatur-Zeit-Folgen wiedergegeben, die für umwandlungsfähige Stähle kennzeichnend sind. An dieser Stelle sei darauf hingewiesen, daß auf umwandlungsfreie ferritische und austenitische Werkstoffe nicht eingegangen wird. Die meisten gefügemäßigen Änderungen an diesen Werkstoffen vollziehen sich grundsätzlich auch an den hier behandelten Stählen mit allotroper Umwandlung.

Bild 1 zeigt Temperatur-Zeit-Folgen für Wärmebehandlungen, die an unlegierten, wasserhärtenden Werkzeugstählen in den letzten Fertigungsstufen üblich sind. Sie gelten für drei verschiedene Behandlungsarten, nämlich:

1. Glühen
2. Härten
3. Anlassen.

Das „Glühen" bezweckt im vorliegenden Fall des „Spannungsarmglühens" den Abbau innerer Spannungen, die von den vorhergehenden Fertigungsstufen, insbesondere der mechanischen Bearbeitung herrühren.

Durch das „Härten" soll – wie der Ausdruck bereits besagt – eine erhebliche Steigerung der Härte, in der Regel durch Martensitbildung, bewirkt werden. Der Vorgang setzt sich zusammen aus dem Erwärmen und Halten auf der jeweiligen Härtetemperatur, um Austenit zu bilden, dem sogenannten „Austenitisieren" und dem „Abkühlen" bzw. „Abschrecken".

Die dritte Temperatur-Zeit-Folge des „Anlassens" bezweckt bei den hier behandelten Werkzeugstählen für Kaltarbeit zur Hauptsache, daß die beim Härten entstandenen Spannungen mehr oder weniger abgebaut werden. Eine Erniedrigung der Härte zur Zähigkeitsverbesserung mit entsprechenden Änderungen des Gefüges ist jedoch nur nach Maßgabe der geforderten Verschleißbeständigkeit zulässig. Daher wird die Behandlung nur bei niedrigen Temperaturen von 180–250 °C durchgeführt.

Bei einem legierten Stahl werden nach Bild 2 die gleichen Behandlungsarten angewendet wie bei dem unlegierten Stahl. In der Durchführung bestehen jedoch einige wesentliche Unterschiede. Der Legierungszusatz verschiebt die Phasenumwandlung zu höheren Temperaturen, so daß die Härtetemperatur erhöht werden muß, und infolgedessen eine zweite Vorwärmstufe empfehlenswert ist. Beim Abkühlen ist außerdem durch mildere Mittel die Geschwindigkeit zu erniedrigen, da wegen des Legierungszusatzes eine erhöhte Verzugs- und Rißanfälligkeit besteht. Deshalb wird vor dem Anlassen auch nicht ganz bis auf Raumtemperatur abgekühlt, und durch Halten bei 100 bis 150 °C für einen Temperaturausgleich im Querschnitt gesorgt.

Auch für das Anlassen ergeben sich aus den Bildern 1 und 2 Unterschiede. Der Unterschied in der Temperatur ist jedoch nicht der chemischen Zusammensetzung der Stähle zuzuschreiben, sondern den erforderlichen Gebrauchseigenschaften. Bei dem unlegierten Werkzeugstahl verlangt der Verwendungszweck eine hohe Härte, bei dem legierten dagegen eine hohe Zähigkeit. Die Zähigkeitsforderung läßt sich aber nur durch hohe Anlaßtemperaturen erfüllen. Außerdem empfiehlt es sich besonders bei hohen Legierungsgehalten, die Anlaßbehandlung wie in Bild 2 zu wiederholen, damit die angestrebten Gefügeumwandlungen vollständig ablaufen können.

Die verschiedenen, technisch üblichen Wärmebehandlungen, die im Rahmen der Themenstellung bei dem vorgesehenen Verzicht auf die thermochemischen Diffusionsbehandlungen im folgenden zu behandeln sind, lassen sich nach ihren wesentlichen Merkmalen und dem Zweck unter den oben genannten Begriffen Glühen, Härten und Anlassen in drei Hauptgruppen unterteilen. Dabei gilt das Glühen im allgemeinen den Verarbeitungseigenschaften, das Härten und Anlassen dagegen den Gebrauchseigenschaften.

Diese Unterteilung diente auch zur Gliederung des zu behandelnden Stoffes, da sein nicht unerheblicher Umfang auf diese Weise am übersichtlichsten und bei der notwendigen Begrenzung noch am vollständigsten darzustellen ist. In diesem Rahmen werden durch kennzeichnende Beispiele die Besonderheiten und Folgen aufgezeigt, die sich aus der sehr unterschiedlichen Zusammensetzung der technisch üblichen Werkstoffe einerseits und aus dem Verwendungszweck der Werkstücke sowie häufig auch aus ihrer Gestalt und ihrem Volumen andererseits ergeben.

2. Glühen

Die Glühverfahren sollen am Eisen-Kohlenstoff-Schaubild in Bild 3 erläutert werden. Zu diesem Zweck sind die jeweiligen Temperaturbereiche in die in Betracht kommenden Phasengebiete eingezeichnet. Bei höheren Legierungsgehalten können sich die angegebenen Temperaturen entsprechend den Phasengebieten verschieben.

Aus Gründen der Zweckmäßigkeit werden angesichts des Bildes die Begriffsbestimmungen in kurzer Form vorausgeschickt und erst dann die Beispiele behandelt.

2.1. Diffusionsglühen

Hierunter versteht man ein Glühen möglichst dicht unter der Soliduslinie mit langzeitigem Halten, um örtliche Unterschiede in der chemischen Zusammensetzung zu verringern.

2.2. Grobkornglühen (früher wie im Bild „Hochglühen")

Hierdurch soll zur Verbesserung der Zerspanbarkeit ein grobes Korn erzielt werden, so daß hierzu Temperaturen meist beträchtlich oberhalb Ac_3 mit genügend langem Halten angewendet werden müssen.

2.3. Normalglühen

Zum Normalglühen wird auf Temperaturen oberhalb Ac_3 – bei übereutektoiden Stählen oberhalb Ac_1 – erwärmt und anschließend an ruhender Luft abgekühlt. Hiermit soll ein gleichmäßiges und feinkörniges Gefüge mit Perlit erzielt werden. Wird dagegen Zwischenstufengefüge oder Martensit gebildet, sollte man besser von „Lufthärten" sprechen.

2.4. Auflösen von Carbidnetz

Hier verzichten die Normen auf eine Begriffsbestimmung, da sich die Bedeutung unmittelbar und eindeutig bereits aus der Bezeichnung ergibt.

2.5. Weichglühen

Diese Behandlung wird bei Temperaturen um Ac_1 – gegebenenfalls mit Pendeln um Ac_1 – mit anschließendem langsamen Abkühlen durchgeführt. Dadurch soll ein für die Verarbeitung geeigneter, weicher Zustand herbeigeführt werden.

2.6. Spannungsarmglühen (früher wie im Bild „Spannungsfreiglühen")

Hierunter versteht man – wie schon erwähnt – ein Glühen bei zum Abbau der inneren Spannungen hinreichend hohen Temperaturen. Da andere Eigenschaften hierdurch nicht wesentlich geändert werden sollen, müssen die Temperaturen bei vergüteten Stählen unterhalb der Anlaßtemperatur bleiben.

Zur Einstellung geeigneter Verarbeitungseigenschaften werden von den genannten Glühbehandlungen hauptsächlich das Normalglühen und das Weichglühen angewendet. Wie aus Bild 3 hinsichtlich der Lage der betreffenden Temperaturbereiche in bezug auf den Kohlenstoffgehalt hervorgeht, wird das Normalglühen bei untereutektoiden Stählen und das Weichglühen bei übereutektoiden Stählen bevorzugt.

Dementsprechend werden Werkzeugstähle, besonders wenn sie legiert sind, nur im weichgeglühten Zustand verarbeitet. Beispiele für die hierbei erzielten Gefügezustände werden in den drei folgenden Bildern wiedergegeben.

Bild 4 zeigt das Glühgefüge des mittellegierten Kaltarbeitsstahles 90 MnV 8. Das obere Teilbild entspricht dem Idealzustand mit vollständig eingeformten, kugeligen Carbiden. Das untere Bild weist dagegen noch Reste von lamellarem Perlit auf.

Für das Glühgefüge von Warmarbeitsstählen sind die Mikroaufnahmen aus einer internen Richtreihe in Bild 5 beispielhaft. Die Anordnung der Carbide läßt darauf schließen, daß zum Unterschied von dem Kaltarbeitsstahl im Ausgangszustand kein Perlit, sondern Martensit oder Zwischenstufengefüge vorhanden war. Dies ist im vorliegenden Fall auf Unterschiede im Umwandlungsverhalten zurückzuführen. Die besten Verarbeitungseigenschaften besitzen nach den bestehenden Erfahrungen die Gefügezustände der beiden oberen linken Bilder.

Für einen Schnellarbeitsstahl ist die normale Gefügeausbildung nach Weichglühen in Bild 6 wiedergegeben. Sie unterscheidet sich von der des Kaltarbeitsstahles in Bild 4 vor allem durch die Gegenwart der groben ledeburitischen Carbide.

Bei den Werkzeugstählen kommt der Gefügeausbildung für die mechanische Bearbeitung im allgemeinen nicht so große Bedeutung zu wie bei den Baustählen. Dies ist darauf zurückzuführen, daß Werkzeuge zum Unterschied von Maschinenbauteilen in der Regel nicht in Serien, sondern in Einzelfertigung hergestellt werden. Unter dieser Voraussetzung genügt im allgemeinen die Einhaltung der erforderlichen maximalen Festigkeit. Es ist aber mit Rücksicht auf eine ausreichende Härteannahme beim Härten darauf zu achten, daß die Carbide nicht zu stark koaguliert sind. Bei wolframhaltigen Schnellarbeitsstählen soll die in Bild 7[3]) gekennzeichnete Herabsetzung der Schnittleistung durch zu lange Glühzeiten auf die Bildung sehr stabiler, das heißt bei der Austenitisierung schwerlöslicher Wolframcarbide zurückzuführen sein[4]). Molybdänhaltige Stähle verhalten sich hier weniger empfindlich, wie aus der Gegenüberstellung in Bild 7 hervorgeht.

Bei Schnellarbeitsstählen beeinflußt die Glühung entsprechend Bild 8 auch die Korngröße des Härtungsgefüges, die ähnlich wie bei Baustählen für die Zähigkeitseigenschaften von Bedeutung sein soll[5]). Bei der mit niedrigerer Anfangstemperatur von 820 °C durchgeführten Glühung A ist die Snyder-Graff-Kornzahl größer, das heißt die Korngröße geringer als nach der Glühung B mit höherer Anfangstemperatur von 860 °C. Wie aus Bild 8 außerdem zu entnehmen ist, bleibt der Einfluß der Glühung auf die Korngröße zum Unterschied von dem des Kohlenstoffgehaltes bis zu den größten Abmessungen, das heißt hohen Verschmiedungsgraden erhalten.

Das Normalglühen hat für untereutektoidische Stähle den großen Vorzug, daß es sich einfach durchführen läßt. Hierbei ist das für gute Verarbeitungseigenschaften zu fordernde Ferrit-Perlit-Gefüge vor allem bei unlegierten Stählen sicher zu erreichen. Mit steigenden Legierungszusätzen bilden sich jedoch oberhalb gewisser Gehalte in zunehmendem Maße Zwischenstufengefüge und Martensit. Die damit verbundenen örtlichen Härteunterschiede führen naturgemäß zu Schwierigkeiten bei der Bearbeitung, so daß in diesen Fällen das Normalglühen nicht mehr anwendbar ist. Eine weitere Schwierigkeit besteht beim Normalglühen darin, daß der Ferrit und Perlit häufig in zeiliger Anordnung auftreten, die für die Bearbeitbarkeit sehr ungünstig ist. Hier kann nur eine andersartige Glühung, wie bei dem Beispiel in Bild 9[8]) eine Diffusionsglühung, für Abhilfe sorgen. Diese zusätzliche Behandlung ist jedoch aus wirtschaftlichen Gründen in der Regel nicht anwendbar und deshalb nur bei besonders hohen Ansprüchen vor allem an die Gleichmäßigkeit der Werkstückeigenschaften in allen Richtungen in der Praxis üblich.

Die nur begrenzte Anwendbarkeit des Normalglühens hat notwendigerweise zur Entwicklung weiterer Glühverfahren geführt, die auch in die Gütenormen der betreffenden Stähle Eingang gefunden haben. Als Beispiel sei auf DIN 17 200 für Vergütungsstähle[6]) und DIN 17 210 für Einsatzstähle[7]) verwiesen. Hier werden zur Verbesserung der Bearbeitbarkeit durch Wärmebehandeln je nach der chemischen Zusammensetzung der Stähle und je nach der Abmessung der Werkstücke folgende Verfahren empfohlen:

a) Wärmebehandeln auf bestimmte Zugfestigkeit (Kurzzeichen BF): Die Stücke werden von einer Temperatur zwischen etwa 850 und 950 °C zweckentsprechend abgekühlt und gegebenenfalls bei etwa 500 bis 650 °C angelassen[6, 7]).

b) Wärmebehandeln auf Ferrit-Perlit-Gefüge (Kurzzeichen BG): Die Stücke werden von einer Temperatur zwischen etwa 900 und 1000 °C geregelt abgekühlt[7]).

c) Wärmebehandeln auf verbesserte Bearbeitbarkeit (Kurzzeichen B): Die Stücke werden bei höheren Temperaturen, meist oberhalb des A_3-Punktes, geglüht und anschließend langsam, gegebenenfalls nach einer besonderen Temperatur-Zeit-Folge, abgekühlt, so daß das Gefüge nach dem Abkühlen eine bestimmte Härte nicht überschreitet[6]).

Die vom Normalglühen bekannte Gefügezeiligkeit von Ferrit und Perlit läßt sich auch bei anderen Glühverfahren – naturgemäß in erster Linie beim BG-Glühen – nicht immer vermeiden. Das zeigt Bild 10 am Beispiel des Stahles 16 MnCr 5 nach einer Austenitisierung bei einer für das Aufkohlen üblichen Temperatur von 950 °C mit einer Haltedauer von 2 Std. Am stärksten ist die Zeiligkeit erwartungsgemäß ausgeprägt, wenn der Austenitzerfall wie im Bild links bereits während der Abkühlung mit langsamer Geschwindigkeit eintritt. Aber auch in den beiden anderen Fällen mit isothermischer Umwandlung bei 660 °C, die üblicherweise auch beim BG-Glühen angewendet wird, liegt noch eine deutliche Zeiligkeit vor, offensichtlich ist sie aber um so geringer, je schneller bis zum Erreichen der isothermischen Umwandlungstemperatur abgekühlt wird.

Diese positive Wirkung einer Erhöhung der Abkühlungsgeschwindigkeit beruht nach Bild 11 über entsprechende Versuche am Stahl 20 NiCrMo 6 darauf, daß die Ferritbildung vor Erreichen der Umwandlungstemperatur möglichst weitgehend unterdrückt wird. Durch diese Unterkühlung wird eine verstärkte Keimbildung auch für den Perlit erreicht, so daß mit der gleichzeitigen, beschleunigten Bildung beider Gefügebestandteile die Zeiligkeit beseitigt oder doch stark eingeschränkt werden kann. Daraus ist unmittelbar abzuleiten, daß die gleiche Wirkung bei gegebenen Abkühlungsbedingungen auch durch eine Herabsetzung der Umwandlungsgeschwindigkeit bewirkt werden kann. Zum Nachweis wurde die bereits vorgestellte Schmelze in der Qualität 16 MnCr 5 mit den gleichen Temperatur-Zeit-Folgen behandelt wie in Bild 10, die Austenitisiertemperatur wurde jedoch um 100 °C auf 1050 °C erhöht. Nach Bild 12 wurde durch die damit verbundene sichtbare Kornvergröberung und Homogenisierung des Austenits die Umwandlungsgeschwindigkeit so stark herabgesetzt, daß das Zeilengefüge bei den isothermischen Behandlungen – mittleres und rechtes Bild – beseitigt werden konnte, und nur noch bei der kontinuierlichen Behandlung auftrat. Somit ist es auch ohne die aufwendige Diffusionsglühung (Bild 9) möglich, zu einem zeilenfreien Gefüge zu kommen.

Für den weichgeglühten Zustand wird häufig nicht nur die Einhaltung der vorgeschriebenen maximalen Zugfestigkeit gefordert, sondern zusätzlich auch eine weitgehend kugelige Einformung der Carbide. Diese zusätzliche Forderung ist jedoch in der Regel nur durch Wärmebehandlungsmaßnahmen zu erreichen, die nach Art und Aufwand von der chemischen Zusammensetzung der Stähle sehr abhängig sind, und vor allem auch von dem üblichen „Weichglühen" nach DIN 17014[2]) mehr oder weniger stark abweichen. In die Neufassung dieser Norm ist daher für dieses Verfahren der Begriff „Glühen auf kugelige Carbide" (Kurzzeichen GKZ) aufgenommen worden. Dieses Verfahren wird nicht nur auf untereutektoidische Stähle, sondern auch auf übereutektoidische Werkzeugstähle angewendet. Als Beispiel für den hierbei erreichbaren Zustand ist in Bild 13 das Gefüge des Kaltarbeitsstahles 115 CrV 3 wiedergegeben.

Zur Kennzeichnung und Beurteilung der Carbideinformung sind in der Qualitätskontrolle Richtreihen eingeführt worden[9]). Dabei gibt es wegen der Unterschiede in der Ferritmenge in Abhängigkeit vom Kohlenstoffgehalt für die gängigsten Gehalte von 0,2, 0,35, 0,45 und 1% C eigene Reihen.

Bild 14 zeigt die Richtreihe für einen untereutektoidischen Stahl mit ca. 0,45% C und mit einem Ferritanteil von ca. 20%. Die einzelnen Bilder sind mit Kennziffern „n" von 0 bis 9 versehen, wobei hier aus Platzgründen auf den Zustand mit der Ziffer 9 verzichtet werden mußte. Hinsichtlich des Anteils an noch nicht eingeformtem, lamellarem Perlit sind die Einzelbilder so abgestuft, daß sich der Wert aus der Formel $n + n^2$ unmittelbar berechnen läßt. Das Bild mit der Kennziffer 3 beschreibt somit einen Zustand, der noch ca. 12% lamellaren Perlit enthält. Für den vollständig eingeformten Zustand gilt die Stufe 0. Die Höhe des noch zulässigen Anteils an lamellarem Perlit richtet sich weitgehend nach dem Bearbeitungsverfahren. Nach den vorliegenden Liefervorschriften lassen sich Gefüge mit 20% lamellarem Perlit entsprechend Stufe 4 manchmal noch gut bearbeiten.

Zur Beurteilung von übereutektoidischen Stählen dient die Richtreihe in Bild 15 für einen C-Gehalt von ca. 1%: Die zulässige Grenze liegt bei manchen Fertigungsverfahren auch hier noch bei einem lamellaren Perlitanteil von 20%.

Es wurde bereits erwähnt, daß neben dem Einformungsgrad auch die Größe der Carbide die Bearbeitbarkeit beeinflußt und darüber hinaus auch noch für die Wärmebehandelbarkeit, insbesondere für die Härtung, von Bedeutung ist. Dieser Tatsache ist dadurch Rechnung getragen worden, daß zur Beurteilung der Carbidkorngröße eine eigene Richtreihe entwickelt worden ist, die in Bild 16 gezeigt wird. Hinsichtlich der zulässigen Grenze ist häufig ein Kompromiß zwischen guter Bearbeitbarkeit und einwandfreier Härteannahme zu schließen. Dabei ist es im Falle kostspieliger Bearbeitungsverfahren durchaus üblich, daß dieser Kompromiß zu Lasten der Wärmebehandelbarkeit ausfällt.

Zum Einfluß des Gefügezustandes auf die Zerspanung geht aus Bild 17 über Drehversuche am Stahl CK 60 hervor[10]), daß der Kolkverschleiß KT nach Weichglühen G am geringsten und nach Vergüten V am größten ist, nach Normalglühen N dagegen einen mittleren Wert erreicht. Danach scheint ein funktionaler Zusammenhang zwischen der Werkstückfestigkeit und dem Werkzeugverschleiß zu bestehen. Dies hat sich auch bei eigenen Drehversuchen am Stahl 16 MnCr 5 mit dem Schnellarbeitsstahl S 10-4-3-10 gezeigt. Aus Bild 18 ist ersichtlich, daß der Freiflächenverschleiß im BG-geglühten Zustand mit der niedrigeren Festigkeit geringer ist als im weichgeglühten Zustand mit der höheren Festigkeit.

Die bisherigen Erfahrungen über den Einfluß des Gefüges auf das Zerspanungsverhalten von unlegierten und niedriglegierten Stählen mit Kohlenstoffgehalten bis zu 1% sind in Bild 19 in qualitativer Form zusammengefaßt[11]). Auch hier schneidet der weichste GKZ-geglühte Zustand am besten und der härteste, abgeschreckte Zustand am schlechtesten ab. Es zeigt sich auch, daß die Zerspanbarkeit durch Anlassen mit abnehmender Festigkeit zunimmt.

In der modernen Fertigungstechnik gewinnt das spanlose Kaltumformen, zum Beispiel durch Fließpressen, wegen der wirtschaftlichen Vorteile immer mehr an Bedeutung. Für die Leistung der benötigten Maschine und für den Werkzeugverschleiß ist vor allem die Formänderungsfestigkeit ausschlaggebend. Zu ihrer Bestimmung wird der Druckversuch gegenüber dem Zugversuch im allgemeinen bevorzugt.

Bild 20 zeigt Ergebnisse dieser Prüfung an den Einsatzstählen 20 MoCr 4 und 16 MnCr 5 nach GKZ- und Normalglühen[12]). Danach ist die Formänderungsfestigkeit nach dem Normalglühen höher als nach dem GKZ-Glühen. Aus den Ergebnissen an dem Vergütungsstahl 41 Cr 4 in Bild 21 geht hervor, daß die nach GKZ-Glühen erreichbare Formänderungsfestigkeit noch weiter erniedrigt werden kann, wenn die Carbide durch zusätzliches Weichglühen mit vorausgegangenem Kaltumformen stärker eingeformt werden[12]). Wegen des schon erwähnten negativen Einflusses auf das Härtungsverhalten ist hier natürlich Maßhalten geboten.

Die zu den vorstehenden Ergebnissen gehörenden Gefüge sind in Bild 22 zusammengestellt. Wie nach den Unterschieden in der Wärmebehandlung und in der chemischen Zusammensetzung nicht anders zu erwarten, bestehen zwischen dem Ferrit-

Perlit-Verhältnis einerseits und der Menge und Ausbildung der Carbide andererseits beträchtliche Unterschiede. Auf Grund der damit verbundenen Unterschiede in der Zugfestigkeit lassen sich die beobachteten Unterschiede in der Formänderungsfestigkeit zwanglos erklären.

In Bild 23 sind die Ergebnisse einer größeren Versuchsserie über die Abhängigkeit der Formänderungsfestigkeit von der Zugfestigkeit zusammengestellt. Wie aus der eingezeichneten Tafel ersichtlich, stützen sich die Werte auf 14 Einsatz- und Vergütungsstähle sowie einen Kaltarbeitsstahl in teilweise mehreren Wärmebehandlungszuständen. Danach ist die Formänderungsfestigkeit der Zugfestigkeit direkt proportional plus einer Konstanten, die von der Höhe der Formänderung abhängig ist. Mit den am oberen Bildrand angegebenen Formeln lassen sich die k_f-Werte mit hinreichender Genauigkeit aus der Zugfestigkeit berechnen.

Für diesen Zweck sind die in DIN 17200 und DIN 17210[6,7] angegebenen Richtwerte für die Behandlungszustände B und BG in Bild 24 in Abhängigkeit vom Kohlenstoffgehalt dargestellt. Daraus lassen sich verhältnismäßig eng begrenzte Streubänder mit einheitlicher linearer Abhängigkeit vom Kohlenstoff entwickeln, wenn man die Stähle nach der Summe ihrer Legierungsgehalte gruppenweise zusammenfaßt. Wie nicht anders zu erwarten, wird die Schar der Streubänder nach unten von den unlegierten Stählen mit metallurgisch bedingten Legierungsgehalten von max. 0,5% begrenzt, und nach oben von den legierten Stählen mit den höchsten Legierungsgehalten von 3,5 bis 5%. Diese Steigerung der Glühfestigkeit mit dem Gehalt an Legierungselementen läßt sich im wesentlichen auf ihre folgenden Wirkungen zurückführen:

1. auf die Verfestigung des ferritischen Mischkristalls entsprechend Bild 25[13],

2. auf die Erniedrigung der Ferritmenge zugunsten der Perlitmenge infolge der Verschiebung des eutektoidischen Punktes S zu niedrigeren C-Gehalten entsprechend Bild 26[14],

3. auf die Härteänderung des Perlits über den Lamellenabstand entsprechend Bild 27 als Folge der Verschiebung des A_1-Punktes bzw. der jeweiligen Bildungstemperatur des Perlits[15] sowie

4. auf die Bildung festigkeitssteigernder Ausscheidungen im Ferrit. Als Beispiel zeigt Bild 28 im rechten Teilbild Ausscheidungen von nadeligen $M_{23}C_6$-Carbiden im Stahl 20 MoCr 4. Im linken Teilbild ist eine andere Stelle mit Aluminiumnitriden wiedergegeben, die von der Denitrierung bei der Erschmelzung herrühren. Ein weiteres Beispiel für derartige Nitridausscheidungen im Stahl 16 MnCr 5 enthält Bild 29.

Entsprechende Wirkungen, wie sie für die Legierungselemente beschrieben wurden, hat auch der Kohlenstoff. Zur Berechnung der Glühfestigkeit aus der chemischen Zusammensetzung erschien es daher angezeigt, den Gehalt an Legierungselementen durch ein Kohlenstoffäquivalent zu ersetzen. Unter Berücksichtigung der in den Bildern 25 bis 27 gekennzeichneten Beziehungen ergibt sich dann der in Bild 30 wiedergegebene funktionale Zusammenhang mit einer sehr geringen Streuung um einen Mittelwert. Die betreffende Formel für das C-Äquivalent ist in der linken oberen Ecke des Bildes wiedergegeben. Bei der Ableitung der Wirkfaktoren der Legierungselemente wurden die Faktoren der ebenfalls angegebenen Formeln zur Berechnung der Punkte A_1[16] und S[14] berücksichtigt.

3. Härten

Wie bereits einleitend erwähnt, bezweckt das „Härten" definitionsgemäß eine erhebliche Steigerung der Härte, in der Regel durch Martensitbildung[1,2]. Mit den Bildern 1 und 2 wurde schon veranschaulicht, daß sich der Vorgang zusammensetzt aus dem Erwärmen und Halten auf der jeweiligen Härtetemperatur zur Bildung von Austenit, dem sog. „Austenitisieren", und dem „Abkühlen" bzw. „Abschrecken". Gleichzeitig wurde auch in diesem Zusammenhang gezeigt, daß man besonders bei legierten Stählen bereits beim Erwärmen durch mäßige Erwärmungsgeschwindigkeiten sowie durch zwischengeschaltete Anwärm- und Vorwärmstufen geringe Temperaturunterschiede über den Werkstückquerschnitt anstrebt. Hierdurch sollen die Spannungen möglichst niedrig gehalten werden, damit Härterisse vermieden und der Verzug eingeschränkt wird. Dasselbe gilt sinngemäß für das Abschrecken. Wasser ist in der Regel nur bei unlegierten und niedrig legierten Stählen sowie geometrisch einfach geformten Teilen zu verwenden. Bei legierten Stählen wird in Öl, an Luft oder im Warmbad abgekühlt. Riß- und verzugsempfindliche Stähle werden auch vor dem Anlassen nicht bis auf Raumtemperatur abgekühlt und bis zum Temperaturausgleich bei rd. 100 bis 150 °C gehalten.

Die Härtetemperatur richtet sich nach der chemischen Zusammensetzung. Für unlegierte Stähle kann der günstigste Bereich unmittelbar aus dem Eisen-Kohlenstoff-Schaubild abgelesen werden – Bild 31. Bei untereutektoidischen Stählen liegen die Temperaturen 30 bis 50 °C oberhalb der GOS-Linie. Übereutektoidische Stähle werden dagegen unabhängig vom C-Gehalt oberhalb der SK-Linie zwischen 780 und 800 °C gehärtet. Der Grund ist bekanntlich im Einfluß des Kohlenstoffs auf die erreichbare Härte zu suchen[17]. Wie dazu aus Bild 31 hervorgeht, liegt der optimale Gehalt bei 0,6% C. Eine Steigerung durch Erhöhen der Härtetemperatur bis in den Bereich der SE-Linie würde durch die Erniedrigung der M_s-Temperatur zu zunehmenden Mengen an Restaustenit führen und damit zu einer Verringerung der Härte und zugleich auch des Verschleißwiderstandes.

Durch Legierungszusätze wird die Härtetemperatur zwangsläufig mit der Temperatur für die Phasenumwandlung vom Ferrit zum Austenit verschoben. Für die gebräuchlichen Stähle sind die günstigsten Härtetemperaturen den Norm- und Werkstoffblättern sowie auch den einschlägigen Druckschriften der Stahlhersteller zu entnehmen. Dabei wird immer ein gewisser Bereich angegeben mit der Empfehlung, die untere Grenze bei schroffer Abschreckung und formkomplizierten Teilen anzuwenden, die obere dagegen bei milder Abkühlung und einfach geformten Teilen.

Für untereutektoidische legierte Stähle liegt der empfohlene Härtetemperaturbereich wie bei den unlegierten Stählen 30 bis 50 °C über der Ac_3-Temperatur. Bei den Einsatzstählen[7] werden jedoch entsprechend dem Kohlenstoffunterschied zwischen der aufgekohlten Randzone und dem Kernwerkstoff für die legierten Qualitäten auch Härtetemperaturbereiche für die aufgekohlte Randzone vorgeschlagen. Außerdem werden für die verschiedenen Arten des Härtens Angaben über Temperatur-Zeit-Folgen gemacht, die in Bild 32 wiedergegeben sind. Beim „Direkthärten" – Teilbild a – wird unmittelbar aus dem Einsatz gehärtet. Dieses Verfahren entwickelte sich aus der Fließband- und Massenfertigung. Beim „Einfachhärten" wird erst nach langsamer Zwischenabkühlung auf Raumtemperatur gehärtet (Teilbild b). Manchmal wird vorher auch noch wie in Teilbild c ein Zwischenglühen oder wie in Teilbild d eine isothermische Umwandlung eingeschaltet. Beim „Doppelhärten" – Teilbild e – wird zunächst wie beim „Direkthärten" unmittelbar aus dem Einsatz und danach von der auf den Randkohlenstoffgehalt abgestimmten Härtetemperatur ein zweites Mal gehärtet.

Die Art des Härtens, die Behandlungsfolgen und die jeweils benutzte Härtetemperatur hängen von den verlangten Gebrauchseigenschaften des fertigen Bauteils wie Verschleißwiderstand, Dauerfestigkeit, Maßbeständigkeit, Verzugsarmut usw. ab.

Einsatzstähle werden als Fein- und Grobkornstähle erschmolzen. Die Feinkornstähle wurden besonders für das Direkthärten entwickelt. Grobkornstähle eignen sich nicht für dieses Härtungsverfahren. Dies wird am Beispiel des Stahles 20 MnCr 5 in Bild 33 gezeigt. Die Grobkornschmelze weist zum Unterschied von der Feinkornschmelze ein sehr grobnadeliges Martensitgefüge mit entsprechend schlechten mechanischen Eigenschaften auf – vor allem in der Zähigkeit. Wie aus dem Beispiel der Grobkornschmelze des Stahles 17 CrNiMo 6 in Bild 34 hervorgeht, kann jedoch eine derartige Vergröberung des Gefüges durch eine Doppelhärtung mit niedriger Schlußhärtetemperatur infolge der Umkörnung durch die zweite Härtung wieder rückgängig gemacht werden. Im Regelfall werden Grobkornstähle jedoch nur einfachgehärtet.

Feinkornstähle haben gegenüber Grobkornstählen den Nachteil, daß sie entsprechend Bild 35[18]) zur Mischkornbildung neigen. Dies hängt damit zusammen, daß bei Temperaturen, die zur Auflösung bzw. zur Unwirksamkeit der wachstumshemmenden Einschlüsse führen, örtlich eine sehr starke Kornvergröberung einsetzt. Ein typisches Beispiel hierfür zeigen die Gefügebilder einer Feinkornschmelze des Stahles 16 MnCr 5 in Bild 36 für eine Behandlung bei 950 °C. Wie ersichtlich, tritt mit zunehmender Haltezeit örtlich ein immer stärkeres Kornwachstum auf. Diese Erscheinung ist aber nicht nur an Einsatzstählen zu beobachten, sondern auch an untereutektoidischen Stählen mit höheren Kohlenstoffgehalten, beispielsweise an Vergütungsstählen.

Bei den legierten übereutektoidischen Stählen orientieren sich die Härtetemperaturen üblicherweise nur bei niedrigen Legierungszusätzen wie bei den unlegierten Stählen an der Ac_1-Temperatur. Der Einfluß der Härtetemperatur auf das Gefüge ist in Bild 37 am Beispiel des Kaltarbeitsstahles 55 NiCr 10 für Prägewerkzeuge wiedergegeben. Der richtig gehärtete Zustand – Mitte rechts – ist zum Unterschied von dem unterhärteten Zustand – oben rechts – dadurch gekennzeichnet, daß die Carbidmenge gegenüber dem geglühten Zustand – unten links – sehr stark abgenommen hat. Im überhitzten Zustand – unten rechts – sind dagegen die Carbide vollständig gelöst, so daß es neben einer Kornvergröberung auch zur Bildung von Restaustenit gekommen ist.

Bei den hochlegierten übereutektoidischen Stählen gehen die Härtetemperaturen im Gegensatz zu den niedriglegierten teilweise erheblich über die Ac_1-Temperatur hinaus, wie an der Gegenüberstellung der Bereiche entsprechender Warmarbeitsstähle in Bild 38 gezeigt wird. Während die mittellegierten Stähle 56 NiCrMoV 7 und 55 NiCrMoV 6 mit Ac_{1e}-Temperaturen von rd. 780 °C noch im Bereich zwischen 850 und 900 °C gehärtet werden, bewegen sich die Härtetemperaturen der höherlegierten CrMoV- und WCrV-Stähle mit Ac_{1e}-Temperaturen um 900 °C zwischen 1030 und 1150 °C.

Besonders hohe Härtetemperaturen sind bekanntlich bei den ledeburitischen Schnellarbeitsstählen üblich. Die obere Grenze erreicht hier die Solidustemperatur. Als Beispiel für die hierbei entstehenden Gefüge sind in Bild 39 unterschiedliche Härtungszustände des Stahles S 6-5-2 wiedergegeben. Zur Sichtbarmachung der Carbide ist die Grundmasse wie in der Praxis üblich stark überätzt worden. Die untere Bildreihe zeigt von links nach rechts den Zustand nach Härten von der unteren, mittleren und oberen Temperatur des technisch üblichen Bereichs. Wie ersichtlich, nimmt die Carbidmenge wie zu erwarten mit steigender Temperatur ab. Der unterhärtete Zustand ist durch die große Zahl an noch ungelösten kleinen Carbiden, den sog. Sekundärcarbiden gekennzeichnet, der überhärtete Zustand dagegen durch die Neubildung von Ledeburit und durch die Koagulation von Carbiden. Mit Bild 40 wird noch durch eine andere Ätzung des Gefüges sichtbar gemacht, daß mit der Härtetemperatur auch das Austenitkorn wächst.

Die hohen Härtetemperaturen sind bei den hochlegierten Stählen notwendig, um durch die Auflösung ausreichender Mengen an Sondercarbiden die volle Legierungswirkung hinsichtlich Härtbarkeit und Anlaßbeständigkeit und damit die erforderlichen Gebrauchseigenschaften zu erreichen. Diese Bedeutung der Härtetemperatur wird in Bild 41 am Beispiel des Stahles X 30 WCrV 9 3 deutlich gemacht. Bei der zu niedrigen Temperatur von 1050 °C ist die erzielbare Härte und die Anlaßbeständigkeit wesentlich geringer als bei der üblichen Temperatur von 1150 °C. Im Bereich gebräuchlicher Anlaßtemperaturen von 550 bis 700 °C erreicht der Festigkeitsunterschied maximal 250 N/mm².

Für Schnellarbeitsstähle ist ein entsprechendes Beispiel in Bild 42 wiedergegeben. Bereits im Bereich üblicher Härtetemperaturen nimmt die Anlaßbeständigkeit mit der Temperatur deutlich ab. Der unterhärtete Zustand ist dadurch gekennzeichnet, daß das Sekundärhärtemaximum kaum noch in Erscheinung tritt. In welchem Maße die Leistung von Schnellarbeitsstählen durch die Härtetemperatur beeinflußt wird, ist aus Bild 43 zu entnehmen[3]). In allen Fällen steigt die Standzeit mit der Härtetemperatur bis zu einem Höchstwert an, um dann mit zunehmender Überhitzung wieder abzufallen.

Beim Härten eines Werkstückes wird meistenteils die Bildung von Martensit angestrebt, da hierdurch die größtmögliche Härtesteigerung zu erzielen ist[19]). Es hat sich aber auch gezeigt, daß das martensitische Gefüge nach dem Anlassen zugleich die höchste Zähigkeit besitzt[20, 21]) – vergleichbare Festigkeit vorausgesetzt. Mit zunehmender Abmessung des Bauteils wird man jedoch – je nach Härtbarkeit des Werkstoffes und anzuwendender Abschreckgeschwindigkeit – nur in einer gewissen Randzone eine vollständige Martensitbildung erreichen können. Zum Kern hin muß dagegen mit zunehmenden Mengen an Zwischenstufengefüge und nicht selten auch mit Ferrit und Perlit gerechnet werden.

Welche Einbuße an Zähigkeit hierdurch eintritt, ist aus Bild 44 zu entnehmen, das sich auf Ergebnisse von Klärner und Hougardy stützt[20]). Hier ist für den Stahl 42 CrMo 4 der Zusammenhang zwischen Zugfestigkeit, Brucheinschnürung und Bruchausbildung nach einer vollständigen Martensitbildung einerseits und nach Teilumwandlungen in der Perlit- bzw. Zwischenstufe andererseits gezeigt – jeweils nach Anlassen bei Temperaturen zwischen 350 und 700 °C. Entlang der gestrichelten Linien ist das Bild auch für die Zusammenhänge bei gleichen Anlaßtemperaturen zu lesen. Es ist ersichtlich, daß das Verformungsvermögen mit der Martensitmenge deutlich abnimmt. Dabei wirken sich Anteile an Ferrit–Perlit wesentlich nachteiliger aus als solche an Zwischenstufengefüge. Das gilt vor allem für den Vergleich bei übereinstimmender Festigkeit, da der Martensit im abgeschreckten Zustand die größte Festigkeit besitzt und deshalb auch am höchsten angelassen werden muß.

Wie zu erwarten, nehmen die Unterschiede im Verformungsvermögen zwischen den verschiedenen Gefügezuständen mit zunehmender Annäherung der Anlaßtemperatur an den

A_1-Punkt immer mehr ab, da sich auch die Unterschiede im Gefüge immer mehr ausgleichen.

Entsprechende Ergebnisse über den Zusammenhang zwischen Gefügeaufbau und mechanischen Eigenschaften wurden auch von Rose und Mitarbeitern[21] am Stahl 50 CrMo 4 gefunden.

Die Abhängigkeit der Zähigkeit von der Gefügezusammensetzung läßt sich selbstverständlich auch durch den Kerbschlagbiegeversuch beurteilen, wie aus den a_k-T-Kurven des warmfesten Stahles 21 CrMoV 4 7 in Bild 45 hervorgeht[22]. Wie ersichtlich, gelten die Kurven für den reinen Martensit im Bild ganz links über verschiedene Gemenge mit Zwischenstufengefüge in der Mitte bis hin zum reinen Ferrit-Perlit-Gefüge im Bild ganz rechts. Die Ergebnisse beziehen sich auf den Zustand nach Anlassen im Bereich üblicher Temperaturen auf die im Bild angegebenen gebräuchlichen Einbaufestigkeiten. An der Verschiebung des Steilabfalls der a_k-T-Kurven um mehr als 200 °C ist wie an der Abnahme der Brucheinschnürung in Bild 44 zu erkennen, daß die Sprödbruchneigung nach Umwandlung in der Perlitstufe am größten und nach Umwandlung in der Martensitstufe am geringsten ist. Auch durch zunehmende Mengen an Zwischenstufengefüge wird die Zähigkeit in steigendem Maße herabgesetzt. Wie zu erwarten, nimmt auch nach den Ergebnissen des Kerbschlagbiegeversuches die verschlechternde Wirkung des Gefüges mit abnehmender Festigkeit, das heißt mit zunehmender Anlaßtemperatur, deutlich ab.

Der Einfluß des Gefüges auf die Zähigkeit ist nicht unabhängig von der Stahlzusammensetzung. Diesbezüglichen Ergebnissen[22] in Bild 46 ist zu entnehmen, daß die versprödende Wirkung des Zwischenstufengefüges bei den Stählen 17 CrNiMo 6 und 24 CrMo 5 wesentlich geringer ist als bei dem bereits erwähnten warmfesten Stahl 21 CrMoV 4 7.

Das Zwischenstufengefüge kann aber auch Vorteile bieten. Dies geht aus den Ergebnissen in Bild 47 hervor, die sich auf Schrägzugversuche an 10.9- und 12.9-Schrauben von 12 mm ⌀ aus den Stählen 42 CrMo 4 und 41 Cr 4 stützen[23]. Wegen der unzureichenden Anlaßbeständigkeit der Werkstoffe ist man zur Erfüllung der geforderten Festigkeitswerte gezwungen, die Schrauben im anlaßspröden Bereich anzulassen. Dadurch wird der für den Schrägzugversuch von der Schraubenindustrie geforderte Mindestwert von $\Delta\sigma = 60 \text{ N/mm}^2$ nicht mehr erreicht. Durch Zwischenstufenumwandeln lassen sich diese Schwierigkeiten – wie ersichtlich – beheben, da die Behandlung bei Temperaturen unterhalb des anlaßspröden Bereiches durchgeführt wird.

Bei Warmarbeitsstählen tritt die verschlechternde Wirkung des Zwischenstufengefüges auf die Zähigkeit auch noch bei den Gebrauchstemperaturen in Erscheinung. Dies zeigt Bild 48 am Beispiel des Stahles X 40 CrMoV 5 1[24].

Es ist zu vermuten, daß die beschriebene Abhängigkeit der Zähigkeit von der chemischen Zusammensetzung einerseits und vom Gefügeaufbau andererseits auf die Art und Ausbildung der Carbidphasen zurückzuführen ist.

4. Anlassen

Entsprechend den Unterschieden in den Gebrauchseigenschaften ist auch das Anlassen nach Zielgröße und damit in der Durchführung unterschiedlich.

Kaltarbeitswerkzeuge und aufgekohlte Bauteile müssen beispielsweise wegen der hohen Verschleißbeanspruchung eine hohe Oberflächenhärte von min. 60 HRc haben. Deshalb können sie wie in Bild 1 auch nur bei entsprechend niedrigen Temperaturen angelassen und somit im wesentlichen nur ein Abbau der Spannungen bewirkt werden.

Für viele Konstruktionsteile ist nicht nur die Festigkeit, sondern auch die Sprödbruchsicherheit von ausschlaggebender Bedeutung. Hier hat daher das Anlassen den Zweck, gegenüber dem abgeschreckten Zustand eine Zähigkeitssteigerung herbeizuführen – in der Regel auf Kosten der Festigkeit. Die dazu erforderlichen Temperaturen liegen meist oberhalb 550 °C (Bild 2). Bei legierten Stählen ist es nach Bild 2 häufig notwendig, die Anlaßbehandlung zu wiederholen, damit die angestrebten Gefügeumwandlungen vollständig ablaufen können. In der Regel liegt die Anlaßtemperatur dabei ca 50 °C niedriger als bei der ersten Behandlung.

Bei den hochlegierten, sondercarbidhaltigen Werkzeug- und Schnellarbeitsstählen soll durch das Anlassen zum Unterschied von den vorstehenden Fällen eine Härtesteigerung durch Sekundärhärtung erreicht werden. Dazu sind wegen der erforderlichen Diffusionsvorgänge ebenfalls hohe Temperaturen um 550 °C erforderlich und in der Regel auch Wiederholungen der Behandlung.

Als unbeabsichtigte Wirkung des Anlassens tritt manchmal trotz Festigkeitserniedrigung und Härteabfall statt der damit bezweckten Zähigkeitssteigerung eine Versprödung ein. Eine derartige Versprödung kann verschiedenen Ursprung haben, so daß ihr nur mit entsprechend differenzierten Maßnahmen zu begegnen ist[25].

Manche Stähle sind in bezug auf die Kerbschlagzähigkeit empfindlich gegen die Art der Abkühlung von der Anlaßtemperatur. Nach langsamer Abkühlung (z. B. im Ofen) tritt gegenüber schneller Abkühlung (z. B. in Wasser) eine Verringerung der Kerbschlagzähigkeit ein, ohne daß sich die übrigen mechanischen Eigenschaften wie Zugfestigkeit, Streckgrenze bzw. 0,2-Grenze, Dehnung und Einschnürung ändern. In der a_k-T-Kurve macht sich diese Verschlechterung der Zähigkeit in einer Verschiebung der Übergangstemperatur zu höheren Temperaturen bemerkbar.

Aus dem Einfluß der Abkühlungsgeschwindigkeit ist bereits zu schließen, daß sich bei langsamer Abkühlung in einem bestimmten Temperaturbereich Veränderungen vollziehen, die bei schneller Abkühlung unterdrückt werden. Dies ist dadurch nachzuweisen, daß man einen Stahl, der nach dem ersten Anlassen durch Abschrecken zäh vergütet wurde, zwischen Raumtemperatur und dem Ac_1-Punkt langzeitig glüht. Dabei tritt auch nach schroffer Abschreckung ab 350 bis 400 °C eine zunehmende Versprödung ein, die sich bis 600 °C erstrecken kann, und im allgemeinen um 500 bis 525 °C am stärksten ausgeprägt ist.

Diese Erscheinung wird als „Anlaßsprödigkeit" im engeren Sinne bezeichnet[1,2]. Mit Bezug auf den kritischen Temperaturbereich ist auch der Ausdruck „500 °C-Versprödung" gebräuchlich und zur Unterscheidung von anderen Versprödungserscheinungen zu bevorzugen. Es wäre auch sinnvoll, den Ausdruck „Anlaßsprödigkeit" durch „Anlaßversprödung" zu ersetzen.

Als Beispiel sind in Bild 49 einige kennzeichnende Kerbschlagzähigkeits-Temperatur-Kurven für zwei Schmelzen A und B des Stahles 30 CrMoV 9 wiedergegeben[23]. Im zähvergüteten Zustand wurden beide Schmelzen entsprechend Behandlung I von 860 °C in Öl gehärtet, bei 620 °C eine Stunde angelassen und dann in Wasser abgeschreckt. Durch die anschließende Glühbehandlung II von 24 Stunden bei 500 °C wird die a_k-T-Kurve in beiden Fällen trotz Wasserabschreckung zu höheren Temperaturen verschoben. Mit der Behandlung III wird gezeigt, daß die Versprödung durch eine langzeitige Glühung oberhalb 600 °C mit anschließender schneller Abkühlung wieder rückgängig gemacht werden kann. Dieses Spiel kann man nahezu beliebig oft wiederholen. Das bedeutet, daß die betreffenden Vorgänge reversibel sind.

Diese Reversibilität durch Glühbehandlungen unterhalb der Ac_1-Temperatur ist charakteristisch für die *Anlaßsprödigkeit*. Deshalb sollte man irreversible Versprödungserscheinungen beim Anlassen nicht mit Anlaßsprödigkeit bezeichnen.

Die Versprödung beim Anlassen ist erstmals am Martensit beobachtet worden[8]. Es hat sich jedoch gezeigt, daß auch die Gefüge der Perlit- und Zwischenstufe anlaßspröde sind[26, 27]. Die Wirkung ist jedoch geringer als beim Martensit, da diese Gefüge von Hause aus eine geringere Zähigkeit besitzen, wie bereits mit den Bildern 44 bis 46 gezeigt wurde.

Die Anlaßsprödigkeit tritt vor allem in legierten Stählen auf, besonders in Mangan-, Chrom-, Chrom-Mangan- und Chrom-Nickelstählen[28–31]. Voraussetzung ist jedoch die Anwesenheit von Kohlenstoff, soweit dieser für eine Vergütung notwendig ist.

Durch Phosphor[32] wird die Neigung zur Anlaßsprödigkeit verstärkt. Dementsprechend ist aus Bild 49 zu entnehmen, daß die Schmelze B mit dem höheren Phosphorgehalt von 0,026% stärker versprödet als die Schmelze A mit dem niedrigeren Gehalt von 0,010%. Unter anderem sollen vor allem auch Arsen, Antimon und Zinn die Empfindlichkeit zur Anlaßsprödigkeit erhöhen[33–35]. Durch Zusätze an Wolfram bis 1,5% und vor allem an Molybdän bis 0,6% wird die Neigung zur Anlaßsprödigkeit herabgesetzt[29, 34]. Diese Wirkung wird darauf zurückgeführt, daß Molybdän und Wolfram die zur Versprödung führenden Vorgänge verzögern.

Nach den vorliegenden Beobachtungen ist die Anlaßversprödung nicht auf die Ausscheidung einer zweiten Phase, sondern auf einphasige Entmischungen zurückzuführen. In diesem Sinne haben neuere Untersuchungen frühere Vermutungen[8] bestätigt, daß die weiter oben als versprödend bezeichneten Substitutionselemente zu den Korngrenzen des Austenits[26, 34] bzw. des Ferrits[36, 37] hin seigern. Dadurch sollen sie eine Herabsetzung der Kohäsionskräfte bewirken und so die Neigung zur Bildung spröder interkristalliner Brüche begünstigen. Zum Unterschied davon nehmen Schmidtmann und Chitil[38] an, daß die Abnahme der Fähigkeit zu plastischer Formänderung auf die Blockierung der Versetzungsbewegung durch Anreicherungen von Kohlenstoff sowie vermutlich auch von anderen interstitiellen Elementen hervorgerufen wird. Diese Anreicherungen werden mit der Bildung einer Nahordnung im Sinne einer einphasigen Entmischung derjenigen Substitutionselemente erklärt, die bei der Temperatur der Anlaßversprödung gerade ausreichende Diffusionsgeschwindigkeiten besitzen.

Mittels besonderer Ätzmittel wie zum Beispiel alkoholischer Pikrinsäure mit einem Zusatz an Zephirol oder Xylol läßt sich der anlaßzähe vom anlaßspröden Zustand dadurch unterscheiden[39, 40], daß im letzten Fall eine stärkere Ätzbarkeit der ehemaligen Austenitkorngrenzen und wahrscheinlich auch der Sekundär- sowie der Unterkorngrenzen zu verzeichnen ist. Eine eindeutige Beurteilung ist jedoch nur an Vergleichsproben desselben Stahles möglich. Vermutlich hängt dieses Ätzverhalten mit der oben erwähnten Seigerung der versprödenden Substitutionselemente an die Korngrenzen zusammen.

Aus der Kenntnis über die Ursachen der Anlaßversprödung ist unmittelbar abzuleiten, daß ihr in erster Linie durch Herabsetzung der unerwünschten Verunreinigungen an Arsen, Antimon, Zinn und insbesondere an Phosphor mittels geeigneter metallurgischer Maßnahmen begegnet werden kann. Zu den metallurgischen Maßnahmen gehört vor allem auch das Zulegieren von Molybdän und Wolfram. Eine weitere Möglichkeit besteht in einer langzeitigen Glühung dicht unterhalb des Ac_1-Punktes. Dieser günstige Einfluß wird damit erklärt, daß durch die hohe Diffusionsgeschwindigkeit in der ferritischen Grundmasse ein Abbau der zur Versprödung führenden Seigerungen herbeigeführt wird. Diese Behandlung kann jedoch ohne nennenswerte Einbuße an Festigkeit und Härte nur bei entsprechend anlaßbeständigen, z. B. mit Vanadin legierten Stählen[42] angewendet werden.

Wegen der gekennzeichneten Seigerung der versprödenden Elemente zu den Korngrenzen hin ist sofort einzusehen, daß die Neigung zur Anlaßsprödigkeit auch durch eine Kornverfeinerung herabgesetzt werden kann[26, 41]. Die damit verbundene Vergrößerung der Kornoberfläche führt zwangsläufig zu einer Abschwächung der Anreicherung an den schädlichen Elementen durch den Seigerungsvorgang.

Beim Anlassen im Bereich niedriger Temperaturen kann noch eine andere Versprödungserscheinung auftreten, die nicht mit der vorstehend beschriebenen „Anlaßversprödung" zu verwechseln ist. Zur Veranschaulichung ist in Bild 50 das Anlaßschaubild des hochfesten Vergütungsstahles SAE 4340 mit rd. 0,4% C, 1,9% Ni, 0,8% Cr und 0,3% Mo wiedergegeben[43]. Danach tritt bei niedrigen Anlaßtemperaturen trotz sinkender Zugfestigkeit und 0,2-Grenze eine Versprödung auf. Sie macht sich in der Dehnung und vor allem in der Kerbschlagzähigkeit durch ein Minimum zwischen 300 und 350 °C bemerkbar. Diese Versprödung wird deshalb auch zum Unterschied von der „500 °C-Versprödung" als „300 °C-Versprödung" bezeichnet. Von einigen Forschern[44–46] wird angenommen, daß die Ursache in den Vorgängen der 3. Anlaßstufe, das heißt der Umwandlung vom ε-Carbid zum Fe_3C-Carbid zu suchen ist.

Wie durch elektronenoptische Untersuchungen – Bilder 51a bis c – bestätigt werden konnte[43], enthält der Stahl SAE 4340 bereits im abgeschreckten Zustand ε-Carbide infolge Selbstanlassens des Martensits während seiner Bildung[44]. Die Menge der ε-Carbide erreicht in den bei 200 °C angelassenen Proben ein Maximum. Daneben sind bei dieser Temperatur wie in Bild 51a bereits einige Fe_3C-Carbide ausgeschieden. Oberhalb dieser Temperatur vermindert sich die Menge der ε-Carbide zugunsten der Zementit-Ausscheidungen. Letzte Spuren von ε-Carbid lassen sich durch Elektronenbeugung eindeutig noch bei 370 °C nachweisen. Wegen der Anwesenheit feinster Ausscheidungen bei 400 bis 450 °C ist jedoch zu vermuten, daß auch hier noch vereinzelt ε-Carbid vorhanden ist.

Die Umwandlung des oberhalb 200 °C instabil werdenden ε-Carbides zum Fe_3C-Carbid erfolgt im wesentlichen durch Auflösen des ε-Carbides in der martensitischen Grundmasse und durch unabhängige Keimbildung mit anschließendem Wachstum der neu gebildeten Fe_3C-Teilchen. Der Auflösungsvorgang führt zu einer starken Kohlenstoffanreicherung in der umgebenden Grundmasse. Damit ist eine erhebliche Verspannung des Gitters in diesen Bereichen verbunden. In den an Kohlenstoff übersättigten Zonen entstehen darüber hinaus die Zementitkeime bevorzugt an den Versetzungen. Beide Vorgänge blockieren die Versetzungen und bewirken dadurch die Verminderung der Zähigkeit zwischen 200 und 400 °C.

Bei 300 °C setzen schon eine Koagulation und Agglomeration der Zementitteilchen ein, die in Bild 51b für die Anlaßtemperatur 400 °C bereits in einem fortgeschrittenen Zustand gezeigt werden. Dadurch wird die Blockierung der Versetzungen vermindert. Die thermisch aktivierte Umordnung der Versetzungen führt schließlich zur Polygonisation der martensitischen Matrix und zu einer Erniedrigung der Versetzungsdichte, wie Bild 51c am Beispiel einer bei 600 °C angelassenen Probe veranschaulicht. Diese Vorgänge wirken der Versprödung durch die Carbidumwandlung entgegen. Dadurch kommt es in den Kerbschlagwerten zur Ausbildung des Minimums und schließlich bei weiterer Steigerung der Anlaßtemperatur zu dem steilen Anstieg (Bild 50).

J. R. Rellick und C. J. McMahon jr.[37]) versuchen, für die Versprödungserscheinungen beim Anlassen eine einheitliche Begründung zu geben. Sie vermuten daher, daß die eigentliche Ursache für die 300 °C-Versprödung nicht in erster Linie in der Umwandlung der Carbide selbst zu suchen ist, sondern in der dadurch ausgelösten Seigerung der unerwünschten Verunreinigungen an Arsen, Antimon, Zinn und vor allem an Phosphor in ihrer unmittelbaren Umgebung.

Aus der Änderung der Kerbschlagzähigkeit mit der Anlaßtemperatur bei Neigung zur 300 °C-Versprödung ergibt sich nach Bild 52[43]), daß man derartige Stähle entweder nur bei etwa 200 °C entspannt und bei Festigkeiten von 1900 N/mm² einsetzt, oder oberhalb 500 °C auf Festigkeiten von 1300 N/mm² und niedriger vergütet, verbunden mit entsprechend hohen Zähigkeitswerten.

Das Bild enthält neben Ergebnissen nach normaler offener Erschmelzung mit üblichem Schrotteinsatz auch solche nach Umschmelzen einer Mutterschmelze aus reinen Einsatzstoffen in einem Elektronenstrahlofen mit einer Leistung von 45 kg/h (Kurzbezeichnung ES 45). Die Verbesserung der Kerbschlagzähigkeit hinsichtlich der Höhe der Werte und der Isotropie dürfte in erster Linie auf die weitgehende Abnahme der unerwünschten Gehalte an Arsen, Antimon und Zinn zurückzuführen sein[43]). Im Gehalt an Phosphor konnte dagegen keine Abnahme erzielt werden. Nach den Vorstellungen von J. R. Rellick und C. J. McMahon jr.[37]) kann dies der Grund dafür sein, daß die 300 °C-Versprödung auch nach dem Umschmelzen noch in Erscheinung tritt.

Die vorstehend genannten Maßnahmen bei der Wärmebehandlung und bei der Erschmelzung sind die grundsätzlichen Möglichkeiten zur Vermeidung bzw. Abschwächung der 300 °C-Versprödung.

Um die Übersicht über werkstoffbedingte Versprödungserscheinungen zu vervollständigen, ist an dieser Stelle noch auf die „Alterung" einzugehen, obwohl ein unmittelbarer Zusammenhang mit den hier zu behandelnden Vorgängen beim Anlassen nicht gegeben ist.

Die Alterung macht sich nur bei weichen Stählen mit entsprechend niedrigen Kohlenstoffgehalten nennenswert bemerkbar, vor allem wenn sie nicht mit Aluminium beruhigt sind.

Unter „Altern" versteht man die Änderung nicht im Gleichgewicht befindlicher Eigenschaften eines Werkstoffes mit der Zeit. Diese Eigenschaftsänderungen beruhen auf Ausscheidungsvorgängen aus übersättigter fester Lösung[47]). Voraussetzung für eine Alterung ist somit die Löslichkeitsveränderung eines Mischkristalls mit der Temperatur, im Falle der Stähle des Ferrits für Kohlenstoff[48]) und Stickstoff[49]).

Man spricht von „Abschreckalterung", wenn die Eigenschaftsänderungen ausschließlich durch eine in der Regel beschleunigte Abkühlung von einer Temperatur erhöhter Löslichkeit ausgelöst werden. Dagegen spricht man von „Reckalterung", wenn zusätzlich eine Verformung mit im Spiel ist.

Als kennzeichnendes Beispiel für die Abschreckalterung ist in Bild 53 die zeitliche Änderung der mechanischen Eigenschaften eines weichen Kohlenstoffstahles bei Raumtemperatur nach Abschrecken von 680 °C wiedergegeben[50]). Danach zeigen Härte, Zugfestigkeit und Streckgrenze bereits nach dem Abschrecken infolge der Gitterverzerrungen durch den zwangsweise eingelagerten Kohlenstoff gegenüber dem geglühten Ausgangszustand einen merklichen Anstieg, der sich dann mit zunehmender Lagerzeit bei Raumtemperatur noch bis zu einem Höchstwert fortsetzt. In Zusammenhang damit tritt auch die ausgeprägte Streckgrenze wieder auf, die im abgeschreckten Zustand fehlt. Diese Aushärtungsvorgänge bringen eine Versprödung mit sich, wie aus der Erniedrigung von Einschnürung und Dehnung in Bild 53 zu entnehmen ist. Auch die Kerbschlagzähigkeit erfährt – wie zu erwarten – einen merklichen Abfall.

In Eisen-Stickstoff-Legierungen treten grundsätzlich die gleichen Vorgänge auf wie in Eisen-Kohlenstoff-Legierungen[51]). Sie laufen jedoch wesentlich schneller ab und sind vor allem auch wegen der höheren Löslichkeit des α-Eisens für Stickstoff[49]) als für Kohlenstoff[48]) sehr viel stärker ausgeprägt.

Die Vorstellungen von E. Houdremont[8]), daß die Aushärtungs- und Versprödungserscheinungen beim Altern auf unterschiedlichen Vorgängen beruhen, sind kürzlich von Dahl und Lenz[52]) bestätigt worden. Zu Beginn und besonders bei niedrigen Temperaturen findet eine Einphasenentmischung des Kohlenstoffs bzw. Stickstoffs statt. Nach längerer Zeit kommt es dann zu der üblichen heterogenen Ausscheidung von Carbiden bzw. Nitriden. Bei Temperaturen oberhalb 100 °C scheiden sich die Teilchen unmittelbar aus der übersättigten Lösung aus[53]).

Die einphasigen Entmischungen bewirken ebenso wie die heterogenen Ausscheidungen durch Blockierung der Versetzungen die beobachteten Eigenschaftsänderungen. Da es sich um Diffusionsprozesse handelt, wird die Alterung durch Erhöhen der Temperatur beschleunigt. Zugleich laufen die Ausscheidungsvorgänge bis zu der Löslichkeitsgrenze bei der betreffenden Temperatur vollständiger ab. Hier erreichen die Aushärtungs- und Versprödungserscheinungen aber nur im Zustand der feinsten Verteilung einen Höchstwert. Mit Einsetzen der zeit- und temperaturabhängigen Koagulation der ausgeschiedenen Teilchen nehmen sie wieder ab. Wenn bei erhöhter Auslagerungstemperatur die Einformung schon während der Ausscheidung einsetzt bzw. unmittelbar gröbere Teilchen gebildet werden, tritt sogar eine Erweichung gegenüber dem abgeschreckten Zustand ein.

Die Abnahme der Alterungserscheinungen mit zunehmendem Kohlenstoffgehalt ist – wie leicht einzusehen ist – darauf zurückzuführen, daß die Ausscheidungen durch Anlagern an die bereits vorhandenen Carbide ihre aushärtende und versprödende Wirkung verlieren.

Bei der bereits weiter oben gekennzeichneten „Reckalterung" laufen die Eigenschaftsänderungen gegenüber der Abschreckalterung wesentlich schneller ab. Ursache hierfür ist die höhere Versetzungsdichte als Folge der Kaltverformung. Dies führt auch dazu, daß in der Mengenbilanz die Wanderung des Kohlenstoffs und Stickstoffs zu den Versetzungen die Diffusion zu Carbid- und Nitridkeimen überwiegt[52]). Dies kommt darin zum Ausdruck, daß man für die Ausscheidung ein anderes Zeitgesetz findet als bei der Abschreckalterung. Wegen der höheren Versetzungsdichte ist auch für den gleichen Blockierungsgrad eine wesentlich größere Zahl von Kohlenstoff- und Stickstoffatomen erforderlich, so daß der gleiche Anstieg der Streckgrenze nur durch eine größere ausgeschiedene Menge zu bewirken ist[52]).

Aus der Erhöhung der Diffusionsgeschwindigkeit mit der Temperatur ergibt sich, daß die Diffusionsvorgänge im Gebiet der Blauwärme zwischen 200 und 300 °C der Verformung folgen können, und somit die Reckalterungserscheinungen der Aushärtung und Versprödung schon während der Verformung eintreten. Dieser Zusammenhang hat zu der Bezeichnung „Blausprödigkeit" für diese besondere Form der Reckalterung geführt.

Zur Veranschaulichung dieser Erscheinung werden in Bild 54 Warmfestigkeitsschaubilder des Stahles SAE 4340 für Vergütungsfestigkeiten von 1200 und 950 N/mm² wiedergegeben[23]). Die Blausprödigkeit kommt in beiden Vergütungszuständen darin zum Ausdruck, daß die Dehnung und vor allem die Einschnürung mit steigender Prüftemperatur nicht wie zum Beispiel beim reinen Eisen stetig zunehmen, sondern bei rd. 250 °C ein Minimum durchlaufen. Diese Versprödung ist zum Unterschied von der 300- und 500 °C-Versprödung beim Anlassen auch von einem Anstieg der Härte und Festigkeit begleitet, der sich im vorliegenden Fall in einer Verzögerung des Festigkeitsabfalls bemerkbar macht.

Auch die Kerbschlagzähigkeit fällt bei Versuchen in der Wärme auf ein Minimum ab. Der Abfall tritt jedoch entsprechend Bild 54 erst bei höheren Temperaturen auf als bei der Dehnung und Einschnürung, im vorliegenden Falle zwischen 500 und 600 °C. Die Ursache ist in der erhöhten Verformungsgeschwindigkeit zu suchen. Damit die Diffusionsvorgänge auch hierbei der Verformung folgen können, müssen die Temperaturen entsprechend erhöht werden.

Die Neigung zur Abschreck- und Reckalterung wird in der Regel durch den Kerbschlagbiegeversuch im nichtgealterten und gealterten Zustand geprüft. Zur Alterung wird die Probe im allgemeinen nach einer Kaltverformung von etwa 10% bei 250 °C 30 min ausgelagert. Die Prüfung wird meistens nur bei Raumtemperatur durchgeführt. Hierbei ist jedoch eine zuverlässige Beurteilung der Alterungsneigung nur möglich, wenn die Übergangstemperatur im gealterten Zustand bereits oberhalb oder wenigstens bei der Raumtemperatur liegt, im nicht gealterten Zustand dagegen noch darunter. Andernfalls ist es notwendig, den Verlauf der Kerbschlagzähigkeits-Temperatur-Kurve zu ermitteln. Dieser Aufwand ist auch dann unerläßlich, wenn man den Grad der Empfindlichkeit gegen Alterung genauer abschätzen will.

In die Verschiebung der Übergangstemperatur gehen aber immer auch noch andere Versprödungseffekte mit ein. Zur Unterscheidung kann man sich die Tatsache zu Nutze machen, daß die Alterung zum Unterschied von den anderen Versprödungserscheinungen, insbesondere der 300 °C-Versprödung und Anlaßprödigkeit – wie schon erwähnt – auch zu einer Härtesteigerung führt. Somit ist die Prüfung der Härteänderungen zwischen Raumtemperatur und der Blauwärme ein besonders geeignetes Verfahren zur Kennzeichnung der Alterungsanfälligkeit.

Aus den Ursachen für die Alterung ist unmittelbar abzuleiten, durch welche metallurgische Maßnahmen die Neigung der Stähle zu dieser wegen der damit verbundenen Versprödung unerwünschten Erscheinung unterdrückt werden kann. Der sicherste Weg würde zweifellos darin bestehen, die Stähle ohne Stickstoff und Kohlenstoff herzustellen. Dieser Weg ist jedoch aus verschiedenen Gründen nicht gangbar, nicht zuletzt wegen der geforderten Eigenschaften. Deshalb ist man gezwungen, den Stickstoff aus der festen Lösung im Eisenmischkristall durch eine stabile Bindung an ein anderes Element zu entfernen. Zu diesem Zweck ist die Verwendung von Aluminium bei der Stahlerschmelzung am meisten verbreitet und wohl auch am längsten bekannt[54]). Die Wirkung des Aluminiums beruht auf der Bildung der Aluminiumnitride.

Die Alterungsanfälligkeit läßt sich selbstverständlich auch durch Zulegieren anderer Elemente mit hoher Affinität zum Stickstoff beheben. Dazu gehören in der Praxis der Stahlerzeugung vor allem Titan und Vanadin. Vanadin hat gegenüber dem Titan den Vorzug, daß es eine wesentlich geringere Affinität zum Sauerstoff hat. Daher ist es möglich, unberuhigte Stähle durch einen Vanadinzusatz verhältnismäßig alterungsbeständig zu machen, ohne den Vorteil der reinen Randzone, der sogenannten Speckschicht, zu verlieren. Derartige Stähle sind bekanntlich besonders für Tiefziehzwecke geeignet.

Nach diesem Überblick über die Versprödungserscheinungen, die beim Anlassen zur Zähigkeitsverbesserung entgegen der eigentlichen Zielsetzung auftreten können, ist noch auf die schon erwähnte andere Wirkung des Anlassens einzugehen: die Härtesteigerung durch „Sekundärhärtung".

Zur Kennzeichnung dieses Vorganges ist in Bild 55 die Anlaßkurve des hochlegierten Wolfram-Vanadin-Stahles X 82 WV 9 2 der von dem niedriglegierten Stahl 80 CrV 3 und dem unlegierten Stahl C 80 W 1 mit jeweils 0,8% C gegenübergestellt[14]). Während in den beiden letzten Fällen die Härte mit steigender Temperatur stetig abfällt, steigt sie bei dem hochlegierten Werkzeugstahl ab 300 °C wieder an, und durchläuft bei rd. 550 °C ein Maximum. Bereits im Kapitel über das Härten wurde mit Bild 42 am Beispiel eines Schnellarbeitsstahles gezeigt, daß die Sekundärhärtung nur bei ausreichender Auflösung der Sondercarbide in Erscheinung tritt. Das gilt auch für andere hochlegierte Werkstoffe, wie in Bild 56 für den Kaltarbeitsstahl X 210 Cr 12 nachgewiesen wird. An der Gegenüberstellung der zugehörigen Gefügebilder wird deutlich gemacht, wie sich die Carbidmenge und Korngröße mit der Härtetemperatur ändern. Anzumerken ist, daß die hohe Härtetemperatur von 1080 °C für diesen Werkstoff eine Sonderbehandlung darstellt. Sie wird zum Beispiel dann angewendet, wenn das Werkstück nitriert werden soll. Dadurch soll gewährleistet werden, daß die Härte durch das Nitrieren nicht zu stark abfällt, da die Behandlung üblicherweise bei Temperaturen um 550 °C durchgeführt wird.

Die beim Anlassen sekundärhärtender Stähle ablaufenden Vorgänge sind schematisch in Bild 57 wiedergegeben[55, 56]). Danach setzt sich die zu beobachtende Härtekurve zusammen aus der Kurve für den Härteabfall durch den Martensitzerfall als Folge der Vorgänge in der 1. und 4. Anlaßstufe und aus der Kurve für die Härtesteigerung durch die Carbidumwandlungen in der 3. Anlaßstufe sowie durch die Restaustenitumwandlung in der hier stark überhöhten 2. Anlaßstufe. Daß die Sekundärhärtung nicht nur auf eine Aushärtung, sondern auch auf die Umwandlung des Restaustenits zurückzuführen ist, geht aus der in Bild 58 wiedergegebenen Änderung der Sättigungsmagnetisierung hervor[56]). Wie ersichtlich, erfährt sie nach Anlassen im Temperaturbereich der einsetzenden Sekundärhärtung einen deutlichen Anstieg. Ein weiterer Beweis für diese Deutung ist die in Bild 59 verzeichnete Längenzunahme als Folge der Martensitbildung[57]).

Naturgemäß ist mit der Sekundärhärtung eine Verringerung der Zähigkeit verbunden. Das zeigt Bild 60 durch die Abnahme der plastischen Arbeit im Verdrehversuch[58]). Das gleiche wird durch Bild 61 durch Ergebnisse des statischen Biegeversuches nachgewiesen[59]).

Für die Leistung der Schnellarbeitsstähle ist jedoch ein Anlassen im Temperaturbereich der Sekundärhärtung von entscheidender Bedeutung. Bild 62 zeigt als Beispiel den Einfluß einer Anlaßbehandlung bei 590 °C in Abhängigkeit von der Härtetemperatur auf die Standzeit eines 5%igen Kobalt-Schnellarbeitsstahles[57]).

Der Erfolg der Anlaßbehandlung ist außer von der Temperatur auch von der Zeit abhängig, da die Vorgänge diffusionsgesteuert sind. Zwischen 450 und 750 °C können Temperatur und Zeit in ihrem Einfluß auf die Härte nach der Beziehung $P = T o_K (20 + \log t_h)$ ausgetauscht werden[60]). Der sogenannte „Anlaßparameter P" gilt als Maß für den Anlaßzustand. In Bild 63 sind beispielsweise für den Warmarbeitsstahl X 30 WCrV 5 3 die Härte-Anlaßtemperatur-Kurven für 2, 40 und 200 h Anlaß- bzw. Beanspruchungsdauer der daraus abgeleiteten sogenannten „Anlaßhauptkurve" als Funktion des Anlaßparameters P gegenübergestellt. Zu jeder Zugfestigkeit bzw. Härte im angelassenen Zustand gehört ein bestimmter Anlaßparameter, der aus der Anlaßhauptkurve abzulesen ist. Er hat in dem durch die gestrichelten Linien markierten Fall von 1550 N/mm² den Wert von rd. 18 500. Soll nun beispielsweise gewährleistet sein, daß die Zugfestigkeit nach einer Beanspruchungsdauer von 40 Stunden 1550 N/mm² nicht unterschreitet, so ergibt sich aus der Beziehung für den Anlaßparameter als erforderliche Anlaßtemperatur rechnerisch rd. 580 °C.

Zur Vereinfachung der Auswertung der Anlaßhauptkurven empfiehlt es sich, den Anlaßparameter entsprechend dem rechten oberen Teilbild in Bild 63 nach Anlaßtemperatur und Anlaßdauer grafisch aufzulösen. Aus dieser Darstellung kann man dann in Verbindung mit der jeweiligen Anlaßhauptkurve alle gewünschten Angaben ableiten. So läßt sich für das gewählte Beispiel die bereits berechnete Anlaßtemperatur von rd. 580 °C entsprechend der gestrichelten Linienführung auf der Y-Achse direkt ablesen.

Die Anlaßhauptkurve gestattet eine unmittelbare Abschätzung der Anlaßbeständigkeit bei längerer Temperaturbeanspruchung. Sie ist infolgedessen als Anhalt für die jeweilige Beanspruchungstemperatur anzusehen, bei der über längere Betriebszeiten hin ein Abfall der im Einbauzustand vorhandenen Härte oder Zugfestigkeit vermieden werden kann. Über die logarithmische Beziehung zwischen der Anlaßtemperatur und Anlaßdauer zeigt sie gleichzeitig die Möglichkeit, mit verlängerten Anlaßzeiten bei niedrigerer Anlaßtemperatur eine bestimmte Zugfestigkeit treffsicherer zu erreichen.

Neben der Temperatur und Dauer des Anlassens hat bei sekundärhärtenden Stählen auch die Anzahl der Behandlungen eine große Bedeutung für die Gebrauchseigenschaften. Dies geht zum Beispiel aus Bild 64 hervor, in dem für verschieden legierte Schnellarbeitsstähle die Zunahme der Härte und der Standzeit durch Wiederholungen der Anlaßbehandlung gezeigt wird[3]. Diese Wirkung ist darauf zurückzuführen, daß die im Vorhergehenden beschriebene Umwandlung des Restaustenits zu Martensit nach Anlassen im Sekundärhärtegebiet (Bilder 57 bis 59) erst während des Abkühlens nach Unterschreiten der M_s-Temperatur eintreten kann. Infolgedessen wird der Anlaßvorgang durch Wiederholen der Behandlung beschleunigt, so daß bei gleicher Gesamtdauer ein mehrfaches kurzzeitiges Anlassen wirkungsvoller ist als ein einmaliges langzeitiges Anlassen. Es kommt noch hinzu, daß der neugebildete Martensit durch ein nachfolgendes Anlassen eine Ausscheidungshärtung erfährt. Die Anzahl der erforderlichen Anlaßbehandlungen hängt von der Stabilität des Restaustenits ab. So steigen in Bild 64 bei dem Schnellarbeitsstahl mit 9,3 % Cr Härte und Leistung bis zur sechsten Anlaßbehandlung von jeweils 1 h bei 550 °C noch an.

Schrifttumsverzeichnis

[1] Euronorm 52-67; Fachausdrücke der Wärmebehandlung. EGKS, Koordinierungsausschuß für die Nomenklatur der Eisen- und Stahlerzeugnisse.

[2] DIN 17014 – Blatt 1, März 1975; Beuth Verlag GmbH, Berlin 30 und Köln 1.

[3] *Schrader, H.:* Stahl u. Eisen 64 (1944) S. 645/654.

[4] *Houdremont, E.,* u. *H. Schrader:* Stahl u. Eisen 57 (1937) S. 1317/1322.

[5] *Gill, J. P.:* Trans. Amer. Soc. Metals 24 (1936) S. 735 u. 782.

[6] DIN 17 200, Dez. 1969; Beuth Verlag GmbH, Berlin 30 und Köln 1.

[7] DIN 17 210, Dez. 1969; Beuth Verlag GmbH, Berlin 30 und Köln 1.

[8] *Houdremont, E.:* Handbuch der Sonderstahlkd., Berlin, Düsseldorf 1956.

[9] *Barteld, K.:* Prakt. Metallographie 11 (1974) S. 575/587.

[10] *Weber, G.:* Stahl u. Eisen 78 (1958) S. 1678.

[11] *König, W.,* u. *W. Kreis:* Z. Metallkde. 66 (1975) S. 82/86.

[12] *Domalski, H. H.,* u. *H. Schücker:* Stahl u. Eisen 90 (1970) S. 1087/1096.

[13] *Lacy, C. E.,* u. *M. Gensamer:* Trans. Amer. Soc. Metals 32 (1944) S. 88/110.
Gensamer, M.: Trans. Amer. Soc. Metals 36 (1946) S. 30/60.

[14] *Eckstein, H.-J.:* Werkstoffkd. I/II Leipzig 1971.

[15] *Pellissier, G. E.,* u. *Mitarb.:* Trans. Amer. Soc. Metals 30 (1942) S. 1049/86.
Atlas zur Wärmebehandlung der Stähle. T. 1 u. 2. Düsseldorf 1954, 1956, 1958.

[16] *Günther, E., G. Radomski* u. *B. Oheim:* Neue Hütte 15 (1970) S. 18/21.

[17] *Rose, A.:* Stahl u. Eisen 85 (1965) S. 1229/1240 u. 1267/1268.

[18] *Guy, A. G.:* Metallkunde für Ingenieure, Frankfurt am Main 1970.

[19] *Hodge, J. M.,* u. *M. A. Orehoski:* Trans. AIME 167 (1946) S. 627/642.

[20] *Klärner, H.-F.,* u. *E. Hougardy:* Arch. Eisenhüttenwes. 41 (1970) S. 587/593.

[21] *Rose, A., A. Krisch* u. *F. Pentzlin:* Stahl u. Eisen 91 (1971) S. 1001/1020.

[22] *Rademacher, L.,* u. *B. Huchtemann:* Arch. Eisenhüttenwes.: demnächst.

[23] *Rademacher, L.,* u. *K. Mehta:* unveröffentlichte Ergebnisse.

[24] *Rademacher, L.,* u. *H. W. Müller-Stock:* unveröffentlichte Ergebnisse.

[25] *Rademacher, L.:* TEW-Techn. Berichte 1 (1975) S. 26/33.

[26] *Woodfine, B. C.:* J. Iron Steel Inst. 173 (1953) S. 240/255.

[27] *Buffum, D. C.,* u. *L. D. Jaffe:* J. Metals 5 (1953) S. 1373/1374.

[28] *Opel, P., C. Florin, F. Hochstein* u. *K. Fischer:* Stahl u. Eisen 90 (1970) S. 465/475.

[29] *Preece, A.,* u. *R. D. Carter:* J. Iron Steel Inst. 183 (1953) S. 387/398.

[30] *Greaves, R. H.,* u. *J. A. Jones:* J. Iron Steel Inst. 111 (1925) S. 231/255.

[31] *Libsch, J. F.,* u. *Mitarb.:* J. Metals 7 (1955) S. 330/335 u. 9 (1957) S. 22.

[32] *Houdremont, E.,* u. *H. Schrader:* Arch. Eisenhüttenwes. 21 (1950) S. 97/104.

[33] *Balajiva, K., R. M. Cook* u. *D. K. Worn:* Nature 178 (1956) S. 433.

[34] *Steven, W.,* u. *K. Balajiva:* J. Iron Steel Inst. 193 (1959) S. 141/147.

[35] *Low, jr., I. R., D. F. Stein, A. M. Turkalo* u. *R. P. Laforce:* Trans. Met. Soc. AIME 242 (1968) S. 14/24.

[36] *Ohtani, H., H. C. Feng* u. *C. J. McMahon, jr.:* Met. Trans. 5 (1974) S. 516/518.

[37] *Rellick, J. R.,* u. *C. J. McMahon, jr.:* Met. Trans. 5 (1974) S. 2439/2450.

[38] *Schmidtmann, E.,* u. *M. Chitil:* Arch. Eisenhüttenwes. 41 (1970) S. 165/171.

[39] *McLean, D.,* u. *L. Northcott:* J. Iron Steel Inst. 158 (1948) S. 169/177 u. Stahl u. Eisen 71 (1951) S. 1264/1266.

[40] *Görlich, H.-K., E. Koerfer, G. Obelode* u. *H. Schenck:* Arch. Eisenhüttenwes. 25 (1954) S. 613/619.

[41] *Capus, J. M.:* J. Iron Steel Inst. 200 (1962) S. 922/927.

[42]) *Powers, A. E.:* J. Iron Steel Inst. 186 (1957) S. 323.
[43]) *Doenecke, Chr., J. Geiseler* u. *L. Rademacher:* HTM 27 (1972) S. 187/194.
[44]) *Banerjee, B. R.:* J. Iron Steel Inst. 203 (1965) S. 166/174.
[45]) *Simcoe, C. R.,* u. *A. E. Nehrenberg:* Trans. Amer. Soc. Metals 58 (1965) S. 378/390.
[46]) *Simcoe, C. R., A. E. Nehrenberg, V. Riss* u. *A. Coldren:* Trans. Amer. Soc. Metals 61 (1968) S. 834/842.
[47]) *Dahl, W.,* u. *K. Lücke:* Arch. Eisenhüttenwes. 25 (1954) S. 241/250.
[48]) *Horstmann, D.:* Das Zustandsschaubild Eisen-Kohlenstoff; Bericht Nr. 180 des Werkstoffausschusses des VDEh, Düsseldorf 1961.
[49]) *Hansen, M.,* u. *K. Anderko:* Constitution of binary alloys. New York, Toronto, London, 1958.
[50]) *Köster, W.:* Arch. Eisenhüttenwes. 2 (1929/30) S. 503/522.
[51]) *Fast, J. D.:* Stahl u. Eisen 73 (1953) S. 1484/1496.
[52]) *Dahl, W.,* u. *E. Lenz:* Arch. Eisenhüttenwes. 46 (1975) S. 119/125.
[53]) *Krisement, O.:* Arkiv Fysik, 7 (1953) S. 353/355.
[54]) *Fry, A.:* Kruppsche Mh. 7 (1926) S. 185/196.
[55]) *Houdrement, E., H. Bennek* u. *H. Schrader:* Arch. Eisenhüttenwes. 6 (1932/33) S. 24/34.
[56]) *Rose, A., L. Rademacher* u. *J. M. van Wyk:* Stahl u. Eisen 79 (1959) S. 1243/1258.
[57]) *Haufe, W.:* Schnellarbeitsstähle, München 1972.
[58]) *Bungardt, K.,* u. *O. Mülders:* Stahl u. Eisen 86 (1966) S. 150/160.
[59]) *Wilmes, S.:* Arch. Eisenhüttenwes. 35 (1964) S. 649/657.
[60]) *Hollomon, J. H.,* u. *L. D. Jaffe:* Trans. AIME 162 (1945) S. 223/249.

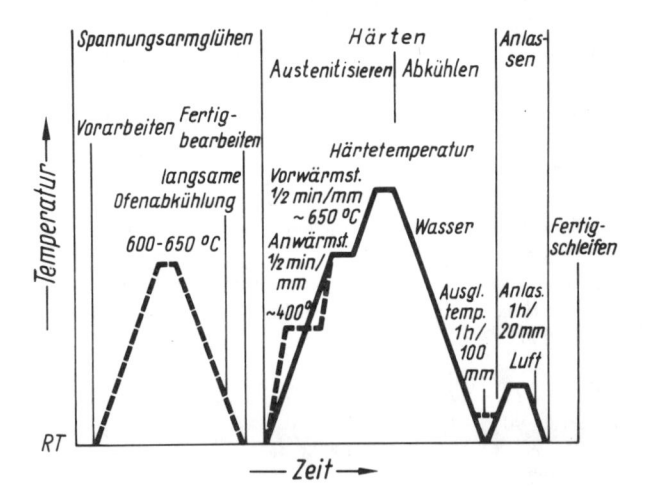

Bild 1: Temperatur-Zeit-Folgen für die Wärmebehandlung von unlegierten Werkzeugstählen

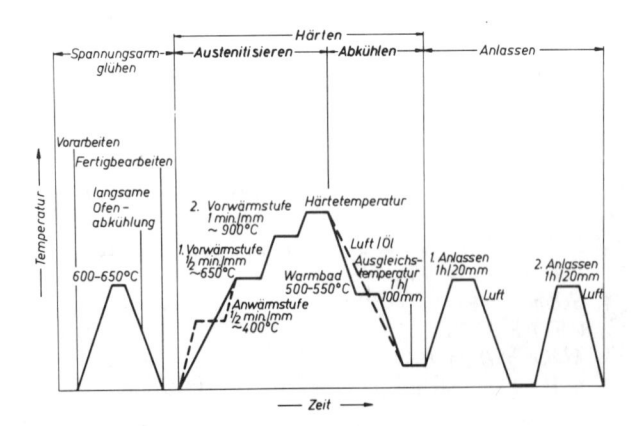

Bild 2: Temperatur-Zeit-Folgen für die Wärmebehandlung von legierten Werkzeugstählen

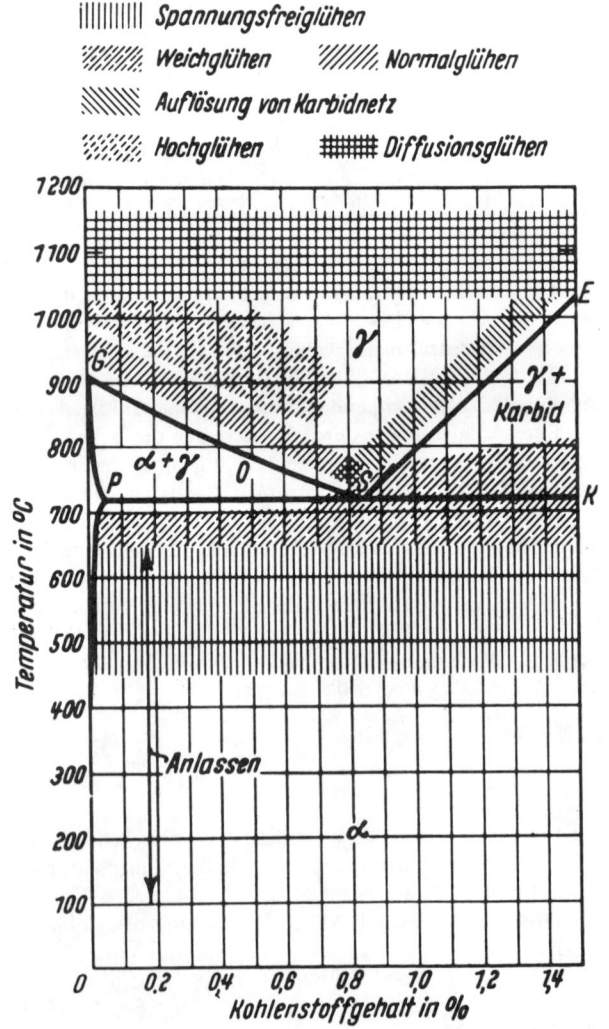

Bild 3: Temperaturbereich der wichtigsten Wärmebehandlungen von unlegierten Stählen im Zustandsschaubild Eisen-Kohlenstoff

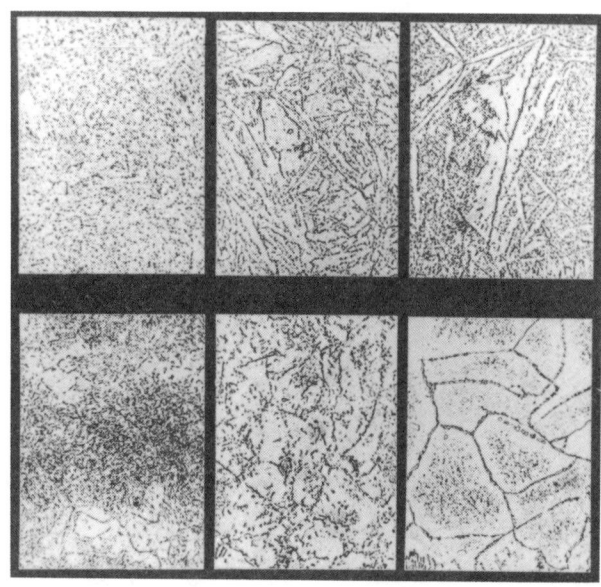

Bild 4: Stahl 90 MnV 8   V = 500:1 im Original   **Bild 5:** Warmarbeitsstahl

Bilder 4 bis 6: Glühgefüge in unterschiedlicher Ausbildung von verschieden zusammengesetzten Stählen

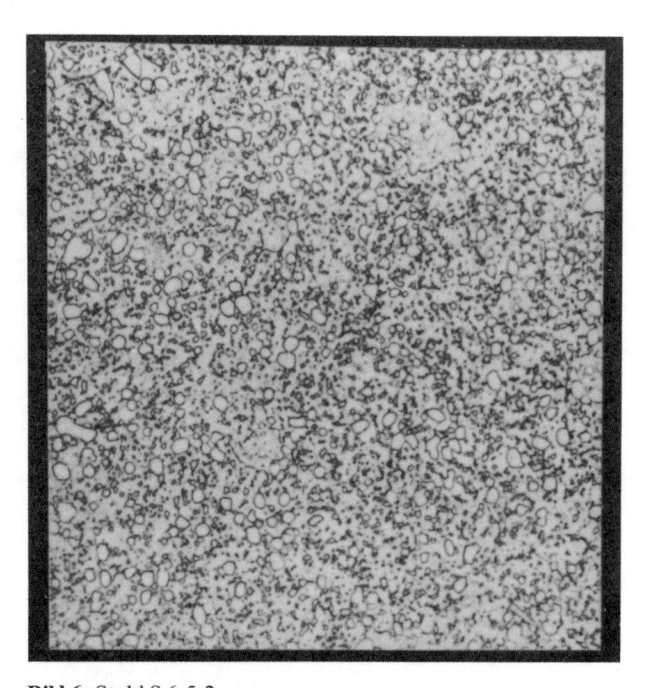

Bild 6: Stahl S 6-5-2
V = 1000:1 im Original

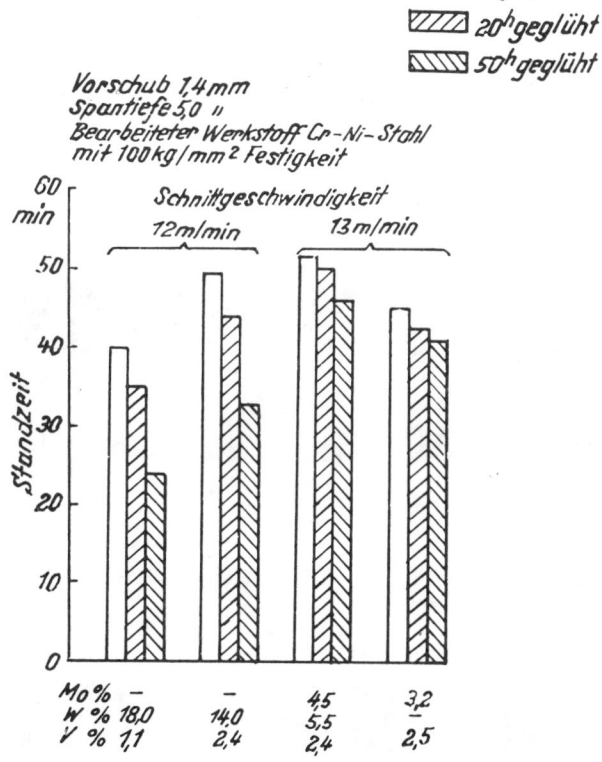

Bild 7: Leistungsverminderung durch zu langes Glühen bei verschieden legierten Schnellarbeitsstählen[3])

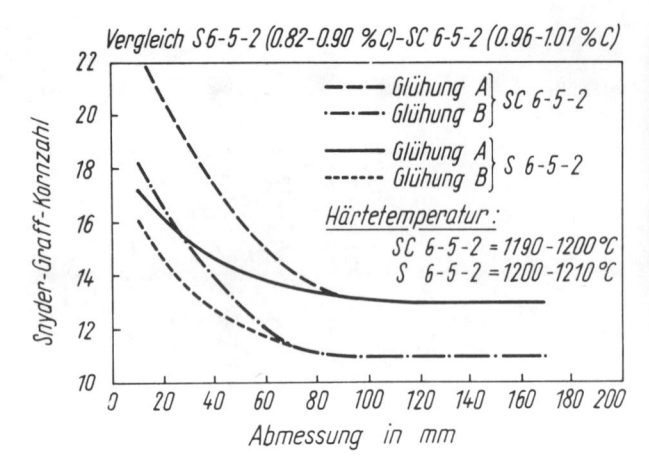

Bild 8: Abhängigkeit der Korngröße eines Schnellarbeitsstahles von C-Gehalt, Glühbehandlung und Abmessung (Verformung)

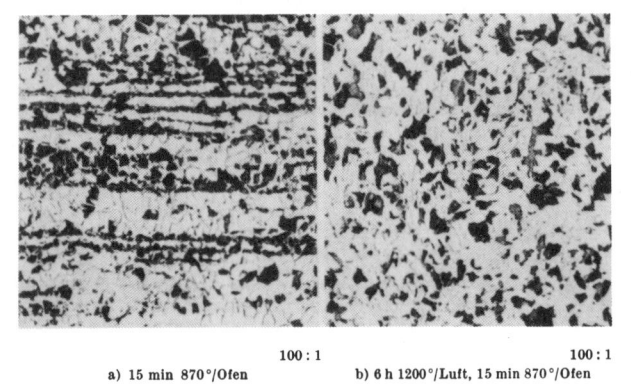

Bild 9: Einfluß einer Diffusionsglühung auf die Ferrit-Perlit-Zeiligkeit bei langsamer Abkühlung[8])

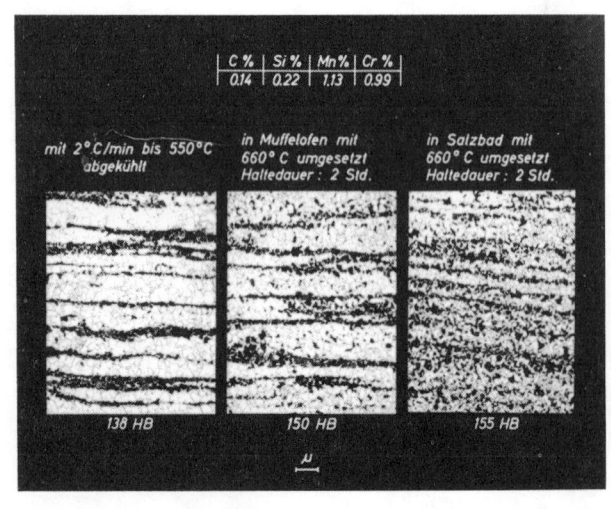

Bild 10: Einfluß der Wärmebehandlung auf die Ferrit-Perlit-Zeiligkeit des Stahles 16 MnCr 5

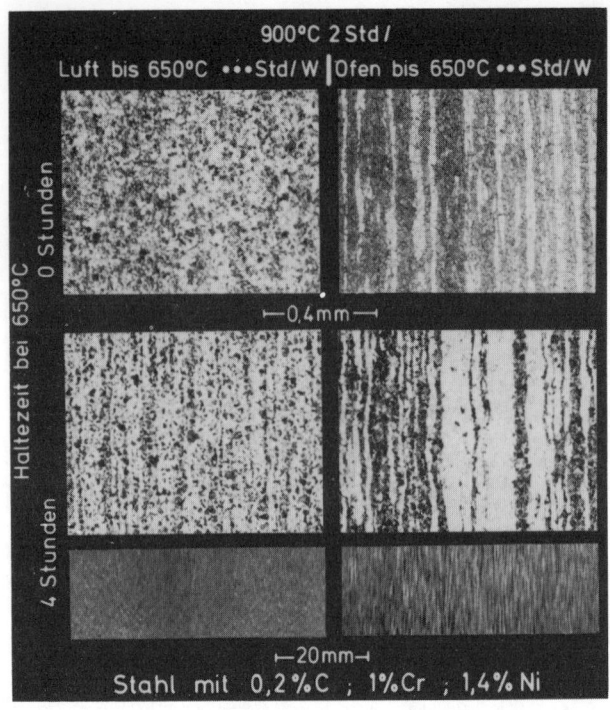

Bild 11: Einfluß der Abkühlung von Austenitisierungstemperatur auf die Zeiligkeit nach BG-Glühen

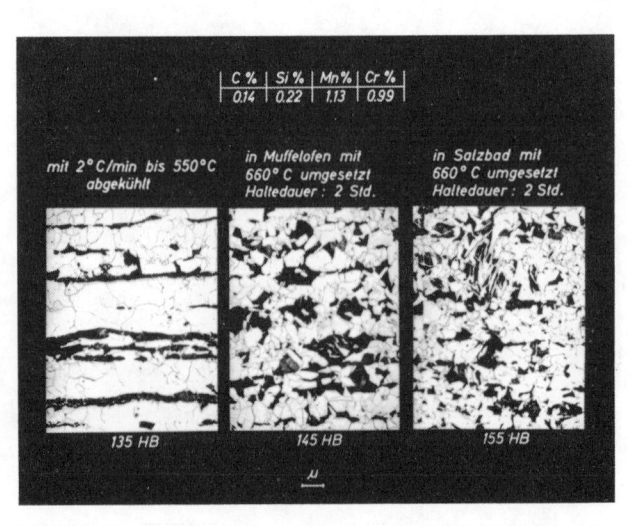

Bild 12: Einfluß der Wärmebehandlung auf die Ferrit-Perlit-Zeiligkeit des Stahles 16 MnCr 5

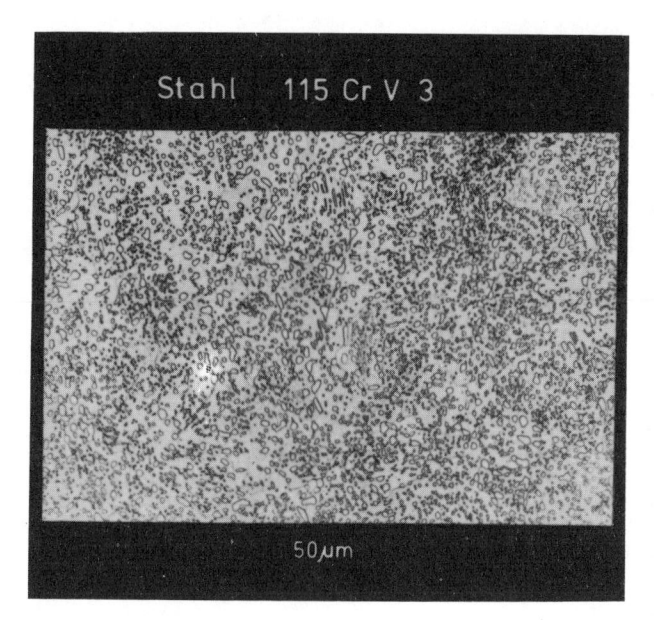

Bild 13: Glühgefüge eines übereutektiodischen Stahles nach GKZ-Glühen

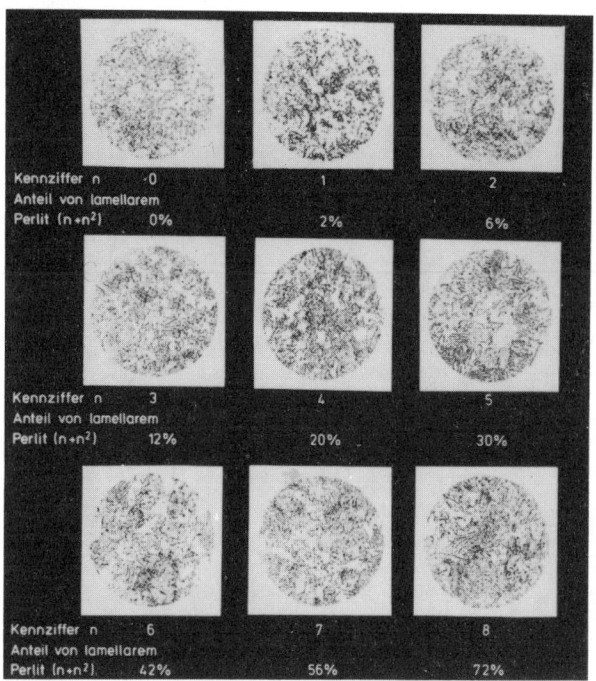

V = 1000:1 im Original

Bild 15: Richtreihe zur Kennzeichnung der Carbideinformung im Glühgefüge [9], C-Gehalt rd. 1%

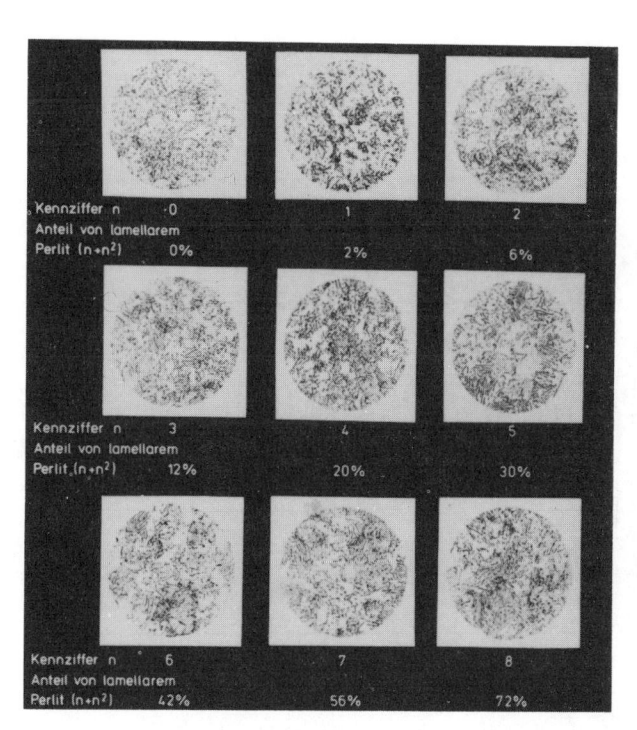

V = 1000:1 im Original

Bild 14: Richtreihe zur Kennzeichnung der Carbideinformung im Glühgefüge[9], C-Gehalt rd. 0,45%, Ferrit-Gehalt rd. 20%

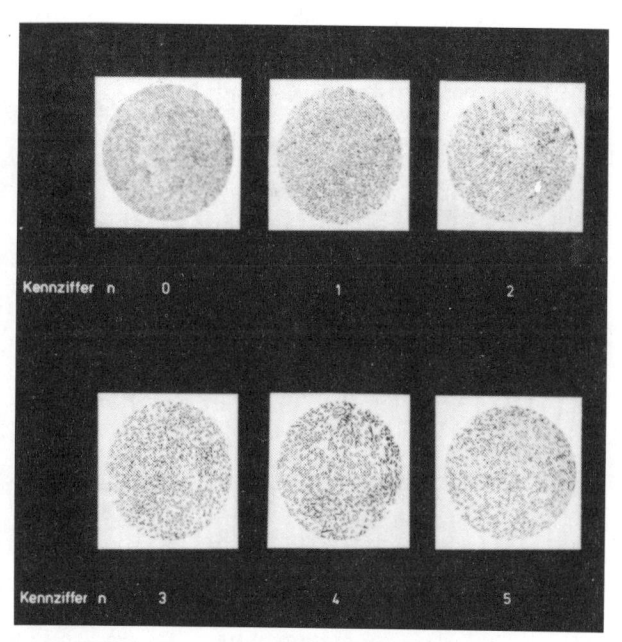

V = 1000:1 im Original

Bild 16: Richtreihe zur Kennzeichnung der Carbidkorngröße im Glühgefüge[9]

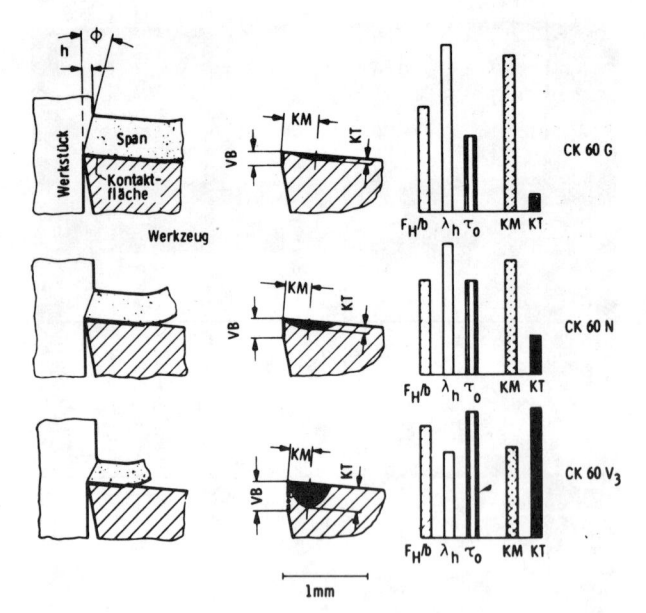

Bild 17: Kenngrößen der Spanentstehung und Werkzeugverschleiß[10])

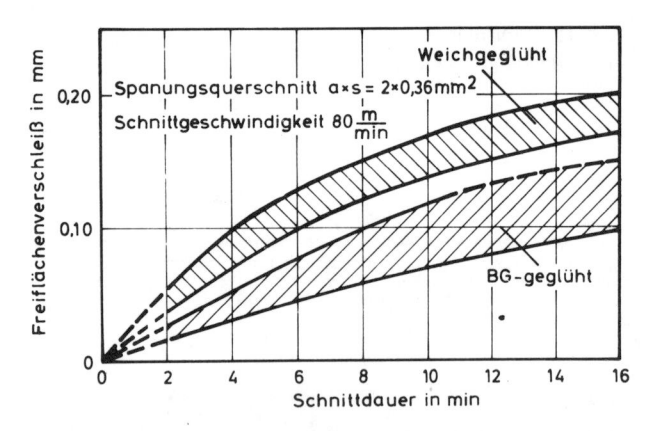

Bild 18: Einfluß der Glühbehandlung auf den Verschleiß beim Drehen von Stahl 16 MnCr 5 mit Stahl S 10-4-3-10

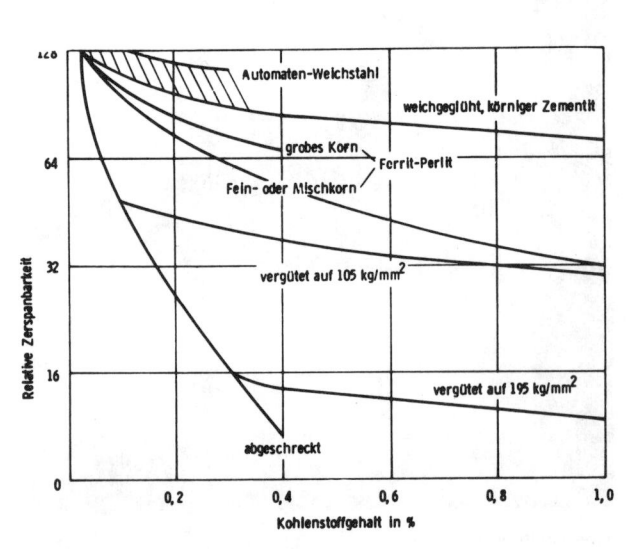

Bild 19: Relative Zerspanbarkeit (schematisch) für die Bearbeitung von niedriglegierten und unlegierten Stählen in Abhängigkeit vom C-Gehalt und der Gefügeausbildung[11])

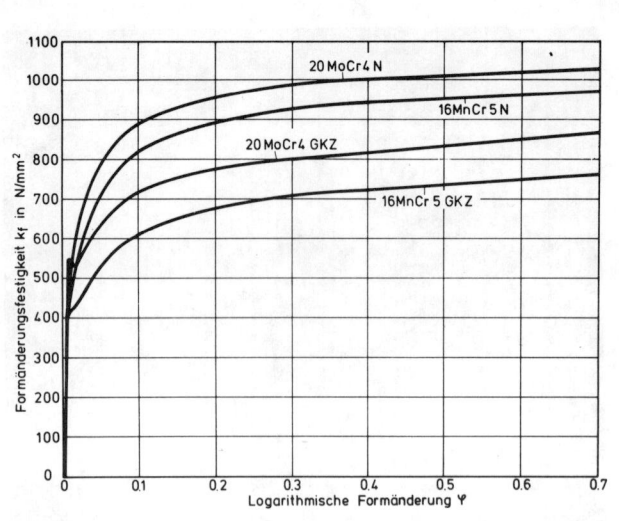

Bild 20

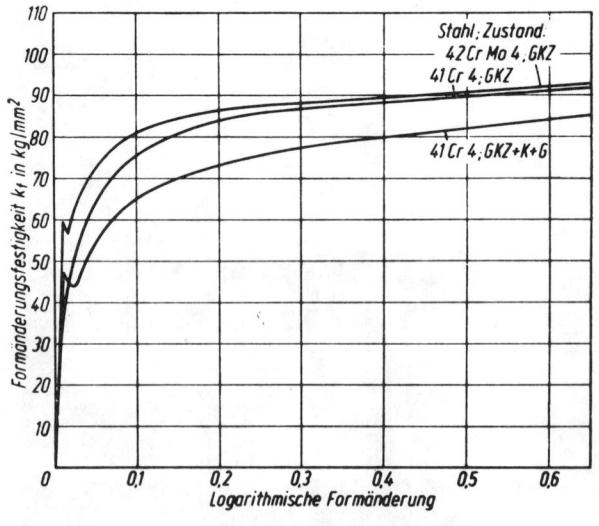

Bild 21

Bilder 20 und 21: Einfluß der Glühbehandlung auf die Fließkurve verschiedener Einsatz- und Vergütungsstähle im Stauchversuch[21])

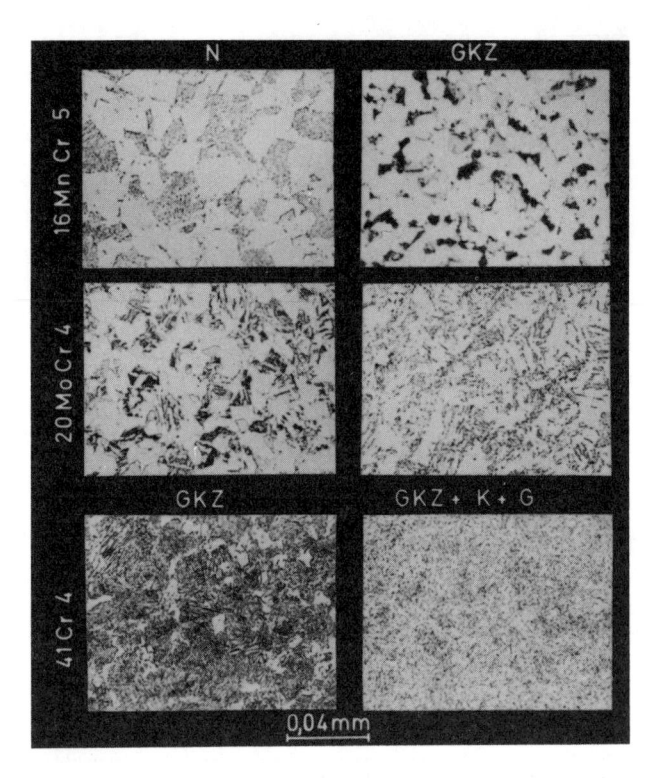

Bild 22: Glühgefüge zu den Fließkurven der Stähle in den Bildern 20 und 21

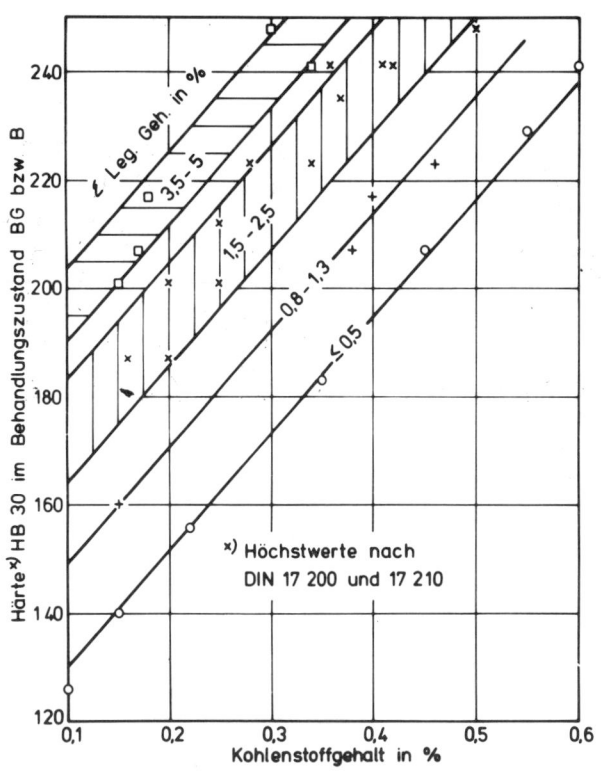

Bild 24: Härte in Abhängigkeit vom C-Gehalt bei Einsatz- und Vergütungsstählen nach Glühen auf beste Bearbeitbarkeit [6, 7]

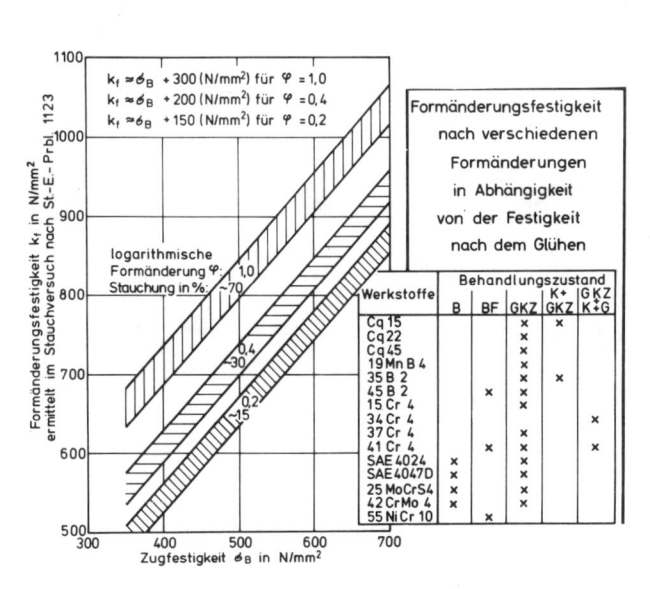

Bild 23:

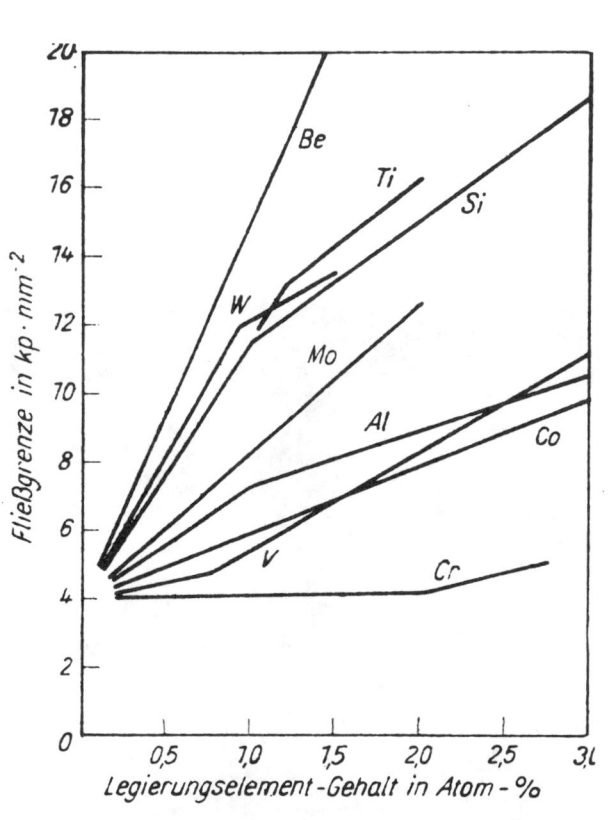

Bild 25: Erhöhung der Fließgrenze des Ferrit-Mischkristalls durch Legierungselemente [13]

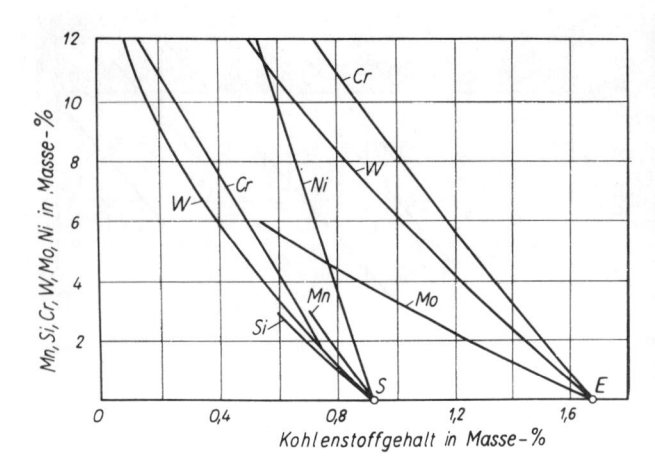

Bild 26: Verschiebung der Punkte S und E durch Legierungselemente[14]

Bilder 28 und 29: Carbid- und Aluminiumnitridausscheidungen im Ferrit

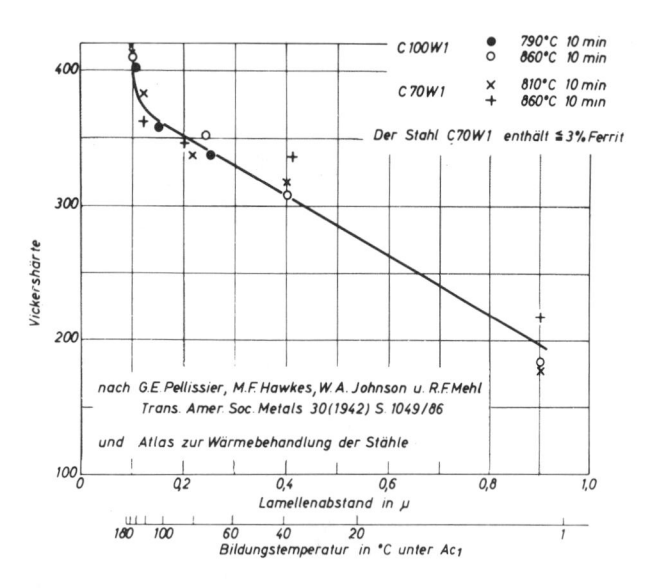

Bild 27: Härte des Perlits in Abhängigkeit vom Lamellenabstand[15]

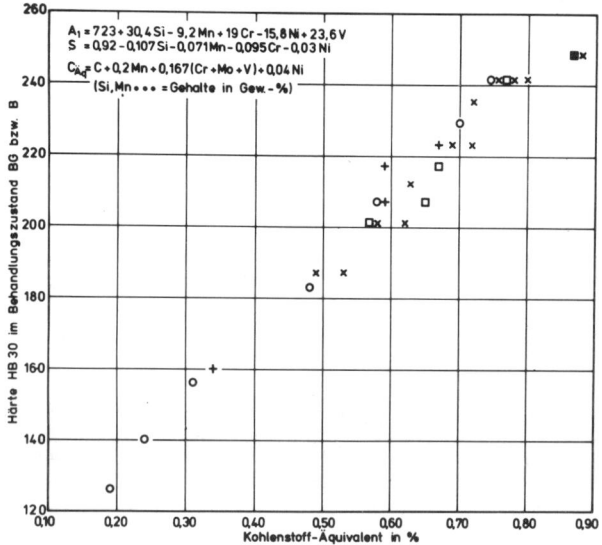

Bild 30: Härte von Einsatz- und Vergütungsstählen nach Glühen auf beste Bearbeitbarkeit[6,7] in Abhängigkeit von C-Äquivalent

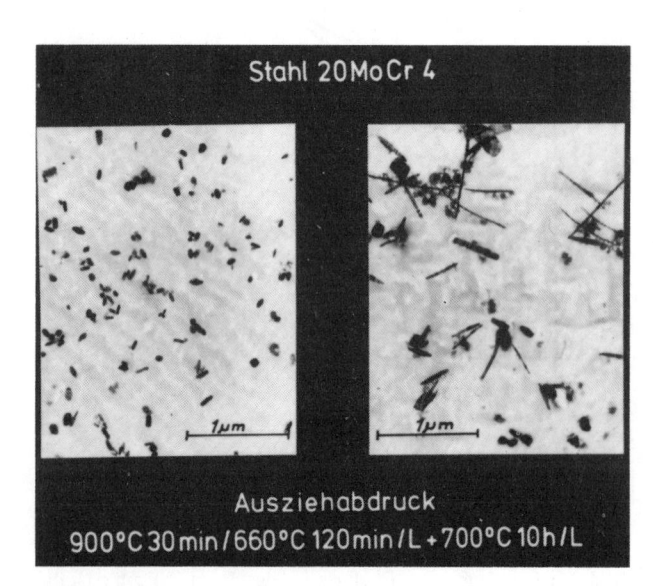

Bild 28

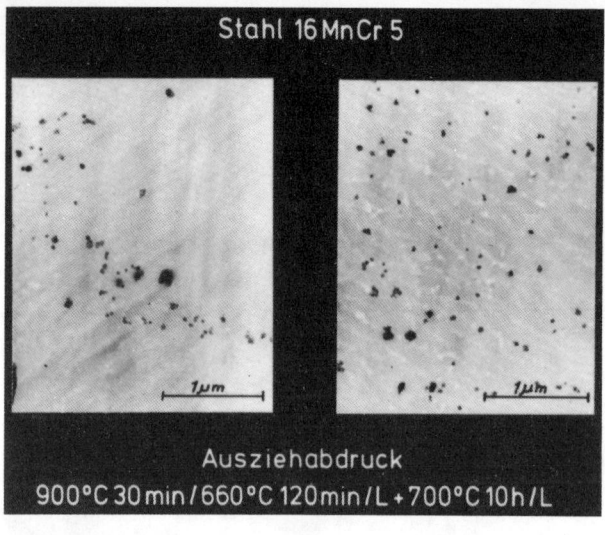

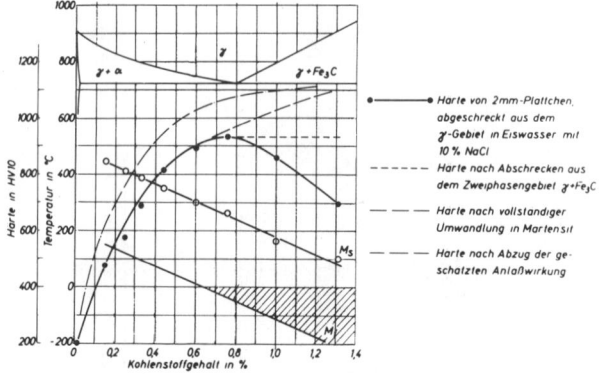

Bild 31: Martensithärte und -temperatur in Abhängigkeit vom C-Gehalt[17]

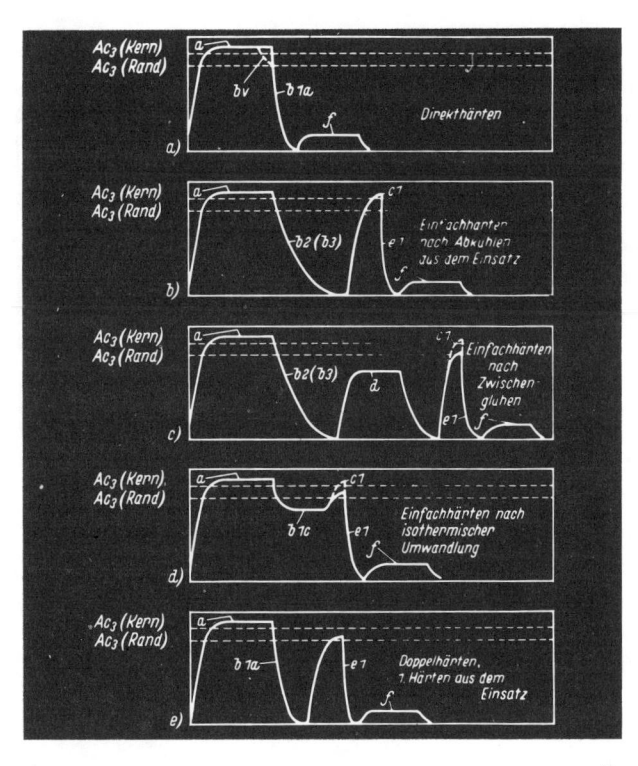

Bild 32: Beispiele für Behandlungsfolgen beim Einsatzhärten[7])

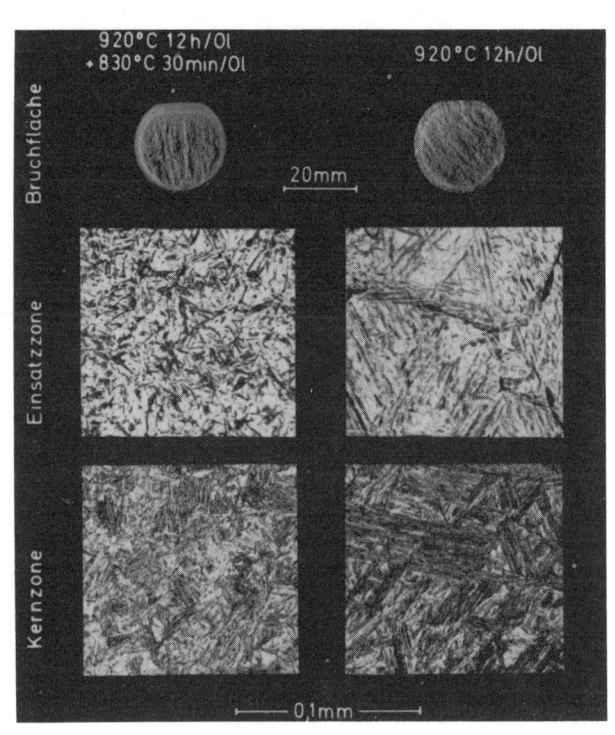

Bild 34: Gefügeausbildung und Austenitkorngröße einer Grobkornschmelze des Stahles 17 CrNiMo 6 nach Aufkohlen mit Einfach- und Direkthärten

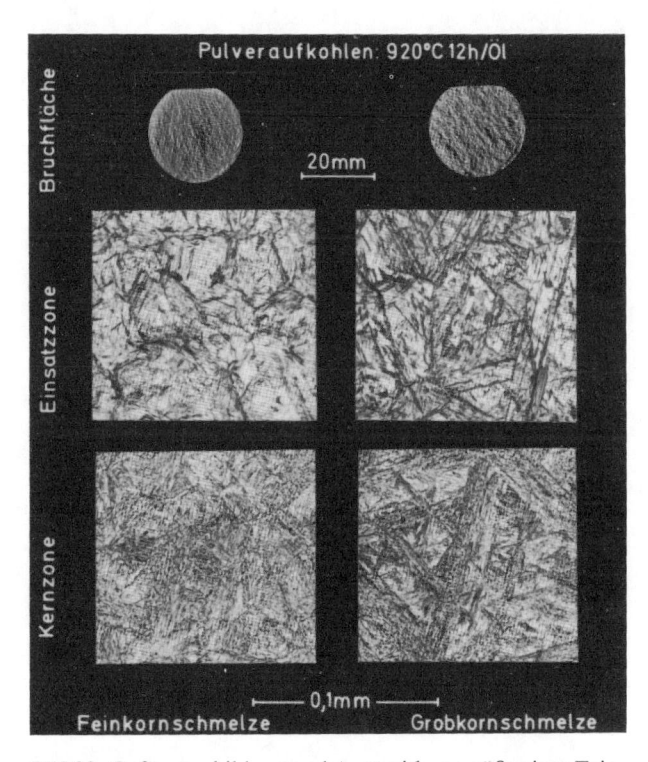

Bild 33: Gefügeausbildung und Austenitkorngröße einer Fein- und Grobkornschmelze des Stahles 20 MnCr 5 nach Aufkohlen mit Direkthärten

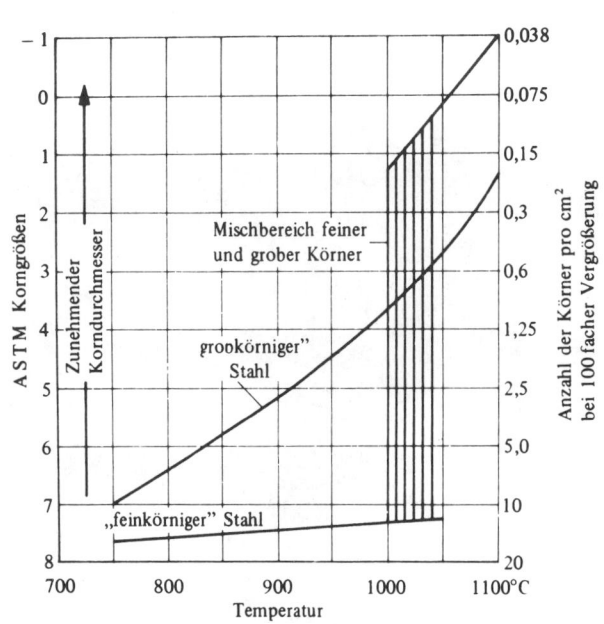

Bild 35: Kornwachstum von Fein- und Grobkornstählen in Abhängigkeit von der Austenitisierungstemperatur (Haltedauer 1 Std.)[18])

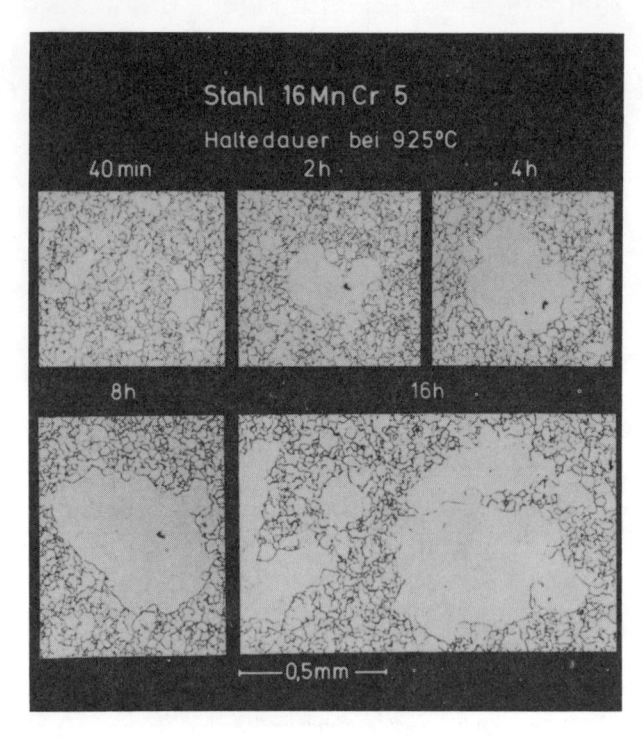

Bild 36: Diskontinuierliches Kornwachstum bei einem Feinkorn-Einsatzstahl in Abhängigkeit von der Haltedauer beim Einsetzen

Bild 38: Härtetemperaturbereiche von Warmarbeitsstählen mit unterschiedlichem Legierungsgehalt

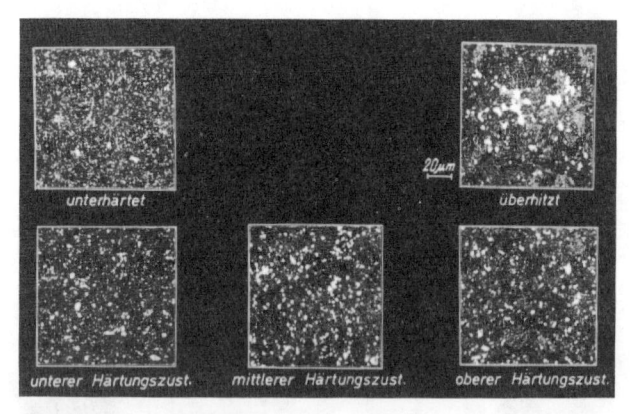

Bild 39

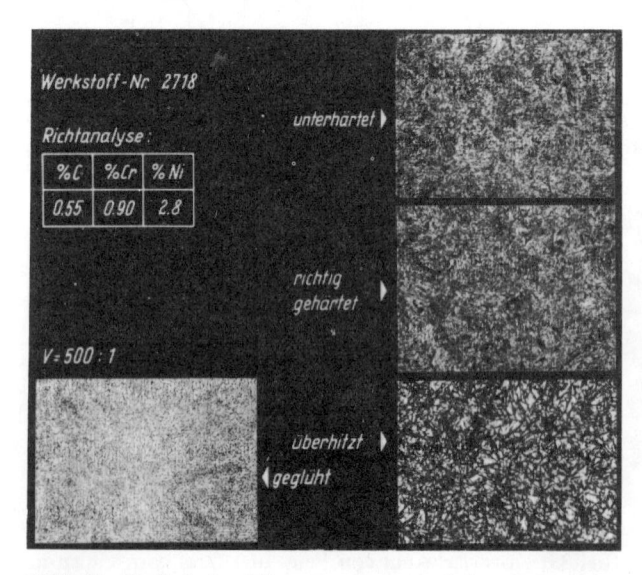

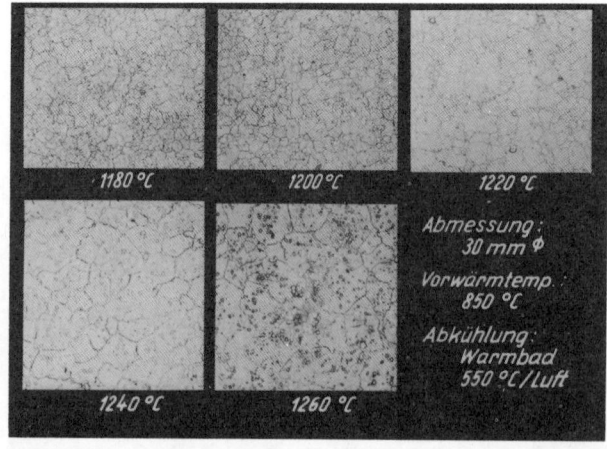

Bild 40

Bild 37: Einfluß der Härtetemperatur auf das Gefüge des mittellegierten Werkzeugstahles 55 NiCr 10

Bilder 39 und 40: Einfluß der Härtetemperatur auf die Gefügeausbildung von Schnellarbeitsstählen am Beispiel des Stahles S 6-5-2

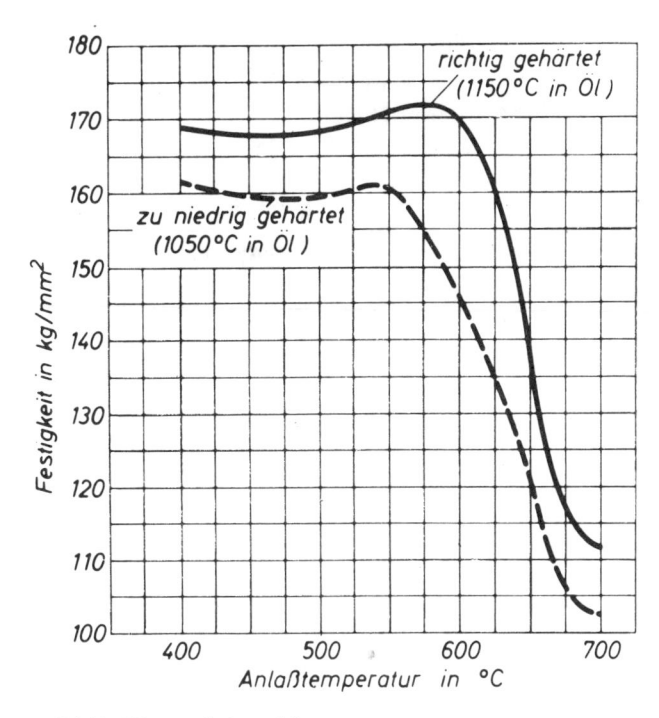

Bild 41: Warmarbeitsstahl

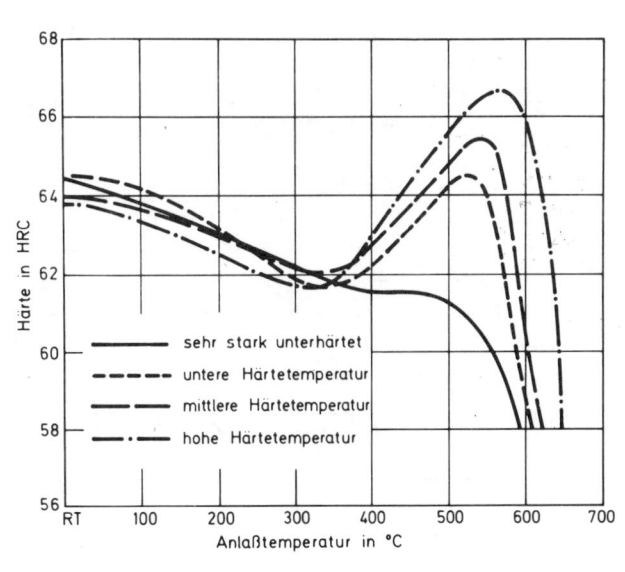

Bild 42: Schnellarbeitsstahl

Bilder 41 und 42: Einfluß der Härtetemperatur auf das Anlaßverhalten von sekundärhärtenden Werkzeugstählen

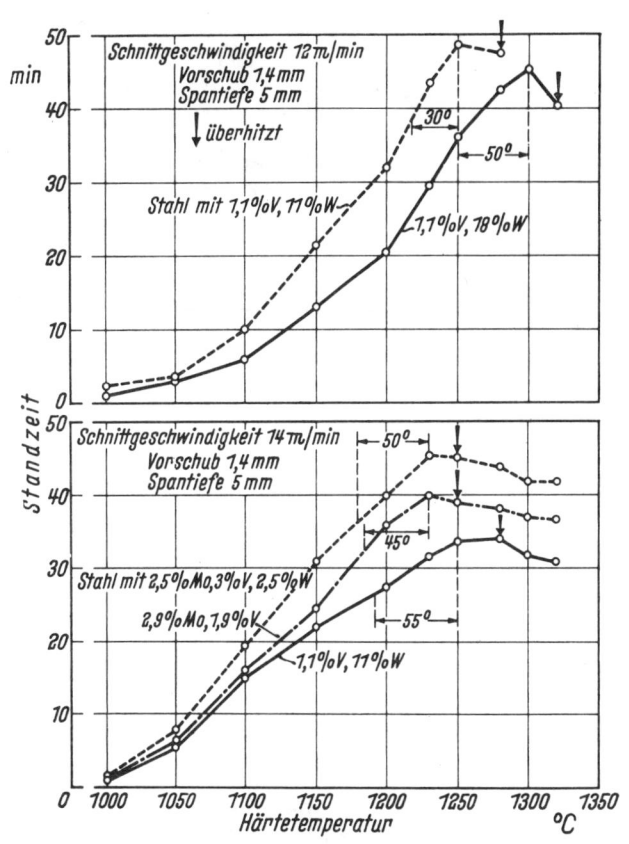

Bild 43: Einfluß der Härtetemperatur auf die Leistung verschieden legierter Schnellarbeitsstähle [3])

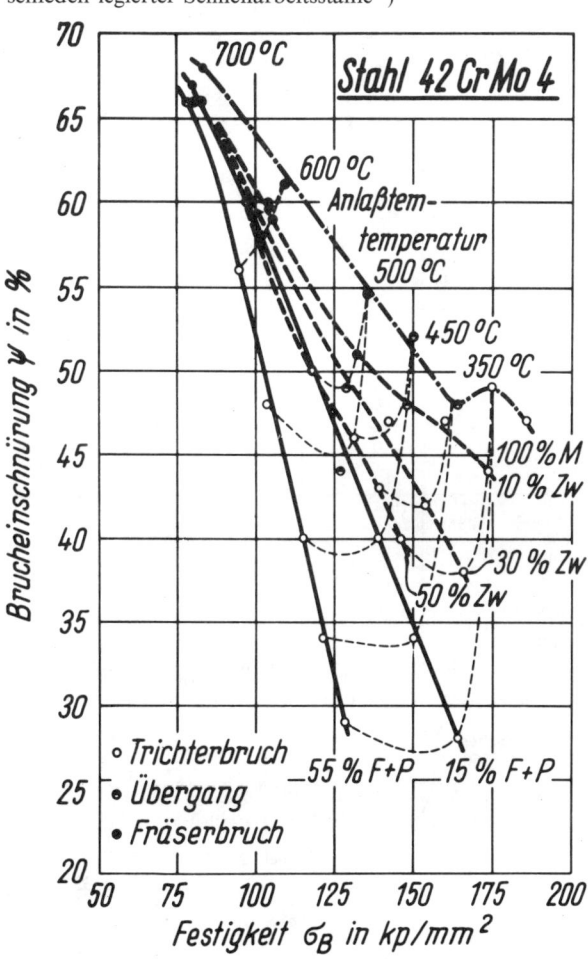

Bild 44: Einfluß der Gefügezusammensetzung auf die mechanischen Eigenschaften und Bruchausbildung im Zugversuch beim Stahl 42 CrMo 4 [20])

215

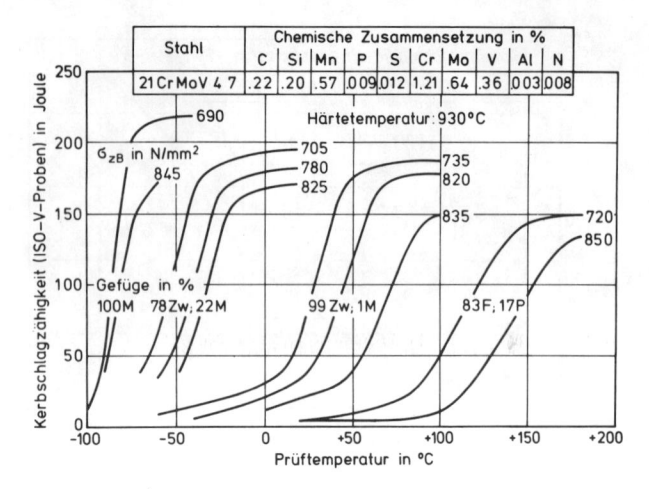

Bild 45: Einfluß der Gefügezusammensetzung und Festigkeit auf die Zähigkeit des Stahles 21 CrMoV 4 7 [22, 25])

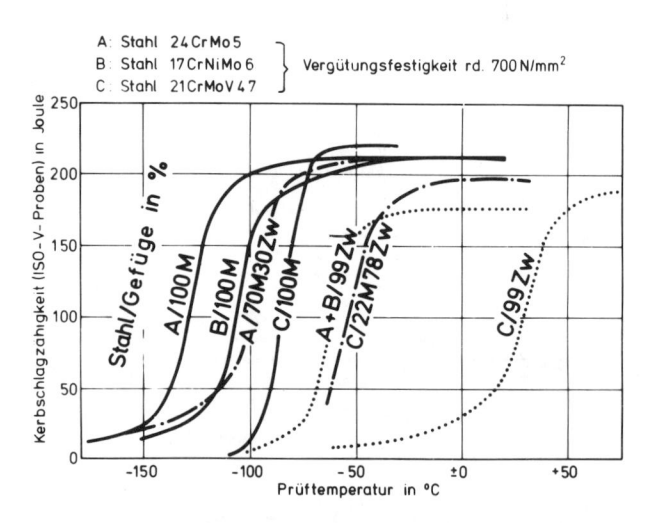

Bild 46: Einfluß der Gefügezusammensetzung auf die Zähigkeit verschieden legierter Baustähle [22, 25])

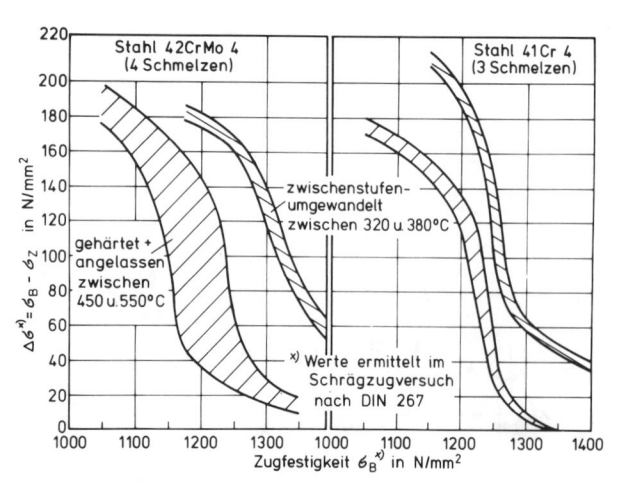

Bild 47: Einfluß der Wärmebehandlung bzw. des Gefüges auf die technologischen Eigenschaften von 10.9- und 12.9-Schrauben [23])

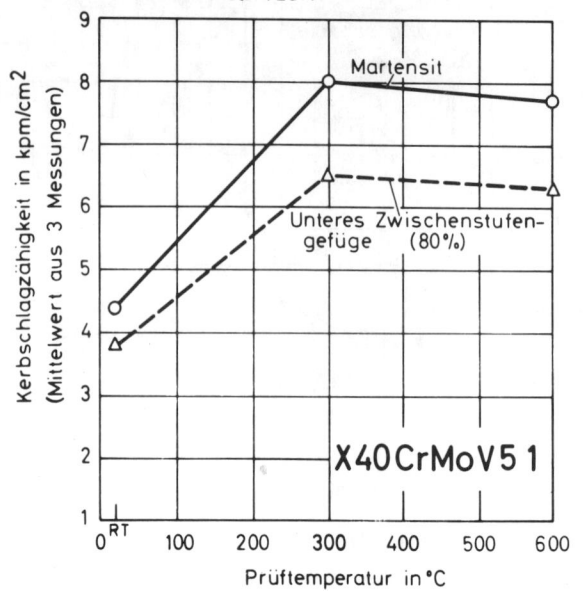

Bild 48: Einfluß des Gefüges auf die Zähigkeit eines Warmarbeitsstahles bei erhöhten Temperaturen [24])

Bild 49: Anlaßversprödung beim Stahl 30 CrMoV 9 [23, 25])

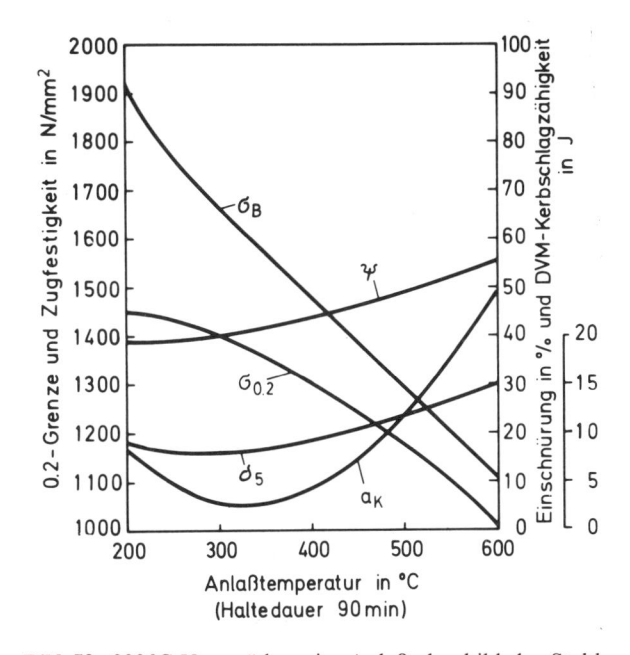

Bild 50: 300 °C-Versprödung im Anlaßschaubild des Stahles SAE 4340 [25, 43])

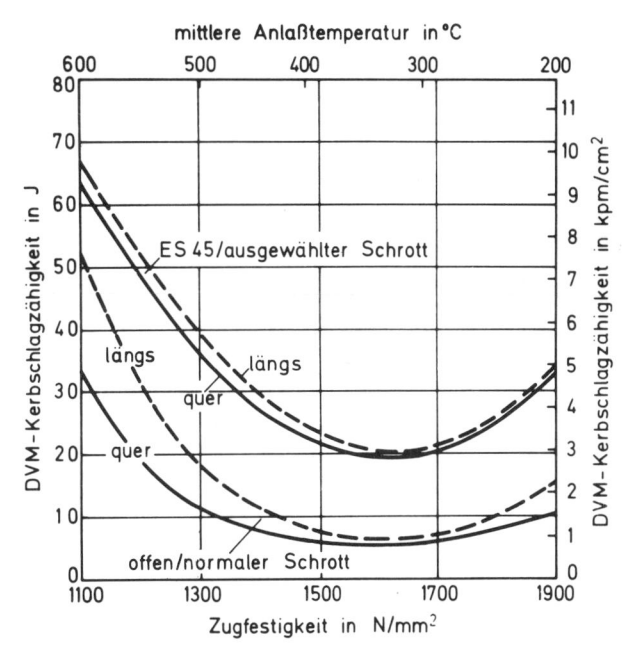

Bild 52: Kerbschlagzähigkeit des Stahles SAE 4340 in Längs- und Querrichtung nach unterschiedlicher Erschmelzung in Abhängigkeit von der Anlaßtemperatur bzw. Vergütungsfestigkeit [25, 43])

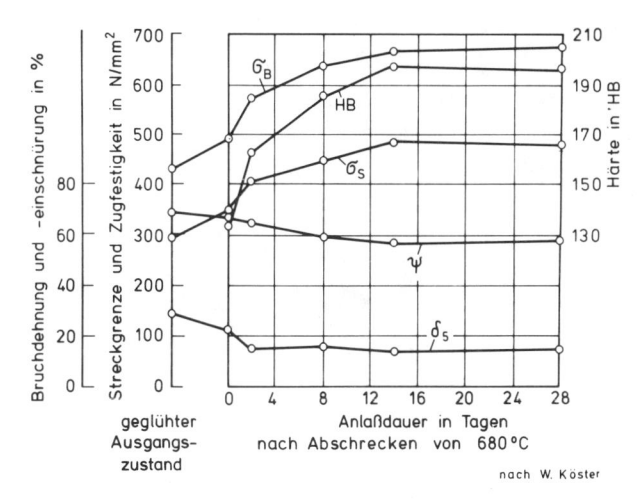

Bild 53: Zeitliche Änderung der mechanischen Eigenschaften eines weichen Kohlenstoffstahles bei RT (Abschreckalterung) [50])

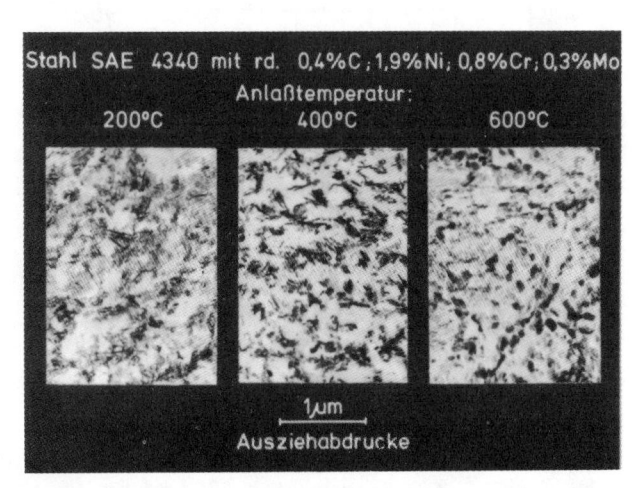

Bild 51: Einfluß der Anlaßtemperatur auf die Karbidausscheidungen im Stahl SAE 4340 [25, 43])

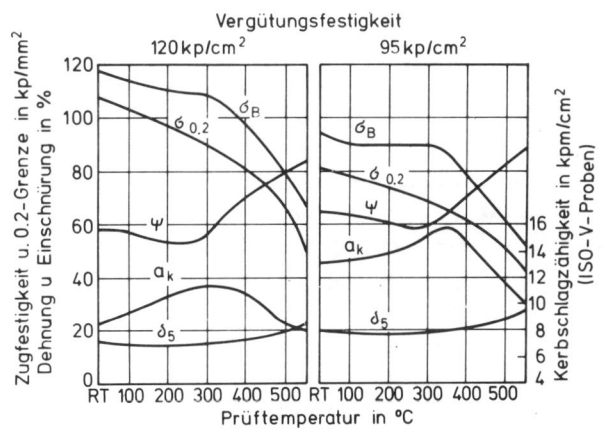

Bild 54: Blausprödigkeit im Warmfestigkeitsschaubild des Stahles SAE 4340 [23, 25])

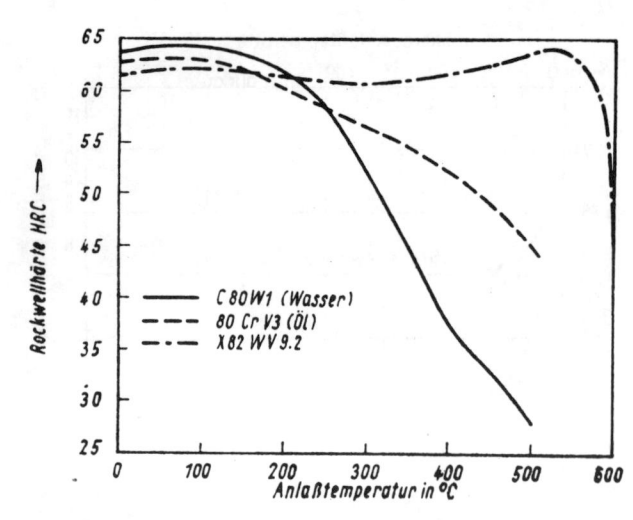

Bild 55: Anlaßverhalten von Werkzeugstählen in Abhängigkeit vom Legierungsgehalt [14])

Bild 58

Bild 59

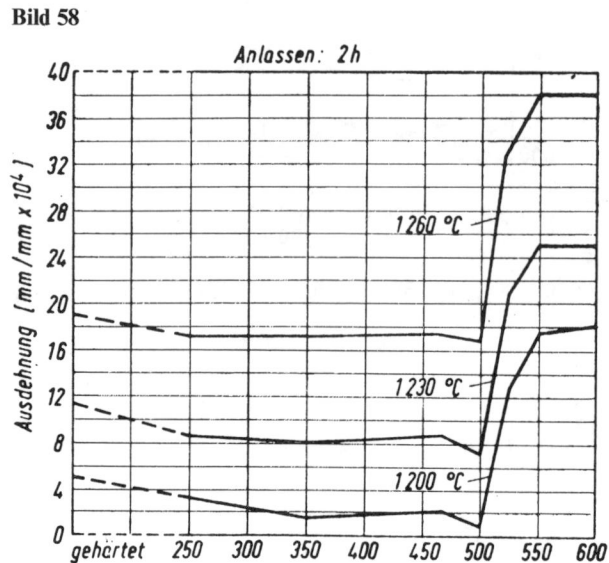

Bilder 58 und 59: Änderung der Härte, magnetischen Sättigung (Restaustenitmenge) und der Maße beim Stahl S 6-5-2 in Abhängigkeit von der Anlaßtemperatur [56, 57])

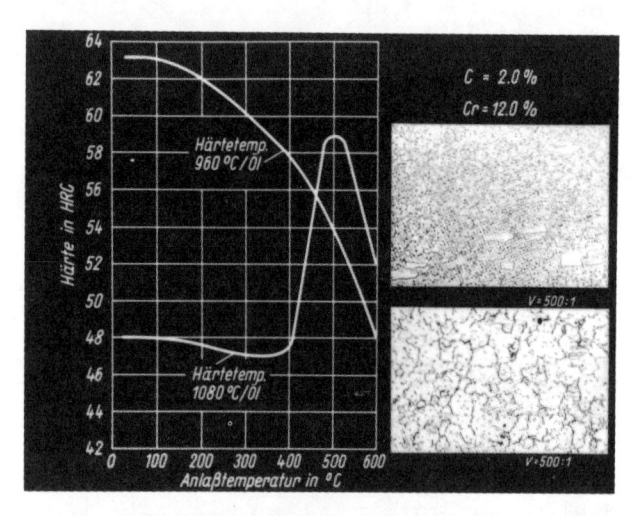

Bild 56: Einfluß der Härtetemperatur auf das Anlaßverhalten und Gefüge des Stahles X 210 Cr 12

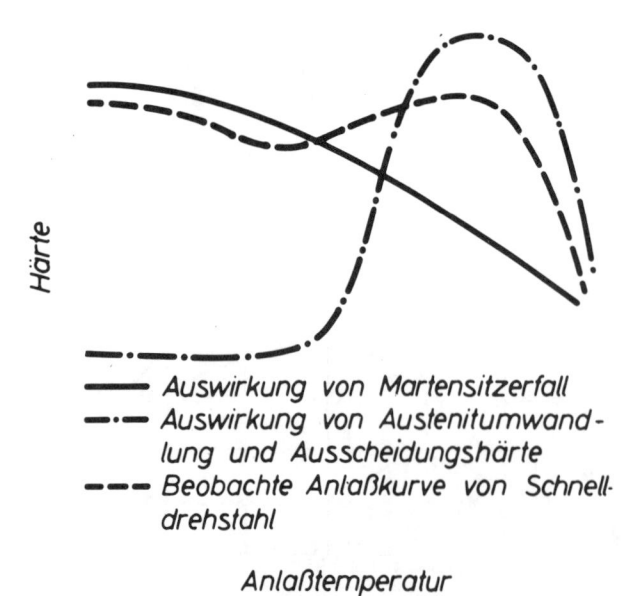

Bild 57: Schematische Darstellung der Vorgänge beim Anlassen sekundärhärtender Stähle [55, 56])

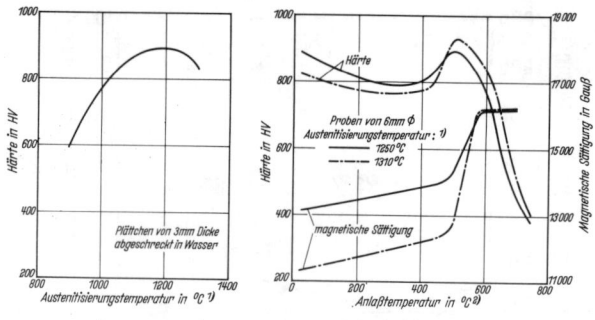

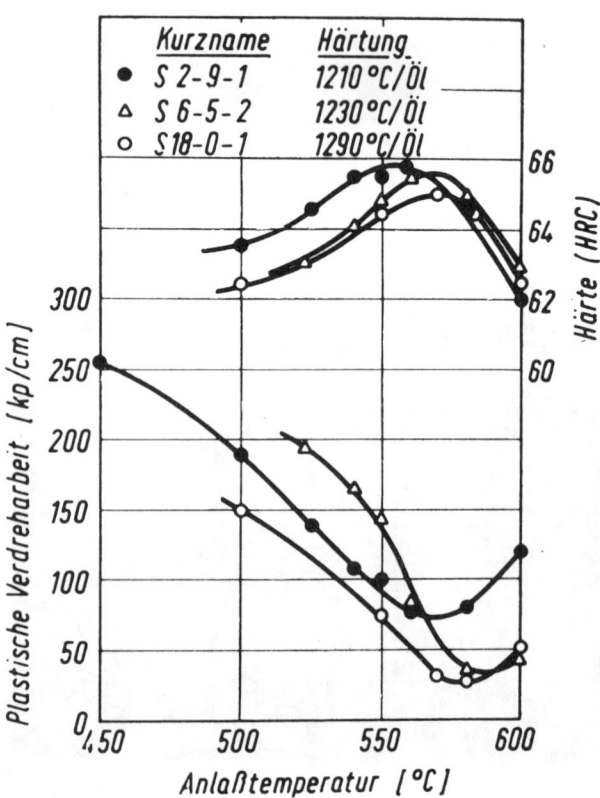

Bild 60

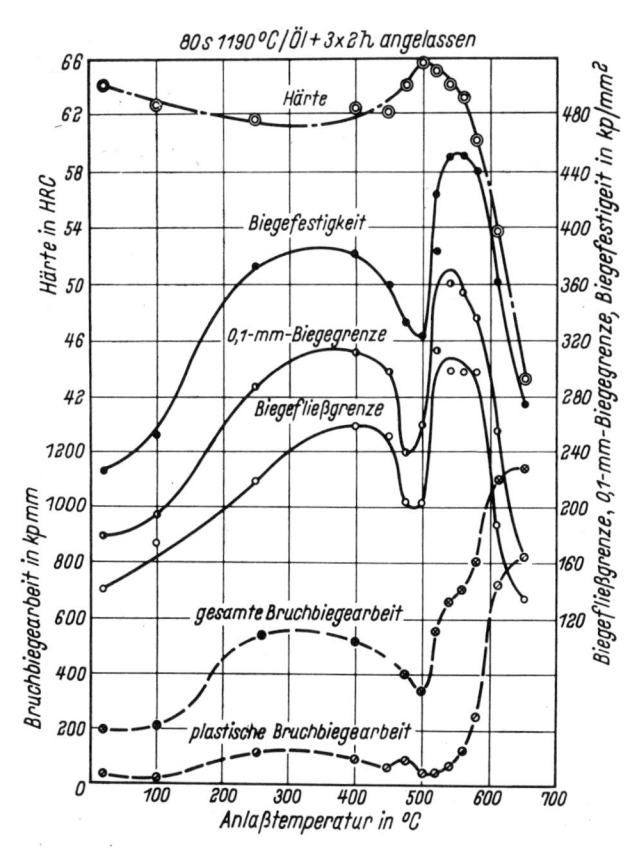

Bild 61: Stahl S-2-9-2

Bilder 60 und 61: Änderung der Härte und Zähigkeit, gekennzeichnet durch die plastische Verdreh-[58] und Bruchbiegearbeit[59] bei verschieden legierten Schnellarbeitsstählen in Abhängigkeit von der Anlaßtemperatur

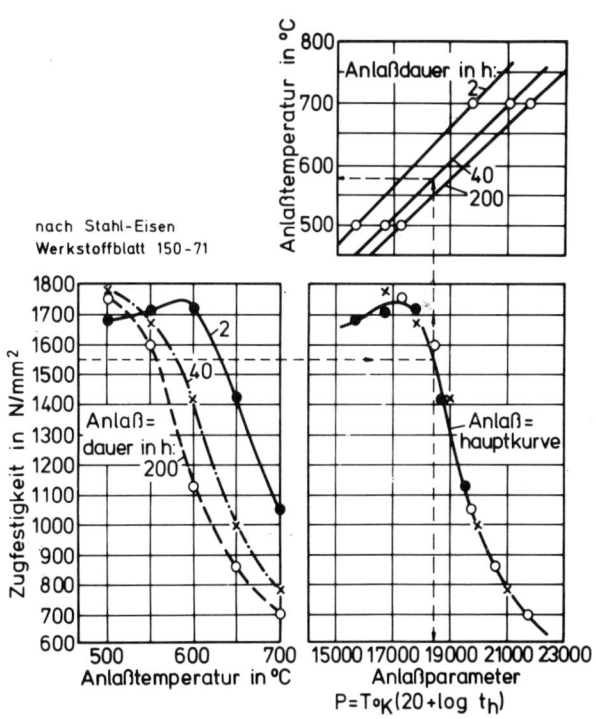

Bild 63: Beziehung zwischen der Anlaßtemperatur und -dauer beim Warmarbeitsstahl X 30 WCrV 5 3

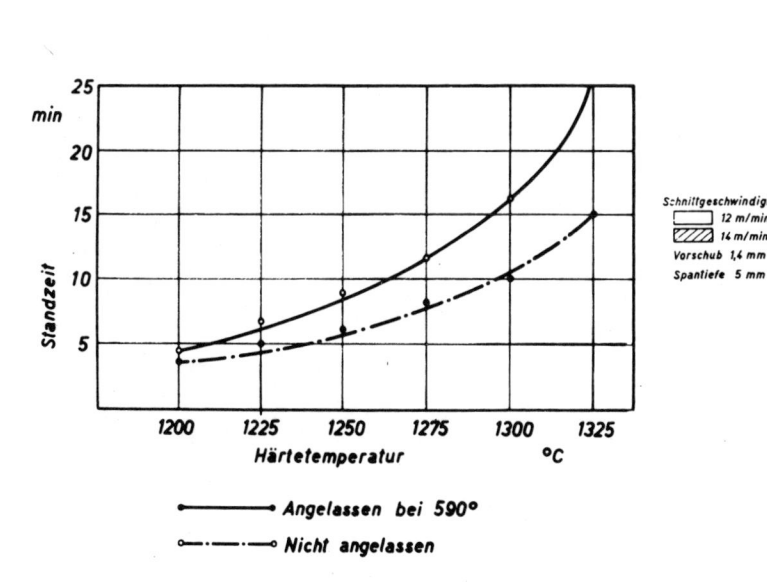

Bild 62: Einfluß des Anlassens auf die Schnittleistung von Schnellarbeitsstahl mit 5% Co in Abhängigkeit von der Härtetemperatur
V = 9,5 m/min; a × s = 4 × 1,5 mm² [57]

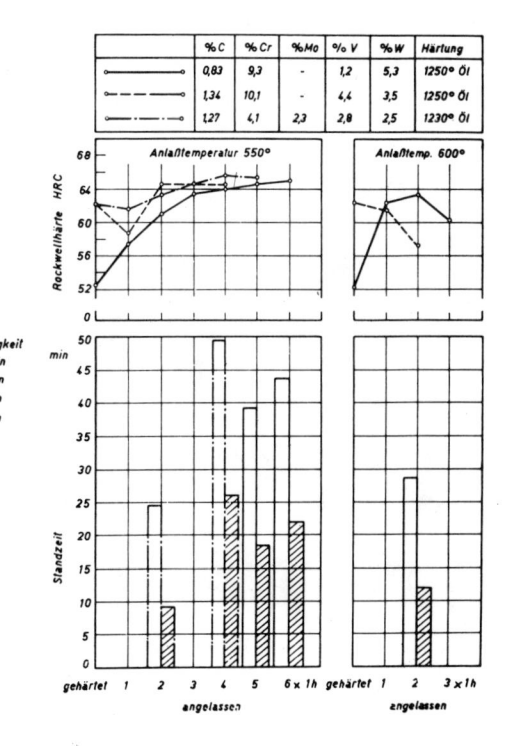

Bild 64: Härte und Leistung verschieden legierter Schnellarbeitsstähle in Abhängigkeit von der Anzahl der Anlaßbehandlungen [3]

A_1-Temperatur 111
A_c-Temperatur 111
A_{c1}-Temperatur 108, 112
A_{c1b}-Temperatur 108
A_{c1e}-Temperatur 108
A_{c3}-Temperatur 108, 111
Abkühlzeit 112, 163, 178
Abschreckalterung 58, 59, 60, 61, 203
Aktivator 190
Aktivierungsenergie der Ausscheidungshärtung 175
Aktivierungsenergie der Diffusion 58
Aktivierungsenergie der Korngrenzenwanderung 129
Aktivierungsenthalpie 22, 23
Aktivierungsenthalpie, freie 21
Aktivität, chemische 6, 21
Alterung 43, 58, 203
Analyse, thermische 109
Anisotropie der Eigenschaften 177
Anisotropie, Gefüge- 147
Anlassen 111, 112, 158, 196, 201–205
Arbeitswalze 164
Atombewegung, koordinierte 78
Ausscheidung 43, 51, 58, 60, 61, 129, 174, 191
Ausscheidung an Korngrenzen 47
Ausscheidung an Versetzungen 47
Ausscheidung, Kohlenstoff- 59, 60, 61
Ausscheidung, kombiniert mit Rekristallisation 148
Ausscheidung, Manganeinfluß auf 59, 60
Ausscheidung, Stickstoff- 60
Ausscheidung, voreutektoidische 108
Ausscheidung, Zementit- 95
Austenitisierung 109, 111, 112, 176, 196
Avrami-Exponent 130

Bain-Deformation 79, 86, 167
Bainitumwandlung, Definitionen 94, 95
Bearbeitbarkeit 197
Behandlung, thermomechanische 144, 147
Beweglichkeit 20
Bildungswärme eines Mischkristalls 8
Bildungswärme von NbC, NbN, TiC, VN 174
Boltzmann-Matano-Methode 27
Brammentemperatur 178
B_s-Temperatur 156

Carbid 108, 109, 110, 111, 112, 113, 145
Carbid, ε- 95
Carbidausscheidung 61
Carbidausscheidung, voreutektoidische 109
Carbidbildner 174
Carbidteilchen 145
C-Kurve 71
Cluster 44
Cottrell-Mechanismus 61
Curie-Punkt 3

Dämpfung 38, 58, 59
Dämpfung, Kohlenstoff- 58
Dämpfung, Manganeinfluß auf 58
Dämpfung, Phosphoreinfluß auf 58
Dämpfung, Stickstoff- 58
Dämpfungspendel 58
Darken-Gleichungen 29
Deformation, Gesamt 80
Deformation, Gitter- 79
Deformation, gitternichtverändernde 79
Desoxidation 160
Diffusion 20, 70, 71, 192
Diffusion an Korngrenzen 25
Diffusion an Versetzungen 25
Diffusion in mehrphasigen Systemen 31
Diffusionsglühen 196
Diffusionshof 48
Diffusionskoeffizient 20, 189
Diffusionskoeffizient für C in α-Fe 22
Diffusionskoeffizient, gemeinsamer 27

Diffusionskoeffizient, partieller 28, 29
Dilatometer 109
Doppelleerstellen 24
Dreiphasenräume 108
Drop-Weight-Test 161
Dünnschichtmethode 23
Duplex-Gefüge 146
Durchhärtung 156, 160

Eigenspannungen 113, 188
Einformen 158, 198
Einsatzhärtung 188
Eisen-Kohlenstoff-Schaubild 206
Endkorngröße 130
Endwalztemperatur 178
Energie, treibende 2, 11, 20, 68, 96
Enthalpie 2
Enthalpie, freie 2, 4, 21
Enthalpie, partielle molare freie 5, 21
Entmischung, spinodale 44
Entropie 2
Entropiefaktor 22
Erholung 126
Erwärmung, kontinuierliche 111
Eutektoid 68
Exponent 59, 60, 130
„Exzeß"-Größe 5

Faktor, thermodynamischer 21, 22, 28
FAT-Temperatur 157
Fehlpassung 45
Fehlstellen 192
Ferrit 108, 109, 110
Ferrit, polygonaler 176
Ferrit, voreutektoider 68, 108, 109, 111
Ferritbänder 111
Flacherzeugnis 174
Fließpressen 198
Fluktuation 44
Formänderungsfestigkeit 198
Fremdatom 129, 189

G(c, T)-Schaubild 15, 69
Gebrauchseigenschaft 188
Gefügeanisotropie 147
Gefüge-Diagramm 94
Generatorwelle 156, 163
Gesetz, Ficksches 20, 21, 22
Gesetz, $t^{1/3}$- 50
Gesetz, $t^{2/3}$- 59
Gitterdeformation 79
Gitterverzerrung 45
Gleichgewicht, lokales 70
Gleichgewicht, metastabil 4, 68, 69, 96
Gleichgewichtsbedingungen 3, 5, 69
Gleichung, Ficksche 20
Gleichung, Gibbs-Thomson 48
Gleichung, Thomson-Freundlich 48
Glühen 196
Glühen, Diffusions- 196
Glühen, Grobkorn- 197
Glühen, Normal- 197
Glühen, Spannungsarm- 196
Glühen, Weich- 197
Grenzfläche, inkohärente 45, 145, 189
Grenzflächenenergien 45, 70

Habitusebene, Bainit- 95
Habitusebene, Martensit- 80, 95
Härtbarkeit 110, 113
Härten 112, 162, 163, 196, 199
Halbwertszeit 59, 60
Haspeltemperatur 178

Inertgas 190
Infrarotabsorption 190
Inkubationszeit 50
Innenstruktur, Martensit- 79
In-Situ-Verbundwerkstoffe 148

Isokonzentrationskurven 24, 25
Isolierung, chemische 175

Keim, Carbid- 61
Keim, kritischer 44
Keim, Nitrid- 60
Keim, präformierter 81
Keimzahl 145
Keimbildung 4, 44, 50, 51, 71, 97, 147
Keimbildung an Korngrenzen 46
Keimbildung an Versetzungen 47
Keimbildung des Bainits 97
Keimbildung des ε-Carbids 97
Keimbildung des Ferrits 97
Keimbildung des Martensits 81
Keimbildung, homogene 81
Keimbildung, operationale 82
Keimbildung, orientierte 133
Keimbildungsarbeit 44
Keimbildungsdiagramm 46
Keimbildungsdichte 157
Keimbildungsgeschwindigkeit 97, 128
Keimbildungsplatz 47
Keimbildungsrate 45
Keimbildungszeit 45
Kerbschlagzähigkeit 178
Kirkendall-Effekt 28, 29, 30, 31
Kleinwinkelkorngrenzen 25
Kohärenzspannungen 50
Kohlenstoffäquivalent 175, 199
Kohlenstoffausscheidung 59, 60, 61
Kohlenstoffpegel 191
Kompromißtextur 134
Konfigurationsentropie 5
Korngrenzen 24, 25
Korngrenzenausscheidung 47
Korngrenzenbeweglichkeit 128
Korngrenzendiffusion 24
Korngrenzenenergie 26, 126
Korngrenzengeschwindigkeit 128
Korngröße 111, 112, 161, 178, 200
Kornverfeinerung 161
Kornvergrößerungserscheinungen 126, 131, 146, 162
Korn- und Teilchenwachstum, gekoppeltes 146
Korrelationsfaktor 26
Kraft, rücktreibende 129
Kraft, treibende 126
Kristallographie, Austenit 95
Kristallographie, Bainit 95
Kristallographie, Martensit 79
Kühlzeiten, kritische 109, 110, 156
Kupfertextur 133

Lamellenabstand 70, 71
Laufkranzvergütung 162
Leerstellen 22, 23
Legierungen, mehrphasige 144
Legierungen, nichteutektische 72
Legierungseinfluß 69, 110
Löslichkeit 7, 53, 174, 189
Lösung, ideale 7, 23, 45
Lösung, reguläre 7
Lüders-Dehnung 60, 61

Magnetismus 3
Manganeinfluß auf die Dämpfung 58
Martensit 109, 110, 112, 113
Martensit, Massiv- 81
Martensit, Platten- 78, 81
Martensit, thermoelastischer 81
Martensitmenge 108
Martensitumwandlung 4, 108
Messingtextur 133
Mikrolegierungselemente 174
Mischkorn 111
Mischkristall, Austausch- 4, 27, 189
Mischkristall, Einlagerungs- 8, 30, 189
Mischkristallschicht 191

Mittelrippen-Ebene 80
Molvolumen 45, 68
M_s-Temperatur 108, 109, 110, 112, 113, 156

Nachwirkung, anelastische 30
NDT-Temperatur 161
Niederdruckwellenscheiben 164
Niobcarbonitrid 174
Nitridausscheidung 60
Nitridbildner 174
Normalglühen 112, 179
Nullpunkt-Enthalpie 3, 7, 9, 10
Nullpunkt-Entropie 3, 9, 10

Oberflächendiffusion 26
Oberflächenrelief 78, 94
Oberflächenspannung 26
Oktaeder-Hohlräume 9, 167
Optimierung 71
Orientierungsabhängigkeit der Wanderungsgeschwindigkeit 134
Orientierungszusammenhang nach Kurdyumov-Sachs 84, 95
Orientierungszusammenhang nach Nishiyama 84, 95
Orientierungszusammenhang: Austenit-Bainit 95
Orientierungszusammenhang: Austenit-Martensit 80
Orientierungszusammenhang: Austenit-Zementit 95
Orientierungszusammenhang: Ferrit-Zementit 95
Ostwald-Reifung 49

Pellini-Test 161
Pendelglühung 112
Perlit 108, 109
Perlit, faserförmiger 148
Perlit, Mengenbilanz im 68
Perlit, Wachstumsfront 70
Perlitpunkt 10
Perlitstufe 108, 110, 111
Phasendiagramm 4, 8, 109
Phasenstabilität 2, 3
Platten, Ferrit- 95
Platten, Martensit- 81
Platzwechsel 22, 78
Polfigur 133, 177
Polygonisation 126
Potential, chemisches 6, 9, 20, 69
Potential, thermodynamisches 68
Prozesse, irreversible 21

Quette 163

Radius, kritischer 49
Randschicht 192, 196
Reaktion, diskontinuierliche 144
Reaktion, geschwindigkeitsbestimmende 50
Reaktion, kombinierte, diskontinuierliche 145
Reaktion, kontinuierliche 144
Reaktordruckgefäß 156
Reckalterung 58–61, 203
Regelung 190
Rekristallisation 126, 143, 176
Rekristallisation, dynamische 176
Rekristallisation, gerichtete 148
Rekristallisation, kombiniert mit Ausscheidung 148
Rekristallisation, primäre 126
Rekristallisation, sekundäre 127
Rekristallisation, statische 176
Rekristallisation, tertiäre 132
Rekristallisationsbruchteil 130
Rekristallisationsdiagramm 132
Rekristallisationstextur 132, 145
Rekristallisationszeit 130
Restaustenit 72, 109, 110, 158
Ringtausch 22
Rißlänge, kritische 162

Schaubild, Berechnung 112
Schaubild, Fe-C- 206
Schaubild, STAZ- 112
Schaubild, ZTA- 111
Schaubild, ZTU- 108–112, 156, 175, 189
Schicht, Verbindungs- 192
Schmelzenthalpie 4
Schmelzentropie 4
Schmelzpunkt 4
Schmiedestahl 159, 161
Schneidmechanismus 174
Schweißen 110, 160, 175
Seigerungen 109, 110, 111
Sekundärhärte 200
Selbstdiffusion 22, 23
Selbstdiffusionskoeffizient 23
Snoek-Effekt 61
Sondercarbid 69
Spannung-Dehnung-Kurve 60
Spannungsarmglühen 196, 201
Spindelwellen 164
Spitzentemperatur-Kühlzeit-(STAZ)-Schaubild 112
Stabilisator für Austenit, Carbid, Ferrit 69
Stabilitätskriterium 2
Stabilitätsparameter 4
Stahl, Feinkorn- 200
Stahl, Grobkorn- 200
Stahl, perlitarmer 176
Stahl, übereutektoider 95
Stationärer Zustand 70, 71
Stengelkristall 192
Step cooling 159
Stickstoffalterung 59
Stickstoffausscheidung 59, 60, 61
Stirnabschreckversuch 110, 113, 162, 191
Streckgrenze 58, 60, 61
Streckgrenze, ausgeprägte 60
Stützwalze 164
Subkornwachstum 126
Substitutionsmischkristall 27
Summenkurve 58, 59

Tangentenbedingung 3, 5, 69
Taupunktmessung 190
Teilchen, inkohärente 45, 175
Teilchen, kohärente 45, 175
Teilchengröße 50, 144, 175
Teilchenvergröberung 51
Teilchenverteilung 50, 144, 175
Teilchenvolumen 144
Teilchenwachstum 51
Textur, Kompromiß- 134
Textur, Kupfer- 133
Textur, Messing- 133
Textur, Rekristallisations- 132, 145
Textur, Walz- 145
Textur, Warmwalz- 177
Thermochemische Behandlung 188, 196
Thermomechanische Behandlung 144, 178
Thomasstahl 58
Titannitrid 174
Torsionspendel 30
Trägergas 190
Traps (= Haftstellen) 31
Triebkraft, thermodynamische 2, 11, 20, 68, 96
Turbinenwelle 156, 163

Überalterung 60
Übergangstemperatur 157, 178
Übersättigung 44, 45, 50
Umgehungsmechanismus 174
Umklappvorgang 78, 176
Umlösung 49, 51
Umlösung auf Korngrenzen bzw. -Versetzungen 50
Umwandlung, athermische 78
Umwandlung, diskontinuierliche 96
Umwandlung, isothermische 108
Umwandlung, Massiv- 78
Umwandlungsenergie 44

Umwandlungsenthalpie 3
Umwandlungskinetik 96, 98
Umwandlungslinie, allotrope 5, 7
Umwandlungspunkt 3
Unterkühlung 44, 78

Vanadinnitrid 174
Verbindung, intermetallische 10, 192
Verbindungsschicht 192
Verfestigung 60
Verformung, plastische 47
Vergröberung 47, 49
Vergütung 112, 156, 163
Verschleiß 160, 162
Versetzungsblockierung 60
Versetzungsdichte 61
Versetzungsschlauch 25
Versprödung 159, 201–203
Verteilungsgleichgewicht 69
Verzerrungen, elastische 44
Verzerrungsenergie 45
Volumenanteile 68, 144

Wachstum 47, 48, 51
Wachstum von Bainit 97, 98
Wachstum von Dispersionen 146
Wachstum von Duplexgemischen 146
Wachstum von Ferrit 97
Wachstumsauslese 71, 133
Wachstumsfront, Perlit- 70
Wachstumslinien 51
Wachstumsrate 71
Warmbadhärten 112
Wärme, spezifische 2
Wärmebehandlung 188, 196, 197
Walze, Arbeits- 164
Walze, Stütz- 164
Walztextur 145
Weichglühen 112
Widerstand, elektrischer 58
Widmannstätten-Ferrit 94, 109
Würfellage 133

Zähigkeit 162, 200, 204
Zeiligkeit 198
Zeitgesetz der Kornvergrößerung 131
Zeit-Temperatur-Reaktionsdiagramm 144
Zeldovich-Faktor 45
Zementitausscheidung 95
Zerspanen 198
ZTA-Schaubild 111
ZTU-Schaubild 108–112, 156, 175, 189
ZTU-Schaubild, isothermisches 112
Zustandsschaubild 4, 8, 109, 189, 191
Zweiphasengebiet 5, 7
Zwillingsstruktur 79
Zwischengitterdiffusion 21
Zwischenstufe (= Bainit) 108, 109, 110, 157, 201

Korrekturen

Abkürzungen: „Seite" = S, „rechte Spalte" = rSp, „linke Spalte" = lSp, „Gleichung" = Gl, „Zeile" = Z, „von unten" = vu, „von oben" = vo, „Bild" = B, „Unterschrift" = U, „Tafel" = T

Anmerkung: Beim Abzählen der Zeilen wurden Überschriften und (numerierte und nichtnumerierte) Gleichungen mitgezählt.

S2 rSp, 4.Z vu:	(3) statt (2)
S3 lSp, 9.Z vu:	paramagnetisch statt pragmatisch
S5 rSp, 17.Z vo:	$\left.\dfrac{\partial G^\alpha}{\partial x_A}\right\|_{x_A}$ statt $\dfrac{\partial G^\alpha}{\partial x_A} x_A$
S7 lSp, 2.Z vo:	einphasigen statt einphasigen
S7 lSp, 17.Z vo:	(vgl. statt vgl.
S7 lSp, 2. Z vu:	$\{\ldots + \ldots\}$ statt $\{\ldots - \ldots\}$
S9 rSp, Gl (38 b):	x_C^0 statt c_C^0
S10 rSp, 9.Z vo:	Wärme statt Wärmekapazität
S13 rSp, B5:	$H^{St}(0)$ statt $^{St}(0)$ und $H^{St+M}(0)$ statt $^{St+M}(0)$
S24 rSp, Gl (25):	$\left(\dfrac{1}{\pi D_L t}\right)^{1/4}$ statt $\left(\dfrac{1}{\pi D_L}\right)^{1/4}$
S26 rSp, 20.Z vo:	wenigsten statt wenigstens
S27 rSp, 2.Z vo:	können statt kännen
S27 rSp, 14.Z vo:	Fehlerintegral statt Fehlertutegral
S37 rSp, B19 U:	vielkristallinem statt vielkristallines
S47 rSp, 23.Z vu:	(27) statt (23)
S49 lSp, Gl (47):	$\left(\dfrac{\pi}{2}\right)^{1/3}\left(\dfrac{q\,Dt}{k\,T_A}\right)^{2/3}$ statt $\dfrac{\pi^{1/3}}{2}\dfrac{q\,Dt^{2/3}}{k\,T_A}$
S49 rSp, Gl (48):	$(3\,\lambda)^{3/2}$ statt $(3\,\lambda)^{32}$
S51 rSp, 34.Z vu:	J/cm^3 statt J/cm^{-3}
S59 lSp, Gl (5):	$-(t/\tau)^n$ statt $(t/\tau)^n$
S59 rSp, 31.Z vo:	Steigung statt Steigerung
S62 lSp, T3:	Anfangssteigung statt Anfangssteigerung
S68 lSp, 4.Z vu:	cm^3 je Mol Fe statt cm^3/mol
S68 rSp, Gl (9):	muß heißen: $\Delta G_u = G_{gl} - G(T_u) < 0$
S69 lSp, 1.Z vo:	Bericht 1 statt Abschnitt 1
S69 rSp, 4.Z vo:	$\Delta G_u < 0$ statt $\Delta G_u > 0$
S69 lSp, 14.Z vo:	Voransetzen: In Worten besagt diese Gleichung:
S70 lSp, 27.Z vo:	dem Betrag nach kleiner statt kleiner
S70 lSp, Gl (14a):	$|\Delta G_\infty(T_u)|$ statt $\Delta G_\infty(T_u)$
S70 lSp, 18.Z vu:	$T'_E(\lambda)$ statt $T_u(\lambda)$
S70 lSp, 19.Z vu:	$T'_E(\lambda)$ statt $T_u(\lambda)$
S70 lSp, 14.Z vu:	$|\Delta G_\infty|$ statt ΔG_∞
S70 lSp, 20.Z vo:	$(T_{u,\lambda})$ statt (T_u, λ)
S70 rSp, 22.Z vo:	beidemal T'_E statt T_U
S71 lSp, 15.Z vo:	$c_{\alpha\gamma}$ statt c_α
S71 lSp, Gl (17b):	$c_{\alpha\gamma}$ statt c_α
S71 lSp, 16.Z vo:	c_α^{max} statt c_α
S73 lSp, 12.Z vo:	Schrifttumshinweise statt Schrittumshinweise
S73 rSp:	Folgenden Hinweis anfügen:
	4. Einige Arbeiten zur Einformung von Perlit.
	4.1. *Baranov, A. A.*: Russ. Metallurg., Metally, **1969**, Nr. 3, S. 82/85.
	4.2. *Paqueton, H., A. Pineau*: J. Iron Steel Inst. **209** (1971) S. 991/98.
	4.3. *Köstler, H. J.*: Arch. Eisenhüttenwes. **46** (1975) 229/33.
S79 lSp, 17.Z vo:	$^{13})^{14})$ statt $^{13})$
S79 rSp, 11.Z vo:	= statt −
S79 rSp, 28.Z vu:	gitternichtverändernden statt gitterverändernden
S80 lSp, 21.Z vo:	[111] statt [111]
S94 lSp, 27.Z vo:	Zur Schrifttumsangabe $^1)$ ist die etwa gleichzeitige Veröffentlichung: *Wever, F.*, u. *N. Engel*: Mitt. KWI Eisenforschg. 12 (1930) S. 93 hinzuzufügen.
S94 lSp, 46.Z vo:	Vgl. die beiden nicht numerierten Bilder auf S. 104; die Bildunterschrift dazu ist in dieser Korrektur angegeben.
S97 rSp, 33.Z vo:	Q_l statt Q_1
S98 lSp, Gl (8):	korrekt: $\dot{l} = \left(\dfrac{x^{\varrho_0}_{\gamma\alpha} - x}{2\,x\cdot\varrho_0}\right) D_C^\gamma (x^{\varrho_0}_{\gamma\alpha})$
S98 lSp, 22.Z vo:	$D_C^\gamma (x^{\varrho_0}_{\gamma\alpha})$ statt $D_C^\varrho\, x^{\varrho_0}_{\gamma\alpha}$
S98 rSp, 25.Z vo:	Krümmungsradius statt Krümmingsradius
S100 lSp, B1 U:	verkleinert auf $16\,000 \times 0,8$ statt $16\,000 \times$
S100 lSp, B2a+b U:	verkleinert auf $1000 \times 0,7$ statt $1000 \times$
S101 lSp, B4a+b U:	verkleinert auf $500 \times 0,9$ statt $500 \times$
S101 rSp, B5a U:	verkleinert auf $1000 \times 0,8$ statt $1000 \times$
S101 rSp, B5b U:	vergrößert auf $8000 \times 1,1$ statt $8000 \times$
S102 lSp, B6a U:	verkleinert auf $1000 \times 0,8$ statt $1000 \times$
S102 lSp, B6b U:	verkleinert auf $8000 \times 0,9$ statt $8000 \times$
S102 lSp, B8a U:	verkleinert auf $1000 \times 0,5$ statt $1000 \times$
S102 lSp, B8b U:	verkleinert auf $16\,000 \times 0,85$ statt $16\,000 \times$
S104 rSp, B15 U:	verkleinert auf $1000 \times 0,55$ statt $1000 \times 0,8$
S104 rSp, B16 U:	(l) statt $^1)$
S104 lSp, unten:	*Bilder ohne Nummer:* Fe-1,12 % C-3,35 % Cr bei 650 °C umgewandelt in bainitischen Widmannstätten-Zementit und Perlit; *oben:* Relief an der vorher polierten Oberfläche, Schrägbeleuchtung; $450\times$; *unten:* gleicher Bildausschnitt, geätzt; $450\times$.
S113 rSp, 16.Z vu:	Zwischenstufe. statt Zwischenstufe+
S114 lSp, 30.Z vu:	et au statt et ou
S127 rSp, 31.Z vu:	für einen nur statt für nur
S127 rSp, 8.Z vu:	versetzungsreichen statt verzugsreichen
S128 lSp, 25.Z vu:	nämlich statt räumlich
S130 rSp, 30.Z vo:	4.2 Kornvergrößerungserscheinungen statt 4.2 Korngrößenerscheinungen
S156 rSp, 21.Z vu:	tieferen statt höheren
S157 lSp, 5.Z vo:	50 statt 30
S157 lSp, 6.Z vo:	200 statt 1000
S166 T4, 14.Z vu:	61,8 statt 60,5
S166 T4, 13.Z vu:	70,0 statt 43,9
S166 T4, 1.Z vu:	einfügen: Ballenkern
S167 rSp, B3b:	In der Bildbeschriftung streichen: „mit"
S167 rSp, B3c:	In der Bildbeschriftung streichen: „mit"
S168 lSp, B5:	B6 statt B5
S168 rSp, B6:	B5 statt B6
S189 lSp, 13.Z vu:	aber gewahrt statt gewahrt
S190 lSp, 23.Z vu:	$^3))$ statt $^3)$
S190 lSp, 7.Z vu:	Inertgase statt Intergase
S191 lSp, 10.Z vo:	Kohlenstoffpegel statt Kohlenstoffspiegel
S191 lSp, 21.Z vu:	Systematik der entstehenden Schichten statt Beeinflussung der Zustandsfelder
S194 rSp, B6 U:	Chrom dringt von der oberen, Stickstoff von der rechten Bildkante ein.
S197 rSp, 25.Z vo:	geringen statt hohen
S208 lSp, B10 U:	ergänzen: Austenitisierung 950 °C 2 h
S208 rSp, B12 U:	ergänzen: Austenitisierung 1050 °C 2 h
S211 rSp, B22:	die beiden obersten Bilder vertauschen
S217 rSp, B54:	$120\,kp/mm^2$ statt $120\,kp/cm^2$
S217 rSp, B54:	$95\,kp/mm^2$ statt $95\,kp/cm^2$